AF240494

L'UNION DU SUD-EST

DES

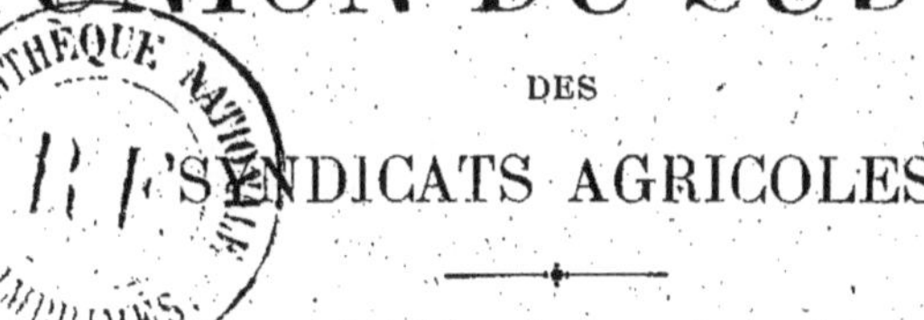 SYNDICATS AGRICOLES

TOME SECOND

L'Union du Sud-Est et ses Créations

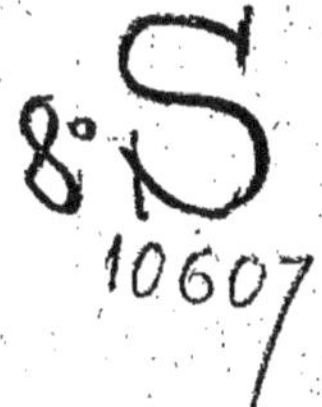

BIBLIOTHÈQUE DE L'UNION DU SUD-EST

C. SILVESTRE

Secrétaire de l'Union du Sud-Est
Secrétaire général du Syndicat agricole du Bois-d'Oingt

L'UNION DU SUD-EST

DES

SYNDICATS AGRICOLES

En 2 Volumes et un Album

TOME SECOND

L'Union du Sud-Est et ses Créations

LYON

IMPRIMERIE Paul LEGENDRE & Cⁱᵉ

Ancienne Maison A. WALTENER

14, rue Bellecordière, 14

1900

TITRE III

L'UNION RÉGIONALE

Son Histoire 1887-1900

L'UNION DU SUD-EST

1887-1900

STATISTIQUE (1)

CIRCONSCRIPTION des SYNDICATS	NOMBRE			Classification des Syndiqués			PROPORTION DES	
	de Syndicats	de Syndiqués	Moyenne par Syndicat	Propriétaires ne travaillant pas	Propriétaires travaillant eux-mêmes	Ouvriers travaillant chez les autres	Rentiers du sol	Travailleurs du sol
SYNDICATS de département....	3	5.365	1.788	1.359	3.104	902	25.33	74.67
d'arrondissement..	13	18.370	1.413	2.107	7.741	8.522	11.47	88.53
de canton......	55	23.273	423	3.270	13.975	6.028	14.05	85.95
de commune....	179	14.274	79	1.072	11.250	1.952	7.51	92.49
Totaux....	250	61.282	245	7.808	36.070	17.404	12.74	87.26

Vers la fin de 1887, M. G. de Saint-Victor, président du Comice agricole de Tarare, qui fut, toute sa vie, si dévoué aux intérêts de l'agriculture, ayant été frappé des avantages que les cultivateurs devaient retirer de la nouvelle forme d'association autorisée par la loi du 21 mars 1884, résolut de doter notre département d'un syndicat agricole.

Dans la région du Sud-Est et jusque dans le Rhône, il y avait déjà, à cette époque, un mouvement marqué dans ce sens ; il est juste de citer les syndicats d'Allex, de Die (Drôme), et, plus tard, de Saint-Genis-Laval (Rhône), comme étant tous plus anciens.

(1) Pl. nos 2, 3 et 4.

Dans son désir de faire le plus de bien possible, M. de Saint-Victor, sans s'arrêter à la circonscription du canton ou de l'arrondissement, limites fixées à ces diverses créations, crut pouvoir accorder la préférence à la forme départementale. — Il fit donc appel aux autres présidents de Comices, ses collègues, MM. de Chênelette et Chassaignon, s'adjoignit MM. Sonnery-Martin, de Saint-Charles, Joannard, A. Léger, etc., et tous ensemble décidèrent que l'on devait créer le Syndicat des Agriculteurs du Rhône.

Une tentative infructueuse de fondation d'un syndicat départemental, faite, peu auparavant, par les soins de M. P. Vincey, alors professeur d'agriculture du Rhône, aurait dû cependant éclairer les fondateurs sur la nécessité, au moins dans notre région lyonnaise, de ne pas étendre trop au loin une action directe, qui doit rester dans des limites plus restreintes pour être véritablement efficace. Pourtant, entrevoyant vaguement cette nécessité, l'on décida que le Syndicat des Agriculteurs du Rhône se composerait d'autant de sections qu'il comprenait de cantons ruraux, et qu'il fallait commencer par organiser ces sections.

En conséquence, il fut convenu que l'on inviterait quelques vrais amis de l'agriculture, dans chaque canton, à se constituer en Bureau, et que M. A. Léger serait chargé de centraliser ces listes, après quoi l'on constituerait effectivement le syndicat dont, entre temps, les statuts avaient été déposés à la mairie de Lyon.

Or, il advint que, dans le canton de Belleville, l'un des agriculteurs invités à y former une section fut M. Emile Duport qui, depuis quelque temps déjà, songeait à organiser un tout petit syndicat, dit de « Brouilly », constitué entre les propriétaires des communes d'Odenas, de Saint-Lager et de Cercié, ainsi qu'il en avait exprimé l'idée dans une réunion privée du 7 octobre, soit deux mois avant.

Bien que personnellement convaincu des inconvénients d'une circonscription aussi étendue que celle du département, notre ami se mit à l'œuvre pour créer la section de Belleville, et sa tâche lui étant rendue plus facile par suite du travail déjà ébauché pour le syndicat de Brouilly, il fut bientôt en mesure de porter sa liste à M. Léger ; il était le premier.

Après quelques semaines, il s'en fut de nouveau chez M. Léger, pour savoir si les autres cantons ruraux, au nombre de 26, avaient donné signe de vie, et il apprit que trois seulement avaient pu constituer leur section, sans parler de Saint-Genis-Laval, qui avait déclaré qu'existant déjà de sa vie propre, il ne voyait pas pourquoi il irait se fondre dans une nouvelle association.

Nullement surpris de ce résultat négatif, mais découragé d'apprendre que le bureau directeur avait décidé de ne pas commencer à fonctionner avant que toutes les sections ne fussent constituées, désespérant de voir ce résultat atteint, au moins de longtemps, M. Duport convoquait chez lui, à Lyon, pour le 23 décembre, lés membres de sa section et quelques propriétaires notables du canton de Belleville, afin de leur faire part de cette situation. En même temps, il fit demander à M. Gabriel de Saint-Victor, qu'il ne connaissait pas, une entrevue pour lui exposer combien, selon lui, il eût été préférable de constituer des syndicats cantonaux autonomes, quitte à les grouper plus tard en Union, mais que, du moins, puisqu'il en avait été décidé autrement, il importait de marcher de suite, sans attendre des retardataires qui ne rejoindraient peut-être jamais. Il était décidé à lui dire que s'il en était autrement, il pensait que la section de Belleville, devant les nécessités du moment, n'hésiterait pas à se mettre seule en marche.

Ce fut le 20 décembre, dans les bureaux de la *Gazette agricole du Sud-Est*, 16, quai de Retz à Lyon, que M. Duport, présenté par M. Albert Joannard, fut admis, non sans quelques difficultés, à exposer ce qui précède devant les membres du Bureau provisoire du Syndicat des Agriculteurs du Rhône ; il le fit avec tant de chaleur, mais aussi avec une conviction si communicative que les assistants en furent profondément frappés. Après avoir énuméré tous les inconvénients inhérents aux grands syndicats départementaux, il fit nettement ressortir les avantages des syndicats cantonaux, puis, mettant en lumière la situation actuelle faite aux cantons prêts par ceux qui ne l'étaient pas, il n'hésita pas à demander que l'on revînt sur la forme adoptée pour prendre l'autre, qui permettrait d'utiliser immédiatement toutes les bonnes volontés, ce qui n'empêcherait pas, ajoutait-il avec une sorte de prescience de l'avenir, de grouper ultérieurement toutes ces associations dans une Union.

Aussi, lorsqu'il eut fini de parler et que M. de Saint-Victor s'adressa à ses collègues pour leur demander leur avis, l'un d'eux répondit : « Après ce que nous venons d'entendre, nous n'avons plus qu'à nous dissoudre. » Tous furent du même avis et il fut fait ainsi. Le Syndicat départemental des Agriculteurs du Rhône était mort, mais les Unions du Beaujolais et du Sud-Est allaient en naître ; qui pourrait dire aujourd'hui que ce ne fut pas pour le plus grand bien du mouvement syndical dans notre région ?

C'est donc de cet échec que date, par le fait, l'Union du Sud-Est.

La première idée de ses promoteurs avait été de s'en tenir au département et, dans la réunion provisoire tenue chez l'un d'eux, il s'agissait simplement, au début, de la constitution, entre les syndicats du Rhône, d'une Union départementale. Pendant que l'on travaillait au groupement reconnu nécessaire, on pressait les organisateurs d'élargir le cadre de leur action ; des agriculteurs habitant les départements voisins faisaient valoir les avantages qu'ils pouvaient retirer d'une organisation lyonnaise, ce grand centre vers lequel converge une région formant à elle seule comme une petite France. En effet, dans les dix départements qu'elle comprend, on peut affirmer que l'on trouve toutes les productions qui font de notre chère patrie le premier pays agricole du monde. Les vins des côtes du Rhône, ceux du Beaujolais et du Maconnais, le bétail élevé dans les prairies du Charolais et de la Loire, les blés de semence provenant de nos grandes altitudes, huiles, foins, pailles, beurres, fromages, bois, etc., tout cela, en effet, se trouve dans la région lyonnaise.

Tous ces arguments, d'autant plus irrésistibles que leurs auteurs étaient plus persuasifs et plus sympathiques, eurent bien vite raison des premières résistances, et nul aujourd'hui, parmi les tout premiers fondateurs de l'Union du Sud-Est, ne songe à regretter de les avoir écoutés avec bienveillance.

Cette question préjudicielle résolue, la première séance constitutive eut lieu le 15 mai 1888, sous la présidence de M. A. Guinand, président du Syndicat de Saint-Genis-Laval, au siège de la « Vinicole Lyonnaise », rue du Garet, 9, Lyon.

Onze syndicats seulement étaient représentés :

RHONE. — Belleville, Haut-Beaujolais, le Bois-d'Oingt, Villefranche et Anse, Saint-Genis-Laval, Ampuis, Tarare, Vaugneray.

AIN. — Béligneux.

ISÈRE. — Saint-Marcellin, Saint-Symphorien d'Ozon.

Dès ce premier contact, nous sentons que, derrière l'idée, il y a des apôtres énergiques et convaincus, des hommes qui veulent réussir. Dès ce jour, nous entrevoyons la mission importante de cette association des syndicats et nous comprenons, avec le distingué promoteur de l'Union, M. Emile Duport, que, pour accomplir cette mission vis-à-vis de l'agriculture, nous trouverons aisément, parmi les membres de cette union syndicale, les connaissances les plus étendues, réunies à un dévouement sans limite. C'est, du reste, la condition primordiale de tout succès, et l'influence du groupement grandira d'autant plus que nous serons plus nombreux et surtout plus unis pour protéger notre existence syndicale et pour faire entendre plus efficacement notre voix dans les grands conseils de l'Etat.

L'Union du Sud-Est était donc fondée, ses statuts étaient discutés et établis séance tenante, en même temps qu'un bureau provisoire était nommé, avec pleins pouvoirs, pour faire toutes les formalités de publication et de dépôt nécessaires. Les statuts votés à cette réunion constitutive ayant été modifiés par l'Assemblée générale du 15 octobre, nous ne les donnerons qu'à ce moment, nous contentant actuellement de rappeler les noms des membres du premier bureau provisoire :

Président : M. Gabriel DE SAINT-VICTOR, ancien député, lauréat de la prime d'honneur, président du Syndicat de Tarare.

Vice-Président : M. Emile DUPORT, président du Syndicat de Belleville.

Secrétaire-trésorier : M. Charles DE BÉLAIR, membre du Syndicat de Saint-Symphorien d'Ozon

Assesseur : M. Antonin GUINAND, président du Syndicat de Saint-Genis-Laval.

Assesseur : M. André GAIRAL, vice-président du Syndicat de Saint-Symphorien-d'Ozon.

Malgré ses absences prolongées, malgré ses occupations multiples qui l'éloignaient souvent de Lyon et de l'Union du Sud-Est, M. de Saint-Victor était bien le premier président indiqué ; abstraction faite des mérites personnels et des services rendus, il était l'homme tout désigné pour éviter tout conflit et écarter toute susceptibilité de la part de l'Union des syndicats des agriculteurs de France.

Il y avait là, en effet, une considération de premier ordre et nous verrons, par la suite, que les rapports entre les deux Unions furent toujours non seulement empreints de la plus grande cordialité, mais qu'ils eurent encore assez d'effets utiles pour amener, sans peine et sans tiraillement, la création de toutes ces Unions régionales qui sont nées un peu partout et qui, aujourd'hui, selon l'heureuse expression de M. de Rocquigny, figurent assez bien les maîtresses branches d'un grand chêne dont les syndicats seraient les rameaux touffus et dont l'Union des Syndicats des Agriculteurs de France formerait le tronc puissant.

Bien que provisoires, les uns et les autres, les statuts et les noms des administrateurs de l'Union furent déposés, en conformité de l'article 4 de la loi du 21 mars 1884, à la mairie de Lyon, le 31 mai 1888 : un récépissé constatant ce dépôt fut délivré au président ; l'Union était légalement constituée.

Cette naissance fut aussitôt annoncée, par lettre du président, à tous les présidents de syndicats des dix départements appelés à bénéficier de l'Union ; un exemplaire des statuts y était joint. Les cartes de félicitations, sous forme d'adhésions, ne tardèrent pas à affluer ; l'Union de la Drôme, tout entière, demandait à assister au baptême en réclamant d'urgence une visite explicative des deux pères créateurs. Par décision en date du 29 juillet, le Bureau donnait pleine délégation à MM. Duport et Guinand de représenter l'Union à l'Assemblée de Valence et, pour éviter toute confusion, son président définissait ainsi la mission qu'il leur confiait :

« Les syndicats adhérents peuvent rester fermement attachés à l'Union des Syndicats des Agriculteurs de France, sans avoir à craindre, de la part de l'Union du Sud-Est, une tendance séparatiste, sans avoir à redouter un conflit d'intérêts. La haute compétence de l'Union des Syndicats de Paris, son influence qui lui reste entière pour représenter les intérêts nationaux, laissent libre une intervention de l'Union du Sud-Est spécialisée et restreinte aux dix départements de notre région. Limitée à ces dix départements, notre association ne fait pas double emploi avec l'Union de Paris. Elle a formé une branche auxiliaire et une alliée sûre. Lyon, cette grande étape placée entre le Nord et le Midi, offre, par son agglomération et par sa position géographique, un débouché immense aux produits divers des départements compris dans l'Union. Mais il n'échappera à personne que l'installation et le fonctionnement régulier des différents services de cette association des syndicats de la région — bureau de renseignements, office d'achats et de ventes, Bulletin spécial, comité de contentieux, laboratoire d'analyses, etc., etc. — exigent une direction méthodique et raisonnée. C'est au développement successif des divers services que nous devons tendre par une marche progressive, sans précipitation comme sans arrêt. Nous parviendrons à ces résultats par le concours de tous, et quant aux membres qui ont eu la généreuse initiative de créer l'Union du Sud-Est et qui l'auront menée à bien, ils mériteront des parts de fondateurs dans la reconnaissance et dans les remerciments des syndicats adhérents ».

C'est pour remplir cette mission que les deux délégués de l'Union du Sud-Est arrivaient à Valence, le 5 août, et assistaient, le lendemain, à l'assemblée générale annuelle de l'Union de la Drôme, tenue sous la présidence de M. de Fontgalland, l'un des premiers et des plus sympathiques promoteurs de l'idée syndicale dans notre région.

C'est une banalité, vraiment, de dire que MM. Duport et Guinand remplirent, à la satisfaction de tous, leur rôle de délégués; mais il est bon toutefois, pour ceux de nos lecteurs qui ne les connaissent qu'imparfaitement, de rappeler, à cette place, en quels termes ils firent part à nos amis, de la naissance de l'Union :

« L'Union du Sud-Est, dirent-ils, n'est point créée en hostilité avec l'Union de Paris. Elle est faite dans le même esprit. Mais, aussi bien qu'un général d'armée ne commande pas directement aux simples soldats, aussi bien l'Union de Paris ne peut-elle efficacement s'occuper des intérêts particuliers de chacun des syndicats de canton. Du reste, les intérêts du nord de la France peuvent être quelquefois différents de ceux du midi ; les enquêtes faites pour les traités de commerce en donnent une preuve palpable et il est important qu'ils ne soient pas confondus dans la masse générale. Quelle puissance plus grande n'aura-t-on pas, lorsque les grandes Unions syndicales, comme celles du Sud-Est, du Midi, du Sud-Ouest, du Centre, etc. ; viendront formuler leurs doléances ! La centralisation à outrance, qu'on a combattue autrefois, ne doit pas de nouveau apparaître dans cette circonstance. Déjà plusieurs syndicats l'ont compris et demandent un point de communication moins éloigné que Paris, plus visible, un centre régional pour leurs achats et pour leurs ventes.

« C'est pour répondre à ces desiderata, c'est pour empêcher cette désunion et cet éparpillement des forces locales qui menacent de se faire jour, que nous sommes envoyés aujourd'hui, comme délégués de l'Union du Sud-Est, afin d'élever le cri de ralliement et de vous dire, à vous, syndicats du département de la Drôme : venez étudier avec nous, à Lyon, ces questions multiples qui regardent plus spécialement notre région. Groupons nos efforts, comme vous l'avez si bien fait entre vous pour la Drôme. Echangeons d'abord nos idées pour arriver ensuite à échanger nos produits. Nous marcherons d'accord avec Paris. Nous servirons entre lui et les syndicats dissidents de trait d'union permanent. Nous lui conserverons intacts et en rangs serrés, les membres de notre phalange, tout en gardant notre indépendance et notre liberté d'action.

« Nous voulons faire nos affaires dans la région du Sud-Est et nous les ferons utilement et pratiquement, sans user notre activité en empiètements stériles. Notre intérêt seul saurait nous interdire toute attitude hostile à l'Union de Paris, si nos sympathies pour ce groupe central et si la haute personnalité de notre président de l'Union du Sud-Est n'étaient pas là pour servir de meilleure garantie de la droiture et de la netteté de nos intentions ».

Ces déclarations si nettes et si précises eurent pour résultat l'adhésion de tous les syndicats présents; c'était, pour ceux qui y avaient contribué, pour M. de Fontgalland aussi bien que pour les fondateurs de l'Union, un encouragement précieux, un premier succès qui devait avoir, dans la suite, de nombreuses répétitions.

C'est sous ces heureux auspices qu'eut lieu la première Assemblée générale, assemblée réellement constitutive, appelée à fonder l'Union du Sud-Est, à lui donner une existence définitive et un fonctionnement régulier.

Cette assemblée, qui dura deux jours, eut lieu au siège social, rue du Garet, 9, à Lyon, les 15 et 16 octobre 1888; comme à celles qui l'ont suivie, on fit peu de bruit et beaucoup de besogne.

Cette première réunion, que M. Robert de la Sizeranne a heureusement dépeint, était imposante; dans une petite rue étroite, au fond d'une vieille maison, ils arrivaient un à un, les délégués, ces ouvriers de la terre, silencieux, résolus, les uns en blouse bleue, d'autres en redingote; certains d'entre eux, pénétrant pour la première fois dans une grande ville et se laissant guider au milieu de cette civilisation inconnue, mais tous ayant vaguement conscience qu'ils inauguraient une force nouvelle dans la nation. Qu'est-ce donc que cette chose qui naît ? C'est l'immense armée des ruraux qui entre en ligne, voilà tout.

Cette armée, c'est le commandant provisoire, tout à l'heure définitif, qui l'invite et lui montre son drapeau et sa devise : « Le sol, c'est la Patrie ! » Orateur aimable, M. Gabriel de Saint-Victor était l'incarnation du *vir bonus dicendi peritus* ; gentilhomme dans l'âme, il était avant tout homme de droit, homme de devoir; avec lui pas d'équivoques, pas de compromissions. C'est sous ce jour qu'il se montra, dès la première fois, aux syndicats qui le plaçaient à leur tête et c'est avec plaisir que toutes les mains calleuses ou gantées de leurs délégués se tendirent vers lui pour sceller, dans une fraternelle étreinte, l'union intime qui allait désormais exister entre eux. Son discours de bienvenue fut ce qu'il devait être, précis et conciliant, sobre de promesses, plein d'espérances. « Pourquoi sommes-nous là ? Pour créer dans notre région, une agitation salutaire qui réveille les torpeurs locales, ce qui nous sera facile parce que nous serons plus rapprochés et que notre action sera plus immédiate et plus fréquente aussi. Nous voulons faciliter et multiplier des réunions pratiques d'où pourront sortir des fondations utiles à l'agriculture régionale, lesquelles seront nées de l'Union du Sud-Est, si je puis m'exprimer ainsi, sans qu'elle y prenne ensuite aucune part. Je n'ai pas besoin d'ajouter que la politique sera toujours rigoureusement exclue de nos réunions, nous avons assez à faire en nous occupant d'économie agricole et en unissant nos vœux, comme nos justes doléances, à ceux que présente, chaque année, la Société des Agriculteurs de France, sous le haut patronage de laquelle nous resterons toujours, car tous, nous sommes ses enfants, pour ne pas dire ses fondateurs. Voici quel a été notre rêve, voici ce que nous voulons, ce que nous espérons obtenir. Si vous nous approuvez, si vous unissez vos efforts, nous marcherons résolûment, la main dans la main, et nous arriverons à faire quelque chose, je n'en veux pas douter ».

L'approbation de l'idée ne se fit pas attendre et 27 syndicats nouveaux demandaient leur admission immédiate. L'Union se trouvait donc à ce moment composée de 38 syndicats : (1)

Onze fondateurs :

Rhône............	Syndicat agricole de Tarare.	
»	—	de Belleville.
»	—	du Bois-d'Oingt.
»	—	du Haut-Beaujolais.
»	—	de Villefranche et Anse.
»	—	de St-Genis-Laval.
»	—	d'Ampuis.
Rhône............	—	de Vaugneray.
Ain............	—	de Beligneux.

---

(1) Pl. nᵒˢ 2 et 4.

| Isère.............. | Syndicat agricole de Saint-Marcellin. |
| » .... | — de St-Symphorien-d'Ozon. |

Vingt-sept nouveaux :

Rhône............	Syndicat agricole d'Amplepuis.
»	Comice de Lyon.
Ain...............	Syndicat agricole de Loyes.
»	— de Trévoux.
»	— de Belley.
Ardèche..........	— de St-André-Lachamp.
»	— d'Aubenas.
Drôme	— d'Alixan.
»	— d'Allex.
»	— de Buis-les-Baronnies.
»	— de Châteaudouble.
»	— de Claveyson.
»	— de Clérieux.
»	— de Crest.
»	— de Die.
»	— de Grignan.
»	— de Livron.
»	— de Montélimar.
»	— de Montvendre.
»	— de Nyons.
»	— de Pierrelatte.
»	— de Romans.
»	— de Roynac.
»	— de Taulignan.
»	— des Tourettes.
Saône-et-Loire.....	— de Montcenis et le Creusot.
Haute-Savoie......	— de la Haute-Savoie.

Ainsi constituée par les délégués des 38 syndicats affiliés, l'Assemblée discute immédiatement les statuts de l'Union et, après quelques modifications aux premiers règlements, les arrête ainsi qu'il suit :

STATUTS

Titre I. — Constitution de l'Union.

Art. 1. — Conformément à la loi du 21 mars 1884, il est formé, entre les syndicats agricoles qui adhèreront aux présents statuts, une Union qui sera régie par cette loi et par les dispositions ci-après :

Art. 2. — Cette association est dénommée : *Union du Sud-Est des Syndicats agricoles.*

Art. 3. — Son siège est établi à Lyon.

Sa durée est illimitée. Elle commencera du jour de la déclaration légale de sa formation.

Art. 4. — Elle sollicitera le bénéfice de l'art. 5 des statuts de la Société des Agriculteurs de France qui donne le droit à toutes les associations agricoles de se faire représenter dans cette société par des délégués.

Titre II. — Composition de l'Union.

Art. 5. — Peuvent faire partie de l'Union tous les syndicats agricoles régulièrement constitués d'après la loi du 21 mars 1884, ayant leur siège social dans un des départements suivants : Savoie, Haute-Savoie, Drôme, Isère, Ain, Saône-et-Loire, Loire, Rhône, Ardèche, Haute-Loire.

Art. 6. — Pour être admis dans l'Union, les syndicats postulants devront adresser au président de l'Union : 1° Un exemplaire de leurs statuts, avec copie du récépissé de dépôt à la mairie ; 2° Une demande écrite signée du président ; 3° Une copie certifiée par le président, soit de la délibération, soit de l'article des statuts ou du règlement qui aura autorisé la dite demande.

Ces pièces seront soumises au Bureau de l'Union qui, après leur examen, demandera, dans le délai d'un mois, aux présidents des syndicats unis de se prononcer sur l'admission. Le vote se fera par correspondance, sans explications, deux refus entraîneront de droit l'ajournement.

Art. 7. — Tout syndicat adhérent peut se retirer à tout instant de l'Union. A cet effet, son président adresse à celui de l'Union une déclaration par lettre chargée, accompagnée de la copie du procès-verbal de la délibération qui a autorisé la démission, et il lui en est accusé réception. Le syndicat démissionnaire perd tout droit au patrimoine de l'Union.

Art. 8. — Le défaut de paiement de la cotisation après trois lettres de rappel, le manquement aux engagements envers l'Union ou envers des tiers, ou tous autres motifs, peuvent donner lieu à l'exclusion, laquelle est prononcée par le Bureau, à la majorité des membres qui le composent.

Titre III. — Objet de l'Union.

Art. 9. — L'Union a pour objet général le concert des syndicats unis pour l'étude et la défense des intérêts économiques agricoles.

Art. 10. — Elle se propose notamment :

1° De servir aux syndicats unis de centre permanent de relations, de leur procurer les moyens et renseignements nécessaires pour les faire profiter de marchés avantageux, de réductions de transports, etc.;

2° D'encourager la création de nouveaux syndicats et d'en faciliter les débuts;

3° De recueillir et communiquer aux syndicats unis toutes les indications, venant soit de l'intérieur soit de l'étranger, qui seraient propres à les éclairer sur la situation respective des récoltes, sur les offres et demandes, et à guider ainsi les syndicats et leurs membres dans leurs opérations, marchés, etc. ;

4° De faciliter la défense des intérêts agricoles auprès des pouvoirs publics par la centralisation et la transmission de vœux et de pétitions ;

5° De leur donner des avis et conseils en toutes matières contentieuses ou techniques sur lesquelles les syndicats unis jugeraient utile de la consulter, soit dans l'intérêt propre des syndicats, soit dans l'intérêt particulier de leurs membres ;

6° De leur faciliter les analyses de terre, engrais et autres matières à faire exécuter sous le contrôle de l'Union.

Titre IV. — Administration de l'Union

ART. 11. — L'Union est administrée par un bureau composé de douze membres : un président, trois vice-présidents, six assesseurs, un secrétaire général et un trésorier.

ART. 12. — Les membres du Bureau doivent faire partie de l'un des syndicats unis. Ils sont élus par l'assemblée générale de l'Union

En cas de vacance, le Bureau se complète provisoirement par un vote à la majorité de ses membres, en attendant la décision de la plus prochaine assemblée générale.

ART. 13. — Les membres du Bureau sont élus pour trois ans, ils sont rééligibles. Le Bureau est renouvelé chaque année par tiers et par rang d'ancienneté. Les deux premières séries sortantes sont désignées par le sort.

ART. 14. — Les fonctions du Bureau sont absolument gratuites.

ART. 15. — Le Bureau se réunit sur la convocation de son président. Il délibère valablement si trois de ses membres sont présents.

ART. 16. — Il fait procéder au vote sur l'admission des syndicats, ainsi qu'il est dit à l'article 6, et prononce les exclusions conformément à l'article 8.

ART. 17. — Il prend toutes décisions et mesures sur toutes les matières qui se rattachent à l'objet de l'Union, à ses intérêts et à ceux des syndicats unis. Il prépare les travaux, propositions, vœux, pétitions et ordres du jour à soumettre aux assemblées générales.

Chaque année, il présente à l'assemblée générale un rapport sur l'ensemble des opérations de l'Union.

Ses pouvoirs ne sont limités que par la loi du 21 mars 1884 et par les présents statuts. Pour tout ce qui n'est pas prévu, il fait des règlements qu'il peut réviser.

ART. 18. — L'assemblée générale se compose de tous les présidents, de deux membres par bureau et deux délégués, en tout cinq membres par syndicat uni.

Les syndicats qui n'auraient point de membre présent à l'assemblée pourraient s'y faire représenter par un membre d'un autre syndicat uni, pourvu d'un pouvoir régulier sur papier libre et étant lui-même membre de l'Assemblée, sans cependant que ce membre puisse représenter plus de cinq syndicats.

Dans le vote à intervenir, les présidents ou leurs représentants seuls auront le droit de vote, les délégués n'ayant que voix consultative.

Art. 19. — L'assemblée générale ordinaire se réunira une fois par an, au siège social. Les convocations seront faites par lettres adressées aux présidents, au moins quinze jours d'avance, et indiqueront les questions à l'ordre du jour. Toute résolution, émanant de l'initiative d'un membre de l'assemblée générale, doit être préalablement soumise à l'examen du bureau, qui décide s'il y a lieu de la soumettre à l'assemblée générale.

L'assemblée générale peut délibérer valablement lorsque le quart des syndicats est représenté, sans qu'il soit tenu compte du nombre de membres représentant chaque syndicat.

Les vœux émis par cette assemblée générale seront remis à la Société des Agriculteurs de France par les délégués nommés à cet effet, conformément à l'article 4 des présents statuts.

Art. 20. — Le Bureau peut décider la réunion d'une assemblée générale extraordinaire. Le délai de convocation peut être réduit à cinq jours.

Art. 21. — Les élections des membres du Bureau se peuvent faire par correspondance et à la majorité des votes exprimés.

Les autres décisions des assemblées générales sont prises à la majorité des membres présents. En cas de partage, la voix du président est prépondérante.

Titre V. — Patrimoine de l'Union.

Art. 22. — Le patrimoine de l'Union est formé au moyen :

1° Des cotisations annuelles des syndicats adhérents ;
2° Des subventions qui peuvent lui être accordées ;
3° Des dons qui peuvent lui être faits.

Il est administré par le Bureau, qui peut choisir un agent salarié.

Art. 23. — La cotisation annuelle par chaque syndicat est fixée à 0 fr. 10 par membre, mais avec un minimum de 5 fr. Le maximum de la cotisation sera de 25 fr. pour les syndicats cantonaux et d'arrondissement et de 50 fr. pour les syndicats de département.

Titre VI. — Dispositions Générales.

Art. 24. — Tout membre d'un syndicat adhérent à l'Union participe aux avantages résultant de l'ensemble des services rendus par l'Union.

Art. 25 — Chaque syndicat adhérent conserve son autonomie et sa complète indépendance. Il peut, par suite, adhérer à une ou plusieurs Unions. Il n'est pas responsable des actes de gestion et d'administration de l'Union.

— 16 —

Trois créations sont ensuite discutées et décidées :

1° Un office central permanent d'achats et de ventes au service des syndicats unis ;

2° Un bulletin d'offres et demandes ;

3° Un comité de contentieux.

Nous étudierons plus loin, chacune avec les détails qu'elle comporte, ces trois créations ; donc, inutile d'en parler maintenant. Contentons-nous pour l'instant de signaler les deux vœux émis par la réunion :

Vœu contre le projet de convention commerciale avec l'Italie. — L'Union du Sud-Est émet le vœu que les traités de commerce, notamment avec l'Italie, ne soient pas renouvelés, et qu'au cas où ils le seraient, l'Agriculture soit représentée aux négociations par un nombre de délégués égal à celui du Commerce.

Vœu contre l'impôt de 10 % sur les primes d'assurance. — Que l'impôt de 10 % qui grève les assurances contre l'incendie soit désormais calculé, non sur les primes, mais sur le capital assuré, ce qui est le seul moyen de répartir équitablement cette charge, qui, par suite de l'élévation des primes sur les risques ruraux, grève ceux-ci beaucoup plus que les risques urbains.

Nous terminons le compte-rendu de cette première assemblée par la composition du Bureau définitif élu à l'unanimité des membres présents.

Président : Gabriel de SAINT-VICTOR, ancien député, lauréat de la Prime d'honneur du Rhône, président du Syndicat de Tarare.

Vice-président : Antonin GUINAND, président du Syndicat de Saint-Genis-Laval.

Vice-président : Emile DUPORT, président de l'Union Beaujolaise et du Syndicat de Belleville.

Vice-président : Anatole DE FONTGALLAND, président de l'Union de la Drôme et du Syndicat de Die.

Secrétaire général : Charles DE BÉLAIR, membre du Syndicat de Saint-Symphorien-d'Ozon.

Trésorier : Ernest RICHARD, secrétaire du Syndicat de Belleville.

Administrateurs : MM. DE MONICAULT, vice-président de la Société des Agriculteurs de France, président du Syndicat agricole de Trévoux.

DE GAILHARD-BANCEL, président des Syndicats de Crest et d'Allex.

François DONAT, assesseur du Syndicat de Saint-Symphorien d'Ozon.

Comte DE SAINT-POL, président du Syndicat du Haut-Beaujolais.

Vicomte DE BOIGNE, président du Syndicat de la Haute-Savoie.

Comte DE VILLETTE, vice-président du Syndicat de la Haute-Savoie.

Le dépôt des statuts et des noms des membres du Bureau ayant été effectué, ainsi que le constate le récépissé, le 24 octobre 1888, à la mairie de Lyon, c'est de ce jour qu'en réalité commence la vie de l'Union du Sud-Est.

Nous allons suivre pas à pas son existence, laissant pour des chapitres spéciaux, où elles seront traitées en détail, toutes les organisations qu'elle engendre. La vie de l'Union est, dès ce jour, tellement remplie, que c'est, à notre sens, le seul moyen d'arriver à une monographie à la fois claire et complète.

Année 1889. — C'est par l'admission du Syndicat des Agriculteurs Charolais, présidé par M. de Billy, que l'année 1889 débute (10 janvier), suivie de très près par l'affiliation du Syndicat des Agriculteurs de France de la Loire, présidé par M. le marquis de Poncins, votée le 25 janvier suivant (1). A cette dernière date, le Bureau charge l'un des siens de la mission de représenter l'Union à l'Assemblée générale de la Société des Agriculteurs de France et à la réunion annuelle des comices et syndicats qui la doit précéder.

M. de Monicault reçoit, comme mandat, d'appuyer auprès des pouvoirs publics les desiderata de l'Union résumés en ces termes :

1° Assurer, en France, aux produits nationaux un traitement égal à celui des produits étrangers en frappant ceux-ci, à leur entrée en France, d'un droit équivalent à la somme des impôts que supportent les produits similaires français et en abolissant tous les tarifs dits de pénétration qui ne sont autre chose que des privilèges au profit de l'étranger.

2° Demander aux Ministères compétents que les adjudications de l'armée et de la marine soient exclusivement réservées aux producteurs français.

3° Renouveler auprès des pouvoirs publics les deux vœux émis par l'assemblée du 15 octobre dernier.

Inutile d'ajouter que le distingué délégué de l'Union a usé de toute son autorité et de toute son influence pour faire accepter ces vœux

---

(1) Pl. n° 4.

par la Société des Agriculteurs de France qui, les faisant siens, les a fait triompher, en partie tout au moins. Si faible qu'ait pu être, dans ce résultat, la part de l'Union, il est bon de la consigner ici, en remerciant M. de Monicault d'avoir été son interprète autorisé.

Le 19 mars, les deux syndicats de Bourg-St-Andéol (Ardèche) et d'Apprieu (Isère) sont admis à l'unanimité des 27 votants (1).

Le 6 mars, nouvelle affiliation du syndicat de Bourg (Ain) et du syndicat de Grand-Serre (Drôme), admis par 25 voix sur 25 votants (1).

Le 7 juin, admission du syndicat agricole de Bresse; à l'unanimité des 25 votants, son affiliation à l'Union est votée.

Le 10 août, admission du syndicat des Éleveurs et Emboucheurs charolais, à la majorité de 22 voix sur 23 votants (1).

C'est donc avec un total de 46 syndicats adhérents (1) que l'Union quitte son local provisoire pour se mettre dans ses meubles, toujours rue du Garet, 9, mais dans une maison distincte qu'elle occupera plus tard en totalité.

A peine installée, elle convoque ses adhérents à sa deuxième assemblée générale, qu'elle tient le 14 novembre 1889.

Trente-cinq syndicats sur quarante-six sont présents ou représentés; gage indéniable de la solidarité étroite existant entre elles, MM. Saint-Marc-Girardin et Sainte-Claire-Deville sont venus apporter à l'Union du Sud Est les souhaits et les vœux de prospérité de sa sœur aînée: l'Union des Syndicats des Agriculteurs de France. On sent, du reste, qu'il y a, de part et d'autre, la même envie de s'entendre et, dans son discours d'ouverture, M. de Saint-Victor se félicite de l'accord intime, absolu, qui règne entre l'Union du Sud-Est et l'Union de Paris. L'une et l'autre travaillent dans l'intérêt de l'agriculteur français, lequel ne se préoccupe pas de savoir qui remplit ses ordres, qui facilite ses ventes, parce qu'en matière de syndicat agricole il ne saurait y avoir ni maisons rivales, ni intérêts opposés. « Nous avons cru, dit le Président, favoriser les intérêts de notre vaste région, et nous avons dit déjà ce qui avait nécessité, à nos yeux, la création de l'Union du Sud-Est. Aujourd'hui, et après un an d'expérience, nous avons la certitude que nous ne nous trompions pas alors et nous croyons que nous irons en grandissant; ce qui signifie que nous rendrons à l'agriculture régionale plus éclairée, sachant mieux profiter de nous, tous les services que nous pourrons ». C'est sur ces paroles bien encourageantes que M. le

---

(1) Pl. n° 2, 3 et 4.

président ouvre la séance en donnant successivement la parole à M. Ernest Richard, trésorier, à M. Guinand, vice-président, rapporteur de la Commission du Bulletin, à M. Emile Duport, vice-président rapporteur de la Commission des boucheries. Nous reparlerons, en leur temps, de ces deux derniers rapports ; quant à l'exposé financier de M. Richard, qu'en dire, sinon qu'il prouve que si, dans bien des cas, l'argent est le nerf de la guerre, le dévouement est quelquefois le nerf du succès. Comment expliquer autrement qu'avec un budget de recettes de 745 fr. 60, l'Union ait pu, en une année, s'installer chez elle, créer un office, un bulletin, un comité de contentieux et avoir encore, en fin d'exercice, un excédent de recettes de 291 fr. 60 ! Et dire qu'il se trouve encore des gens assez naïfs ou d'assez mauvaise foi pour accuser les syndicats d'être les meilleurs banquiers de leurs administrateurs !

Les rapports étant lus et discutés, les conclusions approuvées, l'assemblée procède au renouvellement partiel de son Bureau (art. 13 des statuts).

Par acclamation, MM. de Saint-Victor, de Bélair, Richard, comte de Boigne, sont réélus ; M. de Gailhard-Bancel, démissionnaire en raison de ses occupations multiples, est remplacé par M. le commandant Cullet, président du syndicat de Bourg-de-Péage.

Avant de se séparer, la réunion n'a garde d'oublier que la défense des intérêts économiques fait partie du triple rôle de l'Union et c'est à l'unanimité qu'elle émet les quatre vœux suivants :

VOEUX

L'Union du Sud-Est des Syndicats agricoles, émet le vœu :

Responsabilité des animaux saisis. — Qu'une loi intervienne pour faire incomber à l'acheteur, c'est-à-dire au dernier détenteur, la responsabilité des animaux saisis ;

Transport par fer du sulfate de cuivre. — Que le sulfate de cuivre soit assimilé aux engrais pour les transports par chemin de fer ;

Transport des bestiaux. — Que toutes les petites gares de la Compagnie P.-L.-M., ayant un quai d'embarquement, soient ouvertes aux bestiaux trois fois par semaine ;

Représentation agricole. — Que la représentation agricole par des Chambres d'agriculture soit constituée dans le plus bref délai.

M. le président reçoit mission de faire parvenir ces vœux, par l'intermédiaire de la Société des Agriculteurs de France, aux Ministres compétents et à M. le Directeur de la Compagnie P.-L.-M.

A titre de proposition additionnelle, M. Emile Duport fait adopter la motion suivante :

Chambres d'agriculture. — « L Assemblée, reconnaissant l'utilité de provoquer un mouvement de l'opinion en faveur de la création des Chambres d'agriculture, invite les membres des syndicats à assister à la réunion ouverte, organisée pour le 15 décembre par le Comice de Lyon, et dans laquelle on entendra sur ce sujet M. Kergall, président du Syndicat économique agricole.

« L'Union du Sud-Est cherchera, par tous les moyens en son pouvoir, à provoquer l'attention des pouvoirs publics en faveur de la même question ».

M. de Saint-Victor lève la séance en adressant de chaleureux remerciements aux délégués des syndicats, les invitant à faire connaître autour d'eux les œuvres créées par l'Union du Sud-Est et les services considérables rendus par elle aux agriculteurs.

L'assemblée générale close, nous entrons dans la deuxième année, nous quittons la période de création pour entrer dans la période d'organisation. L'enfant grandit tellement vite que nous avons peine à le reconnaître et chacun, au début de cette année, se demande si sa rapide croissance ne l'épuisera pas. Rassurons-nous, ses nourrices sont bonnes, plus elles donnent, plus elles veulent donner ! Faisons comme le nourrisson et marchons vite pour ne pas nous engourdir.

Le 30 novembre, le Bureau reçoit comme nouveaux adhérents : le Syndicat des agriculteurs de la Bièvre (Isère) et le Syndicat agricole de Chomérac (Ardèche) (1).

Le 15 décembre a lieu la conférence organisée par le Comice agricole de Lyon et annoncée à l'Assemblée générale de l'Union. Le Comice agricole de Lyon étant affilié à l'Union du Sud-Est, et celle-ci ayant contribué à l'éclat de la réunion, il nous semble impossible de la passer sous silence, étant donné surtout le rôle qu'y a joué l'un des vice-présidents de l'Union, M. Emile Duport. C'est lui, en effet, qui y traita la question de la représentation de l'agriculture, M. Kergall ayant soutenu, avec la haute compétence qu'on lui connaît, son projet de suppression du principal de l'impôt foncier. C'était au lendemain de la formation de ce fameux groupe agricole qui nous a soutenu avec tant d'énergie et de succès, au moment de la discussion des tarifs de douane et dans lequel tous les députés s'intéressant aux classes rurales se sont réunis, comprenant enfin que, pour cette dé-

---

(1) Pl. nº 2, 3 et 4.

fense comme pour l'autre, toutes nuances politiques devaient s'effacer. Dans sa conférence, l'énergique président du syndicat économique se félicite du concours qu'il a rencontré à la Chambre et attribue ce réveil, qu'il remarque dans l'opinion, à l'action salutaire des syndicats agricoles qui ont secoué bien des torpeurs et fait naître cette force de premier ordre qu'il appelle la « Démocratie Rurale ». L'éloquent orateur n'oublie qu'une chose, c'est la part très grande qui lui revient dans ces résultats dus, à n'en pas douter, à cette énergie, à cet ardent dévouement qu'il n'a jamais marchandé ni à son pays ni aux paysans. Peu d'hommes, dans ces dernières années, ont autant contribué que lui à la défense des campagnes et puisque, à l'encontre de tant d'autres, il ne sait pas s'en vanter, qu'il nous permette ici de l'en féliciter et de l'en remercier au nom de la démocratie rurale du Sud-Est.

De la conférence de M. Duport, il nous est bien difficile, sans l'amoindrir, de donner un résumé, et comme nous aurons plus loin à relater ses idées sur la question, qu'il nous suffise pour l'instant de consigner sa péroraison :

« Messieurs, il ne s'agit pas de vaines compétitions entre négociants et agriculteurs ; aussi lorsqu'il faudra discuter avec l'étranger les conditions d'un traité de commerce, nos représentants, quels qu'ils soient, les leurs comme les nôtres, se rappelant qu'au-dessus de la profession, il y a la patrie, sauront imposer les sacrifices nécessaires à la prospérité et à la grandeur du pays.

« Et maintenant, M. Kergall, vous serez demain au milieu de vos collègues du groupe agricole. Eh bien ! dites leur qu'à Lyon nous approuvons hautement le noble exemple de concorde qu'ils ont donné, car, sur le terrain de la défense agricole, nous serons toujours unis pour appuyer leurs efforts. Le cœur bat plus vite, il bat mieux lorsque, dédaigneux des entraves de la politique, l'on peut dépenser largement son intelligence et son dévouement, sans qu'il soit besoin d'une nouvelle guerre pour voir ses services acceptés.

« Dites-leur que nous voulons énergiquement cette représentation agricole, que nous les chargeons de nous obtenir.

« Nous la voulons parce qu'elle est de toute justice et de toute égalité, mais nous la voulons plus encore, parce que défendre l'agriculture c'est défendre le sol, c'est enrichir le pays pour les heures de détresse, c'est lui former des défenseurs pour les heures de danger.

« Dites-le et, avec le concours de tous, nous aurons enfin cette représentation véritable. Qui donc oserait nous la refuser ? N'est-ce pas pour la patrie ? »

Nous aurons à revenir sur le rôle important joué par l'Union dans cette question, non encore résolue, de la représentation professionnelle, mais nous étions bien aise de donner, à cette place, la péroraison si éloquente et si pleine de cœur du porte-parole de l'Union du Sud-Est.

L'année 1889 se termine par l'entrée au Conseil de l'Union des Syndicats des Agriculteurs de France de MM. Gabriel de Saint-Victor, président, et A. Guinand, vice-président. C'est donc dès maintenant l'accord parfait entre les deux Unions.

Année 1890. — Le 19 avril 1890, le Bureau prononce l'admission du syndicat de Savasse (Drôme) et du syndicat de Nantua (Ain) et le 13 juin, celle du syndicat agricole et viticole de Mâcon (1) ; le 24 du même mois, M. de Benoist, président de ce syndicat, est nommé, provisoirement et sauf ratification par l'Assemblée, membre du Conseil, en remplacement de M. de Boigne, démissionnaire.

Le 7 juillet, l'Union s'occupe d'une très intéressante communication faite par M. de Benoist, au sujet des dommages permanents causés aux prairies des bords de la Saône par l'infiltration des eaux, infiltration qui ne tardera pas à convertir ces prairies en marais, pour le plus grand préjudice de tous les propriétaires riverains. A la suite d'une enquête très sérieuse, faite sur place, M. de Benoist a acquis la certitude que l'infiltration des eaux provenait uniquement des travaux exécutés par l'administration des Ponts et Chaussées, travaux qui ont élevé le niveau de la Saône contrairement aux règlements sur le régime des eaux.

Cet état de choses, qui menace de s'empirer, a ému les populations riveraines. Le syndicat de Mâcon a été saisi de ces plaintes et a voté une protestation précisant les griefs des propriétaires riverains de la Saône. M. de Benoist demande à l'Union, dont l'influence peut beaucoup pour défendre les intérêts agricoles de la région, d'appuyer cette protestation et de la faire parvenir à qui de droit.

Le Bureau se rallie complètement à la proposition de M. de Benoist et charge son secrétaire général de faire parvenir ladite pétition au ministre compétent, par l'intermédiaire du président de la Société des Agriculteurs de France.

------

(1) Pl, n° 2,

Quelques jours après, c'est-à-dire fin septembre, l'Union prend l'initiative de rappeler aux corps élus les desiderata des agriculteurs et, après l'avoir fait signer par les 52 syndicats unis, représentant environ 25.000 membres, elle envoie la pétition suivante à M. le marquis de Dampierre, en le priant de la transmettre à M. Méline, président de la Comission des douanes.

PÉTITION DES AGRICULTEURS

Pour demander

1° Des droits de douane suffisamment protecteurs ;

2° La réforme de l'impôt foncier ;

3° La répression de la fraude sur les produits agricoles falsifiés ou fabriqués ;

4° La représentation agricole.

Messieurs les sénateurs,
Messieurs les députés,

Nous soussignés, tous cultivateurs, fermiers, vignerons et propriétaires,

Considérant que l'agriculture française traverse une crise terrible dont les tristes effets se répercutent sur la fortune publique ;

Qu'il est de toute nécessité, si l'on veut assurer le pain des travailleurs de la terre, de frapper les produits agricoles étrangers entrant en France de droits correspondants aux lourdes charges que les agriculteurs ne peuvent plus supporter ;

Considérant que la propriété non bâtie paie en France, un impôt plus lourd que dans aucune contrée d'Europe, impôt qui est deux fois plus élevé que celui de la propriété urbaine et trois fois plus que celui de la propriété mobilière ;

Qu'il importe de réformer l'impôt foncier pour établir l'égalité des charges ;

Considérant que la santé publique et les intérêts agricoles sont gravement compromis par la vente des produits alimentaires falsifiés ou fabriqués ;

Qu'une répression sévère et efficace s'impose ;

Considérant qu'il est profondément injuste que la classe la plus nombreuse soit sans une représentation sérieuse pour défendre ses intérêts professionnels ;

Que des Chambres d'agriculture doivent être établies sur les mêmes bases que les Chambres de commerce ;

Nous demandons à Messieurs les sénateurs, à Messieurs les députés :

1° De frapper, à leur entrée en France, les produits agricoles étrangers, de droits de douane suffisants pour rétablir l'égalité des charges entre ces produits et les produits français

2° De réformer l'impôt foncier sur des bases équitables ;

3° D'organiser la surveillance active et la répression sévère contre les falsifications de denrées alimentaires ;

4° De créer des Chambres d'agriculture sur les mêmes basés que les Chambres de commerce.

Nous ne passerons pas à la troisième Assemblée générale, sans nous arrêter à la réunion du Bureau de l'Union du 28 octobre qui semble, à un double point de vue, digne d'une mention particulière.

C'est, en effet, au cours de cette réunion que le Bureau décida d'inviter à son Assemblée générale MM. Flourens, Deusy, de Lorgeril et Kergall, en les priant de vouloir bien venir traiter, dans une réunion publique, « du régime douanier et des véritables intérêts de la classe ouvrière ; des rapports entre l'agriculture, le commerce et l'industrie; du dégrèvement de l'impôt foncier ». Pleins pouvoirs sont donnés à MM. Guinand, de Bélair et Richard pour organiser la réunion et la rendre aussi publique et aussi solennelle que possible. C'était là le seul vrai moyen de mettre à son vrai point et sous son véritable jour la question des droits de douane, en montrant les rapports communs qui existent entre l'agriculture, le commerce et l'industrie, en cherchant à établir entre ces trois intérêts une espèce de consortium loyal, au lieu de prolonger une lutte dommageable à tous. Nul n'était mieux à même que l'Union du Sud-Est d'en prendre l'initiative et si, dans la suite, la région lyonnaise a pu bénéficier de cette entente, il est juste de signaler ici la part importante qui lui revient dans ce magnifique résultat.

Le second point que nous relèverons dans cette même réunion de Bureau, c'est que les premiers organisateurs de l'Exposition de Lyon — alors qu'encore on la pensait faire en 1892 — avaient fait appel au Concours de l'Union, qui avait chargé trois de ses membres de se mettre en rapport avec le Comité directeur et avait envoyé officiellement son adhésion. Du jour où le projet prit corps et où l'Exposition de 1894 devint possible, plus de nouvelles, plus de demandes de participation. Ce n'est pas ici le lieu de rechercher le pourquoi de cette exclusion systématique, nous tenions seulement à rappeler les faits, pour qu'on n'ignore pas les raisons qui ont pu décider alors l'Union à se borner à une simple exposition collective, dans le groupe d'Economie sociale qui avait sollicité sa participation, offrant à ses envois la plus aimable et la plus large hospitalité.

A signaler enfin, l'affiliation du Syndicat de Châbons (Isère) (1).

Nous arrivons ainsi à la troisième assemblée générale, qui s'ouvre

---

(1) Pl. n° 2.

au siège social le 22 novembre ; 30 syndicats sur 52 sont présents ou représentés (1).

Dans un de ces discours-revue, qui sont restés le modèle de la netteté et de l'élégance, M. Gabriel de Saint-Victor résume rapidement toutes les questions à l'ordre du jour ; en deux mots, il les met au point, facilitant ainsi le travail des rapporteurs et éclairant, avant la lettre, la religion des auditeurs.

Et d'abord, à propos du budget : « Nous restons dans l'esprit de notre fondation en tenant modestement notre place, réduisant au strict nécessaire le nombre de nos employés, dont le zèle et le dévouement à l'œuvre entreprise ne laissent rien à désirer. Nous croyons bon de persévérer dans cette voie et de prouver ainsi aux agriculteurs des autres régions, qui suivront bientôt notre exemple, que l'on peut faire bien, beaucoup et à bon marché, sans vastes bureaux et sans un luxe d'agents souvent inutiles. Nos dépenses sont insignifiantes et ce n'est certainement pas la question financière qui pourra arrêter ceux qui se proposent, dans un avenir prochain, nous l'espérons, de fonder de nouvelles provinces agricoles ».

Traitant ensuite la question des rapports entre les syndicats et l'Office, il appelle l'attention sur les petits syndicats, sur les faibles que l'Union doit particulièrement protéger. Il ne quitte pas l'Office sans affirmer encore une fois les rapports intimes qui règnent entre l'Union des Syndicats de Paris et l'Union du Sud-Est. « Leurs Offices, ajoute-t-il, doivent travailler uniquement dans l'intérêt des agriculteurs, en dehors de tout esprit de rivalité, n'ayant qu'un seul but, celui de procurer au meilleur marché possible des marchandises de la meilleure qualité, car nous savons tous qu'il y a des marchandises de toutes les qualités et, par conséquent, de tous les prix ».

Avant de terminer, il remercie, au nom de l'Union, les amis de l'agriculture, les conférenciers du lendemain, qui n'ont pas hésité à entreprendre un voyage parfois bien long pour nous apporter le puissant concours de leur parole et témoigner ainsi de l'intérêt qu'ils portent à notre œuvre.

L'Assemblée continue, sur ces paroles de bienvenue, par les rapports de M. Richard, trésorier, de M. Duport, sur les boucheries et l'office, de M. Guinand, sur le Bulletin, de MM. Gairal et Ducurtyl au nom du contentieux.

---

(1) Pl. nº 4.

Sur le premier, nous ne pouvons que répéter nos appréciations antérieures, en y ajoutant toutefois nos très sincères félicitations pour ceux qui, avec un budget de 1.096 fr., ont pu faire si beau et si bon. Pour les rapports spéciaux, nous les retrouverons plus loin, chacun à leur place, nous ne nous y arrêterons donc pas, arrivant de suite à la discussion d'une proposition intéressant toutes les Unions et tranchée dans cette même assemblée.

Depuis la fondation de l'Union du Sud-Est, un certain nombre de syndicats — parmi lesquels nous trouvons le syndicat de Montpellier, le syndicat des Agriculteurs du Puy-de-Dôme, le syndicat de Lons-le-Saulnier, — ayant leurs sièges sociaux en dehors des limites fixées par l'article 5, titre II des statuts, frappés des services que, malgré leur éloignement, ils pouvaient retirer de leur affiliation avaient demandé leur admission. Par déférence pour les syndicats intéressés, et sauf ratification par l'Assemblée générale, le Bureau avait cru pouvoir leur donner provisoirement, et moyennant le paiement d'une cotisation, l'autorisation d'user des services du courtier et de profiter des bénéfices de l'Union. A la veille d'une solution nette, une commission spéciale, nommée par le Bureau, fut chargée d'étudier la question et de présenter un rapport qu'elle confia à l'un des siens, M. Emile Duport. Comme, au fond, il y a là une question générale de principe pour toutes les Unions, il nous semble utile de rappeler à cette place les considérations qui ont motivé la décision finale.

Il est certain que, pour les syndicats même situés en dehors de la région, il pourrait y avoir un intérêt agricole sérieux à faire partie de l'Union et qu'au reste ces adhésions procureraient à celle-ci des avantages importants en augmentant ses ressources et ses forces. D'autre part, il est non moins certain que la pensée qui a fait insérer dans les statuts la limitation de la circonscription est une pensée sage ; l'Union, en effet, doit être régionale, d'abord, parce que d'autres Unions régionales se créeront à côté d'elle, ensuite parce que, si elle n'avait pas de limites, que pourrait-elle être sinon une rivale de l'Union des Syndicats des Agriculteurs de France ?

La question étant ainsi posée sous son double jour, quelle solution le rapporteur va-t-il proposer ?

En fait, ces syndicats, que désirent-ils ? Recevoir nos avis d'abord, user de nos services ensuite et c'est tout ; leur éloignement ne leur permet pas de prendre part régulièrement à nos travaux et le plus

souvent, sur les questions économiques, leurs intérêts seraient différents des nôtres.

Au fond, que voulons-nous? Etre utiles à ces syndicats en attendant la création d'Unions régionales pouvant les englober et nous
voulons le faire sans nuire à notre unité, à notre propre unité, sans
nous imposer des charges, sans modifier nos statuts. Est-ce possible? Nous le croyons. Pour cela, il suffit d'investir le Bureau du
pouvoir de donner à ces syndicats et à tous ceux qui pourraient en
faire plus tard la demande, l'autorisation d'user de nos services à
titre d'associés et non plus d'affiliés.

Ils ne seront pas soumis à l'admission, ils ne feront donc pas partie
de l'Union du Sud-Est, par suite, ils ne prendront pas part à nos
délibérations, ils ne voteront pas dans nos conseils, en un mot, notre
unité régionale, qui est fondamentale, restera entière.

Ils devront payer les mêmes cotisations que s'ils faisaient partie
de l'Union, et ils ne le trouveront pas excessif, puisque, en recevant
nos avis et en utilisant notre courtier, ils jouiront précisément du
genre de services qu'ils désirent de nous; au surplus, les dépenses
ne sauraient les en empêcher.

Loin de nous imposer une charge, ce serait alimenter notre
caisse.

Enfin, puisqu'ils ne feront pas partie de l'Union, il n'y a plus lieu
désormais de modifier nos statuts.

Toutes ces considérations étant acceptées par l'unanimité des
membres présents, l'assemblée décide, conformément aux conclusions du raporteur :

1° Qu'il n'y a pas lieu de modifier l'article 5, titre II, des statuts;
2° Que les syndicats agricoles, ayant leur siège en dehors de la circonscription régionale de l'Union du Sud-Est, peuvent être autorisés, provisoirement, sur leur demande écrite et après décision du Bureau, à user des
services de l'Union, sans en faire partie, mais à la condition de payer les
cotisations de leur classe.

Cette troisième Assemblée générale se termine par le renouvellement partiel du Bureau et les vœux.

Les membres désignés par le sort pour faire partie de la deuxième
série renouvelable sont :

MM. le comte de Saint-Pol, de Fontgalland, le comte de
Villette, Donat.

Tous sont réélus par acclamation et, par acclamation aussi, M. de

Benoist, nommé le 24 juin membre du Bureau en remplacement de M. de Boigne, est maintenu dans les fonctions que le Bureau lui avait provisoirement attribuées.

VOEUX

L'Union du Sud-Est émet ensuite les vœux suivants :

Sociétés coopératives. — Que le Parlement ne restreigne pas la liberté dont jouissent les sociétés coopératives, en vertu du titre II de la loi sur les sociétés, du 29 juillet 1867 — et spécialement dans le cas où il adopterait le projet de loi sur les sociétés coopératives, voté en seconde lecture par la Chambre des députés le 7 juin 1889 — et qu'il y introduise les modifications suivantes :

1° Que la forme de société coopérative puisse être adoptée par toute société qui voudra se soumettre à la législation spéciale établie par la loi, ainsi que le permettait la loi de 1867, et que les bénéfices de cette législation privilégiée ne soient pas réservés aux seules associations de crédit, de production, mais encore à toutes celles dont les progrès de l'idée coopérative feraient sentir l'utilité ;

2° Que les sociétés coopératives ne soient pas obligées d'adopter exclusivement la forme anonyme, ainsi que le leur impose l'article 19 du nouveau projet, mais qu'elles puissent continuer, comme sous l'empire de la loi de 1867, d'adopter la forme de la société en commandite ou en nom collectif, qui a rendu de si grands services aux Associations coopératives allemandes et italiennes.

Le Crédit agricole. — Que la législation ne compromette pas l'existence ou la prospérité des syndicats agricoles en les chargeant de la mission de faire des opérations de crédit agricole dont doivent se charger des associations agricoles distinctes, auxquelles les syndicats sont, du reste, disposés à donner tout leur concours.

Société des Agriculteurs de France. — Que la Société des Agriculteurs de France, dont les présidents des syndicats présents à la réunion font tous partie, ne distribue plus à l'avenir des prix à l'occasion des concours régionaux et qu'elle institue, au contraire, des concours, des congrès ou toutes autres réunions utiles à l'agriculture dans les départements où ne se tiendraient pas les concours officiels : concours de faucheuses, faneuses, moissonneuses, batteuses, etc., concours d'animaux reproducteurs, de vaches laitières, etc.

L'Assemblée estime que la Société acquerrait une plus grande notoriété en agissant ainsi par elle-même ; qu'elle recruterait, partout où elle tiendrait des concours, dirigerait des congrès, un nombre plus considérable d'adhérents.

Ici se termine l'Assemblée générale proprement dite de l'Union, mais nous ne saurions oublier qu'elle a eu un lendemain brillant et que la réunion imposante tenue, le dimanche 20 novembre, au Palais de la Bourse, en a été la conclusion, puisqu'elle avait été organisée par l'Union et qu'elle avait lieu sous son patronage.

Nous pouvons bien ajouter qu'elle en a été l'heureuse conclusion, puisqu'en somme c'est elle qui a consommé l'alliance de l'agriculture et du haut commerce, alliance rendue nécessaire au moment de la discussion des tarifs douaniers, et grâce à laquelle, si notre mémoire est bonne, Lyon a pu sauvegarder les intérêts si précieux du commerce des soies.

Cette manifestation du 20 novembre mérite donc, en raison surtout du rôle qu'elle a pu jouer, plus qu'une mention, c'est pourquoi nous nous y arrêterons quelques instants.

Présidée par M. Gabriel de Saint-Victor, la réunion entend d'abord M. Flourens, ancien ministre, député des Hautes-Alpes, chargé, de concert avec M. de Lorgeril, son collègue à la Chambre, de parler du régime douanier et des véritables intérêts de la classe ouvrière « Je ne viens pas, dit l'habile orateur, vous recommander la modération, je ne viens pas vous recommander la conciliation et les transactions nécessaires ; aux représentants de populations aussi foncièrement honnêtes que celles du Sud-Est, de tels conseils seraient superflus, je viens vous demander sur quel terrain et dans quelles conditions vous allez opérer la conciliation et la transaction. Dans cette ville de Lyon, il n'est pas nécessaire de prendre la défense de cette grande industrie de la soie ; il n'est pas nécessaire de dire qu'il ne peut rien être fait qui lui soit préjudiciable, qui porte atteinte à la situation prépondérante qu'elle s'est acquise dans le monde et qui constitue, non seulement une grande force économique pour notre pays, mais aussi une splendeur artistique, une gloire nationale. D'autre part l'agriculture tient son sort entre ses mains. Les traités de commerce vont expirer, ils ont vécu ; la France est redevenue maîtresse de son régime économique et douanier, c'est à l'agriculture de décider quel usage il convient de faire de cette liberté. Oui, Messieurs, je puis le dire, dans ce moment les pouvoirs publics, le pays, le monde agricole, industriel, commercial et financier, dans nos frontières et hors de nos frontières, ont les regards fixés, non sans anxiété, sur les résolutions que l'agriculture française va prendre, sur l'étendue des revendications qu'elle va formuler. Si elle ne profite pas de l'occasion, son avenir sera pour longtemps compromis ; si elle en abuse, elle retournera contre elle l'opinion publique qui lui est favorable actuellement et sa victoire ne sera pas de longue durée. En débattant ces graves questions, ce n'est pas à des patriotes comme vous que j'ai besoin de rappeler que nous ne devons pas perdre un seul instant de vue que, sur le terrain économique comme sur le terrain militaire, c'est en face de l'étranger que nous sommes placés et que, par conséquent, tous les Français, sans distinction d'opinions comme sans distinction de régions, doivent marcher unis, la main dans la main ».

C'est à cette union de toutes les forces de la démocratie rurale que le second orateur, M. de Lorgeril, fait appel : « Nous ne sommes pas Paris, nous ne sommes pas une région, nous sommes la France entière et c'est cette solidarité d'intérêts dont je me félicite de vous apporter l'irrécusable témoignage. Eh ! bien, Messieurs, nous savons tous que, du Nord au Midi, de l'Est à l'Ouest, nos industries agricoles sont variées et cette variété, je le reconnais facilement, peut, certes, occasionner de nombreuses divergences d'intérêts. Mais qui osera prétendre que ces divergences sont incompatibles avec l'union de tous les agriculteurs ? N'avons-nous pas tous des droits identiques à la bienveillance et à la vigilance des pouvoirs publics ? N'y a-t-il donc pas de place, au tarif général, pour tous nos produits ? Et pourquoi susciter, par ailleurs, un antagonisme fratricide entre l'industrie et l'agriculture ? Vous, ouvriers de la ville, que ferez-vous de vos frères, les ouvriers de la terre, lorsque l'inégalité des charges les aura ruinés ? Que deviendront ces 25 millions d'agriculteurs, lorsque leur métier ne les nourrira plus ? Chaque métier, dit le proverbe, doit nourrir son homme, mais si, un jour, l'agriculteur ruiné déserte ses sillons et émigre à la ville, ce n'est pas pour faire vivre l'ouvrier, mais pour lui faire, au contraire, concurrence et le supplanter. Donc, l'union s'impose, la mutualité se commande, la solidarité existe entre tous les travailleurs, qu'ils appartiennent aux industries des villes ou bien aux industries des campagnes. Cette solidarité s'impose *à fortiori* aux membres de la famille agricole entre eux ».

C'est qu'en effet, comme le développe après M. de Lorgeril et très éloquemment, le président du Syndicat économique agricole, le vaillant M. Kergall, la force est dans le peuple, dans la démocratie rurale surtout. « La force rurale, en effet, procède de populations laborieuses, patientes, sages, réfractaires aux utopies et aux excitations malsaines et qui ne réclament que leur place au soleil et la paix du travail. Avec la démocratie rurale, par la démocratie rurale, la force, pour la première fois depuis la création du monde, cessera d'être mise au service de la guerre et de la ruine, pour entrer au service de la paix et du travail créateur. La force rurale, toujours dirigée, toujours contenue, est plus grande que toute autre, parce que c'est dans l'homme de la terre que se trouve la plus grande somme de virilité. Le rural est l'enfant de la terre et c'est au contact journalier de sa mère qu'il retrempe sa vigueur, répare et augmente ses forces. C'est chez lui qu'on trouve les reins puissants et les bras robustes, au figuré comme au propre, pour travailler au relèvement de la patrie, laquelle n'est faible que des divisions de ses enfants ».

Au reste, l'heure des ruraux est bien venue et, dans un discours aussi éloquent que spirituel, l'un de leurs plus vénérés défenseurs, M. Deusy, plaide chaleureusement la cause de l'éternelle sacrifiée : l'agriculture. «Nous autres, ruraux, s'écrie-t-il, nous sommes la force et le droit, puisque nous sommes la majorité. D'où vient donc le mal dont souffre l'agriculture ? De ce qu'il nous manque quelque chose : l'égalité dans nos moyens de défense contre la production étrangère. Autrefois, il y avait des classes privilégiées dans la nation ; aujourd'hui, le privilégié ce n'est plus le Français, c'est l'étranger. Cette inégalité vis-à-vis de l'étranger a surtout sa source dans les charges énormes qui pèsent, en France, sur la population rurale. Si l'on compare, en effet, le chiffre d'impôts fournis par le commerce, l'industrie, l'agriculture, on voit que l'agriculture donne à l'Etat 33 0/0 de son revenu. Ce n'est pas tout, l'inégalité existe encore relativement à la représentation.

« Alors que le commerce et l'industrie ont des Chambres qui leur permettent d'avoir voix au chapitre, de formuler leurs revendications, on laisse l'agriculture de côté ; on dispose d'elle sans la consulter, ou bien on fait un semblant d'enquête. Si, pourtant, l'agriculture a une représentation, j'allais l'oublier : c'est le Conseil supérieur composé de 96 membres ; hâtons-nous d'ajouter que sur ces 96 membres, il y a 18 agriculteurs ! C'est ce qu'on peut appeler une bonne représentation ! Nous ne saurions toutefois nous en contenter, car aujourd'hui nous comptons et nous ne sommes plus une quantité négligeable. L'adhésion s'est faite des Vosges aux Pyrénées, sans distinction de partis ; depuis cinq ans, partout nos cœurs ont battu à l'unisson. Les premiers succès remportés par les syndicats ne sauraient nous suffire ; nous voulons triompher complètement et nous triompherons, soyez-en certains, par l'union et la modération. Comment y arriver ?

« En réclamant tout d'abord, et avant tout, la représentation à laquelle nous avons droit, puisque nous sommes le nombre, nous voulons compter pour quelque chose dans les conseils du gouvernement. Nous voulons, en un mot, des Chambres représentatives de l'agriculture, élues avec tous les pouvoirs qui appartiennent aujourd'hui aux Chambres de commerce.

« En résumé, représentation effective de l'agriculture, égalité devant l'impôt et devant les tarifs de chemins de fer. A ces conditions, union intime du Midi au Nord, relèvement de la France et retour à sa grandeur et à sa prospérité passées. »

Comme sanction à tous ces discours et pour marquer d'une pierre blanche cette réunion, son président, M. Gabriel de Saint-Victor, propose, au nom de l'Union, les deux vœux suivants :

PREMIER VOEU

Les négociants, agriculteurs et ouvriers, réunis en séance publique dans la grande salle de la Bourse, à Lyon, le 23 novembre 1890,

Convaincus que le commerce, l'industrie et l'agriculture ont des intérêts absolument solidaires ; que, dès lors, il importe de protéger, sous toutes ses formes, le travail national, notamment en assurant l'approvisionnement complet de notre grande industrie lyonnaise des soieries, sans, pour cela, refuser aux producteurs de soie du Midi, une équitable protection.

Invitent le gouvernement :

1° A ne conclure aucun traité de commerce et à appliquer à toutes les nations un tarif général de douanes unique, calculé pour compenser les charges et suffire aux besoins de toutes les professions ;

2° A laisser entrer en franchise les cocons, soies grèges et ouvrées de toute provenance et à prélever sur le montant des droits payés à leur entrée en France par les autres produits agricoles, la somme nécessaire pour pouvoir donner à toutes les branches de l'industrie séricicole, dans le Midi, une juste compensation sous la forme de primes à la production.

DEUXIÈME VOEU

Les auditeurs des conférences agricoles de Lyon, réunis en séance publique dans la grande salle de la Bourse, le dimanche 23 novembre 1890,

Considérant que l'égalité est la base du droit social en France,

Demandent :

1° Qu'il soit donné à l'agriculture, dans le plus bref délai possible, une représentation professionnelle égale à celle du commerce, par la création de Chambres d'agriculture constituées et élues comme les Chambres de commerce ;

2° Que les charges de l'impôt soient réparties aussi également que possible entre toutes les professions, en commençant par la suppression totale du principal de l'impôt foncier ;

3° Que, désormais, le ministre ne puisse plus homologuer de tarifs de chemins de fer accordant à des produits étrangers des prix de transport plus avantageux que ceux appliqués aux produits français similaires, transportés sur les mêmes rails, aux mêmes distances et que, dans le cas où, pour favoriser le transit sur nos rails des produits étrangers, il serait accordé des tarif réduits, les mêmes avantages soient toujours acquis aux produits français similaires destinés à l'exportation.

Ces vœux adoptés à l'unanimité, M. Gabriel de Saint-Victor, se faisant l'interprète de l'Assemblée, remercie MM. Flourens, Deusy, de Lorgeril et Kergall de l'appui éloquent qu'ils ont bien voulu donner à la célébration de l'union de l'agriculture et du commerce. Il a la ferme confiance que ces efforts communs seront couronnés de succès et qu'en fin de compte la victoire nous restera.

Cette espérance n'a pas été déçue, puisque l'année 1892 nous a doté, les uns et les autres, d'un tarif de douanes à peu près conforme à nos desiderata.

Ce succès ne fait qu'éveiller l'ardeur de l'Union et, loin de se reposer sur des lauriers justement conquis, elle reprend plus que jamais sa vie active et progressiste, elle va ajouter, au propre comme au figuré, un nouvel étage à sa maison.

Année 1891. — Le 5 janvier, par 31 voix sur 31 votants, le syndicat d'Annonay et du Haut-Vivarais est admis dans l'Union, en même temps que M. de Benoist, récemment nommé membre du Bureau, se voit obligé, par ses occupations multiples, de donner, malgré les démarches de ses collègues, sa démission définitive.

Il est remplacé, le 20 janvier 1891, par un jeune, M. Léon Riboud, que nous trouverons souvent sur notre route, et qui est aujourd'hui l'un des plus dévoués et des plus sympathiques soutiens de l'Union et de ses différents organismes.

Au mois de février, c'est-à-dire au moment où, pour la première fois, est appliqué l'impôt établi par la loi du 8 août 1890 sur les propriétés bâties, l'Union se préoccupe de défendre les agriculteurs lésés et, à l'exemple de la Société des Agriculteurs de France, constitue un Comité de défense de la propriété bâtie. Elle considère, à juste titre, qu'en présence des prescriptions complètement nouvelles de la loi et des irrégularités qui vont certainement en résulter, il lui appartient de prendre en mains les intérêts de ses membres, et c'est pour les mieux soutenir qu'elle adjoint à son Comité un ancien contrôleur principal des contributions directes, M. Rogé, qu'elle charge spécialement d'instruire et de soutenir, devant les autorités compétentes, toutes les réclamations en matière d'impôts qui lui seront adressées. Cette installation est portée à la connaissance des syndicats unis par la lettre suivante :

Monsieur le Président,

Nous avons l'honneur de vous informer qu'afin de permettre à tous les membres de nos syndicats unis de protester et de réclamer contre les évaluations exagérées et arbitraires de l'administration, relativement à la propriété bâtie, le Comité du contentieux de l'Union du Sud-Est s'est assuré le concours d'un contrôleur principal des contributions directes, qui se chargera de toutes les réclamations, moyennant des honoraires qui ne lui seront dûs qu'en cas de réussite.

Le Bureau de l'Union du Sud-Est vous serait reconnaissant de vouloir bien centraliser les réclamations de vos syndicataires pour les lui faire parvenir. Dans notre Bulletin de mars, nous insèrerons une circulaire indiquant aux membres de tous les syndicats les pièces nécessaires à l'appui de leur demande. Le Bureau, dans l'impossibilité de connaître tous nos associés de l'Union, n'acceptera que les réclamations lui parvenant par votre intermédiaire.

Le Secrétaire général,

Ch. de Bélair.

C'est à ce moment que l'Union, après avoir achevé l'élaboration de son projet de loi sur la représentation agricole, projet présenté à la Chambre par le comte de Pontbriant, chargea trois des siens : MM. Guinand, de Bélair et Riboud, auxquels elle adjoignit M. Gairal, président du comité du contentieux, d'aller officiellement demander à M. Aynard, député du Rhône, son appui et son dévoué concours. Le très distingué député de l'Arbresle a trop souvent affirmé sa sympathie à l'endroit des agriculteurs pour qu'il soit possible de douter de sa réponse ; elle fut affirmative autant qu'elle pouvait l'être, et d'autant plus significative et encourageante que notre honorable compatriote était précisément chargé de l'étude et du rapport sur la réorganisation des Chambres de commerce. Présentés ensemble, les deux projets avaient bien des chances d'aboutir et de réaliser enfin le vœu des agriculteurs. C'était le point essentiel ; espérons — puisque nous en sommes encore là — que les résultats seront conformes aux prévisions. Il s'agissait, pour l'Union, de préparer l'entente, elle a fait de son mieux ; à nos députés désormais de la consommer et de faire leur devoir.

Le 7 mars, affiliation de nouveaux syndicats : le syndicat de Beaurepaire (Isère) et le syndicat de Saint-André-d'Apchon (Loire), admis

l'un et l'autre par 29 voix sur 30 votants ; le 4 juillet, entrée dans
l'Union des deux syndicats de Tain (Drôme) et de Neyron (Ain), admis
par 35 voix sur 35 votants (1).

Entre temps, MM. Guinand et Duport sont délégués au Congrès de
La Rochelle avec mission de prendre part à l'étude et à la discussion
du projet Rostand, projet qui avait pour but de former une immense
Coopérative chargée d'exécuter tous les ordres d'achats et de ventes
des membres des syndicats agricoles de France. Nous n'avons pas
à étudier ici quel fut le résultat de cette mission, nous y reviendrons
ultérieurement au chapitre de la Coopérative.

Le 1er août, admission du syndicat de Limonest-Neuville (Rhône),
et du syndicat du Mas-Rillier (Ain).

Dernière étape avant sa quatrième assemblée générale, l'Union,
après avoir pris connaissance d'une lettre du président de l'Association de la meunerie française et du rapport joint de M. Cornu,
décide de s'associer pleinement aux conclusions de celui-ci et émet
le vœu :

1° Qu'il soit maintenu sur la farine, dans le nouveau tarif des douanes,
un droit double de celui du blé, d'après le principe consacré par la loi du
10 juillet 1891 ;

2° Qu'il soit établi sur la farine un droit fixe supplémentaire de 4 francs
par 100 kilogs, pour ramener l'égalité des charges entre les industriels
français et les industriels étrangers.

Nous sommes arrivés à l'Assemblée générale et comme, si au large
qu'elle soit dans sa vieille maison de la rue du Garet, l'Union ne
peut loger tous ses invités, c'est dans les salons d'un des grands
restaurants de la ville, chez Maderni, qu'elle tient ses assises. Dieu
sait si la précaution a été bonne, car, dès l'ouverture, les salons sont
pleins d'auditeurs attentifs, venus pour la plupart de loin, de très
loin même, à cette importante réunion. Ils ont compris, en effet,
tous ces délégués, qu'il y avait quelque chose en l'air et que le
projet Rostand, qu'ils sont appelés à discuter, va peut-être à jamais
détruire leurs syndicats, ruiner leurs espérances. Mais n'anticipons
pas et écoutons d'abord la parole toujours si claire, toujours si bienveillante du président qui, en quelques mots, va nous résumer
l'année de l'Union.

---

(1) Pl. n° 2.

« Il ne m'appartient pas de vous faire l'éloge de notre Association, mais j'ai cependant le devoir de vous dire comment son influence s'est fait sentir déjà d'une manière utile, pour les intérêts à la défense desquels nous nous sommes plus particulièrement dévoués. N'y eût-il à son actif que la grande réunion provoquée par elle, au lendemain de notre dernière Assemblée générale, réunion dans laquelle la modération, le bon sens pratique des agriculteurs ont produit une entente — je pourrais dire une détente — dont les bons effets se sont fait sentir jusque dans les débats parlementaires qui l'ont suivie, qu'elle aurait acquis déjà des droits à la reconnaissance du monde agricole.

Elle a fait plus, elle a contribué, par son exemple, à fonder une autre Union, en Normandie celle-là, et nous espérons ne pas avoir à aller si loin, l'année prochaine, pour saluer de nouveaux confrères, travaillant comme nous et avec nous dans une région moins éloignée. »

Après avoir constaté que le nombre des syndicats unis est de 60, M. de Saint-Victor explique en excellents termes les raisons qui ont poussé l'Union à refuser deux syndicats ayant demandé leur affiliation. « Nous nous appelons l'Union, nous ne pouvons donc pas être des instruments de division ! Quand, déjà, nous avons admis un syndicat, nous ne pouvons pas accorder la même faveur à un syndicat rival qui se fonde sur le même terrain, et qui, par là même, vient faire concurrence au syndicat primitivement constitué et agréé par nous. En pareil cas, faisant abstraction de toute considération personnelle, ne nous inspirant que de l'intérêt général de l'agriculture, nous engageons les fondateurs à s'entendre, à se partager au besoin un arrondissement, un canton ; c'est ce que nous avons fait, mais en vain jusqu'à ce jour, et c'est ce qui explique que vos suffrages n'aient pas accueilli certaines demandes. Nous n'avons cependant pas perdu l'espoir d'arriver à un résultat plus pratique, c'est-à-dire l'entente prochaine entre les agriculteurs de la première et dernière heure. Si j'insiste sur ce point, c'est qu'il ne faut pas que l'on puisse dire — que l'on puisse penser surtout — que nous agissons d'après notre bon plaisir. Nous avons pris à tâche de servir de notre mieux la cause agricole, nous n'avons accepté que cette mission et nous ne sortirons pas de la voie que nous nous sommes tracés. Nous voulons l'union, l'union qui double nos forces et sans laquelle on ne peut rien, pas plus en agriculture qu'en toute autre chose ; nous devons donc tout faire pour la conserver ».

Après avoir jeté un rapide coup d'œil sur les différents services de l'Union, M. de Saint-Victor retrace son rôle économique et rappelle, à propos de la représentation de l'agriculture, que le projet déposé par M. de Pontbriant émane du Sud-Est. « J'avais donc quelque droit de parler en commençant de l'influence qu'avait exercée déjà notre Union. Que ne ferait-elle pas si elle pouvait s'appuyer sur des associations fondées dans les mêmes conditions et poursuivant le même but de relèvement agricole ? Ce qu'elle ferait, ce que feraient ces Unions reliées à l'Union des Syndicats ? Nous l'avons déjà dit, elles constitueraient les meilleures chambres consultatives d'agriculture qu'il soit possible d'imaginer ».

Arrivant enfin au projet Rostand, il recommande avant tout la prudence et un examen approfondi avant toute décision. « Nous avons exprimé souvent le désir que nous avions de favoriser autant que possible les fournisseurs locaux et combien nous désirions que l'on ne fît pas concurrence au petit commerce, auquel nous aurions voulu conserver la préférence à prix égal ; mais, plus spécialement chargés des intérêts des membres de nos syndicats, nous manquerions aux devoirs qui nous incombent si nous ne recherchions pas pour eux les meilleurs prix de vente et d'achat. Voulant sauvegarder les intérêts de la classe nombreuse des petits commerçants qui font partie, eux aussi, de la grande famille agricole, nous avons repoussé tout d'abord le monopole, et nous espérons que si vous acceptez tout ou partie des propositions Rostand, vous ne le ferez qu'en promettant la préférence à une Société qui peut rendre de grands services à l'agriculture, mais dans le fonctionnement et la création de laquelle nous croyons ne devoir entrer à aucun prix, sous aucune forme et dans aucune condition, notre grande préoccupation étant toujours de n'engager nos syndicats dans aucune compromission financière, de quelque nature qu'elle soit. Favoriser, dans ces conditions, de tout notre pouvoir, une société qui se fonde dans le but de venir en aide à l'agriculture et pour cela, lui assurer conditionnellement notre clientèle en repoussant jusqu'à l'apparence du monopole ; mais surtout, et avant tout, éviter une division dans le monde agricole, division qui nous paraîtrait le plus grand des malheurs, en ce moment où, jeunes encore dans la vie syndicale, nous avons besoin de toutes nos forces et de l'union de tous les amis de l'agriculture pour mener à bien la campagne que nous avons entreprise ».

C'étaient là de sages conseils ; nous verrons plus tard, quand, à propos de la Coopérative, nous étudierons à fond le projet Rostand, _combien ils étaient opportuns, et comme ils ont été suivis. Restons pour le moment à l'Assemblée générale, dont nous avons, du reste, peu à dire, chacun des rapports présentés se rattachant à l'un des chapitres suivants et devant être mentionné à ce moment, chacun en son lieu et place._

Disons seulement, pour n'en pas perdre l'habitude, que M. Ernest Richard est le modèle des trésoriers et qu'avec de faibles ressources il sait faire de grandes choses. C'est si généralement le contraire qui arrive, qu'il est bon d'en faire au moins mention en passant.

Avant de passer aux vœux, l'Assemblée renomme par acclamation, MM. Guinand, Duport, de Monicault, commandant Cullet, membres du Bureau, et désigne à titre définitif, M. Léon Riboud, comme membre du Bureau, en remplacement de M. de Benoist, démissionnaire.

Voeux

Création d'Unions régionales. — Considérant que, dans l'état actuel, il est très avantageux que des Unions régionales de syndicats agricoles soient créées en France, l'Union du Sud-Est, réunie en Assemblée générale, charge expressément M. Gabriel de Saint-Victor, son président, d'inviter le président de l'Union des syndicats à encourager et à faciliter la création d'Unions régionales en France.

Formalités contre l'entrée des blés venant des zones. — L'Union du Sud-Est des syndicats agricoles, demande que l'administration des douanes renonce aux formalités vexatoires qu'elle a cru devoir employer cette année contre l'entrée en France des blés provenant des localités zones et qu'elle se contente de la déclaration fondamentale qui donne toutes les garanties désirables en ce qui concerne l'origine des blés.

Vœux de la meunerie française et du Congrès des grains. — Elle appuie et reproduit :

1° Le vœu émis par l'association nationale de la meunerie française qui demande avec instance aux pouvoirs publics :

Le maintien sur la farine, dans le nouveau tarif des douanes, du droit double de celui du blé, d'après le principe consacré par la loi du 10 juillet 1891 ;

L'établissement sur la farine d'un droit fixe supplémentaire de 4 francs par 100 kilogr pour ramener l'égalité des charges entre les industriels français et ceux étrangers.

2° Le vœu formulé par le Congrès des grains tenu à Lyon et qui est ainsi conçu :

Qu'en attendant que les pouvoirs publics soient plus éclairés sur la justesse de notre demande de retrait du décret de 1873 qui a divisé la France en zones et a interdit qu'un acquit créé dans une direction des douanes puisse s'apurer dans une autre direction ;

Nous demandons que ces zones soient agrandies de façon à comprendre plusieurs directions dans la même zône, permettant ainsi de créer l'acquit au Bureau de douanes importateur et de l'apurer par le Bureau qui en est le débouché naturel.

Nous demandons notamment que les meuniers, dépendant de notre région, puissent créer leur acquit, soit à Marseille, soit à Saint-Louis, et le faire apurer par la direction de Lyon, Chambéry ou Belfort. Cette facilité nous permettra de lutter avec la meunerie suisse qui aborde à notre détriment l'approvisionnement de la zone neutre de Gex et de la Haute-Savoie.

Elle évitera les formalités nombreuses à faire pour envoyer les blés en continuation d'entrepôt à Lyon et permettra à un grand nombre de meuniers de travailler pour l'exportation, ce qu'ils ne peuvent faire avec les règlements actuellement en vigueur.

Enfin, qu'en attendant cette réforme, les employés des contributions indirectes soient autorisés à faire les constatations ou opérations de douane dans des ports ou gares privés de bureau de douane, tout en continuant à créer les acquits au siège de la direction.

Que toute facilité soit donnée à la Cⁱᵉ P.-L.-M. pour la création d'un bureau de douane dans la gare Lyon-Guillotière et cela à ses frais.

Vinage des vins. — L'Union du Sud-Est proteste énergiquement contre tout projet de loi sur le vinage des vins.

Suppression du principal de l'impôt foncier. — L'Union approuve, dans son entier, la pétition présentée à la Chambre des députés pour obtenir la suppression du principal de l'impôt foncier et charge expressément son bureau de la signer et de la faire parvenir à qui de droit.

Conventions au-dessous du tarif minimum. — L'Union du Sud-Est réunie en Assemblée générale, proteste contre le projet attribué au gouvernement de s'arroger le droit de faire des conventions au-dessous du tarif minimum voté par le Parlement.

L'envoi de ces vœux à M. le marquis de Dampierre, président des la Société des Agriculteurs de France, avec mission de les présenter aux pouvoirs compétents, marque la fin de la quatrième année de l'Union et son entrée dans la cinquième ; nous verrons, dans la suite de ce livre, que l'année qui commence ne fut ni l'une des moins actives ni l'une des moins prospères.

Nous débutons, comme toujours, par une nouvelle affiliation, celle du syndicat de Voiron (Isère) (1). A cette même époque, le Bureau charge son président de prier M. Le Trésor de la Rocque de mettre en tête de l'ordre du jour de l'Assemblée de l'Union des Syndicats la question de la nécessité de la création d'Unions pour établir les rapports des syndicats avec la Société Coopérative de France.

(1) Pl. n° 2.

M. Guinand, vice-président, reçoit mission de représenter l'Union aux Agriculteurs de France et aux réunions de délégués qui doivent précéder.

Huit jours plus tard, le 17 décembre, l'Union donne mission à M. Guinand, vice-président, d'envoyer à tous les syndicats de la région, affiliés ou non, et à tous les syndicats faisant partie de l'Union des Agriculteurs de France, le Bulletin de décembre contenant la discussion du projet de création d'une Société coopérative de France et les résolutions votées à ce sujet par la dernière assemblée générale. Une lettre circulaire sera jointe au Bulletin, qui expliquera le pourquoi de l'intervention de l'Union.

Année 1892. — L'année 1892 débute avec l'intervention de l'Union dans une des questions qui vont précisément le plus préoccuper, pendant l'année, l'agriculture : l'enquête décennale. Plus que tout autre compétent en la matière, M. Le Trésor de la Rocque fait part à l'Union des inquiétudes de la Société des Agriculteurs de France à l'endroit de la confection de cette enquête. L'honorable président de l'Union de Paris signale notamment la nécessité de compter dans le recensement de la population agricole, non seulement ceux qui font cette déclaration, mais encore ceux exerçant des professions connexes, aubergistes, débitants, épiciers, menuisiers, charpentiers, marchands de bestiaux, etc., etc., si ces derniers possèdent une propriété rurale.

La statistique agricole ayant pour but de recueillir et de grouper méthodiquement les faits intéressant l'agriculture et susceptibles d'être exprimés numériquement, il est essentiel qu'elle soit bien établie afin qu'il en découle l'indication des mesures à prendre, des abus à éviter et la révélation tantôt d'un retour en arrière, tantôt d'un progrès accompli. C'est pour faciliter cette exactitude que M. Le Trésor de la Rocque invite l'Union à faire faire un recensement sérieux et complet auprès du plus grand nombre possible de présidents des syndicats unis et d'envoyer ensuite ces recensements à la Société des Agriculteurs de France, comme arguments et renseignements certains à invoquer, le cas échéant, dans les discussions parlementaires. Répondant au désir de la Société des Agriculteurs de France, l'Union charge son président d'envoyer à tous les syndicats affiliés un questionnaire détaillé et une lettre explicative.

Le 19 mars, les deux syndicats de Thurins (Rhône) et Beynost (Ain) sont admis à faire partie de l'Union (1).

C'est sur ces entrefaites que MM. de Saint-Victor, président, Guinand et Duport, vice-présidents, assistent à Paris, comme délégués de l'Union, à une importante réunion de tous les fondateurs d'Unions régionales créées ou actuellement en formation. Nous n'avons pas à entrer dans les détails de ce Congrès ; qu'il nous soit permis seulement de conclure avec les congressistes que le mouvement de création des Unions s'accentue, qu'il se généralise dans toute la France et que, par son exemple, par les œuvres utiles qui en sont sorties, par les publications qu'elle a faites, l'Union du Sud-Est a servi de stimulant puissant pour la fondation des Unions et qu'elle est devenue un modèle à suivre.

Toutes les Unions concourant au même but, il importe qu'elles s'abstiennent les unes et les autres de tous empiètements sur leurs voisines, et c'est pour donner l'exemple de la conciliation que l'Union du Sud-Est, voulant rester en bons rapports d'amitié avec ses voisines de Bourgogne et du Centre, charge son secrétaire général de leur communiquer le vœu suivant :

1° Qu'aucun syndicat refusé par une Union ne puisse être accepté par une Union voisine;

2° Qu'aucun syndicat d'un département mixte (c'est-à-dire compris dans la circonscription de deux Unions) ne puisse être admis sans que préavis n'en soit donné à l'Union voisine.

Quelques jours après, sur la proposition de M. Emile Duport, le Bureau, de plus en plus soucieux d'amener de bons rapports de voisinage entre les Unions, envoie à M. Le Trésor de la Rocque un projet de règlement en le priant de le faire sien et de le porter à la connaissance de tous les intéressés : Syndicats et Unions :

Art. 1er. — Les Unions se forment entre les syndicats des départements voisins, suivant les affinités ou les relations d'affaires. Les départements limitrophes de deux Unions peuvent être déclarés mixtes et faire partie de deux Unions; mais aucun syndicat, compris dans ces départements mixtes, ne peut être admis sans qu'avis en ait été préalablement donné à l'Union voisine.

Art. 2. — Un syndicat ayant son siège social dans un département non mixte ne peut être admis par une autre Union.

Art. 3. — Aucun syndicat refusé ou rayé par une Union ne peut être admis par une autre.

---

(1) Pl. n° 2.

Art. 4 — Toutes difficultés, pouvant surgir de ce chef ou de tout autre entre les Unions, devront être soumises au Conseil de l'Union des syndicats dont l'arbitrage est accepté par elles.

Ce règlement, soumis au Conseil de l'Union des syndicats, ne fut pas adopté, mais l'Union du Sud-Est n'en a pas moins continué à en faire sa règle de conduite, ses cadettes ne devant pas tarder longtemps à reconnaître elles-mêmes la nécessité de s'y conformer.

Fin septembre, au moment où certains membres du gouvernement caressaient le projet de faire avec la Suisse d'abord, avec l'Espagne et la Belgique ensuite, des conventions portant réduction du tarif minimum et cela au détriment des producteurs nationaux, l'Union prend avec raison la défense des siens et lance aux pouvoirs publics une énergique protestation.

Le Bureau de l'Union du Sud-Est, comprenant soixante syndicats agricoles et quarante mille membres et dont les circonscriptions s'étendent sur dix départements a, dans sa séance du 24 septembre, émis le vœu suivant :

Considérant que les projets du gouvernement tendent à consentir des arrangements avec les pays voisins au-dessous du tarif minimum ;

Considérant que ces arrangements ou ces conventions, abaissant le tarif minimum, seraient contraires aux engagements pris par le gouvernement devant les Chambres ;

Considérant que de semblables conventions ne manqueraient pas d'engager toutes les nations, les unes après les autres, à demander des abaissements de tarifs équivalents ;

Considérant que ces nouvelles dispositions, si elles étaient adoptées, enlèveraient toute sécurité, supprimeraient peu à peu les avantages que les lois douanières semblaient avoir assurés à notre pays, paralyseraient les bons résultats déjà obtenus en vertu des tarifs actuels et mettraient, en un mot, l'agriculture française, dès lors abandonnée en pleine lutte contre la concurrence étrangère, dans l'impossibilité complète d'accroître et d'améliorer sa production, et, par suite, de procurer à notre pays la prospérité qu'il attend ;

Le Bureau de l'Union du Sud-Est des syndicats agricoles demande :

Que les pouvoirs publics n'admettent aucune dérogation au tarif minimum, voté récemment par les Chambres ;

Et que les produits agricoles et, en première ligne, le blé et le bétail ne soient jamais compris dans un arrangement ou un traité commercial. »

Ajouté à toutes les protestations venues de tous les points du territoire, ce vœu n'a pas été sans exercer quelque influence sur le Parlement qui, malgré l'intervention du Ministre du Commerce, rejetait fin décembre, par 338 voix contre 193, le projet de convention qui 'ui était présenté par le Gouvernement.

C'est donc par un acte de défense des intérêts économiques de ses membres que l'Union arrive à son Assemblée générale du 3 novembre, la sixième depuis sa fondation. C'est à coup sûr l'une des plus nombreuses que nous ayions vues, la plus importante peut-être, puisque c'est d'elle qu'est née cette Coopérative agricole que nous étudierons plus loin et qui, remplaçant la Coopérative agricole de France, mort-née à la suite de la mort prématurée de son très distingué promoteur, M. Rostand, répondait si bien aux besoins et aux vœux des syndicats. Ne nous étonnons donc pas de constater sur la feuille de présence, que quarante-trois syndicats sont présents et représentés, quelques uns même par six et huit membres de leur Bureau ou de leur Chambre syndicale.

C'est assez dire que la grande salle des fêtes du restaurant Casati est littéralement pleine.

« Ce n'est pas, comme le disait peu après M. Robert de la Sizeranne, qui se trouvait au nombre des invités, que le programme de ce Congrès contienne des questions sensationnelles ! Le compte rendu des opérations de l'année, des vœux agricoles, la création d'une Coopérative, des mesures d'ordre intérieur, voilà tout. Pas un député n'y assiste. On n'y prononce pas de harangue enflammée, pas un mot de politique. Et cependant, soyez sûrs que lorsque, à la tombée de la nuit, chaque délégué prendra le chemin de son village, quelque chose de plus grand, une semence plus fructueuse a germé que lorsque nos députés repassent, la serviette au bras, le pont de la Concorde. »

Prenons donc place nous-mêmes au rang des délégués et suivons avec attention les débats de la journée.

A tout seigneur, tout honneur. C'est le distingué président, M. Gabriel de Saint-Victor, qui ouvre la séance par son discours habituel et résume en quelques minutes les travaux, si considérables cependant, de l'année écoulée.

« Vous rappelez-vous, dit-il en débutant, de notre première réunion de 1888 et des onze syndicats du Rhône qui fondaient ce jour-là l'Union du Sud-Est en admettant vingt-sept syndicats nouveaux ? Il me souvient qu'à cette époque nous passions dans le monde agricole — à Paris surtout — pour des gens bien avancés ; aujourd'hui nous ne sommes plus les audacieux novateurs d'autrefois, des affamés d'affaires et de mouvement, nous avons eu de nombreux imitateurs et nous en trouverons encore. Non seulement nous saluons aujourd'hui l'Union de Bourgogne et de Franche-Comté, mais nous avons encore la satisfaction d'annoncer la création des Unions du Centre, de l'Anjou, du Nord, de la Normandie, du Sud-Ouest. Avec cela on doit considérer le problème de la représentation agricole comme à peu près résolu, car, grâce à la Société des Agriculteurs de France et par l'intermédiaire de l'Union des syndicats, nos justes revendications seront désormais écoutées, puisqu'elles émaneront du nombre qui fait la loi et qu'elles seront, dès lors, la force, la force qui constitue le droit moderne. » Après avoir dit un mot de chacun des services de l'Union, après avoir mis au net l'importante question de la Coopérative, M. le président proteste à très juste titre contre la mauvaise foi de certains organes libre-échangistes qui, au sujet du projet de convention avec la Suisse, publient à plaisir de fausses assertions.

« Vous me permettrez bien de relever ici les déclarations des libre-échangistes et de leurs organes qui semblaient triompher, en comparant les importations des mois qui ont suivi l'établissement du droit sur les céréales ou l'application de celui qui frappe les vins, avec celles des mois correspondants de l'année précédente. Au lieu d'étranges, c'est « mensongères » que j'aurais dû dire, car il y a mauvaise foi à ne pas tenir compte des importations immenses qui ont eu lieu à cette époque. Certains spéculateurs bien connus — qui ne sont pas tous Français — ont fait entrer des blés pour nourrir la France pendant deux ans, et qui de vous ne se souvient de ces montagnes de tonneaux qui encombraient alors les gares et les frontières des Pyrénées ?

« Il est donc assez naturel que, dans les mois qui ont immédiatement suivi l'application des tarifs, soit en avril dernier, les chiffres des importations aient sensiblement diminué, mais nos exportations ont commencé à se relever dès le mois de mai et la situation est ensuite devenue telle qu'après quatre mois le nouveau régime donnait ce résultat, que nous avions payé 76.000.000 de plus que pendant la période correspondante de 1891. Ces chiffres sont assez éloquents pour se passer de commentaires, et le Gouvernement et les Chambres peuvent se féliciter des résultats obtenus. »

Après le président, MM. Guinand, Duport, Ducurtyl, Richard prennent successivement la parole pour donner lecture des rapports dont ils ont été respectivement chargés par le Bureau. Tous ces rapports reviendront sous notre plume en temps et lieu, nous ne nous y attardons donc pas et nous arrivons de suite aux vœux émis par l'assemblée.

VŒUX

Conventions commerciales avec la Suisse. — Les membres de l'Union du Sud-Est des Syndicats agricoles protestent contre les conventions commerciales projetées avec la Suisse.

Ils approuvent la protestation adressée par son Bureau le mois dernier ; ils rappellent qu'en 1882, il avait été convenu, sur les propositions faites au Sénat par M. Pouyer-Quertier, que ni les céréales, ni les bestiaux ne seraient compris dans les traités de commerce et qu'en 1892 la même promesse a été faite. A cette époque, tous les animaux, y compris les viandes fraîches et salées, comme toutes les céréales, ont été mis en dehors des traités de commerce futurs ; ces produits ne comportant qu'un tarif général et pas de tarif minimum.

Ils demandent au Parlement de tenir les promesses faites à l'agriculture française, en ne comprenant pas dans les traités les produits pour lesquels il n'y a qu'un tarif général unique et en n'abaissant pas au-dessous du tarif minimum les produits agricoles qui peuvent être compris dans ces traités. La Chambre ayant voté, comme principe absolu, l'interdiction de dépasser les limites du tarif minimum, ne doit tolérer, sous aucun pré texte, la violation d'un principe qui profiterait à l'Allemagne, en vertu de l'article 11 du traité de Francfort, comme à tous les Etats auxquels on a accordé le traitement de la nation la plus favorisée, entraînant, par ce fait, la ruine de notre production agricole et industrielle.

Ils observent que, bien que la récolte des céréales soit satisfaisante, l'agriculture française n'en traverse pas moins une période critique, due à l'énorme importation des blés étrangers, à la faveur du droit réduit à 3 fr. au lieu de 5 fr. — importation qui atteint 42 millions d'hectolitres — cause de l'avilissement des cours qui n'arrivent pas aujourd'hui, en moyenne, à 22 fr. le quintal métrique.

Ils réclament que le tarif voté fonctionne dans son intégralité et qu'il ne soit pas faussé par des réductions arbitraires ou par des changements prématurés qui s'opposeraient à l'expérience à peine commencée, laquelle a cependant produit déjà, au chapitre des recettes douanières, 38 millions de plus que pendant la période correspondante de l'année dernière.

Règlement des Unions régionales. — L'Union du Sud-Est des syndicats agricoles charge expressément son président d'inviter M. le Trésor de la Rocque, président de l'Union des syndicats de France, à présenter aux Unions Régionales créées ou à créer, et à faire adopter par elles, le règlement élaboré par son bureau.

Taxes de consommation sur les vins, vendanges fraîches, etc.— L'Union du Sud-Est des syndicats agricoles, adoptant et reproduisant le vœu suivant déjà émis par la Société des Agriculteurs de France ;

Considérant que le projet de budget de 1893 tend à imposer aux vins, aux vendanges fraîches et aux fruits à cidre ou à poiré, une taxe de consommation représentant au moins de 10 à 15 °/. du produit imposé ;

Considérant que cet article et diverses autres dispositions du projet, notamment les articles 50, 51, 58 et 60, auraient pour effet de soumettre les récoltants aux investigations de la régie, à toutes les rigueurs des lois fiscales sur les boissons, aux formalités multiples, onéreuses et gênantes qu'elles imposent, aux pénalités qu'elles édictent ;

Considérant que des millions de cultivateurs, répartis dans un grand nombre de départements, se trouveraient ainsi assujettis à un régime ressemblant de fort près à l'exercice, et cela au moment où l'exercice serait supprimé chez les 208.000 débitants qui y sont encore actuellement soumis ;

Considérant qu'il est absolument contraire aux intérêts de l'agriculture et aux principes modernes de faire peser directement un impôt de consommation sur le produit récolté ;

Émet le vœu :

Que l'article 34 du projet de budget de 1893 soit amendé en ce sens qu'aucune taxe de consommation ou autre ne soit établie sur le vin, vendanges fraîches et fruits à cidre ou à poiré ;

Que les articles 50, 51, 58 et 60 de ce même projet soient remaniés de façon à laisser aux cultivateurs de bonne foi, une marge nécessaire pour l'utilisation de leurs récoltes et à ne pas rendre illusoire l'exemption d'exercice qui leur est conservée en principe.

Protection des petits oiseaux. — L'Union du Sud-Est des syndicats agricoles, réunie en Assemblée générale,

Considérant que les petits oiseaux sont les meilleurs auxiliaires des cultivateurs pour la défense des récoltes contre les insectes nuisibles ;

Considérant qu'en présence de leur destruction de plus en plus grande, il y a lieu de prendre des mesures énergiques ;

Par ces motifs,

L'Union du Sud-Est des syndicats agricoles émet le vœu que les pouvoirs publics soutiennent et adoptent au plus tôt le projet de loi, déposé sur le bureau du Sénat et qui est ainsi conçu :

« La capture et la destruction des petits oiseaux, autres que l'alouette, par quelque moyen que ce soit, fusils, filets, engins ou procédés quelconques, sont formellement interdites. La mise en vente, l'achat, le transport et le colportage de ces petits oiseaux sont prohibés sur tout le territoire français. Tout fait ci-dessus énoncé sera assimilé aux délits énumérés dans l'article 11 de la loi du 3 mai 1844 et sera passible des mêmes peines ». (Amendes de 16 à 100 francs).

Représentation agricole. — L'Union du Sud-Est des syndicats agricoles, réunie en Assemblée générale,

Considérant qu'il est de toute justice et de toute équité que les agriculteurs aient les mêmes moyens de défense que les autres professions ;

Considérant que l'industrie est représentée par les Chambres de commerce et que l'agriculture n'a pas de représentation professionnelle ;

— 47 —

Considérant que, pour être effective et efficace, cette représentation doit être élue par ceux-là seuls qu'elle a mission de représenter ;

Emet le vœu qu'il soit donné suite, à bref délai, à l'organisation de la représentation agricole et que cette représentation soit établie de la manière la plus propre à sauvegarder les intérêts de la profession.

L'Assemblée charge son président d'envoyer tous ces vœux à M. le président de la Société des Agriculteurs de France, avec prière de les faire parvenir aux pouvoirs compétents. Elle décide toutefois, qu'en raison de sa pressante actualité, le vœu contre la convention franco-suisse sera immédiatement communiqué à tous les sénateurs et députés des dix départements compris dans la circonscription du Sud-Est.

La réunion se termine avec le renouvellement par continuation des pouvoirs de :

MM. G. de Saint-Victor, de Bélair, Ernest Richard, Léon Riboud, tous membres du Bureau à fin de mandat.

Là ne finit point encore l'Assemblée générale, mais, comme sa seconde séance a été entièrement consacrée à l'étude, à la discussion, à l'acceptation du projet de Coopérative agricole régionale, création que nous étudierons ailleurs en détail, c'est là du moins que finit, pour l'instant, ce que nous avons à dire, et c'est là, qu'en somme commence la sixième année de l'Union du Sud-Est.

Comme d'habitude, nous débutons par deux admissions et par l'affiliation du syndicat de Matour (Saône-et-Loire) et du syndicat de la Côte-Saint-André (Isère). Mettant en action le principe de son règlement, l'Union, par l'organe de son secrétaire général, informe le président de l'Union de Bourgogne et de Franche-Comté de la demande d'admission du syndicat de Matour compris dans un département mixte (1).

Vers la même époque, fin novembre, le Bureau prend une part active aux travaux du Conseil des Unions, réuni à Paris, et au cours desquels est enfin adopté le principe d'un règlement des Unions régionales. C'est dans cette réunion que, sur l'instigation de l'Union du Sud-Est, l'Union de Paris décide sa séparation d'avec le Syndicat central et s'installe définitivement dans l'hôtel de la Société des Agriculteurs de France, 8, rue d'Athènes. Ces diverses décisions

---

(1) Pl. n° 2.

étant dues en grande partie à l'intervention de l'Union du Sud-Est,
il nous a paru utile, en les consignant, de faire ressortir l'heureuse
influence de la première Union régionale et des hommes dévoués
que la confiance de leurs pairs a placés à sa tête.

Année 1893. — Au début de l'année, l'Union est frappée d'un
deuil cruel dans la personne de son très éminent président,
M. Gabriel de Saint-Victor, mort à Rome, le 12 mars, dans sa
soixante-neuvième année.

Depuis la fondation de l'Union du Sud-Est, en mars 1888, Gabriel
de Saint-Victor en avait été le président, et ce mandat lui avait été
constamment renouvelé. L'Union, aujourd'hui si prospère, avait été,
l'on s'en souvient, une tentative hardie. C'était une innovation.
Devait-on encourager cette décentralisation ? Quel but se proposaient
les novateurs ? Quelle serait l'interprétation du monde agricole ?
.... Mais que ne peuvent pas des hommes unis par une volonté
ferme et disciplinés par le devoir ?

Au milieu de ces difficultés et peut-être de ces craintes, il fallait
un vaillant, un preux, capable de mener à bien cette œuvre nouvelle
et d'inspirer confiance à tous. M. Gabriel de Saint-Victor se trouvait
tout désigné. Il se mit, sans hésiter, à notre tête. Depuis lors, il était
resté notre chef aimé, respecté, écouté, partageant nos travaux,
assistant à nos réunions annuelles qu'il présidait avec une haute
compétence et avec cette courtoisie et cet entrain dont il ne se
départissait jamais.

Non content d'être le président de la première grande Union
régionale de France, il fut encore l'initiateur de toutes ces autres
Unions qui couvrent à l'heure actuelle presqu'entièrement le sol de
notre pays.

Pensée aussi généreuse que féconde, réunissant en un faisceau
tous ces dévouements et toutes ces forces qui forment aujourd'hui
la très pacifique, mais puissante armée de l'agriculture française !

Homme de bien dans toute l'acception du mot, Gabriel de Saint-
Victor fut avant tout un apôtre de l'agriculture.

Il commença son œuvre agricole par la régénération de la région
de Tarare qu'il habitait. Il prêcha d'exemple, et son magnifique
domaine de Ronno devint un champ d'expérimentation. L'amélioration des terres et des prairies, l'élevage du bétail, l'aménagement de
sa belle forêt de plus de 100 hectares, furent l'objet de tous ses soins
et créèrent l'émulation dans ses propriétés rurales. Gabriel de Saint-

Victor avait un coup d'œil si sûr que ses expériences réussissaient dans des conditions exceptionnelles; aussi il avait su inspirer à tous une confiance sans bornes.

Le voyageur qui traverse ces contrées est frappé de la richesse et du bon aménagement de toutes les pentes montagneuses, et s'il avait pu voir ce qu'elles étaient il y a trente ans, son étonnement se changerait en admiration. Le revenu des terres, en effet, a plus que triplé, et là où il fallait autrefois trois hectares pour nourrir une tête de bétail, un seul peut en nourrir trois et quatre aujourd'hui. Un homme qui a fait de telles choses, est véritablement un bienfaiteur insigne de son pays. Les dernières années, il s'était fait le propagateur, pour les plaines, des semences venues dans les hautes altitudes, et par la vente des grains récoltés de la sorte et soigneusement triés, il assurait un débouché nouveau et très rémunérateur aux produits de ces montagnes.

Gabriel de Saint-Victor avait donné une impulsion telle à la culture de sa région, que la plupart des primes du département du Rhône ont été décernées aux membres du Comice de Tarare, dont il était le fondateur, et qui prit, sous sa paternelle direction, une importance véritable.

Il obtint lui-même, en 1869, la prime d'honneur du Rhône et le rappel de cette prime, avec le grand prix de sylviculture, en 1877 ; à cette occasion, il fut nommé chevalier de la Légion d'honneur.

Élu député en 1871, membre de la fameuse Commission des marchés, il fut l'un des rares commissaires qui lurent leur rapport à la tribune. Pendant toute la durée de l'Assemblée nationale, Gabriel de Saint-Victor fut secrétaire du groupe agricole où ont été préparées les créations de l'Institut agronomique, des professeurs départementaux, les réformes du code rural et d'autres encore, qui seraient réalisées depuis longtemps si, trop souvent, les intérêts agricoles n'étaient sacrifiés aux passions politiques.

Lorsqu'intervint la loi sur les syndicats agricoles, Gabriel de Saint-Victor fonda le syndicat de Tarare, et, en 1888, il était désigné par les présidents des syndicats de la région du Sud-Est, pour prendre leur tête dans la grande fondation de l'Union du Sud-Est, devenue la plus importante, en même temps que le centre le plus considérable de l'agriculture française. Sous sa présidence, dix départements et soixante-deux syndicats, comprenant plus de 40.000 membres, se groupèrent rapidement pour la défense de leurs intérêts professionnels.

Les créations du comité du contentieux et de l'office du courtier des syndicats unis, celles du Bulletin et de l'Almanach du Sud-Est, organes occupant, à l'heure actuelle, le premier rang en France par le nombre de leurs lecteurs, enfin plus récemment, de la Coopérative agricole du Sud-Est, furent autant de chevrons qui vinrent successivement compléter l'organisation du Sud-Est agricole, et en faire une institution aussi utile que complète.

Les intéressants comptes rendus où, chaque année, Gabriel de Saint-Victor résumait aux Assemblées générales les travaux du Conseil, témoignent toute la part qu'il prit à ces diverses créations. Et, puisque nous parlons des Assemblées générales qu'il présidait du reste si admirablement, nous ne saurions oublier la mémorable assemblée qui se tint au Palais du Commerce, sous sa présidence, assemblée qui fut le prélude de l'entente qui devait, plus tard, se faire entre le commerce lyonnais et l'agriculture et qui devait amener la loi, si importante pour la région du Sud-Est, sur la question du marché des soies.

Mais si Gabriel de Saint-Victor s'occupait des questions générales, il ne négligeait pas non plus les intérêts particuliers de ceux qui le touchaient de plus près et il fut véritablement le père de ses nombreux fermiers, s'intéressant à tout ce qu'ils faisaient, les aidant de toute manière à réaliser des progrès agricoles fructueux pour eux ; modèle du propriétaire et de l'agriculteur, il réunit, deux ans avant sa mort, ses fermiers et leurs familles dans un banquet à l'issue duquel il donnait à chacun un livret extrait des livres séculaires de la famille de Saint-Victor où chacun pouvait trouver la liste généalogique de ses ancêtres fermiers, comme lui, de la famille de Saint-Victor depuis plus de deux siècles. Bel exemple de l'union cordiale qui doit exister entre maître et serviteur, qui est le fondement le plus solide, non seulement d'une maison, mais encore d'un pays, car rien n'est plus puissant que le lien des souvenirs et des labeurs séculaires sous une main fraternelle.

Indépendamment de plusieurs volumes, de fort intéressantes relations de voyages, on a de lui un grand nombre de brochures et conférences, toutes relatives à ses travaux dans la région montagneuse qu'il habitait.

Tel est l'homme dont la perte fut si douloureusement ressentie, non seulement par la région de Tarare et celle du Sud-Est, mais encore par le pays tout entier, car son nom et sa réputation s'étaient étendus sur toute la France.

Mais ses semences ne pouvaient être stériles, il aurait des successeurs qui ne laisseraient pas tomber les œuvres si patriotiques qu'il avait fondées et qui tiendraient à honneur de marcher dans les sillons qu'il avait creusés et qu'il avait fécondés de son intelligence et de son labeur.

Si grande qu'ait été la perte faite, l'Union du Sud-Est n'en continua pas moins sa vie normale et sa marche en avant ; les collaborateurs de Gabriel de Saint-Victor avaient à cœur de poursuivre son œuvre et d'assurer l'avenir et le succès de cette Union qu'ensemble ils avaient fondée.

Présage heureux, après d'aussi douloureux évènements, quatre nouveaux syndicats demandent simultanément leur affiliation. Après les formalités d'usage, les syndicats de Saint-Alban (Loire) et du Grand-Lemps (Isère) sont admis le 25 mars ; les syndicats de Saint-Paul-Trois-Châteaux (Drôme) et Saint-Priest (Isère) sont définitivement reçus le 6 mai (1).

Ses adhérents augmentant, ses forces s'éparpillant de plus en plus sur toute la région qu'elle s'était assignée, l'Union du Sud-Est comprend qu'il n'est pas de force possible sans cohésion, sans union, et décide, sur la proposition d'un de ses conseillers, M. Léon Riboud, que, dorénavant, elle se fera autant que possible représenter aux Assemblées générales des syndicats unis. C'est là, croyons-nous, une décision sage et attendue depuis longtemps, car elle a pour but de mieux faire connaître aux intéressés cette Union dans laquelle tous les syndicats unis cherchent surtout un centre d'informations, une orientation générale et les moyens de développer leur puissance, soit pour traiter plus avantageusement les affaires de leurs membres, soit pour remplir plus efficacement le rôle technique, économique et social, que leur a attribué la loi du 21 mars 1884.

C'est certainement pour compléter cette décision que, quelques jours plus tard, le Bureau est saisi d'une nouvelle proposition tendant à faire décider : qu'une Assemblée générale, à laquelle seraient convoqués tous les syndicats unis, pourra être tenue à tour de rôle dans chacun des dix départements formant la circonscription de l'Union.

Ne risquant, en aucun cas, de faire double emploi avec l'Assemblée générale annuelle qui, celle-là, se tiendrait toujours et nécessairement

---

(1) Pl. n° 2.

— 52 —

au siège social, à Lyon, il est certain que ces assemblées départementales auraient les meilleurs résultats, tant au point de vue de la
défense des intérêts locaux, qu'au point de vue de l'intimité des liens
devant exister entre l'Union et les syndicats. Espérons qu'une décision
favorable ne tardera pas à intervenir. La nécessité de ce contact permanent se fait, au reste, de plus en plus jour, et il est certain que, dans bien des cas, l'intervention de l'Union, dans les affaires
privées des syndicats unis, pourrait avoir d'heureuses conséquences.

Nous en trouvons, de suite, en continuant notre route, un très
frappant exemple. Très éprouvé par la baisse des cocons qui, en
1893, se produisit en fin de campagne, le Syndicat de Montvendre
(Drôme) saisissait, en juin, le Bureau de l'Union de cette délicate
question, demandant qu'une commission technique fut nommée
pour étudier les causes et les remèdes de l'avilissement du prix des
cocons. Nous n'avons pas à intervenir ici dans cette étude, mais,
cependant, il est bien permis de dire que les conclusions de la Commission nommée par l'Union ont été corroborées par les témoigna-
ges les plus autorisés et qu'en somme l'étouffement des cocons, permettant au sériciculteur de garder sa récolte et de vendre quand bon
lui semble, paraît encore aujourd'hui le meilleur remède à la crise
actuelle. Peut-être y aura-t-il, dans l'application, des difficultés pratiques, mais n'est-ce pas là que l'intervention des syndicats et de l'Union
pourrait être utile et efficace ?

En attendant, reprenons notre marche en avant et marquons cet
arrêt par l'admission, le 1er juillet, des trois nouveaux syndicats de
Colombe (Isère), Saint-Joseph (Loire), Les Vans (Ardèche) (1).

Avec le mois d'août, nous arrivons à la période électorale et, malgré que syndicats et Union aient toujours tenu à honneur de se
tenir scrupuleusement en dehors de toute action politique, n'était-ce
pas le droit, le devoir de l'Union que de prendre en mains, dans une
circonstance aussi grave, les intérêts qui lui étaient confiés et dont
les syndicats lui avaient donné la garde et la gestion? Si délicate que
fût la question, le Bureau n'hésita pas à la trancher par l'affirmative
et c'est ainsi qu'il faisait publier, dans les premiers jours d'août, la
recommandation suivante :

Le Bureau de l'Union du Sud-Est, à l'approche des élections législatives,
estime qu'il est de son devoir d'appeler l'attention des membres des syndicats

---

1) Pl. n° 2.

— 53 —

unis sur le choix de leurs mandataires politiques. Si l'agriculture a obtenu des succès dans le vote des tarifs douaniers, dans le dégrèvement de l'impôt foncier, dans le rejet du traité de commerce Franco-Suisse, elle ne conservera ses conquêtes et n'en fera de nouvelles qu'en exigeant des candidats des engagements formels, en faveur de la défense de ses intérêts ; elle doit notamment leur imposer comme programme :

1° Maintien des tarifs douaniers ;

2° Maintien de la loi de 1884, sur les syndicats professionnels ;

3° Suppression du principal de l'impôt foncier ;

4° Consultation obligatoire des syndicats agricoles dans toutes les questions intéressant l'agriculture, en attendant le vote d'une loi sur la représentation agricole.

Au moment du vote, ne nous laissons pas guider par des considérations étrangères à notre profession et ne donnons nos voix qu'à des candidats franchement et loyalement dévoués à la cause agricole.

De ce moment à l'Assemblée générale annuelle, nous ne trouvons rien à signaler, sinon l'admission des syndicats de Jujurieux (Ain) et de Suze-la-Rousse (Drôme) reçus le 5 octobre (1).

Nous sommes à la veille de l'élection de celui qui, devenant le successeur de M. Gabriel de Saint-Victor, doit être l'héritier de ses fondations, le continuateur de son œuvre. La tâche, certes, n'est pas des plus faciles ; tous n'ont pas les mêmes capacités pour la remplir, mais la bonne étoile qui a guidé les premiers pas de l'Union n'a pas encore pâli et bientôt les soixante-et-onze syndicats unis pourront à leur tour crier en bons Français : « Le président est mort ! Vive le président ! » Mais n'allons pas trop vite et, avant de lire entre les lignes tous ces bulletins qui, sous double enveloppe, arrivent journellement rue du Garet, assistons à l'Assemblée générale et répétons sommairement ce que nous y avons vu et entendu.

C'est dans les salons de Casati que se tient la sixième Assemblée générale ; cinquante syndicats sur soixante-et-onze sont présents ou représentés. Doyen des vice-présidents — très jeune doyen du reste — M. Antonin Guinand occupe le fauteuil de la présidence ; c'est donc à lui que revient l'honneur du résumé des travaux de l'année.

C'est pour moi, dit-il, une lourde et douloureuse charge de vous présenter aujourd'hui le rapport des travaux de l'Union du Sud-Est, pendant le sixième exercice qui vient de s'écouler.

Pour la première fois, la mort a frappé dans nos rangs et c'est notre chef, notre vénéré et aimé président, Gabriel de Saint-Victor, que sa main inexorable a choisi.

_____

(1) Pl. n° 4.

Cinq années de suite, vous l'avez entendu et vous avez pu apprécier avec quelle précision, quelle clarté, quelle compétence, quel amour il parlait de l'agriculture, des agriculteurs, de vous tous, Messieurs, et de notre grande Union du Sud-Est. Son cœur, il nous l'avait donné tout entier ; aussi, malgré ses lointaines occupations et ses nombreux voyages, ne nous a-t-il jamais ménagé sa peine et son dévouement............................

Si son souvenir demeure affectueusement gravé au plus profond de nos cœurs, son influence, elle aussi, restera vivante et salutaire au milieu de nos assemblées qu'elle éclairera et vivifiera toujours.

Abordant ensuite les travaux du Bureau, le sympathique président continue ainsi :

Votre Bureau, toujours sur la brèche, s'est réuni plus souvent encore qu'en aucune autre année ; il a tenu vingt et une séances où ont été prises une série de décisions importantes, tant au point de vue de la marche intérieure de l'Union, de la discipline à y maintenir, de ses rapports avec les Unions de France, qu'au point de vue général de l'agriculture.........

La question de délimitation des Unions régionales et de leurs rapports entre elles a de nouveau été examinée à Paris, mais n'a pourtant point été encore définitivement tranchée ; qu'il me suffise de vous dire que le règlement, voté par vous l'an dernier, a toujours servi de règle de conduite à votre Bureau qui en a reconnu toute l'importance et toute l'opportunité ...

La marche de votre Union a toujours été de l'avant et votre Bureau a été heureux de proclamer, sur le vote des présidents, l'admission de douze syndicats nouveaux, ce qui porte aujourd'hui à soixante-douze le nombre des syndicats unis.

Tout en constatant l'accroissement du nombre des syndicats, nous devons aussi constater l'augmentation de leur effectif. La plupart sont en progression marquée, progression qui s'accentue avec les services qu'ils rendent à leurs membres. Mais ceux-là seuls progressent qui n'ont point hésité à créer des entrepôts et à donner à tous et surtout aux petits agriculteurs les moyens de se procurer les diverses denrées et les divers objets qui leur sont utiles.

Prenant ensuite un à un les services annexes de l'Union : Bulletin, Almanach, Contentieux, Office, Coopérative, Union des producteurs et des consommateurs, le sympathique président passe en revue les faits principaux de l'année écoulée, adressant à chacun de ses collaborateurs, dont le labeur, cette année, a été si incessant et si fructueux, des éloges et des remerciements bien mérités et chaudement appuyés par les applaudissements de l'Assemblée.

Chacun de ceux-ci défile alors à son tour et c'est ainsi que nous entendons successivement MM. Riboud (Bulletin), Ducurtyl (Contentieux), Silvestre (Almanach), Richard (Finances), E. Duport (Office et Courtier). Tous ces rapports se rattachant à des services que nous étudierons en détail, il est inutile de répéter pourquoi nous les laissons momentanément dans l'ombre.

Nous arrivons ainsi au dépouillement du scrutin pour l'élection d'un président, en remplacement de M. G. de Saint-Victor, décédé.

Ce dépouillement achevé, M. de Fontgalland, vice-président de l'Union, président de la commission de recensement, annonce que 60 syndicats ont pris part au vote avec 68 voix, les syndicats de plus de mille membres ayant une voix en plus de mille membres ou fraction de mille membres.

M. Emile Duport obtient 55 voix et M. A. Guinand 13 voix. En conséquence, M. E. Duport est élu président de l'Union du Sud-Est

Encore ému de la touchante manifestation de sympathique reconnaissance que les syndicats viennent de faire sur son nom, M. E. Duport prend place au fauteuil présidentiel et prononce l'allocution suivante :

« Messieurs,

« En prenant possession de la présidence, à laquelle votre bienveillance vient de m'appeler, l'usage veut que je fasse l'éloge de mon prédécesseur et que je joigne aux remerciements que je vous dois, la promesse de faire mon possible pour répondre à votre confiance. — Je n'ai garde de me dérober à l'usage, et je pense même que je puis réunir en un seul le double devoir qui m'incombe.

« M. Guinand vous a déjà dit, en excellents termes, en termes émus, tous les mérites de notre regretté président ; je ne dirais pas mieux, aussi n'aurais-je rien à ajouter si, dans la mise en lumière de l'une des qualités de mon prédécesseur, je ne trouvais l'occasion de vous déclarer que de cette qualité, je ferai ma principale règle de conduite, je veux parler de la grande correction qu'il a toujours apportée dans l'exercice de ses fonctions.

« Nous nous rappelons tous avec quelle cordialité de bon ton, il présidait à nos travaux ; mais, permettez à l'un de ceux qui ont eu l'honneur de l'aider, dès le premier jour, à l'organisation de notre Union, d'insister sur sa parfaite correction. Sans rien renier ni retrancher de ses préférences personnelles, Gabriel de Saint-Victor n'a jamais apporté dans nos conseils d'autres pensées, d'autres aspirations que celles tendant à l'amélioration de l'agriculture. Il avait compris que nos syndicats agricoles sont un rare et merveilleux terrain de concorde, permettant à tous d'apporter leur concours pour le bien de la Patrie, terrain respectable entre tous.

« Faut-il ajouter d'autres engagements ? Mais en me nommant votre président, vous avez voulu sans doute montrer que vous appréciez surtout les actes, aussi je me bornerai à vous dire en mon nom, comme au nom des membres du Bureau : nous ne ferons peut-être pas mieux, mais, comme par le passé, nous ferons de notre mieux.

« Pour y arriver, je compte sur tous mes collègues, mes amis, sur M. Guinand, qui sait mon entière confiance dans son concours absolu, au point que le partage des voix sur son nom sera un lien de plus entre nous ; sur M. de Fontgalland, qui n'a pas voulu briguer vos suffrages, à cause de son éloignement, et qui me donnera, comme par le passé, l'appui de sa grande expérience ; sur M. Riboud, que je vous demande de choisir pour me remplacer à la vice-présidence, ses services le désignent à votre choix, il sera pour moi un conseiller aussi prudent qu'écouté ; je compte encore sur M. de Bélair, le secrétaire général aussi parfait que modeste, il était l'ami de mon prédécesseur, il me permettra de dire qu'il est aussi le mien ; sur M. Richard, notre si excellent trésorier ; sur tous les membres du Conseil ; sur vous tous, Messieurs, qui me donnerez, j'en suis certain, votre appui le plus complet pour la bonne direction de l'Union.

« J'ai donc bon espoir et, malgré les difficultés de ma nouvelle charge, je l'accepte sans crainte, car j'ai confiance qu'avec votre concours et l'aide de Dieu, nous rendrons encore de grands et réels services aux agriculteurs du Sud-Est ».

Ces dernières paroles sont, pour les assistants, une nouvelle occasion de témoigner leur sympathie au nouveau président et au Bureau tout entier, et les acclamations qui partent de tous les coins de la salle, attestent qu'il y a parfaite communion d'idées et d'espérances entre le nouvel élu et ses électeurs.

Le président annonce à l'Assemblée que les membres constituant la deuxième série renouvelable du bureau sont : MM. A. de Fontgalland, comte de Villette, F. Donat et comte de Saint-Pol.

M. Donat demandant à être remplacé pour cause d'éloignement, M. le Président propose de le nommer membre honoraire du Bureau. Cette proposition est acceptée à l'unanimité.

MM. A. de Fontgalland, comte de Villette et comte de Saint-Pol sont renommés par acclamation.

Sont nommés également par acclamation, comme membres du Bureau : M. Croisat, en remplacement de M. Donat, et M. Jaricot, en remplacement de M. G. de Saint-Victor.

M. le président annonce ensuite que l'Assemblée va avoir à nommer un vice-président, en remplacement de M. Duport, et il propose M. Léon Riboud.

M. Riboud demande à ce que cette nomination soit faite au scrutin secret. L'Assemblée ne juge pas nécessaire cette formalité, et elle nomme immédiatement, par acclamation, vice-président de l'Union du Sud-Est, M. Léon Riboud, qui remercie et accepte ces fonctions.

Là s'arrête la séance du matin, c'est par les vœux que commence celle du soir.

VOEUX

L'Union du Sud-Est :

Tarifs douaniers. — Proteste énergiquement contre toute atteinte de nature à détruire ou à compromettre les tarif douaniers.

Représentation de l'Agriculture. — Renouvelle les vœux qu'elle a déjà émis en faveur de la représentation de l'agriculture, sur les mêmes bases que celle du commerce, avec le vœu qu'en attendant, on consulte, en toute circonstance, les groupes agricoles, qui en sont la représentation officieuse.

Suppression du principal de l'impôt foncier. — Demande la suppression du principal de l'impôt foncier sur la propriété non bâtie. Elle demande, en outre, que le déficit, créé dans le budget par cette suppression, soit comblé, non par des impôts nouveaux, mais par le produit de la conversion du 4 1/2.

Tarifs des chemins de fer. — Proteste énergiquement contre l'homologation du nouveau tarif des compagnies de chemins de fer, pour transport réduit, à Paris, des vins étrangers, manière détournée d'annuler les droits déjà si diminués par le change.

Vagabondage. — Demande la répression énergique du vagabondage qui, se développant chaque jour, crée pour les campagnes un danger et une charge intolérables.

Prix du blé. — Considérant que la production du blé est d'intérêt national, demande qu'il soit remédié à un avilissement du prix du blé qui aurait pour résultat l'abandon de cette culture, soit par un relèvement du droit de 5 francs, soit par le rétablissement d'une échelle mobile, soit par tout autre procédé, qui, en combinant le droit avec le change, permette d'arriver au même résultat.

Loi sur la coopération. — S'associant au vœu émis par le Congrès coopératif de Grenoble, demande que la coopération soit enfin dotée de la loi qu'elle attend depuis si longtemps.

Tous ces vœux, adoptés à l'unanimité, furent envoyés à M. le marquis de Dampierre, président de la Société des Agriculteurs de France, et à M. le Ministre de l'agriculture, avec prière de les faire parvenir aux pouvoirs compétents.

58 —

L'Assemblée générale finit là, et, après deux très intéressantes conférences de M. Louis Durand sur les caisses rurales et de M. Kergall sur les rapports entre sociétés coopératives et syndicats agricoles, M. le président clôt la séance après avoir remercié tous ceux si nombreux, qui ont pris part aux travaux de l'Assemblée : « Votre concours si empressé nous prouve que nous avons tous la volonté de bien faire. Nous devons nous efforcer de faire de mieux en mieux. Etant donné notre point de départ, étant donné les résultats obtenus, nous pouvons avoir confiance. Et cette confiance nous donnera la force nécessaire pour travailler ensemble au relèvement de l'agriculture et à la défense sociale. »

Vivifiée par les nominations qu'elle vient de faire, l'Union du Sud-Est reprend, plus allègrement que jamais, sa marche en avant et retrouve, par l'admission des syndicats de Charlieu (Loire) et de Nivolas-Vermelle (Isère), le chiffre de 73 adhérents que la démission de deux syndicats charolais lui avait fait perdre un instant (1).

En novembre, l'Union entre dans la commission mixte organisée, à la suite du Congrès de Grenoble, par le vaillant directeur de la *Démocratie rurale*, M. Kergall. Cette commission de 20 membres comprend, comme son nom l'indique, 10 délégués de coopératives ouvrières et 10 délégués de syndicats agricoles ; son but est de mettre en rapport les uns et les autres en faisant consommer par les premières les produits obtenus par les seconds. C'est l'entente directe des producteurs et des consommateurs, l'alliance pratique de la démocratie urbaine et de la démocratie rurale.

L'Union étudie depuis trop longtemps la vente des produits agricoles pour ne pas s'intéresser à une entente qui cherche à réaliser ces desiderata ; aussi ne faut-il pas s'étonner de la voir répondre aux avances qui lui sont faites en désignant pour la représenter, MM. Léon Riboud et comte de Saint-Pol.

Année 1894. — Abordant ainsi les problèmes les plus difficiles, ne reculant jamais dès qu'il s'agit de la cause des agriculteurs, le Bureau comprend qu'à de nouvelles charges il faut de nouveaux titulaires et se décide à faire appel aux jeunes, si nombreux dans l'Union, si disposés surtout à aider et à soulager ceux dont ils aimeront un jour à se dire les élèves.

C'est pourquoi elle installe à titre d'auditeurs au Conseil :

MM. Pierre DE MONICAULT, ingénieur agronome, section d'agriculture.

---

(1) Pl. n⁰⁸ 2, 4.

MM. Auguste VINCENDON-DUMOULIN, ingénieur agronome, section
de viticulture.

Joseph MITAL, ingénieur agronome, section de l'entretien du
bétail et des transports.

Charles GENIN, ingénieur agronome, section d'économie rurale.

Georges MARTIN, docteur en droit, section du contentieux.

Claude SILVESTRE, secrétaire général du syndicat du Bois-
d'Oingt, section de la presse, du Bulletin, de l'Almanach.

Conseil représentatif des intérêts régionaux de l'agriculture,
l'Union aura désormais ses sections et ses auditeurs qui tous, à
défaut peut-être d'une longue expérience, lui apporteront du moins
leur très ardente bonne volonté, leur très grand désir de bien faire.

Comme leurs anciens, ils ont cette foi sincère du poète, qui agit,
qui ne craint ni obstacles, ni difficultés; comme eux, ils entrent à
l'Union sans ambition, comme sans arrière-pensée, pour travailler à
la seule défense des intérêts professionnels et économiques de leurs
concitoyens. C'est là une noble mission et ceux-là n'auront pas été
inutiles qui auront contribué à développer dans leur pays l'œuvre
de progrès, de moralisation et de paix sociale qui est en somme la
base de l'Association syndicale agricole.

Le 31 janvier, l'Union voit son président, M. Emile Duport, élu
membre du Conseil de la Société des Agriculteurs de France; par
l'organe de son Bulletin, elle en fait part, en ces termes, à ses adhérents et à ses amis:

« M. Emile Duport vient d'être élu membre du Conseil de la Société
des Agriculteurs de France.

« Nous savons qu'il a dû céder aux instances de ses nouveaux collègues et accepter d'être candidat officiel. Cela n'étonnera personne,
car une telle démarche n'est que la conséquence de la haute situation
que le distingué président de l'Union du Sud-Est et de l'Union beaujolaise a conquise dans le monde syndical.

« Aussi, comme tous ses amis, nous réjouissons-nous de son succès
et nous le prions d'agréer nos plus cordiales félicitations.

« Nous nous en réjouissons d'abord pour lui, parce que c'est un
précieux témoignage qui vient de lui être donné de la considération
bien méritée qu'il s'est acquise par ses immenses services et son
dévouement sans bornes.

« Nous nous en réjouissons aussi pour tous les syndicats unis de notre région, parce qu'elle rejaillit sur eux, sans contredit, cette distinction flatteuse dont leur chef vient d'être honoré. Ils ont, du reste, su, par leur ardeur à défendre les intérêts professionnels, par la bonne entente qui a toujours régné entre eux, faire de l'Union du Sud-Est le groupe agricole le plus puissant peut-être de France. De telle sorte que c'est à la fois l'une des personnalités les plus en vue du monde agricole, et le président de la plus importante Union régionale que le Bureau de la Société des Agriculteurs a appelé à lui

« Il s'est assuré ainsi le concours d'un homme éclairé et, du même coup, il a su démontrer, de la façon la plus heureuse, la parfaite harmonie qui existe entre toutes les forces agricoles de notre pays.

« A ce double titre, nous applaudissons à l'élection de M. Duport, et nous félicitons d'un tel choix ceux qui sont à la tête de notre vénérable et grande Société.

« Déjà, parmi cette élite des Agriculteurs de France, notre région comptait un représentant éminent en la personne de l'honorable M. de Fontgalland, vice-président de l'Union du Sud-Est, auquel nous envoyons nos bien sincères compliments à l'occasion de sa réélection, à l'unanimité, à la présidence de la 8e section.

« Ils sont deux, maintenant, deux défenseurs autorisés, non seulement de l'Union du Sud-Est, mais de tous les syndicats agricoles de France qui sont assurés d'avoir toujours en eux des avocats aussi éloquents que dévoués. C'est de bon augure pour l'avenir de la cause syndicale. »

Le 17 février, la démission du Syndicat de Beaurepaire (Isère), en dissolution, est acceptée ; en même temps, l'admission des syndicats de Varacieux et Soleymieu (Isère) est votée à l'unanimité. Le 17 mars, deux nouveaux syndicats : le Syndicat des Agriculteurs de la Savoie et le syndicat des Agriculteurs de Sathonay (Ain), sont admis, portant à 74 le nombre total actuel des syndicats affiliés (1).

Entre temps, l'Union, sur l'invitation de la Chambre de commerce, se décide à prendre part à l'Exposition universelle de Lyon, dans le groupe de l'Economie sociale. Une commission spéciale est nommée pour arrêter les bases de cette participation et en préparer l'organisation. Une carte murale retraçant l'importance et la circonscription

---

(1) Pl. nos 2 et 4.

de chacun des syndicats unis, une première monographie, volume de 500 pages, une collection de tableaux et de graphiques donnant, année par année, la progression de son effectif, la marche des affaires de son office, le tirage de son Bulletin et de son Almanach, l'importance croissante de ses annexes : l'Union des producteurs et des consommateurs, la Coopérative agricole du Sud-Est, tous documents en un mot nécessaires à la reconstitution de son histoire, de ses services, telle sera la base de son Exposition. Placée au milieu des associations syndicales ouvrières, elle n'aura pas à craindre la comparaison, car elle sera, à n'en pas douter, la manifestation la plus éclatante et la plus réussie du grand mouvement syndical agricole inauguré par la loi de 1884.

C'est à ce titre que, profitant de l'Exposition, l'Union décide de convoquer à Lyon le premier Congrès des syndicats agricoles. Elle choisit le dixième anniversaire de la loi du 21 mars 1884 pour envoyer à tous les syndicats de France l'invitation suivante :

Messieurs,

Il y a juste dix ans que la loi organisant les syndicats professionnels a été votée, le 21 mars 1884 ; peut-être penserez-vous avec nous que le moment est venu de constater hautement, au sein d'un Congrès national, tous les services rendus par cette loi à l'Agriculture française.

Cette constatation nous sera certainement un encouragement puissant à étudier les meilleurs moyens de rendre des services encore plus importants dans l'avenir, et c'est à cette étude vraiment grande que nous vous convions.

A l'occasion de l'Exposition qui va s'ouvrir à Lyon, de nombreux Congrès se réuniront dans notre ville, notamment ceux de la viticulture, de l'agriculture et de la coopération ; il nous a semblé que le Congrès des syndicats agricoles aurait sa place toute marquée à cette époque, et qu'il pourrait avoir lieu très probablement au mois d'août prochain.

Ce Congrès, dû à l'initiative de l'Union du Sud-Est, n'entraînera pour les syndicats adhérents aucune responsabilité dans les dépenses d'organisation, dont nous prenons à notre charge tous les frais.

Déjà M. Le Trésor de La Rocque en a accepté la présidence d'honneur.

Le Congrès aurait une durée de trois journées avec l'ordre du jour suivant :

1re journée : *Les Syndicats agricoles.*
2e journée : *Le Crédit agricole.*
3e journée : *Les Coopératives agricoles.*

Nous espérons que vous voudrez bien faire inscrire votre syndicat comme adhérent au Congrès de Lyon, nous faire connaître le nombre de vos délégués et nous faire part de vos observations, *d'ici au 20 avril prochain.*

Aussitôt votre réponse connue, nous pourrons nous occuper de la fixation définitive de l'époque du Congrès, de son ordre du jour détaillé et des démarches à faire auprès des diverses Compagnies de chemins de fer, afin d'obtenir pour les délégués une remise sur le prix des billets.

Une seconde circulaire vous indiquerait ultérieurement, et en temps utile, l'organisation totale et définitive du Congrès.

En terminant, nous croyons devoir insister de nouveau sur cette *Grande Assemblée*, parce que nous sommes persuadés que cette imposante réunion des délégués de toutes les régions de France et cette puissante consultation agricole assureront à nos syndicats une occasion éminemment favorable à la discussion des questions professionnelles et, par suite, à la défense de nos intérêts.

Veuillez agréer, Messieurs, l'assurance de notre considération distinguée.

Pour le Bureau de l'Union du Sud-Est des Syndicats agricoles :

Le secrétaire général,   *Le président,*

Ch. DE BÉLAIR.   Emile DUPORT.

On comprend facilement que la préparation de ce premier Congrès des syndicats agricoles ait absorbé toute la vitalité de l'Union, dont tous les efforts tendaient à rendre aussi imposante que possible cette grande manifestation syndicale.

Cela ne l'empêche cependant pas d'accroître son effectif et à sa dernière réunion avant le Congrès, le 2 août, elle admet les syndicats de Chalon-sur-Saône (S.-et-L.) et Bourg-Argental (Loire) (1).

Elle arrive ainsi au Congrès dont les séances mémorables occupent les quatre journées des 22, 23, 24, 25 août

Bien qu'un compte rendu officiel ait été publié (2), nous pensons que ces grandes assises ont occupé une trop brillante place dans l'histoire de l'Union pour ne pas trouver ici une large hospitalité. Il serait évidemment hors de propos de faire un résumé des séances, mais nous pensons qu'il est utile pour l'histoire syndicale au XIXe siècle de rappeler ici, les noms des syndicats adhérents, les décisions prises, toutes choses que nous compléterons en donnant la physionomie du Congrès empruntée aux plus grands journaux de Paris et de la province.

---

(1) Pl. n° 4.

(2) A. Waltener et Cie, éditeurs, Lyon, 1894, Legendre, successeur.

Liste des 402 Syndicats ayant adhéré au Congrès des Syndicats agricoles (1)

Ain. — Syndicat agricole et viticole de l'arrondissement de Belley, Neyron, Agricole de Bourg, Agriculteurs de l'arrondissement de Belley, la Cotière, Mas-Rillier, Saint-Jean-le-Vieux, Beynost, Cultivateurs et Maraîchers de Bourg, l'Abergement de Varey, Sathonay, Béligneux, Trévoux, Jujurieux, Bresse, Niévroz, Virieu-le-Grand, Bressolles.

Aisne. — Laon, Saint-Quentin.

Allier. — La Celle, Allier.

Alpes (Basses). — Sisteron, Mane, Digne.

Alpes (Hautes). — La Durance, Vallée de la Vance.

Alpes-Maritimes. — Antibes, Nice.

Ardèche. — Aubenas, Annonay et Haut-Vivarais, Bourg-Saint-Andéol, Aubenas et Bas-Vivarais, Privas, les Vans.

Ariège. — Agriculteurs de l'Ariège.

Aube. — Chavanges, Ville-sur-Arce.

Aude. — Castelnaudary, Minervois, Narbonne, la Montagne-Noire, Aude.

Aveyron. — Cassagnes-Begonhès, Aveyron, St-Geniès.

Bouches-du-Rhône. — Mallemort, Roquefort, St-Martin-de-Crau, Fuveau, Saint-Pierre, Pinchinats, Roquevaire, Trest, Aix, Lascours, Cassis, St-Rémy-de-Provence, Salon.

Calvados. — Calvados.

Cantal. — Cantal.

Charente. — Segonzac, Jarnac et Segonzac, Saint-Amand-de-Boixe, Jarnac.

Charente-Inférieure. — Départemental de la Charente Inférieure, Agriculteurs de la Charente-Inférieure.

Cher. — Agriculteurs du Cher.

Corse. — Sartène.

Côte-d'Or. — Morvan et Auxois, Fontaine Française, Houblons de Bourgogne, Auxois, Saint-Seine l'Abbaye, Bligny-sur-Ouche, Union de Bourgogne et Franche-Comté, Genlis, Pouilly-en-Auxois, la Côte-Dijonnaise, Châtillon-sur-Seine, Seurre, Saint-Germain-de-Modéon, Gevrey-Chambertin, Baigneux-les-Juifs, Jallanges et Trugny, Nuits, Mirebeau, Côte-d'Or, la Vingeanne, Pontailler-sur-Saône.

---

1) Pl. n° 10.

Côtes-du-Nord. — Saint-Carreuc, Roche-Derrien et Tréguier, des Côtes-du-Nord, Bégard et Guingamp. .

Doubs. — Vuillafans, Doubs, Russey, Ornans, Isle-le-Doubs.

Drôme, —Die, Nyons, Montvendre, Crest, Allex, Romans, Bourg-de-Péage, Saint-Paul-Trois-Châteaux. Livron, Savasse, Montélimar, Suze-la Rousse, Grand-Serre, Château-Double, Taulignan, les Tourettes, Tain, Roynac, Grignan, Saint-Vallier, Buis-les-Baronnies, Chabeuil, Saillans, Claveyson, Agriculteurs de la Drôme.

Eure. — Pont-Audemer, Andelys, Tosny, Evreux.

Finistère. — Basse Bretagne, Pleyben et Châteaulin, Morlaix.

Gard. — Alais, Gard, Pont-Saint-Esprit, Manduel, Bagnols.

Garonne (Haute). — Muret, Départemental de la Haute-Garonne.

Gers. — Aignan, Mauvezin, Valence-sur-Baise, Vic-Fézensac, Eauze, Gers, Fleurance.

Gironde. — Cadillac-Podensac, Genissac, la Réole et Auros, Médoc.

Hérault. — Gignac, Villeveyrac, Montpellier, Montagnac, Murviel-les-Béziers, Tourbes.

Ille-et-Vilaine. — Cancale, Horticole d'Ille-et-Vilaine, Central agricole.

Indre. — Valençay, la Châtre, Issoudun, Indre, Châteauroux.

Indre-et-Loire. — Touraine et Bas-Vendômois, Dierres, La Chapelle-sur-Loire, Hommes, Dolus, Sazilly, Saint-Martin-le-Beau, Benais, Louestault, Lignières, Preuilly-sur-Chaise, La Croix, Bléré, Dierres, Indre-et-Loire.

Isère. — Nivolas-Vermelle, Colombe, Saint-Marcellin, Varacieux, Montferra, Chabons, Saint-Siméon-de-Bressieux, Apprieu, Grand-Lemps, Grenoble, Saint-Priest, Soleymieu, Pommier, Voiron, Saint-Symphorien-d'Ozon, Saint-Pierre-de-Mésage, La Côte-Saint-André, Moissieu, St-Paul-le-Monestier, Quet-en-Beaumont.

Jura. — Dôle, Fruitières du Jura, Poligny, Mantry, Lons-le-Saulnier, Jura.

Landes. — Agriculteurs des Landes.

Loir-et-Cher. — Romorantin, Selles-sur-Cher, Onzain, Sieggy, Billy, Monthou-sur-Cher.

Loire. — Saint-Martin-la Plaine, Agriculteurs de la Loire, St-Joseph, Pélussin, Rive-de-Gier, Charlieu et Belmont, Saint-André-d'Apchon, Agriculteurs de France du département de la Loire, Noirétable, Saint-Jean-le Vêtre, Bourg-Argental, Saint-Alban.

Loire-Inférieure. — Landreau, Le Pallet, Loire-Inférieure, Carquefou.

Loiret. —Loiret, Beaugency, Gien.

Lot. — Cultivateurs et Planteurs de tabac du Lot, Puy-l'Evêque, Gourdon Veyrac.

Lozère. — Marvejols, Canton N.-E. de la Lozère.

Maine-et-Loire. — Thouarcé, Anjou, Union de l'Ouest, Saumur, Breil.

Manche. — Agriculteurs de la Manche.

Marne. — Vitry-le-François, Puits-Bréban, Epernay, Agricole de la Marne, libre du département de la Marne, Prosne, Tréfols, St-Vincent-Boursault, Damery.

Haute-Marne. — Bassigny, Haute-Marne, Wassy, Créancey, Varennes-sur-Amance, Source et bords de l'Amance, Damremont.

Mayenne. — Saint-Sébastien, Athée.

Meurthe-et-Moselle. — Rosières-aux-Salines, Lunéville.

Meuse. — Vaucouleurs, Bar-le-Duc.

Morbihan. — Carnac, Ploërdut, Mauron, Auray, Locminé.

Nièvre. — Agriculteurs de la Nièvre.

Nord. — Producteurs de graines de betteraves, le Quesnoy.

Oise. — Senlis, Beauvais.

Orne. — Mortagne, Séez, Putange.

Pas-de-Calais. — Boulonnais, Desvres, Union du Nord, Bapaume et Bertincourt.

Puy-de-Dôme. — Agriculteurs du Puy-de-Dôme, Lembron, Départemental agricole du Puy-de-Dôme, Lezoux.

Pyrénées (Basses). — Mesplède, Sauveterre, Basses-Pyrénées.

Pyrénées (Hautes). — Agriculteurs des Hautes-Pyrénées.

Pyrénées-Orientales. — Perpignan, St-Paul-de-Fenouillet, Pyrénées-Orientales.

Rhin (Haut). — Delle.

Rhône. — Belleville-sur-Saône, Saint-Genis-Laval, Tarare, Bois-d'Oingt, Limonest-Neuville, Villefranche et Anse, Haut-Beaujolais, Comice de Lyon, Amplepuis, Ampuis, Vaugneray, Thurins, la vallée d'Azergues.

Haute-Saône. — Agricole de Gray, Pesmes, du Comice de Gray, de la Haute-Saône.

Saône-et-Loire. — Matour, Préty, Saint-Ythaire, Louhans, Mâcon, Montcenis et Creusot, Chalon-sur-Saône, Emboucheurs du Charollais, la Chapelle-de-Guinchay, Autunois.

Sarthe. — Fresnay-sur-Sarthe, Sarthe, Marolles-les-Braux, St-Gervais-en-Belin, la Ferté-Bernard, Brûlon.

Savoie. — Agriculteurs de la Savoie, la Chapelle.

Savoie (Haute). — Agricole de la Haute-Savoie.

Seine. — Economique agricole, Union Corse, Cultivateurs du département de la Seine, Ventes des produits agricoles français, Union des Agriculteurs de France, Central des Agriculteurs de France, Suresnes, Viticulteurs de France, Argenteuil, Pomologique.

Seine-et-Marne. — La Ferté-Gaucher, Coulommiers, Melun, Fontainebleau.

Seine-et-Oise. — Meulan, Seine-et-Oise, Cergy, Groslay, Montfort-l'Amaury, Chanteloup, Chevreuse, Cormeilles.

Deux-Sèvres. — Agricole des Deux-Sèvres.

Somme. — Gamaches et Oisemont, Acheux.

Tarn. — Albi, Lapeyrière.

Tarn-et-Garonne. — Molières, Grisolles.

Var. — Besse, Callas, Saint-Maximin, Hyères, Var, Val, Signes, Solliès-Toucas.

Vaucluse. — Sarrians, Mormoiron, Agricole de Carpentras, Fraisiculteurs de Carpentras, Bédarrides, Vaison, Aubignan, Monteux, Vauclusien, Pernes, Croagnes, Caderousse.

Vendée. — Agriculteurs de la Vendée, Burcerie.

Vienne. — Vouneuil-sur-Briard, Saint-Laurent, Civray, Loudun.

Vienne (Haute). — Magnac-Laval, Saint-Sulpice-les-Feuilles, Agriculteurs de la Haute-Vienne.

Vosges. — Rambervilliers, Celles-sur-Plaine, Granges, Bruyères, Neufchâteau, Mirecourt.

Yonne. — Villeneuve-la-Guyard, Saint-Florentin, Ligny-le-Châtel, St-Eloi, Auxerrois, Tonnerre, Test-Milon, Yonne, Mont-Saint-Sulpice, Cheny.

Alger. — Rouïba, Maillot.

Constantine. — Constantine, Guelma.

Oran. — Oran, Tlemcen.

CONCLUSIONS ADOPTÉES PAR LE CONGRÈS (1)

Rapport de M. Gréa, président du Syndicat des Agriculteurs de l'arrondissement de Lons-le-Saulnier (Jura) sur la composition des syndicats agricoles.

1° Qu'en ce qui concerne les syndicats agricoles et leur composition, aucune modification dans un sens restrictif ne soit apportée à la législation actuelle ;

2° Que les syndicats soient rattachés, à l'avenir, au Ministère de l'Agriculture ;

---

(1) Congrès National des Syndicats Agricoles, Imp. Legendre, 1894.

3° Que le caractère d'association mixte reste le principe absolu des syndicats agricoles.

Rapport de M. le comte de Saint-Pol, président du Syndicat agricole et viticole du Haut-Beaujolais, sur la circonscription des Syndicats agricoles.

1° Que les circonscriptions syndicales par excellence sont les circonscriptions de communes, de cantons ou d'arrondissement selon les régions, la création d'Unions devant leur donner l'impulsion et l'appui nécessaires.

2° Que les Syndicats départementaux existant pourront rendre les mêmes services en multipliant le plus possible leurs sections par arrondissement, canton et commune.

Rapport de M. le comte de Rocquigny, membre de la Société des Agriculteurs de France et du Syndicat agricole du Boulonnais, sur l'assurance par les syndicats agricoles.

1° Par ces motifs, le Congrès se prononce nettement contre le projet de la loi sur les caisses d'assurances mutuelles agricoles, qui n'offre ni avantages, ni garanties à l'agriculture, et qui est un acheminement vers l'application des doctrines du socialisme d'État.

2° Par ces motifs, le Congrès estime que, sauf pour l'assurance du bétail et des accidents du travail agricole, les syndicats doivent renoncer à créer des mutualités professionnelles dont le fonctionnement pourrait les compromettre, et qu'ils doivent se contenter d'agir comme intermédiaires en négociant avec les Compagnies ou Sociétés de leur choix des avantages spéciaux au bénéfice de leurs adhérents.

Mais par contre, il pense qu'ils doivent être encouragés à fonder ou à couvrir de leur patronage des institutions de prévoyance destinées à garantir, au moyen de la mutualité, les pertes causées par les accidents du travail agricole et par la mortalité des animaux.

Rapport de M. le comte de Rocquigny, membre de la Société des Agriculteurs de France et du Syndicat agricole du Boulonnais, sur la Prévoyance par les Syndicats agricoles.

Par ces motifs, le Congrès est d'avis que les Syndicats agricoles doivent porter leur activité sur l'organisation des diverses institutions d'assistance qui peuvent améliorer le sort des populations rurales et que, dans ce but, la législation soit modifiée dans le sens le plus libéral.

Rapport de M. Ducurtyl, président du Comité de contentieux et de législation de l'Union du Sud-Est, sur la Représentation agricole.

1° Que l'agriculture soit dotée, dans le plus bref délai, au même titre que l'industrie et le commerce, d'une représentation officielle basée sur les mêmes principes et jouissant de droits et de prérogatives égales;

2° Qu'à cet effet, il soit institué des chambres départementales d'agriculture, composées de membres élus par les suffrages d'un corps électoral comprenant les propriétaires de fonds ruraux inscrits au rôle de la contribution foncière, les agriculteurs, les viticulteurs, fermiers ou métayers ;

3° Qu'il soit institué un Conseil supérieur d'agriculture composé de membres élus par les Chambres départementales d'agriculture, auxquels on pourrait adjoindre, comme membres de droit, les présidents de la Société Nationale d'Agriculture, de l'Institut agronomique, de la Société des Agriculteurs de France et des différentes Unions régionales des syndicats agricoles ;

4° Le Congrès proteste énergiquement contre tout mode d'organisation de cette représentation qui aurait pour effet de la dénaturer dans son principe, d'en altérer la sincérité dans ses origines et de fausser ainsi le caractère de son institution.

Rapport de M. A. de Fontgalland, président de l'Union de la Drôme et du Syndicat des agriculteurs de Die, sur les Unions régionales, leurs circonscriptions.

Le Congrès national des Syndicats agricoles décide :

1° Que toutes les régions agricoles de la France doivent être dotées le plus tôt possible d'Unions régionales destinées à venir en aide aux différents Syndicats agricoles de leur circonscription, aussi bien dans l'exercice de leur rôle matériel que dans l'accomplissement de leur rôle social, et il émet le vœu qu'une loi dote ces Unions de la personnalité civile.

2° Que l'Union pourra être départementale lorsque ce sera possible, mais à la condition de ne pas empêcher les syndicats en faisant partie d'entrer dans une Union régionale.

Rapport de M. E. Deusy, président de l'Union du Centre des Syndicats agricoles et viticoles, sur les rapports entre Unions.

Le Congrès est d'avis :

De nommer une Commission de neuf membres chargée de rédiger le texte d'un règlement.

Rapport de M. de Gailhard Bancel, président des Syndicats agricoles d'Allex et de Crest (Drôme), sur les institutions d'assistance et de prévoyance dans les Unions de Syndicats agricoles.

Le congrès affirme que l'assistance matérielle et morale étant l'un des buts principaux de l'association, les syndicats agricoles doivent s'efforcer de la réaliser sous ses diverses formes, dès qu'ils en auront réuni les moyens, en utilisant les Unions régionales.

Rapport de M. G. Ducurtyl, président du Comité de contentieux et de législation de l'Union du Sud-Est, sur le Tribunal Arbitral.

1° Il doit être créé, autant que possible, dans chaque syndicat agricole, un tribunal arbitral, dont les membres seront désignés à la majorité des suffrages, et qui aura pour mission de concilier ou de juger, sans appel, les contestations ayant un caractère professionnel qui leur seront soumises par les adhérents.

A cet effet, dans chaque affaire, les parties devront signer un compromis acceptant la juridiction du tribunal arbitral, à titre d'amiables compositeurs, déterminant l'objet du litige, fixant les délais de comparution, de production de pièces et de prononcé du jugement, autorisant l'audition des témoins, s'il y a lieu, et renonçant expressément aux délais et formalités de procédure ainsi qu'à l'appel de la décision à intervenir.

3° Les frais qui peuvent résulter de ce service judiciaire, dont tous les emplois seront gratuits, doivent être supportés par la caisse du syndicat.

4° En cas de refus de la part d'un syndicataire, ayant accepté la juridiction du tribunal, de se conformer volontairement à la sentence rendue, l'exclusion de ce membre du syndicat sera de droit.

Rapport de M. Rieu, administrateur du Syndicat agricole Vauclusien sur les Achats par les Syndicats agricoles,

Rapport de M. Henri Denizet, vice-président du Syndicat des agriculteurs du Loiret, sur les Achats par les Unions de Syndicats.

Le Congrès est d'avis :

Que les Syndicats agricoles, quelle que soit d'ailleurs leur circonscription, n'étant qu'imparfaitement armés, pour obtenir du commerce tous les avantages auxquels ils peuvent légitimement prétendre, dans leurs achats, il y a lieu de compléter leurs facultés, en leur adjoignant, sous certaines conditions, des sociétés coopératives agricoles. Ces coopératives agricoles, en agissant directement, ou en se groupant entre elles, seront plus aptes à traiter toutes les questions.

Que les Unions régionales de syndicats ne pouvant opérer elles-mêmes les opérations d'achats et de ventes pour leurs syndicats unis, il y a nécessité de constituer, à côté des Unions et sous leur influence immédiate, des coopératives agricoles régionales de production et de consommation.

Rapport de M. Bord, secrétaire général du Syndicat agricole de Cadillac, sur les ventes par les syndicats agricoles.

Rapport de M. Léon Riboud, administrateur délégué du Syndicat agricole et vilicole du Haut-Beaujolais, vice-président de l'Union du Sud-Est, sur la vente des produits agricoles par les Unions de syndicats.

Le Congrès décide :

1° Que c'est par les syndicats, groupés en Unions régionales, que doit être organisée la vente des produits agricoles au moyen de coopératives régionales, ou locales dans des cas particuliers et pour des natures spéciales de produits.

2° Que par tous les moyens en leur pouvoir, les syndicats agricoles s'emploient à obtenir l'abrogation des mesures législatives ou autres, pouvant gêner la formation et l'action des sociétés de production et de consommation.

3° Que les syndicats agricoles accordent, dans leurs Bulletins périodiques, la plus large publicité aux offres de produits agricoles faites par les sociétés de production ou les syndicats d'autres régions.

Rapport de M. A. Sénart, ancien président à la Cour d'appel de Paris, membre du Conseil de la Société des Agriculteurs de France, sur l'organisation du crédit par les Syndicats Agricoles.

Le Congrès national des syndicats agricoles, réuni à Lyon, émet le vœu :
Que la loi relative à la création de sociétés de crédit agricole soit votée sans retard.

Rapport de M. Louis Durand, avocat, membre du Comité du contentieux et de législation de l'Union du Sud-Est, président de l'Union des Caisses rurales et ouvrières françaises, sur les Caisses rurales à responsabilité illimitée.

Rapport de M. J.-B. Josseau, vice-président de la Société des agriculteurs de France, membre de la Société nationale d'Agriculture, fondateur de la Caisse de crédit de Coulommiers, sur les caisses rurales à responsabilité limitée.

Le Congrès approuve les caisses rurales à responsabilité illimitée d'après le système Raiffeisen et demande aux syndicats d'étudier les moyens pratiques pour arriver à les établir dans les communes rurales et à déterminer leurs relations avec les syndicats agricoles : mais le Congrès ne pense pas que les syndicats agricoles doivent se borner à encourager uniquement la propagation des caisses rurales fondées sans capital sur le type Raiffeisen avec solidarité illimitée. Le Congrès pense qu'ils doivent encourager également la création de sociétés anonymes de crédit mutuel à capital variable, sur le type de Poligny, avec responsabilité limitée.

Rapport 1e M. Louis Milcent, ancien auditeur au Conseil d'Etat, fondateur de la Caisse de crédit mutuel de l'arrondissement de Poligny, sur les Unions de Caisses rurales.

Rapport de M. Hugues de Larnage, secrétaire général de l'Union des syndicats agricoles et viticoles, sur le crédit agricole et la Banque centrale.

1° Si, dans une région, il n'existe que des caisses rurales à responsabilité illimitée, elles auront à se grouper pour fonder elles-mêmes une caisse centrale de même forme destinée à faciliter leur entier fonctionnement.

S'il existe en même temps des caisses rurales à responsabilité limitée, l'union des diverses caisses se fera plus facilement par une caisse centrale à responsabilité limitée, mais il sera bon que les actions soient souscrites exclusivement soit par les syndicats, soit par les diverses caisses pour bien maintenir leur caractère d'institution sociale.

2° Le Congrès émet le vœu que les débuts du crédit agricole soient facilités par une loi autorisant les caisses d'épargne à prêter aux institutions de crédit agricole, au moins une partie de leur fortune personnelle, et que dans tous les cas, il ne soit pas donné suite au projet de création d'une banque centrale patronnée par l'Etat, les caisses rurales devant suffire à faire naître d'elles-mêmes, dès que le besoin s'en fera sentir, d'abord des caisses régionales, puis une caisse centrale.

Le Congrès est d'avis que ce vœu soit adressé aux ministres de l'Agriculture, du Commerce et des Finances.

Rapport de M. Paul Doumer, député, sur le projet de loi sur les sociétés coopératives de production, de crédit et de consommation et sur le contrat de participation aux bénéfices.

Le Congrès approuvant dans son ensemble le projet de loi sur les sociétés coopératives, demande aux Chambres de le voter le plus promptement possible.

Rapport de M. Antonin Guinand, vice-président de l'Union du Sud-Est, président du Syndicat des agriculteurs et riticulteurs de la région de Saint-Genis-Laval, sur le rôle et la circonscription des coopératives agricoles.

Le rôle des coopératives agricoles doit être d'aider les syndicats agricoles sans jamais pouvoir les supplanter.

Comme corollaire, le Congrès recommande de préférence la création d'une Coopérative à côté d'une Union de syndicats et s'étendant à une seule région.

Rapport de M. G. Fleury, président de la Société coopérative de production et de consommation des agriculteurs du Puy-de-Dôme, sur la nécessité de créer une Union des Coopératives agricoles afin d'établir des rapports entre elles.

Le Congrès émet le vœu :

Qu'après le vote de la nouvelle loi sur les sociétés coopératives, le bureau de l'Union des syndicats des agriculteurs de France étudie les voies et moyens de grouper, à côté des syndicats, les coopératives agricoles, et invite la comission mixte des syndicats agricoles et des sociétés coopératives de consommation à étudier les moyens de grouper, selon leur objet, les coopératives créées près des syndicats et d'exercer leur action commune par la défense des intérêts connexes.

Rapport de M. Kergall, président du Syndicat économique agricole, sur les rapports des coopératives de production avec les coopératives de consommation.

Le Congrès :

Dans le but d'établir des rapports d'affaires entre les sociétés de consommation et les Unions régionales de syndicats agricoles, décide de remettre à M. Kergall, pour en faire part à la commission mixte, la mission :

1° D'envoyer gratuitement aux coopératives, à titre d'échange, un bulletin spécial d'offres rédigé, d'après les documents des Unions, par la délégation mixte.

2° D'insérer gratuitement dans le bulletin des Unions les avis d'adjudication transmis par cette délégation, d'après les indications fournies par les coopératives.

3° De créer à Paris, à l'aide de prélèvements opérés sur les ventes des produits des syndicats, un local où seraient échantillonnés les produits agricoles.

Et invite les syndicats agricoles à se mettre promptement, par le groupement des produits dans les coopératives agricoles, autant que possible en mesure de faire face aux demandes des sociétés coopératives de consommation.

Rapport de M. G. Maurin, président du Syndicat agricole de Sarrians, sur les coopératives de consommation et les producteurs.

1° Le service des ventes directes des denrées agricoles ne peut être assuré que par la création des sociétés coopératives de production. Ces sociétés devront avoir un capital et une organisation différents des syndicats agricoles.

2° Elles doivent inscrire dans leurs statuts et tenir la main à ce que les promesses de vente faites par les associés soient scrupuleusement accomplies, soit comme quantité, soit comme qualité.

3° Elles doivent adopter pour principe, de payer les marchandises à leurs associés, suivant le cours du marché et ne répartir leurs bénéfices que sous forme de trop perçu après prélèvement de larges réserves.

4° La création de manutentions coopératives doit être laissée à l'initiative de chaque groupe local.

Rapport de M. Chiousse, président de la Fédération des Sociétés coopératives de consommation des employés du P.-L.-M. sur les coopératives agricoles et les consommateurs.

Le Congrès émet le vœu :

1° Que des sociétés coopératives agricoles, autant que possible régionales, du modèle de la Société coopérative agricole du Sud-Est, soient créées dans les divers centres de la France, et que les sociétés coopératives de consommation s'approvisionnent régulièrement dans les entrepôts de ces sociétés, qui sont appelés à devenir les docks de l'agriculture nationale

2° Que les sociétés coopératives de consommation et les coopératives agricoles se tiennent en relations constantes au moyen de leurs publications périodiques, afin d'amener et de maintenir une entente complète en vue de la défense de leurs intérêts réciproques, entre ces deux facteurs importants de la puissance économique du pays, dont les besoins et le but ont de si nombreux points de contact.

Rapport de M. Deusy sur les rapports entre Unions.

RÈGLEMENT VOTÉ.

ARTICLE PREMIER. — Les Unions se forment entre les syndicats du département où est établi le siège de l'Union et des départements voisins suivant les affinités économiques et agricoles et les relations d'affaires.

Les départements limitrophes de deux Unions peuvent être déclarés mixtes et faire partie de deux Unions. Mais un syndicat compris dans un département mixte ne peut être admis sans qu'avis préalable en ait été donné à l'Union ou aux Unions voisines.

ART. 2. — Un syndicat ayant son siège social dans un département non mixte, ne peut être admis par une autre Union que celle qui siège dans ce département.

ART. 3. — Aucun syndicat refusé ou exclus par une Union ne peut être admis dans une autre Union.

ART. 4. — Les Unions devront établir entre elles des relations continues et régulières, dans un but d'aide mutuelle et de bonne confraternité professionnelle.

ART. 5. — Les Unions régionales devront nommer un délégué, qui pourra être suppléé, à l'effet de défendre, près des pouvoirs publics, avec les délégués de l'Union des Syndicats des agriculteurs de France, les intérêts agricoles de leurs régions.

ART. 6. — Toutes les difficultés, qui pourraient surgir, pour quelque cause que ce soit, entre les Unions régionales, devront être soumises à la commission des Unions régionales, près de l'Union des Syndicats des agriculteurs de France, dont l'arbitrage souverain est accepté par elles.

Vœu du Congrès.

Tous les Syndicats devront être assemblés en Congrès national, au moins tous les trois ans, dans une des circonscriptions des Unions régionales.

La date et le lieu des congrès seront fixés par la commission spéciale des Unions, qui comprend tous les présidents des Unions régionales ou leur délégué spécial, et est présidée par le président de l'Union centrale des Syndicats des Agriculteurs de France. L'organisation du Congrès appartiendra à l'Union dans la circonscription de laquelle il devra se tenir.

Discours de clôture et résumé du Congrès.

Par M. Dupont, président.

Messieurs,

Ce ne sont pas les organisateurs qu'il faut remercier, mais bien ceux qui sont venus nous apporter le concours de leur parole et de leur dévouement. C'est à vous tous, qui avez porté une si grande attention à ces travaux et rendu ainsi notre tâche si facile, c'est à vous, qui n'avez pas craint la fatigue de ces longs débats, qu'il faut adresser des remerciements.

Nous devons aussi remercier la presse qui voudra bien continuer son œuvre en faisant connaître à tous ceux qui n'ont pas pu y assister tout ce qui s'est fait de bon et dit de bien dans ce congrès.

Avant de clore le congrès, je vais résumer très rapidement l'ordre du jour de vos travaux pour en faire ressortir vos décisions les plus saillantes. Et d'abord cette première journée ouverte par les magnifiques discours de MM. Le Trésor de la Rocque et Deusy vous montrant, l'un l'urgence de parer à la dépopulation de nos campagnes, l'autre le chemin parcouru depuis dix ans par les syndicats agricoles et, tous deux, insistant sur ce phénomène écrasant pour notre agriculture nationale : la baisse croissante de l'argent.

Il est aussi un fait si frappant, qu'il me faut le signaler, c'est celui de tous ces rapports, de toutes ces discussions affirmant avec unanimité le rôle conciliateur des syndicats agricoles entre ouvriers et propriétaires, entre le capital et le travail, c'est là une grande chose que ce Congrès a mis en puissant relief. Tous ces rapporteurs venus de tous les points de la France nous ont apporté la même parole. L'on aurait dit que tous s'étaient entendus, tant ils ont eu d'unité de vue, dans les conclusions proposées pour l'amélioration de la condition des classes agricoles.

Dès le premier rapport, M. Gréa a établi ce principe, si socialement fécond, que les syndicats devaient être mixtes. Puis M. de Saint-Pol a indiqué que, pour obtenir ce résultat social, certaines formes étaient plus aptes que d'autres. Il n'a pas entendu dire que les autres ne permettaient pas d'obtenir des résultats, il a seulement indiqué celles qui lui semblaient préférables et vous l'avez approuvé.

Je passe rapidement sur les rapports de MM. de Rocquigny, Ducurtyl, de Laage de Meux, de Gailhard-Bancel, qui tous montrent la voie à suivre pour aider les agriculteurs. Je n'ai garde d'oublier le règlement entre Unions proposé avec une grande prévoyance de l'avenir par M. Deusy, règlement dont est sortie votre décision si capitale établissant une commission permanente composée des présidents d'Unions, ainsi que la certitude de nous retrouver dans d'autres congrès, dont celui-ci aura été le premier.

Et, à la fin de la journée, les rapports si pratiques de MM. Rieu, Bord, Denizet, Riboud, concluant tous à la nécessité d'adjoindre à nos syndicats agricoles des sociétés coopératives mieux adaptées aux genres de services matériels qu'on exige d'eux non seulement pour l'achat, mais aussi pour la vente ; en effet, il ne faut pas oublier que pour pouvoir rendre tous les services d'ordre social, il faut en puiser les moyens et l'autorité dans les services d'ordre matériel.

La deuxième journée a été ouverte par la superbe improvisation de M. le député Aynard, qui nous a donné la certitude que nos intérêts seront à tout le moins habilement défendus devant la Chambre lorsqu'on y reprendra la discussion sur le crédit agricole.

C'est ensuite le magistral exposé de la loi par M. le président Sénart, suivi des rapports et conclusions si prudentes de MM. Louis Durand et Josseau, par lesquelles vous avez nettement affirmé que, suivant les régions et les nécessités, les diverses formes de sociétés de crédit étaient aptes à rendre de réels services aux cultivateurs.

Et, à la séance suivante, avec MM. Milcent et de Larnage vous n'avez pas hésité à rejeter l'intervention d'une banque d'Etat en déclarant que les Unions sauraient, en temps utile, organiser cette caisse centrale dont la loi voulait nous gratifier avant le temps.

C'est enfin cette troisième journée, réservée à la Coopération, qui a donné lieu à des discussions si nouvelles pour nos agriculteurs, et pourtant si intéressantes par suite des vastes horizons qu'elles ont ouverts à notre dévouement.

Après le rapport si concis, mais si précis de M. Doumer, auquel les coopérateurs devront la loi nouvelle, les conclusions si sages de M. Guinand sur le rôle et la circonscription à attribuer aux coopératives agricoles, ce sont encore les études fort pratiques des coopérateurs expérimentés qui s'appellent Fleury, Maurin, Chiousse, complétées par l'exposé de M. Kergall, qui s'est fait l'initiateur de cette grande cause dont le succès marquera la fin du siècle : le rapprochement des producteurs et des consommateurs.

Ces trois journées, Messieurs, ont été bien employées, votre président vous en donne l'assurance, car c'est toute l'histoire de nos syndicats agricoles que vous avez résumée dans cette belle trilogie. Trilogie d'une ordonnance parfaite qui, plaçant à la base les syndicats groupés dans les Unions, nous conduit par le crédit jusqu'à la coopération pour atteindre enfin le but final, l'assistance qui n'est pas une aumône, mais le fruit naturel et le plus précieux de l'association.

Aussi, permettez-moi de prononcer à la fin de ce congrès, les mêmes paroles qu'à l'ouverture : c'est par le crédit et la coopération que les syndicats agricoles pourront résoudre ce qui est soluble de cette terrible question sociale, aussi est-ce pour cela que nous leur consacrerons, sans jamais nous lasser, le meilleur de nos forces, car nous savons que nous aurons pour récompense : le salut de la France.

Comme conclusion du Congrès, une quatrième journée avait été réservée à des visites : dans la matinée aux divers magasins de vente des sociétés émanant de l'Union du Sud-Est ; dans l'après-midi, aux sections d'économie sociale et d'agriculture à l'Exposition. Le soir, à sept heures, le banquet.

A l'heure fixée, à 9 heures du matin, une centaine de congressistes se trouvent au rendez-vous, 9, rue du Garet, dans les bureaux de l'Union du Sud-Est.

Là, en quelques mots, M. Duport fait l'historique de l'Union et de ses annexes.

Ainsi renseignés, les congressistes se mettent en marche. Ils gagnent le quartier de la Croix-Rousse pour visiter l'une des boucheries de l'Union des producteurs et des consommateurs, où M. Guinand, le président de la Société, donne quelques indications sur son fonctionnement et notamment sur l'emploi des bons de production et de consommation en vue de la répartition des bénéfices et du contrôle du personnel.

Puis, traversant la ville, non sans attirer l'attention des passants qui semblent deviner toute l'importance de cette manifestation pacifique, ils se rendent au magasin de vente du cours Lafayette, nº 32, où l'Union des producteurs et des consommateurs a entassé, sous leur vraie marque d'origine, tous les produits de l'alimentation ; où le vin du Syndicat de Cadillac (Gironde) dispute la vente à ceux des Syndicats du Beaujolais, du Mâconnais, de la Bourgogne, du Midi ; où la viande, les œufs, le beurre, les fromages, les volailles viennent directement de la ferme se joindre au pain, à la charcuterie, à l'épicerie et s'offrir à toutes les catégories de consommateurs, à des prix appropriés à toutes les bourses.

Et pour donner à ses amis une idée de ces produits, pour répondre dignement à leur visite si flatteuse, l'Union des producteurs et des consommateurs verse à la ronde le Beaujolais mousseux, le Champagne du Sud-Est.

L'heure du déjeuner est venue. Les ruraux se séparent. Quelques-uns vont demander un appétissant et copieux repas à l'Association alimentaire du 6e arrondissement dont l'Union des producteurs et des consommateurs est un des fournisseurs. Ils se mêlent aux 500 habitués, ouvriers, ouvrières, petits employés qui emplissent la salle aérée, spacieuse, propre, et épuisent le menu du jour en un festin complet dont l'addition se monte à 0 fr. 95 par tête.

Utile institution qui procure vraiment à l'ouvrier une alimentation saine et à bon marché, sans revêtir pourtant le caractère d'œuvre de bienfaisance, puisque chaque année elle n'oublie pas de verser copieusement à la réserve. Elle ne saurait laisser indifférents les producteurs agricoles qui cherchent, sous toutes ses formes, à conclure avec les consommateurs « l'Union pour la vie ».

A trois heures, tous les congressistes se trouvent à l'Exposition, dans le pavillon de l'Economie sociale. Ils sont en présence de l'exposition de l'Union du Sud-Est. C'est, au centre, la carte syndicale de l'Union, avec tous les syndicats de commune, de canton, d'arrondissement, de département, tous nominativement désignés et délimités. C'est en somme une section de cette magnifique carte de France qui ornait un des salons du Congrès et sur laquelle s'épanouissent en couleurs variées, comme autant de fleurs, les signes révélateurs des 402 syndicats adhérents (1).

De chaque côté de la carte régionale de l'Union sont des tableaux graphiques indiquant la marche des opérations de la Coopérative agricole du Sud-Est, l'évolution périodique du Bulletin et de l'Almanach, les variations des prix de l'Union des producteurs et des consommateurs. Au-dessous sont des spécimens du Bulletin et de l'Almanach, des modèles de livres, tableaux, feuilles de situation, tickets des diverses sociétés, et enfin les exemplaires de la Monographie de l'Union du Sud-Est qui résume en elle tous ces documents de statistique et constitue une peinture intéressante de la vie syndicale agricole dans une région de France.

Tout cela a été fort apprécié des membres du Congrès, et nous pouvons ajouter que le jury de la section d'économie sociale l'avait trouvé assurément du plus haut intérêt ; la liste des récompenses en a fourni la preuve.

Enfin, la journée se termine par le banquet à 7 heures ; près de 200 convives se trouvent réunis autour d'un imposant fer à cheval, dans le restaurant français de l'Exposition, sur les bords de ce charmant lac de la Tête-d'Or, où toutes les nations du monde semblen s'être donné rendez-vous cette année.

Au dessert, le président du Congrès, M. Emile Duport, prend le premier la parole, et s'exprime en ces termes qui sont couverts d'applaudissements :

Nous avons la très bonne habitude dans nos banquets de syndicats agricoles de porter le premier toast à la France.

De même qu'au régiment, le colonel a la garde du drapeau, c'est le haut privilège du président de se lever pour tous ; j'en suis, ce soir, tout particulièrement fier.

Au cours des séances du Congrès, en voyant autour de moi ces hommes venus de tous les points du territoire, la grande image de la patrie m'est apparue plus nette, plus rapprochée, et il m'a semblé que dans leurs cœurs, j'entendais battre son propre cœur.

---

1) Pl. n° 10.

Aussi est-ce avec une profonde émotion que je vous demande de laisser échapper de vos poitrines ce cri : Vive la France !

J'ai encore le très agréable devoir de boire à la santé de nos invités et vous trouverez naturel que je commence par les étrangers, je bois à leurs nationalités.

Je salue pour vous MM. Fitsch, Soria, Chiousse, qui ont bien voulu nous témoigner leur sympathie en venant s'asseoir à notre table pour affirmer l'union des producteurs et des consommateurs. Je prie M. Aynard de vouloir bien se faire notre interprète auprès de la Chambre de commerce de Lyon, et plus particulièrement auprès de M. Isaac, pour l'accueil que nous avons reçu dans le groupe de l'économie sociale à l'Exposition.

Vous nous avez apporté, Monsieur le député, le concours de votre parole en prenant une belle part aux travaux du Congrès, et vous avez bien voulu vous engager à vous faire une fois de plus le défenseur de nos revendications en faveur du crédit agricole et de l'organisation des Chambres d'agriculture ; nous vous en adressons nos sincères remercîments.

Enfin, Messieurs, je veux boire à vous-mêmes, à nos amis absents, à MM. Josseau et Sénart, puisse celui-ci retrouver promptement ses forces ! à l'excellent M. Deusy, à notre si aimé président M. le Trésor de la Roque, à tous les syndicats agricoles de France, et pour cela, il me semble que je ne saurais mieux faire qu'en levant mon verre au but de tous nos efforts :

Messieurs, à la paix sociale !

A M. Duport succède M. Aynard, l'éminent député du Rhône. Dans une causerie d'une éloquente simplicité, après avoir adressé ses plus sincères félicitations au président du Congrès, il souhaite à l'agriculture une protection salutaire, qu'il n'entend pas confondre, du reste, ajoute-t-il spirituellement, avec le protectionnisme. Cette protection, d'après lui, doit consister surtout en une organisation de la représentation agricole, conforme à celle dont jouissent l'industrie et le commerce. Il réclame enfin pour les syndicats agricoles la liberté pleine et entière d'association dont ils sauront user avec ce respect des lois que d'autres méconnaissent trop souvent.

M. Bender, l'honorable président du Congrès viticole et agricole, se souvient, non sans fierté, qu'il est membre du syndicat de Belleville-sur-Saône, que préside avec tant d'autorité M. Duport. Il félicite les syndicats agricoles de rivaliser d'ardeur féconde et généreuse avec les Sociétés d'agriculture et de viticulture, pour relever la première de nos industries nationales : l'agriculture.

M. Soria, le sympathique secrétaire du Comité central de l'Union coopérative, se lève au nom des ouvriers et tend la main aux ruraux. « Fournissez-nous, dit-il, les denrées nécessaires à la vie, directement, sans passer par les intermédiaires, à un prix qui permette à nos coopératives de vivre et de prospérer ».

Oui, répond M. Guinand, en sa qualité de président de l'Union des producteurs et des consommateurs de Lyon, oui, l'alliance est faite entre syndicats agricoles et coopératives ouvrières, et nos produits nous vous les livrerons à un prix loyal ; mais, n'oubliez pas que cette alliance veut dire partage par parts égales entre producteurs et consommateurs de la dîme que prélève l'intermédiaire au préjudice des uns et des autres ; et nous, ajoute M. Guinand, en se tournant vers les représentants des syndicats agricoles, rappelons-nous que nous n'avons pas seulement à vendre des engrais et à écouler nos produits, rappelons-nous que notre œuvre est plus haute et plus noble, ne désertons pas l'idéal.

M. Filsch, président du Comité central de l'Union coopérative, célèbre avec une conviction vraiment communicative les bienfaits de la coopération.

M. Couderc boit au soleil, le bienfaiteur de l'agriculture.

Sur les instances de ses amis, M. de Gailhard-Bancel, avec cette chaleur entraînante dont il a le secret, lève son verre en l'honneur du paysan, de celui qui travaille et souffre en silence et qui, s'il s'arrêtait, créerait dans notre pays on ne sait quelle perturbation auprès de laquelle toutes celles que nous connaissons ne seraient rien.

M. Riboud, au nom des collaborateurs de M. Duport, remercie cordialement son ami de les avoir conduits à la victoire avec son cœur, avec son ardeur généreuse, avec cet amour du bien public auquel il tient à rendre hommage devant tous leurs amis de France. Puis il boit à la santé de la presse, presse lyonnaise, presse parisienne si dignement représentée au banquet par M. Robert de la Sizeranne, presse agricole, à toute la presse dont le concours a été si précieux aux organisateurs du Congrès, et il la félicite de savoir toujours, dans son impartialité et son indépendance, vulgariser tout ce qui mérite de l'être.

M. Nicolas, de la presse lyonnaise, remercie en son nom et au nom de ses confrères et, aux applaudissements de tous les convives, il leur donne l'assurance que leur entier dévouement est acquis à l'œuvre si féconde des syndicats agricoles.

L'honorable président de l'Union du Nord, M. Madaré, boit à l'union de la betterave et du raisin, du Nord et du Midi, en un mot à la province.

M. Cottin célèbre les vertus du cultivateur et le loue chaudement de son abnégation, de son énergie et de sa patience.

Puis, le vaillant directeur de la *démocratie rurale*, M. Kergall, dans un discours très applaudi, boit aux syndicats agricoles qui ne sont rien moins que les ouvriers de la reconstitution de la France ; leur œuvre a son côté positif, mais elle a surtout son côté idéal. « Aux syndicats agricoles, s'écrie-t-il en terminant, artisans de la paix nationale, de « l'union pour la vie » de la patrie Française !

Cette belle devise, « l'union pour la vie », est éloquemment developpée par M. Hugues de Larnage, qui met en lumière toutes les idées généreuses qu'elle résume et en fait saisir toute la portée. Puis, s'associant à ses collègues dans leur reconnaissance envers l'Union du Sud-Est, il boit à la santé de M. Duport et de ses trois collaborateurs, MM. Guinand, de Fontgalland et Riboud.

Enfin, M. A. de Fontgalland rend hommage aux initiatives fécondes et énergiques ; il salue le réveil des ruraux et boit à l'avenir des syndicats agricoles de France.

Il est 10 heures, les mains se tendent, se serrent dans un dernier élan de sympathie, de franche camaraderie, et de bouche en bouche courent ces deux mots pleins de promesses « Au revoir ! ».

Nous ne pouvons mieux faire pour donner à nos lecteurs une idée de l'impression produite en France par le succès de notre premier Congrès national, que de reproduire ici quelques extraits d'articles empruntés à différents journaux :

(Le Figaro, 25 août).

Jetons un coup d'œil sur la grande carte de France affichée à l'entrée de la salle des fêtes, à l'hôtel de ville, où se tiennent les assises du *cinquième État*. De petites lunes rouges posées sur cette carte marquent la place des syndicats communaux ; d'autres, blanches, celles des syndicats d'arrondissement ; d'autres, bleues, des syndicats de département. Toute la vallée du Rhône avec ses dépendances est pleine de ces marques rouges, serrées, tassées les unes contre les autres, ne permettant pas de voir les départements qu'elles recouvrent. Ce sont les Syndicats des Bouches-du-Rhône, des Alpes, hautes et basses, du Var, du Gard, de Vaucluse, de la Drôme, de l'Ardèche, de l'Ain, de la Loire et du Rhône, pays essentiellement démocratiques, d'idées avancées, mais pays de libre initiative et de nouveautés économiques, où l'action syndicale a été rendue nécessaire par la crise viticole, la replantation des vignes phylloxérées autant que par les besoins nouveaux de l'agriculture scientifique.

Puis les points rouges s'étendent à l'Est, dans l'Isère, montent dans le Jura, la terre natale du crédit agricole français, sur le Doubs, reviennent à la Côte-d'Or, la Marne, la Haute-Marne, Saône-et-Loire. Ensuite ils s'éparpillent à travers toute la France, au Centre, au Nord, à l'Ouest, formant encore un groupe important dans l'Indre-et-Loire, mais de plus en plus remplacés par les points blancs, les syndicats d'arrondissements, et lorsqu'on va tout à fait à l'Ouest par les points bleus, grandes associations où entre tout le département, comme dans la Manche, comme dans la Charente-Inférieure, où l'on est douze mille, organisations riches et puissantes, mais où l'on se connaît moins, où le nombre des chefs n'est pas en rapport avec celui des soldats, où il y a, si l'on peut s'exprimer ainsi, d'excellents généraux, mais peu de ce qui fait la cohésion d'une armée — peu de sous-officiers. Comment tout cela a-t-il poussé? Sous le coup de fouet de la nécessité et sous l'inspiration plus haute de la solidarité humaine, un agriculteur s'est trouvé, dans la commune, plus éclairé, plus hardi, plus libre de son temps, qui a convié ses amis, ses voisins à s'unir avec lui pour acheter à meilleur compte les engrais, les machines, les semences, dont ils avaient besoin. Cette association d'affaires est devenue une cordiale camaraderie. On a demandé au châtelain s'il ne voulait pas en faire partie. Peu à peu nobles et roturiers, grands et petits, ont découvert qu'ils avaient exactement les mêmes intérêts et les mêmes adversaires, que la terre ne se comportait guère autrement chez le petit paysan que chez le grand propriétaire et, qu'abstraction faite de toute opinion politique, on pouvait s'entendre sur le terrain professionnel.

Cette première poignée de main a été suivie de beaucoup d'autres. Les syndicats d'un même département ont voulu s'unir. Puis, cette union, cimentée par quelque dîner au chef-lieu, s'est étendue plus loin.

On a formé de grandes Unions régionales. C'est ce qu'indiquent ces marques tricolores, plus larges, qui parsèment la carte de France.

Union de Provence, Union de Guyenne et Gascogne, Union du Midi, Union de Bourgogne et Franche-Comté, Union de l'Anjou, Union du Centre, Union du Nord, Union du Sud-Est. Enfin, ces grandes fédérations, déjà très puissantes et capables d'opérer seules, de tenir tête au commerce et d'agir auprès des pouvoirs publics, ont voulu cependant un lien de plus.

C'est la Société des Agriculteurs de France, avec son Union des Syndicats agricoles, qui remplit ce rôle et qui, siégeant à Paris, jouissant d'une autorité toute morale, conseille, prévoit et dirige la marche de cette immense armée.

Quels sont les hommes de ce mouvement? Il faudrait tous les citer, car tous, depuis le cultivateur le plus humble du hameau jusqu'au membre de l'Institut, depuis le jeune homme qui débute dans la vie en se consacrant à cette grande œuvre jusqu'à l'ancien magistrat qui en ordonne la structure légale et en fixe les limites, depuis l'ancien soldat qui trouve là un élément nouveau de lutte et d'activité jusqu'au prêtre qui s'occupe du bien matériel de ses paroissiens en même temps que de leur âme, se disant que, sans la multiplication des pains, on n'eût peut-être pas écouté le sermon sur la montagne, tous ont le même droit à notre applaudissement. Comment citer tous ces modestes travailleurs qui, en retenant leurs camarades aux champs, en combattant la misère et la démoralisation, en pratiquant l'union des classes, font le bien qui nous sauve, comme le pain que nous mangeons, qui est nécessaire à la vie sans qu'on sache qui l'a semé, qui l'a récolté, qui l'a apporté jusqu'à nous? Il n'y a pas, d'ailleurs, dans les syndicats agricoles, de ces *solistes* qu'on voit, dans le parti socialiste, résumer les soi-disant aspirations de toute une foule et grandir à mesure que la misère de cette foule augmente.

Dans les syndicats agricoles, le nom du chef c'est *Union*. « Lyon, a dit Lamartine, a montré souvent un grand peuple et rarement de grands hommes. » Or, il suffit que le Congrès qui se tient dans cette ville, la patrie de l'association, de l'esprit d'initiative, d'entente, de solidarité, marque un grand mouvement d'humanité en faveur des classes rurales : il n'importe qu'il en sorte un nom illustre. Il serait trop long de citer tous ceux qui en sont dignes, comme à l'autre hémisphère de la politique, dans le parti socialiste, tous ceux qui ont tiré profit de la grève et de la misère. « Taisons-les tous, dirons-nous ; le peuple reconnaîtra les siens. »

Robert DE LA SIZERANNE.

(Journal des Débats, 28 août.)

Le Congrès des Syndicats agricoles qui vient de se réunir à Lyon, a été bien inspiré en étudiant avec un soin particulier la question du crédit agricole. Cette question n'est pas nouvelle ; depuis quinze ans, elle a provoqué une foule de projets et de propositions de lois dont aucune n'a abouti. C'est qu'aussi jamais elle n'a été posée, comme à Lyon, sur son véritable terrain.

Le Congrès a commencé par se prononcer d'une façon formelle contre la création d'un établissement central dirigé et subventionné par l'Etat. Cette combinaison avait cependant trouvé auprès de la Chambre un accueil des plus favorables. Les politiciens en activité ou en disponibilité avaient immédiatement compris le parti qu'ils pouvaient en tirer.

Les délégués des syndicats agricoles ont soufflé sur ce beau rêve. Avec beaucoup de raison, ils ont pensé qu'il était absolument inutile d'augmenter les charges publiques de quelques millions de francs sans aucun profit pour l'agriculture.

Ce premier point résolu, comment créer le crédit agricole ? En s'adressant directement aux intéressés eux-mêmes, en organisant des petites caisses fondées sur la mutualité, alimentées par l'épargne qui, faute de débouchés, s'entasse dans les caisses de l'Etat, et administrées par les syndicats qui ont déjà fait de si louables efforts pour développer la solidarité entre les travailleurs de nos campagnes. Tel doit être le point de départ. Comme l'a dit très justement M. Aynard : « Il faut que l'épargne de la terre retourne à la terre. Il ne faut plus qu'elle aille au Trésor, où elle ne sert, tout le monde le sait, qu'à faire monter la rente. »

L'honorable député du Rhône a insisté pour qu'une certaine liberté soit donnée aux Caisses d'épargne, surtout pour la gestion de leur fortune personnelle.

C'est le devoir de tous ceux qui ont à cœur les intérêts du crédit public et de l'agriculture de travailler à la décentralisation des fonds d'épargne. Il faut espérer que l'œuvre du Congrès de Lyon ne sera pas stérile et il faut féliciter ses organisateurs de leur intelligente initiative.

(Journal de Marseille, 1er septembre.)

En ce qui concerne le crédit populaire (et il ne s'agissait naturellement que du crédit populaire rural), les délégués des syndicats ont repoussé avec énergie les projets de banque centrale à garantie de l'Etat, estimant que les caisses régionales, puis centrales, surgiront d'elles-mêmes du développement normal des caisses locales, quand le besoin s'en fera sentir. Ils ont conseillé aux syndicats d'aider à l'organisation pratique du crédit agricole, non point en usurpant la fonction de crédit ou en s'amalgamant des organes de crédit, mais en se faisant les promoteurs ou les auxiliaires de coopératives distinctes et autonomes, et cela sous des formes variables suivant les conditions locales, non point d'après le type bizarre conçu par M. Méline, mais d'après les types vérifiés par une longue expérience à l'étranger, tantôt la Société Raiffeisen à base de solidarité, tantôt la Société anonyme à capital variable et responsabilité limitée. Ces justes et sages recommandations ne diffèrent point de la série de principes et de règles dégagés par les six congrès du crédit populaire.

E. Rostand.

(Bourgogne agricole, 15 septembre).

La presse a parlé de ces grandes assises de l'agriculture ; c'était la première fois, en effet, que le monde agricole affirmait d'une façon si imposante sa validité, son intérêt pour les graves questions économiques qui préoccupent à juste titre tous les esprits sérieux.

Le Congrès s'ouvrait le mercredi 22 août, à 8 heures 1/2 du matin.

Dans une improvisation pleine de verve, chaude d'enthousiasme et de cœur, M. Duport souhaitait la bienvenue aux délégués des syndicats et esquissait à grands traits le programme des questions à traiter. Ces paroles vibrantes trouvaient un écho dans l'âme de tous les hommes, que le dévouement aux intérêts agricoles appelait seul en cette enceinte : dès cet instant, on pouvait bien augurer du succès du Congrès.

Les questions à traiter présentaient une sorte de trilogie formant un tout d'un puissant intérêt : syndicats agricoles, crédit agricole, coopératives agricoles, telles étaient les parties inséparables de cette trilogie.

La division du travail avait été tracée à l'avance ; les rapporteurs, choisis un peu partout, mais avec beaucoup de sagacité, lisaient leur rapport ; on discutait parfois sur le fond du sujet, le plus souvent sur les conclusions que sanctionnait un vote à mains levées.

En résumé, le Congrès de Lyon, le premier Congrès des syndicats agricoles de France, est un succès et l'affirmation de la vitalité de notre agriculture ; ses initiateurs ont droit à toute la gratitude du monde agricole.

Le Congrès, en somme, n'était pas un synode ; il n'a pas prétendu tracer un corps de doctrines qu'on ne pourrait transgresser sous peine d'excommunication, il a donné de sages conseils et il était bien placé pour le faire.

Les hommes qui avaient provoqué ce grand mouvement et dirigeaient le Congrès, ont trop souci de la liberté individuelle pour s'ériger en doctritiaires, mais ce sont certainement des apôtres. Ils ont voulu montrer le défaut de la génération actuelle, l'individualisme poussé à l'excès ; aux utopies du socialisme, ils opposent les résultats de la coopération libre ; en face de l'égoïsme, ils mettent le dévouement et la fraternité.

C'est en se tendant une main fraternelle que les agriculteurs, petits ou grands, propriétaires ou fermiers, traverseront sans trop de meurtrissures la crise économique actuelle ; c'est par l'union encore que le monde agricole exigera du législateur ce qui pour lui est un droit à la vie et constitue en somme la fortune de la France.

Le Congrès de Lyon aura une place d'honneur dans le Livre d'or de l'agriculture française ; c'est un premier lien qui assurera l'union des travailleurs de la terre, cette union qui fait triompher le bon droit et assure la justice.

Léon BOUZÉRAND.

.•.

(Figaro, 19 septembre).

Hier encore le producteur n'existait pas en tant que corps constitué à qui on pût s'adresser et qui pût répondre. On trouvait bien un paysan faisant du blé, puis un éleveur, puis un vigneron, mais on ne trouvait pas un groupement qui produisît un peu de tout, capable de débattre un prix d'ensemble et de répondre pour une grosse fourniture. Avec les syndicats agricoles, ce groupement s'est trouvé tout naturellement formé. Et, de la sorte, bien des choses dans l'ordre commercial, qui n'étaient auparavant que des utopies, apparaissent maintenant comme pouvant devenir des réalités. Les ouvriers, associés depuis longtemps pour acheter, peuvent trouver devant eux des paysans associés pour vendre. Des coopératives de production se créent chez les ruraux, comme chez les citadins les coopératives de consommation. Ces Sociétés placées auprès des syndicats unis, comme celle qu'a fondée M. Emile Duport à Lyon, cherchent à écouler les produits de leurs membres. Elles insèrent des offres dans des bulletins largement répandus sur toute la contrée ; bien mieux, elles montent des boucheries où chaque fournisseur reçoit, outre le prix du bétail vendu, un bon de consommation qui lui donnera, au bout de l'année, une part dans les bénéfices. Ailleurs, les syndicats agricoles, agissant comme coopératives de production, ont essayé la vente en commun du lait, des chevaux.

Jusqu'ici ces Sociétés de vente, à peine formées, encore inconnues, n'ont pu réaliser les immenses résultats obtenus pour l'achat par les syndicats agricoles. Elles se sont heurtées à des premières difficultés considérables. Ainsi, quand les viticulteurs forment une coopérative pour vendre leur vin en commun, ils trouvent chez le consommateur le désir d'un vin toujours égal, toujours le même, quelle que soit l'année, désir qu'on ne peut satisfaire qu'avec des mélanges. Et cependant, tandis que le producteur se plaint de la mévente, le consommateur se plaint de la falsification. L'un cherche l'acheteur qui paiera bien, l'autre, le vendeur qui livrera pur. Coopératives de consommation et coopératives de production existent, mais ne se rejoignent pas encore. Il nous semble voir deux mains tendues dans l'ombre, tâtonnantes, qui cherchent à se rencontrer.

Elles se sont rencontrées. Le mouvement rural, qui n'est pas seulement une grande manifestation sociale, une *Armée de la paix*, mais encore une grande nouveauté économique, a opéré ce prodige. L'autre soir, au banquet qui clôturait ce congrès des syndicats agricoles dont j'ai parlé ici, un spectacle bien nouveau et bien significatif est venu trancher sur la banalité habituelle de ces sortes d'agapes patriotiques. Au moment des toasts, un homme s'est levé, du côté des ouvriers, qui a proposé aux paysans l'alliance des coopératives qu'il représentait. C'était la démocratie ouvrière offrant son concours à la démocratie rurale. D'une voix nette, vibrante, ce représentant des Sociétés de consommation a demandé aux coopératives agricoles de fournir aux ouvriers les denrées nécessaires à la vie, directement, sans passer par les intermédiaires, à un prix qui permît aux coopératives ouvrières de vivre et de prospérer. Alors du côté des paysans, un représentant s'est levé et a répondu : « Oui, nous le ferons à un prix loyal ? » Et dans l'entre-choquement des verres, l'alliance entre le producteur et le consommateur — l'*Union pour la vie*, suivant le mot de M. Kergall — a été conclue.

Robert DE LA SIZERANNE

*
* *

(*Lyon Républicain*, 22 septembre).

Le Congrès national des Syndicats agricoles, qui s'est tenu à Lyon dans les derniers jours du mois d'août, n'aura pas été un des moins importants de tous ceux qu'a provoqués notre Exposition.

Sur 1.488 Syndicats agricoles actuellement organisés en France, 402 s'étaient fait représenter à Lyon.

On connaît l'incroyable succès de ces associations, dont les plus anciennes n'ont pas plus de dix ans de date.

L'année 1884, où fut votée la loi du 21 mars, qui autorisait la constitution des Syndicats professionnels, il ne se fonda que deux Syndicats agricoles, ceux d'Allex et de Die, tous deux dans la Drôme.

On en comptait 12 en 1885. Le mouvement fut plus marqué les années suivantes et n'a fait que s'accélérer depuis.

Il y en a de tous genres, Syndicats de commune, de canton, d'arrondissement ou de département. Les uns ont moins de cent membres, d'autres, comme celui de la Charente-Inférieure, ont groupé 12,000 adhérents.

Le nombre total des agriculteurs syndiqués est dès maintenant considérable.

C'est là un fait d'une extrême importance. On l'appelle dans un certain monde, le réveil des ruraux. Je ne lui attribue nullement, pour ma part un caractère politique, mais ses conséquences économiques sont incalculables.

Entendons-nous sur ce point. Les Syndicats agricoles sont beaucoup plus mélangés que les autres. Ils offrent même ce caractère d'être de véritables associations mixtes.

A côté du grand propriétaire possédant fermes et châteaux, et faisant valoir lui-même une partie de son domaine, on y trouve le fermier, le petit propriétaire, le journalier qui, du prix de son travail, a su acquérir une parcelle de terrain.

Ce sont les grands propriétaires qui ont été les initiateurs du mouvement et conservent forcément la direction. C'est à la Société des Agriculteurs de France, réunion aristocratique entre toutes, que furent étudiés les moyens de faire participer l'agriculture au bénéfice des dispositions libérales de la loi nouvelle.

Enfin, parmi les créateurs, directeurs ou inspirateurs de ces Syndicats on trouverait plus de ralliés que de vieux républicains, on trouverait même beaucoup de non ralliés.

En résulte t-il un danger pour la République et la démocratie ? j'ai entendu exprimer cette appréhension plus d'une fois, mais je ne puis la partager.

D'anciens opposants, car il y en a là beaucoup, je le répète, au lieu de s'épuiser en polémiques inutiles, ont trouvé un meilleur emploi de leur activité.

Ils se sont dévoués à la défense des intérêts de l'agriculture si souffrante depuis des années, par suite de la concurrence étrangère, du phylloxéra, de la dépréciation de l'argent, du manque de crédit.

J'en connais qui dépensent à cette œuvre, d'un bout de l'année à l'autre, le meilleur de leur temps et de leurs forces. Ils font une œuvre bonne et pour eux-mêmes et pour le pays tout entier, ils y retrouvent, comme récompense, l'influence que leur refusait la politique militante, et cette influence leur restera acquise tant qu'ils continueront à s'abstenir de politique. Ils n'en ont pas fait au Congrès, et le jour où ils en feraient, leur œuvre s'en trouverait compromise.

Plus les Syndicats agricoles seront nombreux et peuplés, plus ce caractère d'absolue neutralité deviendra leur condition d'existence. Au début, un petit nombre de fondateurs, appartenant presque tous à la même opinion politique ou religieuse, pouvaient encore donner à la réunion naissante un faux air de comité électoral, mais si l'on veut faire des recrues, il faut que le comité disparaisse. Au début, l'état-major est sans armée. Quand l'armée est arrivée, l'état-major s'y trouve absorbé, noyé dans le nombre.

Les républicains n'ont donc pas à s'inquiéter. Si même on considère cette tendance, si générale chez le paysan, à rendre le gouvernement, quel qu'il soit, responsable de tout ce qui peut lui arriver de mal, grêle, sécheresse, gelée, etc., inversement n'y a-t-il pas quelque probabilité qu'il soit reconnaissant à la République des progrès faits par l'agriculture, grâce à une loi de liberté ?

Voilà pour le côté politique de la question. Mais l'essentiel est ailleurs. Cette formation des Syndicats agricoles est le point de départ d'une véritable révolution économique et sociale, la plus importante, disent quelques-uns, qui se soit produite en ce siècle.

L'agriculture sort de sa torpeur, va devenir plus rationnelle et scientifique. On parlait des entraves que lui apportait le morcellement extrême de la propriété en France : ces entraves, l'association lui permet de les supprimer en partie. On va répétant sans cesse que le Français manque d'initiative, et voilà, en dix ans, quinze cents sociétés qui se forment sans le concours ou l'impulsion de l'Etat, bien au contraire, par la seule initiative des particuliers, et qui comptent déjà leurs membres par centaines de mille.

La liberté d'association n'est pas inscrite dans nos lois, c'est vrai, et la loi en aucun cas, ne saurait la reconnaître illimitée ; mais cette liberté n'existe-t-elle pas dans la pratique, grâce à une large tolérance ; lorsqu'on voit tous ces Syndicats se grouper entre eux dans l'intérieur d'un même département, se grouper entre départements, dans une même région, pour former une fédération comme celle du Sud-Est, dont le centre est à Lyon, s'entendre même d'un bout de la France à l'autre, et envoyer à Paris des mandataires chargés d'exprimer leurs vœux.

Au mois de janvier dernier, ces mandataires se présentaient devant la commission instituée par la Chambre des députés pour l'étude du projet de loi sur la coopération.

Les Syndicats agricoles sont, en effet, de véritables Sociétés coopératives, mais mixtes, Sociétés de production à certains moments, de consommation à d'autres, et c'est sous le nom de Sociétés mixtes qu'ils figurent dans la loi récemment votée, et qui n'attend plus que l'approbation du Sénat.

Toutes leurs demandes furent accueillies, la rédaction qui fut adoptée est la leur. Mais lorsqu'ils firent connaître à la Commission parlementaire leur situation, leur action, leur groupement, leur nombre, les députés dont cette commission se trouvait composée, choisis parmi les hommes les plus compétents en matière de coopération, ne revenaient pas de leur surprise Ils n'avaient presque rien soupçonné d'un pareil mouvement. C'était pour eux, et ils l'avouèrent, une véritable révélation.

L. F.

A peine le Congrès des Syndicats était-il fini que le Congrès des Associations coopératives ouvrières le remplaçait à l'Hôtel de Ville de Lyon. Nos collègues MM. Riboud et de St-Pol y représentaient l'Union et les Syndicats agricoles. L'entente définitive entre producteurs et consommateurs fut scellée par un rapport du distingué secrétaire général, M. Soria, qui fit voter à l'Assemblée la résolution suivante :

Le Congrès, afin de développer les effets de l'heureuse entente établie à Grenoble entre les Sociétés coopératives de consommation et les syndicats agricoles, émet le vœu :

Que les syndicats agricoles et viticoles se groupent pour former des sociétés coopératives *régionales* de production ;

Que chacune de ces sociétés régionales fasse, au moyen d'un bulletin périodique adressé aux journaux coopératifs et aux sociétés coopératives de consommation, connaître à ces dernières les produits qu'elle tient à leur disposition et les prix auxquels elle peut les livrer ;

Et enfin, que ces sociétés régionales étudient ensemble le moyen d'ouvrir à Paris et dans les grands centres une exposition permanente des produits que chaque région syndicale de France peut offrir à nos Sociétés.

Comme digne couronnement de ces deux congrès, le jury de la section d'économie sociale à l'Exposition universelle de Lyon, décernait à l'Union une grande médaille d'or pour l'ensemble de son exposition.

L'éclosion rapide des syndicats agricoles dans notre région, leur groupement en Unions départementales, puis en une vaste union régionale, l'organisation à côté de ces syndicats et pour eux de deux sociétés annexes : *l'Union des producteurs et consommateurs*, et *la Coopérative agricole du Sud-Est*, la création d'un Bulletin mensuel et d'un Almanach, enfin l'existence individuelle et collective de 80 syndicats unis, résumés et condensés dans une intéressante monographie, tout cela l'Union du Sud-Est avait su le mettre en relief et en faire un document économique plein d'enseignement. Un tel ensemble ne pouvait qu'intéresser vivement le jury. Il en fut même impressionné et l'importance du mouvement syndical dans nos campagnes fut pour lui une révélation. Aussi a-t-il tenu à récompenser de tels efforts en plaçant l'Union en tête de la liste des lauréats de la section d'économie sociale.

Il a tenu aussi à récompenser l'initiative et la puissance d'organisation du président de l'Union, le véritable créateur de cette grande œuvre professionnelle. Il a compris que si l'œuvre était belle c'était grâce à l'ouvrier et il l'a dit clairement en décernant un diplôme de médaille d'or à M. E. Duport, président de l'Union.

C'était un acte de haute justice et le jury n'avait fait que traduire très heureusement le sentiment de tous les membres des syndicats unis, qui tous furent justement fiers de l'hommage rendu à leur cher président.

Après un mois d'août si laborieusement rempli, l'Union et son Bureau avaient droit à quelque repos, mais ce ne sera pas pour longtemps car d'ores et déjà l'Assemblée générale annuelle est fixée au 27 novembre.

Ce repos n'est du reste qu'apparent, il n'empêche pas le vigilant président de l'Union de protester, au nom des 84 syndicats unis, contre le sans-gêne des organisateurs du Congrès socialiste de Nantes qui avaient annoncé, urbi et orbi, qu'ils avaient convoqué tous les syndicats agricoles de France et qu'aucun n'avait daigné répondre à l'appel du Comité.

La lettre du président de l'Union mérite d'être conservée à titre de document :

A M. Jaurès, député.

Monsieur le Député,

« J'apprends par les journaux que vous aviez convoqué les syndicats professionnels agricoles à venir discuter, au Congrès de Nantes, des voies et moyens d'améliorer le sort des cultivateurs.

« Je tiens à protester au nom des 84 syndicats agricoles de l'Union du Sud Est, dont aucun n'a reçu ladite convocation.

« Il y a moins d'un mois, je présidais, à Lyon, un Congrès national des syndicats agricoles auquel 402 de ces associations étaient représentées, et je ne sache pas qu'aucune ait reçu votre invitation.

« Soyez persuadé, Monsieur le député, que si nous avions été invités, nous tous représentants de la classe agricole, nous serions allés nombreux à votre Congrès, pour y défendre avec toute l'énergie de nos convictions la devise de nos syndicats « Le sol, c'est la patrie » et celle de nos coopératives « L'Union pour la vie », car les ruraux croient à la patrie et veulent la paix sociale.

« Veuillez agréer, etc.

« *Le président de l'Union,*

« E. DUPORT. »

Inutile d'ajouter que cette lettre resta sans réponse ; mais il est nécessaire qu'elle ne reste pas ignorée pour ceux qui voudront plus tard relire l'histoire du mouvement social en France.

Entre temps, les Syndicats de St-Bonnet-de-Valclérieux (Drôme), de Miribel-les-Echelles (Isère), et de Pélussin (Loire), sont soumis au vote des présidents et admis le 6 septembre. En octobre et en décembre l'admission des syndicats de Noirétable (Loire), Quet-en-Beaumont (Isère), St-Ythaire (Saône-et-Loire), Nièvroz (Ain), St Paul-les-Monestier et Saint-Jean-de-Bournay (Isère), est prononcée (1).

C'est donc avec 85 syndicats, soit un gain de 14 sur l'année précédente, que l'Union arrive à sa septième Assemblée générale qui se tient au Palais du Commerce le 27 novembre.

Retenu loin de nous par un deuil cruel et récent, notre président, M. Duport, se fait remplacer par son premier vice-président, M. Guinand, auquel il confie la mission de lire son rapport annuel. Cette page constituant le meilleur résumé de la vie de l'Union pendant

______

(1). Pl. nos 2 et 4,

l'année, nous ne croyons pas nous répéter en en donnant quelques extraits.

Comme vous le savez, et pour des raisons qu'il est inutile de rappeler, l'Union du Sud-Est avait décidé qu'elle ne participerait pas à l'Exposition, du moins dans le groupe de l'Agriculture, mais votre Bureau a pensé qu'il n'en fallait pas moins affirmer notre existence et montrer à quelle place importante nous avions droit dans le mouvement agricole de notre région.

A cet effet, il a été décidé que nous prendrions place dans la section d'économie sociale, à côté des Œuvres d'assistance et de prévoyance. Nous ne devions certes pas y être déplacés.

Toutes les mesures furent prises pour mettre le jury en mesure de pouvoir apprécier notre œuvre et nous avons eu la satisfaction de penser y avoir réussi, car pour la première fois que les syndicats agricoles se présentaient sur le terrain économique nous avons obtenu une médaille d'or pour l'ensemble de nos œuvres de l'Union du Sud-Est.

Le jury a bien voulu ajouter une autre médaille d'or pour votre président et si je le note dans ce rapport, c'est que l'honneur de cette seconde distinction retourne bien à notre Union.

Notre carte due au travail de M. Dutertre, nos graphiques dressés sous la direction de M. Mital, et nos vitrines remplies de documents formaient un tout bien complet, mais l'effort capital fait en vue de l'Exposition était assurément *la Monographie de l'Union du Sud-Est*, ouvrage important, donnant toute l'histoire, non seulement de l'Union du Sud-Est et de ses sociétés annexes, la Coopérative et l'Union des producteurs et consommateurs, mais encore l'histoire de tous les syndicats composant l'Union du Sud-Est. — Cet ouvrage considérable, qui a certainement guidé le jury dans sa haute appréciation de nos travaux, est dû à la plume aussi alerte que facile de l'un de nos jeunes auditeurs au Conseil, M. C. Silvestre, et je lui en adresse au nom de tous de bien cordiales félicitations (1).

J'ai même un plaisir tout particulier à interrompre un instant la lecture de ce rapport pour l'inviter à venir recevoir au bureau la médaille d'or que la Société des Agriculteurs de France a bien voulu me charger de lui remettre en témoignage du service rendu à la cause agricole par cet important travail.

L'œuvre capitale de l'année, l'œuvre dont votre Conseil a le droit d'être plus particulièrement fier, car elle a marqué un pas dans la marche en avant des syndicats, c'est incontestablement la réunion à Lyon et par ses soins du premier Congrès National des syndicats agricoles.

L'an dernier nous osions à peine entrevoir la possibilité d'un tel évènement, tant la réalisation en semblait difficile ; or, ce qu'il a été, ce Congrès, vous le savez et si ce n'est pas ici le lieu d'en décrire le plein succès, il ne sera pas inutile de marquer que, grâce à notre initiative, les syndicats de la France entière ont pris contact et ne se sont séparés qu'après avoir pris la résolution de se réunir à nouveau dans d'autres congrès nationaux à des dates fixes qui pourraient être devancées selon les circonstances.

---

(1). Monographie de l'Union du Sud-Est. Imprimerie Waltener, Legendre successeur, Lyon, 1894.

C'est un résultat précieux, mais ce qui n'est pas moins à signaler, c'est que les représentants des syndicats venus au Congrès en sont repartis plus confiants dans l'avenir et pleins de foi dans leur rôle social.

L'effet en sera inappréciable et désormais l'on sait que les syndicats n'ont pas pour unique but d'acheter des engrais ou de vendre des denrées, mais qu'en rendant ces services matériels, par la coopération, ils préparent la voie à la prévoyance et à l'assistance.

Ces grandes assises n'ont pas été tenues sans que de fortes dépenses n'en aient été la conséquence ; or, comme nous n'avons pas eu la moindre petite subvention, il y a lieu de se féliciter de ce que ces dépenses extraordinaires ont pu être soldées grâce aux ressources qu'une sage administration avait su préparer.

Vous aurez à vous prononcer avant la fin de la séance sur l'adoption de différents vœux à adresser aux pouvoirs publics. Nous avons choisi, parmi tant de justes *desiderata* des agriculteurs, ceux nous paraissant avoir un caractère d'urgence ou le plus d'importance ; en effet, c'est au premier chef, le rôle des Unions que défendre les intérêts économiques de la profession.

Je veux profiter de l'occasion pour remercier mes dévoués collaborateurs, rapporteurs ou autres pour le concours dévoué qu'ils m'ont apporté dans l'administration de notre association, je n'en nomme aucun, tous ils ont droit à vos remerciements.

Il me reste à vous remercier également, vous qui vous êtes rendus à notre appel, pour nous donner l'appui de vos conseils et de votre présence. Comme nous, vous sentez dans vos cœurs que travailler à la marche toujours en avant de nos syndicats agricoles, c'est travailler à la régénération de notre agriculture nationale, et ce sentiment fait notre force, car nous savons que l'agriculture florissante, c'est la nation puissante, respectée au dehors, calme au dedans, pouvant aborder et résoudre tout ce qui est soluble du problème social.

Après la lecture de ce rapport, qui a été très applaudi, l'Assemblée, sur l'initiative de M. Riboud, vote l'adresse suivante qui est transmise à M. Duport :

Les représentants des syndicats agricoles de l'Union du Sud-Est, réunis en Assemblée générale, regrettant l'absence de M. Duport, leur président, et le motif qui le tient éloigné, tiennent, en entrant en séance, à lui faire parvenir l'expression de leur plus vive sympathie.

Cet hommage reconnaissant rendu à son président, l'Assemblée suit le cours de ses travaux et entend successivement les rapports sur les divers services de l'Union. Tous sont écoutés avec la plus bienveillante attention et reçoivent comme conclusion l'adoption d'un vœu présenté par le Comité du contentieux de l'Union, sur la représentation agricole.

Reprenant et complétant le vœu émis par le Congrès des syndicats agricoles tenu à Lyon en 1894, charge son bureau de transmettre, sans délai, à la Commission spéciale du Conseil supérieur de l'agriculture, le vœu suivant :

1° L'agriculture doit être dotée, dans le plus bref délai, au même titre que l'industrie et le commerce, d'une représentation officielle basée sur les mêmes principes et jouissant de droits et de prérogatives égales :

2° A cet effet, il doit être institué des Chambres départementales d'agriculture, composées de membres élus par le suffrage d'un corps électoral comprenant, *exclusivement*, les propriétaires, usufruitiers ou usagers de fonds ruraux, inscrits au rôle de la contribution foncière, les agriculteurs et viticulteurs, fermiers ou métayers ;

3° Il doit être institué un Conseil supérieur d'agriculture, composé exclusivement des membres élus par les Chambres départementales d'agriculture, auxquels on pourrait adjoindre seulement, comme membres de droit, les présidents de la Société nationale d'agriculture, de l'Institut agronomique, de la Société des agriculteurs de France et des différentes Unions régionales de Syndicats agricoles ;

4° L'Union du Sud-Est proteste énergiquement contre tout mode d'organisation de cette représentation qui aurait pour effet de la dénaturer dans son principe, d'en altérer la sincérité dans ses origines et de fausser ainsi le caractère de son institution, et notamment contre l'adjonction, soit au corps électoral, soit au Conseil supérieur et aux Chambres départementales, des ouvriers agricoles et des fonctionnaires de tous ordres, ne remplissant pas, d'autre part, les conditions voulues pour l'électorat ou l'éligibilité.

La première séance est levée après le renouvellement du mandat de MM. Duport, Guinand, Cullet, de Monicault et l'élection de M. Prosper de l'Isle en remplacement du dévoué M. Croizat, décédé.

Le soir, à 3 heures, se tenait, chez Maderni, la seconde partie de l'Assemblée générale. M. Riboud, vice-président, présidait pendant que M. Guinand, dans une causerie chaude et documentée, retraçait la vie, pendant l'année, de toutes les sociétés annexes de l'Union Coopérative, Office du courtier, Union des producteurs et consommateurs. Nous ne nous arrêterons pas ici à ce rapport magistral que nous détaillerons ailleurs, à chacune des créations auxquelles il se rapporte, mais nous ne devons pas passer sous silence la discussion intéressante qui l'a suivi sur les moyens, pour les syndicats, d'arriver utilement à la vente des produits agricoles et qui s'est terminée par le vœu suivant :

L'Union du Sud-Est, réunie en Assemblée générale, le 27 novembre 1894, émet le vœu que les syndicats de la région se préoccupent de la création d'offices de ventes ou de coopératives locales de production, autant que possible par spécialités, afin d'écouler leurs produits et de faciliter, par la suite, l'approvisionnement de la Société l'Union des producteurs et consommateurs et des coopératives de consommation.

Après lecture d'un rapport de M. Milcent sur l'amortissement de la dette hypothécaire rurale par le Crédit foncier, rapport dont l'étude est renvoyée à une commission, l'Assemblée émet les vœux suivants :

VŒUX :

Convention commerciale avec la Suisse. — Les Syndicats de l'Union du Sud-Est, représentant 40.000 membres, le 27 novembre 1894, reprenant le vœu émis dernièrement par l'Union Beaujolaise,

Protestent énergiquement contre le caractère qui a été donné aux fêtes de Mâcon, que l'on a bien imprudemment représentées comme une manifestation des producteurs, alors qu'il ne s'agissait que d'une habile diversion organisée par le commerce des vins, à laquelle se sont prêtés, en très petit nombre, des viticulteurs aveuglés par la mévente locale de leur récolte, due à bien d'autres causes ;

Rappellent leur protestation si fortement motivée et le vote pris à l'unanimité *moins deux voix*, par le dernier Congrès viticole de Lyon, contre la reprise des négociations avec la Suisse, au-dessous du tarif minimum ;

Expriment le vœu que les négociations avec la Suisse ou avec toute autre nation, quelque désirables qu'elles soient, ne puissent être reprises ou entamées, suivant la décision des Chambres, que sur la base du tarif minimum.

Admission temporaire des blés. — Demandent la suppression de l'admission temporaire des blés étrangers et son remplacement par une prime d'exportation sur les produits dérivés.

Ces vœux, qui ont été adoptés à l'unanimité, furent envoyés à M. le marquis de Dampierre, président de la Société des Agriculteurs de France, et à M. le Trésor de la Rocque, président de l'Union des Syndicats agricoles de France, avec prière de les faire parvenir aux pouvoirs compétents.

A ces vœux était joint celui sur la représentation de l'Agriculture voté dans la séance du matin, avec mention qu'il avait été adressé à la sous-commission du Conseil supérieur de l'Agriculture.

Une année si bien remplie ne devait pas finir sans une nouvelle et utile création, et le Bureau élaborait un type de statuts destiné aux nouveaux syndicats qui se créeront sur l'initiative de l'Union.

C'était rendre un véritable service aux syndicats en voie de formation, c'était les aider et les mettre en garde contre les irrégularités ou les clauses non professionnelles introduites si souvent dans les rédactions de statuts. Préparés par M. G. Martin, auditeur au Conseil, adoptés définitivement le 22 décembre, les statuts-type de l'Union sont ainsi formulés.

STATUTS-TYPE

TITRE PREMIER. — CONSTITUTION DU SYNDICAT.

ARTICLE PREMIER. — Entre les soussignés et ceux qui adhéreront aux présents statuts, il est formé un Syndicat, association professionnelle, qui sera régie par les dispositions ci-après, conformes à la loi du 21 mars 1884.

ART. 2 — L'Association prend le titre de syndicat agricole de
son siège est établi à
Ce siège pourra être déplacé par simple décision de la Chambre syndicale.

Sa durée est illimitée, ainsi que le nombre de ses membres. Elle commencera le jour du dépôt légal des statuts.

TITRE II. — COMPOSITION DU SYNDICAT.

ART. 3 — Peuvent faire partie du Syndicat :

1° Les propriétaires, locataires, usufruitiers ou usagers de fonds ruraux, les faisant valoir par eux-mêmes ou par autrui ;

2° Les régisseurs, fermiers, métayers, vignerons, maraîchers, pépiniéristes, horticulteurs, ouvriers agricoles, fabricants et vendeurs d'instruments d'agriculture, d'engrais ou de produits agricoles ;

3° Et, en général, toutes personnes exerçant une profession connexe à l'agriculture, conformément à la loi de 1884.

Les femmes capables de contracter et remplissant l'une des conditions professionnelles indiquées ci-dessus pourront faire partie du Syndicat et jouir de tous ses avantages.

ART. 4. — Pour devenir membre titulaire du Syndicat, on devra être présenté par deux membres titulaires et admis par la Chambre syndicale à la majorité des membres présents.

La Chambre syndicale, si elle le décide, pourra également inscrire des membres adhérents.

ART. 5. — Tout sociétaire reste membre du Syndicat tant qu'il n'a pas adressé sa démission, par lettre recommandée, au président, ou signé sur le registre spécial tenu au siège social.

Son exclusion pourra être décidée par la Chambre syndicale sans qu'elle soit tenue d'en faire connaître les motifs.

La faillite, la déconfiture notoire, une condamnation entachant l'honorabilité, le refus de payement de la cotisation après une lettre de rappel, entraînent nécessairement l'exclusion.

L'exclusion devra également être prononcée contre tout syndiqué qui aurait fait profiter un tiers non syndiqué des avantages du Syndicat.

Tout membre démissionnaire ou exclu doit le montant de sa cotisation annuelle en cours ; il perd tous ses droits au patrimoine social,

ART. 6 — Le prix de la cotisation annuelle, payable chez le Trésorier, est de   franc pour les membres titulaires, et de   franc pour les membres adhérents s'il en existe.

Titre. III — But du Syndicat

Art. 7. — Le Syndicat a pour objet général l'étude et la défense des intérêts agricoles ;

Et pour but spécial :

1° De provoquer et favoriser des essais de culture, d'engrais, de semences, d'expérimenter les instruments perfectionnés et tous autres moyens propres à faciliter le travail, augmenter la production, diminuer le prix de revient et réduire autant que possible le coût de la vie dans les campagnes.

2° De provoquer l'enseignement agricole et de le vulgariser par des conférences et tous autres moyens qui seront reconnus utiles.

3° De faciliter l'acquisition des engrais, instruments, animaux, semences, et de toutes matières premières ou fabriquées utiles à l'agriculture.

4° De se procurer des instruments agricoles destinés à être loués à ses membres pour leur usage exclusif.

5° De favoriser la vente des produits agricoles.

6° De donner des avis et consultations sur tout ce qui concerne la profession agricole, de fournir des arbitres et experts pour la solution des questions litigieuses.

7° Éventuellement, d'encourager le travail agricole par l'organisation de concours, la création d'offices de renseignements pour les offres et demandes de travail, et généralement de s'occuper de tout ce qui peut être utile aux intérêts agricoles, notamment de la prévoyance (accidents, bétail, incendie, etc.), de l'assistance (retraites, secours mutuels, aide-mutuelle, etc.), du crédit, de la coopération, etc.

Titre IV. — Administration.

§ 1. — *Bureau.*

Art. 8. — Le Syndicat est administré par une Chambre syndicale dont les fonctions sont gratuites.

Cette Chambre syndicale comprend :

1° Un bureau composé d'un président, deux vice-présidents, un secrétaire, un trésorier ;

2° Trois à neuf membres.

Les membres de la Chambre syndicale sont élus pour trois ans par l'Assemblée générale, à la majorité absolue des suffrages exprimés. Tous sont rééligibles.

Art. 9. — Le président préside les séances, dirige les débats et les travaux du syndicat, le représente en justice et dans tous les actes de la vie civile, ordonnance les dépenses. Sa voix est prépondérante en cas de partage.

Les vice-présidents remplacent le président en cas d'empêchement.

Le secrétaire rédige les procès-verbaux, tient la correspondance et fait les convocations sur l'ordre du président.

Le trésorier reçoit les cotisations, encaisse les sommes pouvant revenir au syndicat à un titre quelconque, paye les dépenses sur le visa du président, établit chaque année la situation financière.

Art. 10. -- En cas de démission ou de décès d'un membre de la Chambre syndicale, celle-ci pourvoiera à son remplacement provisoire jusqu'à la prochaine Assemblée générale, qui nommera définitivement un titulaire à la place vacante, comme il est dit ci-dessus.

Art. 11. — La Chambre syndicale pourra choisir des syndics pour la représenter dans chaque commune ou hameau; elle pourra autoriser la constitution de sections.

Art. 12. — La Chambre syndicale se réunit toutes les fois que le président le juge nécessaire.

Le Syndicat donne à la Chambre syndicale les pouvoirs les plus étendus pour la gestion des affaires de la Société.

Les membres de la Chambre syndicale ne contractent, à raison de cette gestion, aucune obligation personnelle ni solidaire relativement aux engagements et opérations du Syndicat; ils ne répondent que de leur mandat.

§ 2. — *Assemblée générale.*

Art. 13. — Le syndicat tiendra au moins une Assemblée générale par an. Les membres titulaires, à l'exclusion des membres adhérents, s'il en existe, ont seuls le droit d'y prendre part.

C'est dans cette assemblée que seront approuvés les comptes de l'exercice, voté le budget et que se feront les élections; l'approbation des comptes servira de décharge au trésorier.

Une Assemblée générale pourra être convoquée extraordinairement toutes les fois que la Chambre syndicale le jugera nécessaire.

Pour toute Assemblée générale, les convocations doivent indiquer les questions à l'ordre du jour. Toute question proposée doit être formulée par écrit et remise au président. Le président peut refuser de mettre en délibération toute question qui n'est pas à l'ordre du jour.

TITRE V. — PATRIMOINE SOCIAL.

Art. 14. — Le patrimoine du syndicat est formé :

1º Des cotisations de ses membres ;

2º De l'excédent possible des prélèvements destinés à couvrir les frais généraux ;

3º Des dons et legs qui peuvent lui être faits ;

4º Des subventions qui peuvent lui être accordées.

Toutefois, le syndicat ne pourra acquérir, soit à titre onéreux, soit à titre gratuit, d'autres immeubles que ceux qui sont nécessaires à ses réunions, à sa bibliothèque et à ses cours d'instruction professionnelle.

TITRE VI. — MODIFICATION AUX STATUTS. — ADHÉSIONS. — DISSOLUTION.

Art. 15 — Les présents statuts peuvent être révisés, modifiés ou complétés par l'Assemblée générale.

Pour être valable, toute modification devra être approuvée par les deux tiers des membres présents et ne pourra venir en délibération devant l'Assemblée générale qu'après délibération et avis conforme de la Chambre syndicale.

ART. 16. — Le syndicat pourra être uni, par simple décision de la Chambre syndicale, à un ou plusieurs syndicats pour former une Union, ainsi qu'à une ou plusieurs unions de syndicats, notamment à l'Union du Sud-Est des Syndicats agricoles. Il donne par les présents statuts pleins pouvoirs à sa Chambre syndicale pour faire à cet effet toutes les démarches nécessaires.

ART. 17. — En cas de dissolution de l'Association demandée ou motivée par le bureau, l'Assemblée générale, réunie à cet effet, décidera à la majorité des deux tiers des membres présents l'emploi des fonds pouvant rester en caisse en faveur d'une œuvre d'assistance ou d'intérêt agricole, sans que jamais la répartition s'en puisse faire entre les syndiqués.

ART. 18. — Les présents statuts seront imprimés ; deux exemplaires en seront déposés à la mairie du siège social et un exemplaire en sera remis à chaque sociétaire avec indication de son nom, de son numéro d'entrée, de la date de son admission et portera la signature du président, ce qui, en toute circonstance utile, servira au sociétaire à établir sa situation de membre du syndicat.

L'année 1894 qui avait été pour l'Union du Sud-Est une sorte d'apothéose, eût été incomplète sans la fête intime qui, le 20 décembre, réunissait autour de son président tous ses collaborateurs et amis.

Nos lecteurs se souviennent de la distinction si méritée, que nous avons annoncée un peu plus haut, échue à M. Duport, à l'occasion de l'Exposition de Lyon. Chacun voulant profiter de l'occasion pour rendre hommage au dévouement de notre président et lui témoigner sa reconnaissance, une souscription fut ouverte pour lui offrir un souvenir et faire frapper la médaille d'or dont le diplôme lui avait été conféré par le jury de l'Economie Sociale.

Aussitôt toutes les bourses se délièrent, les plus petites comme les plus grosses, tous les noms, les plus humbles comme les plus brillants, vinrent s'inscrire, de telle sorte qu'on put dire que cette souscription, où toutes les conditions sociales se rencontraient confondues dans une même démonstration de cordialité, reflète de la façon la plus exacte la physionomie de nos associations mixtes, au sein desquelles s'opère si heureusement une véritable fusion de toutes les classes du monde agricole.

Comme souvenir, on choisit un bronze : *La Faneuse* de Boucher, et au nom de tous les souscripteurs, dans un banquet intime, qui eut lieu à Lyon, M. Guinand pria M. Duport de vouloir bien accepter ce gage modeste de la vive sympathie et de l'estime de tous les membres de l'Union.

7

À cette fête s'étaient donnés rendez-vous les délégués de tous les syndicats unis ; tous avaient tenu à y être dignement représentés pour rendre hommage en commun à leur cher président.

L'heure était venue de traduire et d'échanger les sentiments affectueux dont tous les cœurs étaient remplis, et, à ceux de ses collègues qui, au dîner, lui exprimèrent la reconnaissance de tous, M. Duport répondit par des paroles pleines d'émotion, où se révéla, une fois de plus, sa gratitude, son immense amour pour l'œuvre des syndicats agricoles.

Cette manifestation, touchante dans sa simplicité, fut certainement pour notre cher président, la meilleure récompense, car il vit autour de lui la famille bien unie, et comme chef de cette famille il ne put qu'être profondément touché d'une si franche et si cordiale démonstration de la part de tous ses membres.

Année 1895. — Si 1894 put être appelée à juste titre l'année des Congrès, 1895 doit être désignée sous le nom d'année des assurances-accidents agricoles, car c'est bien la préparation, l'organisation de cette assurance qui joue le plus grand rôle, pour ne pas dire exclusif, dans les travaux de l'Union. Nous ne nous y arrêterons pas ici puisque nous devons retrouver cette intéressante création au chapitre spécial des assurances, mais nous devions en marquer l'origine et la date de création.

Le 10 janvier, l'Union admet six syndicats nouveaux : Saint-Just-en-Chevalet (Loire), Beaulieu (Ardèche), Dolomieu, La Terrasse (Isère), Etoile (Drôme), Syndicat Sorlinois (Saône-et-Loire). Le 7 mars, admission des syndicats de Saint-Michel (Loire) et Château-Bernard (Isère) (1).

En avril, l'Union est invitée à envoyer des délégués au 2e Congrès National des Syndicats Agricoles d'Angers et au Congrès de Crédit populaire de Nîmes. MM. Duport, Guinand, de Fontgalland et Riboud reçoivent mission de la représenter et de soutenir les décisions prises l'an passé au Congrès de Lyon.

Le Congrès de Crédit populaire de Nîmes eut lieu le 12 mai, MM. Duport et de Fontgalland y représentaient l'Union. Est-ce bien ce titre qui convenait au Congrès et, à en juger par les questions à l'ordre du jour, les noms de certains rapporteurs,

______

(1) Pl. n° 2.

ainsi que par les décisions qui en sont sorties, n'eût-il pas mieux mérité le titre de Congrès de crédit agricole ? Depuis 1889, tous les ans, les hommes de cœur qui recherchent le meilleur moyen d'acclimater en France le Crédit populaire si répandu à l'étranger, se réunissent en congrès tantôt dans une ville, tantôt dans une autre ; cette année-là c'était Nîmes qu'ils avaient choisie, comme ayant été le berceau d'une vaillante phalange de coopérateurs qui y poursuivent, non sans succès, l'application pratique de leur doctrine, hier encore si discutée.

Ces Congrès, dus en très grande partie à l'initiative de MM. Rostand et Rayneri, ont fait beaucoup pour préparer les opinions jadis rebelles à l'idée du crédit agricole ; à ce titre comme à bien d'autres les promoteurs ont droit à la reconnaissance des agriculteurs. Il nous souvient notamment qu'à Lyon en 1892, lors du Congrès si bien organisé par M. Louis Durand, de très importantes discussions eurent lieu au sujet du projet de loi de M. Méline sur le crédit agricole, et les décisions prises alors ne furent peut-être pas sans quelque influence sur les modifications apportées au projet primitif. En effet, le représentant du Ministre de l'Agriculture qui y assistait y parut très impressionné par les vives critiques qui s'y firent jour. A ce moment tous ceux qui s'occupaient de crédit agricole en France ne formaient qu'un seul groupement. Hélas ! cela ne devait guère durer et, dès l'année suivante, en 1893, à Toulouse, des divergences, provoquées par l'entrée de nouveaux éléments qu'il eût été certainement préférable de ne pas chercher à fusionner, se faisaient jour et ne tardaient pas à prendre les regrettables proportions d'une scission qui amena dans la suite la création, à Lyon, par M. Louis Durand, de l'Union des Caisses Rurales et ouvrières.

Nous n'avons pas à rechercher ici la cause de cette scission, et après l'avoir déplorée, car tout ce qui divise affaiblit, bornons nous à rappeler qu'à Nîmes une seule pensée domina les débats : l'amour des petits et des faibles. Sur ce terrain, toutes les bonnes volontés se pouvaient rencontrer. Dès le premier jour le Congrès attribuait une vice-présidence au président de l'Union, M. Duport, voulant ainsi marquer la place importante qu'occupe en France notre grande Union.

Nous ne parlerons ici que des discussions pouvant se rapporter aux syndicats et, notamment, celles ayant trait au Crédit agricole pour lequel le Congrès, comme celui de 1894, déclara que la forme à donner aux caisses rurales devait être subordonnée aux préférences locales.

La discussion sur la nouvelle loi sur le crédit agricole présenta d'autant plus d'intérêt que, depuis sa promulgation, elle n'avait encore été discutée nulle part; en fin de compte les congressistes reconnurent que, sans être parfaite, cette loi conférait de véritables privilèges aux syndicats agricoles pour qui elle était faite et qu'il y avait tout intérêt à profiter de ses libérales dispositions.

Non contents de prendre une part très large à la discussion, les deux délégués de l'Union présentèrent chacun un rapport; ils ne furent pas les moins écoutés, ni les moins applaudis.

Avec beaucoup de feu, M. de Fontgalland conclut à la nécessité proclamée déjà par le Congrès de 1894, de créer, autant que possible, le syndicat avant les caisses rurales et, en tout cas, à compléter toujours par un syndicat les caisses rurales lorsque celles-ci les ont précédés. Avec son autorité habituelle M. Duport présenta un intéressant travail sur la nécessité d'étayer le Crédit agricole par les assurances-vie, accident, mortalité du bétail, appelant ainsi toute l'attention des cultivateurs sur cette forme de la prévoyance limitée généralement à l'assurance-incendie dans les campagnes.

Tel fut ce Congrès du crédit populaire où, pour la première fois peut-être, les agriculteurs occupèrent vraiment la place qui leur revenait à raison de leur nombre et de l'importance de leurs œuvres. L'Union du Sud-Est y fut peut-être pour quelque chose, c'est pourquoi nous nous y sommes si longuement arrêté.

Au deuxième Congrès national des Syndicats qui se tint à Angers les 20-21-22 mai, ce fut encore M. de Fontgalland qui eut l'honneur de porter le drapeau de l'Union; il était entre bonnes mains et le Congrès, voulant honorer à la fois l'Union et son délégué, offrait à notre ami la présidence de l'une des journées.

Ce Congrès fut le digne pendant de celui organisé à Lyon. L'empressement qu'ont mis à y prendre part les Unions régionales et les plus importants des syndicats, a prouvé que les populations agricoles, plus lentes à se mettre en marche que les groupes de l'industrie et du commerce, comprenaient enfin l'énorme puissance qu'elles représentaient dans la patrie française, aussi bien au point de vue du nombre qu'au point de vue de la production des articles de première nécessité. L'agriculture est la force et l'avenir de la France ; elle a besoin d'être protégée, elle le demande, sa voix immense sera entendue et écoutée.

La meilleure preuve que nous gagnions du terrain, c'est l'hospitalité que donna au compte rendu de nos réunions la grande presse parisienne et, signe des temps, ce fut le grand journal boulevardier par excellence, le *Figaro*, qui, par la plume de notre ami M. Robert de la Sizeranne, emboucha la trompette. Ecoutons ce langage harmonieux auquel la vie des champs nous a peu habitués.

Lorsqu'on est sur le bord de la mer, dans un casino ou un cabaret, sur une place publique ou sur la plage, un jour de fête ou de marché, parmi les explosions de joie des buveurs ou les imprécations des joueurs, le tapage des musiques populaires ou le caquetage discret des baigneurs, n'y a-t-il pas une impression étrange à entendre, dans les moments où les vains bruits de la foule faiblissent, remonter cette clameur confuse et lointaine qui vient du large et qui semble la voix de l'Océan ? — Hier, ceux que n'étourdissent pas les bruits de la Chambre et du boulevard auraient pu avoir cette impression. Là-bas, dans l'Ouest, à Angers, les délégués de deux cent mille paysans s'assemblaient pour pousser contre notre société individualiste et routinière un long cri de reproche. L'année dernière, à pareille époque, quatre cents représentants des associations rurales, venus de toute la France, avaient fait entendre, à Lyon, une semblable rumeur. Et tout ceci n'est que l'avant-garde des quinze cents syndicats agricoles, réunissant huit cent mille paysans, qui se sont fondés dans nos campagnes depuis 1884.

Pendant qu'à Paris nous discutons sur le cas de quelques cochers d'omnibus, que nous nous gourmons pour un tableau qui part pour Berlin, ou pour un opéra qui en arrive, des masses de travailleurs, autrefois disséminés, se groupent, des intérêts longtemps sacrifiés s'affirment. Le paysan que La Bruyère a rencontré grattant péniblement le sol, à peine semblable à un homme, relève la tête. Nous avons assez entendu les musiques parlementaires. Maintenant écoutons l'Océan.

*
* *

Que veulent encore ceux-ci? nous dira-t-on. — Oh! quelque chose de très simple : ils veulent vivre. Ils voudraient même vivre le mieux possible — ce qui est le désir secret de beaucoup d'entre nous — et pour cela voir augmenter leurs salaires. Est-ce là quelque chose d'inouï, de paradoxal et d'exorbitant, et ce sentiment qu'on trouve tout naturel chez l'ouvrier, faudra-t-il l'interdire au paysan ? Mais ce salaire du cultivateur, du producteur de blé, de viande, de vin, qui le paye ? Hélas ! c'est le consommateur. Plus le consommateur paye cher le sac de blé, plus se trouve rémunérée la journée du paysan qui a produit ce blé. Or, cette considération arrête assez vite le mouvement de sympathie qu'on est prêt à manifester en sa faveur. Le même socialiste qui trouve admirable que les ouvriers exigent des relèvements de salaire parce qu'il pense que ce surplus sera puisé dans la poche d'un patron, sent s'évanouir toute sa philanthropie du jour où il lui apparaît que le salaire du paysan devra être puisé dans sa propre poche. Et rien que le mot de protectionnisme, qui signifie augmentation de la journée de travail du producteur, fait reculer ceux qui sourient au mot de grève, qui signifie augmentation de la journée de travail de l'ouvrier.

Pourtant le blé étranger envahit nos ports, la viande exotique nous fait concurrence jusque sur notre marché d'alimentation militaire. Contre cette invasion, ce ne sont pas quelques intérêts isolés, ce sont les 25 millions de paysans que compte la France qui sont décidés à se défendre. Tel est le premier sens du Congrès national des Syndicats agricoles tenu à Angers.

**

Il en a d'autres, parce que le paysan français a d'autres ennemis que le producteur étranger. Je les nommerai sans détour, parce qu'ils nous traitent sans ménagement. C'est l'*intermédiaire*, qui empêche le paysan d'avoir des outils, des engrais, des machines à bon marché et de vendre son travail cher ; c'est le *fisc* qui apparaît chaque année sous forme d'impôts, à chaque succession sous forme de droits et, s'il y a vente, sous forme de frais de justice tels qu'ils s'élèvent à 203 francs pour un immeuble de 500 francs. Enfin, c'est le *socialisme* dont les efforts tendent à la misère générale et dont le triomphe serait ce que le paysan redoute par dessus tout : la main-mise de l'Etat sur la terre.

Si on les laissait faire, ces trois ennemis se complèteraient à merveille pour ne rien lui laisser. L'intermédiaire mangerait son salaire, le fisc son revenu et le socialisme son capital. Ces trois compères, gros et gras, vêtus de drap et nourris de volailles, patentés ou députés, n'apparaissent dans nos pauvres campagnes que lorsqu'il y a une affaire, un impôt ou un vote à extorquer. Le premier agissant au nom du commerce, le second au nom de la loi et le troisième au nom de la haine des classes ; l'un s'imposant par la rouerie pour ne pas dire plus, l'autre par la force, le dernier par la peur, tendent consciemment où inconsciemment au même but.

Or les paysans se sont groupés en syndicats agricoles, parce que le syndicat agricole combat ces trois ennemis : l'intermédiaire en remplaçant ses services ; le fisc en groupant et portant devant les pouvoirs publics les réclamations, et le socialisme, en réalisant dans une certaine mesure ce que celui-ci ne fait que promettre et ne réalise à aucun degré.

**

Le Congrès qui terminait l'autre jour ses travaux à Angers, après trois jours de discussions, a signalé le mal avec clarté, préconisé les mesures nécessaires avec vigueur. On n'y a pas perdu de temps à des congratulations réciproques comme dans les congrès savants, ni à des effets de littérature utopiste, comme dans les chaires socialistes. Contre les producteurs étrangers, on a réclamé l'établissement d'usines à conserves de viandes dans l'Ouest, ce qui donnerait un débouché sûr à tout ce pays d'élevage, et l'on a demandé que les grandes administrations de l'Etat s'approvisionnent exclusivement de denrées agricoles *françaises*.

Contre les intermédiaires, on a montré les immenses résultats obtenus par l'achat en commun d'engrais, de semences, de denrées coloniales, de machines à battre, et par la vente en commun des grosses fournitures, par exemple les légumes pour fournitures militaires, par le crédit mutuel ou les caisses rurales, toutes choses [que le petit cultivateur isolé ne peut faire et que l'association mène à bien. Il n'y avait, d'ailleurs, qu'à regarder autour de soi. Le syndicat d'Angers, dont le Congrès était l'hôte, a fait venir, en un an, près de six millions de kilos d'engrais chimiques sans passer par des intermédiaires. — Contre ceux-ci encore on a décidé la création de grandes coopératives agricoles auprès de toutes les Unions de syndicats, c'est-à-dire dans toutes les provinces, comme il en existe une déjà près de l'Union du Sud-Est, à Lyon. On a voté le vœu que les Coopératives ouvrières de consommation des villes soient en rapports constants avec les coopératives de production des campagnes, pour que le propriétaire qui cherche à bien vendre son vin et le citadin qui cherche du vin pur se rencontrent enfin et économisent, en se rencontrant, la commission énorme du courtier, du marchand et du mastroquet.

Contre le fisc, on a examiné et rejeté la surtaxe que quelques-uns rêvent de mettre sur la propriété non bâtie, sous couleur de dégrever les octrois, et l'on a repoussé l'augmentation des droits de succession qualifiée de « réforme » par la phraséologie parlementaire.

Enfin, contre le socialisme, on a purement et simplement préconisé l'association libre. Mais ce n'était point là des mots : c'étaient des actes. L'orateur qui s'est levé pour en parler avait, plus qu'aucun sociologue, le droit de le faire. C'est un agriculteur, M. Anatole de Fontgalland, qui, dès la loi de 1884, créait dans les montagnes du Dauphiné, à Die (Drôme), au sein d'un pays pauvre, isolé, alors ignorant et défiant, un des premiers syndicats agricoles de France. Tout manquait : les bons engrais chimiques, la méthode, l'argent, l'expérience, les débouchés. Aujourd'hui, ce syndicat compte 1.900 membres ; il a fait analyser les terres, répandu les notions scientifiques de la culture nouvelle, livré chaque année un million de kilos de marchandises, créé, sans demander un sou à personne, d'importantes réserves, acheté des machines perfectionnées, propagé l'enseignement agricole, replanté les vignobles, trouvé des débouchés aux sériciculteurs et aux éleveurs, en permettant aux uns d'attendre le moment favorable pour la vente, en ouvrant aux autres les portes de la boucherie coopérative du Sud-Est. Ce syndicat, où quelques bourgeois coudoient près de deux milliers de paysans, a rendu sinon la prospérité, du moins l'activité au pays, et mieux, lui a rendu l'espoir.

Des riches plaines de l'Anjou aux pauvres montagnes du Haut-Dauphiné, voilà ce qu'ont fait les libéraux pour la démocratie rurale. Qu'on nous dise maintenant ce qu'ont fait les socialistes ? Qu'on nous dise où étaient et à quoi s'occupaient leurs orateurs si diserts, leurs députés si bien rétribués, leurs journalistes si volontiers ironiques, pendant que, dans les rangs des agriculteurs, les Duport, les Josseau, les Fontgalland, les La Bouillerie, les Milcent, les d'Hugues, les Delalande, les Léjéas, les Larnage, les Riboud, les Kergall, les Deusy, les Guinand, les Durand, les Lorgeril, les Louis Dubois, les Fleury, les Sénart, et mille autres que je ne puis citer, se consacraient à cette grande œuvre de l'organisation des forces agricoles et de la défense des intérêts ruraux ? En regard des services incomplets encore, mais immenses déjà, que l'association libre a rendus au paysan, et qu'on jugera tels si l'on jette seulement les yeux sur l'*Annuaire des syndicats agricoles* de M. Hautefeuille, ou sur la *Monographie de l'Union du Sud-Est* de M. Silvestre, ou sur un livre de M. de Rocquigny, que sont les résultats obtenus par les prédicateurs du « grand soir » ?

Quelles sont les économies qu'ils ont fait faire au paysan ? Quels sont les gains qu'ils lui ont permis de réaliser ? Quels débouchés lui ont-ils trouvés? Quel argent, à taux modéré, lui ont-ils procuré? Comment l'ont-ils défendu contre les marchands fraudeurs, contre le courtier aux mains longues ou l'intermédiaire aux gros bénéfices ? Et s'il est parmi eux des esprits sincères rêvant l'évolution plutôt que la révolution sociale, si, d'un autre côté, il y a parmi les libéraux des bonnes volontés cherchant encore la sûre carrière où tous les efforts sont productifs, où tous les dévouement sont utiles, comment les uns et les autres n'iraient-ils pas au mouvement nouveau qui se dessine ? N'y a t-il pas quelque chose de consolant à voir apparaître, à l'horizon de nos luttes et de nos dissensions politiques, cette immense armée d'hommes de toutes conditions qui marchent au progrès social, par la force de leur union, en se tenant par la main ?

Notre délégué, M. de Fontgalland, revint enchanté d'avoir pu constater la grande autorité dont jouissait l'Union dans le monde agricole, quel retentissement énorme avait eu notre premier Congrès de 1894, et enfin combien les vœux émis par nous et repris par le Congrès d'Angers reproduisaient exactement les aspirations de la population rurale.

Pendant ce temps, l'Union continuait sa vie calme et active, achevant ses études sur l'assurance-accidents en traitant définitivement avec la Cⁱᵉ « la *Providence* ». Le 6 juin elle recevait des syndicats nouveaux : Basse-Michaille, Cressin-Rochefort (Ain) ; St-Sébastien, (Ardèche); Eclose (Isère)(1). Le 4 juillet elle vote les fonds nécessaires à la création d'une Bibliothèque à l'usage de ses bureaux et de son comité de contentieux.

Un nouveau deuil frappe à ce moment notre grande famille ; l'un des administrateurs de l'Union, M. E. Jaricot, est enlevé subitement à l'affection de sa famille et à l'estime de ses amis. Bien que très absorbé par la direction d'une importante maison de commerce, M. Jaricot avait su réserver une bonne partie de son temps pour le consacrer aux œuvres agricoles. Il fut l'un des fondateurs et surtout l'un des organisateurs les plus zélés du Syndicat de St-Genis-Laval, et quand le Bureau de l'Union, frappé de son dévouement et de son in-

---

(1) Pl. nᵒ 2.

telligence pratique, l'appela à lui, il n'hésita pas à accepter cette nouvelle charge. L'agrément et l'utilité de sa compagnie furent vite appréciés et c'est avec autant de tristesse que de sincérité que tous ses collègues s'associèrent au deuil de sa famille.

Le 7 novembre de nouveaux syndicats sont admis : Brion, Satolas, Bonce et Cordéac (Isère); Ratenelle (Saône-et-Loire) (1), et le 26, M. Duport préside la huitième Assemblée générale dans les grands salons de Casati. Trente-trois syndicats sont présents ou représentés et c'est devant plus de deux cents délégués que le président de l'Union retrace dans son rapport la vie de l'Union pendant l'année.

C'est un résumé qui est trop éloquent pour qu'au risque de redite nous n'en plaçions pas quelques extraits sous les yeux de nos bienveillants lecteurs.

L'an dernier un deuil, qui m'était venu frapper à la veille même de notre Assemblée générale, m'avait empêché de vous présenter le rapport du premier exercice écoulé depuis que vous m'aviez fait le très grand honneur de m'appeler à la présidence de l'Union du Sud-Est.

Permettez que je vous dise, mes chers collègues, combien mes regrets d'être éloigné de vous furent accrus, lorsque j'appris que vous aviez choisi cette occasion pour me donner un témoignage d'estime que j'ai prisé grandement, car j'ai senti, à mon émotion, que, provenant d'un sentiment vrai, il n'avait rien de banal.

Oui, lorsque j'ai accepté la lourde tâche de succéder à notre si regretté président fondateur, Gabriel de Saint-Victor, je vous avais promis de donner à notre œuvre tout ce dont j'étais capable ; or, j'ai conscience d'avoir tenu ma promesse selon mes forces. Aussi, est-ce du fond du cœur que je vous remercie de m'avoir voulu montrer que vous le saviez ; vous m'avez accordé ainsi la plus haute récompense que je puisse ambitionner.

Si l'année qui finit n'a pas vu se produire un évènement de l'importance du dernier Congrès national de Lyon, elle n'en a pas moins été marquée par les progrès considérables de votre association.

Pour vous permettre d'en juger et pour plus de clarté, au risque d'un peu de monotonie, je vais, dans l'ordre habituel, vous présenter l'exposé général et annuel de votre association.

Aucun syndicat ne s'est retiré de l'Union pendant le cours du dernier exercice, aucun ne s'est dissous. Or, comme nous comptions, l'an dernier, 82 syndicats, et que nous en avons admis 19, c'est actuellement 100 syndicats qui composent cette grande famille agricole et régionale du Sud-Est, la plus belle de France .C'est un chiffre significatif, et je suis heureux de le faire ressortir, car, s'il montre la prospérité de notre association, il démontre également que le mouvement syndical, dans notre région,

____

(1) Pl. n° 2.

se continue sans arrêt. (1) Nous pouvons même ajouter, non sans quelque fierté, que nous sommes bien pour partie dans ce consolant résultat, grâce aux renseignements toujours largement fournis aux personnes désirant fonder des syndicats, grâce aussi au point d'appui sérieux que nous offrons pour la direction de ceux qui sont créés.

Ce total élevé de 100 syndicats unis nous a paru appeler l'étude d'une modification de vos statuts, en ce qui touche au mode d'admission ; vous entendrez, du reste, un rapport spécial sur cette question, qui est à votre ordre du jour.

De plus en plus cette vérité s'affirme, que l'avenir social s'ouvre plus vaste devant les syndicats à circonscriptions peu étendues ; aussi votre conseil a-t-il secondé ce mouvement partout où il s'est produit, mais, je tiens à le dire, sans jamais le provoquer et sans oublier jamais ce qu'il doit aux grands syndicats existants, n'appuyant que les créations motivées par des considérations purement matérielles, approuvées par ces syndicats eux-mêmes·

Fidèles à notre rôle économique et social, nous avons cru devoir rechercher les moyens de procurer à nos agriculteurs les avantages de l'assurance et nous avons commencé par l'assurance contre les accidents professionnels.

Les causes de cette préférence sont diverses, mais vous remarquerez que je parle seulement de priorité, car il n'est pas douteux qu'un jour viendra, peut-être est-il plus rapproché que l'on ne pense, où nous serons amenés à nous occuper des assurances-vie, des assurances contre la grêle, contre la mortalité des bestiaux, et surtout des assurances-incendie.

Jusqu'à présent, nous nous étions bornés à recommander telles ou telles Compagnies nous paraissant mériter plus particulièrement la préférence des agriculteurs et nous ne demandions aucun avantage spécial en retour de cet appui, cependant très considérable.

Pour les accidents nous avons procédé autrement : nous avons demandé et obtenu de la Compagnie « la Providence » des conditions de faveur, une situation privilégiée pour les membres de nos syndicats, non seulement comme prime à payer, mais, ce qui a bien son importance aussi, comme conditions générales de la police. C'était justice du reste, puisque nous apportions une clientèle de choix et une diminution certaine des frais. Ce qui a été fait pour les accidents se pourra faire pour les autres genres d'assurances, notamment pour les assurances-vie, qui sont une forme de prévoyance très à conseiller aux cultivateurs. Mais développer ici toutes les considérations que comporte cette grave question serait sortir du cadre de ce rapport, j'aime mieux vous dire que la séance de cet après-dîner a été réservée à son examen, ce qui nous permettra de connaître votre sentiment sur ce que nous avons déjà fait, ainsi que sur ce qui reste à faire dans cette voie de l'assurance en général.

Plusieurs vœux vous seront présentés, beaucoup ont déjà été envoyés par les syndicats unis isolément ; néanmoins, il vous paraîtra bon de les reprendre pour les envoyer en un faisceau, ce sera leur donner plus de

____

(1) Pl. n° 4.

force. Cela est d'autant plus nécessaire que, pour l'un d'eux au moins, le vote récent de la Chambre n'est point pour nous satisfaire.

La réforme de l'impôt des successions, comme déjà bien d'autres réformes, semble devoir se faire aux frais de l'agriculture nationale; en effet, malgré l'excellence des motifs présentés par MM. Léon Say et Méline, la majorité, obéissant sans doute à des motifs de tactique parlementaire, a cru devoir voter le projet ministériel, bien qu'il sanctionne une injuste répartition des charges entre la propriété mobilière et la propriété immobilière, entre la bourse et la terre ; espérons que le Sénat, plus avisé, saura renvoyer la loi à nos législateurs qui penseront peut-être alors un peu moins à une crise ministérielle et un peu plus à l'intérêt des campagnes.

Pour ce dernier vœu, vu son urgence et son importance, je vous demanderai, après le vote, de nous autoriser à l'envoyer de suite et directement à tous les sénateurs de la région du Sud-Est.

Je ne vous parle pas des divers rapports qui vont vous être présentés par ceux de nos collègues qui ont pris une part plus spéciale à la direction des services qui en font l'objet ; mais je veux constater, en terminant, que tous ces services : Bulletin, Almanach, Contentieux et Caisse, ainsi que nos services annexes, Office du courtier et Coopérative, fonctionnent très régulièrement. L'impression se dégage que notre œuvre s'affermit et qu'elle durera, car les rouages en sont bien montés. Et, du reste, lorsque je vous vois si nombreux autour de moi, lorsque je songe à l'appui dévoué que me donnent mes collègues du Conseil, lorsque je sens l'ardente conviction qui m'anime, je ne crains plus les vicissitudes qui menacent les œuvres naissantes.

Les syndicats agricoles font désormais partie de nos institutions nationales. Qui sait même si, quelque jour, ils ne seront pas le pivot sur lequel s'appuieront les défenseurs de la société pour résister aux insensés qui la menacent, foulant à leurs pieds jusqu'à l'idée même de la patrie.

Ce jour-là, Messieurs, sans songer à nous glorifier, nous lutterons avec une énergie nouvelle, et nous remercierons Dieu d'avoir permis que nous soyions dans le Sud-Est si grandement utiles à notre pays.

Après avoir remercié, par des applaudissements, son président des services de plus en plus remarqués qu'il rend à la cause agricole en même temps qu'à l'Union, l'Assemblée entend successivement les rapports de MM. Riboud (Bulletin), Silvestre (Almanach), Ducurtyl (Comité de contentieux), Richard (Finances), qui sont analysés d'autre part à leurs chapitres respectifs ; nous n'insisterons donc pas.

Par acclamation, les membres de la série sortante du Conseil, MM. Riboud, de Bélair, Richard, sont réélus et M. le Dr Giraud est nommé, en remplacement de M. Jaricot, décédé.

Sur la proposition du président et en conformité de la décision qui vient d'être prise, l'assemblée élit membres nouveaux du conseil d'administration MM. du Vachat et comte de Villeneuve.

A la fin de la réunion, M. Guinand, vice-président, au nom de tous les syndiqués de l'Union du Sud-Est, remet à M. Emile Duport une médaille en or dont le diplôme avait été décerné au président de l'Union du Sud-Est à la suite de l'Exposition de Lyon (section d'économie sociale). M.Guinand, dans une allocution vibrante et pleine de cœur, se fait très éloquemment l'interprète de tous et remercie M. Duport de son infatigable dévouement, dont il est à juste titre récompensé par le succès sans précédent de l'Union du Sud-Est.

M. Duport, en recevant la médaille qui vient de lui être remise, répond à M. Guinand qu'il ne sait comment exprimer l'émotion qu'il ressent en présence de ce nouveau témoignage de sympathie.

« Qu'il me soit permis, dit-il, de vous remercier tous et particu-
« lièrement mes collègues du Bureau,qui ont une large part dans vos
« éloges et dans les succès de l'Union.

« J'ai confiance dans notre œuvre. Elle ne peut périr, si nous conti-
« nuons à combattre ensemble pour la défense professionnelle et
« pour la prospérité de nos syndicats agricoles. »

C'est sur ces mots que finit la première partie de l'Assemblée générale dont la seconde séance, ouverte le même jour, à 3 heures du soir, est entièrement consacrée à l'audition et à la discussion d'une très complète étude de M. Guinand sur les différents services annexes de l'Union.

Comme il s'agit ici de créations dont nous faisons un historique d'autre part, nous ne nous y arrêtons pas, terminant la relation de cette assemblée générale par la reproduction des vœux qu'elle a émis.

Vœux

L'Union du Sud-Est des Syndicats agricoles, émet les vœux :

Dispense d'affranchissement pour les suppléments de publications. — Que les annonces hors texte soient dispensées de tout affranchissement propre, lorsqu'elles sont envoyées à titre de supplément d'une publication émanant d'une association régie par la loi du 21 mars 1884.

Réforme de la loi sur les successions. — Que MM. les Sénateurs réforment le projet de loi sur les successions voté par la Chambre des Députés, en prenant pour base une plus équitable répartition des charges entre toutes les branches de la fortune nationale.

Représentation de l'agriculture. — L'Union du Sud-Est des syndicats agricoles, en reprenant et complétant le vœu émis par le Congrès des syndicats agricoles, tenu à Lyon en 1894, émet le vœu suivant :

1° L'agriculture doit être dotée, dans le plus bref délai, au même titre que l'industrie et le commerce, d'une représentation officielle basée sur les mêmes principes et jouissant de prérogatives et de droits égaux;

2° A cet effet, il doit être institué des Chambres départementales d'agriculture, composées de membres élus par le suffrage d'un corps électoral comprenant *exclusivement* les propriétaires, usufruitiers ou usagers de fonds ruraux, inscrits au rôle de la contribution foncière, les agriculteurs et viticulteurs fermiers ou métayers ;

3° Il doit être institué un Conseil supérieur d'agriculture, composé exclusivement des membres élus par les Chambres départementales d'agriculture auxquels on pourrait adjoindre seulement, comme membres de droit, les présidents de la Société nationale d'Agriculture, de l'Institut agronomique, de la Société des Agriculteurs de France et des différentes Unions régionales de Syndicats agricoles ;

4° L'Union du Sud-Est proteste énergiquement contre tout mode d'organisation de cette représentation qui aurait pour effet de la dénaturer dans son principe, d'en altérer la sincérité dans ses origines et de fausser ainsi le caractère de son institution, et notamment contre l'adjonction, soit au corps électoral, soit au Conseil supérieur et aux Chambres départementales, des ouvriers agricoles et des fonctionnaires de tous ordres, ne remplissant pas, d'autre part, les conditions voulues pour l'électorat ou l'éligibilité.

Conventions commerciales avec la Suisse et autres nations. — L'Union du Sud-Est des syndicats agricoles, regrettant qu'une atteinte ait été portée au régime douanier par le vote de la Convention avec la Suisse, convention par laquelle certains abaissements de droits au-dessous du tarif minimum ont été admis,

Emet le vœu, qu'aucune négociation ne puisse désormais avoir lieu autrement que sur la base du tarif minimum.

Modification dans les droits de douane. — Que, dans le cas de modifications à intervenir dans le taux des droits à percevoir à l'entrée en France, toutes discussions soient précédées d'un arrêté ministériel autorisant la perception immédiate des nouveaux droits, quitte à rembourser, après le vote définitif, les sommes indûment perçues.

Fraude sur les alcools et fabrication de vins de raisins secs. — Qu'en attendant la réforme du régime des boissons, laquelle devra respecter le droit des bouilleurs de crû, des mesures immédiates soient prises pour empêcher les fraudes sur les alcools et la fabrication clandestine des vins de raisins secs, notamment par l'application de peines plus sévères, mais surtout par la suppression des remises d'amendes prononcées par jugement.

Phosphates d'Algérie. — Que les concessions de phosphates données en Algérie à titre de carrière ne puissent plus être accordées, à l'avenir, que suivant la législation en usage pour les mines, ce qui serait logique et empêcherait toute fraude.

Admission des syndicats aux soumissions de l'Etat. — L'Union du Sud-Est des Syndicats agricoles émet le vœu que les syndicats agricoles soient admis à soumissionner à toutes les adjudications de l'Etat, notamment pour les fournitures alimentaires à la guerre et à la marine, avec révision des clauses actuelles du cahier des charges dont certaines équivalent, pour les syndicats, à une exclusion systématiquement voulue, comme par exemple la demande du casier judiciaire de tous les membres de l'association.

Transport des vins. — L'Union du Sud-Est des Syndicats agricoles, reproduit le vœu émis par le Conseil général du département du Rhône sur les transports des vins.

En clôturant cette réunion, M. Duport remercie chaleureusement les présidents et délégués des syndicats unis et exprime la conviction que les uns et les autres emporteront de cette journée un bon souvenir et un utile profit pour le plus grand bien de la cause agricole.

Ici s'arrête l'année 1895, elle fut, on le voit, bien remplie.

Année 1896. — Après avoir organisé les assurances-accidents qui garantissaient contre les risques agricoles tous les travailleurs de l'exploitation, il était naturel que l'Union s'occupât de garantir ses adhérents contre les pertes qui pouvaient provenir des accidents atteignant le bétail. L'étude approfondie de cette intéressante question, qui donna lieu au remarquable travail de M. Riboud, travail qui fut le point de départ de toutes les assurances communales mutuelles qui se sont développées dans la suite, est donc la véritable caractéristique de l'année 1896. Cette organisation de l'assurance-bétail est trop importante pour que nous la traitions à cette place, et nous lui consacrons d'autre part un chapitre spécial auquel nous renvoyons tous ceux de nos lecteurs que la question intéresse.

Pendant qu'elle préparait cette nouvelle création qui devait donner dans la suite une si vive impulsion aux syndicats assez perspicaces pour en tirer parti, les adhésions allaient se multiplier et grossir encore l'effectif de l'Union.

Ce sont, en février, les syndicats de La Valloire (Drôme); Bourg-St-Maurice, N.-D. de Briançon (Savoie) ; et en mars les syndicats de Hurtières, N.-D. des Champs de Romagnieu, Bourgoin (Isère) ; Romenay (Saône-et-Loire); St-Marcel (Savoie), qui sont soumis au vote et admis (1). La famille s'accroît et grandit de plus en plus, mais la mort ne lui épargne pas ses coups et lui enlève en quelques jours deux des siens : M. le marquis de Dampierre et le commandant Cullet.

Président de la Société des Agriculteurs de France, le marquis de Dampierre, dont la figure restera parmi les plus belles

---

(1) Pl. n° 2.

et les plus respectées de notre siècle qui finit, avait joué un rôle considérable dans l'histoire agricole des vingt dernières années. Sans vouloir retracer ici la vie si noblement remplie de cet homme de bien, il nous sera bien permis de rappeler que si le mouvement syndical a été, dès son début, favorisé par la Société des Agriculteurs de France, c'est grâce à l'esprit large et généreux autant qu'à l'autorité du marquis de Dampierre, que la grande société a tendu la main au peuple des campagnes. Ce vieux gentilhomme avait foi dans le bon sens de nos populations rurales; il avait compris que l'heure était venue de les appeler à concourir, avec l'élite du monde agricole, au relèvement de la première de nos industries nationales. Il avait senti que la liberté tendait à nous échapper, que le pays avait besoin de se ressaisir pour rester maître de sa destinée, que le salut, en un mot, résidait dans l'association libre.

Libres, en effet, sont nos associations ; sachons nous en convaincre et souvenons-nous des dernières paroles du distingué président de la plus grande famille agricole : « Avons-nous donc perdu le sens de ce mot de liberté qui a remué le monde pour qu'on n'ose plus le prononcer de peur de paraître le revenant d'une autre époque? »

Bien qu'ayant joué un rôle plus modeste, le commandant Cullet était une perte des plus sensibles pour notre famille syndicale dont il était, dès le début, l'un des chefs aimés. Cet excellent collègue, dont la collaboration datait de la fondation même de l'Union, nous avait donné un très utile concours, alors qu'il s'agissait de tout organiser. De sa carrière militaire, il avait gardé une vaillance d'idées, une sorte de besoin d'aller en avant, qui fit pencher bien souvent nos décisions du côté des mesures hardies, alors qu'à nos débuts elles pouvaient paraître imprudentes. Nous n'avons garde d'oublier cet ami dévoué qui, après avoir servi son pays comme soldat, voulut le servir jusqu'à la fin comme agriculteur et son nom figurera en bonne place sur le tableau d'honneur de l'Union.

Avec le mois d'avril affluent les nouvelles demandes d'affiliation, dont sept sont ratifiées par le vote des présidents et admises par le Conseil dans ses séances d'avril et de mai; elles donnèrent droit d'entrée aux syndicats de : Les Adrets, Theys, St-Geoirs, St-Michel de St-Geoirs (Isère); Etrez, Rignieux-le-Désert (Ain); St-Jean de Belleville (Savoie) (1).

---

(1) Pl. nº 2

Г C'est là que se place l'intervention énergique de l'Union dans cette brûlante question qui absorbait alors tous les esprits : l'impôt sur le revenu. Bien que repoussé par une forte majorité à la Chambre et au Sénat, le projet Doumer est de ceux qui peuvent renaître, sinon dans ses détails, au moins dans ses principes ; il est donc bon de reproduire ici la protestation vigoureuse qu'envoyait à ce moment l'Union aux députés et sénateurs de sa circonscription.

PROTESTATION CONTRE L'IMPOT SUR LE REVENU

Vu la proposition d'un impôt général, personnel et progressif contenu dans le projet de la loi de finances pour l'exercice 1897 ;

Considérant que, loin de marquer un progrès et d'accomplir une réforme, cette proposition n'est qu'une mesure rétrograde qui, renversant les principes de l'égalité, de la proportionnalité et de la réalité de l'impôt consacrés par l'Assemblée constituante de 1789 et par toutes les Constitutions postérieures, divise, comme sous l'ancien régime de la taille, les contribuables en catégories distinctes sur lesquelles la répartition de l'impôt s'opèrera au moyen de l'arbitraire ;

Considérant que c'est faussement, pour égarer l'opinion, que cet impôt est présenté comme ne devant frapper que 1.500.000 contribuables et devant tenir tous les autres pour exempts ;

Que cette allégation ne résiste pas à l'examen ;

Que le chiffre de 2.500 fr. de revenu, fixé comme celui au-dessus duquel le nouvel impôt sera appliqué, ne comprend pas les seuls revenus de la fortune acquise, tels que rentes, intérêts de capitaux, loyers et fermages, mais qu'il embrasse, avec les bénéfices de l'industrie et du commerce, les produits du travail manuel, les salaires des ouvriers, soit industriels, soit agricoles et jusqu'aux produits consommés en nature pour la nourriture de la famille agricole ;

Qu'il est donc vrai de dire qu'il englobera la pluralité des citoyens ;

Considérant que cette application étendue de l'impôt résultera encore de la disposition de la loi qui décide que les revenus, gains et salaires du mari, de la femme et des autres membres de la famille seront cumulés et totalisés dans une même déclaration et que cette totalisation des ressources annuelles d'un ménage servira de base d'appréciation, ce qui produira cette conséquence immorale que l'existence d'un lien légitime entre des époux et la cohabition avec eux de leurs enfants et parents travaillant et gagnant un salaire les rendront passibles de l'impôt et de sa progression ;

Considérant que, de tous, ce sont les agriculteurs, propriétaires, fermiers, métayers et leurs auxiliaires qui seront le plus sûrement et le plus complètement exposés aux effets de la nouvelle taxation ;

Que, pendant que la propriété mobilière y échappera par les mille moyens de dissimulation qui seront à sa disposition, la propriété rurale, révélée par son objet même et aussi par toutes les manifestations de son activité, la subira dans sa plénitude ;

Que cette différence entre la propriété mobilière et la propriété immobilière aura sur la valeur de cette dernière une répercussion désastreuse qui la conduira à l'abandon et à un entier avilissement ;

Considérant que la détermination de l'impôt sera attribuée au premier degré à une Commission dont l'élément actif et permanent sera formé d'agents du fisc, au deuxième degré à une autre Commission où ce même élément fiscal sera encore plus prépondérant, au troisième degré au préfet, au quatrième degré au Ministre, c'est-à-dire sera livrée, contrairement aux principes jusqu'à présent les plus respectés, à l'arbitraire de l'autorité administrative ;

Considérant, en résumé,

Que l'impôt personnel et progressif sur le revenu est contraire au droit public français, tel qu'il a été établi en 1789 et maintenu jusqu'à ce jour ;

Que, faux dans son principe, arbitraire et inquisitorial dans son application, funeste dans ses conséquences, il atteindra toutes les branches de l'activité nationale et ne frappera pas moins les produits du travail que les revenus de la fortune acquise ;

Qu'il corrompra les mœurs publiques en provoquant les citoyens au mensonge, à la dissimulation et à la fraude ;

Qu'il offrira une sorte de prime au concubinage et à la désagrégation de la famille :

Que, spécialement au regard de l'agriculture, il tarira les sources de son travail, il précipitera son abandon et il consommera sa ruine,

Proteste de toute son énergie contre la proposition d'établissement de l'impôt personnel et progressif.

Cette protestation vint s'ajouter à toutes celles qui, de tous les points de la France et de tous les milieux sociaux arrivaient chaque jour ; par elles le gouvernement put se convaincre que le pays n'était pas avec lui, sur cette question, tout au moins.

Dans le courant de juin, le président de l'Union entreprend une tournée dans les régions de la Tarentaise, du Grésivaudan, et du Beaumont où il va visiter et encourager les syndicats existants, jeter les bases et fonder de nombreux syndicats nouveaux. C'est de ce voyage que date l'essor vigoureux des syndicats communaux qui va doubler, dans un avenir prochain, le nombre des associations de l'Isère et de la Savoie, et c'est grâce aux conseils sages et expérimentés de son président que l'Union peut faire pénétrer dans ces montagnes, si réfractaires à tout progrès et à toute initiative, cet esprit d'association qui, en multipliant les forces et les volontés, va transformer ces pays autrefois abandonnés.

Pendant ce temps, un député de Paris qui, à maintes reprises, a tenté, sans succès, de faire assimiler nos associations à des commerçants, M. Georges Berry, présente à la Chambre un amendement ayant pour but d'imposer à la patente les Sociétés coopératives de consommation. Déjà, en 1894, M. Berry avait présenté un amendement analogue inspiré, comme celui d'aujourd'hui, par les épiciers et les marchands de vins, ses agents électoraux ; il avait été rejeté sans discussion.

. L'adoption, par la Commission des patentes, de l'amendement Berry, sans préjuger le vote définitif, constituait, néanmoins, un fait très grave et très menaçant pour l'avenir de nos associations. Il ne faut pas, en effet, se payer d'illusions. Si la patente était votée par la Chambre pour les sociétés coopératives de consommation, elle serait fatalement étendue à toutes les associations, coopératives de production, syndicats agricoles, syndicats ouvriers, caisses de crédit, caisses rurales, etc., etc.

Ces sociétés, toutes établies dans un but de progrès agricole et de paix sociale et dont les fondateurs se sont toujours appliqués à bannir le caractère commercial, se trouveraient donc fatalement rejetées de ce côté.

De tous les points de la France agricole les protestations contre le projet Berry affluèrent à l'Union centrale, et un des membres les plus distingués du comité du contentieux de l'Union du Sud-Est, M. Louis Durand, président de l'Union des Caisses rurales, défendit éloquemment la cause de nos associations : « L'amendement Berry, disait-il, ne vise que les sociétés coopératives de consommation, mais il ne faut pas se faire d'illusions sur les conséquences juridiques qui résulteraient de son adoption.

« Aujourd'hui, en vertu des lois actuelles interprétées par la jurisprudence du Conseil d'Etat, les sociétés coopératives échappent à la patente, non en vertu d'un texte spécial, mais par application du principe général qui domine la loi des patentes ; ce principe c'est que la patente, étant un impôt sur les bénéfices professionnels, n'est due que par les particuliers ou associations qui visent à s'enrichir dans l'exercice d'une profession et non par les particuliers ou associations qui ne visent qu'à satisfaire leurs propres besoins le plus économiquement possible.

« C'est ce même principe qu'invoquent les syndicats professionnels et les sociétés coopératives de crédit ou de toute autre nature. Le vote de l'amendement qui nous occupe infirmerait ce principe en lui substituant un principe contraire ; la patente ne frapperait plus uniquement les associations ayant un but de lucre, mais bien toutes les associations qui feraient, au profit exclusif de leurs membres; les opérations que font les commerçants ou industriels au profit du public.

« Toutes les œuvres sociales seraient atteintes, elles ont le devoir de défendre leur liberté et leurs droits. »

L'Union centrale des syndicats des Agriculteurs de France, la plus ancienne et la plus importante de ces œuvres, se trouvait naturellement désignée pour diriger la défense commune ; elle ne faillit pas à sa tâche et présenta quelques semaines plus tard au Parlement un faisceau de légitimes et énergiques protestations.

L'Union du Sud-Est, la première, faisait entendre sa voix en faisant voter par tous les syndicats unis la protestation suivante :

PROTESTATION CONTRE LE PROJET D'IMPOSER LA PATENTE AUX SOCIÉTÉS COOPÉRATIVES.

Considérant que la Commission de la Chambre des Députés, chargée de la préparation dudit projet de loi, a adopté un amendement qui soumettrait les Sociétés coopératives de consommation à la patente;

Considérant que cet amendement est contraire au principe général qui domine actuellement la loi des patentes, savoir : que la patente étant un impôt sur les bénéfices professionnels, n'est pas due par celui, individu ou Association, qui ne cherche qu'à satisfaire ses besoins le plus économiquement possible et non à s'enrichir;

Considérant que cet amendement ne vise pour l'instant que les Sociétés coopératives de consommation, mais qu'en posant le principe que la patente ne doit pas frapper uniquement les Associations ayant un but de lucre, mais toutes celles qui font au profit de leurs membres les mêmes opérations que les commerçants au profit du public, il menace aussi les Syndicats professionnels créés par la loi du 21 mars 1884, notamment les Syndicats agricoles;

Considérant que les Syndicats agricoles sont, comme les Sociétés coopératives, des œuvres sociales qui ont le devoir de défendre leur liberté et leurs droits;

Considérant qu'il serait contraire à la justice et à la raison que l'Etat prélevât un impôt sur des bénéfices qui ne peuvent pas exister ; que si une Association, Syndicat ou Société coopérative, fait des bénéfices, le fisc n'a qu'à le prouver pour l'imposer à la patente sans qu'il y ait besoin pour cela d'un nouveau texte de loi;

Considérant au surplus que le vote de l'amendement susdit irait à l'encontre du but poursuivi par ses auteurs ; qu'en effet les Associations visées sauraient organiser auprès d'elles de vastes sociétés qui, en payant patente, subviendraient aux besoins non seulement de leurs membres, mais aussi du public, et dès lors deviendraient pour le commerce de sérieux concurrents qu'il se serait imprudemment donnés;

Considérant par suite qu'il y a intérêt pour le commerce à ce que les Sociétés coopératives ou Syndicats ne soient pas imposés à la patente, s'ils ne font pas de bénéfices, et à ce qu'on ne les oblige pas à cesser d'être des œuvres ne poursuivant qu'un idéal, pour devenir de simples instruments de trafic et d'intérêt ;

Considérant que si ces Associations apprennent à leurs membres à améliorer leur situation économique, c'est pour leur apprendre en même temps ce qu'est le dévouement, l'initiative dans l'intérêt de tous, et comment peuvent s'établir des liens de fraternité pour l'aide mutuelle ; que ce sont avant tout des œuvres de progrès, d'union et de paix sociale dont il serait regrettable de modifier les tendances et qu'il serait peu patriotique de gêner dans leur évolution,

Proteste énergiquement contre l'amendement adopté par une commission de la Chambre des Députés et ayant pour objet d'imposer à la patente les Sociétés coopératives de consommation, et émet le vœu que cet amendement ne soit pas voté par les pouvoirs publics.

Le bruit fait autour de l'amendement Berry avait effrayé jusqu'à son auteur qui, dans une lettre rendue publique, se défendait d'avoir voulu viser les syndicats agricoles :

« La Commission des patentes, écrivait-il, a, en effet, sur ma proposition, accepté un amendement tendant à frapper de la patente les sociétés coopératives de consommation, mais, en même temps qu'elle adoptait mon amendement, elle chargeait son rapporteur de bien spécifier devant la Chambre que les Sociétés de crédit mutuel, les syndicats agricoles et ouvriers, ayant ouvert des bureaux de placement, continueraient à bénéficier des faveurs qui leur sont accordées aujourd'hui. En faisant cela, la Commission parlementaire a été complètement d'accord avec moi ».

Au même moment, l'Union du Sud-Est commence sa vaillante campagne en faveur de la non application aux syndicats de la taxe des poids et mesures, mais, comme la question a une haute importance, nous renvoyons nos lecteurs au chapitre spécial où toutes les questions juridiques sont examinées par notre excellent ami M. Voron.

Le 3 septembre, l'Union admet trois nouveaux syndicats : Tournon (Ardèche) ; Bévenais et Tencin (Isère), et le 5 décembre, trois autres : Arêches (Savoie) ; Miribel-Lanchâtre et Chichilianne (Isère) (1).

A cette date, le Syndicat de Bourg-Argental, dissous, cessa de faire partie de l'Union. C'est donc avec un faisceau de 119 syndicats unis (2) qu'elle tient son assemblée générale du 2 décembre, dans les grands salons Casali. 50 syndicats sont représentés par plus de 300 délégués devant lesquels le président, M. Duport, retrace avec sa netteté habituelle la vie de l'Union pendant l'année écoulée :

---

(1) Pl. n° 2.
(2) Pl. n° 4.

Comme les années précédentes et sans craindre de me répéter, je vais vous présenter dans l'ordre habituel mon rapport général sur la marche de notre association, mais je veux, sans attendre, vous dire, que si tout n'est pas à mon entière satisfaction, car dans mon amour de nos syndicats, je voudrais que tout fût parfait, du moins nous sommes en continuels progrès. J'exprime pourtant un regret, c'est de constater que les rapports entre les syndicats et l'Union ne sont ni assez constants, ni assez confiants. Trop souvent les présidents oublient qu'ils font partie de notre grande famille, et bornent leurs relations avec l'administration centrale au paiement de la cotisation, à la réception du Bulletin, et ne songent même pas à nous faire part des desiderata, des vœux de leurs associations.

Au cours de l'année, j'avais inauguré l'envoi d'une sorte de circulaire adressée aux présidents, les priant de me donner leur avis sur un certain nombre de sujets, et cela dans l'espoir de voir s'établir entre eux et nous un échange régulier d'idées, qui ne pouvait qu'être grandement profitable à nos intérêts généraux. Or, j'ai le regret de le constater, cet essai n'a pas donné les résultats que j'en espérais, car, à part deux ou trois exceptions, aucun d'eux n'a répondu à ma tentative. Je me propose de la reprendre ; en effet, je juge absolument nécessaire de resserrer les liens qui nous unissent, afin de fortifier notre groupement pour la défense des grands intérêts dont nous avons la garde.

L'utilité de notre groupement n'a jamais été plus évidente qu'au cours du dernier exercice, alors que, devant la menace d'un impôt progressif et global sur le revenu, nous avons pris l'initiative d'un rapide pétitionnement de protestation contre cette mesure néfaste dont l'adoption par les Chambres aurait achevé la ruine de notre agriculture.

L'influence de notre si unanime protestation n'est pas discutable et, en me rappelant les incidents de la discussion, la solution et jusqu'aux conséquences du rejet de la mesure, je puis vous dire que la voix des populations rurales que nous avons su faire entendre, a pesé d'un grand poids dans les événements ; mais il faut nous montrer unis, non pas seulement à l'heure du danger, il le faut encore en tout temps pour faire réfléchir nos adversaires, pour soutenir nos défenseurs.

C'est à cela que je vous convie plus que jamais, la bataille peut reprendre à tout instant, soit sur ce terrain, soit sur celui de la question douanière que l'on paraît vouloir rouvrir sous le prétexte d'une convention commerciale avec l'Italie. Or, ne nous y trompons pas, cette nation n'ayant à exporter que des produits agricoles, ce serait sûrement notre agriculture qui paierait la rançon de l'industrie. Vous aurez tout à l'heure à émettre des vœux divers, notamment sur cette importante question, mais j'appelle aussi tout spécialement votre attention sur le vœu relatif à la représentation professionnelle de l'agriculture. Le ministère vient d'en déposer le projet sur le bureau de la Chambre, or, si ce projet est profondément amendé dans les parties que nous avions le plus vivement critiquées, il contient encore certaines prescriptions dont l'adoption ne pourrait que vicier le caractère exclusivement professionnel de la représentation de l'agriculture, en y mêlant des éléments absolument étrangers ; il suffit, en effet, d'indiquer que les instituteurs primaires peuvent être électeurs et éligibles pour faire comprendre que nous ne saurions l'accepter sans de sérieuses modifications. Nous devrons envoyer un vœu net et énergique au président du Conseil, l'un des auteurs du projet, afin qu'il renonce à défendre une clause qui introduirait dans le corps électoral et dans la représentation un esprit tout autre qu'exclusivement agricole.

Le mouvement que je vous signalais l'an dernier, à savoir que la tendance est à la fondation de syndicats à petites circonscriptions, limitées le plus souvent à la commune, n'a fait que se développer. J'estime qu'il faut l'envisager sans inquiétude, j'allais dire avec satisfaction, car il n'est pas contestable que la meilleure entente sociale, but élevé de nos efforts, doit en résulter plus facilement que des syndicats à grandes circonscriptions où presque personne ne se connaît. C'est à se connaître que l'on apprend à se mieux juger, bien des préventions tombent alors, et à s'aider les uns les autres l'on apprend vite à s'aimer.

Au surplus, grâce au groupement dans l'Union, ce qui permet d'avoir la force du nombre, le seul inconvénient des petits syndicats, la faiblesse, disparaît, pour ne laisser place qu'à des avantages ; aussi, pouvons-nous prévoir que l'avenir leur appartient.

Il y a un an, je le constatais avec satisfaction dans ce même rapport de fin d'année, l'Union venait d'ajouter à ses nombreux services celui des assurances-accidents agricoles et je laissais entrevoir que bientôt, peut-être plus promptement qu'on ne le pensait, nous organiserions une nouvelle branche d'assurances, montrant ainsi que nous étions fidèles à notre rôle d'éducateurs des populations rurales en leur enseignant, en leur facilitant la prévoyance.

Les assurances-accidents agricoles semblent entrer dans nos mœurs et, après avoir hésité plusieurs mois, comme il en a été, du reste, pour toutes nos créations nouvelles, les agriculteurs, comprenant mieux leurs intérêts, se décident à s'assurer contre ce risque beaucoup plus réel qu'on ne le croit généralement, n'avons-nous pas eu 19 accidents à régler au cours des douze derniers mois ! (1) Les polices nouvelles nous arrivent journellement, déjà nous en avons 396 dans le portefeuille de notre Coopérative, chargée de ce service pour toute notre région. Il n'est pas inutile de rappeler que les conditions si favorables de prime et de police que nous avons obtenues de la Compagnie la « *Providence* », sont strictement réservées aux seuls membres de nos associations.

Cet après-dîner vous aurez à étudier les voies et moyens d'ajouter à l'assurance contre les accidents des personnes, l'assurance contre la mortalité du bétail, réalisant ainsi l'un des plus grands *desiderata* de notre agriculture. Je saisis l'occasion de cette intéressante discussion pour remercier notre Coopérative du précieux concours qu'elle nous donne en mettant à notre disposition, pour la création d'une caisse de réassurance, une somme de dix mille francs prise sur ses réserves libres ; elle montre ainsi qu'elle se rend compte de l'importance de son rôle à côté de l'Union et vous penserez comme moi que sa création a été de notre part un acte de prudente sagesse dont nous ne saurions trop nous féliciter.

---

1 Pl. nᵒ 17 et 18.

Vous allez entendre les rapports présentés par ceux de nos collègues qui ont plus particulièrement assumé la direction des services qui en font l'objet; ils vous prouveront que tous les rouages de notre vaste machine fonctionnent régulièrement.

C'est donc sur une pensée de calme confiance dans l'avenir que je veux clore cet exposé général ; oui nous avons le droit d'espérer que, grâce à sa solide constitution, l'Union du Sud-Est, avec l'aide de Dieu, rendra pendant de longues années encore, d'importants services à ces populations rurales qui sont l'espoir de la France.

Après la lecture de ce rapport, les applaudissements unanimes et chaleureux de l'Assemblée remercient le dévoué et vaillant président de l'Union.

L'Assemblée entend ensuite successivement, et selon son ordre du jour, les rapports de MM. Richard (finances); Riboud (Bulletin); Silvestre (Almanach); Ducurtyl (Contentieux).

A la suite de ce dernier rapport, une intéressante discussion s'engage sur la question des poids et mesures, et sans nous y arrêter autrement, il est bon de noter ici le vœu qui en est résulté :

L'Union, réunie en Assemblée générale, prie M. le président du Conseil, ministre de l'Agriculture, de vouloir bien s'entendre avec son collègue, M. le ministre des Finances, pour obtenir une circulaire indiquant nettement que les Syndicats agricoles n'ont pas été compris dans la catégorie des professions soumises à la taxe de vérification des poids et mesures.

Cette première réunion se termine par la réélection des membres sortants du Conseil, MM. de Fontgalland, de Monicault, comte de Villette, comte de Saint-Pol, et par la nomination de trois nouveaux membres, MM. de la Boisse, Petin et comte de Montal.

La séance du soir qui débute, comme d'habitude, par un rapport de M. Guinand, sur l'office du courtier que nous retrouvons dans une autre partie de ce volume, est ensuite consacrée à l'étude de deux questions du plus haut intérêt : l'organisation de l'assurance contre la mortalité du bétail (1) et l'admission temporaire des blés.

La première, établissait les bases d'une assurance pratique à la portée des syndicats ; nos lecteurs la retrouveront au chapitre spécial que nous consacrons aux assurances.

La seconde, dont l'exposé avait été confié à notre collègue M. Genin, qui avait une compétence toute spéciale sur la matière, et qui

---

(1) Pl. n° 15 et 16.

continue vaillamment les traditions agricoles d'une famille bien connue dans notre région, avait pour tous nos syndicats producteurs de céréales une importance particulière. Adoptant les conclusions de son distingué rapporteur, l'Assemblée émet l'avis qu'il y a lieu de réclamer une admission temporaire qui, tout en maintenant les types créés par le décret de juillet 1896, rende les acquits à caution personnels et nominatifs, c'est-à-dire à faire disparaître la spéculation dont ils sont l'objet. L'acquit serait créé au profit d'un meunier acheteur de blés étrangers et mis en son nom ; le meunier pourrait l'apurer directement ou l'endosser exclusivement au nom d'un autre meunier exportateur sur un point quelconque de la frontière. Ce que l'Union demande, c'est la suppression des zones, par conséquent la facilité, pour ces blés importés par un bureau quelconque, de pouvoir, sous forme de farine, être réexportés par n'importe quel bureau.

La suppression des zones, l'acquit personnel semblant satisfaire meuniers et agriculteurs, l'Assemblée émet le vœu suivant :

Tout en considérant la multiplicité des types comme défavorable aux intérêts agricoles, l'Union prie M. le Ministre de l'Agriculture de créer un acquit à caution personnel et nominatif, et d'autoriser la réexportation des farines pour tous les bureaux de la frontière.

A la suite de ce rapport, l'Assemblée émet ses vœux habituels :

VŒUX

Représentation de l'agriculture dans le conseil des chemins de fer. — Que l'industrie agricole soit représentée dans le Conseil supérieur des chemins de fer *dans la même proportion* que le commerce et l'industrie manufacturière.

Prorogation du privilège de la Banque de France. — Que ce projet de loi soit promptement voté par les Chambres.

Douanes. — Que les pouvoirs publics assurent la stricte application du tarif des douanes à la frontière et prennent toutes les mesures nécessaires pour en assurer la complète efficacité.

Police de la chasse. — Que le gouvernement invite les préfets à remettre en vigueur la circulaire ministérielle du 22 juillet 1851 sur la police de la chasse.

Chambres d'agriculture. — Maintenant d'une façon absolue tous ses vœux antérieurs sur la représentation de l'agriculture, émet le vœu :

1° Que les chambres d'agriculture soient professionnelles dans leur électorat et dans l'éligibilité et repousse énergiquement l'immixtion des instituteurs ;

2° Que l'indépendance de leurs délibérations soit sauvegardée par des ressources spéciales et déterminées ne dépendant pas du vote d'une autre assemblée ;

3° Que l'autorité de ces délibérations soit relevée par l'organisation de Chambres départementales.

Tarifs des Transports. — Qu'il soit créé pour le transport des matières fertilisantes, des tarifs uniformes, remplaçant tous ceux qui existent actuellement et conçus de façon à ce que tous les intéressés puissent facilement en contrôler l'application ;

Que le *minimum* de tonnage exigible pour l'application de ces tarifs soit réduit à 5.000 kilos ;

Qu'aucun *minimum* de parcours ne soit exigé par l'application du tarif, et que le tarif soit, non pas à escalier, mais bien absolument kilométrique, de manière à pouvoir fonctionner pour les petits comme pour les plus grands parcours ;

Que les Compagnies soient tenues d'expédier en wagons couverts ou bâchés, par leurs soins et à leur frais, toutes les matières fertilisantes qui ne peuvent voyager en wagon découvert sans riques d'avarie.

En ce qui concerne les tarifs :

Que, pour toutes les matières fertilisantes, l'abaissement des bases kilométriques soit calculé de façon à se rapprocher le plus possible de la tarification en vigueur sur le réseau du Nord ;

Que, pour toutes les matières premières, telles que le phosphate de chaux, nitrate de soude, chlorure de potassium ou autres produits que la France doit nécessairement demander à l'étranger ou à l'Algérie, des abaissements de tarifs à base décroissante soient consentis en vue de faciliter les longs trajets ;

Que, pour ce qui est du fumier et des divers amendements : plâtre, marne, gadoue, chaux, etc. (marchandises ne pouvant jamais parcourir que des trajets très courts) et pour ce qui est du superphosphate de chaux et du sulfate de fer dont il existe en France de très nombreuses fabriques au développement et à la prospérité desquelles l'intérêt de l'agriculteur est entièrement lié, les abaissements à réaliser dans les tarifs de transport soient nécessairement accordés pour les petits et les moyens trajets,

Déclare :

Que toutes modifications aux tarifs en vigueur qui ne tiendraient pas suffisamment compte de ces vœux seraient ou insuffisantes ou inutiles ou contraires aux véritables intérêts de l'agriculture.

Douanes. — Qu'aucuns pourparlers ne puissent avoir d'effet avec l'Italie s'ils n'ont pour base l'application du tarif minimum.

Appels militaires. — Qu'à l'avenir, l'autorité militaire fasse devancer ou reculer la date des appels de façon à ce qu'elle ne se rencontre pas avec celle des vendanges et des moissons.

Ces vœux, adoptés à l'unanimité, ont été envoyés à M. le marquis de Vogüé, président de la Société des Agriculteurs de France, et à M. le Trésor de la Rocque, président de l'Union des Syndicats agricoles de France, avec prière de les faire parvenir aux pouvoirs compétents.

Avant de lever la deuxième et dernière séance, M. E. Duport adresse de chaleureux remercîments aux présidents et aux délégués, dont quelques-uns viennent de loin, et ne craignent pas d'interrompre leurs occupations pour coopérer aux travaux de l'Assemblée générale. Il annonce que, l'année prochaine, un avis sera envoyé personnellement à tous les membres du Bureau de chaque Syndicat uni, leur faisant connaître la date de l'Assemblée et son ordre du jour.

« C'est avec une ardeur toujours constante, dit-il, que nous devons marcher de l'avant, sans lassitude et sans découragement dans la voie de la défense professionnelle. Pour mon compte, laissez-moi vous assurer que je n'éprouve aucune lassitude et que pour de longues années encore, j'espère vous dire : *Au revoir* ! »

Comme complément de son Assemblée générale, l'Union avait organisé, de concert avec le Syndicat des patrons charcutiers de la ville de Lyon et le Syndicat des salaisons de Lyon et de la région, un immense meeting pour protester contre l'importation des viandes salées étrangères, notamment de provenance américaine.

Cette réunion, à laquelle tous les syndicats de charcutiers de la région lyonnaise avaient donné leur adhésion, eut lieu le 2 décembre dans la grande salle de la Bourse, sous la présidence de M. le député Fleury Ravarin, assisté de MM. Duport et Milcent pour les syndicats agricoles et de MM. Allard et Cuaz pour les syndicats d'alimentation.

De nombreux représentants de corps élus avaient envoyé aux organisateurs leur adhésion, beaucoup même étaient venus en personne appuyer par leur présence les justes réclamations de l'agriculture et du commerce.

Après un exposé très clair de la question fait, d'une part, au point de vue agricole par M. Milcent, d'autre part, au point de vue commercial par M. Bessey, l'Assemblée vota les résolutions suivantes :

Les délégués et représentants des 119 syndicats agricoles de l'Union du Sud-Est, des Syndicats de la charcuterie de Lyon, de Tarare, de Saint-Chamond, de Villefranche, de Grenoble, de Vienne, de Saint-Étienne, de Guéret, du Creusot, d'Arles, d'Amplepuis, de Moulins, de Beaucaire, de Rive-de-Gier, d'Uzès, de Nimes, etc., etc., du Syndicat des Marchands de salaisons de Lyon,

Réunis en séance publique au Palais de la Bourse de Lyon, le 2 décembre sous la présidence de M. Fleury Ravarin, député, sont d'avis :

Que les mesures à prendre pour arrêter la baisse du prix des porcs sont de trois sortes :

1° L'application stricte du tarif des douanes aux importations :

a) Par une meilleure surveillance sanitaire à la frontière des importations de porcs, complétée par un contrôle sérieux de leur véritable origine et par la saisie des viandes salées conservées artificiellement par l'adjonction de produits chimiques ;

b) Par l'application intégrale du droit d'entrée aux viandes salées étrangères importées en Algérie, ou, tout au moins, par l'extension d'avantages correspondants aux expéditions de la Métropole ;

c) Par l'application intégrale du droit d'entrée aux graisses mélangées et cessation immédiate de la tolérance actuelle qui les assimile aux saindoux, ce qui en fait une prime à la falsification.

2° L'élévation du tarif des douanes sur les produits fabriqués du porc qui, par suite de leur valeur, jouissent en fait d'un véritable privilège :

a) Par l'aplication d'un droit plus élevé, 100 francs, par exemple, aux saucissons, mortadelles et similaires, ce qui, vu leur valeur, serait à peine l'équivalent du droit de 25 francs appliqué aux lards;

b) Par l'application aux importations de saindoux du même droit qu'aux lards, soit 25 francs au lieu de 14 fr. 50; attendu que leur valeur est toujours au moins égale.

3° L'application de la loi sur la nature des marchandises vendues :

a) Par l'obligation imposée, en France et en Algérie, à tous les vendeurs de saindoux et graisses alimentaires mélangés, de faire connaître aux acheteurs la nature et la proportion des produits qui les composent.

Ainsi se termine l'année 1896 qui, en consacrant pour la seconde fois l'union intime du commerce et des syndicats agricoles sur le terrain de la défense des intérêts réciproques, donne un éclatant démenti à tous ces prophètes de malheur qui, prenant leurs désirs pour la réalité, vont répétant à tort et à travers : « Les Syndicats sont la ruine du commerce et des commerçants ».

Année 1897. — Si bien remplies qu'aient été ses aînées, l'année qui commence est, dans l'histoire de nos syndicats, l'une de celles qui compteront le plus: elle a vu la reconnaissance officielle et solennelle de nos associations par le président du Conseil des ministres, M. Méline.

D'aucuns, en nous lisant, pourront s'étonner que des associations qui ont rendu les services que nous avons bien imparfaitement retracés, aient pu rester, pendant plus de dix ans, l'objet d'une défiance voulue et systématique de la part des pouvoirs publics. Rien n'est plus vrai, cependant, et tous ceux qui ont eu l'honneur d'être des premiers aux avant-postes se souviennent des escarmouches sans nombre auxquelles ils ont dû parer, de la vaillance continue et patiente qu'il leur a fallu pour résister au découragement et au scepticisme. Que de pays dans lesquels nos amis ont eu à lutter contre les agriculteurs eux-mêmes qui refusaient de se laisser défendre, prêtant à leurs dévoués défenseurs des ambitions politiques ou financières! Partout nous étions mis en quarantaine et l'attitude nettement hostile des pouvoirs publics n'était pas faite pour populariser nos syndicats.

La vaillance des promoteurs du mouvement syndical, leur désintéressement autant que leur persévérance ont fini par triompher et des agriculteurs et du gouvernement. C'est une victoire trop chèrement gagnée pour qu'au début de l'année qui l'a enregistrée, nous n'y fassions pas allusion.

L'une des plus heureuses, l'année 1897, est remarquable par l'augmentation considérable de l'effectif des Syndicats unis (1) qui passent de 119 à 161. C'est la conséquence de la décentralisation depuis si longtemps conseillée par l'Union et c'est la preuve de la prépondérance de plus en plus marquée des syndicats à circonscription restreinte. Pour ne pas avoir à y revenir chaque mois, nous donnons en bloc les noms des syndicats admis dans le cours de l'année :

Février. — Tullins et Rives, Izeaux et N.-D. de l'Osier (Isère) ; Rochemaure (Ardèche); Préty (Saône-et-Loire).

Mars. — La Côte-Renaison, St-Romain-la-Motte, Sury-le-Comtal, St-Paul-en Jarez (Loire); Corbelin, Lavars, St Paul-d'Izeaux (Isère).

Avril. — St-Marcellin, St-Michel-les-Portes, St-Martin-la-Cluze (Isère) ; Orelle (Savoie) ; Charly (Rhône) ; Pouilly-les-Nonains (Loire).

Mai. — Bougé, St-Vincent-de-Mercuze (Isère) ; Jarrier, St-Bénézet d'Hermillon, Hauteluce (Savoie) ; Châteauneuf-du-Rhône (Drôme).

Juin. — Sinard et Avignonnet, Iles-Roussillon (Isère) ; Saillenard (Saône-et-Loire) ; Agriculteurs indépendants de la banlieue Lyonnaise (Rhône).

Juillet. — Jarrie, Valbonnais (Isère); Guéreins (Ain).

Août. — Yssingeaux (Haute-Loire); Mercury-Gémilly (Savoie).

---

(1) Pl. n° 2 et 4.

Septembre.— Thodure (Isère); St-Antoine-de-Chamousset (Savoie); Agriculteurs Charolais (Saône-et-Loire).

Octobre. — Champ-de-Granges (Drôme); Huilly (Saône-et-Loire).

Novembre. — Laurac (Ardèche); Albiez-le-Jeune (Savoie).

Décembre. — Châteauneuf-de-Mazenc (Drôme); N.-D. de Fontcouverte (Savoie).

Comme il est facile de le remarquer, les syndicats nouveaux viennent surtout de l'Isère, de la Savoie et de la Loire.

Dans les deux premiers, c'est la visite du président de l'Union, en juillet 1896, qui a amené cette éclosion rapide et féconde; dans le dernier, c'est la décentralisation du grand Syndicat des Agriculteurs de France de la Loire qui nous vaut tous les nouveaux admis.

Après un examen sérieux de la situation syndicale dans la Loire, les dévoués promoteurs de l'idée dans ce département, MM. le marquis de Poncins et Roux, n'eurent pas de peine à reconnaître que, malgré les services rendus, le vieux syndicat départemental ne pouvait satisfaire aux desiderata toujours plus nombreux des membres qu'il avait recrutés sur tous les points du département. C'est de là que naquit l'Union des Syndicats de la Loire appelée, à continuer l'œuvre utile commencée par le syndicat départemental et à grouper autour de lui, en favorisant leur création, tous les petits syndicats qui allaient se former.

Pour donner à cette nouvelle filiale plus d'autorité et plus de vitalité, l'Union du Sud-Est décidait en même temps que dorénavant les syndicats de la Loire devraient avoir demandé leur admission dans l'Union départementale avant d'être admis dans l'Union régionale. La perspicacité du bureau de l'Union du Sud-Est, autant que l'abnégation des fondateurs du syndicat départemental de la Loire, ont trouvé leur récompense dans la naissance de nombreux groupements qui ont développé, avec le plus rapide succès et pour le plus grand bien des populations rurales, les idées d'association jusque-là assez peu répandues dans ce beau et riche département.

Pendant que, de tous côtés, le mouvement syndical gagne du terrain, le groupe socialiste de la Chambre, qui veut à tout prix, en prévision des élections prochaines, essayer d'attirer à sa cause nos braves et vaillantes populations, charge son porte-parole habituel, M. Jaurès d'apporter à la tribune les résultats de l'enquête faite sur la crise agricole.

Pour arriver à constituer des éléments au dossier du leader socialiste un questionnaire, fort habilement rédigé, est envoyé à profusion sur tous les points de la France. Dans notre région les gens chargés de répondre étaient avant tout des coreligionnaires politiques qui, pour la plupart, n'avaient sur la situation agricole que des idées vagues, pour ne pas dire fausses. On s'était bien gardé de consulter des agriculteurs ou des syndicats ; la discussion prouva qu'on avait eu tort et que la lanterne de M. Jaurès avait été mal éclairée.

Bien que non saisie officiellement de ce questionnaire, ce qui prouve, à tout le moins, le parti pris de ceux qui l'envoyaient, l'Union du Sud-Est adressa à ses présidents une énergique invitation les priant d'adresser au groupe socialiste une réponse individuelle pendant qu'elle-même répondait de son côté par l'envoi suivant :

DEMANDES	**RÉPONSES**
I	1
a). Quelle est, dans votre région, la marche de la production ?	*a*). Il y a augmentation générale très sensible.
b). Y a-t-il eu depuis dix ans progrès de la production à l'hectare ?	*b*). Oui, il y a augmentation de la production à l'hectare.
c). Quelle a été la marche des prix depuis dix ans pour les divers produits ?	*c*). Il y a diminution marquée du prix de vente sur les produits agricoles.
II	II
a). Le machinisme agricole s'est-il développé récemment ?	*a*) Il s'est développé trop lentement. Toutefois, grâce aux syndicats agricoles, c'est-à-dire à l'association et non à la collectivité, il est de plus en plus mis à la portée de la petite culture.
b). Quelles sont les principales machines agricoles employées dans votre région ?	*b*). Trieurs, semoirs, charrues, défonceuses, faucheuses, moissonneuses, herses, râteaux mécaniques, batteuses, pulvérisateurs, soufreuses, pressoirs sur roues, alambics, etc.
c). Quel est le nombre de bras rendus inutiles par chaque machine ?	*c*). L'utilisation du machinisme en agriculture, loin de diminuer l'utilisation de la main d'œuvre, l'a rendue dans notre région de plus en plus nécessaire par suite de l'augmentation de la production.

III

Quel est le mouvement d'émigration vers les villes ?

IV

a). Quelle est la proportion de la petite propriété ?

b). Y a-t-il progrès de la grande propriété aux dépens de la petite, ou de la petite aux dépens de la grande?

c). Y a-t-il des entreprises agricoles par actions ?

V

La petite propriété est-elle endettée et hypothéquée ?

VI

Quelle a été la marche suivie depuis 25 ans par les fermages ?

VII

a). Quel est le salaire des ouvriers agricoles? Y a-t-il eu hausse ou baisse des salaires depuis dix ans ? Et quelle en est la cause ?

b). Quels sont leurs chômages ?

III

Il est continu, il n'est pas dû au manque de travail à la campagne, mais il est la conséquence du fonctionnarisme et du militarisme.

IV

a). La grande propriété par rapport à la petite, dans les dix départements de l'Union, comme moyenne, est de : 12, 74 %.

b). Il n'y a pas d'hésitation, la petite propriété s'augmente aux dépens de la grande.

c). Heureusement non, car ce serait détruire la force de production de l'individu.

V

Malheureusement, la petite et la grande propriétés sont hypothéquées et endettées plus ou moins, tantôt l'une, tantôt l'autre suivant les régions.

VI

La baisse des fermages est générale, elle a suivi une marche analogue à celle de l'intérêt de l'argent, en restant, toutefois, inférieure à celle-ci. C'est une conséquence naturelle de la baisse du prix de vente des produits agricoles.

VII

a). Il est en augmentation sensible et continue, variant suivant les régions et les saisons. Cette hausse provient de la rareté de la main-d'œuvre.

b). Les chômages n'existent que par suite des intempéries.

VIII

a). Y a-t-il des syndicats agricoles?

b). A quelles opérations d'achat, de vente ou de production se livrent-ils ?

c). Comment sont-ils constitués ?

d). Sont-ils patronaux ou mixtes?

VIII

a). Dans aucune région de France, il n'y a autant de syndicats agricoles que dans la région du Sud-Est.

b). Ils font tous les achats en vue d'augmenter la production et d'en diminuer le prix de revient ; ils s'efforcent de faciliter aux paysans l'écoulement de leurs produits.

c). Conformément à la loi du 21 mars 1884, surtout par circonscription de commune et de canton.

d). Ils sont libres et tous composés à la fois de propriétaires, fermiers métayers, vignerons et ouvriers. Ce sont des syndicats mixtes ; il n'a pas paru utile de constituer des syndicats de patrons ou d'ouvriers.

IX

Y a-t-il des coopératives agricoles et comment fonctionnent-elles ?

IX

Il n'y en a encore que quelques unes toutes émanant des syndicats agricoles. Elles fonctionnent bien et rendent de grands services aux paysans.

X

Quels sont les rapports des cultivateurs avec les industries qui consomment leurs produits, betteraves et fabricants de sucre, vignerons et fabricants de champagne?

X

Ces rapports tendent à s'améliorer grâce aux syndicats, mais ils sont si peu importants dans notre région qu'il ne vaut pas la peine d'en parler.

XI

a). La propagande socialiste a-t-elle commencé à s'exercer dans votre région ?

b). Quels fruits y a-t-elle portés ?

c). A quelles objections se heurte-t-elle ?

XI

a). La propagande socialiste n'a su se montrer dans notre région que sur le terrain politique et son œuvre sociale est nulle.

b). Elle n'a porté aucun fruit et ne peut que retarder le progrès agricole.

c) Elle se heurte à ces trois forces fondamentales de toute société: religion, famille, propriété.

Pendant que nous défendions nos syndicats contre les tentatives socialistes, nous avions, pour la première fois, la joie d'être félicités officiellement par un membre du gouvernement.

En inaugurant le Congrès coopératif international de Paris, M. Boucher, ministre du commerce, reconnaissait publiquement « qu'un fait nouveau », d'une importance capitale, s'était produit, en France, par l'apparition de la coopération dans le monde agricole.

« Certes, si les auteurs de la loi sur les syndicats avaient pu prévoir la grandeur de leur œuvre dans l'avenir, de cette œuvre que je qualifierai d'œuvre à côté, si elle n'était à un si haut point politique et sociale, cette prévision les aurait consolés amplement de tous les obstacles qu'a rencontrés l'application de la loi.

« C'est que les syndicats agricoles sont nés d'un véritable mouvement coopératif spontané. Ce ne sont donc pas encore des associations de production, mais ils réalisent l'idéal de la coopération de consommation, car jusqu'à présent, nous ne les avons vu *léser aucun intérêt*, mais, au contraire, les *satisfaire tous*.

« Le cultivateur arrive à comprendre la vérité de cette parole: Malheur à qui est seul ! et il commence à se grouper ; mais ce groupement n'emprunte rien aux agitations politiques et sociales, il fait simplement un appel à ceux qui travaillent. C'est là sa grande force ».

Ces paroles sont la preuve éclatante qu'enfin les associations sont comprises et qu'en haut lieu, comme ailleurs, tous ceux qui n'ont pas les yeux voilés par le parti pris ou l'intérêt comprennent aujourd'hui notre véritable but, notre véritable raison d'être.

Nous avons mis dix ans à obtenir ce résultat ; mieux vaut tard que jamais.

Ce n'est pas seulement par ses paroles que le gouvernement encourage les syndicats ; pour la première fois depuis 1884, les ministres répondent aux vœux émis par l'Union, leur donnant même sur certains points satisfaction totale.

De cette dérogation aux habitudes des gouvernements précédents qui classaient purement et simplement nos vœux sans même nous faire l'honneur d'une réponse, se dégage cette double moralité : Il faut demander pour obtenir ; il faut être uni pour être fort.

Avant la loi du 21 mars 1884, qui de nous eût réclamé avec chance d'être écouté ? Vaines requêtes que celles d'hommes isolés.

Nous nous sommes groupés, nous formulons légalement nos doléances, elles sont écoutées ! C'est un signe des temps et un encouragement pour l'avenir. Si les ministres ont enfin ouvert les yeux à la lumière du soleil syndical, leurs subordonnés, qui constituent cette hiérarchie administrative plus maîtresse souvent que les ministres eux-mêmes et dont les exigences, bien connues, sont une des plaies de notre pays, sont toujours aveugles et un directeur du ministère des finances, M. Boutin, ne craint pas de demander à la commission parlementaire des patentes que les syndicats soient astreints à cet impôt et considérés, dès lors, comme de simples commerçants. M. Boutin ayant parlé au nom du ministre des finances, l'Union charge l'un de ses vice-présidents, M. Riboud, d'écrire à M. Méline, président du conseil, pour appeler son attention sur l'attitude de son collègue des finances et pour lui demander une déclaration contraire de nature à rassurer les syndicats. Notre distingué collègue fut persuasif et comme son interlocuteur, M. Méline, était des mieux disposés, le projet Boutin s'en alla rejoindre l'amendement Berry.

Fin février, M. Jonnart, ancien ministre et député du Pas-de-Calais, informe l'Union que, pour donner suite à la grande réunion du 2 décembre, il dépose, avec un grand nombre de ses collègues, sur le bureau de la Chambre, un projet de loi frappant de droits de douanes les importations de porcs américains, saindoux, salaisons et lards étrangers. L'honorable député répondait ainsi aux *desiderata* des agriculteurs et des patrons charcutiers, il donnait par là une nouvelle preuve de sympathie à nos populations lyonnaises auxquelles l'unissent les liens les plus étroits.

C'est ici que se place le fait le plus saillant peut-être de la vie de nos syndicats depuis leur fondation, car c'est ici que commence réellement leur œuvre sociale. Un sociologue distingué, homme de bien et grand philanthrope, M. le comte de Chambrun, réunissait, au mois de février, dans sa villa de Nice, en Congrès agraire, les représentants les plus autorisés des 1700 syndicats agricoles de France et leur offrait une somme de 25.000 francs pour des prix à décerner aux syndicats qui auront donné les meilleurs exemples d'initiative, en matière d'économie sociale agricole.

C'est là un chapitre important de notre histoire syndicale, et ne serait-ce que pour guider les historiens futurs, nous croyons utile de relater ici les principales phases de cette réunion intime qui devait être le prélude de la rénovation sociale par les syndicats agricoles. Nous laissons donc la parole à un de ceux qui y prirent une part active, à notre ami M. Riboud.

Ces conférences ont eu lieu chez M. le comte de Chambrun, dans sa splendide villa de Nice.

M. le comte de Chambrun est le fondateur du Musée social. Sociologue en même temps que philanthrope, il consacre son cœur et sa fortune à l'amélioration du sort des travailleurs.

En créant la *Société du Musée social*, il a eu pour but d'aider, par des publications, conférences, missions, concours, récompenses, toutes les institutions et organisations sociales, et il n'a pas hésité à mettre cette société en état de remplir son programme en lui donnant un immeuble d'une valeur de 1.500.000 francs.

Sa première pensée a été pour les ouvriers des villes, et c'est sur eux qu'il a répandu d'abord ses bienfaits. Cinquante mille francs ont été, par lui, mis à la disposition du Musée social pour décerner des prix aux ouvriers les plus méritants. Ces prix, au nombre de vingt-cinq, consistaient chacun en une rente viagère de 200 francs, représentée par un livret de la Caisse nationale des retraites pour la vieillesse ; ce livret était accompagné d'une médaille commémorative. Les candidats devaient compter 60 ans d'âge et avoir accompli dans le même établissement trente années de bon travail ou justifier de services exceptionnels. Le 3 mai 1896, au Musée social, eut lieu solennellement la distribution des récompenses.

Mais M. de Chambrun n'entendait pas réserver sa munificence à une catégorie de travailleurs; il n'oubliait pas l'ouvrier des champs, le paysan. C'est alors qu'il réunit autour de lui, à Nice, les représentants des associations agricoles pour étudier le mouvement agraire et organiser le plan de ses nouvelles libéralités.

Il s'adressa aux Unions régionales de syndicats agricoles, aux neuf Unions régionales qui existent actuellement en France et qui représentent en réalité la France agricole.

Toutes répondirent avec empressement à son appel et envoyèrent comme délégués :

Union du Sud-Est : MM. Duport, Guinand, de Fontgalland, Riboud, de Gailhard-Bancel.

Union du Centre : M. de Larnage.

Union des Alpes et de Provence : MM. de Villeneuve-Trans, Maurin.

Union du Nord : M. Furne.

Union de Normandie : M. Thomine-Desmazures.

Union de Bretagne : M. de Laubier.

Union d'Anjou : M. de la Bouillerie.

Union du Sud-Ouest : M. Bord.

Union de Bourgogne et de Franche-Comté : M. Milcent.

La réunion était sous la présidence d'honneur de M. Le Trésor de la Rocque, président de l'Union centrale des Syndicats des Agriculteurs de France, que représentait M. de Rocquigny.

De plus, M. de Chambrun avait convoqué MM. Rostand, Rayneri et Mabilleau, du Centre fédératif de crédit populaire.

Les séances ont duré du 1er au 7 mars. Tout d'abord, la parole a été donnée au centre fédératif pour traiter la question du crédit agricole en France et surtout en Italie. Puis successivement chaque Union a raconté sa vie. Passé, présent, avenir de nos syndicats se sont présentés à nous sous les formes les plus séduisantes. L'idée d'association s'est épanouie dans toute sa puis-ance, et le fondateur du Musée social a pu se convaincre qu'il y a encore de la foi et de l'ardeur dans le cœur des ruraux de France.

Après une semaine de labeur, il fallait conclure. M. de Chambrun chargea une commission, composée de MM. Duport, Thomine-Desmazures, de Larnage, Maurin et Milcent, d'arrêter le programme d'un concours entre les syndicats.

Voici le texte du remarquable rapport présenté par M. Maurin au nom de cette commission :

Messieurs :

« En vous faisant connaître ses libérales intentions à l'égard de nos syndicats agricoles, M. le comte de Chambrun traçait avec une sagesse égale à sa générosité, les grandes lignes du programme qu'il voulait appliquer. Mais, avec le même libéralisme, il nous laissait le soin d'en déterminer le plan et de régler tous les points de détail. La tâche de la commission appelée à préparer le règlement et à le soumettre à votre haute approbation, n'en était pas moins singulièrement facilitée. En effet, la haute pensée qui avait inspiré la création d'un concours entre nos diverses associations syndicales, avait vu plus haut et plus loin qu'une simple attribution de récompenses pécuniaires ou honorifiques ; elle avait voulu consacrer, par une solennelle et éclatante affirmation, le mérite et l'utilité sociales de nos associations professionnelles, et par la récompense donnée aux anciens, encourager les timides et susciter de nouvelles initiatives ; elle avait voulu, en même temps, préparer au travail rural la même fête que le Musée social, cette impérissable création de votre hôte illustre, avait vu récemment célébrer en faveur du travail industriel.

La conception de M. le comte de Chambrun était donc arrêtée avec une si lumineuse clarté, elle était si conforme aux besoins de notre œuvre syndicale, si adéquate à ce que j'appellerai son tempérament moral, que votre commission n'avait qu'à relever et à mettre en ordre les points de départ de son travail. Je vous demande la permission de vous les faire connaître immédiatement :

1° Une somme de vingt-cinq mille francs est mise à la disposition des Unions syndicales, centrale et régionales, pour être répartie en prix entre les syndicats les plus méritants ;

2° Pour l'attribution de ces prix, on devra considérer non seulement l'ensemble des opérations économiques des syndicats concurrents, mais encore et surtout les diverses institutions sociales dont ils ont pris l'initiative ;

3° Seront seuls admis à concourir les syndicats affiliés à des Unions régionales ou, tout au moins, qui, existant dans une circonscription où n'existe pas d'Union régionale, font partie de l'Union des Syndicats des agriculteurs de France ;

4° Le jury qui statuera sur le mérite des syndicats concurrents sera à deux degrés : les Unions régionales présenteront les syndicats. L'attribution définitive sera confiée à la Chambre syndicale de l'Union des syndicats des agriculteurs de France tout entière;

5° Les prix ne devront pas être inférieurs à 1.000 francs.

Enfin nous sommes autorisés par M. le comte de Chambrun à vous dire, que dans la pensée du fondateur, ce concours entre les syndicats doit être le prélude d'une grande fête du travail agricole où seront réparties un certain nombre de rentes viagères entre des ouvriers ruraux. Les syndicats primés constitueront pour ainsi dire le collège de premier degré qui aura droit de présenter des candidats. Il conviendrait dès lors d'élargir le collège électoral des associations primées, en attribuant, outre les prix, un certain nombre de médailles qui donneraient la qualité si enviée de lauréats présentateurs à un certain nombre de syndicats non jugés dignes de prix.

Ce point admis, il nous restait à dégager la question de détail.

La première et la plus importante était celle-ci : Fallait-il établir une classification entre les syndicats et créer parmi eux deux ou plusieurs catégories, en prenant pour base la circonscription territoriale, les diviser par exemple en syndicats départementaux, d'arrondissements, cantonaux ou communaux.

D'aucuns de nos collègues, et non des moins éloquents, demandaient que les syndicats fussent divisés en deux groupes : les grands syndicats de département ou d'arrondissement, les petits syndicats de canton ou de commune. A l'appui de leur opinion, ils faisaient remarquer que les syndicats départementaux auraient des ressources leur permettant des initiatives sociales que ne pourraient aborder les syndicats cantonaux ou communaux.

La majorité ne s'est pas rangée à cet avis. Il lui a paru que, pour répondre à la pensée de large et grande liberté qui crée ce concours, il fallait qu'il fût aussi général que possible et laissât au jury central la plus grande latitude et la plus grande indépendance. Le mérite et le dévouement des initiatives ne se mesurent pas au nombre des adhérents ni au chiffre des affaires conclues, mais à l'ardeur de l'initiative et à l'accomplissement de l'œuvre de solidarité. Nous connaissons tous des syndicats communaux ou cantonaux qui ont réalisé de grandes choses et donné de merveilleux exemples de cette solidarité et de cette ardeur pour le progrès social. Quel puissant aiguillon, quel grand et fécond exemple si deux grands prix *ex œquo* étaient attribués à deux syndicats, l'un départemental et l'autre humble syndicat cantonal !

Cette solution, adoptée par la majorité de votre commission, la conduisait à laisser le soin de la répartition des prix au jury définitif. Il est conforme à la grandeur de l'œuvre initiée de ne pas émietter les prix. Notre pays est toujours amoureux de la forme et s'intéressera davantage à un concours dont les récompenses auront une certaine importance. Un grand prix donné *ex œquo* attirera toujours l'attention publique et réveillera cette tendance à l'imitation qui, trop souvent parfois, fort heureusement dans le cas actuel, est le mobile de beaucoup de nos actions.

Enfin, un troisième point de détail important était la forme même à donner au programme du concours. Il a paru à votre commission que le mode le plus pratique était la confection d'un questionnaire que les syndicats concurrents devraient remplir. Ce questionnaire serait visé par l'Union qui contrôlerait les renseignements fournis et procèderait au besoin à une enquête pour en vérifier l'exactitude. La rédaction de ce questionnaire a été confiée à l'homme qui connaît le mieux ce que j'appellerai la carte sociale de nos syndicats, notre collègue, M. de Rocquigny, qui, malgré ses nombreuses et absorbantes occupations, a bien voulu mettre au service de cette œuvre sa grande expérience.

Il ne vous échappera pas, messieurs, que ce mode de procédure investit nos Unions d'une autorité de contrôle et les revêt ainsi d'une influence toute nouvelle. Dans l'état de nos mœurs syndicales actuelles, c'est introduire dans nos associations, jusqu'ici trop éprises de la marche en ordre dispersé, le grand principe qui a fait la force de ces grandes fédérations allemande et italienne, fédérations qui ont pour ainsi dire renouvelé l'état social de ces deux pays et qui sont en Allemagne la plus solide, sinon la seule barrière opposée aux progrès du collectivisme révolutionnaire. Rien de grand ne se fait que par la liberté et par l'union. La devise de la coopération anglaise « un pour tous, tous pour un », doit trouver son application à tous les échelons de l'association, et la solidarité doit exister entre les groupes comme entre les membres qui les composent. Ce n'est point pour la vaine satisfaction de concentrer entre leurs mains tout l'écheveau des Sociétés rurales que les fondateurs des Unions s'efforcent de réunir dans leur cadre tous les syndicats isolés ; c'est parce qu'ils savent que l'éparpillement ne vaut rien et que les meilleures volontés, les plus décidés courages, se perdent et s'évanouissent au milieu de l'anarchie.

Ce sera un des grands services ajouté, par M. le comte de Chambrun, à ceux qu'il a déjà rendus en si grand nombre à la cause de la paix et du progrès social que d'avoir ainsi mis en lumière l'autorité morale nécessaire à nos Unions. Aussi la première conclusion de votre commission est-elle d'exprimer à notre hôte illustre toute notre profonde gratitude et de lui dire avec toute la chaleur et la sincérité de nos âmes de loyaux ruraux : Au nom des douze cent mille agriculteurs que nous représentons ici, au nom de ces humbles paysans si longtemps abandonnés, au nom de tous ces vaillants fils de la terre de France qui, malgré les épreuves, ne l'ont pas désertée, soyez longuement remercié de votre générosité et surtout d'avoir fait luire au milieu de nos luttes le rayon de lumière qui éclairera notre route et grâce à vous aussi notre triomphe définitif.

Elle vous propose ensuite de soumettre à l'agrément de M. le comte de Chambrun les décisions suivantes ;

1º Le concours entre les syndicats agricoles sera général dans toute la France sans classification et en laissant sur le pied d'égalité les syndicats de toute étendue territoriale, depuis la plus petite jusqu'à la plus grande.

Ne seront admis toutefois à concourir que les syndicats affiliés à des Unions régionales ou ceux qui, placés dans une circonscription où n'existent pas d'Unions régionales, sont affiliés à l'Union des Syndicats des Agriculteurs de France.

2º Le jury appelé à juger le concours sera à deux degrés. Les Unions régionales présenteront les syndicats concurrents ; l'attribution définitive des récompenses sera confiée à la Chambre syndicale de l'Union des Syndicats de France.

3° Le jury central aura le soin de répartir les prix en différentes classes et déterminera leur valeur, avec cette seule restriction que les prix ne devront pas descendre au-dessous d'un minimum de 1.000 francs. Il lui appartiendra de prélever sur la somme mise à sa disposition par M. le comte de Chambrun et avec son agrément, les crédits nécessaires pour ajouter aux prix un certain nombre de médailles à titre de mention honorable.

4° Il y a lieu d'adopter comme base de ce concours l'envoi d'un questionnaire aux syndicats concurrents et d'en confier la rédaction à M. le comte de Rocquigny.

6° Il sera imparti aux syndicats actuellement isolés un délai jusqu'au 30 juin de la présente année pour se mettre en mesure de remplir les conditions d'affiliation exigées pour le présent concours. »

Une autre commission fut chargée par M. de Chambrun de faire une étude de la carte de France, au point de vue agraire. Elle était composée de MM. de la Bouillerie, de Villeneuve-Trans, de Gailhard-Bancel, de Laubier, Furne et Bord ; et c'est en leur nom que M. de Gailhard-Bancel présenta le très intéressant rapport que voici :

Messieurs,

M. le comte de Chambrun a chargé une commission de rechercher et déterminer exactement les circonscriptions des diverses Unions régionales, actuellement existantes, et de signaler les régions ou provinces qui n'en possèdent pas, de dresser, en un mot, la carte des Unions régionales.

C'est le rapport de cette commission que j'ai l'honneur de vous présenter.

Il existe actuellement, à notre connaissance, neuf Unions régionales, savoir :

L'Union du Sud-Est qui comprend 10 départements....	10
— du Nord, qui en comprend........................	5
— de Normandie..................................	5
— de Bourgogne et de Franche-Comté...........	4
— du Centre.....................................	10
— des Syndicats Bretons........................	5
— d'Anjou, Maine et Vendée (ou Ouest)..........	6
— du Sud-Ouest.................................	9
— des Alpes et Provence et Corse..............	7
	61

Soit 61 départements, possédant des Unions régionales.

Si nous laissons de côté le département de la Seine, il reste, en dehors des Unions régionales, vingt-quatre départements.

Ces 24 départements se décomposent en 2 groupes.

1er Groupe au Nord-Est, comprenant 7 départements savoir : Les Ardennes ; la Marne ; la Haute-Marne ; la Meuse ; la Meurthe-et-Moselle ; les Vosges ; l'Aube.

2e Groupe, au Centre et au Sud, comprenant 17 départements : La Haute-Vienne ; la Creuse ; l'Allier ; le Puy-de-Dôme ; la Corrèze ; le Cantal ; l'Aveyron ; la Lozère ; le Gard ; le Lot ; le Tarn-et-Garonne ; le Tarn ; la Haute-Garonne ; l'Aude ; l'Hérault ; l'Ariège ; les Pyrénées-Orientales.

Devra-t-on engager les syndicats, établis dans ces départements à entrer dans les Unions régionales déjà existantes, ou bien à se grouper pour fonder des Unions régionales ou provinciales nouvelles ? Nous n'avons pas pensé que ce fut à nous qu'il appartînt de le décider.

Nous pouvons seulement exprimer le souhait très vif que ces syndicats ne demeurent pas isolés et sortent de leur isolement *local* (car un certain nombre d'entre eux sont affiliés à l'Union des Agriculteurs de France), soit en formant de nouvelles Unions, soit en demandant à être admis dans les Unions déjà établies.

Et ce souhait ne nous paraît pas d'une réalisation bien difficile. Il suffirait de demander à la prochaine assemblée de l'Union des Syndicats des Agriculteurs de France, que l'Union travaillât à convertir à l'idée d'entrer dans les Unions actuelles ou de se constituer en Unions nouvelles, les syndicats que M le comte de Chambrun a justement dénommés *les sauvages*.

Pour faciliter à notre grande Union cette mission, nous pourrions ajouter qu'il semblerait tout naturel que les 7 départements du 1er groupe se réunissent pour former l'Union du Nord-Est, ou mieux l'Union de Champagne et de Lorraine ; les 8 départements du Centre, l'Union du Limousin et de l'Auvergne ; les 7 départements du Midi, l'Union du Roussillon et du Languedoc.

Tout cela, bien entendu, à titre purement indicatif, car c'est aux syndicats intéressés de décider s'ils préfèrent adhérer aux groupes existants, ou en créer de nouveaux, suivant leurs intérêts, leurs relations, leurs moyens de communications, leurs affinités.

Et il y a tout lieu de croire que ce vœu et cette idée seront favorablement accueillis, alors surtout qu'ils seront présentés sous le haut patronage du sociologue éminent, de l'homme au cœur aussi grand et aussi généreux, qui est demeuré plein de vie et de jeunesse, à travers les années, et que nous sommes heureux de saluer comme le Mécène de la grande œuvre syndicale.

Sous le bénéfice de ces observations, la commission vous propose de décider : Que l'Union des Syndicats des Agriculteurs de France sera priée de faire des démarches auprès des Syndicats des régions où il n'existe pas d'Unions, pour leur demander, soit de former des Unions provinciales ou régionales, soit d'adhérer aux Unions des régions voisines. »

Au banquet d'adieu le noble amphytrion ouvrit son cœur et, dans un langage d'une poésie charmante, fit une peinture exquise de son existence : un vrai Millet !

Messieurs et amis, on raconte qu'en forêt, une bête levée par la chasse, après qu'elle a battu la forêt, la plaine, l'eau, vient se faire prendre au point même du départ, au lancer. Cette chasse, cette poursuite et cette prise, est comme une image de ma longue destinée. Après tant d'efforts, de courses, d'entreprises, de préoccupations, de vicissitudes, lorsque je viens finir parmi vous, je finis précisément là où j'avais commencé et je vais m'expliquer.

« Après la révolution de 1830, mon père ayant brisé sa jeune et vaillante épée, s'est fait, de soldat, laboureur et, au voisinage de la Beauce, il plaça presque toute sa fortune dans un grand faire-valoir, une ferme d'une étendue considérable, cinq ou six cents hectares, ce me semble. C'est là que se sont accomplies les années heureuses de mon enfance et de ma jeunesse. Tous, nous aimions cette entreprise du chef de famille ; ma mère, ma sœur, mon frère et moi, nous passions des journées entières parmi les terres arables, charrues, labours, fumures, semences, les herses, les rouleaux ; plus tard les moissons et les récoltes ; parmi les prairies naturelles ou artificielles, les bois, les vignes. Mais c'était surtout le centre même qui nous attirait et nous retenait, les bâtiments d'exploitation : les granges, les greniers, les pressoirs, les écuries, les étables, bergeries, basse-cour, colombier. Là nous vivions en familiarité avec les bêtes aussi bien qu'avec les gens de service. Tous je les retrouve, je les revois encore avec leurs visages, leurs attitudes, leurs vêtements, leurs noms. Souvent il me plaît, par l'imagination, par l'esprit et par le cœur, de retourner en ces lieux tellement affectionnés, souriants, bénis, d'évoquer et de faire apparaître ces auxiliaires, ces collaborateurs de mon père. Si vous le voulez, je vais, en ce moment, en faire venir, en évoquer un parmi nous. Ce sera notre maître faucheur.

« Il se nommait Frère, un grand, solide et robuste vieillard, presque octogénaire. A fleur de tête, de beaux yeux bleu clair, des yeux à la fois reposés et un peu étonnés ; ils avaient vu tant de choses et toujours les mêmes choses ! Est-ce que, par hasard, il y en aurait d'autres ? Des herbes hautes et drues, abondantes, fécondes ; des herbes rares, sèches et maigres ; trois fenaisons, deux fenaisons, une seule et plus tard un peu de regain. A force de pratiquer son métier, d'exercer son art, le corps de Frère s'était plié en deux et comme figé, soudé en un angle de 90 degrés, un angle droit, et cependant notre vieux maître faucheur, il fauchait toujours, il semblait qu'il voulait mourir avec sa faux entre ses bras, comme un soldat ses armes sur le champ de bataille. Ah ! c'est qu'il y a le champ de bataille et le champ de culture et, sur l'un comme sur l'autre, les enfants de la patrie, les mêmes, tous vaillants, dévoués, fiers, héroïques, saints et martyrs.

Aussi, depuis de longues années, je me suis créé cette maxime, ce commandement triple et un : *Cruce, erse et aratro*. Ce commandement, j'ai voulu le réaliser, le figurer, et en mon foyer le plus intime, à mon chevet, il y a une petite croix d'or dont je ne me sépare jamais ; elle ne sera détachée que pour être placée sur ma poitrine froide, peut-être est-ce bientôt le jour... Au-dessous, il y a une bêche de laboureur : elle n'avait pas besoin d'être ennoblie. Toutefois, je lui ai donné un nom d'épée que j'ai emprunté à la chanson de Roland et, sur son métal, j'ai gravé le dernier mot d'ordre que Septime Sévère ait donné à son armée dans la Grande Bretagne : *Laboremus*. Plus tard, lorsque j'ai fondé le Musée social, j'ai emporté ma bêche de laboureur et j'en ai fait notre blason. A cette époque et ensuite, il était plutôt employé, utilisé pour l'ouvrier de l'industrie ; mais, à dater de ce jour, je l'offre, je le consacre, je le dévoue tout autant qu'à l'ouvrier de l'industrie, à l'ouvrier de l'agriculture.

Messieurs et amis, je lève mon verre à nos camarades des campagnes, je lève mon verre aux paysans de France. »

L'émotion avait gagné tous les convives, et après un toast éloquent de M. Rostand « aux congressistes», M. le marquis de Villeneuve-Trans exprima, en termes aussi élevés que délicats, la gratitude de tous les délégués des Syndicats agricoles de France.

Belle page de la vie d'un homme de bien, lançant ses missionnaires à travers les campagnes, pour tendre une main généreuse à tous ces modestes travailleurs, qui fécondent le sol de la patrie.

La pensée maîtresse de M. le comte de Chambrun est d'encourager les cultivateurs à se grouper en syndicats, et les syndicats à se grouper en Unions régionales. Il rêve l'organisation complète de la démocratie rurale.

Nous reparlerons plus loin du concours et de la fête magnifique à laquelle il donna lieu et nous laisserons, pour l'instant, les syndicats unis préparer leurs titres à ce grand tournoi où, dès maintenant, nous pouvons prévoir que l'Union jouera un des premiers rôles.

Suivons donc à Paris les délégués de l'Union du Sud-Est et assistons avec eux aux réunions de l'Union Centrale qui, pour la première fois — l'Union du Sud-Est n'est peut-être pas étrangère à cette heureuse autant qu'utile innovation — tient une session syndicale, indépendante de la session habituelle des Agriculteurs de France. Pendant trois jours, les délégués de tous les syndicats agricoles de France ont abordé, étudié, discuté toutes les questions intéressant leurs associations et, sur les deux importantes questions de l'assurance-bétail et de l'assurance-accident, les représentants de l'Union du Sud-Est ont pu faire profiter de leur expérience et de leurs travaux leurs collègues moins avancés des autres Unions.

L'Assemblée, par l'organe de son très distingué président, adressait ses vives félicitations à l'Union du Sud-Est et à son chef si autorisé, M. Duport, et reconnaissait, avec M. le Trésor de la Rocque, qu'il ne suffit pas d'améliorer les conditions du travail agricole par des lois ou des règlements d'administration publique, mais qu'il faut, avant tout, apprendre au cultivateur, à aimer sa terre, son clocher, sa profession. C'est par un enseignement vraiment professionnel qu'on formera une population attachée au sol, et le programme des Universités étant insuffisant, c'est aux syndicats qu'il appartient de poursuivre cette œuvre éminemment patriotique. Il leur appartient aussi de propager dans les campagnes les idées de prévoyance et d'assistance, toutes questions capables d'intéresser tous ceux qui rêvent le relèvement de notre belle profession.

La semence était jetée sur un terrain bien préparé et, comme le concours Chambrun était là pour exciter l'émulation, les délégués rentrèrent chez eux avec l'idée très fixe de la faire germer au plus vite.

A peine de retour de Paris, les chevilles ouvrières de l'Union, c'est-à-dire MM. Duport, Riboud, Guinand, de Fontgalland, se remettent en route pour aller assister, à Orléans, au troisième Congrès des syndicats. Ils y ont joué, comme ailleurs, un rôle des plus utiles et nous reproduisons, à titre de document, les impressions que nous rapportait l'un d'eux, M. Riboud.

Les Syndicats agricoles viennent de tenir leur troisième Congrès national, les 5, 6 et 7 mai, à Orléans. C'est l'Union du Centre qui, cette année, comme l'Union du Sud-Est en 1894 et l'Union d'Anjou en 1895, avait assumé la lourde charge de l'organiser. Disons de suite qu'elle a su s'acquitter de sa tâche de façon à rendre jalouses ses devancières et à donner une haute idée de la valeur des hommes, aussi distingués que dévoués, qui sont à sa tête. Nous féliciterons tout particulièrement l'honorable M. de Laage de Meux, qui a remplacé à la présidence effective le regretté M. Deusy, et nous le remercierons de la façon aimable et délicate dont il a rempli ses fonctions à l'égard de tous les congressistes.

De toutes les régions, les Syndicats avaient envoyé, nombreux, leur adhésion, et près de deux cents délégués assistaient aux réunions. Nombreuses aussi ont été les questions soumises aux délibérations de l'Assemblée.

Je ne me propose pas de parcourir tout l'ordre du jour, d'analyser chaque rapport, de résumer les discussions. Je voudrais seulement donner une idée de l'importance de ces trois journées et mettre en relief les principales conclusions qui ont été adoptées par les représentants des Syndicats.

Nous n'en sommes plus à raisonner sur l'utilité de l'association professionnelle dans le monde rural, à affirmer la nécessité du groupement de nos associations en Unions, à chercher les moyens de fournir aux cultivateurs des marchandises de bonne qualité à des prix avantageux. Tous ces problèmes sont résolus. C'est déjà du passé.

Ce que nous cherchons maintenant, c'est à tirer parti de notre organisation, pour appliquer tout notre programme de relèvement social.

Dans ce but, le Congrès a étudié : la prévoyance, le crédit, la coopération, les revendications agricoles.

Prévoyance. — Dans cet ordre d'idées, on s'est limité, à Orléans, à l'examen de l'assurance contre les accidents professionnels et de l'assurance contre la mortalité du bétail.

C'était d'autant mieux le lieu d'envisager les bienfaits de l'assurance contre les accidents agricoles, que c'est à l'Union du Centre que revient l'honneur d'avoir créé, sous le nom de « La Solidarité Orléanaise », une Société d'assurance mutuelle contre les accidents du travail agricole. M. de Puchesse, dans un rapport fort intéressant, a exposé le fonctionnement, les avantages et les projets de cette mutuelle professionnelle.

Se plaçant à un point de vue plus général, M. A. Gigot, avec un talent merveilleux, a fait le procès de l'assurance par l'Etat, et montré tout le néant du système allemand, comparé à ce que peut, en France, l'initiative privée. A l'appui de sa thèse, il a invoqué les résultats de la Caisse syndicale d'assurance mutuelle des Forges de France. Ses enseignements ont été fort goûtés de l'assistance et tous les congressistes, à l'unanimité, ont appuyé ses protestations énergiques contre l'application des doctrines du socialisme d'Etat.

M. Riboud a passé en revue les diverses formes sous lesquelles l'assurance contre la mortalité du bétail a, suivant les régions, cherché à fonctionner. Comme c'est une des questions qui passionnent le plus les campagnes, surtout les régions de petite culture, il n'était pas sans intérêt de se demander si l'agriculture possède bien la formule définitive de l'assurance-bétail. Le Congrès s'est rallié aux conclusions du rapporteur, en encourageant les Syndicats à organiser eux-mêmes, en faveur de leurs membres, et en vertu de la loi de 1884, des secours en cas de mortalité des bestiaux, par petites circonscriptions et au moyen de comptes de prévoyance.

Crédit. — Au point de vue spécial des caisses Raiffeisen, c'est naturellement M. Durand, le président de l'Union des Caisses rurales, qui était chargé du rapport.

M. Rostand, le président du Centre fédératif de crédit populaire, a exposé d'une façon plus générale l'organisation du crédit populaire en France et à l'étranger.

Ces deux études, fort remarquables, ont démontré, une fois de plus, que les syndicats agricoles doivent s'efforcer de familiariser les cultivateurs avec l'épargne et le crédit. C'est une œuvre indispensable pour relever la valeur du sol, et elle réussira, surtout si elle émane de l'association syndicale. Mais que ceux qui s'en font les apôtres n'oublient pas qu'ils ont avant tout à convaincre le paysan qu'il n'y a pas de déshonneur à emprunter, que c'est celui-là même qui possède qui doit savoir le mieux profiter du crédit.

Coopération. — Cette question se présente sous deux aspects : production d'une part, consommation de l'autre. De plus il s'agit de rapprocher les deux éléments et de déterminer par quels procédés, consommateurs et producteurs peuvent se donner un mutuel appui.

M. Denizet, le distingué président de la Coopérative agricole du Centre, a abordé le grave problème de l'écoulement des produits. Il en a montré très clairement les difficultés, les écueils, et a su donner de sages avis aux intéressés. Quant aux débouchés, en dehors de la consommation coopérative, c'est dans les adjudications de l'Etat, qu'il faut surtout les chercher, et le Congrès a réclamé toutes les facilités nécessaires pour prendre part aux fournitures de la marine et de l'armée.

M. Chiousse, un maître coopérateur, a parlé au nom des consommateurs ; et il n'a pas craint de dire son fait avec franchise au producteur. Organisez-vous, agriculteurs, nous a-t-il dit, organisez-vous pratiquement ; vous ne l'êtes pas. Et puis, vous êtes les vendeurs, c'est à vous de nous faire vos offres ; nous ne demandons qu'à les trouver acceptables, d'autant que nous savons qu'avec vous nous sommes à l'abri des sophistications et des tromperies.

Ce à quoi, M. de Larnage, l'éloquent secrétaire général de l'Union du Centre, a répondu, non sans raison, que les producteurs, en se présentant comme fournisseurs directs de la consommation coopérative, sont en droit de lui demander de modifier ses habitudes d'achat. Si elle impose toute une série de rouages identiques à ceux du commerce, les rapports ne seront avantageux, ni pour les uns, ni pour les autres. Pour arriver à une entente il faut, d'après M. de Larnage, rédiger, pour ainsi dire, le code des relations entre producteurs agricoles et consommateurs coopérateurs et, de plus, arrêter la liste des Coopératives ou Syndicats agricoles pouvant être accrédités près des Coopératives de consommation. C'est le rôle de la Commission mixte dont font partie, en nombre égal, les représentants des associations syndicales agricoles et de la consommation coopérative. Cela fait, nous pourrons regarder au-delà des frontières ; l'alliance internationale coopérative est en train de préparer l'avenir.

Mais, qu'est-ce que la coopération et quelle est sa situation aux points de vue législatif et fiscal ? C'est ce qu'a examiné, avec une grande compétence, M. Guinand, l'honorable vice-président de l'Union du Sud-Est. Il n'était pas inutile de constater une fois de plus, solennellement, dans un congrès, qu'après quatorze ans révolus, le législateur s'est montré impuissant à donner satisfaction aux ouvriers et aux cultivateurs. Le projet de loi sur les sociétés coopératives, dit M. Guinand, est plongé dans une léthargie profonde ; pendant ce temps, la commission des patentes travaille et le fisc perçoit.

Revendications agricoles. — A vrai dire, il s'est agi surtout de la défense de la petite propriété. C'était là comme le morceau capital du programme.

M. Johanet, en dialecticien consommé, a cherché le moyen d'arrêter l'émiettement de la propriété rurale. Avec un talent d'exposition et de parole vraiment remarquable, il s'en est pris à la fois aux mœurs et à la législation.

La grande propriété, d'après le rapporteur, ne sera bientôt plus qu'un souvenir. Quant à la petite, elle présente déjà l'aspect d'un damier composé de portions minuscules. De là, pour la culture, d'insurmontables obstacles.

Le remède ? Il réside dans l'interdiction, à l'heure des partages de succession, de fractionner toute parcelle rurale non bâtie, d'une contenance déterminée. Plus de parcelle inférieure à cinquante ares, par exemple.

Mais, a-t-on répondu, et la liberté des copartageants, et la liberté de transmettre son bien ? La réforme a paru trop hardie. Du reste, on ne peut songer à interdire de vendre une parcelle de dimension déterminée. Dès lors, à quoi sert de limiter la liberté du partage successoral, la vente est là pour continuer le morcellement de la propriété.

M. Johanet a proposé un autre remède qui a été mieux accueilli. Il demande que les articles 826 et 832 du Code civil, soient modifiés en ce sens, que, dans tous les partages, même lorsqu'il y a des mineurs, chaque lot puisse être composé en valeurs de nature différentes, tout mobilier ou tout immobilier. Pourquoi l'égalité entre les cohéritiers, sous toutes ses formes, même au point de vue de la nature des biens ? C'est excessif. Il n'y a qu'un des héritiers qui soit cultivateur, cette terre lui convient. Qu'importe, il faut la liciter ou la partager. C'est le morcellement obligatoire.

Enfin, toujours dans le but d'arrêter la divisibilité à l'infini de la propriété, il serait sage d'autoriser le père de famille qui, de son vivant, entend partager son héritage entre ses enfants, suivant leurs convenances ou leurs aptitudes, à faire une distribution à son gré. La loi lui défend, lorsqu'il partage son patrimoine, d'en conserver les portions intactes. Elle nous paraît aujourd'hui bien peu raisonnable.

Avec M. Milcent, le distingué fondateur de la caisse de crédit de Poligny, la question s'est élargie. Il a entrepris la défense de la petite propriété rurale aux points de vue fiscal, économique et du Code civil.

Si l'on étudie l'impôt foncier, les droits de mutation, les prestations, les octrois, les frais de ventes judiciaires, on est frappé de l'inégalité injuste qui existe dans notre régime fiscal entre les charges de la terre et celles qui frappent les valeurs mobilières.

Sur le terrain économique, les admissions temporaires, la législation monétaire, les transactions fictives font que le sort de l'agriculteur n'est pas meilleur.

Et, de par le Code civil, quel est donc l'avenir de la petite propriété ? La dette hypothécaire est là qui l'écrase. Quinze milliards. C'est un danger social. Il faut transformer cette dette fixe en une dette amortissable graduellement.

On a proposé dernièrement d'étendre aux petites propriétés rurales les dispositions de la loi du 30 novembre 1894 sur les habitations à bon marché. C'est là une mesure qui serait d'une grande efficacité et dont nous devons réclamer, des pouvoirs publics, la prompte adoption.

De plus, pourquoi imposer à un cultivateur l'obligation de payer 5 % à un créancier quand il ne tire guère que 3 % de sa propriété ? L'heure est venue, avec la baisse générale du loyer de l'argent, de baisser le taux de l'intérêt légal.

Enfin, l'agriculture est en droit d'avoir des défenseurs dans chacune des institutions publiques créées pour le service de tous. Elle n'a pas, dans le pays, la place qui lui est due. Elle n'est rien, et cependant elle a le droit d'être quelque chose. N'hésitons donc pas à réclamer une législation plus équitable.

Réclamons d'abord des représentants. Question capitale, pour l'avenir des masses rurales, que celle de la représentation professionnelle. Aussi, les organisateurs du Congrès n'avaient-ils eu garde de l'oublier et, vu son importance, ils en avaient confié le rapport à l'éminent président de l'Union du Sud-Est.

Avec sa grande autorité, M. Duport a fait un véritable réquisitoire contre le projet de la commission de la Chambre des Députés. Il l'a fouillé dans tous les sens, il en a révélé les tendances et exposé les dangers. Il l'a comparé au projet du Sénat qu'il trouve bien supérieur, et il a conclu, en fidèle interprète des sentiments de tous les délégués, au maintien de la représentation de fait par les Sociétés, Comices et Syndicats agricoles, si les pouvoirs publics ne donnent pas à l'agriculture, comme elle le demande, des chambres jouissant des mêmes prérogatives et élues sur les mêmes bases que les chambres de commerce.

En dehors des grandes divisions dont je viens de résumer les documents, e citerai une intéressante dissertation sur « l'assistance dans les campagnes », par M. Hubert Valleroux, le distingué président de la Société d'Economie sociale, une belle étude de M. Urbain Guérin sur « Les Institutions de prévoyance dans les campagnes », et surtout un précieux travail de M. le comte de Lorgeril lui-même, sur l'Enseignement agricole en Bretagne.

Enfin, l'exposé complet du mouvement syndical avait été confié à M. le comte de Rocquigny, le grand publiciste agraire. Que ceux qui ignorent la France rurale consultent ce rapport, ils auront peut-être la vision de la défense suprême contre la tourmente qui gronde à l'horizon. Qu'ils méditent ensuite la page magistrale sur « Le rôle social des syndicats agricoles », due à la plume étincelante de M. Kergall, ils comprendront aisément comment, par l'association mixte, peut renaître en France la paix sociale.

Quand j'aurai dit que M. le Président du Conseil s'était fait représenter par M. Vassilière, directeur de l'agriculture ; que M. le marquis de Vogüé, l'éminent président de la Société des Agriculteurs de France, a occupé le fauteuil présidentiel pendant une séance ; que notre cher et aimé président de l'Union des Syndicats, M. le Trésor de la Rocque, a dirigé nos débats et présidé le banquet ; que les autres présidents d'honneur étaient : M. Charles Robert, le grand coopérateur, et M. le comte de Chambrun, le grand bienfaiteur des travailleurs, j'en aurai dit assez pour montrer de quelle importance a été le troisième Congrès national des syndicats agricoles, quel intérêt il a offert aux délégués de ces associations, quelles espérances il peut faire naître dans le cœur des agriculteurs.

Le Congrès prenait fin à l'heure même où l'étendard de Jeanne d'Arc entrait à la cathédrale d'Orléans. Heureuse coïncidence, qu'a éloquemment soulignée M. de Laage de Meux, en faisant ses adieux aux hôtes de l'Union du Centre. Le souvenir de l'héroïne est surtout vivace dans le cœur du paysan. Jeanne la villageoise est bien la personnification de notre fière devise : « Le sol c'est la patrie ». Aussi, ce brillant défilé d'une époque glorieuse, semblait-il prédire, à nous tous ruraux, un avenir de gloire, *ense et aratro*.

Il y avait, hélas ! une ombre au tableau : le vénéré M. Deusy, le père des syndicats agricoles, n'était plus au milieu de ses amis.

La présence de M. Vassilière, délégué officiel du gouvernement au Congrès d'Orléans, est bien un signe des temps et c'est bien le moment de répéter avec Virgile : *Quantum mutatus ab illo !*

Les syndicats ne sont plus les ennemis d'antan et nos hommes d'Etat ont fini par comprendre qu'il y avait là une force qui ne demandait qu'à servir son pays.

Les nominations des Comités départementaux d'organisation de l'Exposition de 1900, publiées à ce moment, apportent une nouvelle preuve des bonnes dispositions de nos pouvoirs publics et partout dans notre région, nos amis sont admis à coopérer à l'œuvre commune. A Lyon, MM. Duport, Riboud, Silvestre, sont désignés pour faire partie du Comité départemental et, sur la proposition de M. Aynard, député du Rhône et président de la Chambre de commerce, M E. Duport est nommé membre de la commission exécutive à titre de représentant des Syndicats agricoles.

Pour la première fois, dans un Comité officiel, les Syndicats agricoles et leurs délégués reçoivent la place qui leur est due.

Comme nous l'avons déjà constaté plus haut, les agents inférieurs n'ont pas encore trouvé leur chemin de Damas et nos syndicats ont toujours à lutter contre leur mauvais vouloir et leurs exigences. C'est ainsi que l'un des plus petits de l'Union, le Syndicat des Adrets, a eu maille à partir avec le vérificateur des poids et mesures de sa circonscription, discussion qui motiva une lettre de M. Riboud, vice-président de l'Union, à M. Méline, président du Conseil. Bien que la question soit plutôt du domaine contentieux, nous la donnons ici en raison de son importance, car c'est d'elle qu'est née cette longue lutte entre le ministère des Finances et les syndicats, qui aboutit, en 1899, à un arrêt du Conseil d'Etat déboutant nos syndicats de leurs réclamations, pourtant justes et légitimes. En effet, puisqu'il a fallu un arrêté, pour les assujettir à la vérification, c'était reconnaître qu'ils ne l'étaient pas avant cette décision.

Monsieur le Président du Conseil,

Le 23 avril dernier, le vérificateur des poids et mesures s'étant rendu dans la commune des Adrets (Isère), le garde de la commune a invité les habitants à présenter leurs instruments à la Mairie.

Le Syndicat agricole des Adrets n'a pas cru devoir se rendre à cette invitation. Il lui a été signifié alors, par l'intermédiaire du garde communal, d'avoir à présenter ses instruments au vérificateur à Grenoble, dans le délai de vingt jours, sous peine de poursuites.

La prétention de l'administration ne saurait être admise. Il est certain que la vérification des poids et mesures doit être faite par le vérificateur *au domicile de l'assujetti*, sans qu'on puisse astreindre celui-ci à transporter ses instruments de pesage au chef-lieu de canton ou ailleurs. Cela ressort, sans contestation possible, des articles 19 et 20 de l'Ordonnance des 17 avril et 1er mai 1839, et la jurisprudence décide que l'arrêté préfectoral, enjoignant aux détenteurs assujettis de présenter leurs poids et mesures à la mairie, est illégal et ne peut entraîner de contravention possible à l'article 471 § 15 du Code pénal (Crim., Cass., 21 nov. 1884. Bull. crim. n° 315. V. D. Poids et Mesures n° 47).

Mais la question est d'une portée plus grande. Il s'agit de savoir si un syndicat agricole est soumis à la vérification des poids et mesures et, par suite, au payement des droits de vérification.

Il est certain que si la vérification a été faite, les droits sont dûs. Dès lors, il s'agit de savoir si un syndicat agricole peut refuser au vérificateur l'entrée de son entrepôt.

Tout d'abord, il semble qu'il ne le peut pas s'il est assujetti à la vérification. Or, sont assujettis à la vérification : les commerces, industries et professions désignés au tableau A joint au décret du 26 février 1873. Les syndicats agricoles, qui ne datent que de 1884, ne sont pas mentionnés dans ce tableau.

Mais l'article 6 dudit décret ajoute que les préfets peuvent, par arrêtés spéciaux, soumettre à la vérification, les professions analogues à celles qui sont énumérées dans le tableau A. Donc le syndicat agricole ne peut être assujetti que par un arrêté spécial du préfet. Mais ce n'est pas tout : il faut, dit l'article 6, et cela est à retenir, que la décision du préfet soit approuvée par le ministre de l'agriculture et du commerce.

Je suppose toutes ces conditions remplies, est-ce à dire que le syndicat agricole devra se soumettre à la vérification ? Non, parce qu'il n'est pas démontré que l'arrêté préfectoral soit bien fondé. Le juge de paix est compétent pour en connaître et des précédents démontrent que des tribunaux de justice de paix ont déchargé des syndicats agricoles de contraventions dressées contre eux à la suite d'arrêtés spéciaux de préfets.

En effet, un syndicat agricole n'est qu'un groupement de personnes d'une même profession, ou de professions connexes, en vue de se procurer en commun des marchandises utiles, de vendre leurs produits et de défendre leurs intérêts professionnels. Ces personnes achètent des marchandises et se les répartissent à leur guise, comme elles l'entendent, responsables les unes des autres et suivant les voies et moyens par elles convenus. Qu'un propriétaire ait à son usage des poids et mesures, il ne saurait être question de la vérification. Que deux personnes usent d'instruments de pesage pour se partager une marchandise, la question de la vérification ne se pose pas davantage. Pourquoi en serait-il autrement lorsqu'il s'agit, de 10, de 100, de 1000 personnes agissant dans les mêmes conditions ?

Par mesure de police, dit-on ? L'Etat doit veiller au bon ordre, protéger les faibles, défendre les intérêts de tous.

Oui, lorsqu'il y a des intérêts contraires, lorsqu'il y a un acheteur vis-à-vis d'un vendeur; lorsqu'il y a un public vis-à-vis d'un commerçant, d'un industriel, cette mesure de police se justifie.

Mais, dans un syndicat agricole, il n'y a ni vendeur, ni acheteur, il n'y a ni public ni commerçant, il n'y a pas d'intérêts contraires.

Ces personnes qui entendent faire leurs affaires ensemble, comme bon leur semble, ont le droit de les faire en toute liberté, tout comme un particulier, tout comme chacune d'elle en particulier.

Mais, dira-t-on, s'il est vrai qu'il n'y ait pas d'intérêts contraires, il y a toujours, dans un ensemble d'hommes, des faibles et des forts, il faut protéger les faibles.

Les faibles ne sont pas sans défense, parce qu'ils sont en association. Ils ont, tout comme les autres, un droit de contrôle, et il y a une Chambre syndicale responsable de la bonne administration.

Enfin, si l'on envisage la personnalité même du syndicat, on est bien obligé de reconnaître qu'il n'est en rien analogue à un commerce, à une industrie, à une des professions énumérées dans le tableau A du décret de 1873. Admettre le contraire ce serait être en opposition manifeste avec l'esprit de la loi du 21 mars 1884.

Or c'est la tendance de l'administration d'assimiler les syndicats agricoles au commerce, tout simplement parce que ces associations exécutent les ordres de leurs membres. Et c'est en méconnaissant l'esprit de la loi de 1884 que l'administration cherche à assujettir les syndicats agricoles à la vérification des poids et mesures.

Si les syndicats agricoles protestent, ce n'est pas pour la modeste satisfaction d'éviter une vérification et d'échapper à des droits qui, pourtant, pourraient parfois constituer pour eux une lourde charge. C'est, avant tout, pour défendre le principe de leur non affinité avec le commerce, c'est pour maintenir intacts les droits que leur reconnaît la loi de 1884, c'est pour défendre leur liberté.

Qu'ils se soumettent à la vérification des poids et mesures, ne dira-t-on pas de suite qu'ils reconnaissent eux-mêmes qu'ils constituent des professions analogues au commerce et à l'industrie ? Et il n'y aura plus qu'un pas à faire pour les imposer à la patente. Quelle serait alors la portée de la loi du 21 mars 1884 ?

Les syndicats agricoles ont donc le devoir de protester, même contre un arrêté préfectoral les soumettant à la vérification des poids et mesures ; ils ont le devoir d'aller devant les tribunaux pour faire reconnaître la légitimité de leurs droits.

Mais il y aurait un moyen facile d'éviter les difficultés. Puisque les arrêtés spéciaux des préfets, en la matière, doivent être approuvés par les Ministres de l'agriculture et du commerce, une circulaire ministérielle pourrait rappeler à l'administration le sens et la portée de la loi du 21 mars 1884, car c'est le rôle de l'Etat de faire respecter le droit de chacun et la loi.

Veuillez agréer......, etc.

Pour le Bureau de l'Union du Sud-Est :

Le vice-président,

Léon Riboud

Lyon, 11 mai 1897.

Il y avait évidemment malentendu, au point de vue administratif, entre la tête et le bras, puisqu'au même moment M. Méline, à la tribune de la Chambre, rendait un hommage éclatant aux syndicats dans son remarquable discours sur le crédit agricole, leur accordant, quelques jours plus tard, ce fameux dégrèvement de 25 millions à valoir sur le principal de l'impôt foncier des propriétés non bâties. Depuis quelque temps, grâce aux revendications sans cesse renouvelées de nos syndicats, dont M. Kergall, président du Syndicat économique agricole, s'était fait l'apôtre aussi brillant que convaincu, il était généralement admis que la terre payait plus que sa part d'impôts, plus que la propriété urbaine, plus que la propriété mobilière, mais la difficulté était d'obtenir des Chambres un dégrèvement que la situation de nos finances rendait problématique. L'impôt de la terre se divisant en deux parts, celle de l'Etat d'une part, celle du département et de la commune d'autre part, il ne pouvait être question de toucher à celle-ci sans perturbations graves dans les budgets dont elle formait, pour beaucoup de communes rurales, la partie capitale, souvent même unique ; force était donc de faire porter le dégrèvement sur la part seule de l'Etat.

C'est ce qu'adopta la Chambre dans le courant de juillet, établissant sa réforme de telle manière qu'elle profite seulement aux cotes inférieures à 20 fr. de principal (part de l'Etat). Peut-être eût-il été plus juste et plus logique de supprimer totalement tout le principal de l'impôt foncier et sur toute la cote, puisqu'il était reconnu que la base même de cet impôt était mauvaise ; mais où prendre les 70 millions qu'il eût fallu pour ce dégrèvement total? Force fut donc de se rallier à l'amendement de M. Bozérian, qui, avec juste raison, proposa de commencer la réforme en dégrevant les plus petits, ceux surtout pour qui le lopin de terre qu'ils possèdent représente à peu près tout l'avoir.

Quelle qu'incomplète qu'elle soit, cette victoire, nous la devons aux modérés de la Chambre et nous n'oublierons pas que, jusqu'au vote final, les partis avancés, qui ont toujours la bouche pleine de leur amour pour le peuple, ont fait une opposition acharnée; leurs votes sont là et ce n'est qu'à la fin, au dernier tour de scrutin que, la peur de l'électeur étant le commencement de la sagesse, ils ont voté en masse la réforme afin de s'en faire, aux yeux de la population rurale, un mérite qui certes ne leur appartient pas. Les cinq millions cinq cent mille petits propriétaires qui ont profité de ce dégrèvement, dû aux syndicats agricoles, ne se sont pas laissé prendre à cette tactique, cousue de fil blanc.

Les socialistes, au surplus, ne sont pas heureux dans leurs avances au monde agricole et la fameuse interpellation Jaurès, sur la crise agricole, résultat de l'enquête dont nous avons parlé plus haut, aboutit à une magnifique réfutation de M. Deschanel, qui restera dans les annales parlementaires comme l'un des meilleurs discours de la législature dernière. Dans un langage des plus élevés, M. Paul Deschanel réfuta victorieusement l'amas de théories subversives que, pendant trois séances consécutives, M Jaurès avait essayé de développer, comme étant l'état d'âme des paysans. Les syndicats agricoles étaient enfin appréciés à leur juste valeur et leurs fondateurs largement payés des dédains et des haines dont on les avait abreuvés.

Comment le jeune et brillant député était-il devenu notre défenseur ? C'est peut-être ici le lieu et le moment de le dire.

Dès le premier jour, l'Union du Sud-Est avait compris tout ce que les socialistes, à la veille des élections législatives, attendaient de l'enquête sur la crise agricole, tout ce qu'ils espéraient de l'interpellation Jaurès. La première, elle avait pensé que l'attaque ne pouvait rester sans défense ; la première, elle avait compris qu'un silence, si dédaigneux qu'il fût, ne pouvait que prêter le flanc à cette vieille maxime de Beaumarchais : « Calomniez, mentez, il en restera toujours quelque chose ».

Contre l'opinion de certaines Unions plus timorées, l'Union du Sud-Est, sous l'énergique impulsion de son distingué président, avait fait elle aussi son enquête, pour la bataille sociale, elle avait fourbi ses armes, il lui restait à choisir celui qui aurait l'honneur de défendre à la tribune les paysans de France.

Bien des noms furent prononcés, mais aucun ne réunit autant de suffrages que celui du vaillant député qui était allé, à Carmaux, attaquer sur son fief même le leader socialiste, et il semblait tout naturel, qu'après avoir défendu les ouvriers des villes contre leurs faux amis, M. Deschanel vînt défendre les ouvriers des campagnes, les paysans, contre les tendresses intéressées du parti révolutionnaire.

C'est donc à lui que nos amis s'adressèrent, et M. Deschanel trouvait là une occasion trop belle de prodiguer utilement les ressources de sa mâle éloquence, pour ne pas accepter avec joie la noble mission qui lui était confiée.

Il vint donc à Lyon se documenter sur place et, pendant deux jours bien employés, il se fit expliquer par nos amis le volumineux dossier qu'ils avaient préparé et dans lequel il puisa tous les éléments de son magnifique discours.

C'est de là, c'est de ce grand tournoi dans lequel se mesurèrent deux de nos plus grands orateurs, que s'épanouit la fortune politique du distingué député d'Eure-et-Loir.

C'est en défendant nos paysans de France, c'est en se faisant le champion de la paix sociale contre la révolution sociale, que M. Paul Deschanel a conquis cette haute autorité qui l'a conduit à l'un des premiers postes dans la République, à la présidence de la Chambre.

L'Union du Sud-Est a le droit d'être heureuse et fière d'avoir fourni à M. Deschanel l'occasion de remporter l'un de ses plus beaux succès et de lui avoir permis de fonder sa carrière politique sur ces deux bases, les plus solides de notre démocratie : la terre et la paix sociale.

Il nous plaît de rappeler ici comment le jeune et brillant leader des modérés appréciait notre œuvre et répondait à son interlocuteur, non moins brillant, qui avait été assez mal renseigné pour présenter les paysans comme une masse d'hébétés à demi-inconscients, esclaves du travail et de leurs maîtres !

« Et, à côté de l'action du législateur, il y a le principe d'association. Voici tantôt treize ans que, dans cette loi des syndicats professionnels, qui avait été exclusivement préparée d'abord en vue des ouvriers des villes, des travailleurs de l'industrie, un homme qui vient de mourir et dont je salue la mémoire, le regretté M. Oudet, glissa sans bruit un petit amendement bien modeste, dont personne alors ne paraissait soupçonner la portée et les conséquences, l'extension du principe de l'association professionnelle au monde rural.

Il a eu des origines bien humbles, le syndicat agricole. Il s'agissait d'abord tout simplement de se procurer en commun des engrais. Mais bientôt, des engrais, l'achat en commun s'étendit à d'autres objets utiles : graines, plants, semences, instruments, machines, etc., et, par là déjà, le syndicat prit un caractère nouveau : intermittent au début, il devint permanent par la machine, qui ne se divise ni ne se consomme, et qui maintient le contact entre les syndiqués.

Puis, de même qu'on achetait en commun, on se mit à travailler et à vendre en commun. Les syndicats devinrent des organes d'enseignement : on dressa des cartes, on créa des champs d'expériences, on organisa des cours, des conférences, des laboratoires, etc. Puis ils s'annexèrent des coopératives : laiteries, fruiteries, fromageries, féculeries, distilleries, mouture de grains, panification, vinification, etc. Enfin la mutualité vint garantir, compléter, couronner en quelque sorte la coopération.

Les syndicats n'ont pas attendu notre loi de 1894 pour organiser le crédit. De tous côtés, on vit surgir de terre des caisses rurales, tantôt sous le type Poligny, tantôt sous le type Raiffeisen, aidées sur certains points par de grandes caisses d'épargne autonomes comme celles de Lyon et de Marseille, ou par des banques locales.

Ils n'ont pas attendu non plus notre loi sur l'assistance médicale gratuite pour l'organiser dans 25 ou 30 départements. Ils ont organisé les assurances contre les accidents, contre la mortalité du bétail, pour la préservation des récoltes, le placement des ouvriers, fermiers, régisseurs, etc., cette institution fraternelle de l'aide mutuelle au travail, par laquelle, lorsqu'un des membres du syndicat est malade ou blessé, ses camarades pourvoient aux travaux de sa culture. Et voici enfin qu'ils commencent à organiser les retraites ouvrières.

De même que les hommes, les associations elles-mêmes s'associent entre elles et embrassent la France entière dans une vaste fédération à triple étage ; à la base, — dans le canton, le département ou la commune, — le syndicat local ; au-dessus, les syndicats de syndicats, les Unions régionales, à la tête desquelles marche celle du Sud-Est, dont le siège est à Lyon, et qui comprend à elle seule 10 départements, 137 syndicats et 40.000 membres ; enfin, au sommet, l'association des Unions, l'Union générale, avec congrès annuels.

Ce n'est qu'un commencement et pourtant c'est déjà le *monde nouveau* qui surgit des profondeurs silencieuses ; *c'est déjà le vingtième siècle qui se dresse devant nous.* L'armée des ruraux en marche commence à s'organiser, à se mobiliser ; et au lieu que, par une pensée impie qu'on lui prêtait l'autre jour, elle songe à se tourner contre la démocratie ouvrière des villes, au contraire, elle lui tend les mains. Ce fut une heure mémorable que celle où, au dernier congrès des syndicats, à Orléans, un ouvrier, fils de ses œuvres, devenu le président du comité central de l'Union coopérative des Sociétés françaises de consommation, M. Fitsch, se leva pour accepter les propositions des chefs du mouvement syndical. C'est le retour à la vraie tradition française, à la tradition des congrès ouvriers de Paris, en 1876, et de Lyon, en 1878, qui disaient : « L'émancipation des travailleurs ne se fera que par l'association coopérative libre. »

En effet, ce que le socialisme promet, l'association libre le tient.

« Création d'associations de travailleurs agricoles pour l'achat d'engrais, de grains, de semences, de plants, pour la vente des produits », dit le programme de Marseille.

Ces associations, les syndicats en ont fait partout : où sont celles des socialistes ?

« Achat, par la commune, de machines agricoles et location à prix de revient aux cultivateurs », dit le programme de Marseille. Cette machine, le syndicat l'a achetée lui-même, voilà douze ans qu'elle bat le grain ! Et on ne force pas ceux qui n'en ont que faire à la payer pour ceux qui en ont besoin.

« Création de champs d'expérience », dit le programme de Marseille, et les syndicats les avaient organisés dès longtemps !

« Création de prud'hommes agricoles et de conseils arbitraux », dites-vous. Et les syndicats ont créé des comités de consultation et d'arbitrage qui dispensent les associés de recourir à l'avocat ou à l'homme d'affaires : c'est ainsi que le tribunal arbitral du syndicat de Belleville-sur-Saône, ce syndicat modèle, a donné, en huit mois, 171 consultations juridiques.

« Réduction de l'intérêt hypothécaire par la subvention de l'État au créancier », dites-vous encore. Et, au lieu de demander aux contribuables de nouveaux sacrifices, les syndicats ont élaboré un plan d'extinction graduelle de la dette hypothécaire, en servant d'intermédiaires entre le Crédit foncier et ces cultivateurs, auxquels ils présentent un moyen pratique de convertir leur dette non amortissable en dette amortissable par annuités.

« Caisses de chômage, caisses de retraites ouvrières », dites-vous, enfin. Et déjà, sur certains points, ces caisses commencent à fonctionner.

Voilà non des mots, mais des actes; non des espérances, mais des résultats.

M. Jourde. — C'est le programme du parti socialiste.

M. Paul Deschanel. — Non ! le socialisme attend tout de l'Etat ou de la commune, tandis que l'association libre, dont le programme a été réalisé avant d'avoir été écrit, a accompli toutes ces choses, — qui paraîtraient des merveilles à un Français d'il y a cinquante ans, — par le seul effort de l'initiative personnelle et de l'activité civique.

Cela est sorti de l'effort de tous : chacun a donné à l'œuvre commune ce qu'il pouvait donner: celui-ci son cerveau, celui-là ses bras, celui-là son argent, tous, leur cœur !

Les forces individuelles librement associées font mieux que s'additionner: elles se multiplient. L'association libre produit mieux qu'une force extérieure, — et veuillez remarquer que lorsque les syndicats, par exemple, ont contribué à faire baisser le prix des engrais, cette baisse a profité à tous les agriculteurs, même non syndiqués, — *l'association libre réagit sur les hommes qui la composent: elle les transforme, elle élève, elle ennoblit.* La question sociale n'est pas seulement une question politique et économique, c'est surtout une question morale; et l'association remplit aussi un rôle moral.

Tel de ces hommes, qui jusque-là peut-être n'avait eu que la notion de l'intérêt personnel, voit briller maintenant la notion d'un intérêt plus large, plus haut, l'intérêt général, social ; il sent qu'il peut avoir quelque chose à attendre des autres, à la condition que les autres puissent compter sur lui. *A la formule aride de l'ancienne Economie politique, : « la lutte pour la vie », à la formule odieuse qu'on est venu apporter à cette tribune « la guerre des classes », l'association libre répond : « l'union pour la vie ».*

Et si l'on pense que douze années ont suffi pour amener la grande masse des campagnes à rompre avec les habitudes d'isolement et de tutelle gouvernementale que lui avaient faites des siècles de centralisation, comment tout esprit clairvoyant ne verrait-il pas dans ce grand mouvement, l'un des plus considérables de notre société contemporaine, tout à la fois le principe d'une rénovation agricole et l'instrument de la concorde civique ?

Vous disiez l'autre jour: « C'est dans le secret profond de notre propre histoire, c'est dans l'instinct profond de l'âme et la conscience française que la France aujourd'hui doit chercher un moyen de renouvellement et de développement ; et ce qui a fait la force et la grandeur de notre pays à travers les siècles, c'est... un admirable esprit de sociabilité ».

Eh oui ! nous sommes d'accord ! Et je vous demande s'il y eut jamais formation plus essentiellement nationale que ces syndicats agricoles sortis des entrailles de la terre de France ? L'Angleterre n'en a point, et les pays qui en ont aujourd'hui les ont copiés sur les nôtres.

Les socialistes sentent bien la force irrésistible qui se dresse ici devant eux, la force de ce « parti de la terre ». Et alors, de même que tout à l'heure ils essayaient de nier l'importance et jusqu'à l'existence même de la petite propriété rurale, cherchant à tourner l'obstacle qu'ils ne peuvent détruire, de même, ici, ils s'écrient : « Mais les syndicats ne sont que des associations de grands propriétaires, des foyers de réaction politique ».

Des associations de grands propriétaires?

J'ai entre les mains la composition exacte de tous les syndicats de France, avec le nombre d'hectares possédés par chacun de leurs membres et le nombre d'ouvriers syndiqués qui ne possèdent rien. Les grands propriétaires y sont l'infime minorité.

Il y en a 6 % dans l'Union du Centre, 2 % dans celle du Sud-Est, 2 % ailleurs ; en moyenne 5 %. C'est donc bien la démocratie rurale qui est représentée dans les associations agricoles.

Des foyers de réaction? Oui, il est vrai, après les luttes du 24 mai et du 16 mai, un certain nombre d'hommes des anciens partis, écartés des affaires publiques, se jetèrent dans le mouvement syndical, plusieurs, sans doute, avec l'arrière-pensée d'y prendre une revanche.

Mais, qu'est-il arrivé ? C'est que, toutes les fois qu'on a tenté d'introduire la politique dans un syndicat, il en est mort!

Le syndicat ne réussit que lorsqu'il reste, conformément à la loi, un instrument professionnel, technique.

Le jour où les hommes qui dirigent les syndicats agricoles et qui, par leurs services, y ont conquis une légitime influence, voudraient la mettre au service d'un parti, ils la perdraient aussitôt ; ceux qui les suivent les abandonneraient tout net le jour où ils n'auraient plus confiance dans leur neutralité.

D'ailleurs est-ce que les républicains sont restés étrangers à ce grand mouvement? Demandez-le à M. Méline, à M. Ribot, à M. Develle, à M. Jonnart, à M. Krantz, à M. Georges Graux — sans parler du regretté M. Deuzy, — et à tant d'autres de nos amis qui sont, dans leur département, à la tête du mouvement syndical et qui y rendent chaque jour les plus signalés services !

Non, la vérité, c'est que l'hypothèse socialiste est gênée, offusquée par la réalité des résultats obtenus grâce à l'association libre.

Vous figurez-vous, Messieurs, avec quelle pitié les alchimistes du Moyen Age ou de la Renaissance, les enchanteurs comme le Klingsor de *Parsifal*, dont un seul mot magique pouvait changer tous les métaux en or et tous les déserts en jardins, vous figurez-vous avec quelle pitié ils devaient considérer les savants d'alors, pauvres gens qui, pas à pas, cherchaient, à établir sur des faits certains les fondements de la science moderne?

A quoi bon, pouvaient-ils penser, à quoi bon tant d'efforts pour de si minces résultats ? Et que peut-on espérer améliorer par des voies si lentes et si communes? Demain, nous, d'un mot, nous aurons tout changé en or !

Mais les siècles ont passé. Les alchimistes, qui étaient les socialistes de la science, les alchimistes ont laissé l'humanité telle qu'ils l'avaient trouvée, tandis que l'effort pénible et obscur des simples physiciens et des ordinaires chimistes a enfin renouvelé les conditions de la vie.

Eh ! bien ! les hommes des associations syndicales n'ont pas, sans doute, d'ambitions si hautes, mais ils ont la même méthode. Sous le regard hautain des Klingsors du socialisme et en dépit de leur dédain, ils luttent pour la vie rurale et, silencieusement, ils préparent dans la liberté, l'amélioration sociale, l'union des classes, le progrès, qui n'est pas la panacée, mais qui est le pain !

L'Association libre est le contre-poison du collectivisme ; elle tuera l'association forcée, car la contrainte vicie la solidarité dans son principe.

Et, s'il est une terre au monde où l'association coërcitive ne puisse réussir à s'implanter, c'est notre terre de France.

Ce qu'il aime dans sa terre, notre paysan, c'est ce qu'il y a mis de lui-même, c'est ce que son père et son aïeul y ont mis avant lui ; c'est leur travail, leur patience, leur courage, leurs vertus, tout ce qu'il y a de meilleur et de plus sacré en eux, tout ce qui fait la dignité et l'honneur de l'homme. Et c'est pour cela que sur le labeur le plus humble de la glèbe rayonne un reflet d'idéal.

Et voici qu'à ces sentiments les plus généreux qui puissent faire battre le cœur de l'homme, on s'efforce de substituer les plus vils instincts de la cupidité et de l'envie ; on lui montre ce champ, plus vaste que le sien, et on lui dit : « Cette inégalité est nécessairement une injustice ; si tu es plus fort, prends ! »

Eh bien ! on se trompe d'heure et on se trompe de pays ! Car il sent, ce généreux fils de la France, que le bonheur humain n'est pas le rêve d'une égalité chimérique dans la jouissance des biens matériels ; qu'il ne serait même pas dans ces nobles loisirs, dans ces plaisirs esthétiques dont vous parliez l'autre jour ; qu'il est plus haut dans la conscience de la créature responsable.

Cher paysan de France, éternel créateur de richesse, de puissance et de liberté, éternel sauveur de la patrie et dans la paix et dans la guerre, toi qui tant de fois as réparé les revers de nos armes et les fautes de nos gouvernements, ta claire et fine raison sauvera d'un matérialisme barbare l'âme idéaliste de la France !

Pendant qu'elle avait les honneurs de la tribune, l'Union continuait son œuvre et organisait sans bruit l'enseignement agricole, dont nous retraçons les phases par ailleurs et qui a été, croyons-nous, le mouvement le plus considérable qu'ait produit, dans cet ordre d'idées, l'initiative privée. Nous verrons, dans le chapitre spécial que nous lui consacrons, les difficultés que, sur ce terrain encore, l'association libre rencontre auprès de ceux qui auraient le devoir de l'aider dans son œuvre éducatrice et nous constaterons en même temps que, malgré toutes les entraves, les efforts de l'Union ont donné d'appréciables résultats.

Le mouvement de décentralisation ébauché au début de l'année se continue et s'accentue ; de tous côtés, les fondateurs de nouveaux syndicats choisissent la circonscription communale ou cantonale, d'où la nécessité de grouper les intérêts dans de petites Unions qui seront comme autant de filiales de la grande Union régionale.

C'est dans ce sentiment que se créent l'Union des Dombes et l'Union de Saône-et-Loire, dont la courte histoire se retrouve à la monographies des Unions locales.

Nous arrivons ainsi au Concours Chambrun et à cette fête, inoubliable pour tous ceux qui y assistèrent, du Musée social.

Cette fête fut le couronnement et la glorieuse conclusion du Congrès agricole de Nice. Elle a mis en pleine lumière l'œuvre sociale trop peu connue, silencieusement accomplie d'année en année depuis 1884, par les syndicats agricoles. Les faits rapportés dans cette mémorable séance ont été, pour la plupart des auditeurs, une véritable révélation.

L'assemblée, composée des plus hautes notabilités agricoles de France et de leurs collaborateurs les plus dévoués, écoutait avec une attention passionnée la parole des orateurs. On eût dit que le monde rural, ainsi représenté au Musée social, formait les États-Généraux de l'agriculture. Il apportait à la fois des faits et des vœux, il prenait pleine conscience de lui-même, s'affirmant et montrant ses services en présence du Ministre de l'agriculture, président du Conseil. Emue et vibrante, cette réunion offrait un spectacle inoubliable. A chaque apparition sur l'estrade d'un des hommes dévoués qui ont créé et développé le mouvement syndical, il recevait en même temps que la récompense officielle, un éclatant tribut de reconnaissance publique chaleureusement manifesté par le suffrage de tous.

« La journée du 31 octobre 1897, écrivait le lendemain l'un des plus notables témoins, marquera dans la vie des syndicats agricoles. Elle sera le point de départ d'une nouvelle et vigoureuse impulsion pour le développement de ces associations si puissantes qui ont conquis, à force de persévérance, d'énergie, d'indépendance loyale, le droit qui leur a été si longtemps contesté, de compter pour quelque chose. »

Cette journée étant l'une des étapes les plus glorieuses de notre histoire, il est bon d'en consigner ici le compte rendu succinct :

M. Méline, président du Conseil, ministre de l'agriculture, présidait, assisté de MM. le comte de Chambrun, Th. Roussel et Siegfried, sénateurs ; Emile Duport, le comte de La Bouillerie, Boullaire et le comte de Rocquigny.

La séance a été brillamment ouverte par une allocution de notre distingué collègue, M. Boullaire, secrétaire général de l'Union des Syndicats qui, en quelques mots d'une éloquence aussi sobre qu'élevée, a rappelé les origines encore si récentes des syndicats agricoles, les rapides progrès de ces associations qui, au nombre de près de dix-sept cents, groupent environ

600.000 cultivateurs ; les services signalés qu'elles ont rendus à l'agriculture, le but social qu'elles poursuivent ; puis il a remercié le généreux donateur, M. le comte de Chambrun, dont la libéralité avait permis d'instituer, à Paris, la fête de l'association syndicale et de l'agriculture.

La parole a ensuite été donnée à M. le comte de Rocquigny, chargé du rapport sur les résultats du concours. Notre éminent collègue s'est acquitté de sa lourde tâche avec une conscience et un talent au-dessus de tout éloge ; il a su rendre attrayant un exposé dont on pouvait craindre la monotonie et mettre admirablement en lumière les traits distinctifs, comme les mérites spéciaux de chacun des syndicats couronnés.

M. le comte de Rocquigny a, tout d'abord, exposé l'objet et les conditions du concours. Au printemps dernier, à la suite d'une conférence avec les principaux chefs des Unions de Syndicats, M. le comte de Chambrun a mis à leur disposition une somme de 25.000 francs pour être distribuée en prix à ceux des syndicats agricoles qui se seraient le plus distingués, non seulement par leur action dans l'intérêt matériel de leurs membres, mais encore et surtout par leurs œuvres d'assistance, de prévoyance et d'enseignement. Chargé par le généreux donateur d'organiser et de juger le concours, le Bureau de l'Union des Syndicats en a fait connaître l'ouverture par une circulaire signée de son président, M. le Trésor de la Rocque, et adressée à 1.675 syndicats. M. le comte de Chambrun avait d'ailleurs voulu que les concurrents fussent, au premier degré, jugés, pour ainsi dire, par leurs pairs, c'est-à-dire par les Unions régionales qui ont dû préparer, entre les syndicats de leur ressort, un premier classement relatif et présenter à l'Union centrale les titres de ceux qu'elles auraient estimés dignes de concourir. Quant à l'attribution définitive des récompenses, elle était réservée à la Chambre syndicale de l'Union centrale des Syndicats des Agriculteurs de France, fonctionnant comme jury du concours.

Dans le jugement qu'il a porté sur les mérites respectifs des syndicats concurrents, le jury a pris pour règle les idées suivantes, parfaitement précisées par M. le comte de Rocquigny :

« Les syndicats agricoles — a dit l'honorable rapporteur — ont pleinement réussi, et cela depuis longtemps déjà, dans leur entreprise première de l'achat collectif, du contrôle et de la distribution des marchandises nécessaires à l'exploitation du sol. Les procédés, généralement employés, sont aujourd'hui bien fixés, et ce ne sont pas des services de cette nature, si réels et importants soient-ils, que le concours a pour but de récompenser. Les hommes qui se préoccupent, avec raison, de tirer de l'association professionnelle le *maximum* des effets utiles qu'elle peut produire pour l'amélioration des conditions d'existence de la famille rurale, ont toujours pensé qu'il convenait d'élargir l'horizon de ses initiatives.

« La plupart des problèmes sociaux dont l'étude s'impose aux hommes politiques et aux penseurs de notre temps, peuvent être abordés pratiquement et résolus avec succès par l'association libre ; il en est surtout ainsi quand cette association, fortement organisée sur le terrain professionnel, en dehors de toute visée étrangère, comme l'est le syndicat agricole, réunit à la puissance du nombre de ses adhérents la valeur morale, le désintéressement et le dévouement des chefs qui la dirigent.

« Les syndicats agricoles ne sauraient se contenter d'avoir mis un instrument économique excellent au service de l'exploitation du sol. Ils peuvent faire mieux et ils le doivent, car le succès même de l'institution leur impose un devoir social à remplir, celui de travailler à propager dans les couches profondes du pays rural, avec le véritable esprit de solidarité entre tous les hommes qui vivent de l'agriculture, le progrès et le bien-être des plus déshérités d'entre eux, les petits cultivateurs et les ouvriers agricoles. Tel est le développement normal du rôle de l'association professionnelle agricole, tel doit être son idéal.

« Ce concours a donc pour objet principal de distinguer par des récompenses et de signaler, comme exemple à tous les syndicats agricoles de France, les intelligentes et heureuses initiatives prises par les lauréats en matière d'organisation d'une solidarité réelle entre leurs membres ou d'institutions présentant un caractère d'amélioration sociale, telles que l'enseignement agricole, la coopération, le crédit rural, les diverses formes de la prévoyance, l'assistance mutuelle, la conciliation des différends, le placement des ouvriers, etc. ».

S'inspirant de ces principes, le jury, c'est-à-dire la Chambre syndicale de l'Union centrale des syndicats, a placé en première ligne quatre syndicats, auxquels elle a décerné quatre grands prix de 2,000 francs chacun, dont le premier au Syndicat agricole de Belleville-sur-Saône, présidé par M. Duport, et le quatrième aux deux Syndicats d'Allex et de Crest, présidés tous deux par M. de Gailhard-Bancel.

Le jury a ensuite distribué 17 prix de 1.000 fr. dont 3 à des syndicats unis : Syndicat de Die, Syndicat de Béligneux, Syndicat de Saint-Genis-Laval ; puis 25 médailles d'argent dont 6 aux syndicats unis : Syndicat du Bois-d'Oingt, Syndicat du Haut-Beaujolais, Syndicat de Villefranche et Anse, Syndicat de Chalon, Syndicat de Bourg, Syndicat du Mas-Rillier, et enfin 25 médailles de bronze dont 3 à des syndicats unis : Syndicat de la Loire, Syndicat du Beaumont, Syndicat de Ratenelle.

Après M. le comte de Rocquigny, M. Emile Duport, président de l'Union des Syndicats du Sud-Est, a pris la parole et tenu, pendant une heure, son auditoire sous le charme, en développant la thèse suivante : l'*Avenir des Syndicats agricoles* (1). Quelle que soit l'importance des résultats acquis en si peu d'années et constatés dans le concours dont M. Duport est le premier lauréat, il estime avec raison qu'ils constituent une simple promesse et ne sont, pour ainsi dire, rien en comparaison de ceux que l'avenir nous réserve. Passant successivement en revue les divers domaines de l'activité syndicale, — enseignement, crédit, assurance, assistance — il a montré comment, sur tous ces terrains, l'effort combiné des syndiqués était

____

(1) Le Concours des Syndicats agricoles au Musée Social ; Calmann-Lévy, Paris, 1897.

indispensable pour suppléer à l'impuissance de l'action purement individuelle, comment aussi, avec l'aide de Dieu et grâce au zèle désintéressé de
leurs adhérents, les syndicats peuvent et doivent pourvoir aux besoins des
populations agricoles plus vite et plus sûrement que par les prescriptions
législatives ou l'intervention de l'Etat.

L'enseignement agricole est déjà donné par de dévoués promoteurs de
l'action syndicale, avec plus de compétence et de zèle que par les instituteurs
publics ; qui empêcherait de généraliser cette bienfaisante pratique, en
complétant l'instruction théorique par la visite de champs d'expériences
entretenus et montrés aux élèves par les propriétaires eux-mêmes ?

On veut l'assistance dans les campagnes pour les malades, les vieillards
et les orphelins: le syndicat, avec ses caisses locales distribuant des secours
sur place, pourra soulager les malheureux d'une façon autrement efficace
que l'hospice, tout en leur épargnant la promiscuité hospitalière, et en les
soulageant chez eux, sans les arracher à leur pays natal, à leur famille ou
à leurs proches, à la vie et à la vue des champs dont il leur est si difficile
de se passer.

L'assurance par l'Etat serait une cause de ruine et un instrument de
tyrannie ; l'assurance libre, mais rendue collective par l'entremise des
syndicats, procurera à leurs membres de précieux avantages, en même temps
que, par une mutuelle surveillance de tous les instants, elle rendra les abus
plus difficiles, les contestations plus rares.

Quant au crédit agricole, la base n'en est-elle pas dans toutes les petites
sociétés mutuelles et locales, et le noyau naturel de celles-ci n'est-il pas le
syndicat agricole ? N'est-ce pas, d'ailleurs, sur ce principe que repose la loi
de 1894, et les tentatives heureuses déjà faites dans cette direction ne
montrent-elles pas combien les organisations de ce genre sont supérieures
aux caisses officielles et aux banques d'Etat ?

Enfin, qui maintiendra la paix et l'harmonie sociales contre les
attaques du socialisme agraire, sinon ces associations syndicales qui
réunissent et rapprochent toutes les classes, qui reposent sur la confiance
et l'assistance mutuelles, qui favorisent l'arbitrage, la conciliation entre
leurs membres et qui, en attendant l'organisation encore problématique
d'une représentation officielle de l'agriculture, assurent à celles-ci, avec
les grandes sociétés agricoles, une représentation effective et des plus
autorisées ?

M. Duport s'était à peine rassis au milieu de bravos prolongés, que
M. Méline, se levant à son tour, donnait une éclatante confirmation
aux paroles de notre président. Lui aussi a proclamé la haute
utilité de l'association agricole et les bienfaits des syndicats, en affirmant son intention de s'appuyer de plus en plus sur eux pour réaliser les réformes qu'il a en vue. Voici, d'ailleurs, la partie essentielle de son discours :

Je suis venu au milieu de vous afin de témoigner de mon intérêt, de
l'intérêt du gouvernement, pour l'œuvre de progrès démocratique et d'apaisement social que vous poursuivez, en même temps que de mon admira-

tion pour l'homme de grand cœur et de haute intelligence qui a si bien compris les besoins de son temps et qui donne un si noble exemple de désintéressement et d'amour de l'humanité.

L'entreprise à la tête de laquelle il s'est placé, arrive à son heure dans une société où s'agitent tant de redoutables problèmes ; vous avez compris que, pour les résoudre, il fallait les regarder bien en face et les aborder par le côté pratique et scientifique. Vous avez déclaré la guerre au rêve et à l'utopie et c'est pour cela que votre action s'étend chaque jour, que votre autorité grandit et que l'attention publique commence à se tourner vers vous.

Vous avez voulu embrasser dans votre effort toutes les branches de l'activité nationale. Après vous être consacré aux ouvriers de l'industrie, pour lesquels vous avez organisé, l'année dernière, un concours qui a eu tant de retentissement, vous n'avez pas voulu oublier les travailleurs de la terre, qui sont les premiers artisans de la richesse nationale.

Vous arrivez à eux avec ce concours, unique dans son genre par son caractère généreux et de haute portée morale.

Chose curieuse et bien digne de remarque, vous n'avez rien eu à apprendre à ceux que vous appeliez ici ; c'est de ce monde agricole, qu'on avait cru pendant si longtemps voué à l'esprit de routine invétérée et dépourvu de toute initiative, qu'est partie l'étincelle qui doit régénérer le monde moderne.

C'est lui qui, le premier, a compris et appliqué la grande formule de solidarité et de mutualité qui contient la vraie, la seule solution possible du problème social. C'est d'elle que procède ce mouvement immense qui est en train de s'accomplir sur tous les points du territoire et qui ne fait que commencer.

M. le comte de Rocquigny vient, dans son remarquable rapport, si précis et si lumineux, d'en analyser les résultats. Après l'avoir entendu, vous avez dû être frappés comme moi de l'infinie variété et de la fécondité des œuvres enfantées par l'esprit d'association et de la souplesse de ce merveilleux instrument des syndicats qui se prête à toutes les combinaisons, à toutes les évolutions du progrès. Quel chemin parcouru depuis le jour où ils n'étaient que de simples intermédiaires pour l'acquisition des semences et des engrais ! Rien ne les effraie ni ne les décourage. Dès qu'un problème se pose, ils en cherchent tout de suite la solution pratique et ils la trouvent presque toujours.

Je suis peut-être moins surpris qu'un autre de cet élan merveilleux parce que je l'ai vu naître à côté de moi dans le milieu modeste où j'opère.

Vous avez bien voulu accorder une récompense au petit syndicat que j'ai contribué à fonder à côté du comice agricole que j'ai l'honneur de présider, et je vous en remercie, car il mérite à tous les titres les éloges que vient de lui décerner votre honorable rapporteur ; il a réalisé, par la force de l'association, tout ce qu'on pouvait attendre de lui.

Après s'être essayé pendant quelques années comme simple intermédiaire pour la vente des engrais et du bétail, il s'est progressivement enhardi et émancipé. Il a fondé une banque mutuelle conformément au type créé par la loi de 1894, dont je suis fier d'avoir été le principal promoteur, car elle est destinée à doubler la force et l'action des syndicats. La banque que nous avons ainsi fondée ne nous a pas donné une seule déception.

Du crédit mutuel, nous avons été à l'assurance mutuelle, qui en est le complément logique, la condition essentielle ; l'un enfante l'autre, comme le principe la conséquence.

Notre assurance, à peine créée, s'est mise à marcher et progresse tous les jours.

Comme nous sommes ambitieux et, en notre qualité de montagnards, très obstinés, nous rêvons déjà d'une caisse de secours et de retraite ; nous y arriverons certainement un jour.

Voilà ce qu'on peut faire, ce que tout le monde peut faire avec ce levier tout puissant de la mutualité, qui permettra aux hommes de bonne volonté de soulever le monde.

Vous comprenez maintenant pourquoi je suis depuis longtemps un apôtre convaincu de la mutualité ; c'est à elle que je ramène de plus en plus toutes les mesures législatives que les pouvoirs publics peuvent prendre dans l'intérêt de l'agriculture ; c'est vers elle que je fais de plus en plus converger le concours de l'Etat. Elle est le vrai terrain sur lequel peuvent se concilier l'intervention de l'Etat et les droits de l'individu.

Dans quelques jours, je proposerai au Parlement la création de banques régionales mutuelles, chargées de recevoir et de répartir entre les banques locales les ressources considérables que la convention avec la Banque de France va mettre entre nos mains. Je compte sur l'action énergique des syndicats pour donner, à ce moment, une impulsion décisive à la mise en marche du crédit agricole, trop lente à mon avis. Je suis convaincu que l'appel que je leur adresse aujourd'hui sera entendu par les hommes dévoués que j'ai devant moi, et qui ont su donner à cette grande institution des syndicats une direction si sûre et une impulsion si vigoureuse.

Je me propose de faire une opération analogue pour les assurances mutuelles agricoles contre la grêle et la mortalité du bétail. J'ai demandé à la commission du budget d'introduire dans la loi de finances un article qui permet de transformer le fonds de secours pour accident, qui donne à chacun une assistance si misérable, en un fonds de subvention pour les assurances mutuelles. Ici encore, il est nécessaire que les syndicats répondent à l'appel du législateur, en se mettant partout à la tête de sociétés d'assurances mutuelles, et en en prenant l'initiative. Nous ne serons plus alors condamnés, dans des années calamiteuses comme celle-ci, à être les témoins impuissants de l'immense détresse de nos campagnes ; avec un peu de prévoyance dans les bonnes années, nous serons garantis contre les risques désastreux des mauvaises.

Quand tout cela sera fait, quand toutes ces lois salutaires seront en plein fonctionnement et qu'elles auront produit leurs fruits, l'agriculture sera transformée et redeviendra ce qu'elle était autrefois : la première industrie du pays. Nous pourrons alors lui demander de comparer et de juger ; elle verra clairement où sont ses véritables amis et pourra choisir entre ceux qui travaillent sans relâche pour elle, en améliorant sans cesse les conditions de la production, en transformant progressivement la société actuelle, et ceux qui prêchent son renversement, sans savoir exactement ce qu'ils mettront à la place, et qui se perdent en belles paroles et en promesses irréalisables.

Le discours de M. le président du Conseil a été interrompu à chaque instant par de chaleureux applaudissements et la péroraison a soulevé l'enthousiasme de l'assemblée.

M. le comte de Chambrun a parlé le dernier. Dans une courte allocution, le généreux bienfaiteur a exprimé, en termes émus, son espoir dans la paix sociale :

« Je suis heureux, a-t-il dit, de la belle fête d'aujourd'hui ; mais combien plus belle sera celle de l'année prochaine, où nous pourrons voir les ouvriers agricoles eux-mêmes en blouse et en souliers ferrés, venir recevoir les quelques rentes viagères que nous pourrons leur donner ! »

Le soir, à sept heures et demie, un banquet de deux cent cinquante couverts réunissait, chez M. le comte de Chambrun, 12, rue Monsieur, tous les délégués des syndicats agricoles de France, les lauréats du concours et quelques représentants de la presse parisienne. M. le comte de Chambrun présidait, ayant à ses côtés M. Siegfried, président du Musée social et M. Cheysson, président de la section agricole de ce Musée.

Au dessert, M. le comte de Chambrun a prononcé une courte allocution sur les syndicats agricoles. Il a terminé en portant un toast, longuement applaudi, aux humbles travailleurs des champs. Après lui, MM. Siegfried, sénateur, Kergall, Cheysson et Em. Duport ont porté des toasts également goûtés de la nombreuse assistance. Puis les invités se sont dispersés dans les salons de l'hôtel où une excellente musique et des buffets somptueusement servis ont prolongé la fête fort avant dans la nuit.

Ainsi s'est terminée cette belle séance, que l'on a justement appelée la fête des syndicats agricoles. Pleine et entière justice y a été hautement rendue à nos bienfaisantes institutions, dont on peut tout attendre pour le relèvement de l'agriculture nationale.

Cette journée mémorable qui, sans aliéner notre liberté, était la reconnaissance officielle de nos Associations, constituait pour l'Union du Sud-Est un triomphe éclatant, puisqu'elle rapportait de ce tournoi pacifique le cinquième des prix distribués et que le syndicat modèle créé par son distingué président y gagnait haut la main la première place.

N'était-ce point justice et ce magnifique mouvement que venait de mettre en lumière le concours Chambrun n'avait-il pas son origine dans le sein de notre Union et n'était-ce point de sa féconde initiative autant que du zèle et du dévouement éclairé de son conseil qu'étaient parties ces œuvres admirables qui avaient étonné et ému cet auditoire parisien pour qui le syndicat agricole et son œuvre étaient une véritable nouveauté !

La première à la peine, toujours sur la brèche, l'Union venait d'être inscrite, à la face de la France agricole, en tête du tableau d'honneur, c'était une juste et légitime compensation que la France syndicale souligna de sa plus unanime approbation.

C'est une page d'histoire, à jamais gravée dans le cœur de tous les syndicats agricoles de France, et surtout dans le cœur des agriculteurs de l'Union du Sud-Est, que cette belle journée du concours de Chambrun, qui a été comme la consécration et l'apothéose de l'œuvre agraire.

M. Méline, au nom du Gouvernement, a solennellement félicité les paysans de France des nobles et grandes choses qu'ils avaient su enfanter par l'association : « Votre action s'étend chaque jour, a-t-il dit, votre autorité grandit et l'attention publique commence à se tourner vers vous ».

Mais il ne suffisait pas de saluer le passé, d'applaudir à tant de résultats si lumineusement révélés par le remarquable rapport de M. le comte de Rocquigny. L'occasion était bonne pour prédire l'avenir, pour faire luire toutes nos espérances aux yeux des patriotes, qui s'étaient rendus à l'appel de M. le comte de Chambrun « l'homme de grand cœur et de haute intelligence qui a si bien compris les besoins de son temps, et qui donne un si bel exemple de désintéressement et d'amour de l'humanité ». Il fallait dire à la France entière avec quelle foi ardente nos campagnes marchent vers la solution du problème social et tout ce qui doit sortir de fécond du syndicat agricole, ce merveilleux instrument d'où a jailli « l'étincelle qui doit régénérer le monde moderne ».

Cela, M. Duport l'a dit, avec sa haute autorité, dans un magnifique discours, il l'a dit, parce que M. le comte de Chambrun avait tenu à confier au président du Syndicat agricole de Belleville-sur-Saône, lauréat du premier Grand Prix, et aussi au président de l'Union du Sud-Est, le soin de parler au nom de tous les syndicats agricoles de France. Cette attention est allée droit au cœur de chacun de nous, et le Bureau ne manqua pas de se faire l'interprète de tous les membres de la grande famille agraire du Sud-Est, pour remercier d'abord leur insigne bienfaiteur, M. le comte de Chambrun, et en même temps leur cher président, M. Duport, dont le grand mérite et la haute situation sont pour eux un élément de légitime fierté et de confiance inébranlable dans le succès de l'œuvre qu'il dirige avec tant d'intelligence et d'activité.

M. de Rocquigny a eu raison de dire qu'on ne pouvait séparer l'homme de l'institution: Prenez, par exemple, les syndicats agricoles d'Allex et de Crest qui sont, eux aussi, de l'Union du Sud-Est et ont obtenu, au concours, le quatrième Grand Prix de 2,000 francs. Est-ce que cette distinction, très justement méritée d'ailleurs par un des groupes de ruraux de notre région les plus actifs et les plus animés de l'esprit de solidarité professionnelle, ne se justifiait pas par la seule présence, à leur tête, de l'apôtre infatigable qui porte le nom unanimement respecté de Gaillard-Bancel?

De même pour le syndicat agricole de Belleville-sur-Saône, celui que M. Deschanel a appelé : le syndicat modèle ! « le jury ne pouvait, a dit le rapporteur, isoler du Syndicat de Belleville la personnalité, si marquante dans le mouvement syndical agricole, de son président fondateur, M. Emile Duport, qui préside en même temps et inspire l'Union Beaujolaise, la grande Union du Sud-Est, forte de 155 syndicats affiliés, qui groupent 40,000 cultivateurs, et la Coopérative agricole du Sud-Est, prodiguant à toutes ces entreprises fécondes de l'association libre son action incessante et son dévouement sans limites ».

Oui, c'est bien un dévouement sans limites ; et c'est en nous inspirant tous, petits et grands, de ses leçons et de sa foi ardente, que nous mènerons à bien l'œuvre de progrès et d'apaisement social à laquelle il nous convie.

Le Bureau de l'Union pouvait se présenter avec confiance devant ses électeurs, il n'avait pas démérité et, le 2 décembre, devant la nombreuse assistance qui se pressait dans les salons du Grand Café pour sa dixième assemblée générale annuelle, M. Duport, le véritable triomphateur du concours Chambrun, pouvait, avec joie, regarder le passé, avec confiance envisager l'avenir.

Laissons-lui la parole et écoutons, comme d'habitude, son rapport de fin d'année :

« Les syndicats agricoles font désormais partie de nos institutions nationales ». Telles sont les paroles que je prononçais en terminant mon rapport sur l'exercice de 1895, puis j'ajoutais : « Qui sait même, si quelque jour, ils ne seront pas le pivot sur lequel s'appuieront les défenseurs de la société pour résister aux insensés qui la menacent, foulant à leurs pieds jusqu'à l'idée de la patrie ? »

Ne vous semble-t-il pas, Messieurs, que ces paroles ont reçu, le 31 octobre dernier, la consécration du fait accompli. En effet, l'événement de l'année syndicale, l'événement capital, que j'ai le devoir de placer en tête de ce rapport, c'est la reconnaissance en quelque sorte officielle, par le président du Conseil des Ministres, M. Méline, de l'action si éminemment patriotique et sociale des syndicats agricoles.

Grâce à la générosité intelligente de M. le comte de Chambrun, ce noble vieillard dont les yeux sont fermés, mais dont l'intelligence a su voir non seulement le passé et le présent, mais encore et surtout l'avenir réservé à nos associations, le grand concours organisé entre tous les syndicats agricoles a eu un plein succès. Plus de 1.600 syndicats, exactement 1.676, ont été invités à y prendre part et 153 sont restés sur les rangs pour le classement définitif; finalement 75 récompenses ont été accordées aux plus méritants. Concours important entre tous, puisque ces associations représentent plus de 600.000 agriculteurs groupés dans le même esprit de défense et d'amour pour leur profession, pour leur sol, pour la terre de France.

A l'Union du Sud-Est, nous avons le droit d'être très fiers des récompenses obtenues par nos syndicats, puisqu'ils ont enlevé cinq prix, six médailles d'argent et trois médailles de bronze, soit 20 % des récompenses accordées, mais c'est surtout par le classement que notre véritable supériorité s'est affirmée. En effet, nous avons eu deux grands prix sur quatre, dont le premier, qui a été accordé au Syndicat de Belleville-sur-Saône, et le quatrième, *ex æquo*, aux Syndicats d'Allex et de Crest, fondés et présidés par notre si sympathique collègue, M. de Gailhard-Bancel. Grâce à nos lauréats, nous avons donc le droit de constater que la région du Sud-Est tient véritablement la tête du mouvement syndical.

La fête qui a clôturé ce concours pour la distribution des récompenses a été un événement considérable, car le président du Conseil des ministres y a déclaré qu'il avait tenu à la présider « pour témoigner hautement de l'intérêt du gouvernement pour l'œuvre de progrès démocratique et d'apaisement social que nous poursuivons ».

Puis il a ajouté que : « Les premiers nous avions compris et appliqué la grande formule de solidarité et de mutualité qui contient la vraie, la seule solution possible du problème social. »

Ce sont là de belles et bonnes paroles dont nous prenons acte, aussi nous espérons que, désormais, il ne sera plus permis à certains fonctionnaires de feindre d'ignorer jusqu'à l'existence de nos syndicats, à plus forte raison de les traiter en adversaires.

Oui, nos syndicats sont indépendants et libres et ils entendent rester tels, car seule, la liberté peut leur conserver tous ces dévouements qui font leur force, mais cela ne veut pas dire, comme on l'a prétendu trop souvent, qu'ils soient des instruments d'opposition. En vérité, ceux qui disent ces choses ne nous connaissent pas, autrement ils sauraient que nous plaçons le but de nos efforts bien au-dessus des partis. Je tiens donc à le leur déclarer une fois de plus : nous n'appartenons et n'appartiendrons jamais à aucun parti politique, parce que nous appartenons à la patrie tout entière, à la France.

C'est pour la dixième fois que nous allons faire revue de vos divers services; vous en ressentirez, je le crois, une impression de confiance dans la solidité de notre œuvre.

Quel chemin parcouru depuis cette première assemblée générale dans une petite salle obscure de la rue du Garet, en présence de neuf délégués ! Alors nous ne savions pas exactement nous-mêmes comment diriger notre marche ; sans route tracée, nous n'avions d'autre boussole que celle de notre dévouement pour nous conduire au but à peine entrevu, un meilleur avenir social. Aujourd'hui, nous marchons sur un chemin, long sans doute, je n'en veux pas calculer la longueur, celle-ci importe peu à notre ardeur, mais un chemin nettement tracé, bien qu'il ne soit pas encore débarrassé de tous les obstacles ; chemin que nous pouvons suivre sans crainte de nous égarer. Au surplus, si nous avons encore quelques ponts à construire, quelques roches à faire sauter, nous avons acquis une telle force que je n'ai plus d'inquiétude, nous y suffirons. — Je redouterais bien plutôt les fondrières qui se creusent parfois dans les routes de création récente par suite du passage des troupes, non d'avant-garde, mais des corps d'armée plus nombreux qui arrivent après et par ceci j'entends indiquer à ces troupes qui nous suivent qu'il faut bien se garder de quitter la chaussée construite en 1884, chaussée solidement ferrée par dix années de travail ; toute incursion dans le champ politique ou religieux, serait-elle limitée à un simple cheminement sur les à-côtés, est dangereuse, les meilleures routes ne sont-elles pas bordées de fossés ? la nôtre est, du reste, suffisamment large pour que tous y puissent passer dans le présent et dans l'avenir ; en sortir serait une faute sans excuse.

L'an dernier je me félicitais des heureux résultats obtenus par notre intervention, si rapide, au moment où il était question du vote d'un impôt global et progressif sur le revenu ; je vous disais qu'il fallait nous montrer unis, non pas seulement à l'heure du danger, mais encore en tout temps pour faire réfléchir nos adversaires, pour soutenir nos défenseurs, la bataille pouvant reprendre à tout instant, soit sur ce terrain, soit sur tout autre.

La nouvelle année était à peine à son début, que déjà l'on annonçait à grand fracas une interpellation des socialistes, comme conséquence d'une vaste enquête que les députés de ce groupe organisaient dans tout le pays, pour déterminer, disaient-ils, les causes de la crise agricole. Il était facile de prévoir, à en juger par la forme captieuse du questionnaire envoyé, les conclusions que l'on espérait tirer de cette prétendue consultation faite, non pas auprès des associations, mais auprès d'individualités soigneusement choisies.

L'on avait compté sans nos syndicats. Inutile de dire ici la manière habile dont ils ont su déjouer cette manœuvre ; mais nous pouvons rappeler avec orgueil que notre organisation, mise sous les yeux de M. Deschanel, vice-président de la Chambre des députés, lui a fourni nombre d'arguments pour ce merveilleux discours sous lequel la phraséologie de son adversaire s'est évanouie en fumée.

Mais c'est surtout dans le vote du dégrèvement de 25 millions du principal de l'impôt foncier, à commencer par les plus petites cotes, que la réelle importance de notre rôle économique s'est affirmée. Qui ne se souvient de ces pétitions que nous avons fait signer par nombre de conseils municipaux et dont tous avaient été saisis ; et ces innombrables petits almanachs envoyés

par la poste, et nos vœux incessants repris sans jamais nous lasser à cha=
cune de nos assemblées générales, qui pourrait nier que le vote de cet
important dégrèvement n'en a pas été la conséquence forcée?

L'émission de vœux par nos associations a, du reste, une réelle importance, ainsi que des députés me l'ont affirmé en plus d'une occasion ;
tout à l'heure vous aurez à en voter plusieurs, tous suffisamment motivés
pour qu'il soit inutile de vous en donner ici les considérants ; je veux
toutefois en signaler quelques-uns à votre plus particulière attention.

C'est d'abord le vœu sur la représentation de l'agriculture, qui doit être
élue sur les mêmes bases que la représentation du commerce et de l'industrie, vœu qu'il faut d'autant plus maintenir dans son intégrité, qu'un projet
de loi actuellement pendant devant les Chambres en méconnaît gravement
le principe fondamental. Le Congrès national des Syndicats, réuni à
Orléans en mai dernier, a condamné ce projet qui, nous l'espérons, sera
abandonné par son auteur ou, tout au moins, profondément remanié ; à
défaut, nos syndicats resteront la véritable représentation des agriculteurs.

Le vœu relatif aux négociations d'un traité de commerce avec l'Italie
reste bien d'actualité, car, si l'on en parle moins depuis quelques mois,
nous n'en sommes pas moins convaincus que des pourparlers ont lieu en
vue d'arriver à un traité avec nos voisins d'au-delà des Alpes, traité que
nous ne repoussons pas systématiquement, mais nous voulons que l'on
sache bien que si l'on touche au tarif minimum établi sur les produits
agricoles, et ceci afin de payer la rançon d'avantages concédés à l'industrie
ou au commerce, nous ne nous laisserons pas sacrifier sans crier, ni surtout sans en dénoncer les auteurs responsables.

Un autre vœu, qui doit prendre place désormais dans nos revendications
annuelles jusqu'à ce que nous ayions obtenu satisfaction, c'est celui qui a
pour objet d'obtenir que les syndicats agricoles, qui deviennent chaque jour
plus nombreux, plus importants, cessent d'être attachés au ministère du
commerce, où ils n'ont, certes, rien à faire, pour être rattachés au ministère de l'agriculture, dont ils relèvent plus normalement. — Du reste, si
les syndicats agricoles dépendent actuellement du ministère du commerce,
c'est uniquement parce que la loi de 1884 n'avait été faite que pour les
ouvriers de l'industrie, il ne faut pas l'oublier, c'est là l'explication véritable de cette étrange anomalie qui fait que des associations professionnelles, qui n'ont et ne veulent rien avoir de commercial, ont pour prétendu
défenseur de leurs droits spéciaux un ministre et des bureaux qui ne
voient et ne veulent voir en eux que des *marchands*. Ne croyez pas que
j'invente, je relève cette expression dans une lettre du ministre du commerce relative à la taxe de vérification des poids et mesures. Prenons-y
garde ; à laisser se perpétuer un état de choses aussi anormal, nous arriverions bien vite à être gratifiés de la patente par les soins de notre
ministre.

Agriculteurs nous sommes, agriculteurs nous voulons rester et, groupés
sous l'égide de la loi de 1884 en associations professionnelles, nous demandons et l'on ne peut raisonnablement nous le refuser, nous demandons à
être défendus désormais par le ministre de l'agriculture.

Au surplus, voici, dans la pratique, comment les choses se passent, c'est de la bouche de M. Méline lui-même que je tiens le renseignement. Les syndicats s'adressent tout naturellement au ministre de l'agriculture lorsqu'ils se jugent victimes d'une mesure administrative abusive comme, par exemple, l'application de la taxe de vérification des poids et mesures, ou la taxe de pharmaciens-droguistes; remarquez que je n'invente rien, je cite. Le ministre de l'agriculture, tout président du Conseil qu'il est, se voit forcé de s'adresser aux ministres compétents, le ministre des finances pour le premier cas, le ministre de l'intérieur pour le second, c'est du moins ce que vous croyez. Pas du tout, le ministre de l'agriculture, et vous avez compté sans la sacro-sainte bureaucratie, ne peut s'adresser à ces ministères qu'en passant par l'intermédiaire obligatoire du ministre du commerce, puisque les syndicats agricoles dépendent de ce ministère.

C'est donc l'adversaire né des libertés de nos syndicats, le défenseur forcé du commerce, qui doit faire valoir le bien fondé de nos réclamations. C'est désolant! car vous vous doutez bien de la manière dont les bureaux y procèdent, c'est en nous accablant qu'ils nous défendent, je viens d'en avoir la preuve, aussi n'est-il que temps de commencer une campagne énergique pour faire cesser un état de choses qui n'est pas sans présenter de graves dangers pour l'avenir de nos associations.

Pendant les douze derniers mois, nous avons admis quarante-deux syndicats dans l'Union, qui en compte actuellement cent soixante-un (1). Jamais encore nous n'avions eu à enregistrer un tel accroissement dans le nombre des syndicats unis; c'est la conséquence du mouvement que nous signalions dans nos rapports précédents, mouvement qui tend à la création des syndicats à petites circonscriptions.

Nous le répétons, dans les pays où la propriété est très divisée, comme dans notre région du Sud-Est, c'est cette forme que nous croyons la plus propre à assurer le résultat que nous cherchons avant tout autre, une meilleure entente sociale.

Assurément, les syndicats à grandes circonscriptions ont rendu, rendent et rendront de réels services, mais, s'ils veulent aborder les problèmes sociaux qui se posent de plus en plus comme but suprême de nos efforts, il faudra qu'ils constituent dans leur sein de nombreuses sections permettant des groupements communaux dont tous les adhérents se connaîtront, le Syndicat ne jouant plus alors vis-à-vis de ces groupes que le double rôle d'une sorte de coopérative et d'une union locale ou sous-union, ainsi que l'on a souvent appelé ces unions restreintes formées dans le sein des grandes Unions régionales.

C'est un moyen de remédier aux inconvénients des syndicats à très grande circonscription; il en est un autre qui semble mériter, sinon la préférence, du moins une attention égale. Le voici: constitution d'une Union départementale ou d'arrondissement réunissant autour du grand syndicat tous les petits syndicats du département ou de l'arrondissement, heureux de se grouper à côté de leur grand frère pour étudier en commun les intérêts économiques de la région. — Ce système présente de sérieux avantages; d'abord il ne modifie rien à ce qui existe, il se borne à compléter l'organisation, il permet le développement illimité des initiatives loca-

(1) Pl. n° 4.

les, qu'il laisse naître à leur heure, puisqu'en attendant, l'organisation actuelle subsiste; il donne aussi la cohésion indispensable pour la défense professionnelle d'intérêts souvent spéciaux; enfin, il laisse entière la centralisation des affaires matérielles entre les mains d'une grande coopérative régionale, seul moyen d'être véritablement forts en face du commerce.

Assurément, ce chiffre énorme de cent soixante et un syndicats, chiffre qui s'élèvera peut-être à deux cents au cours de l'exercice prochain, ne permet pas à l'administration de l'Union du Sud-Est, quelque dévouée qu'elle soit, de pouvoir diriger effectivement et dans tous ses détails toutes ces associations, aussi, est-ce avec un véritable plaisir que nous voyons naître des sous-unions, appelées à rendre de grands services aux petits syndicats trop éloignés.

Pour favoriser le développement de ces Unions, le Conseil de l'Union a décidé hier d'accorder la suppression du minimum de 5 francs de cotisation aux syndicats qui, faisant déjà partie de l'Union du Sud-Est, entreraient dans une de ces Unions locales; en retour, ces Unions voudront bien n'admettre que des syndicats faisant partie de l'Union régionale, seul moyen de conserver cette unité qui a fait notre force; c'est, du reste, ce qui se fait avec les Unions, déjà vieilles de dix ans, de la Drôme et du Beaujolais.

Au cours de l'année, nous avons vu se créer l'Union des Syndicats de Saône-et-Loire et l'Union des Dombes, présidées, la première par M. Prosper de l'Isle, membre de notre Conseil, la seconde, par M. Ducurtyl, président de notre Comité de législation et de contentieux. C'est assez dire dans quel esprit ces Unions ont été fondées. Bientôt nous pensons pouvoir annoncer la création de l'Union de la Loire, décidée en principe; d'autres suivront, sans doute, car c'est une conséquence de l'énorme accroissement du nombre des syndicats; nous aiderons donc à ce mouvement de toutes nos forces, car sa réalisation sera comme le complément de notre organisation économique et sociale.

L'Union du Sud-Est, comme vous le savez, s'occupe très activement des meilleurs moyens à employer pour promouvoir l'enseignement agricole dans les écoles primaires rurales. Vous avez dû recevoir diverses circulaires sur cet intéressant sujet, dont l'importance ne vous aura pas échappé. Notre dévoué vice-président, M. Antonin Guinand, a bien voulu assumer la lourde tâche de présider la commission spéciale chargée de cette organisation délicate; ce soir il vous dira en détail tout ce qui a été décidé.

Nous ne nous dissimulons certes pas les difficultés à vaincre, nous entrevoyons bien que notre concours ne sera peut-être pas accepté partout, mais, même dans ce cas, nous avons la certitude que l'exemple donné sera encore très utile, car il devra être suivi dans toutes les écoles; or, il en résultera d'importantes et utiles modifications dans les programmes.

Il semble aussi qu'il soit possible de former des comités de Dames pour s'occuper spécialement de l'instruction professionnelle des petites filles de nos cultivateurs; je sais telle région, par exemple dans le Pas-de-Calais, où de semblables comités existent; la fermière expérimentée y coudoie la femme du grand propriétaire, chacune apporte sa part d'expérience ou de connaissances: pendant que l'une donne des leçons de pratique sur la tenue de l'étable ou de la basse-cour, l'autre s'occupe de l'hygiène, surtout pour les tout petits enfants, de l'entretien du linge ou des mille soins du ménage. — De cette collaboration, il peut résulter beaucoup de bien de genres fort différents; ce serait intéresser les femmes à cette belle œuvre des syndicats agricoles, où leur place est d'autant mieux marquée qu'à côté des questions matérielles nous plaçons de plus en plus les œuvres sociales et d'assistance.

J'ai causé, l'hiver dernier, avec l'une des dames de ce comité du Pas-de-Calais que je viens de citer, une Lyonnaise, que je voudrais pouvoir nommer, car son nom de famille et celui de son mari, sont synonymes de dévouement social ; or, je vous assure qu'elle m'a paru très intéressée par ses fonctions de présidente ; j'ai vu son livre de concours couvert de notes prises durant les examens et j'ai compris qu'elle était littéralement empoignée par l'idée de tout le bien qu'elle savait faire à toutes ces fillettes, et par elles à la France de demain.

Oui mes amis, il faut chercher les moyens d'intéresser la femme à nos syndicats, croyez-moi, notre force sociale en serait bien vite doublée, et le moyen de l'y intéresser, ce peut être, ce doit être, l'enseignement professionnel aux petites filles des écoles rurales.

Successivement vous allez entendre les rapports présentés par ceux de nos collègues qui ont plus particulièrement assumé la direction des services qui en font l'objet, mais je veux auparavant, et en attendant les remerciements que vous leur adresserez, leur dire combien je leur suis reconnaissant du précieux concours qu'ils me donnent. La tâche est lourde, bien souvent je fléchirais sous le fardeau, si je n'étais aidé par ces dévoués, dont il n'est que juste que je cite les noms ; trop souvent, en effet, l'on attribue tout le mérite au général en chef, alors qu'une large part en revient à l'état-major. Vous les connaissez bien, du reste, ce sont nos amis Guinand, Riboud, de Fontgalland, Ducurtyl, de Bélair, Richard, Silvestre, des travailleurs de la première heure, des convaincus de la grandeur de l'œuvre.

Oui l'œuvre est vraiment grande qui peut faire naître de tels dévouements et surtout les voir grandir à l'épreuve du temps.

Rien ne saurait les lasser, rien ne saurait nous décourager, et lorsque nous aurons atteint la limite de nos forces, Dieu suscitera d'autres hommes pour prendre notre place à la tête de cette belle Union du Sud-Est que nous sommes fiers d'avoir conduite à ce degré d'organisation parce que nous savons qu'elle peut devenir un merveilleux instrument de défense sociale et de prospérité nationale.

L'Assemblée a écouté avec la plus grande attention ce résumé des travaux de l'année, et a témoigné par ses applaudissements unanimes l'intérêt qu'elle prenait aux œuvres si prospères de l'Union du Sud-Est, tout en remerciant son président, M. Émile Duport, de son inaltérable dévouement.

A la suite de leur président, les rapporteurs habituels présentent leur exposé annuel : M. Richard, sur les finances ; M. Riboud sur le Bulletin et l'office du courtier ; M. Silvestre, sur l'Almanach ; M. Ducurtyl, sur le comité de contentieux et de législation.

Tous ces rapports prouvèrent, une fois de plus, la vitalité considérable de l'Union et furent une nouvelle preuve de ce que peut accomplir l'association du dévouement et du désintéressement.

La réunion du matin se termina par une modification aux statuts, faisant rentrer le département des Hautes-Alpes dans le sein de l'Union, comme département mixte ; en d'autres termes, les syndicats de ce département pourront, de ce fait, après entente préalable entre les deux Unions du Sud-Est et des Alpes-Provence, s'affilier à celle de ces Unions qu'ils jugeraient la plus utile à la défense de leurs intérêts.

Par un vote unanime de sympathie et de confiance, l'Assemblée clôtura sa réunion du matin en renouvelant pour une nouvelle période de trois ans, le mandat de MM. Duport, Guinand, Prosper de l'Isle et de la Boisse, leur adjoignant, M. de Gailhard-Bancel l'un des grands prix du concours Chambrun et l'un des apôtres les plus convaincus et les plus éloquents de la cause syndicale, l'un des premiers membres du Conseil lors de la fondation de l'Union.

Après le repas en commun, les délégués revinrent continuer leurs travaux ; c'est à cette séance du soir que fut définitivement réglée et organisée la participation de l'Union du Sud-Est dans l'établissement des Comptes de prévoyance contre la mortalité du bétail.

La question étant étudiée dans tous ses détails, dans un chapitre spécial, nous ne nous y arrêtons pas, non plus qu'au rapport de M. Guinand sur l'Enseignement agricole que nous retrouverons ailleurs et qui clôture brillamment la dixième assemblée générale de l'Union. Nous ne retiendrons de cette deuxième séance que les vœux.

VŒUX.

Transports par fer. — Que la classification des tarifs de transport, notamment pour les produits agricoles, soit révisée dans le plus bref délai possible.

Droits de douane sur l'importation des porcs et salaisons. — Que les droits de douane sur les porcs vivants soient portés à 20 francs par 100 kilogrammes ;

Que les droits de douane sur les porcelets du poids de 25 kilogr, et au-dessus, soient portés à 4 francs ;

Que sur la viande fraîche de porc, ces droits soient portés à 25 francs ;

Que les droits sur la charcuterie fabriquée soient portés à 80 francs ;

Que les droits sur les lards salés soient portés à 45 francs, et que les saindoux, qui ont toujours payé beaucoup moins que les lards, soient mis sur le même pied ;

Qu'on interdise d'une façon absolue la conservation des viandes autrement que par le sel, à l'instar de la Suisse, par exemple, où on saisit et détruit les jambons conservés par le borax, substance toxique ;

Qu'on surveille sévèrement la vente des saindoux entrant en France, ces saindoux ne contenant généralement que 30 à 35 % de saindoux, le reste étant on ne sait trop quoi, préjudiciable en tout cas à la santé publique ;

Que, puisqu'il est avéré que la viande de cheval entre dans la fabrication des saucissons de certaines maisons peu scrupuleuses, le débit de cette viande soit rigoureusement surveillé et qu'on impose aux commerçants l'obligation d'indiquer exactement la nature de la marchandise mise en vente ;

Sociétés coopératives.— Que le projet de loi sur les Sociétés Coopératives, tel qu'il a été voté une première fois par la Chambre des députés, soit repris et voté au plus tôt dans son intégralité.

Respect des droits des syndicats. — Considérant que le caractère juridique des syndicats agricoles a été déterminé par la loi du 21 mars 1884 ;

Qu'elle en a fait des êtres moraux, ayant, dans la mesure qu'elle détermine, tous les droits appartenant aux êtres privés ;

Que, dans le cercle de la vie civile où ils ont la faculté de se mouvoir, où ils agissent, achètent, et possèdent, ils ne sont astreints qu'aux mêmes obligations et sont couverts par les mêmes prérogatives ;

Que, par exemple, de même qu'un propriétaire simple particulier, qui détiendrait sous ses hangars une quantité quelconque de sulfate de cuivre, est à l'abri de toute recherche, de toute visite, de toute inspection, peut fermer sa porte aux inspecteurs et aux vérificateurs et se refuser à toute exigence du droit fiscal à ce sujet, de même le syndicat professionnel, ayant semblable personnalité, garanti par les mêmes droits, peut opposer les mêmes résistances ; que c'est l'être collectif, formé des membres de l'association, reconnu et constitué par la loi, qui détient pour chacun d'eux la marchandise, exactement comme si chaque syndiqué l'avait achetée et la détenait pour son compte individuel ;

Considérant que cette doctrine, qui assimile les syndicats aux personnes privées, est leur sauvegarde, comme affirmant la personnalité de chaque syndicat et les attributs qui se rattachent à toute personnalité reconnue et constituée par la loi, que dès lors ils ont intérêt à ne pas la laisser entamer ;

Considérant que, par ses actes, l'administration permet de croire qu'elle ignore ou qu'elle refuse d'admettre les conséquences juridiques de la loi du 21 mars 1884 ;

Que, par suite, elle fait obstacle au développement régulier des syndicats agricoles et, ce faisant, se met en opposition avec la volonté du législateur qui, non seulement en 1884, mais dernièrement, par l'ordre du jour de M. Deschanel qui a clos l'interpellation sur la crise agricole, a affirmé sa volonté « d'assurer par un ensemble de réformes législatives et par le développement du principe d'association et de mutualité, la défense du marché national et de la petite propriété, et la diminution des prix de revient » ;

Émet le vœu que le gouvernement rappelle ses subordonnés au respect de la loi du 21 mars 1884 et de la doctrine juridique qui en découle.

Ponts-bascules dans les gares. — Que les Compagnies soient invitées à munir autant que possible les gares rurales de ponts-bascules et, qu'on attendant, toute expédition faite pour une gare non munie de cet instrument, soit *obligatoirement* accompagnée de la déclaration de pesage au départ par le soin des employés de la Compagnie.

Ils demandent aussi que le contrôle de pesage à l'arrivée, lorsqu'il est demandé par le destinataire, soit fait gratuitement, le transporteur étant tenu de fournir la preuve qu'il délivre bien la marchandise qui lui a été confiée.

Institutions de prévoyance. — Considérant que c'est dans la mutualité que toutes les forces nationales, petites et grandes, peuvent se confondre et travailler en commun à faire la patrie grande et prospère ;

Considérant d'autre part, que le rôle de l'État doit se limiter, comme l'a déclaré M. le président du conseil, à Vesoul, à propos des risques agricoles, à soutenir et encourager les sociétés mutuelles d'assurances agricoles,

Répudie l'assurance par l'État et émet le vœu que le gouvernement facilite la création des institutions de prévoyance destinées à garantir les risques agricoles au moyen de la mutualité.

Droits sur les blés. — Que le gouvernement maintienne le droit de 7 francs par 100 kilogs sur les blés étrangers.

Répression du vagabondage. — Que la commission extra-parlementaire étudie non seulement les moyens de réprimer la mendicité et le vagabondage proprement dit, mais encore et tout spécialement le vagabondage en roulotte, pour obtenir qu'au besoin il soit légiféré, afin d'en permettre la répression.

Rattachement des syndicats agricoles au Ministère de l'Agriculture. — Qu'ils soient détachés au plus tôt de celui du commerce pour être rattachés à celui de l'agriculture.

Appel des réservistes et territoriaux. — Considérant qu'à la suite d'un vœu émis l'an dernier pour qu'à l'avenir l'autorité militaire fasse devancer ou reculer la date des appels, de façon à ce qu'elle ne se rencontre pas avec celle des vendanges ou des moissons, M. le Ministre de la guerre a bien voulu adresser une circulaire en ce sens à tous les chefs de corps d'armée ;

Mais, considérant que cette circulaire n'a pas été suivie d'effet et que cette année les appels ont eu lieu d'après les anciens errements,

Prie les chefs de corps de vouloir bien faire leur possible pour que, conformément à la circulaire ministérielle, les appels n'aient pas lieu en même temps que les vendanges ou les moissons.

Représentation de l'agriculture. — Considérant que la question de la représentation agricole est à l'ordre du jour de la Chambre des députés,

Reprenant le vœu que, chaque année, elle a régulièrement voté, réclame instamment une représentation professionnelle qui soit identique à celle du commerce et de l'industrie.

Poids et mesures. — Considérant que, dans son article 1er, l'ordonnance du 17 avril 1839 décide que « la vérification des poids et mesures, *destinés ou servant au commerce*, est faite sous la surveillance des préfets, etc., »

Considérant que ces mots : « *destinés ou servant au commerce* » définissent nettement le principe de la loi, que c'est la commercialité des opérations qui seule justifie la vérification ;

Considérant que le décret du 26 février 1873 n'a nullement modifié ce principe et que c'est d'ailleurs dans ce sens que la jurisprudence de la Cour de cassation s'est fixée dans les nombreux arrêts qu'elle a rendus et qui tous visent la *commercialité* des opérations de l'assujetti ;

Considérant que les opérations faites par les syndicats agricoles n'ont pas le caractère de commercialité puisqu'il n'y pas recherche du bénéfice, but lucratif ;

Considérant, cependant, que l'administration des poids et mesures émet la prétention de soumettre les syndicats agricoles à la vérification et que M. le Ministre du commerce consulté approuve, cette prétention ;

Mais que, sans tenir compte du principe ci-dessus rappelé, le Ministre du commerce se laisse guider dans son appréciation purement et simplement par les conditions matérielles de la répartition des marchandises et non par la nature des opérations; qu'il distingue notamment entre les livraisons réparties à quai de chemin de fer ne constituant pas d'après lui un véritable débit à la fidélité duquel doive présider la garantie publique, et les livraisons faites en magasins par quantités variables qui, au contraire, doivent, d'après lui, être soumises à la vérification ;

Considérant que cette distiction n'est en aucune façon juridique et que pour justifier sa manière de voir, le Ministre du commerce, sans se soucier du principe posé par l'article 1er de l'Ordonnance du 17 avril 1839, se contente d'affirmer qu'en pareil cas les syndicats qui font des livraisons en magasin « sont de véritables sociétés coopératives dont les opérations constituent l'exercice de la profession de marchands assujettis à la vérification par le décret du 26 février 1873 » ;

Considérant que, sans vouloir rappeler que les syndicats sont régis par la loi du 21 mars 1884, et ne sauraient dès lors être confondus avec les sociétés coopératives, il y a lieu de protester contre une mesure qui prétend atteindre les syndicats agricoles en tant que marchands, qu'il y a là une assimilation inadmissible ;

Considérant qu'à ne pas repousser de suite cette assimilation elle pourrait avoir pour ces associations des conséquences autrement graves,

Proteste contre la prétention de l'administration à vouloir assujettir les syndicats agricoles à la vérification des poids et mesures.

Warrants agricoles. — Que tout possesseur de bétail assuré contre la mortalité, propriétaire ou fermier, ce dernier avec l'autorisation de son propriétaire et après déduction de la valeur du cheptel, puisse warranter ledit bétail comme les autres produits agricoles.

Droits sur les chevaux. — Qu'un droit au moins égal à la somme d'impôts payée par nos éleveurs nationaux, soit 200 francs par animal, soit appliqué aux chevaux étrangers à leur entrée en France.

Tarif minimum. — Que dans les traités à conclure avec les nations étrangères, notamment avec l'Italie, il ne soit consenti aucune concession au-dessous du tarif minimum ;

Bibliothèques des gares. — Que le gouvernement intervienne auprès des compagnies de chemins de fer, afin qu'elles interdisent à leurs concessionnaires la vente d'ouvrages pornographiques dans les gares de leur réseau.

L'Union termine l'année par une protestation de son président adressée au Comité d'organisation du Congrès de la Démocratie Chrétienne, à Lyon.

Ce Congrès qui avait pour but l'étude et la discussion de questions bien étrangères à l'agriculture et aux syndicats, auquel aucun des membres du Bureau de l'Union n'avait pris part, avait profité de la grande faveur dont jouissaient les syndicats agricoles pour nommer une commission chargée de présenter un rapport sur les moyens de développer leur action. Il est à croire que dans cette commission il y avait peu d'hommes du métier, car le lendemain, les journaux annonçaient que le Congrès s'était prononcé énergiquement contre le principe de l'Association mixte, d'où la protestation suivante :

Monsieur,

Les journaux de ce matin, rendant compte des décisions prises au Congrès de la Démocratie Chrétienne dans la journée d'hier, annoncent que la préférence des congressistes s'est affirmée en faveur des syndicats agricoles composés exclusivement ou d'ouvriers ou de patrons, avec une commission mixte ; nous estimons qu'il est de notre devoir de protester, au nom des cent soixante-deux syndicats de l'Union, contre une semblable théorie.

L'idée créatrice des syndicats agricoles est précisément d'être des associations mixtes, composées d'ouvriers et de propriétaires unis pour s'entr'-aider. La théorie du Congrès tendrait simplement à substituer la lutte des classes à la lutte des individus. Or, le but est tout autre ; l'association mixte seule nous permettra d'arriver à une meilleure entente sociale.

Recevez, etc.

Les vice-présidents,	*Le président de l'Union,*
Guinand, Riboud.	E. Duport.

La paix sociale par les syndicats, c'est bien la caractéristique de l'année qui finit, de cette année mémorable qui fut, sinon la plus remplie, du moins la plus glorieuse pour nos associations.

Reconnaissance officielle des syndicats, hommage solennel rendu à leurs œuvres par le plus éminent de nos hommes d'État, c'est plus qu'il n'en fallait pour faire marquer 1897 d'une pierre blanche, mais ce n'est rien à côté de l'élan général qu'elle a donné aux œuvres sociales des syndicats. C'est en 1897 que ces vaillantes associations abordent vraiment la partie noble et belle de leur mission ; dès ce moment, ceux qui veulent voir comprennent que « l'avenir est aux syndicats agricoles et que l'association libre sauvera la France de la Révolution ».

Année 1898. — L'augmentation de l'effectif des syndicats unis qui, pendant l'année écoulée, avait été déjà très sensible, devient en 1898 un des faits les plus saillants et les plus remarquables puisqu'elle se signale par l'arrivée de 49 nouveaux syndicats contre 21 seulement en 1897. Le succès attire, pourrait-on dire, s'il n'était plus juste de reconnaître que peu à peu la force de l'association syndicale a eu raison des plus routiniers et des plus indifférents et que, le grand triomphe de 1897 aidant, des syndicats se sont formés, un peu partout, sur l'initiative souvent de ceux qui, au début, en avaient le plus vivement combattu le principe et l'utilité.

Inscrivons donc de suite les nouveaux venus par ordre d'admission (1) :

Janvier. — Bellecombe (Isère), Abergement de Cuisery (Saône-et-Loire).

Février. — Villieu (Ain) ; Chantesse (Isère) ; Saint-Joseph-au-Miroir, Péronne, Bussières (Saône-et-Loire) ; N.-D. des Vignes d'Ai-ton, N.-D. des Champs de Villarembert (Savoie).

Mars. — Bourg-Saint-Christophe, Thoissey (Ain); Vinsobres (Drôme); Saint-Cassien (Isère); Montbrison (Loire) ; Salornay-sur-Guye (Saône-et-Loire); St-Jean-Baptiste de Montgellafrey, Saint-Sorlin-d'Arves, Saint-François d'Entraigues, N.-D. de Myans, N.-D. de Valmeinier (Savoie).

Avril. — Saint-Antoine de Belley, Saint-Martin du Mont, Parcieux et Massieux (Ain); Tulette (Drôme) ; Roche, Sillans, Beaulieu, Montferrat, Cessieu, Bonnefamille (Isère) ; Saint-Michel, St-Jean d'Arves (Savoie).

Mai. — Mirabel-aux-Baronnies, Saint-Rambert-d'Albon (Drôme) ; Saint-André, Saint-Rémy, Montvernier (Savoie).

Juin. — Anjou, La Buissière (Isère) ; Montaimont et St-Avre (Savoie).

Août. — Saint-Maurice-de-Beynost, Léaz-Crédo, Saint-Paul-de-Varax (Ain) ; Perreux, Soleymieux, Saint-Rambert-sur-Loire (Loire).

Novembre. — Brangues-Saint-Victor, Vinay (Isère) ; Bron (Rhône).

---

(1) Pl. nº 2 et 4.

Si nous en exceptons le deuxième concours Chambrun qui se termine comme le premier, tout à l'honneur de l'Union, l'année 1898 n'offre aucun fait bien saillant dans la vie de l'Union.

De l'humble maison de la rue du Garet qui abrita pendant dix ans ses premiers débuts, l'Union — succès oblige — transporte tous ses services dans un magnifique local de la place de la Miséricorde, au centre de ce quartier industrieux qui a été l'origine et le point de départ de l'industrie lyonnaise. Sans luxe, mais commodément, elle loge avec elle tous ses services, donnant la plus large hospitalité à sa grande fille, la Coopérative, qui a grandi, elle aussi, à l'ombre de sa mère, dont elle est aujourd'hui le plus précieux et le plus fidèle appui.

En même temps, et conséquence heureuse de l'accroissement constant de son action et de ses services, l'Union complète son bureau en donnant à son distingué secrétaire-général M. Ch. de Bélair, un coadjuteur qui sera, l'avenir nous le prouvera, une des plus précieuses recrues qu'ait enfanté le mouvement syndical.

C'est à la réunion du 3 février que M. Em. Voron, docteur en droit et professeur à la Faculté catholique de Droit, reçoit l'investiture officielle de secrétaire général adjoint de l'Union du Sud-Est et, bien qu'ayant été le premier promoteur de cette candidature, il nous sera bien permis de féliciter le Bureau de l'Union d'avoir ratifié un choix que notre vive amitié pour le titulaire souhaitait depuis longtemps.

A l'école de son collègue, M. de Bélair, dont la haute culture intellectuelle et morale n'a d'égal qu'un excès de modestie, M. Voron se trouvait bien placé pour comprendre rapidement toute la beauté du mouvement syndical; nous verrons dans la suite que la foi de ses collègues ne tarda pas à le gagner, lui aussi, puisque aujourd'hui il est autant que nous tous un apôtre convaincu, autant que distingué, de la grande œuvre sociale pour laquelle nous combattons !

La fin du mois de février nous ramène l'Assemblée générale de l'Union centrale de Paris; l'Union du Sud-Est y est, comme toujours, très largement représentée par ses membres les plus actifs et les plus autorisés et, dans toutes les questions à l'ordre du jour, c'est le plus souvent le récit de ce qu'ils ont fait chez eux qui indique aux délégués de la France syndicale le véritable moyen d'aboutir.

Ces grandes réunions annuelles ont une importance considérable, car elles ont pour but d'élargir la grande pensée de la confraternité professionnelle et de faire pour les associations ce que nous avons fait pour ceux qui les composent. Si nous sommes unis entre cultivateurs, c'est que nous avons senti le besoin de nous aider les uns les autres; il en est de même des syndicats qui, une fois formés, doivent se tenir unis pour produire chaque jour davantage et contribuer au succès de l'œuvre commune.

Partout les syndicats se sont groupés en Unions locales, puis en Unions régionales. Mais cela ne suffit pas. Un groupe, même régional, ne saurait se désintéresser de la vie et des aspirations des groupes voisins. Il doit s'inspirer de leurs exemples, il doit aussi leur apporter son contingent d'activité et d'intelligence et surtout il doit s'entendre avec eux pour avoir une ligne de conduite uniforme. Tous d'accord, c'est alors la France agricole disant ce qu'elle veut et pouvant le dire avec autorité. Et lorsque les représentants de nos syndicats se trouvent réunis, s'instruisent mutuellement, apprennent à penser de même, ils retournent chez eux autrement sûrs d'eux-mêmes, autrement forts, mettre avec une ardeur nouvelle tout leur dévouement au service de leurs collègues.

C'est là la raison d'être de l'Union Centrale et de sa session annuelle ; c'est là le secret de sa puissance car c'est bien une puissance cette Union qui est la représentation vivante des intérêts agricoles; mais combien plus autorisée serait cette représentation si elle comptait dans son sein tous les syndicats agricoles de France !

Le Concours Chambrun a bien apprivoisé beaucoup de sauvages, comme les appelait humoristiquement le grand philanthrope, mais il en reste encore en dehors des Unions et cette abstention est une entrave à cette solidarité qui doit réunir en un seul et solide faisceau toutes les forces rurales de notre pays.

De cette session de 1898 qu'en rapportent les délégués de l'Union ? nous laissons là-dessus la parole à l'un d'eux, M. Léon Riboud :

Le 28 avril, première journée de la session, a débuté par un compte rendu de chaque Union régionale. Marche des Syndicats, accroissement des effectifs, créations annexes, achats, ventes, œuvres de prévoyance, d'assistance, de crédit, tout a été passé en revue, successivement, par région. Et de cette grande variété de renseignements, il est ressorti cette constatation que le Syndicat à petite circonscription gagne chaque jour du terrain, qu'il s'affirme comme le meilleur mode d'éducation des intéressés, et que là où il existe de grands Syndicats, il est bon que leurs membres soient groupés par commune ou canton, pour mieux les faire profiter des bienfaits de l'association.

S'occupant de la taxe des poids et mesures, l'Assemblée a maintenu sa décision de l'an dernier, déclarant que les syndicats agricoles doivent résister aux prétentions de l'administration. D'ailleurs la question est pendante devant le Conseil d'Etat.

A propos de la patente, il a été affirmé très nettement qu'un syndicat ne pouvait livrer des marchandises à un tiers, c'est-à-dire à une personne ne faisant pas partie de l'association et que par tiers on devait entendre, non seulement un individu étranger au Syndicat, mais aussi un autre syndicat ; de telle sorte qu'un syndicat agricole ne peut acheter des marchandises pour les revendre à un autre syndicat. De plus, il a été reconnu qu'il ne servait à rien à un syndicat agricole de payer patente pour échapper aux conséquences de la loi de 1884, qu'il peut néanmoins être dissous par le procureur de la République, s'il livre des marchandises à des tiers, en violation de la loi, parce que la mesure fiscale ne saurait arrêter l'action publique. Au surplus, on s'est demandé si la mise à la patente est conciliable avec la doctrine juridique découlant de la loi de 1884, ce dont il est permis de douter, et sur ce point une longue et intéressante discussion a eu lieu.

Enfin, on a analysé l'acte par lequel un syndicat achète des marchandises pour ses membres et il a été démontré une fois de plus que le syndicat n'achète pas pour revendre, mais bien pour répartir, quand bien même il achète en prévision, et quand bien même la répartition a lieu dans un entrepôt, contrairement à l'opinion émise par M. le Ministre du commerce.

La seconde journée a été consacrée à l'étude de l'assurance et de l'assistance.

Dans le domaine de l'assurance, l'Assemblée s'est préoccupée tout d'abord des moyens à employer pour garantir les cultivateurs contre les pertes de bestiaux. Il a semblé que l'article 6 de la loi de 1884 pouvait difficilement servir de base à une caisse de secours mutuels contre la mortalité du bétail, et que la mutualité réglée par le décret de 1868 n'était pas à la portée des paysans. Aussi a-t-on envisagé plus particulièrement ce mode de prévoyance comme service spécial du syndicat par utilisation de l'article 3.

On a abordé ensuite l'examen de l'assurance contre les accidents professionnels. A ce sujet, la « Solidarité orléanaise », fondée à Orléans sous le patronage de l'Union du Centre, a fait part de son intention d'étendre ses opérations sur tout le territoire. L'Assemblée ne s'y est nullement opposée, mais il a été entendu que cette société ne pourrait faire signer des polices dans la circonscription d'une Union régionale, qu'après accord avec la Chambre syndicale de cette Union.

Les caisses de secours mutuels et les caisses de retraites ont donné lieu à de très intéressantes observations. On a rappelé les créations des syndicats de Castelnaudary et de Montmarault relativement aux retraites pour la vieillesse, et l'on a reconnu qu'il y avait grand intérêt à répandre ces institutions dans nos campagnes. En ce qui concerne les sociétés de secours mutuels, l'Assemblée a été d'avis d'attendre le vote de la loi nouvelle sur la matière, tout en recommandant aux syndicats de chercher à aboutir aux mêmes résultats en comprenant l'organisation des secours parmi les services de l'association.

Le crédit agricole et l'enseignement professionnel ont occupé les séances de la troisième journée.

Naturellement les représentants des syndicats ont porté leur attention surtout sur le projet de loi relatif aux caisses régionales de crédit agricole mutuel. Les critiques ont été nombreuses, et les modifications demandées ont eu spécialement pour but, d'abord de ménager l'avenir des petites sociétés locales de crédit agricole, en second lieu de permettre à toutes les sociétés ou banques locales, sous quelque régime qu'elles soient constituées, de profiter des dispositions de la future loi. Un vœu très net a fait part à M. le président du Conseil des *desiderata* de l'Union centrale à ce sujet.

Sur l'organisation de l'enseignement agricole dans les différentes régions, les détails les plus intéressants ont été donnés. Et non seulement il a été parlé de l'enseignement primaire, qui, sur l'initiative des syndicats, est donné dans un grand nombre d'écoles, surtout dans les écoles libres, mais il a été question aussi de l'enseignement secondaire et même de l'enseignement supérieur. Sans parler de la Bretagne, qui a été la première à comprendre toute la portée d'une telle organisation, dans plusieurs Unions régionales les programmes de première et de seconde année ont été rédigés, l'enseignement est régulièrement donné aux enfants et les jurys d'examen fonctionnent. L'avenir, dans nos campagnes, est au certificat agricole, qui facilitera la condition du cultivateur et le retiendra aux champs en lui apprenant à aimer sa profession. Il y a là une œuvre féconde et patriotique et ce ne sera pas le moindre mérite de nos associations syndicales, d'avoir su résoudre pratiquement le problème de l'enseignement professionnel.

Enfin l'assemblée a écouté avec le plus grand intérêt une communication de M. le comte de Rocquigny sur le second concours institué par M. le comte de Chambrun en vue d'attribuer des rentes viagères à un certain nombre d'ouvriers agricoles, présentés par les syndicats qui ont été primés au concours de l'an dernier.

.·.

Le lendemain, 3 mars, a eu lieu l'Assemblée générale.

Dans un résumé très complet des travaux de l'année, le distingué président de l'Union du Sud-Est a fait ressortir toute l'importance du mouvement syndical agricole et le rôle de plus en plus efficace de l'Union centrale. Puis on a passé aux vœux.

Telle est l'économie de la session de 1898. Ceux qui y ont pris part n'ont certes pas perdu leur temps, et cela doit suffire pour encourager tous les autres présidents de syndicats agricoles à les imiter l'an prochain. C'est dans ces réunions, en coudoyant certains de ces hommes animés d'une foi ardente, qu'ils comprendront vraiment la puissance de l'idée qui les mène. Ils y trouveront aussi la récompense de leurs efforts, en voyant apparaître, dans un avenir toujours plus rapproché, le triomphe de l'œuvre à laquelle ils donnent le meilleur de leur temps et de leur cœur.

Les intérêts professionnels de ses 40.000 adhérents étant directement engagés dans la campagne électorale qui s'ouvre en mai pour le renouvellement de la Chambre, l'Union, par l'organe de son président, soumet à tous les candidats de ses 10 départements le programme agricole ci-dessous en demandant à chacun d'eux de l'accepter comme candidat et de le défendre comme député.

PROGRAMME AGRICOLE.

1° Maintien du tarif des douanes ;

2° Compléter le dégrèvement de 25 millions qui vient d'être voté, jusqu'à extinction du principal de l'impôt sur les terres, par l'application du produit de la conversion ;

3° Suppression de l'impôt sur les boissons hygiéniques, et des droits d'octroi sur les objets d'alimentation ;

4° Représentation de l'agriculture. Constitution du corps électoral dans des conditions analogues à celles établies pour la représentation du commerce et de l'industrie ;

5° Organisation de l'assistance dans les campagnes avec le concours des associations professionnelles, et réforme des lois et règlements administratifs qui entravent l'action de l'initiative privée ;

6° Abrogation des dispositions législatives qui entravent la création des Sociétés coopératives, des caisses agricoles d'assurances, de crédit, de retraites, de secours mutuels, etc. ; et vote de la loi coopérative ;

7° Modification des programmes d'enseignement des écoles rurales, afin de donner aux enfants des campagnes des notions, à la fois théoriques et pratiques, d'agriculture ;

8° Règlementation du droit d'initiative parlementaire de façon à enrayer les abus de propositions de dépenses;

9° S'opposer à l'introduction dans nos lois de tout système d'impôt progressif ou dégressif, quelle que soit la forme sous laquelle il se présente et quel que soit l'impôt pour lequel on cherche à l'introduire ;

10° Entrer résolument dans la voie de la décentralisation administrative ; à cette fin, provoquer et voter toutes mesures de nature soit à développer l'autonomie des conseils municipaux et généraux, soit à favoriser l'action féconde de l'initiative privée.

Adressées personnellement au président, les réponses furent classées par circonscriptions et chaque président de syndicat reçut directement un état de ces réponses pour les candidats de sa région.

Là se borna le rôle de l'Union, car, avec sa sagesse habituelle, son Bureau estima qu'il devait laisser à chaque syndicat le soin d'en prévenir ses adhérents.

L'Union se borna à rappeler aux intéressés que derrière ses 200 syndicats il y avait plus de 40.000 électeurs dont les intérêts agricoles devaient être pris en sérieuse considération; nombreuses furent les réponses, et exception faite pour deux ou trois candidats malheureux, qui s'étonnèrent de l'ingérence de l'Union, sa démarche strictement professionnelle fut unanimement approuvée.

Devenus députés par la grâce du suffrage universel, les candidats ont-ils tenu leurs promesses ? Il ne rentre pas dans notre cadre de l'examiner ici, mais il rentre certainement dans le rôle économique des syndicats de rappeler, de temps en temps, les besoins de leurs adhérents au bon souvenir de leurs mandants.

Pendant que s'effectue la rentrée des Chambres et que le ministère Méline se retire après les incidents que tout le monde connaît, la Cour de cassation règle le différend pendant entre l'administration des finances et les syndicats en décidant que ceux-ci seront dorénavant soumis à la vérification des poids et mesures.

Avec beaucoup de sagesse, l'Union fait part, en ces termes, de cette décision aux syndicats unis :

« Bien qu'ignorant encore les termes mêmes de l'arrêt et l'espèce dans laquelle il a été rendu, le Bureau de l'Union croit devoir conseiller aux syndicats unis de ne plus s'opposer, au moins provisoirement, à la vérification. Il va de soi que la question reste entière, malgré l'arrêt de cassation du 20 mai et tant que la Cour suprême ne se sera pas prononcée sur le jugement du Tribunal de simple police de Crest. Néanmoins, et sans vouloir reconnaître comme bien fondée la décision de la Cour, mais simplement pour éviter à d'autres syndicats les frais et les désagréments de poursuites, même temporaires, le Bureau croit devoir, par prudence, conseiller d'abandonner la lutte, pour l'instant, jusqu'à ce que la question ait été nettement tranchée par la justice ou le parlement ».

Nous arrivons ainsi au concours régional de Lyon, dont nous n'aurions pas à parler s'il n'avait été l'occasion, pour tous les agriculteurs de nos dix départements, d'affirmer leur reconnaissance envers le distingué président de l'Union, M. Duport.

La Société des agriculteurs de France ayant offert un objet d'art et un diplôme d'honneur pour être attribués au représentant de la famille agricole du département du Rhône, qui, de notoriété publique, pouvait être donnée en exemple aux cultivateurs de la région, c'est à l'éminent président de l'Union qu'un vote unanime décerna cette haute distinction.

Nos lecteurs, qui, au cours de cette monographie, ont pu, peu à peu, admirer les hautes qualités de M. Duport, nous seront reconnaissants de leur donner ici, avec le rapport de M. Riboud, les moyens d'apprécier mieux encore les services rendus à la cause agricole par notre cher président.

Messieurs,

Conformément aux instructions de M. le président de la Société des agriculteurs de France, M. Joannard, délégué de la Société, a invité un certain nombre de ses collègues de la région à rechercher autour d'eux, dans le département du Rhône, « la famille honorable la plus connue par l'ancienneté et la continuité de ses services ou travaux agricoles, jouissant, à tous les points de vue, d'une bonne réputation, ayant donné des preuves de dévouement à la culture dont le mérite ne saurait être légitimement contesté par personne, qui, de notoriété publique, s'est consacrée, de père en fils, à l'agriculture et qui pourrait être donnée en exemple aux cultivateurs de la contrée ».

Un exemple de dévouement, d'honorabilité, de mérite professionnel ! Vous conviendrez, Messieurs, pour peu que vous ne soyez pas étrangers à la vie agricole de notre région, qu'un nom devait tout naturellement se présenter à l'esprit de chacun de nous : j'ai nommé M. Emile Duport. Et de fait, lorsque nous fûmes réunis en commission, le 10 de ce mois, pour arrêter notre choix, le nom de notre distingué compatriote sortit spontanément de toutes les bouches ; tous nous fûmes unanimes à reconnaître que, s'il est, dans notre département, un agriculteur dont le mérite ne saurait être légitimement contesté par personne, qui, par son dévouement, son énergie, ses services, peut être donné comme modèle aux autres, c'est, sans contredit, M. Emile Duport.

Notre tâche était dès lors fort simplifiée, contrairement à ce qui a lieu d'ordinaire en pareil cas. Restait pourtant à savoir si la famille de M. Duport était connue par l'ancienneté et la continuité de ses travaux agricoles, si, de notoriété publique, elle s'était consacrée, de père en fils, à l'agriculture. Vous allez en juger.

Le père de notre collègue se nommait Saint-Clair Duport. Il était né en 1804, à Lyon. Actif, d'une intelligence supérieure, passionné pour l'étude des sciences, en particulier de la chimie, il se trouva admirablement préparé le jour où, après plusieurs années passées à l'étranger, notamment au Mexique, il se consacra tout entier à la gestion de ses propriétés et à la pratique agricole.

Il était grand propriétaire terrien dans la Haute-Savoie, dans le Rhône et dans le Morvan. C'est à lui que le Morvan doit en grande partie sa prospérité, car c'est par lui qu'il fut initié à la méthode du chaulage qui a totalement transformé la culture de cette région.

Il fut bientôt un des lauréats les plus marquants des concours agricoles, et il est à noter que c'est sur son initiative que le concours régional de Lyon, du 14 avril 1851, fut, pour la première fois en France, ouvert à tous les produits de l'agriculture.

Les concours agricoles n'étaient primitivement que des expositions d'animaux. Postérieurement, on y admit les instruments. Mais ce n'est qu'en 1851, et par arrêté préfectoral, en date du 8 mars, que, sur un rapport de Saint-Clair Duport, les concours furent ouverts à tous nos produits. Il y aura donc bientôt cinquante ans qu'eut lieu, précisément dans notre ville, le premier concours régional, général si je puis dire, tel que celui qui se tient en ce moment. Heureuse coïncidence, n'est-il pas vrai, Messieurs, puisque, pour fêter cet anniversaire, il nous est donné de pouvoir célébrer les mérites du fils en rappelant les services du père.

Dans cette même année 1851, Saint-Clair Duport était élevé à la présidence de la Société d'agriculture de Lyon, et les procès-verbaux de l'époque indiquent toute l'importance du rôle qu'il a joué dans ces fonctions.

Utilisant ses connaissances remarquables en chimie, qui lui avaient valu d'être décoré de la Légion d'honneur et devaient, plus tard, le faire nommer président de l'Académie des sciences et lettres de Lyon, il présente de nombreux rapports sur l'emploi, alors inconnu, des substances chimiques en agriculture.

Il faut citer notamment une très curieuse étude sur l'utilisation du noir animal, comme engrais, qui déjà faisait entrevoir ce que les phosphates seraient un jour pour nos récoltes. Il faut citer aussi un rapport, du 14 mars 1851, dans lequel il expose ses idées sur l'emploi du sel par les cultivateurs, et ses conclusions sont telles que son rapport semble écrit d'hier.

Nommé également à la présidence de la Société d'agriculture d'Autun, il y déploie la même activité féconde. Ses essais, ses réflexions font l'objet de nombreuses communications, de nombreux mémoires. La liste de ses ouvrages est longue, et je me contenterai de vous signaler ici deux de ses brochures : l'une sur « La culture du blé en France », l'autre sur « La création d'une banque hypothécaire ». Cette dernière est une démonstration lumineuse de ce qu'aurait pu être l'institution du Crédit foncier, elle est en même temps comme la première manifestation de ce grand mouvement du crédit agricole qui, au bout de cinquante ans, est sur le point d'aboutir.

Savant, économiste, Saint-Clair Duport fut aussi un vrai praticien. Cultivateur habile, toujours à la recherche des améliorations culturales, sans se départir pourtant de la prudence que ne doit jamais faire oublier l'amour du progrès, il sut gérer utilement le bien de famille et enseigner à ses fils, qui ont certes profité de la leçon, comment un grand propriétaire peut être en même temps un véritable chef d'exploitation.

Profitons, nous aussi, Messieurs, de cet enseignement, et félicitons-nous de pouvoir le répandre en saisissant l'occasion qui nous est offerte de faire revivre cette grande figure lyonnaise, qui honore notre cité et notre profession.

Par sa mère, M. Emile Duport appartient également à l'une des plus anciennes familles terriennes du Beaujolais. Sa propriété de Briante, commune de Saint-Lager, était déjà cultivée en 1763 par son arrière grand-père, Antoine-Marie Beillard, qui fut, à la fin du siècle dernier, le plus grand planteur de vignes de cette région.

Voilà, Messieurs, en peu de mots, ce qu'a été, au point de vue professionnel, la famille de M. Duport, et je ne crois pas exagérer, en disant qu'il n'est peut-être pas un autre agriculteur, dans notre région, qui puisse se réclamer d'un passé plus honorable et plus digne de la reconnaissance de notre Société.

Ce n'est pas tout d'ailleurs. Si nous regardons du côté des biens de Madame Emile Duport, nous voyons que la propriété que notre sympathique collègue exploite à Vaugneray, appartient à sa femme, en qualité d'unique et dernière descendante de la famille Brun, par suite d'héritages successifs, en ligne directe et ininterrompue, depuis 1525 au moins. Vous pouvez en croire un vieux parchemin, d'une belle écriture gothique, qui nous raconte, en latin, qu'à cette époque un pré fut vendu par les sires du Mont-d'Or, à l'ancêtre de Mme Duport. Et ce pré s'appelle encore le pré Mont-d'Or.

La demeure, alors comme aujourd'hui, était le Logis Neuf. Et en contemplant ce toit vénérable, qui, depuis plus de quatre siècles vraisemblablement, abrite les générations successives d'une même famille d'agriculteurs, en constatant l'état florissant de ces cultures, on songe, émerveillé, à tout ce que ce sol a dû coûter de labeur, à tout ce que ce foyer a dû connaître de vertus domestiques. Belle peinture de fidélité professionnelle, de stabilité territoriale, qui console de tant de défaillances et raffermit dans leur croyance tous ceux qui voient dans le respect du nom, le culte du passé et la religion de la famille, la meilleure garantie de la paix sociale.

M. Emile Duport est-il donc le représentant d'une famille honorablement connue par l'ancienneté et la continuité de ses travaux agricoles? La question me semble jugée.

Mais son œuvre personnelle ? Ah ! Messieurs, si j'avais reçu pour mission de vous en faire le tableau fidèle, avec tous ses détails, si votre Commission m'avait chargé de retracer, année par année, jour par jour, l'existence de M. Duport agriculteur, j'aurais certainement décliné cet honneur. Il faudrait des pages et des pages pour donner une idée à peu près exacte de tout ce qu'a déjà enfanté cette nature énergique, cette intelligence puissante, cette imagination ardente. Aussi je fais appel à votre indulgence et je vous demande la permission de m'en tenir à une modeste esquisse, j'allais dire à une simple pochade.

Négociant pendant les premières années de sa vie, M. Duport n'hésita pas, lorsque le phylloxéra vint attaquer ses vignes, à quitter les affaires pour se consacrer à la lutte contre le terrible fléau. Il fallait, sans plus tarder, sauver le patrimoine amassé par les anciens, il fallait aussi venir au secours de ces braves vignerons dont certains étaient les collaborateurs de son arrière-grand-père.

Dès 1876, il plante ses premiers ceps américains. Ce sont des essais, il observe. En 1879, il crée, sur la montagne de Brouilly, sa vigne greffée, qui arrêta définitivement sa conviction et fut pour les viticulteurs des communes environnantes un précieux enseignement.

Persuadé désormais que le salut est dans la reconstitution par les plants greffés, il conseille énergiquement comme porte-greffes : le Solonis, le Riparia et surtout le Vialla, ce porte-greffe par excellence du Beaujolais. Il se fait le propagateur de ce dernier cépage, le défend contre des critiques souvent peu justifiées et n'hésite pas à l'employer pour la plus grande partie de la reconstitution, aujourd'hui entièrement achevée, d'un important vignoble de 75 hectares.

Entre temps, il publie deux petits opuscules : *Remarques pratiques sur la culture de la vigne* et *La vinification en Beaujolais* : il n'est pas de ceux qui gardent le silence, quand ils savent que le fruit de leur expérience peut rendre service à leurs voisins.

S'il n'a pas le temps d'écrire, il discute. Il aime tant la discussion ; il trouve une telle jouissance à ces réunions où il peut lutter courtoisement pour ses idées. Et là où il y trouve peut-être le plus de charme, c'est au sein de notre savante Société régionale de viticulture de Lyon qui compte, parmi ses membres, de si éminents spécialistes. Professeurs et praticiens, propriétaires et vignerons l'écoutent, frappés de la sûreté de son jugement, même dans ses moments d'entraînement, de fougue parfois débordante mais toujours sincère.

Il n'y a pas de doute, il est passionné pour la vigne, l'une des plus belles pierres précieuses du collier de la France, au point qu'il se passionne même pour ceux que le même amour enflamme. Rappelez-vous le culte voué par lui à notre grand Pulliat. Si, maintenant qu'il est président de la Société régionale de Viticulture de Lyon, M. Duport éprouve quelque joie réelle à ces hautes fonctions, c'est assurément aujourd'hui, alors qu'il est appelé à célébrer lui-même, là-haut, au pays natal de son vénéré prédécesseur, les services immenses rendus par ce savant qui fut aussi un homme de bien.

Mais le champ de la Société de viticulture ne suffisait pas à l'activité de notre vaillant collègue. Dès 1887, pris de cette soif d'être utile aux autres, qui va devenir le mobile de tous ses actes, il fondait le Syndicat agricole de Belleville-sur-Saône, le plus ancien du Beaujolais, un des plus anciens de France.

Il avait pressenti toute la puissance de l'idée d'association. Confiant dans ses destinées, il se lance dans ce magnifique mouvement syndical qui, nulle part dans notre pays, n'a pris plus d'extension que dans notre région du Sud-Est.

Vous savez de quoi est capable un apôtre. Le canton ne répond bientôt plus à ses généreuses ambitions. Il rêve une œuvre grande, gagnant de proche en proche. Il fait des adeptes, et sous l'impulsion de sa parole et de ses démarches, naissent successivement les quatre syndicats du Beaujolais, dont il forme l'Union beaujolaise des syndicats agricoles, qu'il préside depuis dix ans.

Il fait plus. D'autres groupements apparaissent à l'horizon. Il accourt, triomphe de toutes les hésitations, rallie toutes les bonnes volontés et prend une part prépondérante à la création de cette belle Union du Sud-Est dont il devait devenir le président à la mort du regretté Gabriel de Saint-Victor.

Depuis lors, quel chemin parcouru ! Le nouveau président de l'Union du Sud-Est ne connaît pas d'obstacles. De toute part, à sa voix, surgissent des syndicats dans la circonscription de l'Union, et aujourd'hui ils sont deux cents, unis les uns aux autres, qui le reconnaissent pour leur chef aimé et respecté.

Dans les autres régions, il vient en aide à ses collègues, il les pousse à la création d'autres Unions régionales, et finalement use de toute son influence pour faciliter la fondation de l'Union centrale des syndicats des agriculteurs de France.

Arrive 1894. Lyon a organisé une grande manifestation du travail national. L'occasion était bonne pour donner au pays une première idée du mouvement agraire. M. Duport fait appel à tous les syndicats agricoles de France ; quatre cents de ces associations prennent part au premier congrès national des syndicats agricoles, sous la présidence de notre collègue.

A ce moment commencent à venir à lui les premières marques de reconnaissance La section d'Economie sociale de l'Exposition de Lyon lui décerne une médaille d'or en témoignage de son action personnelle dans l'œuvre de régénération du monde agricole ; et, en même temps, tous ses amis, tous ses collaborateurs, humbles paysans et grands propriétaires, s'entendent, souscrivent et lui offrent un objet d'art pour lui exprimer leur gratitude, leur sympathie, leur estime et le remercier de son dévouement sans bornes.

A la même époque, il devenait candidat officiel de notre Société et était élu membre du Conseil de la Société des agriculteurs de France. Qui de vous n'a été frappé de son heureuse intervention dans nos Assemblées générales, de l'intérêt de ses communications, du rôle qu'il joue dans les conseils de notre Société ?

Mais les honneurs ne l'ont jamais détourné de sa route. Il a son programme, il le suit, c'est le relèvement social et économique des paysans qu'il poursuit ; tous les problèmes à résoudre, il les abordera successivement.

La loi du 21 mars 1884 confie aux syndicats le soin d'étudier et de défendre les intérêts de la profession ; il crée aussitôt un Comité de contentieux et de législation, avocat-conseil de tous les syndicats de l'Union. Mais pour que les intéressés acquièrent une juste notion de leurs droits et des moyens propres à les faire respecter, il faut leur en parler, faire leur éducation, les instruire ; il fonde alors un Bulletin mensuel, un Almanach, et enfin une commission supérieure de l'enseignement agricole qui, par ses examens et ses récompenses, redonnera à l'agriculture la place à laquelle elle a droit dans les préoccupations de nos directeurs d'écoles primaires.

D'autre part, il constate que les syndicats agricoles rencontrent souvent de grandes difficultés pour rendre à leurs membres les services matériels qu'ils leur doivent ; il organise un office de courtier et plus tard la Coopérative agricole du Sud-Est, fournisseur attitré et dévoué de la plupart des associations syndicales de la région, dont l'utilité et le bon fonctionnement, grâce à l'habile direction de M. Duport, se trouvent suffisamment démontrés par un chiffre d'affaires qui est déjà de plus de 2 millions par an.

Ce n'est là du reste, que le petit côté de l'œuvre. Secourir les agriculteurs, ne consiste pas seulement à leur permettre d'acheter à meilleur compte. Un homme comme le président de l'Union du Sud-Est, fervent adepte de la mutualité, mû par les plus purs sentiments de solidarité et de fraternité professionnelles, devait avoir un idéal plus élevé. Ce qui occupe surtout sa pensée et lui étreint le cœur, ce sont tous ces malheurs contre lesquels, dans leur isolement, les cultivateurs ne peuvent rien : grêle, mortalité du bétail, indigence, accidents, maladie, mort. Il cherche le remède, il le voit dans les institutions de prévoyance, et successivement il crée l'aide-mutuelle, l'assistance des vieillards et des orphelins, l'assurance contre les accidents du travail, l'assurance contre la mortalité du bétail ; et, à son sommaire de l'avenir, sont encore inscrites : la caisse de secours contre les indigents, l'assurance contre la grêle, l'assurance contre l'incendie, la caisse de retraites pour la vieillesse.

Mais comme toujours, il faut de l'argent, même en association. Où trouver des ressources ? Des souscriptions, des dons, des legs ? Oui, les institutions agraires auront un jour leurs bienfaiteurs. En attendant il y a un capital inépuisable, sur lequel compte M. Duport, « et qu'il entend mettre en valeur, en l'allant chercher où il se trouve, dans les habitudes de travail et d'économie du paysan français ». C'est alors qu'il fonde sa caisse de crédit agricole mutuel, basée sur le Syndicat. « Ah ! Messieurs, disait-il à Paris, songez à quel degré de prospérité et de puissance un pays aussi agricole que le nôtre pourra prétendre, lorsqu'il donnera son maximum de production par l'emploi de nouveaux procédés de culture mis à la portée de tous les travailleurs, au moyen de l'association aidée du crédit ; ce serait la France plus riche et plus forte, ce serait l'avenir ».

Toutes ces idées, il les répand avec un zèle infatigable ; il les précise, il en montre le sens et la portée, afin de donner à toutes les bonnes volontés une direction unique et sûre. Partout, dans les Bulletins de l'Union du Sud-Est et de l'Union beaujolaise, dans ses brochures, dans ses entretiens continuels avec les présidents des syndicats unis, dans ses correspondances presque quotidiennes avec ses collègues des différentes régions, dans les Congrès, dans les réunions de l'Union centrale à Paris, au Musée social, à Nice même où le grand philanthrope, qui s'appelle le comte de Chambrun, réunissait en sa villa, le 1er mars 1897, les représentants des neuf Unions régionales de syndicats agricoles, et leur demandait le bilan du mouvement agraire, partout M. Duport, avec l'ardeur et la conviction que vous lui connaissez, trace et développe son idéal.

Tant d'efforts, un tel exemple de désintéressement et d'amour du prochain, devaient avoir un jour leur récompense. Ce jour arriva le 31 octobre 1897, au Musée social, à la suite du concours institué par M. le comte de Chambrun, entre tous les syndicats agricoles de France.

Ce jour-là se mesura le travail de chacun, et lorsque le rapporteur, M. le comte de Rocquigny, proclama, en tête des lauréats : premier grand prix, le syndicat de Belleville-sur-Saône, il eut soin d'ajouter, aux applaudissements de tous : « Le jury ne pouvait isoler du Syndicat de Belleville la personnalité, si marquante dans le mouvement syndical agricole, de son président fondateur, M. Emile Duport, qui prodigue à toutes les entreprises fécondes de l'association libre son action incessante et son dévouement sans limites. »

Félicitons-nous, Messieurs, de pouvoir, à notre tour, grâce à la Société des agriculteurs de France, rendre un hommage sincère à toutes les qualités de notre collègue, et lui offrir une nouvelle distinction digne de lui.

Celle-ci, j'en ai la conviction, sera celle qui lui ira le plus au cœur, non seulement parce qu'il la tiendra de ses pairs, mais aussi, mais surtout, parce que sa piété filiale pourra en reporter en grande partie l'honneur à celui dont il continue si dignement les traditions et le nom.

Après avoir été honorée dans la personne de son président, l'Union, quelques semaines plus tard, avait de nouveau les honneurs du

Musée social à l'occasion du concours entre les travailleurs de la terre, organisé par M. le comte de Chambrun, au profit des syndicats récompensés en 1897.

On sait la pensée de M. le comte de Chambrun : après avoir classé les syndicats les plus méritants, le comte de Chambrun voulut faire pour le travail agricole ce qu'il avait fait pour l'industrie, en mai 1897. Une circulaire fut donc envoyée, dans les premiers mois de 1898, à chacun des présidents des syndicats couronnés à la fête de 1897, les priant de présenter leurs vieux travailleurs de la terre pour l'obtention soit d'une rente viagère de 200 fr., soit d'une médaille.

Le jury fut nommé à Paris, comptant dans son sein les présidents de toutes les Unions régionales avec mission, sur les titres de chacun, d'établir un classement et de distribuer les récompenses : 35 rentes viagères de 200 fr. et 45 médailles.

La plus favorisée, l'Union du Sud-Est obtient 9 rentes de 200 fr , 6 médailles d'argent et 20 médailles de bronze.

Tout le mérite revient assurément à cette forte race de paysans dont nous sommes si justement fiers. Les titres exceptionnels des principaux lauréats en fournissent la preuve. Les titulaires des médailles de bronze ne sont guère moins méritants ; ils n'ont eu que le tort de se trouver habiter une région où de semblables exemples de stabilité et de labeur ne sont point rares. Aussi beaucoup de syndicats de l'Union, et tous ceux de l'Union Beaujolaise notamment, complétèrent-ils cette belle œuvre en créant, au profit de leurs travailleurs simplement médaillés, une rente viagère de 100 fr.

Ce n'était là qu'un premier résultat, nous devions faire plus encore dans un avenir relativement rapproché, soit grâce à de nouveaux dons, soit par le libre jeu de véritables caisses de retraites pour la vieillesse.

Honneur soit donc rendu à M. le comte de Chambrun, dont la pensée généreuse a tracé la voie dans laquelle d'autres se sont engagés après lui ; mais honneur aussi aux vieillards qui ont su conquérir les premières places dans ce concours, par leur vie toute de labeur et de probité.

Ils sont un exemple qu'il est salutaire, à notre époque, de montrer aux jeunes générations éprises de la vie des villes : puisse-t-il être suivi, nous serions alors plus rassurés sur l'avenir de notre pays ; le paysan laborieux, aimant le sol qu'il cultive, est en effet la véritable force de notre grande patrie.

C'est donc après cette nouvelle moisson de lauriers que l'Union arrive à sa 11e assemblée générale, tenue dans les salons du Grand Café, le 29 novembre.

Pour la première fois, les salons, cependant spacieux, ne suffisent plus à contenir les 500 délégués qui, de tous les points de la région, sont venus apporter leur témoignage de sympathie aux hommes de dévouement et d'initiative qui dirigent l'Union, et puiser à leur contact cette foi vive qui fait la force, qui crée les apôtres.

Mêlons-nous au milieu des assistants où les blouses et les vestons confectionnés coudoient la redingote et la jaquette élégantes, et écoutons le rapport de fin d'année du président Duport :

L'année qui vient de s'écouler a été particulièrement féconde en créations utiles et, cela m'est une grande joie de le pouvoir constater. Notre Union a vu non seulement le nombre des syndicats adhérents s'accroître considérablement, mais, fait capital, elle a vu son action mieux comprise. C'est ainsi que sa direction, à propos de l'organisation de l'enseignement agricole professionnel, a été acceptée par tous les syndicats unis, à une seule exception près, car, tous ont compris que sur ce terrain, plus que sur aucun autre, il importait de faire masse pour être véritablement forts.

L'autre fait capital que je veux signaler en tête de ce rapport, c'est le pas décisif fait par quelques-uns de nos syndicats dans la voie de l'assistance mutuelle. Grâce à l'initiative si généreuse de M. le comte de Chambrun, initiative qui a porté des fruits immédiats, des rentes viagères ont été accordées à de vieux travailleurs ; déjà, l'on peut entrevoir sans témérité la création de véritables caisses de secours mutuels et de retraites pour la vieillesse basées sur la loi de 1884 avec utilisation de la loi d'avril 1898. Ce jour-là, messieurs, l'édifice serait complet et nous aurions incontestablement le droit d'en être fiers, mais nous devrions aussi remercier Dieu d'avoir permis que nous le puissions construire.

Je l'ai dit publiquement le 31 octobre 1897 devant M. Méline, alors président du Conseil des Ministres : « L'assistance dans les campagnes se fera avec l'appui de l'association libre, ou elle ne se fera pas ». Nous voici en marche pour la réalisation de cette affirmation, rien ne doit plus nous arrêter !

Notre foi immense dans l'avenir des syndicats agricoles ne nous permet pas de douter du succès final et ce but, quelqu'éloigné qu'il paraisse encore, nous l'atteindrons ; c'est par nos syndicats que sera pratiquement organisée l'assistance dans les campagnes.

Je voudrais bien aussi signaler à votre attention un petit événement de l'année, j'hésite quelque peu à le faire, et pourtant, il me semble que la distinction dont la Société des Agriculteurs de France m'a honoré à l'occasion du concours régional s'adressait pour partie au président de l'Union du Sud-Est, il est donc naturel que je vous en fasse hommage, à vous, qui m'avez placé à votre tête.

Oui, j'en conviens hautement, nulle récompense honorifique ne pouvait m'être plus agréable, car celle-là me venait de l'estime de mes pairs, aussi l'ai-je prisée grandement.

Oui, l'Union du Sud-Est, par les services qu'elle rend, mérite la plus bienveillante attention de tous ceux qui ont pour devoir de protéger l'agriculture.

Qu'importe, s'il n'en est pas encore ainsi, il nous suffit, à vous comme à moi, de savoir que nous travaillons utilement pour le bien de nos paysans, cette forte, cette puissante réserve de la France.

Lors de notre dernière assemblée générale nous avons émis un grand nombre de vœux, plusieurs, notamment ceux relatifs à l'introduction des viandes salées et à l'entrée des chevaux étrangers, se sont trouvés réalisés à la veille même de la clôture de la dernière législature. Ceci nous montre que nos députés ont eu le désir véritable de ne pas froisser l'électeur rural. Ce doit nous être un encouragement à persister dans cette voie, qui est absolument légale, de n'accorder notre confiance qu'à des députés qui acceptent de défendre le programme agricole. Déjà, nous avons fait quelque chose en ce sens, mais il faudra compléter notre organisation pour obtenir de nos représentants tout ce qui est juste et raisonnable. Trop longtemps, les intérêts de l'agriculture ont été négligés, que dis-je sacrifiés, il est temps que nous obtenions la part d'influence due à notre nombre et, si nous le voulons bien, nous l'obtiendrons.

Nous ne croyons pas, en effet, que la future loi sur l'organisation des chambres d'agriculture puisse nous donner la représentation véritablement professionnelle que nous attendons, nous craignons bien plutôt que l'introduction dans le collège électoral d'éléments étrangers à la profession, tels que les instituteurs, n'y fasse intervenir les querelles politiques, viciant ainsi la loi dans son principe fondamental. Vous aurez donc à émettre un vœu énergique en ce sens, le temps presse, vœu que nous nous hâterons d'adresser à tous les députés du Sud-Est.

La loi sur les caisses régionales de Crédit est toujours en suspens ; il semble que le Sénat se soit donné la tâche d'en retarder l'examen et cependant elle pourrait rendre de très réels services, pourvu toutefois qu'un règlement d'administration mal étudié ne vienne pas en paralyser les effets.

Une convention commerciale vient d'être signée avec l'Italie et, sans vouloir juger cet arrangement dont nous ne connaissons pas encore toutes les clauses, nous devons constater, avec une satisfaction relative, que le tarif minimum des douanes, selon notre demande, a été respecté et même relevé en ce qui concerne les vins. Il ne nous faut point pourtant nous dissimuler que les importations italiennes se font pour la très grande majorité en produits agricoles, c'est donc la culture de notre région du Sud-Est qui va en supporter le contre-coup, encore faut-il nous estimer heureux d'avoir vu les soies et cocons exclus de la convention. Il ne nous en faudra pas moins faire appel à tout notre patriotisme pour accepter sans murmurer un accord qui nous impose, à nous agriculteurs, de sérieux sacrifices ; puissent-ils du moins servir à améliorer nos relations avec nos voisins d'au-delà des Alpes !

Il est encore un point noir à l'horizon, que je dois vous signaler, c'est la tendance évidente de nos législateurs à admettre dans nos lois fiscales le principe de la progressivité. On aura beau appeler *dégressif* le nouveau système d'impôts sur le revenu, nous ne nous y tromperons pas, c'est *progressif* que nous comprendrons. Or, si la progressivité était une fois admise, ce serait la destruction même de la légalité de l'impôt, la négation des bases posées en 1789 et la suppression, dans un avenir plus ou moins éloigné, de la propriété foncière. La terre, plus que toutes les autres formes de la propriété, en subirait les inégales et désastreuses conséquences ; aussi devons-nous protester par tous les moyens possibles contre ce qui serait une véritable atteinte à notre droit fiscal. Un vœu, aussi énergique soit-il, ne suffit pas, il faut envoyer de nombreuses pétitions, organiser des réunions, provoquer une agitation nécessaire; il faut, en un mot, que l'on sache à la Chambre et au gouvernement que nous ne voulons pas d'un système qui déprécierait rapidement la valeur du sol par l'aggravation des charges trop lourdes qu'il aurait à supporter.

Le service organisé sous notre impulsion par la Coopérative, pour permettre aux cultivateurs de s'assurer contre les accidents agricoles (1), continue à fonctionner à l'entière satisfaction de ceux qui l'ont utilisé. Les accidents sont, en fait, plus fréquents qu'on ne le pense généralement et, sur 1.215 polices souscrites la proportion depuis la création est de 18 %. Vous ferez sagement, en vérité, au lendemain de la loi augmentant les responsabilités civiles, en conseillant à vos adhérents de se prémunir contre ce risque.

Notre Conseil étudie également de quelle manière il lui serait possible de répondre au désir qui lui est exprimé de toutes parts : réduire, grâce à l'Association, la charge imposée aux cultivateurs par l'assurance contre l'incendie. Cette étude fera l'objet d'un rapport qui vous sera présenté, cet après-dîner, par notre collègue, M. Riboud.

Nous avons la conviction que le système préconisé par notre Union, lequel consiste à organiser des comptes spéciaux dans les syndicats, sans création de sociétés distinctes, nous avons la conviction, dis-je, que ce système est non seulement absolument légal, mais le seul véritablement pratique.

De plus, de ces comptes qui sont généralement restreints à une commune, il peut naître, là une caisse rurale, là une caisse de secours mutuels, voire même une caisse de retraites contre la vieillesse, car, c'est apprendre à beaucoup le fonctionnement de l'association qu'ils ignorent, notamment dans les syndicats à grandes circonscriptions, c'est aussi former des cadres pour des créations ultérieures.

Comme je vous le disais à propos du rôle économique de l'Union, la loi future sur les caisses régionales de crédit peut nous rendre de véritables services en mettant à la disposition de nos caisses de Crédit agricole (2) mutuel une part des quarante millions de la Banque de France, mais encore faut-il que ces caisses existent, car les avances ne seront pas faites directement aux particuliers, mais par l'intermédiaire de ces caisses. Hâtez-vous donc d'en créer partout où il n'en existe pas, peu importe qu'elles soient à responsabilité illimitée et solidaire, c'est-à-dire du type Raiffeisen,

---

(1) Pl. nos 17 et 18.
(2) Pl. no 8.

ou à responsabilité limitée, pourvu qu'elles soient conformes à la loi de 1894 ; mais, encore une fois, hâtez-vous.

Je ne veux certes pas déflorer le très intéressant rapport que va vous présenter M. Guinand, président de la commission d'enseignement, mais j'ai le devoir de constater que les résultats ont dépassé nos espérances ; je serai également bien dans mes fonctions en félicitant nos collègues de la commission, du soin avec lequel tout a été organisé en vue des examens de fin d'année.

Vous trouverez bon également que j'adresse publiquement, et en votre nom, de chaleureux remerciements à M. Fernand de Bélair qui a mis si gracieusement son grand talent d'artiste dans la composition de notre diplôme.

Et, avant de quitter l'enseignement, qu'il me soit permis d'exprimer le vœu que nos intentions soient bien comprises des fonctionnaires de l'instruction publique, afin qu'à l'avenir, dans nos départements du Sud-Est, nous ayions la satisfaction de compter des élèves de toutes les écoles parmi les candidats à notre certificat professionnel (1).

Déjà plusieurs de nos syndicats du Sud-Est s'étaient efforcés d'organiser l'assistance en faveur de leurs membres malades, mais voici qu'à la suite du concours organisé par M. le comte de Chambrun, qu'on ne saurait trop remercier, la question semble entrer dans une phase nouvelle par la création de véritables rentes viagères à de vieux travailleurs.

Assurément, ce n'est qu'une semence jetée par le grand philanthrope, mais déjà elle germe et, il y a huit jours à peine, à Villefranche, quinze rentes ont été distribuées par les syndicats agricoles du Beaujolais, aux applaudissements d'un auditoire de plus de seize cents personnes.

Grâce à la loi d'avril 1898 sur les sociétés de secours mutuels, nos syndicats vont pouvoir utiliser la caisse des dépôts et consignations pour augmenter et assurer les revenus des fonds qui leur seraient remis, en vue de la constitution de secours en cas de maladies ou de retraites pour la vieillesse, sans perdre pour cela la liberté complète d'administration des caisses qu'ils créeront à l'abri de la loi de 1884.

Certes, tout cela semble encore lointain, mais je ne veux douter ni du bon sens, ni de la générosité de nos populations rurales, et je me demande en vérité pourquoi nous ne réussirions pas, avec du temps et beaucoup de dévouement, à faire pour les ouvriers des champs ce qui a été fait pour les ouvriers des villes.

Les avantages qui sont accordés aux sociétés de secours mutuels sont considérables, nous serions coupables vraiment de n'en pas profiter puisque c'est l'argent de tous les contribuables qui en fait les frais.

Il ne faut pas du reste de bien grosses sommes pour constituer à un vieux paysan la modeste somme dont il a besoin pour vivre, et lorsque l'on songe qu'un versement annuel de 12 francs pendant trente ans peut lui assurer une rente de 150 francs, l'on éprouve l'immense désir de mettre à sa portée les moyens de le garantir lui aussi contre les privations de la vieillesse.

---

(1) Pl. n° 7.

Aussi, en terminant ce long rapport, voici, Messieurs, quelle sera ma conclusion : Si nous avons fait déjà de belles et bonnes choses, il nous en reste encore de meilleures et plus belles à faire, mettons-nous donc courageusement à l'œuvre, multiplions les créations sociales à côté de nos syndicats et, si Dieu le veut, nous aurons la joie d'avoir contribué dans la mesure de nos forces, non seulement au relèvement de l'agriculture, mais encore à l'apaisement social.

L'Assemblée, par ses applaudissements chaleureux et unanimes, a fréquemment souligné les points principaux de ce remarquable résumé des travaux de l'année.

Elle a hautement témoigné l'inaltérable confiance que les syndicats unis ont en leur président, M. Emile Duport, en même temps que leur reconnaissance et leurs remerciements.

Après leur président, MM. Richard (Finances), Riboud (Bulletin), Silvestre (Almanach), Ducurtyl (Contentieux), Guinand (Enseignement), Chatillon (Assurances-mortalité du bétail), Riboud (Services matériels), présentent leurs rapports annuels auxquels, s'ajoute, cette année, une étude documentée de la loi sur les warrants, par le nouveau secrétaire général adjoint : M. Voron.

Chacun de ces rapports devant trouver sa place au chapitre spécial auquel il se rapporte, nous ne nous y attarderons point ici ; qu'il nous suffise de dire qu'ils ont affirmé, une fois de plus, la puissante vitalité de l'Union, dont la croissance rapide n'a pas altéré la robuste constitution.

Avant de passer aux vœux, l'Assemblée, sur la proposition du Bureau, modifie le paragraphe 2 de l'art. 6 des statuts, qui sera dorénavant ainsi conçu :

« Les dossiers de syndicats demandant leur admission, seront soumis au Conseil de l'Union qui, après leur examen, et après avoir pris l'avis des présidents des Syndicats unis ayant leur siège dans le département du syndicat postulant, prononcera l'admission. »

Cette nouvelle rédaction procurera à l'Union une sensible économie puisqu'au lieu de consulter tous les présidents, on demandera seulement l'avis de ceux du département intéressé, ce qui est très suffisant puisque ceux-ci seuls sont à même de connaître le postulant.

Par acclamation, la réunion renouvelle les pouvoirs de la série sortante du Conseil, composée de MM. Riboud, de Bélair, Richard, de Villeneuve et du Vachat ; en remplacement de M. le docteur Giraud, nommé administrateur honoraire, elle nomme, à la satisfaction de tous, son jeune et sympathique successeur à la présidence du Syndicat d'Annonay, M. C. Bèchetoille.

Avant de se séparer, les délégués clôturent les travaux de leurs deux séances, très remplies, par l'adoption des vœux suivants :

VOEUX

Impôts : que les pouvoirs publics repoussent tout impôt basé sur la progression ou la dégression.

Dépôts de sel dénaturé pour l'agriculture : que les règlements fiscaux relatifs à l'usage du sel dénaturé, pour l'alimentation des bestiaux, soient révisés et en facilitent l'emploi en agriculture.

Congés militaires, appels sous les drapeaux : que des congés agricoles soient accordés dans la plus large mesure et que les réservistes et territoriaux soient convoqués à une autre époque que les mois de septembre et d'octobre.

Mendicité et vagabondage : que des mesures soient prises pour réprimer la mendicité et le vagabondage, surtout le vagabondage en roulotte, que la gendarmerie soit moins distraite, par une série d'occupations, de son rôle primordial qui est d'assurer la sécurité des campagnes.

Révision de certains tarifs de transport par fer : Que la classification des tarifs de transport, notamment pour les produits agricoles, soit révisée dans le plus bref délai ; que les délais de transport soient abrégés de moitié au moins et que les marchandises soient l'objet de plus de soins.

Colis agricoles : Que le projet de loi concernant les colis agricoles de 50 kilos soit promptement voté, et que la surveillance des colis postaux en cours de route soit exercée d'une façon moins défectueuse.

Rattachement au ministère de l'Agriculture : Que les syndicats agricoles soient rattachés au ministère de l'agriculture.

Planteurs de tabac : Que l'État restreigne ses achats de tabacs à l'étranger, apprécie plus exactement la valeur réelle de la récolte, et adoucisse, au profit des producteurs, les formalités et les pénalités qu'il leur impose.

Fraude dans la vente des engrais : Que la loi du 4 février 1888 soit au plus tôt complétée, conformément au projet de loi de M. le député Gellé, en englobant dans ses dispositions, non seulement les engrais, mais aussi tous les produits servant aux cultivateurs à augmenter les rendements de leurs terres et la production de leurs étables ;

Demandent, en outre, que toutes les manœuvres frauduleuses ci-dessus visées, puissent entraîner pour les auteurs l'amende, et, en cas de récidive, la prison, sur simple dénonciation d'un particulier quelconque ou d'une association agricole.

Armée coloniale : Que les pouvoirs publics s'occupent sans plus tarder de faire aboutir le projet de création d'une armée coloniale.

13

Représentation de l'Agriculture : Que l'agriculture soit dotée d'une représentation professionnelle identique à celle du commerce et de l'industrie

Ventes frauduleuses de vins de marc et de sucre : Que les Chambres syndicales des régions intéressées se fassent les auxiliaires du Parquet et de la Régie, et interviennent dans les poursuites, s'il y a lieu, afin d'arriver à une répression plus efficace, et prient M. le Ministre de l'agriculture d'insister auprès de ses collègues des Finances et de la Justice, afin que l'Administration et le Parquet soient invités à agir énergiquement dans le cas où des vins de marc et de sucre seraient vendus comme vins de première cuvée.

Adjudications publiques : Que l'Etat et les Administrations publiques ne méconnaissent pas les intérêts des producteurs nationaux, en stipulant dans les clauses des adjudications que certains produits devront être de provenance étrangère, ainsi qu'il a été fait notamment dans une adjudication du 26 novembre, par l'Ecole de Santé militaire de Lyon, qui, pour une fourniture de gruyère, exige la provenance suisse.

Repos dominical : Que les commerçants ferment leurs magasins pendant la plus grande partie de la journée du dimanche.

Enseignement : Que la liberté de l'enseignement soit maintenue ainsi que le respect de l'égalité de tous les citoyens devant la loi.

Etablissement d'instruments de pesage dans les gares : Que, par application de la circulaire du 22 juin 1853, MM. les Préfets soient invités à prendre des arrêtés prescrivant aux Compagnies de chemins de fer de munir toutes les gares ouvertes à la réception des marchandises de bascules permettant le pesage par wagon complet, ou tout au moins le pesage des voitures chargées de marchandises expédiées ou reçues.

« Avant de clore nos séances, conclut le président, je veux vous remercier, Messieurs, de l'attention et de la persévérance dont vous avez fait preuve en assistant à nos réunions. Nous avons fait une besogne utile. En partant vous pouvez emporter cette certitude : c'est que vous laissez à Lyon de bons amis, disposés à faire tout ce qu'ils pourront pour faire triompher vos revendications.

« Et vous, dans la plaine ou sur la montagne, gardez quelque chose des sentiments qui nous animent. Donnez-nous votre concours le plus absolu, le plus fraternel, le plus amical. Nous comptons sur vous. Comptez sur nous. »

L'Union finit l'année, en nommant une commission composée de MM. Duport, Riboud, Voron, Silvestre et Glas pour préparer sa participation à l'Exposition de 1900. Elle n'aura pas de peine, croyons-nous, à faire bonne figure à cette grande manifestation internationale et ses œuvres autant que ses actes pourront, avec fruit, servir d'exemple à tous ceux qui, comme ses fondateurs, croient à la rénovation sociale par l'association libre.

Année 1899. — La caractéristique de l'année qui commence est la diffusion de ces deux institutions éminemment utiles : le crédit et l'assurance contre la mortalité du bétail, par la mise en pratique, dans les syndicats, de toutes les études si consciencieusement faites depuis plusieurs années par le bureau de l'Union (1). L'extension rapide autant qu'heureuse que prennent dans les syndicats unis ces deux institutions complète heureusement l'œuvre professionnelle. L'Union pourra se présenter ainsi la tête haute et les mains pleines, à la grande Exposition qu'amènera la prochaine année. Un chapitre spécial étant consacré à chacune de ces institutions, nous n'en parlons ici que pour marquer une date. L'Union admet, dans le cours de l'année, 33 syndicats (1).

Janvier. — Gresse (Isère) ; Beaufort-sur-Doron (Savoie).

Février. — Chantemerle, Piégon, Rochegude (Drôme) ; Lacrost (Saône-et-Loire).

Mars. — Sainte-Croix (Ain) ; Le Cheylard (Ardèche); Chozeau (Isère); Charlieu (Loire) ; Syndicat horticole lyonnais (Rhône) ; N.-D. de Bellecombe (Savoie).

Avril. — Boulhéon, Villerest, Saint-Chamond, Lentigny (Loire) ; Frontenex (Savoie) ; Cultivateurs et Maraîchers de la région lyonnaise (Rhône).

Juin. — Thizy (Rhône) ; Montailleur et Saint-Vital (Savoie).

Juillet. — Queige, Tessens (Savoie).

Août. — Charolles (Saône-et-Loire).

Octobre. — Bugey (Ain) ; Saint-Nizier de Pariset (Isère) ; Autunois (Saône-et-Loire).

Novembre. — Le Bois (Savoie).

Décembre. — Rigneux-le-Franc, Virieu-le-Grand (Ain) ; Lans (Isère); St-Etienne-Lardeyrol (Haute-Loire).

Ces admissions portent l'effectif total à 250, le Conseil ayant dû, dans le cours de l'année, rayer deux syndicats pour non-paiement de la cotisation et un autre pour cause de dissolution.

---

(1) Pl. nᵒ 8, 15, 16.
(2) Pl. nᵒ 2, 3, 4.

C'est la plus forte Union régionale puisque celle qui vient immédiatement après l'Union du Sud-Est atteint à peine la moitié de ce chiffre.

Cette puissance, car c'est bien le terme qu'il convient d'appliquer, à un succès aussi rapide et aussi complet, n'empêche pas, hélas ! la mort de frapper dans les rangs de l'Union et l'année commence par une double perte bien douloureuse : la mort de M. le comte de St-Pol, l'un des premiers administrateurs de l'Union, suivie de bien près de celle du comte de Chambrun notre premier et notre plus généreux bienfaiteur.

Président du Syndicat agricole du Haut-Beaujolais, dont il était le fondateur, le comte de Saint-Pol était en même temps administrateur de la Coopérative agricole du Sud-Est, de l'Union Beaujolaise, du Comice du Haut-Beaujolais, et de l'Union des producteurs et des consommateurs. Les membres de la Société des Agriculteurs de France, habitant le Rhône lui avaient confié, pendant plusieurs années, la présidence de leur groupe, et l'avaient régulièrement désigné pour faire partie du Conseil de cette Société.

C'est dire quelle haute situation occupait le défunt dans le monde agricole du département du Rhône. Ses connaissances pratiques étaient fort appréciées et son exploitation du Thil était classée parmi les modèles du genre. L'ancien et brillant officier de cavalerie était devenu rapidement un excellent agriculteur.

Mais ce qui lui valait surtout de l'autorité dans les campagnes du Beaujolais, c'était l'ardeur qu'il apportait dans la défense des intérêts agricoles. Partisan convaincu du rapprochement de toutes les bonnes volontés, de l'effort en commun, il mit toute son intelligence à faire comprendre autour de lui le rôle de l'association professionnelle. Il y réussit au-delà de ses espérances, grâce à son dévouement, grâce à une énergie peu commune. Le mouvement syndical, dont il fut un des promoteurs dans le département du Rhône, a perdu en lui un de ses plus ardents défenseurs.

Le comte de Chambrun, grand seigneur, absorbé autrefois par la politique, les lettres et les arts, avait fait de son somptueux hôtel de la rue Monsieur — l'ancien hôtel des princes de Condé — le rendez-vous de la haute société parisienne.

Mais depuis quelques années son palais s'était transformé en un véritable Temple à l'Humanité. Il ne songeait plus qu'à la misère et il consacrait non seulement ses forces, mais encore sa fortune à l'amélioration du sort des travailleurs. Ce fut pour lui la belle période de sa vie.

Ce n'était point un rêveur, se contentant de parler de fraternité universelle, de son amour pour le peuple, jouant au philanthrope; c'était un penseur, qui étudiait les questions sociales avec un ardent désir de contribuer à leur solution, et qui n'hésita pas à aller droit aux travailleurs, pour mettre en pratique ses généreuses conceptions. Convaincu que les classes laborieuses doivent trouver le salut dans la mutualité, il consacra les vingt dernières années de sa vie à préparer le triomphe de cette grande idée.

« C'est dans cet esprit, nous expose M. Léopold Mabilleau, qu'il créa le Musée social, reconnu d'utilité publique, le 31 août 1894. Cette institution a été la pensée maîtresse de sa vie et elle perpétuera son nom. Elle a pour objet de recueillir et de répandre des informations précises sur toutes les initiatives sociales et leurs résultats en vue d'améliorer la situation matérielle et morale des travailleurs. Qu'il fût à Paris ou à Nice, le comte de Chambrun était également présent dans sa fondation. Il n'était point de jour, où quelqu'une des lettres que sa cécité l'obligeait à dicter, mais où l'on retrouvait toute son âme, ne vînt stimuler l'activité de nos services, nous apporter quelque écho de sa pensée toujours active, toujours préoccupée d'humanité et de bienfaisance. Il ne se contentait pas d'écrire. Il agissait, il donnait sans compter. A trois reprises, il offrit des prix de 25.000 francs pour couronner des mémoires sur des questions ouvrières. Mais il ne se contentait pas d'encourager les concours, il allait au peuple lui-même. C'était 50.000 francs qu'il faisait distribuer naguère en pensions de retraite aux ouvriers de l'industrie, 50.000 francs encore aux vieux ouvriers de l'agriculture. « Il était hanté par le rêve de cimenter », ainsi qu'il le disait lui-même « l'existence commune, intangible, indissoluble du capital et du travail, des patrons et des ouvriers », et l'Exposition de 1900 lui apparaissait « comme une apothéose de l'œuvre sociale de ce siècle, comme l'ouverture rayonnante du siècle nouveau qui a tant à faire, mais qui fera tant ».

A vrai dire, si les travailleurs ont occupé le cœur de cet homme de bien, ceux qui ont le plus à bénir son nom, sont peut-être les travailleurs des champs. Non pas qu'il n'ait réparti également ses largesses, mais il semble qu'il ait trouvé un plaisir tout particulièrement exquis, plus de joies, qu'il ait mis plus d'amour à glorifier le travail de la terre et à récompenser les vieux paysans de France.

Passion de jeunesse, sans doute, qui ressaisissait le cœur du sociologue au déclin de la vie. Il nous l'a avoué, du reste, à Nice, lorsqu'il a fait revivre si poétiquement, devant les représentants des syndicats agricoles, le vieux maître faucheur de son enfance, celui du domaine paternel.

Le comte de Chambrun voyait l'avenir meilleur, grâce à l'association de tous les travailleurs, c'est pourquoi il accourut sur le champ de bataille pour rallier tous les paysans de France et assurer le triomphe des syndicats agricoles. « Pour nous, Français, s'écriait-il au banquet du 31 octobre 1897, la gloire, l'honneur de nos Syndicats agricoles, c'est qu'avant tout — on l'a dit et répété, on nous l'a enseigné, et certainement l'Europe n'en ignorera pas — ce qui nous préoccupe dans ces syndicats agricoles, ce sont les secours mutuels, les retraites, l'enseignement, toute cette œuvre de réciprocité, de mutualité, la plus belle œuvre du droit et du devoir social dans ce monde, je le proclame. »

De ce jour, le nom du comte de Chambrun vola de bouche en bouche, à travers nos campagnes, béni, aimé, vénéré. Hier encore, dans toute notre région, à Belleville, au Bois-d'Oingt, à Villefranche, à Crest, à Die, il était acclamé dans des fêtes inoubliables, où, au milieu de l'enthousiasme de 200, 500, 1.200 convives, les larmes des vieux rentiers disaient assez quels sentiments de reconnaissance avait éveillés la généreuse initiative de ce grand bienfaiteur.

Semence féconde, jetée sur nos terres par le fondateur du Musée social ; semence qui porte en elle des germes de gratitude éternelle, mais aussi des germes d'espérance, car ils auront à cœur de suivre les aspirations, l'idéal du comte de Chambrun, tous les chefs des associations agricoles « dont l'heureux développement a eu toutes les sympathies et les nobles préoccupations de ses dernières années ».

Profitons des leçons de ce bon citoyen qui, malgré son opulence, a su penser aux autres et se vouer tout entier à l'atténuation de leurs misères. Soyons, comme lui, des fervents de la mutualité, de l'amour du prochain ; comme lui, prêchons d'exemple, rendons notre vie active et féconde, donnons suivant nos moyens, donnons au moins notre dévouement sans compter, et la confiance renaîtra dans nos campagnes.

« Voyez, disait-il — un mois à peine avant sa mort, — voyez le firmament, le ciel du Seigneur, il a ses nuages et ses obscurités, mais au-delà des nuages il y a toujours le ciel bleu et pur, lumineux ».

Réconfortante image qui restera gravée dans le cœur des paysans de France. Elle leur rappellera cet homme de bien, emblème du devoir social ; et ils se souviendront pieusement de lui comme lui s'est toujours souvenu de Frère, le vieux faucheur qui fauchait toujours.

Malgré ces deuils, l'Union n'en continue pas moins sa marche en avant; fin février, son Bureau la représente à Paris à la session annuelle de l'Union centrale des Syndicats et, si nous consultons le procès-verbal des réunions qui, pendant trois jours, ont permis aux délégués des Syndicats de France de s'éclairer mutuellement sur tout ce qui intéresse nos vaillantes populations rurales, nous voyons les délégués de l'Union traiter toutes les questions importantes et apporter dans les discussions cette haute autorité que donnent seules l'expérience et la foi.

La première journée, 23 février, porte, comme ordre du jour: Enseignement agricole, Sociétés de secours mutuels.

Sur la première question, enseignement, M. Guinand, vice-président de l'Union, résume en un magistral rapport la marche actuelle de l'enseignement agricole en France (1). Après avoir passé en revue ce qu'ont fait chacune des grandes Unions régionales, le distingué rapporteur ajoutait: «Nos Unions de France ont compris la nécessité de coordonner ce mouvement en plaçant à sa base les syndicats eux-mêmes. Nés des entrailles des agriculteurs, en rapports constants avec eux, répandus sur tout le territoire où ils ont rendu de signalés services et en rendront plus encore par la diffusion de leurs œuvres sociales, les syndicats agricoles étaient tout désignés pour diffuser ce grand mouvement de l'enseignement agricole. Au reste, cette initiative des syndicats a rendu possible à l'État lui-même, par une saine émulation, l'introduction de l'enseignement agricole dans les écoles primaires.

« En résumé, ce mouvement de l'enseignement agricole qui, à peine commencé, a déjà donné naissance à une admirable floraison, produira, il n'en faut pas douter, des fruits sans nombre et des résultats d'une fécondité merveilleuse pour l'agriculture de notre pays; l'enseignement agricole est le complément nécessaire de notre œuvre syndicale, il ne sera véritablement fructueux que s'il est organisé par les agriculteurs et les praticiens groupés dans leurs syndicats, agissant avec ensemble et harmonie sous l'aile de la liberté » (2).

---

(1) Pl. n°s 6, 7.
(2) Rapport à l'Assemblée générale, 1899. Brochure, Jevain, Lyon.

— 200 —

Le même jour, à la séance du soir, l'Union s'occupa des Sociétés de secours mutuels et des Caisses de retraite, sujet bien neuf encore pour la grande majorité des délégués. Une loi libérale, du 8 avril 1898, ayant donné toutes facilités pour organiser ces œuvres de haute portée sociale, il s'agissait de la commenter et d'en tirer un formulaire pratique à l'usage des syndicats. La tâche était difficile, elle n'était pas au-dessus du talent et de la compétence juridique du nouveau secrétaire général adjoint de l'Union, M. Voron, qui, dans une étude aussi complète que claire, étudia sous toutes ses faces la loi nouvelle et les moyens d'en tirer parti.

Le rapport de M. Voron fut, à n'en pas douter, le *clou* de la session de l'Union centrale, cependant si utilement remplie, et pour ses débuts devant cette Assemblée d'élite, le secrétaire de l'Union eut l'honneur de voir son rapport porté devant l'Assemblée générale de la Société des Agriculteurs de France.

Nous reparlerons, au chapitre de l'Assistance, du travail consciencieux de notre ami, M. Voron, qui a été, on peut le dire, comme l'étincelle qui a mis le feu à tous ces dévouements, à toutes ces intelligences qui rêvaient, depuis longtemps, de compléter leur œuvre professionnelle et économique par l'œuvre sociale. C'est un nouveau titre de gloire pour l'Union du Sud-Est et un nouveau droit pour elle à la reconnaissance de la démocratie rurale.

Le 24 février, l'Assemblée consacre sa réunion du matin à l'étude de la loi sur les caisses régionales de crédit agricole, alors en discussion au Sénat (1). A la suite d'une très intéressante discussion qui s'engage entre le rapporteur, M. Milcent, et les délégués, dont M. Duport pour notre Union, une commission dans laquelle l'Union est représentée par MM. Duport et Louis Durand, est nommée pour aller trouver M. Lourties, rapporteur de la loi au Sénat, et lui demander que *la nouvelle loi s'applique à toutes les sociétés de Crédit, quelle que soit leur forme.*

La séance du soir, dernière séance préparatoire, fut, en grande partie, remplie par le rapport très complet et très pratique d'un autre membre de l'Union, M. Chatillon, président du Syndicat de Villefranche, sur les assurances mutuelles contre la mortalité du bétail (2). Retenu par un deuil cruel, M. Chatillon n'avait pu aller lui-même présenter son intéressant travail et c'est le président de l'Union

____

(1) Pl. n⁰ˢ 8.
(2) Pl. n⁰ˢ 15-16ˢ.

qui, avec sa haute autorité, lut et commenta, devant l'Union, l'étude très documentée de notre ami.

L'exemple de ce qu'avait fait le Beaujolais intéressa vivement la réunion qui vit dans notre organisation le moyen le plus simple et le plus pratique de réaliser, par la prévoyance communale, l'assurance contre la mortalité du bétail.

Le 27 février, la session se termine par l'Assemblée générale de tous les délégués et une discussion large s'ouvre sur tous les desiderata de nos syndicats et des braves populations qu'ils représentent. Dans un discours que nous voudrions pouvoir reproduire en entier, M. Delalande, vice-président de l'Union centrale, et président de la session en l'absence de M. le Trésor de la Rocque, souffrant, résume admirablement les pensées intimes de tous.

« Au milieu de toutes les ligues qui naissent pour protester contre la faiblesse du pouvoir central, nous avons aussi notre Ligue et, permettez-moi de le dire, elle est plus puissante et plus vivace, parce qu'elle est formée entre hommes de même race, de même éducation, de même tradition, ayant les mêmes droits, les mêmes besoins, les mêmes intérêts, les mêmes aspirations : c'est la Ligue des paysans.

« Ne rougissons point de cette qualification de paysans qu'on nous jette parfois comme une injure. Mais oui, nous sommes bien les hommes du pays, nous sommes attachés aux entrailles mêmes de la Patrie, nous cultivons ce sol que nos pères ont labouré avant nous, et si nous avons l'amour de la France, le souci de sa grandeur, la soif de son relèvement, ces sentiments ont pris racine dans cette terre même où repose la cendre des ancêtres, où s'élève le foyer de la famille.

« On nous reproche parfois de nous laisser absorber par les soins matériels, de ne point embrasser les idées géniales et les vastes horizons. Laissez dire, Messieurs, et continuez votre œuvre.

« Multipliez vos syndicats, couvrez le pays tout entier de vos assurances agricoles, de vos sociétés coopératives, de vos caisses de crédit, de vos institutions économiques et, ce faisant, vous groupez les individus, vous rétablissez entre eux les liens qui les unissaient autrefois, vous les arrachez à l'isolement, à l'individualisme qui tue, vous restaurez la profession, vous refaites la société. Oui, je ne crains pas de le dire, vous posez les premières assises de la société future, qui s'élèvera un jour au milieu des ruines et du chaos où tous nous nous débattons depuis un siècle. Vous ne vous perdez point en discours oiseux et en vaines paroles, vous agissez, ce qui vaut mieux et vous relevez, pierre par pierre, l'édifice social ».

Partis les mains pleines d'enseignements et d'expériences, les délégués de l'Union revinrent chargés de lauriers; la Société des Agriculteurs de France ayant décerné à l'Union un grand diplôme d'honneur pour l'impulsion qu'elle avait donnée à l'enseignement agricole dans sa région, et à M. Guinand, président de la Commission supérieure d'enseignement, une grande médaille d'or pour récompenser la part active qu'il avait prise à cette organisation.

Avant de quitter Paris, MM. Duport et Guinand furent invités à venir déposer devant la fameuse commission parlementaire, nommée par la Chambre des députés pour faire une enquête sur l'état actuel et les besoins de l'enseignement en France. Devant cette commission, présidée par M. Ribot, les délégués de l'Union montrèrent combien l'enseignement agricole était chose désirable et utile et résumèrent ce que les syndicats avaient déjà fait. Quand ils dirent combien ils seraient heureux de continuer, avec le concours des pouvoirs publics, une œuvre si utile pour le pays, un des membres de la Commission — nous ne lui ferons pas l'honneur de le nommer — s'écria: « Nous n'avons que faire de vos propositions qui émanent d'institutions politiques ». Cette observation amena une protestation indignée du président de l'Union (1).

Cet incident est bien symptomatique et prouve une fois de plus l'étroitesse d'esprit de certains politiciens, plus ou moins arrivés, qui n'admettent pas que des hommes puissent se dévouer aux intérêts de leur pays ou de leurs compatriotes sans une arrière-pensée politique ou intéressée. Tout cela est simple affaire d'habitude et il est certain que, quand on a pour principe de n'avoir aucun principe, on ne peut s'imaginer qu'il y ait sur la terre des gens assez naïfs pour en avoir. Sur ce, l'incident est clos, comme on dit au Parlement.

Entre temps, l'Union s'associe, elle et tous ses syndicats, à cette formidable levée en masse de contribuables français qui, las de voir toujours grossir les dépenses, se groupent, dans la *Ligue des Contribuables* et dans la *Fédération des Contribuables*, pour résister au projet Peytral, constituant l'impôt sur le revenu et pour demander la suppression de l'initiative parlementaire en matière de dépenses budgétaires. Une grande réunion de protestation eut lieu, à

---

(1) Voir le compte rendu sténographique des travaux de la commission (*Documents officiels*).

Lyon, sous la présidence du très distingué député du Rhône, M. Ed. Aynard. L'Union s'y rencontra avec l'élite de toutes ces vaillantes sociétés lyonnaises qui, sans bruit, ont si utilement travaillé à la prospérité de leur pays. Le mouvement, étendu à toute la France, fut aussi violent que spontané et, devant les poussées de l'opinion publique — la crainte de l'électeur est le commencement de la sagesse — Ministres et Parlement renoncèrent pour le moment à leurs projets d'impôt, mais, hélas ! les dépenses continuèrent à s'accroître.

A peine le Sénat avait-il voté la loi sur les caisses régionales de crédit que l'Union s'occupait de la création de la Caisse régionale du Sud-Est (1) qui était constituée quelques mois après et pouvait, à peine formée, constater fièrement que, de toutes les caisses régionales établies en France, elle avait la clientèle la plus nombreuse puisqu'elle comptait 22 caisses, c'est-à-dire toutes les caisses de crédit de sa circonscription, moins une. Nous y reviendrons au chapitre crédit et nous détaillerons à cette place les bases de son fonctionnement.

La Caisse régionale était à peine née que le Parlement mettait en vigueur cette trop fameuse loi sur les accidents qui, votée le 9 avril 1898, par une Chambre mourante, avide de popularité, devenait une menace permanente pour le patron et un obstacle sérieux à la liberté du travail. C'était, envers et contre tout, la responsabilité permanente de l'employeur, c'était la déchéance de l'ouvrier père de famille français au profit de l'ouvrier célibataire ou étranger. Baclée à la hâte comme hélas ! beaucoup de nos lois, la loi était tellement claire, tellement bien ordonnée que le gouvernement dut surseoir à sa mise en vigueur pour laisser à la Chambre le temps d'interpréter nombre de ses articles !

Nous laissons à d'autres le soin de dégager les effets funestes de cette loi au point de vue industriel et social et nous constatons seulement que, de l'avis des députés auteurs de la loi, l'agriculture n'est pas visée. L'Union ne pouvait cependant se désintéresser de la question et, comme la tendance était bien nette, elle avait la mission de mettre ses adhérents en garde contre les procès futurs qui pouvaient survenir. Elle ne faillit point à sa tâche et nos lecteurs retrouveront au chapitre des Assurances les démarches qu'elle fit pour faire garantir contre toutes les conséquences de la nouvelle loi tous ceux de ses adhérents qui avaient utilisé son service d'assurances.

---

(1) Pl. n° 8.

Pendant que nous héritons d'une mauvaise loi, un ancien ministre de l'agriculture qui a fait preuve, à chacun de ses passages au ministère, d'un dévouement éclairé à la cause agricole, M. Viger, dépose un projet de loi fixant les conditions auxquelles les syndicats agricoles sont autorisés à faire de l'assurance mutuelle entre leurs membres. Par ce projet ils sont exemptés, notamment, des formalités prescrites par la loi du 24 juillet 1867 et par le décret du 22 janvier 1868, et ils sont aussi exemptés de tous droits de timbre ou d'enregistrement. Cette jurisprudence étant absolument conforme à la doctrine soutenue pour la première fois par le Comité de contentieux du Sud-Est, le bureau adresse ses félicitations à M. Viger qui remercie sincèrement par une lettre des plus aimables.

Pendant que M. Viger, ancien ministre, fait de louables efforts pour faciliter l'essor de nos associations, un député de Paris, que nous avons déjà rencontré sur notre route, M. G. Berry, qui n'avait pas réussi à faire assujettir les Coopératives à la patente, dépose un nouveau projet de loi frappant ces sociétés d'une patente tout en leur défendant de vendre au public sous peine d'amende.

Nous plaignons de tout cœur les commerçants de Paris d'être aussi mal défendus et nous nous associons à l'énergique protestation qu'à cette occasion l'Union centrale adressa aux pouvoirs publics.

Au même moment, l'Union adresse une protestation énergiquement motivée au ministre de l'Agriculture contre les conclusions du traité franco-américain qui porte une atteinte grave à la législation douanière de 1892, et elle demande instamment, « qu'avant de conclure de nouveaux traités, le gouvernement consulte toujours l'agriculture et ses représentants ».

Pendant les vacances, le bureau de l'Union occupe ses loisirs à la préparation de sa participation à l'Exposition de 1900 et chacun de ses membres, dans la mesure de ses forces, travaille à l'œuvre commune pour la faire aussi belle, aussi grande que le méritent douze années de succès ininterrompus.

L'un de ses vice-présidents, non des moins actifs, M. Guinand, trouve, malgré tout, le temps d'aller représenter l'Union à un congrès d'un genre nouveau : au Congrès des Sociétés de Tir contre la grêle, qui se tient en Italie, à Casal-Montferrat. Notre distingué collègue, après six jours de séances, au cours desquelles les rapports les plus sérieux et les plus affirmatifs ont été présentés par l'élite des viticulteurs de la Lombardie et du Piémont, où plus de 2.000 stations sont déjà établies, revient avec la conviction absolue qu'il y a là un moyen de préservation puissant contre ce terrible fléau de nos récoltes : la grêle.

L'Union du Sud-Est prend aussitôt des mesures pour donner au rapport de son délégué toute la publicité possible et pour faire profiter tous les viticulteurs de la région des intéressantes expériences de nos voisins.

Elle arrive ainsi à sa douzième Asssemblée générale pour laquelle elle est obligée de demander la grande salle des réunions du Palais de la Bourse, trop petite encore pour contenir les 700 délégués qui arrivent de la montagne comme de la plaine se réchauffer aux chauds rayons du soleil de l'Union.

M. Duport préside, entouré de tous ses collaborateurs, et quand tout-à-l'heure, chacun d'eux, à son tour, présentera son rapport de fin d'année, toutes les mains, les mains calleuses du travailleur comme les mains gantées de ceux qu'on représente comme un monde de sceptiques et d'inutiles, battront dans un même sentiment de reconnaissance, affirmant ainsi l'étroite union qui existe, indissoluble, entre tous ceux qui conduisent ce mouvement social auquel l'agriculture devra sa rénovation.

Ecoutons donc, aussi attentivement que possible, le magistral rapport du président de l'Union.

Le fait saillant de l'année, au point de vue de la législation agricole, est sans contredit le vote de la loi sur les caisses régionales de Crédit agricole mutuel ; or, si on veut bien remarquer que cette loi nous permet de grouper les Caisses locales en un faisceau analogue à celui des syndicats de notre Union, il apparaîtra manifestement, qu'il nous sera possible d'en tirer un parti excellent pour donner toute sa puissance à l'association syndicale communale, qui semble de plus en plus la mieux adaptée à l'action sociale, but de nos efforts.

Déjà l'an dernier, par la promulgation de la loi sur les sociétés de secours mutuels et de retraites, nous avions acquis un puissant moyen d'organiser des groupements locaux et cela au sein de syndicats plus étendus, sans dislocation et sans émiettement, ces sociétés pouvant elles aussi se former en Unions.

C'est là une solution possible d'un problème qui n'était pas sans avoir préoccupé grandement ceux qui s'occupent d'organiser l'action sociale du mouvement syndical, le peu d'action en ce sens des grands syndicats étant démontré.

Je n'hésite donc pas à le dire, en créant dans les communes de leur circonscription des Caisses de prévoyance contre la mortalité du bétail, des Caisses de crédit agricole mutuel, puis des Caisses de retraites pour la vieillesse, les syndicats à grandes circonscriptions, s'appuyant ainsi sur l'esprit communal, retrouveront la vitalité qui manque à beaucoup d'entre eux et surtout acquerront le moyen de se montrer fidèles à leur rôle social, le premier de tous.

Au cours de ce rapport je reviendrai sur ces diverses questions, mais en les mentionnant dès le début, j'ai voulu appeler sur ce grave sujet votre attention la plus spéciale, j'estime en effet, que ces lois nouvelles, complètent admirablement celle de 1884, qu'il faut les utiliser sans tarder pour le bien des populations agricoles groupées par nos associations.

Je sais bien que l'on annonce, en ce moment, le dépôt par le gouvernement d'un projet de loi ayant précisément pour objet de compléter la loi sur les syndicats professionnels. Le besoin s'en faisait-il réellement sentir ? N'est-ce pas plutôt que cette loi de 1884, faite pour les syndicats d'ouvriers d'industrie, est jugée aujourd'hui insuffisante pour servir les projets de ceux-là qui n'ont su voir en elle qu'une arme de combat ? Pour nous, agriculteurs, nous savions nous en contenter et l'utiliser largement dans un but de paix sociale, aussi, bien que le projet contienne d'excellentes prescriptions, notamment en ce qui concerne la personnalité civile des Unions et leur droit de posséder, nous ne sommes pas sans inquiétudes. Il est permis de redouter, en effet, que l'extension de la personnalité commerciale des syndicats ne fasse dévier le mouvement syndical agricole, le transformant en un simple mouvement coopératif basé sur le seul intérêt matériel, tel que l'ont conçu les peuples étrangers nos voisins, lui faisant perdre ainsi son caractère social élevé ; ce serait alors l'effondrement de nos plus nobles espérances !

Au cours de l'exercice nous avons admis 40 syndicats, nous voici à 245 (1). Ce n'est pourtant qu'une augmentation de 37, car un syndicat s'est dissous et deux ont été rayés pour non paiement de leur cotisation.

Certes, le nombre des admissions est des plus respectables et ne cède en rien à celui des années précédentes, et cependant nous ne devons nous en montrer que relativement satisfaits. Si notre Union, parmi les Unions régionales, est celle qui groupe de beaucoup le plus grand nombre de syndicats, si nous avons vu venir à nous la presque totalité des syndicats existant dans notre circonscription, il est positif que les syndicats devraient se créer plus nombreux à présent que tout démontre leur utilité et facilite leur première organisation. Nous devons donc aider de toutes les façons à la constitution de nouveaux syndicats, et je vous invite à seconder nos efforts en vous faisant les agents convaincus de cette utile propagande.

La Société des Agriculteurs de France, au cours de la session de 1899, frappée des premiers résultats obtenus par l'Union du Sud-Est pour le développement de l'enseignement professionnel, a voulu en donner un témoignage. Ne pouvant récompenser tous ceux qui avaient collaboré à l'œuvre nouvelle, c'est à leur chef immédiat qu'elle a décerné la médaille d'or et vous qui savez avec quel entrain, avec quelle foi, le président de la Commission supérieure de l'Enseignement agricole a conduit vos travaux, vous aurez applaudi à la si honorable distinction attribuée à notre ami et dévoué collègue, M. Antonin Guinand.

Les résultats, au cours de la dernière année, n'ont pas été moins satisfai-

____

(1) Pl. n° 2 et 4.

sants, ils confirment absolument nos espérances et, si l'on tient compte des difficultés rencontrées, il est permis de dire qu'ils sont véritablement consolants (1).

Pourquoi faut-il, en effet, que l'administration se montre si peu bienveillante, je n'ose dire hostile, à une organisation qui peut tant pour la diffusion pratique de l'enseignement agricole dans nos campagnes?

Pour ma part j'ai cru devoir tenter plus d'une démarche auprès des autorités compétentes pour obtenir la neutralité; j'ai le regret de le constater, je n'ai pas réussi jusqu'à présent. Je ne veux pourtant pas me laisser rebuter, convaincu que je suis des résultats pratiques à obtenir du concours volontaire de nos syndicats en matière d'enseignement agricole, je ne me lasserai donc pas d'offrir ce concours en votre nom, espérant que, mieux éclairée, l'administration, quelque jour, se décidera enfin à l'accepter.

Au cours de l'année, assisté de M. A. Guinand, j'ai cru devoir déposer devant la Commission parlementaire de l'Enseignement, présidée par M. Ribot, afin de donner toute la publicité en mon pouvoir à nos idées en cette matière. Cette déposition a paru surprendre quelque peu certain membre de la Commission qui n'a pas craint de dire qu'à son avis il y avait là-dessous quelqu'arrière pensée politique; pour détruire cette supposition malveillante, je n'ai eu qu'à faire observer à la Commission que si telle était notre pensée, nous nous garderions bien d'offrir notre concours à l'État.

Encore une fois, notre idéal est plus large! Il est plus beau! En dehors de toute idée de parti, nous entendons servir le pays et rien que le pays!

Avant de quitter ce sujet, je veux vous signaler l'importance de tout premier ordre de l'instruction professionnelle des filles qui, pour des raisons diverses, est tout aussi importante, sinon plus, que l'instruction professionnelle des garçons. La pratique des examens m'a permis de constater que les petites filles, restant plus longtemps à l'école, il est possible de les mieux instruire de ces sujets spéciaux, de telle sorte qu'il est très admissible de croire que c'est par la femme que la routine sera chassée de nos campagnes. Agissez donc, décidez des comités de Dames à se constituer pour encourager ces écoles agricoles primaires, organisez des jurys d'examens, distribuez des récompenses en plus des certificats et des diplômes, en un mot ne négligez rien pour donner à cet enseignement tous les encouragements propres à le développer; c'est un grand service que vous rendrez à nos populations rurales, service qu'elles sont très à même de comprendre.

La loi sur la représentation de l'agriculture reste toujours à l'état de projet, nous ne savons véritablement s'il faut nous en plaindre, car nous craignons bien que l'adjonction projetée au collège électoral d'éléments non professionnels, tels que les instituteurs et les conseillers municipaux si elle venait à être admise, ne soit propre à y introduire la politique en viciant la loi dans son principe fondamental.

Nous avons pu obtenir que d'importantes et utiles modifications soient apportées à la loi sur les Caisses régionales de Crédit agricole mutuel, et

______

(1) Pl. nº 8.

surtout, nous avons pu empêcher l'approbation par la Commission extra-parlementaire d'un règlement d'administration déjà élaboré, dont l'adoption eût été la destruction pure et simple de la loi votée par le Parlement. En cela, notre action a été aussi efficace qu'utile ; que n'en est-il de même sur d'autres questions tout aussi importantes ! Vous en jugerez par les vœux toujours repris et si rarement écoutés !

Comme vous le savez, l'Union a organisé, il y a déjà quatre ans, un service pour faciliter à vos adhérents l'assurance agricole ; c'est la Coopérative qui a été chargée de son exécution et il semble que les cultivateurs commencent à comprendre qu'ils ont un véritable intérêt à s'assurer contre les risques du travail agricole, risques plus nombreux et plus grands qu'on ne le croit généralement. Sur 1850 polices, n'avons-nous pas déjà constaté, pour une durée moyenne de deux ans, 430 accidents, dont 4 mortels (1).

Au lendemain de la loi sur les accidents du travail et bien que la loi ne vise l'agriculture que dans quelques cas spéciaux, il apparaîtra à tous qu'il devient de plus en plus sage de se garantir contre des responsabilités civiles qui peuvent ruiner celui qui les encourt, sans parler des avantages de l'assurance elle-même en faveur du cultivateur exploitant.

Je signale en passant que l'Union du Sud-Est a été des premières à protester contre l'interprétation donnée de prime abord à la loi nouvelle que l'on voulait appliquer à l'agriculture sans restrictions, et ces protestations, portées au Sénat, n'ont pas peu contribué à obtenir l'addition à la loi d'un paragraphe précisant ce point capital.

Notre traité avec la Compagnie qui assure les risques agricoles par l'intermédiaire de la Coopérative reste en vigueur, hâtez-vous de conseiller à vos adhérents d'en profiter, car il se pourrait que, dans un esprit de justice, en face de l'aggravation des charges résultant indirectement de la nouvelle loi, nous soyons amenés à consentir l'abandon de certains avantages obtenus péniblement lors de la signature.

Nous avons décidé de prendre part à l'Exposition Universelle de 1900, malgré les frais relativement importants que cette manifestation va nous causer. Nous avons jugé, en effet, que nous nous devions d'affirmer notre place à la tête des Unions régionales, nous la plus ancienne en date ; nous avons pensé aussi que notre exemple entraînerait les autres Unions et qu'il serait possible de montrer aux étrangers accourus à Paris que la France n'était pas si inférieure aux autres nations, qu'on se plaît à le dire, en matière d'association, puisque, fidèle à son génie, fait d'humanité et de liberté, elle a su créer des associations libres basées sur l'Égalité et la Fraternité, en quoi elle s'est révélée supérieure à la coopération simplement économique des nations étrangères.

Nous savons que l'Union Centrale prépare son exposition et l'organise sur les bases proposées par nos soins ; il y a peu de jours, son délégué M. Milcent, était à Lyon pour se munir des éléments nécessaires à la direction à donner aux autres Unions ; nul doute que le résultat ne présente un ensemble important.

---

(1) Pi. nos 17 et 18.

Le Sud-Est, aidé par sa Coopérative, organise son exposition particulière et prépare en plus la publication d'une monographie en deux volumes de 500 pages, suivie d'un album de cartes et graphiques, le tout édité sous la direction de notre collègue M. C. Silvestre qui ne se lasse heureusement pas de nous prodiguer les ressources de sa vive et jeune intelligence.

Au lendemain du vote de la loi du 29 avril 1899, fidèle à ses traditions, l'Union du Sud-Est a pris toutes les mesures en vue de faciliter la création à Lyon d'une Caisse régionale de Crédit agricole mutuel, ayant même circonscription, mais ouverte à toutes les sociétés de Crédit des dix départements du Sud-Est. Vous entendrez sur ce sujet le rapport que le président de la Caisse régionale, M. Burelle, a bien voulu accepter de présenter à cette séance, ce dont je lui suis tout spécialement reconnaissant. Vous jugerez avec quel soin tout a été prévu, organisé, l'on vous expliquera comment il vous est possible d'user de ce nouvel organisme prêt à fonctionner pour mettre à votre disposition quelques parcelles de cette somme énorme de 40 millions à prêter à l'agriculture, sans parler des 2 millions annuels à prélever pour le même objet sur le produit de l'escompte de la Banque de France. Pour moi je me borne à vous signaler que de toutes les Caisses régionales de France, celle du Sud-Est compte le plus grand nombre de Caisses affiliées : 22 (1), soit toutes celles de la région, moins une ; mais combien ce chiffre est misérable ! C'est par centaines que les Caisses de crédit devraient se compter dans des départements où les syndicats sont si nombreux ! Faites votre possible pour constituer de telles Caisses, usez pour cela de nous et surtout de la Caisse régionale, qui vous fournira tous renseignements utiles, n'attendez pas davantage, il est temps de montrer que nous sommes en mesure de profiter des avantages qui nous ont été concédés par la loi nouvelle.

Depuis l'an dernier, sauf en Beaujolais, notamment dans le Syndicat de Villefranche et Anse, il s'est créé très peu de comptes nouveaux pour l'assurance contre la mortalité du bétail. De 3 en 1898, ils sont en totalité 24 en 1899 (2). Malgré cette constatation, j'estime qu'il y a lieu de se féliciter de ce résultat, étant donné la difficulté et la lenteur de diffusion des idées nouvelles dans les populations rurales.

Mais surtout, il y a lieu de se féliciter de ce que partout où de tels comptes ont été créés, le succès a été complet, absolu, et que surtout l'association y a fait des progrès tels qu'il devient possible d'organiser à côté telle autre forme de la mutualité qu'il serait jugé désirable d'y organiser. Ceci est capital, ceci est frappant, ceci est une indication précieuse.

Déjà, dans plusieurs de nos syndicats, l'assistance s'affirme ; le noble exemple donné par M. le comte de Chambrun a porté des fruits et, il y a quelques jours à peine, j'avais la joie de distribuer à Belleville, à Chalon, à Villefranche, de nombreuses rentes à de vieux travailleurs des deux sexes. Ces rentes, dues à la générosité de quelques-uns, seront la semence d'où germeront les caisses de retraites, celles-ci aidant celles-là, car seule la prévoyance peut faire assez grand en face des besoins des travailleurs du sol.

---

(1) Pl. n° 8.
(2) Pl. n°s 15 et 16.

Aussi bien, il est moral de demander le concours de l'individu, quitte à aider ou compléter son effort par le libre jeu de l'association renforcé lui-même par l'assistance.

La loi d'avril 1898, je l'ai déjà dit, mais je ne saurais trop le répéter, est venue nous apporter des avantages précieux. Sur ce sujet, le rapport qui vous sera présenté par M. Voron, vous fournira les premières indications nécessaires, et je suis heureux de vous annoncer que, las d'attendre un règlement d'administration, qui, toujours annoncé, ne paraît jamais, le Comité de contentieux du Sud-Est veut bien, sur ma demande instante, s'occuper de la rédaction de statuts-types en vue de vous faciliter la création de caisses communales de retraite, dans ou à côté de vos syndicats, quelle qu'en soit d'ailleurs la circonscription (1). Bientôt, j'en ai le pressentiment, la première caisse de retraite du Sud-Est sera créée par l'un de nos syndicats, d'autres suivront et peu à peu celles-ci se feront de plus en plus nombreuses, répétant et complétant la superbe floraison des syndicats agricoles !

Ce jour-là, le jour où sur les rameaux vigoureux sortis du vieux tronc de l'Union du Sud-Est, nous verrons de tels fruits, nous serons heureux de l'avoir planté, de l'avoir soigné, taillé, protégé contre les accidents de tous genres et, jouissant de notre œuvre, nous songerons à ceux qui, grâce à nous, pourront finir en paix leur existence au village ; puis le moment venu, nous prendrons à notre tour, notre retraite, remerciant la Providence de l'avoir fait si douce.

Ce rapport a été fréquemment interrompu par des applaudissements chaleureux, unanimes, traduisant à la fois l'approbation, la confiance et la gratitude des syndicats, si bien méritées par l'inaltérable dévouement du président de l'Union.

Après lui, M. Ducurtyl (Contentieux) ; M. Richard (Finances) ; M. Riboud (Bulletin) ; M. Silvestre (Almanach) ; M. Chatillon (Comptes de prévoyance contre la mortalité du bétail), défilent tour à tour, également écoutés et remerciés de leur dévouement à l'œuvre commune.

Comme président de la Caisse régionale du Crédit agricole, M. Burelle veut bien, lui aussi, expliquer à l'Assemblée l'organisation et le fonctionnement de cette importante institution ; les applaudissements qui saluent son rapport l'ont certainement récompensé d'être venu apporter à l'Union un témoignage de haute sympathie.

Cette réunion du matin, se termine par les élections habituelles.

MM. de Fontgalland, de Villette, Prosper de l'Isle, Pelin, de Montal, sont réélus, et MM. Ducurtyl et Dugas, élus administrateurs.

Enfin, sur ses instances personnelles, M. de Bélair, secrétaire général, est remplacé par M. E. Voron, secrétaire général-adjoint.

Le Bureau et l'Assemblée n'ont pas voulu laisser partir l'ouvrier

____

(1) Caisses de retraites agricoles pour la vieillesse et commentaires par M. L. Voron (Edouard Vallier et Cie, Grenoble).

trop modeste qui, dès le début de l'Union, accepta la lourde et délicate fonction de secrétaire général, sans lui témoigner leur vive reconnaissance, leur affectueuse sympathie, en le nommant secrétaire général honoraire.

C'est un titre modeste, mais qui sera, nous en sommes sûr, très précieux à celui qui, dans sa retraite prématurée, n'oublie pas l'Union et ses anciens collègues. Homme de haute intelligence et de grand cœur, M. Ch. de Bélair fut toujours, dans le Bureau de l'Union, un conseiller sage et écouté, il fut un des fidèles ouvriers de la première heure et, c'est seulement quand il a vu bien assise et bien prospère l'œuvre à laquelle il s'était ardemment donné, qu'il se retira sans bruit, considérant sa tâche terminée. De loin dans ses terres de l'Isère, il songera à notre œuvre, nous reporterons souvent nos pensées et nos cœurs vers lui ; son nom, son souvenir resteront intimement liés à la vie et à la prospérité de l'Union.

Quant à son successeur, il était bien désigné pour devenir l'un des premiers dans cet état-major d'élite, et c'est de tout cœur qu'un de ses plus vieux amis applaudit à sa nomination. Il arrive au moment où les fonctions de secrétaire général de l'Union ne sont point une sinécure, il a la lourde tâche de remplacer un secrétaire modèle ; il est certes à la hauteur de cette double mission, et l'avenir nous apprendra, sans aucun doute, que la bonne étoile de l'Union l'a, plus que jamais, heureusement guidée, en lui dictant cet excellent choix.

La réunion du soir n'a pas été moins bien remplie que celle du matin : deux rapports seulement l'ont occupée : l'un, par M. Guinand, sur l'enseignement ; l'autre, par M. Voron, sur les Sociétés de secours mutuels. Tous deux seront étudiés aux chapitres spéciaux qui traitent des questions auxquelles ils se rapportent ; nous y renvoyons donc nos lecteurs, certain que nous sommes, qu'ils prendront autant d'intérêt à les lire, que les délégués en ont pris à les écouter.

Conclusion pratique de cette laborieuse journée, l'Assemblée, avant de se séparer, a émis de nombreux vœux :

Elle renouvelle d'abord les vœux suivants précédemment émis, et auxquels il n'a pas été donné suite :

Vœux.

1° Que les Syndicats agricoles soient rattachés au ministère de l'agriculture ;

2° Que les Pouvoirs publics s'occupent sans plus tarder de faire aboutir le projet de création d'une armée coloniale ;

3° Que la Gendarmerie soit moins distraite, par une série d'occupations, diverses notamment par le service de recrutement, de son rôle primordial qui est d'assurer la sécurité des campagnes.

Elle émet ensuite les vœux nouveaux qui suivent :

Assurances mutuelles. — Que — conformément au projet de loi déposé à la Chambre par M. Viger, ancien ministre de l'agriculture — « les sociétés ou caisses d'assurances mutuelles agricoles qui ne réalisent aucun bénéfice soient affranchies des formalités prescrites par la loi du 24 juillet 1867 et le décret du 22 janvier 1868 relatifs aux sociétés d'assurances et puissent s'organiser suivant les prescriptions de la loi du 21 mars 1884 sur les syndicats professionnels ; que les sociétés ou caisses d'assurances mutuelles agricoles ainsi créées soient exemptes de tous droits de timbre et d'enregistrement. »

Étant entendu que ces avantages seront réservés aux sociétés ou caisses d'assurances mutuelles agricoles *à circonscription restreinte.*

Impôt sur les primes d'assurance. — Que l'impôt de 10 °/₀ sur les assurances soit remplacé désormais par un impôt équivalent calculé d'après le capital garanti et non plus d'après la prime payée.

Enregistrement. — Considérant, qu'une proposition de loi a été déposée au Sénat, dans le but de faire disparaître les abus commis journellement à l'abri des dispositions de l'art. 60 de la loi du 22 frimaire an VII sur l'enregistrement ;

Considérant, en effet, que cet article porte que : « Les droits d'enregistrement régulièrement perçus ne seront pas restitués, quels que soient les évènements ultérieurs ».

Que, si cette disposition peut paraître juste en ce qui concerne le droit fixe ou de formalité, il ne saurait en être de même en ce qui concerne le droit proportionnel lorsqu'un jugement est réformé ou un contrat annulé ;

Qu'on ne peut s'expliquer qu'une taxe proportionnelle de transmission souvent considérable, ne soit pas restituée, s'il est jugé plus tard qu'il n'y a eu aucune transmission ;

Qu'en agissant de la sorte, le fisc viole le principe « que ce qui a été payé sans être dû est sujet à restitution ».

Émet le vœu que le susdit projet de loi soit adopté au plus tôt par le Parlement.

Vins italiens plâtrés. — Que les vins italiens plâtrés soient, à partir de leur passage en douane, accompagnés de pièces de régie permettant de les suivre, afin d'empêcher qu'ils puissent être livrés à la consommation, en violation des prescriptions de la *Commission supérieure* d'hygiène.

Tarif minimum. — S'associe à toutes les protestations des autres associations agricoles françaises contre la concession du tarif minimum aux États-Unis ;

Demande la constitution d'un comité permanent de représentants de l'agriculture et de l'industrie, qui devrait être obligatoirement consulté par le gouvernement avant et pendant toute négociation commerciale.

Répression du braconnage. — Considérant que la destruction des petits oiseaux cause un dommage considérable à l'agriculture, émet le vœu qu'une surveillance plus active soit exercée, et qu'une répression sévère soit faite contre ce braconnage.

Prix du blé. — Que les pouvoirs publics prennent toutes mesures qu'ils croiront utile pour relever les prix du blé et soutenir plus efficacement les agriculteurs.

Liberté d'enseignement. — Proteste énergiquement contre toute atteinte portée à cette liberté et spécialement contre les projets de lois d'exception déposés sur le bureau de la Chambre des députés ;

Propriétaires et travailleurs du sol, intéressés à procurer à leurs successeurs *l'instruction* agricole la plus complète, pères de famille, soucieux de préparer des hommes de foi et de savoir, capables de se rendre utiles au pays, entendent conserver la liberté de confier la formation morale, intellectuelle et *professionnelle* de leurs enfants aux maîtres de leur choix.

Citoyens français, et participant comme tels aux charges publiques, ils prétendent jouir de cette liberté sans être tenus de renoncer, pour leurs enfants, aux fonctions et emplois publics que peuvent briguer tous les citoyens, « selon leur capacité et sans autre distinction que celle de leurs notes et de leurs talents ».

Protection de la viticulture. — Emet le vœu que la Régie s'assure, par tous les moyens en son pouvoir, de l'emploi des raisins de table, et rende effective la protection de la viticulture.

Tarif G. V. 8. — Que le tarif G. V. 8, applicable aux membres d'un grand nombre de sociétés voyageant ensemble soit applicable aux membres des syndicats agricoles munis de leurs insignes.

Transport du soufre. — Que le tarif du transport du soufre sublimé soit abaissé au même chiffre que celui du soufre sulfaté.

Service sanitaire. — Que le service sanitaire soit mieux assuré sur la frontière et que le bétail venant de l'étranger ne soit introduit en France, qu'après une visite sanitaire minutieuse, conformément aux articles 55-56 de la loi du 21 juin 1898 ;

Que pendant et à la sortie des concours régionaux et de Paris, un service de désinfection complet et scientifique des animaux soit organisé ;

Que le marché de Lyon-Vaise soit rigoureusement surveillé et que le bétail malade au lieu d'être refusé soit séquestré et abattu ;

Que toutes les foires du département soient munies d'un service d'inspection sanitaire conformément à l'article 63, loi du 21 juin 1898 ;

Que la désinfection des wagons, prescrite par l'article 45, soit exécutée plus minutieusement et d'une manière facile à vérifier pour les intéressés « lavage à la chaux vive par exemple » ;

Que des mesures sérieuses et sauvegardant l'intérêt des montagnards soient prises pour la séquestration des animaux contaminés ou suspects au désalpage.

Tous ces vœux sont adoptés par l'Assemblée.

M. le Président clôt l'Assemblée générale en remerciant les délégués de leur concours et de leur attention, puis il ajoute ces paroles qui serviront de conclusion à ce long chapitre.

« Plus l'Union grandit, plus les services que nous pouvons rendre sont considérables, plus vous venez nombreux à nos réunions, plus il me semble que se fortifient les liens qui nous unissent tous, plus nous nous sentons prêts pour de grandes et nobles choses. »

TITRE IV

ACHATS ET VENTES

Office et Courtier des Syndicats Unis
Coopérative agricole
Union des Producteurs et Consommateurs

OFFICE ET COURTIER DES SYNDICATS UNIS

Les services matériels ayant été la première raison d'être des syndicats agricoles, il était naturel que l'Union s'occupât, dès le premier jour, de la création d'un intermédiaire destiné à mettre en rapport direct acheteurs et vendeurs et permettant d'alléger les transactions des syndicats unis.

Dès la réunion constitutive, cette idée apparaissait nettement ; le 16 octobre suivant, à la première Assemblée générale, elle recevait un commencement d'exécution par la nomination d'une Commission spéciale destinée à mener à bien cette délicate organisation. Il s'agissait, en réalité, de l'installation d'un courtier agissant sous le patronage de l'Union du Sud-Est, ayant pour attributions précisées et spécialisées de faire, sous la surveillance d'une Commission nommée par l'Assemblée générale, les opérations des syndicats unis, de se mettre en rapport avec leurs présidents, de surveiller les ventes aussi bien que les achats.

Étudié et préparé à l'avance par l'un des vice-présidents de l'Union du Sud-Est, M. Duport, l'Office n'avait besoin, pour prendre vie, que de la consécration officielle de l'Assemblée ; aussi ne faut-il pas s'étonner de le voir définitivement installé, rue du Garet, dès les premiers jours de novembre.

Le nouveau titulaire signait, le 22 novembre 1888, le traité définitif qui le plaçait à la tête de l'Office des syndicats unis, traité qu'à titre documentaire nous pensons utile de rappeler ici.

Entre les soussignés :

MM. Guinand, Duport, de Bélair, membres de la Commission spéciale de l'Office central de Lyon, nommés par l'Assemblée générale de l'Union du Sud-Est des syndicats agricoles, le 16 octobre 1888,

Et agissant au nom et comme représentants de cette Union,

D'une part ;

Et M. X..., demeurant à Lyon,

D'autre part ;

Il a été convenu ce qui suit :

M. X..., sur la demande qu'il en a faite, est agréé comme courtier des syndicats faisant partie de l'Union du Sud-Est et, comme tel, il payera patente.

M. X... s'interdit toute opération étrangère aux syndicats unis. Ces opérations seront surveillées par la Commission nommée par l'Union du Sud-Est, qui lui donne en retour son patronage. Ce patronage et le titre de courtier agréé pourront lui être retirés quand bon semblera à la Commission. Dans ce cas, un délai de trois mois est accordé au courtier, comme aussi, il devra donner un délai semblable, s'il quittait ses fonctions de son plein gré.

Chaque syndicat traite directement ses affaires par l'intermédiaire du courtier et demeure responsable de ses opérations.

Les syndicats resteront toujours libres de s'adresser ou non à cet agent.

La Commission détermine le taux des courtages qui seront dûs par les syndicats (1).

Dans aucun cas, le courtier ne pourra se réserver ou accepter, des acheteurs ou vendeurs traitant avec les syndicats, un courtage quelconque, sans en avoir, au préalable, fait la déclaration écrite à la Commission.

Toute transaction entre syndicats unis, née d'offres et de demandes ayant paru au Bulletin des annonces, donne le droit au courtier de prélever un courtage, qu'il y ait ou non négociation de sa part. Dans ce cas, le courtage est réduit de 50 %.

Toute affaire terminée après avoir été préparée par l'entremise du courtier, donne lieu au courtage, que cet agent ait eu part, ou non, à la conclusion de cette affaire.

M. X... est chargé de faire enregistrer les présentes.

Fait et signé double, à Lyon, le...

(Signatures.)

De possible, de nécessaire même qu'elle avait semblé à l'Assemblée générale, la création de l'Office devenait ainsi effective ; il s'agissait d'annoncer sa naissance aux syndicats unis et de leur faire connaître dans quelles conditions le nouveau courtier allait opérer. La circulaire suivante, qui précise bien les attributions respectives des diverses parties en jeu, fut donc envoyée de suite à tous les présidents intéressés.

---

(1) Cette clause a été modifiée : les syndicats ne payant plus la commission que dans le cas de vente ; en cas d'achat, la commission est payée par le vendeur.

Circulaire de la Commission de l'Office

L'Union du Sud-Est, dans son Assemblée générale constitutive des 15 et 16 octobre 1888, a décidé de créer un Office et, voulant donner à cet Office une forme bien en rapport avec les services à rendre dans l'ordre économique et commercial, elle a désigné et agréé un courtier qui sera chargé des achats et des ventes.

Quelles sont au juste les attributions de ce courtier ?

Dans quelles conditions exerce-t-il ses fonctions ?

Comment les syndicats peuvent-ils se servir du courtier ?

C'est ce que nous avons cru utile de porter à la connaissance du plus grand nombre des intéressés, en empruntant la publicité du Bulletin d'offres et de demandes.

Le courtier agréé est un agent qui se charge d'opérer les achats et les ventes pour le compte des syndicats unis. Il n'opère jamais pour son compte, son rôle étant absolument celui d'intermédiaire entre acheteurs et vendeurs.

Le courtier s'interdit toute opération étrangère aux syndicats unis, c'est-à-dire que, dans toutes les transactions dont il s'occupe, l'acheteur ou le vendeur doit faire partie d'un syndicat de l'Union. D'autre part, les syndicats restent toujours libres de s'adresser ou non au courtier.

Le courtier est surveillé par une Commission de 12 membres nommés par l'Union du Sud-Est. Un membre de cette commission est toujours de service ; il examine la correspondance du courtier, voit si les achats et les ventes ont été effectués dans l'ordre de réception et si les prix faits ou obtenus sont au mieux des intérêts des syndicats ; enfin il veille à la stricte application du tarif des courtages dus par les syndicats usant du courtier comme intermédiaire dans leurs achats et leurs ventes.

Pour le moment et sauf modifications ultérieures, le taux des courtages a été fixé par la Commission comme suit :

```
Achats effectués pour les syndicats : 2 0/0 jusqu'à 100 fr.
     —            —             —      1 0/0    —    1.000 fr.
     —            —             —      1/2 0/0 au-dessus.
Ventes effectuées pour les syndicats : 2 0/0 jusqu'à 500 fr.
     —            —             —      1 0/0 au-dessus.
```

Pour toutes transactions de syndicat à syndicat, ce tarif est réduit de 50 0/0. Le courtier n'a aucun honoraire en dehors des courtages qui lui sont alloués. Toute affaire, terminée après avoir été préparée par l'entremise du courtier, donne lieu au courtage, que cet agent ait eu part ou non à la conclusion définitive de cette affaire. C'est l'usage commercial et la Commission a cru devoir le suivre à l'égard du courtier agréé par l'Union.

Tout différend, pouvant naître entre le syndicat et le courtier, est tranché par la Commission de surveillance qui peut, du reste, retirer au courtier le patronage de l'Union et le titre de courtier des syndicats unis, si elle juge la chose nécessaire.

Ainsi les mesures les plus sérieuses ont été prises pour que le courtier soit un intermédiaire sûr et afin qu'il ne soit pas à même d'être suspecté par les syndicats qui peuvent l'employer.

Tous les membres des Syndicats unis ont droit aux services du courtier. S'ils ont des achats ou des ventes à effectuer, ils n'ont qu'à s'adresser au bureau de leur syndicat, qui transmet leur ordre au courtier, ou leur délivre l'autorisation de correspondre avec lui.

Les courtages, pour les achats et les ventes effectuées par le courtier, sont retenus par les bureaux des syndicats qui en donnent compte tous les trois mois à l'Office de l'Union du Sud-Est.

Afin de faciliter les transactions et d'éviter trop de lenteur dans l'exécution des ordres, surtout pour la vente des produits agricoles, plusieurs syndicats ont pris les mesures suivantes : ces syndicats ont désigné un courtier habitant leur circonscription chargé de voir les agriculteurs syndiqués, d'apprécier leurs produits et de les grouper pour les expéditions : ce courtier syndical est en rapport direct avec le courtier de Lyon.

Ainsi organisé, l'Office étant tenu sous le nom et la responsabilité d'un courtier patenté, l'Union est en règle vis-à-vis de la loi qui ne lui permet pas les actes de commerce proprement dits. Le commerce perd ainsi son arme principale de critique, puisque le courtier renonce à tout privilège et que, pour gagner les mêmes libertés il accepte, il va même au-devant de la patente.

Par l'Office, l'Union évite l'obligation de créer à côté d'elle un syndicat central qui aurait nécessité : statuts, déclaration, administration, soit une foule de rouages spéciaux et aurait suscité souvent de regrettables confusions. Enfin, en cas de difficultés résultant des transactions, le président du syndicat intéressé et le courtier se présentent seuls devant la justice, évitant ainsi à l'Union tous les ennuis, tous les frais qui résulteraient d'une organisation différente.

Donc, installation modeste, toute naturelle ; appointements basés sur les services ; en cas d'échec, retraite discrète sans avoir compromis la cause syndicale et surtout possibilité d'attendre, par suite du peu de frais engagés, que les syndicats apprennent plus complètement à se servir de cet instrument nouveau.

Tel était le rouage créé par les syndicats unis.

Nous allons rapidement examiner comment, pendant la première année, il a fonctionné, les services qu'il a rendus et comment les syndicats en ont profité.

Du jour de son installation au 1er novembre 1889, le chiffre total des affaires traitées par son intermédiaire s'élève à 130.662 francs. Les affaires traitées par les bureaux des syndicats atteignent 119.996 fr., les affaires traitées directement avec lui par des membres isolés des syndicats arrivent seulement à 10.666 francs. Les courtages payés ou dus par les syndicats ou leurs membres forment la somme de 961 fr. 45, les remises consenties au courtier par les divers fournisseurs forment celle de 636 fr. 20.

Du rapprochement de ces chiffres, il ressort d'abord que les affaires traitées par le courtier n'ont coûté en moyenne aux syndicats qu'un droit de courtage de 0.74 %. C'est donc un premier résultat important puisque les syndicats unis ont surtout voulu établir un intermédiaire dont les services ne fussent pas onéreux.

Si maintenant nous scrutons le chiffre des affaires au point de vue des achats et des ventes, nous trouvons que les ventes des produits des syndicats font la somme de 28.500 fr. alors que les achats effectués pour leur compte s'élèvent à 102.162 francs ; à ce point de vue le nouveau total des affaires se répartit donc ainsi : Achats, 78.50 % ; ventes, 21,50 %

Les plus gros chiffres d'achats portent sur le sulfate de cuivre dont le courtier a traité plus de 150.000 kil., puis viennent les engrais, les grains et tourteaux pour le bétail, les plants, les semences, etc.

Dans les ventes, le bétail vient en première ligne avec 14.400 fr. pour le seul mois d'octobre ; les fourrages viennent ensuite avec 8.500 fr., les pommes de terre, les grains, les plants, les vins, les fromages, les truffes représentent quelques milliers de francs.

Les opérations ont donc porté sur les matières les plus diverses, sans donner pour cela un chiffre d'affaires bien considérable ; à cela il y a quelques circonstances atténuantes dont voici les principales.

D'abord les syndicats débutaient avec une organisation toute nouvelle, si nouvelle pour eux que, pendant trois mois, ils n'ont pas su s'en servir, ne commençant très timidement du reste, à l'utiliser qu'aux mois de février et de mars.

Puis, cette organisation nouvelle n'a pas été bien comprise par nombre de syndicats.

Pour les achats, les syndicats déjà anciens avaient leurs habitudes prises, ils ont cru devoir les suivre encore et n'ont pas estimé qu'ils trouveraient un sérieux avantage à faire passer leurs ordres par l'Office. Les faits cependant leur ont donné tort, car toutes les fois que le courtier a pu grouper des ordres importants, il a obtenu des conditions meilleures que celles obtenues par le syndicat agissant isolément. En veut-on une preuve ?

Courant 1889, un membre du Bureau de l'Union, se trouvant dans une ville voisine, entendit le président d'un de nos syndicats donner à son secrétaire l'ordre d'acheter des engrais à telle maison, et a tel prix. — Pourquoi, lui dit-il, ne faites-vous pas passer cet ordre par notre courtier? — C'est bien inutile, répondit le président, je n'aurais pas de meilleures conditions et j'aurais un courtage à payer.— Je ne suis pas absolument de votre avis, dit l'administrateur. Donnez-moi l'ordre pour 48 heures et je verrai ce que notre courtier pourra faire.

Celui-ci acheta dans la maison même désignée par le président, et le résultat de son intervention se traduisit ainsi : 62 francs de bénéfice sur 2.000 francs d'achat. De plus, le courtier avait reconnu lui-même les marchandises, prélevé les échantillons, surveillé le bon conditionnement, fait faire l'analyse, et il ne demandait rien au syndicat, car le fabricant d'engrais lui avait consenti une remise personnelle suffisante. Les services du courtier, loin d'être onéreux, se chiffraient donc par un bénéfice de 3 0/0 net.

L'économie de l'Office ressort bien de ce fait, que nous pourrions cent fois répéter; mais évidemment il faut savoir s'en servir.

Peu de syndicats ont, au début, bien compris le rôle et les fonctions du courtier ; on l'a confondu, soit avec un employé salarié, soit avec un intermédiaire ordinaire, et on l'a traité comme tel. Or, le courtier agit sous la surveillance de l'Union, il n'est pas un intermédiaire, mais un agent chargé de défendre les intérêts des syndicats dans les transactions que ceux-ci lui confient ; il est toujours tenu de traiter au mieux des intérêts des syndicats.

Au début, comme aujourd'hui, pour pouvoir acheter à de bonnes conditions, le courtier est obligé de se présenter comme étant à même de traiter des affaires sérieuses et, pour exécuter aux meilleures conditions possibles les ordres fermes qui, seuls peuvent être remplis par lui, il faut que ces ordres soient importants. Il faut donc, pour arriver à un résultat utile, que les syndicats groupent les ordres respectifs de leurs membres, le courtier groupant à son tour les ordres des syndicats unis. C'est seulement en agissant ainsi que l'on pourra obtenir de l'Office et du courtier le maximum d'effet utile pour les achats. Nous verrons, dans la suite, que les syndicats ont peu à peu compris quel était leur intérêt et que tous, si bien organisés soient-ils, ont trouvé un avantage sérieux à passer par l'Office plutôt qu'à opérer directement.

Nous venons de dire que le service des achats n'a pas produit, la première année, tous les effets qu'on était en droit d'espérer; il nous reste à étudier pourquoi le service des ventes a donné moins encore de résultats.

L'idée fondamentale, pour beaucoup de syndicats qui se déclaraient en état d'opérer seuls leurs achats, étant de trouver dans l'Office un instrument pour la vente de leurs produits, comment se peut-il faire, qu'en fin d'exercice, les ventes atteignent à peine le quart des affaires traitées?

Ce n'est un secret pour personne qu'il est toujours plus difficile de vendre que d'acheter, la preuve en est qu'au moment de la création du courtier, c'est à peine si, sur cinquante syndicats affiliés, deux avaient tenté de rendre ce genre de services à leurs adhérents. L'inexpérience de tous était absolue; le courtier, néanmoins, étudia son terrain et chercha des débouchés. Une fois les acheteurs trouvés, il semblait que le problème allait être résolu; on avait compté sans la routine, car si les syndicats témoignaient tous le désir de vendre leurs produits, aucun n'était en mesure d'exécuter les expéditions. Nombreux sont les ordres, avantageux pourtant, qui ont dû être annulés, faute par les syndicats de savoir grouper les vendeurs, faute par leurs adhérents de s'entendre pour charger un wagon, faute par eux de consentir à attendre leur argent huit ou dix jours, préférant, la plupart, continuer à courir les foires qui les mettent à la merci des intermédiaires. C'est au point que, dans les premiers mois, ce ne sont pas les ordres qui ont manqué, ce sont les vendeurs. Dans les trois mois d'été, la situation changea et les envois de bestiaux arrivèrent en si grand nombre qu'on reconnut la nécessité de créer un rouage nouveau : *l'Union des producteurs et consommateurs.* Ce n'est qu'en passant que nous parlons de cette création, que nous étudierons à sa place, dans un chapitre spécial.

En résumé, si la première année d'exercice n'a pas donné de résultats concluants, elle a du moins été une période d'études, d'installation et les constatations qu'elle nous a permis de faire nous ont montré en somme que l'Office était utile, nécessaire même, et qu'il manque surtout aux intéressés la pratique et l'expérience.

Les syndicats vont-ils, dans la suite, se servir de l'instrument si moderne, mis à leur disposition ?

A la longue, peut-être, mais à condition de laisser toute latitude à leurs membres et de ne pas forcer ceux-ci à passer préalablement par leur président. Si, en effet, dans un syndicat nombreux et bien organisé, les membres préfèrent passer leurs ordres par l'intermédiaire de leur association locale, il est non moins certain que, dans les petits syndicats où l'organisation est plus défectueuse, les ordres restent souvent dans la poche du président ou de l'administrateur délégué, forcément inexpérimentés et mal renseignés. Aussi, après une ou deux tentatives infructueuses, les membres retournent au commerce local et cela pour toujours, à moins qu'en attendant l'accroissement de leur syndicat et par suite l'amélioration de ses services, ils ne puissent trouver, grâce à leur titre de syndiqués, les avantages auxquels ils ont droit, que l'association locale ne leur procure pas et que l'Office leur offre.

Qu'on ne dise pas que les syndicats ont besoin, pour vivre, de la commission qu'ils auraient prélevée sur les ordres passés par leur intermédiaire, en effet rien ne les empêche de dire au courtier de réserver cette commission à leur crédit sur tous les ordres passés directement par leurs membres. Cela est faisable, cela se fait.

Quelques présidents de l'Union ne voulurent pas cependant entrer dans cette voie et, sous prétexte d'anarchie, demandèrent à plusieurs reprises qu'il fût décidé que le courtier ne tînt compte que des ordres qui lui seraient passés par les syndicats : il fallut l'intervention très sage, mais très énergique de M. Duport, pour que l'Assemblée générale repoussât cette dernière condition.

C'est donc, sans changement dans le mode d'opérer, que se présente l'exercice 1890. De celui-là, il nous est difficile d'en retracer ici les diverses phases ; un gros orage intérieur survenu courant mai-juin ayant amené un changement de titulaire, ce qui nous empêcha d'apprécier les opérations du premier semestre. Rien cependant n'eut à souffrir du changement de titulaire ; le départ de l'ancien courtier et son remplacement par M. A. Verrière, courtier actuel, s'étant effectué sans secousses, passant presque inaperçus, sauf cependant pour l'homme dévoué qui, pendant plusieurs mois, ne recula ni devant les ennuis d'une liquidation, ni devant les difficultés que présentait la formation du nouveau titulaire. Grâce à M. Duport, grâce aussi à sa bonne volonté, à son travail persévérant, M. Verrière, rompu du reste aux affaires commerciales, fut bien vite à la hauteur de sa tâche, lourde cependant ; c'était bien l'homme de la situation, et vendeurs comme acheteurs n'ont qu'à se louer aujourd'hui de l'heureux choix de l'Union.

Si troublée qu'elle ait été, l'année 1890 est cependant en très sérieux progrès sur sa devancière, peu à peu les syndicats apprennent à se servir de l'Office, le chiffre des affaires a considérablement augmenté.

Il y a cependant une lacune, regrettable entre toutes, c'est qu'en réalité 20 syndicats sur 50 ont totalement paru oublier le courtier et que ce sont précisément ceux qui sont les moins bien organisés, les moins prospères qui restent étrangers à ce service.

Ceux-ci ont un double tort : 1° parce qu'ils diminuent la force de l'Office en ne lui donnant pas leur concours ; 2° parce que, loin de leur coûter, le courtier leur procurerait le plus souvent de grosses économies.

L'Office ne leur coûte cependant rien, en effet, car les fournisseurs, pour avoir sa clientèle, très facilement et sans rien changer à leurs prix, accordent au courtier sa modeste commission, et que, d'autre part, depuis l'installation du nouveau courtier, la Commission de l'Office a décidé qu'à l'avenir tous les courtages seront payés par les vendeurs.

En résumé, ce sont précisément les syndicats qui auraient pu, grâce à leur bonne organisation, se passer du courtier, qui l'ont le plus utilisé. Ce doit être pour les autres un stimulant précieux, car si les syndicats prospères se sont adressés à l'Office, c'est qu'ils y ont trouvé leur avantage et qu'ils ont compris la nécessité de renforcer, par leurs ordres, l'importance naissante d'une création, appelée à rendre de très grands services le jour où les syndicats auront enfin appris à s'en servir.

Si, très lentement du reste, les achats prennent de l'importance, les ventes restent toujours le côté difficile. Quelques bestiaux, quelques fourrages, quelques semences et c'est tout. C'est, de plus en plus, l'organisation qui manque chez les vendeurs, car, quand les ordres arrivent, on ne peut les exécuter.

Comme le disait fort bien M. E. Duport, à la fin de son rapport de 1890 : « Si l'on ne considérait que ces résultats, sans songer que nous avons déjà pu réaliser des progrès qui semblaient impossibles, il y a deux ans à peine, il n'y aurait pas lieu de s'enorgueillir. Je pense, au contraire, que nous devons être vraiment fiers des résultats acquis, car ils sont un sûr garant de ceux, plus grands encore, que nous sommes certains d'obtenir, pour peu que tous nos syndicats se servent de l'Union en toutes circonstances et par préférence. M. Guinand vous disait, l'an dernier : « Ce qu'il y a de plus surprenant, c'est que ces résultats, nous les avons obtenus sans capital, en un mot avec rien ». Laissez-moi, à mon tour, terminer en vous disant : J'ai confiance dans l'œuvre, les résultats iront grandissants, car, pour les obtenir, nous avons tous un capital inépuisable : le dévouement. »

C'est, assurément, le dévouement qui a toujours constitué le principal capital de l'Union du Sud-Est, pourquoi faut-il que nombre de syndicats n'aient pas cru devoir accepter d'en recevoir les intérêts ?

Il faut reconnaître, cependant, que, plus nous avançons dans l'histoire de l'Office, plus aussi les syndicats se décident à en profiter. L'année commerciale du 30 juin 1890 au 30 juin 1891 est, à ce sujet, pleine d'enseignements ; le chiffre des affaires a plus que doublé.

Voici, du reste, comment M. Duport résume la situation de fin d'exercice, dans son rapport annuel de 1891.

Les articles qui donnent lieu aux plus grosses transactions sont :

Le sulfate de cuivre, 445.000 kil. en 1890 ; nous arriverons pendant cet exercice à 600.000 kil., peut-être plus.

Nous sommes actuellement les plus gros acheteurs de la région en sulfate de cuivre, pourquoi ne le serions-nous pas pour les autres produits nécessaires à l'agriculture ?

Les charbons sont en grosse progression, c'est ainsi que, dans les deux derniers mois, nos ordres ont été de 285.000 kil., près de 10.000 kil. par jour, cet article si indispensable dans nos campagnes est appelé à un très grand avenir.

Les fumiers également, dont les demandes passent 620.000 kil. pendant les mois de septembre et d'octobre, soit une moyenne journalière de 20.000 kil.

Les ronces artificielles, les fils de fer, les fers à T sont également très demandés, ainsi que les vignes américaines pour le greffage. Le Beaujolais nous en a déjà commandé 2 millions et demi de mètres pour le printemps 1892. Songez que cela fait deux mille cinq cents kilomètres !

Les machines, instruments, fourrages, tourteaux, etc., sont également en progrès, mais il est grand temps d'arrêter cette nomenclature.

N'allez pas croire pourtant qu'avant de terminer je vais vous dire à quel prix se sont élevés les courtages payés à M. Verrière, ni quel a été le résultat, tous ses frais payés. N'oubliez pas que, si je le sais, cela ne nous regarde pas, c'est son affaire, mais ce qui nous regarde, c'est de calculer les services immenses que les syndicats, assez avisés pour se servir de lui, ont été mis à même de rendre à leurs adhérents.

Le chiffre est colossal. N'en pas douter, c'est notre salaire, salaire précieux ; aussi, pour le gagner encore pendant de nombreuses années, rien ne nous découragera, n'est-il pas vrai, mes chers collègues, car nous savons qu'il s'agit du relèvement de l'agriculture, de la richesse et de la force de la Patrie.

Il y a donc, dès maintenant, un très sérieux progrès, il est possible déjà de calculer les services immenses que les syndicats, assez avisés pour se servir du courtier, ont été mis à même de rendre à leurs adhérents, de calculer le chiffre énorme économisé par l'Office aux agriculteurs, sur une telle masse de fournitures, de supputer les majorations de récoltes obtenues, grâce à ses engrais, grâce à ses semences, d'estimer le nombre des vignes reconstituées par les porte-greffes fournis par ses soins, les pièces de vins récoltées malgré le mildew grâce à son sulfate de cuivre. Le chiffre est colossal : le capital dévouement, si généreusement avancé par les promoteurs de l'Office, commence dès aujourd'hui à porter intérêt.

Tout n'est peut-être pas encore parfait, mais nous marchons chaque jour plus avant et si, dans son rapport de 1892, M. Duport ne dit pas encore : « Tout va bien », il ne craint pas de dire : « Tout va mieux ». Il reste bien encore quelques syndicats qui persistent à ne pas connaître l'Office, mais ceux-là sont de moins en moins nombreux ; il ressort toutefois de l'examen détaillé des affaires faites, que les syndicats qui ont le plus utilisé le courtier, sont assurément ceux qui sont le plus en progrès, d'où il résulte que ceux-ci ont raison de s'adresser au courtier et qu'ils en ont retiré des avantages. A très peu d'exceptions près, les syndicats qui figurent à peine sur les registres de l'Office végètent, ne progressent plus, certains même reculent ; c'est là un indice grave qui mérite d'être signalé.

Sans vouloir toujours les citer comme modèles, il nous sera bien permis de donner encore, comme exemple probant, les syndicats du Beaujolais. Ces syndicats, qui se sont mis franchement à rechercher tous les moyens de rendre à leurs adhérents le plus de services possible, ont vu leur effectif s'élever à près de cinq mille membres, alors qu'ils ne s'étendent que sur la moitié à peine d'un arrondissement. Il n'y a pas, en France, d'exemple d'un groupement pareil des agriculteurs sur une aussi minime étendue de territoire. Le chiffre de leurs affaires a dépassé 450.000 fr. et, pour y arriver, ils ont organisé un Office analogue à celui du Sud-Est, géré par un courtier patenté. Malgré ce rouage spécial, bien convaincus de l'importance et des avantages de la concentration de toutes les forces agricoles, ils n'ont pas hésité à faire passer tous leurs ordres par le courtier du Sud-Est et, cela faisant, ils estiment n'avoir rien perdu ; bien plus, ils ont conscience d'avoir servi la cause générale, car les ordres plus importants ont assurément permis d'obtenir, pour eux comme pour tous, de meilleures conditions.

Ceci uniquement pour montrer qu'un syndicat, si bien organisé soit-il pour opérer directement, a tout avantage à passer ses commandes au courtier et si l'avantage ne semble pas toujours immédiat et palpable, il n'en existe pas moins, car c'est par la réunion des ordres, et par cela seul, que les syndicats deviennent vraiment forts.

Voici, du reste, le chiffre total des affaires pour l'exercice 1891-92 :

Les engrais divers s'élèvent au total de 4.119.510 kil., soit la charge de plus de 800 vagons de 5,000 kilog. Dans ce total énorme, les superphosphates figurent pour plus de 1.200.000 kilog. et il y a lieu d'observer que les ordres de la Drôme ne passaient pas à l'époque par votre courtier, ce qui permet de prévoir un chiffre double l'an prochain, puisque depuis trois mois les ordres de ces syndicats seuls atteignent déjà 600.000 kilog. Les scories sont toujours très demandées puisqu'il en a été expédié par le Creusot 372.000 kilog. et, par la Marche 263.000, soit ensemble plus de 600.000 ; les autres produits les plus demandés sont le chlorure de potassium 80.000, le nitrate de soude 185.000, les engrais composés 120.000, le sulfate de fer 46.000, etc., etc. Les produits anti-cryptogamiques s'élèvent à 300.000 kilog., le principal est le sulfate de cuivre 269.000 kilog. Les semences figurent pour le chiffre relativement modeste, bien qu'en très grand progrès, de 23.758 kilog. La nourriture du bétail donne lieu à la même observation avec 104.910 kilog.

Le sucre pour vendanges est tombé à 35.000 kilog., il faut nous en réjouir, c'est l'indice de meilleures récoltes. Une curieuse observation à faire c'est la demande de 170 litres de levures pour vinification, par petites quantités, souvent 1 litre à la fois seulement.

Les charbons ont atteint, cette année, 805.000 kilog., c'est beaucoup et ce n'est rien si l'on songe qu'avec son organisation qui lui permet de recevoir directement en gare et sans frais, grâce à ses attelages, la culture française peut s'affranchir d'un lourd tribut en gagnant sur la qualité, en ayant toujours le poids acheté, enfin en économisant sur le prix, il y a de ce côté une marge énorme, je vous la signale.

Dans les machines et outils, dont le chiffre en pièces est de 1.450, je remarque un matériel de battage complet, achat fait par le syndicat de Livron qui fait profiter ses membres d'un superbe instrument dont nous savons qu'il est très satisfait.

Je remarque encore des batteuses à bras, des tarares, une moissonneuse-lieuse, enfin 9 pressoirs de diverses grandeurs, etc., etc. Ce qui prouve jusqu'à l'évidence que l'on commence enfin à comprendre que le courtier, bien renseigné sur les meilleurs instruments et leurs prix, peut rendre de véritables services. Les articles divers et de viticulture me permettent de vous signaler quelques chiffres également dignes de remarque.

Les fils de fer dépassent 50.000 kilog., les ronces atteignent 111.000 mètres et j'observe les vignes racinées et les greffes soudées qui s'élèvent à 490.000 pieds, enfin les boutures de vignes américaines destinées au greffage qui atteignent 3.869.220 mètres, soit près de 4.000 kilomètres, et si nous totalisons en poids toutes ces marchandises, nous arrivons à un tonnage énorme de plus de 6.000 tonnes, soit 6.000.000 de kilog., représentant la charge moyenne de 1.200 vagons.

Avec M. Duport nous disons : « Ces chiffres sont assurément éloquents, mais ils ne le sont pas dans le sens que vous croyez. Ils signalent un progrès considérable, c'est vrai, mais ils sont bien loin de donner une idée de la force d'acquisition que nous représentons, ou du moins, il ne faut les considérer que comme étant la démonstration éclatante de la puissance que nous aurons le jour où, tous, nous utiliserons convenablement ce merveilleux instrument de défense agricole qui s'appelle la loi du 21 mars 1884. Ce jour, nous devons l'appeler de nos vœux et en avancer l'aurore par nos efforts énergiques et constants, car il marquera la grande prospérité de l'agriculture nationale ».

Mais, quelque progrès qu'il y ait dans la marche de l'Office, il ne faut pas dissimuler que, si le courtier est organisé pour les achats de produits agricoles, il ne l'est pas du tout pour la vente de ces mêmes produits. Les difficultés de vente sont, en effet, multiples. Pour la vente directe aux consommateurs, il faudrait des courtiers spécialistes, des courtiers voyageant, allant voir à domicile le producteur et ensuite le consommateur. Il faudrait créer des dépôts, des docks, des magasins généraux où l'on pourrait prendre livraison des marchandises en tout temps et pour toutes quantités. De là des frais, des risques qui ne peuvent être supportés par le courtier.

Il est certain, d'autre part, que si l'Office ne rend pas tous les services désirables, c'est que les syndicats reculent devant le danger des achats fermes, parce que si la loi interdit de faire des bénéfices, rien ne les assure contre les pertes.

C'est pour y remédier en donnant aux syndicats unis la possibilité de rendre le plus grand nombre de services à leurs membres, que l'Union, dans son Assemblée générale de 1892, décide d'adjoindre à l'Office la *Coopérative agricole du Sud-Est*, dont nous parlerons plus tard.

La Coopérative créée, l'Office va-t-il disparaître et les deux services se confondant, la création de l'un va-t-elle amener la chute de l'autre? Non et dès aujourd'hui il y a lieu de féliciter l'Union d'avoir compris que, loin de se faire concurrence, les deux organismes se complètent admirablement l'un par l'autre, le courtier étant le trait d'union entre les syndicats et la Coopérative qu'il importe de laisser bien distincte des syndicats, bien que créée par eux et pour eux.

L'Office ne faisant pas double emploi avec la nouvelle société, il devait être conservé, car s'il eût été supprimé, bon nombre de syndicats unis qui, pour une raison ou une autre, ne font pas partie actuellement de la Coopérative, n'eussent plus trouvé près de l'Union l'aide matérielle qu'ils en attendaient.

Assurément, avec le temps et peut-être très rapidement, tous, ou à peu près tous les syndicats deviendront des adhérents coopérateurs, mais, même à ce moment, le maintien du courtier s'imposera. En effet, la Coopérative agricole, qui est un fournisseur, peut ne pas avoir toujours les marchandises nécessaires et, dans certains cas même, il se peut que le courtier reste un organe plus économique, par exemple pour des achats de machines ou de certaines spécialités, pour lesquelles il n'est pas possible de faire des provisions ou de passer de gros marchés.

Le courtier a donc été maintenu à côté de la Coopérative, les services nombreux et très importants qu'il a rendus pendant le dernier exercice, témoignent que son maintien était sage, pour ne pas dire nécessaire.

Il y a bien toujours les mêmes remarques à faire et la même indifférence de la part d'un certain nombre de syndicats, mais, outre qu'il y a quelques conversions heureuses, il y a, de la part des fidèles, un tel accroissement qu'il nous est permis de dire que la qualité supplée à la quantité.

Le chiffre total et détaillé des affaires est intéressant, surtout si on le compare aux précédents résultats.

Les engrais divers atteignent le poids énorme de 4.650.000 kil. soit la charge de 900 wagons à 5.000 kil. Dans ce total, nous relevons quelques chiffres intéressants, par exemple celui du nitrate de soude qui, de 20.000 kil. en 1889, s'est élevé à 381.000 en 1893, les scories de déphosphoration qui atteignent le total de 1.080.000 kil. les superphosphates d'os et minéraux, qui sont en continuelle augmentation et le prochain exercice ne fera que constater une nouvelle et considérable avance, à en juger par les commandes reçues cet automne.

Par suite de la sécheresse nous avons vu affluer les ordres en marchandises destinées soit à la nourriture, soit à la litière des animaux, et, grâce à la Coopérative agricole qui a su passer d'importants marchés, bien que surprise en pleine période d'organisation, ils ont pu être exécutés en très grande partie ; le poids de ces marchandises dépasse déjà 3.600.000 kil. et il est à noter que de très importants marchés, en cours de livraisons ne figurent pas dans ces totaux.

Voici quelques chiffres détachés de ce total : — Tourteaux, 335.000 kil. ce qui est peu, mais ce qui est peut-être le chiffre le plus étonnant, car il représente en totalité des livraisons à la petite et moyenne culture qui ne les avait jamais employés ; les sons avec 130.000 kil. dont 30.000 en sons de riz ; les pulpes de betteraves, venues souvent de fort loin, avec 700.000 kil. montrent que nous sommes en mesure de satisfaire à toutes sortes de demandes ; les foins avec plus de 1.200.000 kil. dont la majeure partie en provenance du Danube, achetés par la Coopérative agricole, ont sauvé nombre de bestiaux, ainsi que les 1.100.000 kil. de tourbe venus de Hollande, qui ont permis de consacrer un poids de paille bien supérieur à la nourriture des animaux. — Ce sont là de beaux chiffres dont nous avons le droit de nous montrer fiers, car, sans secours d'aucune sorte, nous avons, dans de difficiles circonstances, montré des premiers ce qu'il fallait faire pour atténuer le désastre.

Les articles destinés à la viticulture ne sont pas non plus sans intérêt : le sulfate de cuivre avec 337.000 kil., le raphia avec 11.000 kil., les fils de fer avec 71.000 kil. indiquent l'importance des ordres qui nous sont transmis. Par contre, le sucre et les raisins secs sont heureusement tombés au chiffre d'ensemble de 50.000 kil., nous disons heureusement, car c'est là preuve que nos vignerons font du vin et n'ont plus besoin de demander leur boisson à ces procédés de disette venus avec le phylloxéra.

Les échalas, piquets, ronces artificielles, grillages donnent des totaux en continuel accroissement.

Les boutures pour greffage se sont élevées au chiffre fantastique de 4.517.000 ; placées bout à bout, cela ferait 4.517 kilomètres. Songez à la quantité de bourgeons ayant pu donner naissance à un pied de vigne ; songez au nombre de pièces de vin qui pourront sortir de ces racines américaines et vous reconnaîtrez que notre œuvre est grande.

Pour les semences diverses le chiffre total est de 47.000 kil. ; c'est peu.

Pour les articles de ménage les chiffres intéressants sont les riz pour 27.000 kil., le pétrole pour 21.000 kil., les charbons pour 850.000 kil. Pour ceux-ci nous ne pouvons que répéter ce que nous disions l'an dernier, nous devrions tripler au moins ce chiffre, tant l'avantage est considérable pour le cultivateur qui demande, par wagon de 5.000 kil. au moins, le charbon dont il a besoin lui et ses voisins. Prix, poids, qualité, tout engage à ne plus employer à l'avenir d'autre intermédiaire que le courtier pour s'approvisionner de charbons. Conseillez-le donc, sans hésiter, à vos adhérents. Il y a là pour les agriculteurs le moyen de s'affranchir d'un lourd tribut.

Il reste à ajouter que 908 pièces, machines ou outils ont été fournies par les soins du courtier.

Si le poids de toutes ces marchandises est totalisé, nous aurons un total respectable de 9.730.000 kil., soit près de 10.000 tonnes, en progrès de 4.000 tonnes sur l'an dernier.

Trait d'union entre l'acheteur et le vendeur, entre le producteur et le consommateur, entre l'agriculteur et le commerçant, le courtier, dont le rôle paraissait devoir disparaître devant la Coopérative, devient, au contraire, pour elle, un auxiliaire précieux, nous disons presque indispensable. Grâce à sa situation spéciale sur la place, il peut faire pour elle des achats avantageux et cela sans rien lui coûter, puisque, par un usage généralement établi, le vendeur paye au courtier la commission sans que l'acheteur ait rien à débourser; qu'on ne croie pas que celle-ci soit donnée au détriment de l'acheteur, ce dernier eût toujours payé le même prix, que le courtier eût ou non négocié l'affaire.

Et puis la Coopérative reçoit souvent des ordres qu'elle ne pourrait exécuter si elle n'avait à côté d'elle le courtier qui vient lui prêter main forte. La Coopérative ne peut forcément avoir en magasin qu'un nombre limité d'articles tandis que le champ d'action du courtier est illimité, de telle sorte que par lui la Coopérative voit aussi son action s'étendre indéfiniment, elle lui passe ses ordres, et, par là-même, elle aussi vient lui prêter secours ; elle agrandit la sphère d'action du courtier, comme le courtier élargit, de son côté, l'action de la Coopérative.

Mais en se plaçant au point de vue strictement syndical, nous voyons encore combien le rôle du courtier est indispensable à côté de l'Union.

Sur 82 syndicats affiliés à l'Union, 47 seulement font partie de la Coopérative ; or, si le courtier n'était pas là, aux ordres de tous, que deviendraient ces syndicats, comment pourraient-ils avantageusement faire leurs acquisitions ? Mais, heureusement pour ceux qui n'ont pas su encore se décider à adhérer à la Coopérative, pour des motifs que nous n'avons pas à examiner, car la liberté n'est point un vain mot chez nous, pour ces syndicats le courtier est un précieux secours.

Au surplus, il est des articles que la Coopérative ne peut tenir et que le courtier seul peut fournir aux syndicats. Il serait, en effet, quelque peu encombrant d'avoir batteuses, pressoirs, cuves, foudres et autres objets de même nature alignés sur les banques et rayons de la Coopérative. Le courtier, au contraire, dont les magasins sont immenses, puisque ce sont ceux de tout le monde, les offre à tous, sans augmentation de loyer.

Voilà le courtier et la Coopérative mariés, faisant bon ménage ensemble ; cette union nous paraît devoir être féconde et le divorce ne semble point avoir été inventé pour elle.

Et maintenant, puisque partout il faut des chiffres, quel a été le chiffre des affaires du courtier pendant cette année 1894 ?

7.000.000 de kilogrammes ont été expédiés, soit 7.000 tonnes, représentant 1.400 vagons de 5.000 kilog., soit 500 de plus que l'an dernier. Dans ce chiffre figurent des marchandises achetées pour la Coopérative pour un chiffre d'une certaine importance.

Les principaux marchés roulent sur les marchandises suivantes :

Engrais, 5.411.800 kil. formant 428.000 fr. ; nourriture du bétail 724.000 kil. représentant 276.900 fr. ; semences, 76.774 kil. représentant 21.000 fr. ; viticulture, 299,020 kilog. représentant 140.600 fr. ; vignes, représentant 27.400 fr. ; fils de fer, 53.820 kil. représentant 24.800 fr.; articles de ménage, 10.955 kil. représentant 8.500 fr. ; articles de construction, 342.800 kil. représentant 5.000 fr.; machines, outils, représentant 21.000 fr.

L'Office, on le voit, suit la même progression que l'Union et c'est en grande partie le président de l'Union qui donne l'énorme somme de travail, d'activité, d'intelligence commerciale et surtout de dévouement, qu'il faut déployer pour mener à bien une pareille entreprise.

L'année 1895 voit l'augmentation des affaires poursuivre sa marche ascendante et si, par suite de l'heureuse disparition de la sécheresse, les produits pour l'alimentation du bétail ont quelque peu diminué, le chapitre viticulture a largement compensé cette différence. Les engrais, heureux indice que l'éducation professionnelle de nos adhérents se perfectionne, ont augmenté de 300 tonnes ; voici au surplus le tonnage exact des principales marchandises achetées par l'Office du courtier :

En 1895, les engrais 5.745.000 kil. ; la nourriture du bétail 209.000 kil. ; semences 42.800 kil. ; viticulture 661.400 kil. ; articles de ménage 750.000 kil.; construction 280.000 kil.

Le total exact atteint le chiffre de 7,938,000 kil. représentant une valeur d'argent de 722,500 fr.

Le courtier, on le voit, a continué sa tâche, à la satisfaction de tous, sa complaisance et sa bonne humeur lui ont concilié les plus difficiles ; nous sommes heureux de voir à nouveau le succès couronner ses efforts.

L'exercice 1896 accentue encore l'accroissement des affaires et comme l'organisation des services matériels de l'Union n'est pas sans intriguer les Unions voisines, le distingué rapporteur de l'Office à l'assemblée générale du 2 décembre, M. Guinand, se croit obligé de rappeler à nouveau la raison de cette dualité.

« L'Office du courtier, rouage qui paraissait devoir être amoindri par la création de la Coopérative, continue au contraire à grandir et à rendre des services des plus sérieux, non seulement aux syndicats qui ne sont pas encore affiliés à la Coopérative, mais encore et très souvent à la Coopérative elle-même, qui trouve en lui un auxiliaire des plus précieux et souvent mieux placé qu'elle pour une foule d'achats.

Notre Union est la seule qui possède à côté d'elle cette double organisation et c'est peut-être à ce fait que nos syndicats ont dû d'obtenir la rapidité et l'exactitude dans leurs achats, comme aussi la bonne qualité jointe aux prix avantageux des marchandises.

Car, il ne faut pas se le dissimuler, nos agriculteurs sont plus sensibles souvent à la question des achats de marchandises qu'à la défense économique de leurs intérêts et, malheureusement pour beaucoup, ils ne voient dans le syndicat qu'un organe destiné à leur faire réaliser des économies dans leurs acquisitions, oubliant entièrement le rôle économique, le rôle social, vraiment fraternel qu'il est appelé à jouer.

Nous devons donc, pour arriver à ce rôle social et à cette véritable confraternité, ne point négliger ce côté matériel de notre œuvre.

Le courtier n'a point failli à cette mission, et M. Verrière a continué avec le même dévoûment, la même complaisance, nous dirons aussi la même amabilité, à rendre service de son mieux à tous ceux qui se sont adressés à lui.

Aussi grâce à ses soins l'Office a continué sa marche ascendante. »

Voici les principaux articles achetés par ses soins en 1896.

Engrais, 6.476.000 kilog. ; nourriture du bétail, 730.000 kilog. ; semences, 71.345 kilog. ; viticulture, 692.430 kilog. ; articles de ménage, 526.550 kilog. ; articles de construction, 182.800 kilog. En totalité 8.744.000 kilog. en chiffres ronds représentant 1.750 wagons et un chiffre d'affaires de 820.000 francs.

L'Office du courtier devient de plus en plus le reflet exact du mouvement d'affaires des syndicats unis, car, non content d'exécuter les ordres des Syndicats non coopérateurs, il est aussi l'agent de la Coopérative et c'est finalement par son intermédiaire que s'opère la plus notable partie des achats des marchandises.

Loin de perdre de son importance, ce service prend chaque jour plus d'ampleur et l'exercice 1897 peut accuser une plus-value de 2.259 tonnes de marchandises sur l'exercice précédent.

Comme il est utile de donner de temps en temps des chiffres détaillés, profitons cette année du changement de rapporteur, c'est-à-dire de la diversité dans la manière de présenter les résultats, pour emprunter à M Léon Riboud, quelques observations intéressantes sur la marche de l'Office :

Si vous le voulez bien, jetons un coup d'œil rapide sur les différentes catégories de marchandises livrées.

Et d'abord les engrais. Sous cette rubrique, se trouvent groupés tous les engrais chimiques, plus le plâtre et les fumiers. Les quantités fournies ont été de 6.682 tonnes, en augmentation de 216 tonnes sur l'exercice précédent. A signaler parmi les engrais les plus demandés :

Nitrate de soude	345	tonnes
Superphosphate d'os	396	—
Superphosphate minéral	3.973	—
Scories	522	—
Fumier	780	—

En produits destinés à l'alimentation du bétail, votre courtier a traité 786 tonnes, 56 tonnes de plus que l'an dernier, je relève :

Tourteaux	101.000	kilos
Sel dénaturé	109.000	—
Pommes de terre	97.000	—
Foin	86.000	—
Avoine	61.000	—
Paille	48.000	—

J'ajoute que 216 tonnes de tourbe ont été procurées par ses soins.

Les achats de semences ont également progressé : 17 tonnes d'augmentation ; ce sont les maïs qui tiennent la tête avec 20,600 kilos, puis viennent : le blé, 18.500 kilos, et les pommes de terre, 18.000 kilos. A la suite : luzernes, trèfles, pesettes, avoine, etc.

J'arrive aux marchandises spéciales à la viticulture. En premier lieu, bien entendu, le sulfate de cuivre : votre courtier vous en a fourni 573.000 kilos. Il vous a fourni également 102.000 kilos de soufre, 10.000 kilos de verdet, 4.900 kilos de raphia, 44.500 kilos de sucre, 35.000 kilos de raisins frais, etc. Tonnage total, 955 tonnes, contre 692 en 1895-96.

Les articles de construction ont suivi également une progression intéressante. De 182 tonnes, ils ont passé à 300 tonnes, parmi lesquelles je remarque 183.600 kilos de chaux et 62.800 kilos de plâtre à bâtir, sans parler des tuiles, des briques, du ciment, etc.

En articles de clôture, à signaler 103.000 kilos de fils de fer et 208.000 mèt. de ronces.

Enfin, Messieurs, quand j'aurai relevé 2.278 tonnes de charbons, 5.670 kilos de pétrole, 12 foudres, 9 cuves, 39 demi-muids, je vous aurai donné une idée des principales marchandises qui ont formé, entre elles toutes, 11.300 tonnes, soit 2.260 wagons de 5.000 kilos, représentant, valeur argent, 1.054.000 francs. Or, l'an dernier l'Office de votre courtier accusait 1.850 wagons et un chiffre d'affaires de 820.000 francs.

Tout cela prouve surabondamment l'importance des fonctions que M. Verrière remplit à la grande satisfaction de tous ceux qui ont recours à lui. Et si l'on songe à toutes les transactions qui s'opèrent en dehors de lui, par les soins de la Coopérative, on est en droit de penser que le problème des achats en commun est bien prêt d'être résolu dans l'Union du Sud-Est.

Et pourtant, il en est bien encore parmi nous qui oublient trop souvent que cette solidarité, même sur le terrain des affaires, est notre force et qu'elle devrait être notre loi à tous. C'est au nom de cette solidarité, c'est afin de rendre notre courtier plus puissant vis-à-vis de l'industrie et du commerce, et par suite, de faciliter nos affaires réciproques que tous nous devrions nous adresser à lui, que nous devrions au moins le consulter. Nous savons que certains syndicats sont à eux seuls des puissances, qui, jusqu'à un certain point, peuvent voler de leurs propres ailes, mais ils seraient loin de diminuer leur force en la mettant au service de plus faibles qu'eux, ils seraient loin d'y perdre, car il n'est pas douteux, qu'en opérant isolément, en dehors de la collectivité, ils amoindrissent considérablement l'autorité du courtier. Si celui-ci était le représentant unique des syndicats unis, si ceux-ci lui étaient toujours fidèles, soit en le chargeant de leurs ordres directement, soit en les passant à la Coopérative, il est incontestable qu'il serait un acheteur de premier ordre, peut-être sans rival dans notre région, au moins pour certains articles, et alors tous, aussi bien les grands que les petits, tireraient profit de la force que produirait un tel groupement.

En tous cas, il y a dans l'Office quelque chose qui ne se rencontre pas toujours et qui a bien sa valeur, c'est la probité en affaires. Or s'il est un défenseur de nos intérêts qui doive nous inspirer confiance, c'est bien le courtier. Nous dirons plus ; c'est que non seulement nous sommes assurés de trouver chez lui la plus grande probité, mais qu'en outre nous pouvons compter sur l'intelligence de ses services, d'autant mieux qu'il ne cesse de s'inspirer des conseils de notre distingué président, que nous ne remercierons jamais assez du zèle et du dévouement incomparables qu'il met au service de ses chers Syndicats de l'Union.

Le nombre des syndicats unis augmentant chaque année dans de notables proportions, l'année 1898, qui a enregistré 48 nouvelles adhésions, devait se ressentir heureusement de cet accroissement ; nous allons voir, toujours avec les yeux de notre ami M. Riboud, les résultats de l'année. Nous lui laissons donc à nouveau la parole, aucun de nos lecteurs n'aura le droit de s'en plaindre.

Commençons, si vous le voulez bien, par jeter un coup d'œil d'ensemble sur le bloc des transactions qui ont eu lieu, en 1897-98, entre le siège central et les syndicats unis.

La récapitulation, la voici :

Poids total en kilos..................... 12.219.000 kilos.
Représentant........................ ... 2.444 wagons.
Le tout d'une valeur de............... 1.250.000 francs.

Mais à ce tableau, fourni par votre courtier de l'Union, il y a lieu d'ajouter:
Les achats directs faits par la succur-
    sale de la Coopérative à Chalon, soit   450.000 francs.
Et les ventes d'articles de consomma-
    tion................................. 100.000 —
Ce qui, joint à.. .... 1.250.000 —

Fait exactement..................... 1.800.000 francs.

Voilà le bloc, assez respectable, des opérations traitées, pendant le dernier exercice, par votre courtier et la Coopérative agricole ; opérations, vous en conviendrez, qui supposent déjà une forte dose d'activité et d'intelligence de la part du courtier, du directeur de la Coopérative et de son Comité de direction personnifié par notre infatigable président, M. Duport.

Sommes-nous en progrès ? Prenons les livres de notre courtier et comparons 1897-98 avec 1896-97, sans tenir compte de la succursale de Chalon, des articles de consommation, et même de certains articles, tels que les instruments et les machines. Tenons-nous en, en somme, aux grandes divisions dont voici le résumé :

	1897	1898	Différence.
Engrais...... .	6.682 tonnes	6.915 tonnes	233 tonnes en plus.
Bétail.........	786 —	766 —	20 — en moins.
Viticulture ...	955 —	1.030 —	75 — en plus.
Construction..	300 —	615 —	315 — en plus.
Semences.....	98 —	121 —	23 — en plus.
Clôtures.......	173 —	183 —	10 — en plus.
Charbon	2.278 —	2.404 —	126 — en plus.
	11.272 tonnes	12.034 tonnes	

Soit 782 tonnes en plus sur six groupes de produits et 20 tonnes en moins sur un groupe, finalement 762 tonnes d'augmentation en faveur de 1897-98, représentant en argent 196.000 francs de plus au chiffre d'affaires.

Ajoutons à cela 1226 instruments viticoles ou agricoles sans compter les milliers de petits outils, puis 2.404 tonnes de charbon, soit 126 tonnes de plus que l'an dernier, 110.000 kilos de fil de fer, 279.000 mètres de ronces artificielles avec une augmentation de 70.000 mètres. Et je note en terminant : 53.000 échalas ou piquets, 32.000 mètres de grillages, 129.000 kilos de tuiles ou briques, 103.000 kilos de plâtre, 370.000 kilos de chaux et ciments, 21.500 kilos de poutrelles en fer, et 12.000 fers à T pour vignes.

Telle est l'économie à peu près exacte des opérations faites, en 1897-1898, par le courtier de l'Union du Sud-Est. Elle prouve que l'activité règne dans vos entrepôts et elle justifie incontestablement l'organisation des services matériels de l'Union.

Suivant la marche progressive de l'Union, le service des achats par le courtier ne veut pas rester en retard et c'est encore par une augmentation sensible, que se chiffre le résultat de l'année 1899. Voici comment, dans son rapport annuel, M. Riboud le détaille :

Je le classerai en six catégories : engrais, viticulture, semences, nourriture du bétail, constructions et charbons.

Voici le tableau qui résume l'année 1898-99 :

Engrais (fumier, superphosphates d'os, minéraux, phosphates précipités, nitrate, etc.)............................ 7.797 tonnes
Viticulture (sulfate de cuivre, verdet, soufre, sulfure, etc.) 1.379 —
Semences (luzerne, trèfle, vesces, blé, etc.)............... 83 —
Nourriture du bétail (avoine, maïs, pommes de terre, tourteaux, etc.)... 339 —
Construction (chaux, ciment, fers, etc.).................... 678 —
Charbons... 2.983 —

Total............... 13.259 tonnes

Ajoutez à cela 2.434 machines (pressoirs, faucheuses, moissonneuses, pompes, etc.) et divers articles, variés à l'infini, dont je n'ai pas eu le loisir d'évaluer le poids.

En tout, 13.259.000 kilos ; c'est déjà un tonnage respectable. Comparons-le à celui de l'an dernier :

	1897-98		1898-99		Différence	
Engrais...............	6 915 tonnes		7.797 tonnes		882 tonnes en plus.	
Viticulture..........	1.030	—	1.379	—	349	— —
Semences...........	121	—	83	—	38	— en moins.
Nourriture de bétail.	766	—	339	—	427	— —
Construction........	798	—	678	—	120	— —
Charbons...........	2.404	—	2.983	—	579	— en plus.
	12.034 tonnes		13.259 tonnes		1.225 tonnes en plus.	

Le tout, compris les machines et les articles que je n'ai pu énumérer, le tout, dis-je, d'une valeur de.................. 1.630.000 francs pour 1898-99
Contre... 1.250.000 — — 1897-98

En plus.. 380.000 francs

Si je remonte à l'année précédente, 1896-97, je remarque que le tonnage n'a été, pour les six grandes divisions ci-dessus, que de 11.272 tonnes, contre 12.034 l'an dernier, et 13.259 cette année-ci. La progression est constante.

Certains produits pourtant ont été moins demandés pendant le dernier exercice, tout particulièrement les produits d'alimentation du bétail, 427 tonnes de moins. Cela s'explique naturellement par le prix des fourrages et de la paille qui a permis aux agriculteurs de s'approvisionner eux-mêmes facilement, sans recourir à notre courtier, et de négliger l'emploi des tourteaux.

Par contre, il y a eu augmentation sensible dans les demandes d'engrais, de produits viticoles et de charbons.

L'an dernier, les ordres en engrais avaient dépassé de 233 tonnes ceux de 1896-97; cette année, ils ont dépassé de 882 tonnes ceux de 1897-98.

De même la viticulture est en progression de 349 tonnes sur l'année dernière, alors que je n'ai pu vous signaler, il y a un an, qu'une progression de 75 tonnes sur l'exercice précédent. Enfin, les charbons ont passé, en deux ans, de 2.278 à 2.983 tonnes.

Comme on le voit, l'eau vient au moulin de notre courtier, mais, en réalité, elle arriverait en une nappe autrement féconde si tous les syndicats ouvraient largement leurs écluses. Malheureusement beaucoup ont de vieilles habitudes, ils préfèrent s'approvisionner souvent par de petits canaux tributaires de grandes rivières, au lieu de confier le service de leurs marchandises à un grand fleuve qui alimenterait leurs réservoirs à meilleur marché.

La puissance est dans le nombre et notre courtier n'est considéré, par nos fournisseurs, que suivant sa puissance d'acquisition.

C'est un point sur lequel nous appelons l'attention à nouveau en rappelant ce principe de nos associations, que nous devons nous aider les uns les autres, que les grands doivent concourir au bien des petits, surtout lorsque leur devoir s'allie parfaitement à leur intérêt.

L'intérêt des syndicats unis est, en effet, de se grouper aussi bien sur le terrain commercial que sur le terrain économique ou social, et si, parmi eux, il en est qui peuvent, jusqu'à un certain point, se passer des autres, ils doivent se souvenir que beaucoup — c'est la grande majorité — n'en peuvent dire autant. A prêter leur concours à ces derniers ils n'y perdraient rien, ils y trouveraient même leur compte parce que le bien-être général profite à tout le monde ; les autres y gagneraient, ce serait l'égalité entre tous nos syndicats et l'union ne serait pas un vain mot.

C'est bien là une vérité, mais une vérité qui est longue à s'imposer. Elle s'affirme cependant d'année en année puisque d'année en année la centralisation des ordres augmente au siège de notre grande association.

Souhaitons, en terminant, que cette vérité éclate bientôt aux yeux des quelques aveugles qui ne veulent pas voir et espérons que notre grande Union ne comptera plus dans son sein aucun de ces syndicats que le comte de Chambrun appelait des sauvages.

Telle est, bien hâtivement tracée, l'histoire de l'Office du courtier, premier organe matériel de l'Union.

Avec M. Duport nous concluons : « C'est bien quelque chose, c'est beaucoup même si l'on connaît d'où nous sommes partis et avec quelles faibles ressources nous avons obtenu ce magnifique résultat, et pourtant ce n'est rien, ce n'est qu'un commencement, car l'agriculteur, par sa masse même, est le plus gros consommateur, en même temps qu'il est le plus grand producteur. Si la moitié seulement des adhérents de nos syndicats unis passaient à notre courtier la moitié des ordres de ce qui leur est nécessaire, il faudrait décupler ce chiffre et le porter à cent mille tonnes. Peut-être ne le verrons nous jamais, mais il n'est pas douteux que celui de treize mille peut grandement s'élever; il laisse à notre zèle une marge très large et nous ne désespérons pas de la voir se combler en partie, car rien ne nous coûtera, rien ne nous lassera dans l'accomplissement de l'œuvre entreprise par nos syndicats : l'amélioration du sort des cultivateurs, cette force vive et la meilleure de notre beau pays. »

Nous ajouterons, nous, avec tous ceux qui sont plus intimément mêlés à la vie de l'Union : si les services rendus par l'Office sont de plus en plus nombreux, si ce rouage marche constamment de l'avant avec une précision de plus en plus appréciée, tout le mérite en revient à celui qui est l'âme de tous nos services, comme de toutes nos œuvres, à notre cher président, M. Duport.

LA COOPÉRATIVE AGRICOLE DU SUD-EST

STATISTIQUE (1)

DÉPARTEMENTS	NOMBRE						PROPORTION	
	Syndicats unis	Syndicats coopérateurs	Syndicats non coopérateurs	Adhérents des Syndicats unis	Adhérents des Syndicats coopérateurs	Adhérents des Syndicats non coopérateurs	des Adhérents coopérateurs	des Adhérents non coopérateurs
Ain................	32	24	8	9.103	8.699	404	95.56	4.44
Ardèche............	9	4	5	1.916	1.498	418	78.18	21.82
Drôme.............	34	31	3	8.115	7.709	406	95 »	5 »
Isère..............	69	52	17	8.706	7.732	974	88.81	11.19
Loire..............	23	17	6	3.254	2.477	777	76.12	23.88
Haute-Loire	2	2	»	543	247	296	45.49	54.51
Rhône.............	18	16	2	12.917	10.998	1.919	85.14	14.86
Saône-et-Loire	21	16	5	10.383	8.969	1.414	86.38	13.62
Savoie.............	41	35	6	4.368	4.086	282	93.54	6.46
Haute-Savoie........	1	1	»	1.977	1.977	»	100 »	»
TOTAUX	250	198	52	61.282	54.392	6.890	88.76	11.24

Frappée des grandes difficultés qu'ont les syndicats agricoles à
rendre à leurs membres les services matériels qu'ils leur doivent et
qui sont leur principale raison d'être, l'Union du Sud-Est avait, dès
1891, compris la nécessité d'annexer à ses services une Coopérative.

Entrée la première dans cette voie, après avoir étudié la question

---

(1) Voir Pl. n° 11

sous toutes ses formes, dans tous ses avantages, comme dans tous ses dangers — si danger il y a, — l'Union peut servir aujourd'hui d'exemple. L'histoire de sa Coopérative va nous apprendre pourquoi et comment, malgré de nombreuses résistances, elle a franchement abordé et résolu le problème difficile de la coopération.

Posé à deux reprises successives, le problème a reçu deux solutions différentes et, malgré que la première n'ait pas eu de suite, étant donné la mort prématurée du regretté M. Rostand, il nous semble impossible de ne pas étudier ici les deux solutions. Nous aurons ainsi l'histoire complète du mouvement coopératif agricole en France et de sa première application par une Union de Syndicats : l'Union du Sud-Est.

I. — Coopérative de France. — Projet Rostand. — En avril 1891, à la Rochelle, puis en juin à Paris, un certain nombre de présidents d'Unions et de présidents de Syndicats départementaux se réunissaient, sur l'initiative de M. Rostand, directeur de la Coopérative agricole de la Charente-Inférieure, à l'effet d'étudier un projet grandiose : la constitution de la Coopérative de France. M. Rostand avait eu la généreuse pensée de doter la France entière d'une organisation analogue à celle de la Rochelle, et de faire profiter tous les syndicats de son expérience et de sa grande compétence commerciale.

A côté des syndicats adhérents, et pour eux, il fondait une Société commerciale qui devait, pour ainsi dire, être leur homme d'affaires. Son rôle devait être de procurer aux agriculteurs tous les moyens de production et de faciliter l'écoulement de leurs produits. Par l'importance de sa clientèle, recrutée presque en bloc au moment de sa constitution, elle obtiendrait des prix de revient étonnants de bon marché et, quant à la vente des produits agricoles, elle serait à même, par sa vaste organisation et grâce au dévouement des Chambres syndicales, d'en poursuivre facilement sa réalisation.

De quoi s'agissait-il exactement ? Nous allons le voir avec M. de Rocquigny, plus mêlé que nous aux négociations de la première heure. Chercher à affranchir les producteurs et les consommateurs du joug de cette féodalité moderne des intermédiaires qui, vivant à la fois sur les uns et sur les autres, les rançonne, les exploite et est très réellement la cause déterminante de la cherté de la vie, c'était une entreprise que devait tenter le génie de M. Rostand, lorsque le succès de la Société coopérative de la

Rochelle fut bien assuré. M. Rostand conçut donc le plan d'organiser une grande Société coopérative, la Coopérative de France, fonctionnant pour toute la France au bénéfice des syndicats agricoles, livrant les marchandises à leurs adhérents et se chargeant de la vente de leurs produits. Cette société, qui pouvait compter sur de puissants patronages, exonérait les syndicats adhérents des risques, responsabilités et frais généraux qui leur incombent par suite des achats fermes qu'ils sont obligés de traiter pour l'approvisionnement de leurs dépôts, car elle aurait fait des consignations de marchandises dans leurs magasins, en échange *d'une petite subvention annuelle proportionnée au nombre de leurs membres*. Elle devait être l'intermédiaire naturel entre le syndicat producteur et l'acheteur consommateur; elle se proposait de créer, dans les villes, des dépôts ou magasins de vente alimentés par les Syndicats et où la consommation aurait pu, presque sans rien modifier de ses habitudes, s'approvisionner, au plus bas prix possible, de la plupart des denrées d'alimentation.

La Coopérative devait acheter les produits agricoles aux prix des cours et les revendre au mieux, répartissant ensuite une partie de ses bénéfices nets entre les syndicats producteurs, qui les auraient distribués à leurs adhérents.

Présenté pour la première fois à l'Union du Sud-Est, le 28 juillet 1891, le projet Rostand fut, avant toute discussion, soumis au Comité du contentieux. La réponse de celui-ci, longuement étudiée, sévèrement motivée, fut résumée ainsi : « Le projet Rostand pouvant entraîner la responsabilité des syndicats en faisant naître l'idée d'association entre la Société et les syndicats, le Comité donne un avis défavorable et engage l'Union à se tenir en dehors ». Le très distingué président du Comité, M. André Gairal, légitimait ainsi la décision prise : « Peut-être nos conclusions seront-elles taxées par quelques-uns d'excessive prudence ou de défiance trop grande à l'égard des forces encore naissantes et inexpérimentées de nos syndicats, mais nous persisterons à penser qu'il vaut mieux ici pécher par circonspection exagérée que par témérité. Nous estimons, en effet, que l'apprentissage de la liberté, qui n'est jamais sans péril, exige des précautions parfois minutieuses et que, pour le salut même d'une institution aussi précieuse que celle de nos syndicats, il faut laisser le moins possible aux incertitudes des contestations à naître, le moins possible aussi à la critique de ceux auxquels cette institution porte ombrage ».

C'était une exhortation à la prudence, à la sagesse, mais la Coopérative Rostand devant se créer, ne valait-il pas mieux, en somme, l'avoir
avec nous, c'est-à-dire avec les syndicats, que contre nous, contre les
syndicats ? Faire autrement eût été dangereux, ç'eût peut-être été la
ruine du mouvement syndical en France.

M. Duport l'avait compris et fait comprendre à ses collègues du
Bureau, c'est pourquoi nous voyons le projet revenir sur l'eau vers
la fin d'octobre 1891. Cette fois, M. Rostand sachant bien que, sans l'U-
nion du Sud-Est, il ne fallait pas songer à convertir les autres syndicats, arrivait tout disposé à amender son projet et à faire des concessions. D'un accord commun, la participation des syndicats aux avantages de la Coopérative de France fut arrêtée sur de nouvelles bases
dont les plus essentielles étaient :

La Société sera créée en dehors des syndicats ; les cotisations seront facultatives, un délai sera accordé aux syndicats pour adhérer
à la Société.
Les syndicats adhérents seront divisés en deux catégories :
1º Les syndicats adhérents et payant une cotisation annuelle de 1
franc par membre à la Société et auxquels celle-ci fera, en retour, une
remise de 3 % sur le montant de leurs ordres ;
2º Les syndicats adhérents et ne payant pas de cotisation, auxquels
la Société fera seulement une remise de 1 %.
La Société s'engagera, dans la circonscription de tout syndicat adhérent, à ne vendre au public qu'à des prix supérieurs de 7 % aux prix
appliqués aux syndicats, bonification non comprise.
Pour lier Société et Syndicat, une simple lettre sera échangée entre le directeur d'une part et le président de l'autre.

Dans ces conditions, les syndicats restaient maîtres de la Société
sans être dans la Société ; si cette dernière changeait de front et modifiait son attitude, les syndicats pouvaient, du jour au lendemain,
l'abandonner et se séparer d'elle. Donc, pas de lien, pas de contrat,
pas de subvention obligatoire, le tout pour réserver l'avenir des syndicats et leur liberté d'action.

C'est ainsi amendé que le projet Rostand se présenta à l'Assemblée générale de l'Union du Sud-Est, le 24 novembre 1891, avec
M. Duport comme rapporteur. C'est évidemment à cette dernière circonstance, tout heureuse pour lui, que M. Rostand dut de voir son
projet adopté, aussi estimons-nous nécessaire de rappeler en entier la remarquable défense de l'éminent avocat de la Coopérative
de France.

« *Est-il nécessaire de faciliter aux syndicats agricoles les
moyens de rendre des services matériels?*

« Je n'hésite pas à répondre oui, mille fois oui.

« Et cela, non pas seulement parce que c'est une des conséquences de la loi du 21 mars 1884, non pas seulement parce que les membres de tous nos syndicats le demandent, mais surtout et avant tout parce que c'est le meilleur moyen d'amener le relèvement de l'agriculture nationale.

« La théorie, l'enseignement, la vulgarisation des bonnes méthodes par l'exemple, sont assurément des choses fort utiles, c'est même, si vous le voulez, la moitié de ce qui est nécessaire à la défense de la profession, mais ce n'est que la moitié. Que sert, en effet, d'indiquer de nouveaux outils ou instruments, tous si coûteux, des semences ou des plants de vignes de pays éloignés, des engrais aussi extraordinaires d'origine que variés de composition, si vous n'aidez pas à se les procurer aisément, sûrement, à des prix raisonnables ? — Que sert enfin de montrer les moyens de produire si, par suite de l'augmentation incessante du nombre des intermédiaires, l'agriculteur vend chaque jour plus mal ses produits, quand il les vend ?

« Cela est si vrai que les syndicats agricoles ne vivront que s'ils se mettent franchement en mesure de rendre à leurs adhérents tout ou partie de ces services, car on vous l'a déjà dit, c'est leur grande raison d'être.

« Or, les syndicats, dans l'état actuel de leur organisation, ne peuvent que très difficilement rendre de véritables services matériels.

« Pour les achats, ils sont souvent trop peu importants, plus souvent ils sont dirigés par des hommes, dévoués sans doute, mais peu habitués aux affaires, enfin ils ne sont que trop souvent mal vus du commerce qu'ils gênent, plus encore par la publicité désintéressée de leurs prix que par le chiffre de leurs affaires ; aussi n'arrivent-ils que rarement à procurer des avantages considérables à leurs adhérents.

« Pour les ventes, c'est bien pis. En butte à une foule d'intermédiaires intéressés à ne pas permettre aux producteurs de se rapprocher des consommateurs, leurs efforts sont stériles pour ne rien dire de plus. — Pour leur nuire, les vendeurs consentent parfois momentanément à leurs adhérents des prix au-dessous des cours, bien certains qu'ils sont de se récupérer de cette perte lorsqu'ils auront causé la mort des syndicats. Il en est de même des intermédiaires qui savent à l'occasion être fort raisonnables.

« Aussi le résultat est-il visible ; il n'y a pas à le nier, à part quelques rares et remarquables exceptions, les syndicats agricoles ne progressent plus que lentement.

« En dehors de ces causes si connues, il en est une dernière tout aussi grave; j'entends parler de la lassitude que laissent voir un grand nombre de présidents et de bureaux. L'organisation des syndicats agricoles a été hâtive, trop hâtive même dans bien des cas. Aussi beaucoup d'hommes, de bonne volonté assurément, mais habitués à des efforts modérés et peu prolongés, se sont trouvés dans la nécessité de prendre la direction des syndicats, sans être préparés et surtout sans bien se rendre compte ni du poids de la tâche qu'ils assumaient ni de sa durée. — Tels enfin qui ont accepté, se sachant aptes seulement à diriger une association se bornant à un rôle théorique, se trouvent, par la force des choses, à la tête des syndicats, forcés de rendre à leurs adhérents les services matériels que ceux-ci en exigent.

« A tous ceux-ci, il faut faciliter leur tâche, ou le découragement causera d'irréparables désastres.

« C'est triste à constater, c'est désagréable à dire, mais c'est bon à savoir.

« *Est-il possible de faire autre chose que ce qui nous est proposé ?*

« A cette question, comme à la précédente, je voudrais pouvoir répondre : oui, mille fois oui, et pourtant je ne le puis.

« Oui, j'aurais voulu quelque chose de plus parfait, de plus à nous, pour tout dire en un mot, de plus sûr.

« Oui, il y avait mieux à faire et pourtant ma réponse sera nette : Non, il n'y a pas autre chose à faire que ce que nous avons proposé.

« Ah ! si, dans toutes les régions, nous avions des Unions déjà vieilles de quatre années comme le Sud-Est ; si, à côté de ces Unions, nous avions un service organisé au moyen d'un courtier patenté, bien à nous, comme au Sud-Est, ah ! mon langage serait tout autre.

« Le Sud-Est, le courtier, je le sais, ce n'est pas parfait non plus, mais prudemment, sagement, tout cela se perfectionne, et si l'on savait mieux se servir de ce que l'on a, ce serait presque parfait ; en tout cas, ce serait suffisant.

« Le courtier, il est vrai, bien que groupant les ordres, n'est qu'un courtier, il n'est pas et ne peut pas être un acheteur ferme, il n'a donc qu'à moitié l'action qu'aura la nouvelle Société ; c'est exact, mais il n'a pas non plus les frais généraux énormes d'une vaste organisation ; l'économie vaut la différence de prix et il reste, en faveur de l'organisation telle que nous l'avons établie, qu'elle est la marche prudente et sûre vers le connu au lieu du saut dans l'inconnu.

« Mais, à quoi sert de regretter ce qu'il n'est plus temps d'organiser ailleurs, de vanter ce qui sera peut-être désorganisé ici demain ? Au dessus de l'intérêt régional il y a l'intérêt général, il y a la nécessité absolue d'éviter toutes causes de division des forces agricoles ; il y a la certitude, en ne restant pas en dehors du projet, de voir nos observations écoutées ; il y a, par suite, l'espoir de pouvoir l'améliorer, c'est pourquoi nous devons nous rallier à un projet applicable partout, c'est pourquoi je vous dis : non, il n'est pas, possible de faire autre chose que ce qui nous est proposé.

« Quels seront les résultats probables de la mise à exécution du projet Rostand ?

« Ces résultats peuvent varier à l'infini, nul ne saurait les définir avec précision, mais il est possible de prévoir ce qu'ils seront, en cas d'insuccès, comme en cas de réussite.

« En cas d'insuccès, les syndicats se retrouveront sensiblement dans la situation où ils sont actuellement. S'étant tenus entièrement à l'abri des responsabilités financières de la Société nouvelle, sa chute les laissera sans nul doute découragés, mais pas plus que beaucoup ne le sont en ce moment. Ils auront, du moins, montré leur désir de rendre le genre spécial de services qu'on leur demandait. Leurs adhérents n'auront donc plus aucun motif de leur reprocher leur inertie ou leur timidité.

« En cas de réussite, ce serait une force si grande pour nos associations syndicales que leur avenir en serait assuré et que l'agriculture serait sauvée.

« L'on dira peut-être : mais cette Société, que vous aurez faite, n'abusera-t-elle pas un jour de sa puissance ?

« Il est fort possible qu'elle le tente. C'est évidemment un danger à prévoir. Mais ce danger n'est pourtant pas aussi redoutable qu'il le paraît, surtout si les syndicats savent rester unis, comme il y a lieu de l'espérer, comme on y veillera, et c'est là qu'apparaît plus que jamais la nécessité du groupement des syndicats dans les Unions régionales, pour pouvoir opposer à de semblables prétentions une force de résistance vraiment sérieuse. En effet, si la nouvelle Société, ayant réussi, devient puissante, nous aurons considérablement augmenté nos forces au contact même de son succès et celle-ci aura besoin de notre clientèle tout autant que nous de ses services. Au fond, notre abandon en masse, qui lui serait funeste, lui semblera d'autant plus à redouter que sa chute nous causerait peu de préjudice et qu'elle nous sentira assez forts pour réaliser alors, avec nos seules forces, ce que nous n'osons tenter aujourd'hui. Ne pas être lié au sort d'une Société, c'est encore le meilleur moyen d'en rester maître.

« Aussi est-ce la qualité principale du projet qui vous est soumis, et c'est ce qui nous permet de l'appuyer, si tel est votre avis.

« Je me résume : *Oui, il faut accepter ce qui nous est proposé, car il n'est pas possible de faire autre chose et il faut faire quelque chose* ».

Aussi clairement posé, aussi sagement présenté, le projet Rostand ne pouvait manquer d'être adopté. On vota pour le rapporteur et pour le Bureau, mais non pas le projet lui-même que, malgré l'exposé si clair et si précis de M. Duport, la grande majorité des délégués persistait à trouver dangereux, pour ne pas dire nuisible. Les termes mêmes de la résolution votée sont là pour confirmer notre dire, il y a lieu de ne pas les oublier.

L'Union du Sud-Est des Syndicats agricoles, considérant qu'il semble indispensable, au moins pour une grande partie de la France, de faciliter aux syndicats agricoles l'extension des services matériels à leurs adhérents;

Considérant que si, en ce qui concerne notre région, il suffirait pour cela de persévérer dans la voie adoptée, tout en l'améliorant, il n'en est pas de même partout ;

Considérant qu'il ne faut pas, dans une question d'intérêt national, se laisser guider par des considérations régionales,

Regrette qu'une organisation analogue à la sienne n'ait pas été établie dans toutes les régions de la France ;

« Décide :

Qu'elle se rallie au projet dit : *Projet Rostand*, tel qu'il a été présenté dans son Assemblée générale de ce jour, sous les réserves stipulées quant au mode de négociations devant conduire à des accords avec les Syndicats unis.

Pour conclure, l'Union acceptait bien le projet Rostand, mais elle s'y ralliait à contre-cœur, dans le seul but de ne pas le laisser aboutir contre les syndicats. Elle l'acceptait comme un mal nécessaire, avec l'espérance secrète que, pour une raison ou pour une autre, il n'aboutirait pas.

L'avenir ne devait que trop lui donner raison, car le cercueil qui emportait si prématurément au mois d'avril 1892, M. Rostand, emportait avec lui cette création hardie dont il pouvait seul atteindre la réalisation : la Coopérative de France.

Ainsi finit le si vaste projet Rostand et, abstraction faite des circonstances douloureuses qui ont entravé sa mise à exécution, nul, aujourd'hui, ne peut regretter qu'il en soit resté là. C'était peut-être une idée séduisante, une conception grandiose et hardie, mais sa réalisation même était un danger.

II. — Coopérative régionale. — Projet Duport. — Quiconque est un peu au courant des besoins de l'agriculture est aujourd'hui convaincu de la nécessité de perfectionner les moyens d'action dont disposent les syndicats. Comme l'écrivait notre sympathique collègue, M. Riboud, la loi de 1884 a créé ces associations en leur donnant pour mission de défendre les intérêts professionnels ; mais ces intérêts sont forts complexes et leur défense, pour être utile, demande autre chose que des conseils et des dissertations savantes sur les avantages du groupement des forces agricoles. Si nous voulons rendre aux cultivateurs tous les services qu'ils attendent des syndicats, en particulier les services matériels qui sont à leurs yeux les plus importants, il faut que nous soyons, avant tout, des hommes pratiques et que nous abordions franchement les questions d'ordre commercial. Mais, sur le terrain des affaires, on se heurte vite à des responsabilités, à des risques, que plus d'une Chambre syndicale hésite à affronter. Et puis, s'il est vrai que les syndicats ne doivent rendre que des services professionnels, il est non moins vrai que la portée du mot professionnel n'est pas parfaitement établie et, dès lors, le respect de la légalité devient une cause de prudence et de piétinement. De telle sorte qu'il est indispensable de venir en aide aux syndicats qui ne sont ni assez hardis ni assez outillés pour surmonter ces difficultés, en un mot, il est du devoir de ceux qui les dirigent de leur fournir les moyens de donner libre carrière à leurs aspirations. C'était le but poursuivi par le regretté M. Rostand, qui entendait, grâce à la vaste clientèle sur laquelle pouvait compter « la Coopérative de France »; non seulement délivrer les cultivateurs du joug des intermédiaires, mais dicter même ses conditions aux industriels et aux gros commerçants. Malheureusement les conceptions de M. Rostand avaient le défaut d'être trop vastes, et puis lui seul était capable de diriger la future société ; or lorsque l'avenir d'une affaire dépend de l'existence d'un seul homme, il n'est pas des mieux assurés. Les événements, hélas ! ne l'ont que trop vite prouvé.

Toutefois M. Rostand avait vu juste en voulant aller de l'avant, c'était le côté vrai de son projet ; aussi ce côté a survécu et c'est M. Duport qui, dans le courant de l'été 1892, le reprend, l'étudie, le met au point, pour le faire approuver par ses collègues du Bureau d'abord, par l'Union tout entière ensuite.

Il nous reste à voir pourquoi M. Duport a voulu résoudre le problème :

« Parce que les syndicats qui rendent des services matériels à leurs membres sont les seuls qui soient vraiment prospères. Si, en effet, nous prenons les soixante-quatorze syndicats de l'Union, il est facile de constater que la moitié environ marche bien, progresse sans cesse ; ce sont ceux, et ceux-là seuls, qui n'ont pas hésité à ouvrir des entrepôts où leurs adhérents trouvent tous les produits nécessaires à l'exercice de leur profession. L'autre moitié ne marche pas ; or, ne pas marcher, c'est reculer ; ce sont ceux qui n'osant pas ou n'en ayant pas les moyens, n'ont pas cru, jusqu'à présent, pouvoir ouvrir des entrepôts. On dira, peut-être, que n'en ouvrent-ils et, s'ils n'en ouvrent pas, tant pis pour eux !

« Peut-être, mais, dans une Union, les syndicats ne sont-ils pas solidaires les uns des autres et si, actuellement, tous profitent de ce que, jusqu'à ce jour, aucun de ceux affiliés à l'Union du Sud-Est n'a échoué dans sa tâche, ils recevraient un contre-coup fâcheux de l'échec absolu de plusieurs d'entre eux, échec possible, échec menaçant aussi, car, en dehors même de tout esprit, de toute espèce de confraternité, nous sommes tous dans l'obligation de nous soutenir les uns les autres, c'est notre intérêt bien entendu.

« Il est facile, assurément, à ceux qui ont réussi, de dire aux autres : ouvrez des entrepôts ; mais il ne faut pas perdre de vue qu'il y a souvent des raisons spéciales rendant la réalisation de ce conseil difficile, sinon impraticable. Il faut, en effet, non-seulement la volonté, il faut encore les moyens, il faut surtout les connaissances indispensables pour diriger ces entrepôts. Des hommes dévoués, il y en a partout dans nos syndicats, c'est entendu, mais cela ne suffit pas et, quand il s'agit de traiter des achats souvent considérables et de diriger un ou plusieurs dépôts de marchandises, il faut des aptitudes spéciales.

« Quant aux syndicats qui réussissent, ne voient-ils pas eux-mêmes que leur responsabilité devient chaque jour plus considérable, en proportion même de l'augmentation constante des services qu'ils rendent? Ils ont réussi jusqu'à présent, soit, mais ils peuvent un jour ne plus réussir, et, pour cela, il faut peu de chose, quelques achats de prévision malheureux ; or, les achats de prévision, c'est indiscutable, sont inévitables pour assurer le complet fonctionnement des entrepôts. Les syndicats peuvent alors subir des pertes que rien ne viendra compenser, puisque la loi de 1884 leur défend de faire des bénéfices, tout en les obligeant à céder les marchandises achetées avec la simple majoration de prix nécessaire à les rembourser de leurs frais.

« Mais alors, dira-t-on, pourquoi ouvrir des entrepôts et ne pas se contenter de faire exécuter les ordres au fur et à mesure qu'ils sont donnés? Est-ce possible, alors que nous venons justement de constater que les syndicats seuls qui ont des entrepôts progressent ; ce n'est, en fait, pas surprenant, car c'est le seul moyen de rendre service à la petite culture, la plus intéressante à coup sûr, celle que nous devons avoir le plus à cœur d'aider ; n'est-elle pas la force vive du pays?

« Le petit cultivateur ne sait pas ou ne peut pas, le plus souvent, demander par avance la petite quantité d'engrais ou de semences dont il a besoin. Parfois, l'emploi qu'il en fait dépend de la température, d'une pluie, ou encore de l'argent qu'il espère avoir et qu'il n'a pas au moment où il fait sa commande. C'est pour lui surtout que le syndicat est utile, ce serait mal comprendre le rôle de l'association que de ne pas prendre en mains la défense de ses intérêts.

« Une Société coopérative, en prenant à sa charge les risques, ce qu'elle peut faire, puisqu'elle a, pour y faire face, la possibilité de faire des bénéfices, exonérerait les syndicats de tous les aléas inhérents aux opérations que l'on exige d'eux et pour lesquelles ils ne sont pas faits. Pour cela, la Société n'aura qu'à consigner aux syndicats les produits qu'ils lui demanderont, étant bien entendu que chacun d'eux restera absolument, en face de la Société, dans la situation d'un client vis-à-vis d'un fournisseur ordinaire. De la sorte, il n'y aura plus un seul syndicat qui ne puisse ouvrir un entrepôt, si ses adhérents le désirent, car il n'aura besoin ni d'argent, ni d'aptitudes spéciales, il suffira de vouloir.

« Mais, et c'est là une raison majeure qui milite en sa faveur, la Société coopérative sera non seulement une société de consommation, mais encore une société de production, c'est-à-dire une Coopérative complète. Nous lui achèterons les articles nécessaires à notre production et, en retour, elle nous achètera les produits de notre sol. Or, il n'est pas douteux que c'est là le double objectif du syndicat : produire plus, produire bon, c'est le premier point ; mais vendre, surtout vendre mieux, c'est assurément le second point du problème. Or, même avec l'organisation presque parfaite du courtier, l'Union le pouvait-elle ? Non, les difficultés, les risques, déjà redoutables dans les achats, sont insurmontables dans les ventes. Pour les vaincre, il fallait un rouage nouveau ayant, pour se mouvoir, toutes les facultés commerciales qui manquent aux syndicats, pouvant prendre, vis-à-vis des tiers acheteurs, les responsabilités qu'ils ne peuvent assumer ».

La création d'une Coopérative régionale s'imposait donc, nous allons voir de quelle façon M. Duport a résolu sa constitution.

Comme M. Rostand, M. Duport a voulu une société coopérative destinée à approvisionner les syndicats de la région, société qui prendra pour son compte les risques commerciaux. Tout d'abord, il avait eu l'intention de donner à cette société un caractère exclusivement professionnel et syndical, et de constituer le capital avec le concours exclusif, des associations syndicales de l'Union. Celles-ci eussent été les seuls acheteurs de la société, auraient distribué aux syndicataires les articles achetés à la Coopérative et réparti entre eux les bénéfices en résultant. Pressenti, le Comité de contentieux de l'Union s'opposa à cette manière de voir et, tout en reconnaissant que la création d'une Société coopérative régionale, telle que la concevait l'Union, était une œuvre opportune et parfaitement réalisable, il fit observer que, s'il est permis aux syndicats de prendre des actions, des parts d'une société, il serait à craindre, du moment qu'ils seraient seuls souscripteurs, qu'on ne vit dans cette combinaison une Union dissimulée, faisant des opérations commerciales, contrairement à la loi du 21 mars 1884.

Sans se laisser rebuter, et convaincu avant tout de la nécessité d'aboutir, M. Duport reprit son projet, s'inspirant cette fois des dispositions de la loi en préparation sur les sociétés coopératives, déjà votée en première lecture par la Chambre et le Sénat, et qu'une seconde lecture à la Chambre empêchait seule d'être promulguée.

C'était partir avant l'heure, mais ne valait-il pas mieux partir trop tôt que ne pas partir du tout ?

Tout d'abord, M. Duport se prononce pour une société civile et non commerciale, c'est-à-dire une société qui ne fera des affaires qu'avec ses membres et non avec des tiers.

Bien que partisan en principe de la liberté commerciale et, par suite, de la patente qui assure une plus grande indépendance, M. Duport demande que la future Coopérative soit civile afin d'éviter jusqu'à l'apparence d'un but commercial, et aussi et surtout afin de se prémunir contre les conséquences du fameux projet de loi sur les patentes multiples, alors en instance devant le Parlement.

Voilà donc pour le caractère de la nouvelle Société ; elle sera *civile.* Mais comment constituer le capital et comment faire de tous les syndicataires des coopérateurs ?

Que les syndicats ne soient pas les seuls souscripteurs du capital, répond le Comité de contentieux, car l'administration pourrait accuser l'Union de faire du commerce d'une façon détournée. Soit, mais il est pourtant indispensable de ne demander le capital qu'à des agriculteurs faisant partie eux-mêmes des associations syndicales unies, ceci pour éviter les spéculateurs.

Dès lors, on demandera à ce que, dans chaque syndical, il soit souscrit une part à raison de cent membres ; le syndicat, personne morale, en prendra une, au moins, à son nom ; les autres, il les fera souscrire par des particuliers, personnes physiques, membres de l'association. Ainsi, un syndicat a mille membres, il prendra une part à son nom et en fera souscrire neuf par des individualités comptant au nombre de ses membres. De la sorte, les syndicats unis ne seront pas les seuls souscripteurs, et les associés seront à la fois et des personnes morales et des personnes physiques, ce sera même ce dernier élément qui dominera.

Et, maintenant, comment appeler tous les membres des syndicats unis aux bénéfices de la coopération, comment les rendre coopérateurs ? La loi actuelle ne semblant pas en fournir le moyen, M. Duport n'hésite pas à escompter la loi nouvelle dont nous parlons plus haut. Cette loi crée des adhérents : un adhérent est un postulant à une part et le postulant est placé sur le même pied que le vrai porteur de part, il devient coopérateur. Il n'a pour cela qu'à verser une cotisation de 2 francs, une fois payés, qui représente le dixième d'une part de 20 francs, dont il pourra se trouver un jour propriétaire. Cette somme de 2 francs lui appartient, elle est en dépôt à la société, sans procurer d'intérêt, il est vrai, mais l'adhérent ne court aucun risque, il n'a à redouter aucune responsabilité, et un jour, par le fait de l'accumulation des bonis auxquels il participera au prorata du chiffre d'affaires qu'il aura faites avec la Société, un jour, disons-nous, il pourra devenir porteur d'une part, s'il n'a ni retiré, ni abandonné ses bonis annuels.

Dès lors, la combinaison est simple : les syndicats n'auront qu'à verser 2 francs au nom de chacun de leurs membres pour faire de tous, en bloc, des adhérents, soit de véritables coopérateurs. Donc, pour profiter des avantages de la Société nouvelle, un syndicat de mille membres aura dix parts de cent francs à souscrire, dont une à son nom propre, et deux mille francs à verser une fois payés.

C'est sous cette nouvelle forme que le projet de Coopérative régionale fut présenté et défendu par son auteur, M. Duport, à l'Assemblée générale de l'Union du 3 novembre 1892.

Aucune responsabilité n'étant engagée, aucune obligation n'étant imposée, les syndicats restant absolument libres d'utiliser ou non la Société, qui se fondait en dehors d'eux, mais pour eux, la création proposée n'offrait que des avantages sans présenter aucun inconvénient pour les syndicats. Leurs délégués n'eurent pas de peine à le comprendre, et comme une seule objection se faisait jour : la responsabilité financière des syndicats, M. Duport s'empressa de rassurer les intéressés par cette très franche explication :

« Ni l'Union du Sud-Est, ni nos syndicats n'ont ou n'auront à créer la Société coopérative régionale de consommation et de production, dont nous nous occupons. Ils n'y songent pas et ils n'en ont du reste pas le droit. C'est pourtant ce que, bien à tort, certains d'entre vous semblent avoir compris. Cela vient probablement de ce que le projet vous a été présenté sous les auspices de l'Union du Sud-Est, et aussi de ce que l'on vous a demandé votre avis. Si l'Union vous a présenté le projet, c'est que sa réalisation en doit profiter à nos syndicats ; si l'on vous a demandé votre avis, c'est qu'il ne se réalisera que si vous l'approuvez. De cette utilité, de cette approbation, il ne saurait résulter pour l'Union, ni pour vous, la moindre responsabilité. Tout projet destiné à être utile à nos syndicats ne saurait laisser l'Union du Sud-Est indifférente, elle a donc étudié ce projet de coopérative, elle vous l'a présenté, elle vous l'a recommandé. Elle a fait son devoir, rien que son devoir.

« A votre tour, reconnaissant l'utilité, la nécessité d'une Coopérative régionale, vous allez peut-être déclarer que cette création est désirable. Vous serez dans votre rôle, bien dans votre rôle.

« Après quoi, la Société coopérative se créera ou ne se créera pas, elle établira ses statuts elle-même, soit à l'aide des lois existantes sur la matière, soit en escomptant la loi en discussion devant les Chambres, c'est son affaire, elle réussira ou ne réussira pas, je vous le demande où sont vos responsabilités?

« Est-ce dans quelque vice de formation? Est-ce par suite de sa non réussite? Mais puisque la Société n'est pas constituée par vous et ne peut pas l'être, puisque vous n'avez pas à la diriger et seulement à en user, vous ne sauriez pas plus en être responsables que vous ne l'êtes de la création ou du fonctionnement d'une société quelconque à laquelle vous donnez votre clientèle ou à laquelle vous apportez des fonds. Ce qui peut arriver de pire, la seule chose qui puisse arriver, c'est que, pour une cause ou une autre, vos apports de fonds soient perdus, c'est encore beaucoup, mais c'est tout; ceci est certain ».

Cette explication si claire, qui répondait bien aux objections soulevées par divers délégués et leur donnait toute satisfaction, eut raison des dernières résistances, et c'est à l'unanimité moins deux voix que les syndicats présents et représentés adoptèrent la mise à exécution immédiate du projet Duport.

C'était, pour les fondateurs, un encouragement précieux qui leur devait permettre de mener rapidement à bien l'œuvre délicate qu'ils avaient si heureusement commencée.

Là s'arrêtait la période de préparation, là commençait aussi la période d'organisation : celle-ci devait être plus courte que celle-là, puisque le 17 janvier 1893, la Coopérative tenait son Assemblée constitutive, élaborait ses statuts et nommait son Conseil.

Base de son organisation, les statuts de la Coopérative ont été partout cités, discutés, copiés même ; on ne trouvera donc pas déplacée leur reproduction ici :

TITRE PREMIER. — FORMATION DE LA SOCIÉTÉ. — SON OBJET.
SA DÉNOMINATION. — SA DURÉE. — SON SIÈGE.

ART. PREMIER. — Il est formé entre les personnes qui adhéreront aux présents statuts par la souscription ou la possession d'une ou plusieurs parts qui sont ou seront créées, une Société coopérative de production et de consommation, civile, anonyme, à capital et personnes variables.

ART. 2. — Cette Société a pour objet:

17

1° Les achats des coopérateurs ;

2° La vente de leurs produits agricoles.

3° Tout traité pouvant leur procurer un avantage.

Peuvent être coopérateurs, non seulement les porteurs de parts, mais encore toute personne qui serait admise, comme adhérent participant aux clauses et conditions fixées par le Conseil d'administration, notamment moyennant un droit d'entrée qui ne pourra, dans aucun cas, être inférieur à 2 fr.

L'adhérent participant n'a pas le droit de s'immiscer dans les affaires sociales.

La Société est exclusive de toute idée de spéculation. Elle s'interdit toute discussion politique, religieuse ou étrangère à son but.

Art. 3. — La Société prend la dénomination de *Coopérative agricole du Sud-Est.*

Art. 4. — Sa durée est fixée à 10 ans à compter du jour de sa constitution définitive, sauf prorogation ou dissolution anticipée.

Art. 5. — Son siège est à Lyon, rue du Garet, n° 9; il pourra être transporté ailleurs dans Lyon, en vertu d'une simple décision du Conseil d'administration.

TITRE II. — CAPITAL SOCIAL. — PARTS. — VERSEMENTS. — TRANSFERTS.

Art. 6. — Le capital est, quant à présent, fixé à la somme de *cinquante mille francs,* divisé en cinq cents parts de cent francs chacune. Toutefois, au cours du premier exercice, le Conseil d'administration aura le droit de porter, en une ou plusieurs fois, le capital social au total de *soixante quinze mille francs* au moyen de souscriptions postérieures à la constitution. Il avisera, comme il l'entendra, au meilleur moyen de se procurer des souscriptions, mais ne sera nullement tenu, en ce qui concerne le capital nouveau, d'attendre qu'il soit souscrit en totalité et réalisé dans la proportion de moitié comme pour le capital initial.

Le capital pourra ensuite être augmenté d'année en année, par délibération de l'Assemblée générale décidant la création de nouvelles émissions de parts.

Il pourra, par contre, être réduit par suite de reprises d'apports, résultant de retraite ou exclusion de porteurs de parts, mais jamais de plus du dixième du capital initial ou augmenté.

Art. 7. — Chaque part est payable :

Moitié en souscrivant, et le surplus à l'appel du Conseil d'administration.

Tout souscripteur pourra se libérer en totalité par un seul versement.

Les versements en retard seront passibles d'un intérêt à raison de 5 °/₀ l'un. — Passé le délai de trois mois, la Société en disposera aux risques et périls du souscripteur, après une mise en demeure préalable par simple lettre recommandée.

Les porteurs de parts, conformément à la loi, ne sont engagés que jusqu'à concurrence du montant des parts par eux souscrites.

Art. 8. — Les parts seront toujours nominatives, les titres de ces parts seront extraits de registres à souche, signés de deux administrateurs et frappés du timbre de la Société. — Elles sont indivisibles à l'égard de la Société, qui ne reconnaît qu'un seul propriétaire par part. — En conséquence, tous les co-propriétaires d'une part, sont tenus de se faire représenter par un seul d'entre eux. — Nul ne peut posséder plus de cinquante parts.

Art. 9. — Les parts seront transmises par une inscription sur les registres de la Société, signée du cédant, du cessionnaire et d'un administrateur. — Toutefois, le transfert est subordonné à l'agrément du Conseil d'administration.

TITRE III. — ADMISSIONS. — RETRAITES. — EXCLUSIONS.

Art. 10. — Lorsqu'en vertu de l'art. 6, une augmentation de capital aura été décidée par une Assemblée générale, l'émission des nouvelles parts aura lieu aux conditions fixées par la dite Assemblée, qui devra donner un droit de préférence aux anciens porteurs, mais l'admission des nouveaux porteurs de parts ne pourra avoir lieu qu'en vertu d'une décision du Conseil d'administration.

Art. 11. — Tout porteur de parts a le droit de se retirer de la Société, au moyen d'une déclaration signée de lui sur un registre spécial tenu au siège de la Société. La déclaration devra être faite un mois au moins avant la clôture de l'exercice annuel.

Art. 12. — Le Conseil d'administration pourra proposer l'exclusion d'un ou de plusieurs porteurs de parts à l'Assemblée générale, qui se prononcera dans les conditions fixées par l'art. 52 de la loi du 24 juillet 1867.

Art. 13. — La retraite et l'exclusion des porteurs de parts cessent d'être praticables lorsque le capital social sera réduit au chiffre minimum fixé par l'art. 6, à moins que l'associé sortant ne soit immédiatement remplacé par un nouvel associé dont l'apport soit au moins égal au sien.

Art. 14. — Lors de la retraite ou de l'exclusion d'un porteur de parts, la Société doit lui rembourser ses parts, au prix fixé par la dernière Assemblée générale. — Ce remboursement, ainsi que le paiement du dividende d'intérêt et de la quote-part de coopération lui revenant, ne seront exigibles qu'à l'époque fixée par le Conseil d'administration pour le paiement du dividende d'intérêt et de la répartition pour trop perçu de l'exercice en cours, conformément aux dispositions de l'art. 44.

Le porteur de parts qui cesse de faire partie de la Société reste tenu, pendant *cinq ans*, envers les co-associés et envers les tiers, de toutes les dettes et de tous les engagements de la Société, contractés avant sa sortie, mais cette responsabilité ne peut excéder le montant de ses parts.

Art. 15. — En cas de retraite volontaire ou forcée, les porteurs de parts ou leurs héritiers ou ayants droits ne peuvent, sous aucun prétexte, provoquer l'apposition des scellés sur les biens ou valeurs de la Société, en demander le partage ou la licitation, ni s'immiscer en aucune façon dans son administration ; ils doivent, pour l'exercice de leurs droits, s'en rapporter aux décisions de l'Assemblée générale.

En cas de décès d'un porteur de parts, le Conseil d'administration aura toujours le droit de rembourser les héritiers dans les conditions de l'article 14.

TITRE IV. — ADMINISTRATION.

Art. 16. — La Société est administrée par un Conseil composé de 9 membres au moins, et de 18 au plus, pris parmi les porteurs de parts et nommés par l'Assemblée générale.

Art. 17. — Les administrateurs doivent être propriétaires, pendant toute la durée de leur mandat, chacun d'une part. Cette part est affectée à la garantie de tous les actes de leur gestion, même de ceux qui seraient exclusivement personnels à l'un des administrateurs. Elle est inaliénable, frappée d'un timbre indiquant son inaliénabilité, et déposée dans la caisse sociale.

Art. 18. — Les administrateurs sont nommés pour *six ans*. Le Conseil d'administration se renouvelle par tiers tous les 2 ans. Les deux premières séries sont désignées par le sort. Les administrateurs sont toujours rééligibles.

Art. 19. — En cas de vacance par décès, démission ou autre cause, d'un ou de plusieurs administrateurs, ils peuvent être provisoirement remplacés par le Conseil, par voie d'élection, jusqu'à la prochaine Assemblée générale qui procède à l'élection définitive. Le membre ainsi nommé achève le temps de celui qu'il a remplacé.

Art. 20. — Chaque année le conseil nomme, parmi ses membres, son bureau composé d'un président, de deux vice-présidents, et de deux secrétaires.

Art. 21. — Le Conseil d'administration se réunit au siège social, aussi souvent que l'intérêt de la Société l'exige et au moins une fois tous les deux mois, sur la convocation du président ou, en cas d'empêchement, sur celle d'un des vice-présidents. Les délibérations sont prises à la majorité des voix des membres présents ; en cas de partage, la voix du président est prépondérante.

Nul ne peut voter par procuration dans le sein du Conseil.

Art. 22. — Les délibérations sont constatées par des procès-verbaux qui sont portés sur un registre tenu au siège de la société et signé par le président du Conseil et l'un des vice-présidents.

Art. 23. — Le Conseil a les pouvoirs les plus étendus pour l'administration des biens et des affaires de la Société ; il peut même transiger, compromettre, donner tous désistements et mains levées, avec ou sans paiement. Il arrête les comptes qui doivent être soumis à l'Assemblée générale, propose tous projets d'augmentation du capital, toutes modifications énumérées à l'art. 40.

Le président du Conseil représente la Société en justice, tant en demandant qu'en défendant ; en conséquence, c'est à sa requête ou contre lui que doivent être intentées toutes actions judiciaires.

Les pouvoirs sus énoncés ne sont qu'indicatifs et non limitatifs.

ART. 24. — Les administrateurs ne reçoivent aucun jeton de présence, leur concours est donc absolument gratuit. Ils ne sont responsables que de l'exécution du mandat qu'ils ont reçu ; ils ne contractent aucune obligation personnelle ou solidaire à raison de leur gestion, relativement aux obligations de la Société.

ART. 25. — Le Conseil peut déléguer ses pouvoirs à un comité de direction de 3 ou 5 de ses membres.

Le Conseil nommera, en outre, un Directeur qui pourra être une personne étrangère à la société, de même il pourra le révoquer.

TITRE V. — DIRECTION.

ART. 26. — Le comité de direction, et, sous son autorité, le Directeur, sont chargés, chacun en ce qui le concerne, de l'exécution des décisions du Conseil d'administration et de la gestion des affaires sociales.

Le Directeur reçoit un traitement annuel dont la quotité est arrêtée par le Conseil d'administration, qui détermine aussi les avantages qui peuvent lui être accordés.

ART. 27. — Le Directeur représente le Conseil d'administration vis-à-vis des tiers, dans la limite des pouvoirs qui lui ont été conférés par le comité de direction.

TITRE VI. — COMMISSAIRES DE SURVEILLANCE.

ART. 28. — Conformément à l'art. 32 de la loi du 24 juillet 1867, un ou plusieurs commissaires, membres ou non de la Société, seront désignés chaque année par l'Assemblée générale. Ils sont rééligibles et peuvent être rétribués par décision de la dite Assemblée générale.

TITRE VII. — ASSEMBLÉE GÉNÉRALE.

ART. 29. — L'Assemblée générale régulièrement constituée représente l'universalité des porteurs de parts, ses décisions sont obligatoires pour tous, même pour les absents ou dissidents. — Elle se compose de tous les porteurs de parts.

ART. 30. — Nul porteur de parts ne peut se faire représenter aux Assemblées générales que par un autre porteur de parts.

ART. 31. — L'Assemblée générale est présidée par le président du Conseil d'administration et, en son absence, par un des vice-présidents ; à défaut, par l'administrateur que le conseil désigne.

Les fonctions de scrutateurs sont remplies par les deux plus forts porteurs de parts présents ou représentés, et, sur leur refus, par ceux qui les suivent jusqu'à acceptation.

Le Bureau ainsi composé désigne le secrétaire.

Art. 32. — Les délibérations sont prises à la majorité des voix des membres présents ou représentés.

Chacun d'eux a autant de voix qu'il possède de parts, sauf l'exception prévue par l'art. 27 de la loi du 24 juillet 1867 pour les assemblées constitutives.

Art. 33. — Ces délibérations sont constatées par des procès-verbaux inscrits sur un registre spécial et signés par les membres du bureau. Une feuille de présence, contenant les noms et les domiciles des porteurs de parts membres de l'assemblée, et le nombre de parts dont chacun est porteur, est certifiée par le Bureau et annexée au procès-verbal pour être communiquée à tout requérant.

Art. 34. — Les copies ou extraits des délibérations de l'assemblée, à produire en justice ou ailleurs, sont signés par deux membres du Conseil d'administration.

Art. 35. — Les convocations aux Assemblées générales ordinaires et extraordinaires ont lieu par un avis inséré, au moins huit jours avant l'époque de la réunion, dans l'un des journaux de Lyon désignés pour recevoir les annonces légales.

Ce délai sera le même dans le cas de deuxième convocation.

Lorsque l'assemblée est extraordinaire, l'avis de convocation doit relater l'ordre du jour.

Art. 36. — L'ordre du jour est arrêté par le Conseil d'administration; il est soumis préalablement aux commissaires. Il n'y est porté que les propositions émanant du Conseil ou des commissaires, ou qui ont été communiquées au Conseil un mois avant la réunion avec la signature d'au moins vingt porteurs de parts.

Il ne peut être mis en délibération que les objets portés à l'ordre du jour.

Art. 37. — Il est tenu une assemblée générale ordinaire chaque année, du 1er octobre au 31 décembre, à Lyon, au lieu désigné par le Conseil d'administration dans sa convocation.

Art. 38. — L'Assemblée générale ordinaire délibère valablement lorsqu'elle est composée d'un nombre de parts représentant le quart au moins du capital social alors existant.

Si cette condition n'est pas remplie à la première réunion, la délibération ne peut avoir lieu.

Il est fait une nouvelle convocation conformément à l'article 35, et la délibération sur les objets à l'ordre du jour de la première réunion est valable quel que soit le nombre des membres présents et des parts représentées.

Art. 39. — L'Assemblée générale annuelle entend le rapport des commissaires sur la situation de la société, sur le bilan et sur les comptes présentés par les administrateurs. Elle discute et, s'il y a lieu, approuve les comples. Elle fixe la somme à répartir entre les coopérateurs et la valeur des parts.

Elle nomme les administrateurs à remplacer, et les commissaires chargés de la surveillance pour l'exercice suivant.

Sur la proposition du Conseil d'administration, elle décide, s'il y a lieu, d'augmenter le capital social. Elle constate les augmentations et diminutions de capital effectuées.

Elle délibère et statue souverainement sur tous les intérêts de la société, elle confère au conseil d'administration tous les pouvoirs supplémentaires qui seraient reconnus utiles.

ART. 40. — Les assemblées générales extraordinaires qui ont à délibérer sur des modifications aux statuts, des propositions de continuation de la Société au-delà du terme fixé pour sa durée ou de dissolution avant ce terme, de transformation de la Société, de l'extension de l'objet de la société (notamment aux opérations de crédit agricole), mais sans se départir d'un but agricole, de la fusion avec toute autre société, ne sont régulièrement constituées et ne délibèrent valablement qu'autant qu'elles sont composées d'un nombre de porteurs de parts représentant la moitié au moins du capital social alors existant.

TITRE VIII. — INVENTAIRE. — ÉTATS DE SITUATION.

ART. 41. — L'exercice commence le 1er juillet et finit le 30 juin. Par exception le premier exercice comprend le temps écoulé entre la constitution définitive de la société et le 30 juin 1894.

L'intérêt à servir aux porteurs de parts ne commencera à courir qu'à partir du 1er juillet 1893.

Il est établi, à la fin de chaque année sociale, un inventaire, contenant l'indication des valeurs mobilières et immobilières, et de toutes les dettes actives et passives de la société, y compris les frais de déplacement, s'il y a lieu, des administrateurs habitant hors de Lyon. Cet inventaire, ainsi que le bilan et le compte de profits et pertes, est mis à la disposition des commissaires le 40e jour au plus tard avant l'Assemblée générale.

Ces divers documents sont ensuite présentés à l'Assemblée générale.

Tout porteur de parts peut en prendre, à l'avance, communication au siège social, ainsi que de la liste des porteurs de parts, pendant les 15 jours qui précèdent la réunion de l'Assemblée générale.

ART. 42. — Le Conseil d'administration dresse, chaque semestre, un état sommaire de la situation active et passive de la Société. Cet état est mis à la disposition des commissaires.

TITRE IX. — RÉPARTITION.

ART. 43. — Si, lors de l'inventaire annuel, l'actif surpasse le passif, il est prélevé 5 % sur la différence entre ces deux sommes pour constituer la réserve légale.

Et sur le surplus :

La somme nécessaire pour payer aux porteurs de parts un intérêt de 5 p. %, net d'impôts, du capital versé.

Si, après ce double prélèvement, il existe un excédent, il est réparti de la manière suivante :

10 p. % pour un fonds de réserve supplémentaire.

10 p. % à la disposition du Conseil d'administration, pour être employés en gratification à la direction et au personnel ;

80 p. % aux coopérateurs (porteurs de parts ou adhérents participants), au prorata du montant de leurs opérations.

En cas d'insuffisance pour le payement de l'unique dividende d'intérêt de 5 p % aux porteurs de parts, le complément sera pris sur le fonds de réserve supplémentaire et, à défaut, sur les profits disponibles des exercices suivants, après prélèvement de la réserve légale.

Dans le cas où l'inventaire révélerait des pertes, le montant de ces pertes serait prélevé sur les fonds de réserve et, en cas d'insuffisance, sur les profits disponibles des exercices suivants et avant le prélèvement des intérêts du capital social.

ART. 44. — Le paiement du dividende d'intérêt aux porteurs de parts et de la répartition aux coopérateurs pour trop perçu, ont lieu dans les trois mois qui suivent l'Assemblée générale annuelle, aux époques fixées par le Conseil d'administration, par les voies et moyens indiqués par lui.

Le dividende d'intérêt est valablement payé au porteur du titre ou du coupon et sans responsabilité aucune pour la Société, en cas de perte ou de soustraction du titre ou du coupon.

ART. 45. — Tout dividende d'intérêt non réclamé dans les 5 ans de son exigibilité est prescrit au profit de la Société.

Toute répartition, non réclamée dans l'année de son exigibilité, est prescrite au profit de la Société.

Les sommes prescrites sont versées au fonds de réserve supplémentaire.

TITRE X. — FONDS DE RÉSERVE.

ART. 46. — Un double fonds de réserve est constitué par l'accumulation des sommes prélevées sur les profits annuels, conformément aux dispositions de l'art. 43, pour faire face aux charges et dépenses extraordinaires et imprévues.

Lorsque le fonds de réserve légal aura atteint le dixième du capital initial ou augmenté, le prélèvement affecté à sa création cessera de lui profiter et sera versé au compte de réserve supplémentaire.

Lorsque la somme des réserves aura atteint le quart du capital initial ou augmenté, l'Assemblée générale décidera, sur la proposition du Conseil d'administration, si ce surplus sera laissé à ce compte en totalité ou en partie, ou distribué au personnel, ou réparti entre les coopérateurs, ou enfin employé à des œuvres d'intérêt agricole.

TITRE XI. — CONTESTATIONS.

ART. 47. — Toutes les contestations qui pourront s'élever pendant la durée de la Société ou au cours de la liquidation à raison des affaires sociales, seront jugées à Lyon par les tribunaux compétents ; mais, préalablement à toute instance judiciaire, elles seront soumises à l'examen du comité consultatif du contentieux de la Société.

Art. 48. — Dans le cas de contestation, tout porteur de parts devra faire élection de domicile à Lyon, et toutes assignations et notifications seront valablement données au domicile élu par lui, sans égard à la distance du domicile réel.

A défaut d'élection de domicile, cette élection aura lieu de plein droit pour les notifications judiciaires et extra-judiciaires au Parquet de M. le Procureur de la République près le Tribunal civil de Lyon.

TITRE XII. — DISSOLUTION. — LIQUIDATION.

Art. 49. — A l'expiration de la Société, ou en cas de dissolution anticipée, 'Assemblée générale extraordinairement convoquée règle le mode de liquidation, elle nomme un ou plusieurs liquidateurs ou confie la liquidation aux administrateurs en exercice. Pendant la liquidation, les pouvoirs de l'Assemblée générale se continuent comme pendant l'existence de la Société. Toutes les valeurs de la Société sont réalisées par les liquidateurs qui ont, à cet effet, les pouvoirs les plus étendus; après paiement des dettes sociales et remboursement du capital, sur la proposition du Conseil d'administration, l'Assemblée extraordinaire pourra décider de l'emploi des fonds de réserve à des œuvres d'intérêt agricole.

L'assemblée constitutive ayant approuvé les statuts, le Conseil nommé par elle élisait, le 24 janvier 1893, son Bureau et son Comité de direction. Le 1er mars, la Coopérative ouvrait ses bureaux et ses entrepôts; dès ce moment elle était organisée, elle vivait.

Il avait donc fallu un peu moins de trois mois pour mettre sur pied cet édifice grandiose qui s'appelle la Coopérative agricole du Sud-Est.

La coopération, du reste, est à la mode. Elle se présente de nos jours avec raison comme un instrument de relèvement social, comme l'arme pacifique de chaque profession. Elle vient tirer l'individu de son isolement, de son ignorance, de son impuissance. Elle en fait une partie d'un tout puissant, actif, intelligent, organisé, un corps qui a des milliers de têtes, des milliers de bras, qui parle par des milliers de bouches, et devient d'autant plus influent qu'il se compose de plus de têtes et de bras. Ce tout travaille pour chaque associé, et chaque individu, en entrant dans le tout, travaille pour tous. C'est la concentration des volontés, c'est l'effort en commun. C'est l'application la plus exacte de la solidarité et de la fraternité qui se traduit par cette devise de la coopération : Tous pour un, un pour tous.

Telle est l'histoire de la fondation de la Coopérative du Sud-Est, il nous reste à voir ce qu'est cette société, quels sont ses avantages, quel est son but? C'est avec l'aide de camp du fondateur, avec notre collègue et ami M. Riboud, qui en est aujourd'hui l'un des directeurs de bonne volonté, que nous allons entrer plus avant dans les rouages de la nouvelle Société.

Fondée exactement d'après le projet de M. Duport, la société coopérative est donc une société civile, anonyme, à personnes et à capital variables, composée de porteurs de parts de 100 francs et d'adhérents ayant versé un droit d'entrée de 2 francs.

Mais quelle différence, nous dira-t-on, existe-t-il entre les porteurs de parts et les adhérents participants? La voici: les porteurs de parts sont les vrais associés ; seuls ils ont le droit de s'immiscer dans les affaires sociales, d'assister à l'Assemblée générale, de toucher, enfin, un intérêt de 5 % sur leur contribution à la constitution du capital. Les adhérents ne peuvent, au contraire, s'immiscer dans les affaires sociales, ils ne peuvent assister aux Assemblées générales, ils ne touchent point d'intérêt pour leur versement de 2 francs. Ces 2 francs, du reste, ne sont pas du capital, ils restent en dépôt dans la caisse de la Société, ils restent la propriété de chaque adhérent auquel ils sont rendus en cas de retraite ou d'exclusion.

Au point de vue de la responsabilité, la situation n'est pas la même. Les porteurs de parts sont responsables jusqu'à concurrence du montant de leur part, c'est-à-dire jusqu'à cent francs, mais pas au-delà. Les adhérents, par contre, n'ont à encourir aucune responsabilité pécuniaire, tout ce qu'ils peuvent redouter c'est qu'en cas de faillite de la Société, leurs 2 francs ne soient plus dans la caisse, et encore, en cas de faillite, pourraient-ils se présenter comme créanciers.

A tous les autres points de vue, porteurs de parts et adhérents se trouvent dans une situation identique. Tous peuvent acheter dans les entrepôts, tous profitent des mêmes prix, tous peuvent vendre par la Société, tous peuvent se retirer de la Société de même qu'ils peuvent en être exclus par le conseil d'administration, car la Société est à personnes variables comme elle est à capital variable ; tous enfin sont appelés, à la fin de chaque exercice, à la répartition des bénéfices pour toucher un boni proportionnel au chiffre de leurs affaires. Mais, nous le répétons, la Société est civile et non commerciale, de telle sorte qu'elle ne fait des affaires qu'avec les coopérateurs porteurs de parts ou adhérents et, en fait, qu'avec les membres des syndicats unis qui ont adhéré à la coopérative, puisqu'elle ne prend ni porteurs de parts, ni adhérents participants aux bénéfices, en dehors des syndicats. Grâce à son caractère civil, la Société n'a pas à payer patente et elle est dispensée de l'impôt de 4 % sur les bénéfices.

La Société est anonyme, c'est-à-dire sans nom d'associés, et ayant un capital formé par un certain nombre de souscripteurs, qui tous encourrent la même responsabilité. Ils s'engagent à verser 100 francs par part et ces 100 francs par part, qui constituent le capital, sont le gage des tiers, de ceux qui vendent à la Société, de ses créanciers. Mais les associés ne sont pas tenus au-delà de cet engagement. S'ils ont seulement versé 50 francs par part, on peut encore leur demander 50 francs, pas un sou de plus.

Et, pour répondre à des préoccupations qui se sont fait jour au moment de la constitution de la Société, pour que les tiers n'arguent pas de leur ignorance, sur tous les imprimés est relaté un extrait de l'article 7 des statuts, qui dit que les porteurs de parts ne sont engagés que jusqu'à concurrence du montant de leur part. Donc, les fournisseurs de la Coopérative savent à quoi s'en tenir, à eux de juger si sa surface est suffisante, si son crédit est suffisant, mais, en cas de faillite, ils ne pourraient, en aucun cas, se retourner contre les porteurs de parts, pour leur réclamer au delà de ce qu'ils auraient souscrit. Les porteurs de parts, en retour de leur versement, auront entre les mains des titres libérés, de moitié ou intégralement, suivant qu'ils auront versé 50 francs ou 100 francs. Ces titres ont des coupons au porteur et, chaque année, dans les délais statutaires, leurs propriétaires pourront toucher l'intérêt de leur argent suivant les résultats de la Société.

La Coopérative est une société à personnes et à capital variables, c'est-à-dire que le nombre des porteurs de parts, que le montant du capital peuvent varier. Ils peuvent diminuer, chaque année, d'une certaine quantité, par le fait de la retraite ou de l'exclusion d'un certain nombre de porteurs de parts ; ils peuvent augmenter indéfiniment jusqu'à concurrence de 200.000 francs par an, par un vote de l'Assemblée générale annuelle.

Et maintenant comment fonctionne la Société ? Comment est-elle organisée pour arriver à rendre service à ses membres ?

La Société a ses bureaux à Lyon ainsi qu'un entrepôt, avec un personnel qui devient de plus en plus nombreux, en raison même de son succès, et un Comité de direction pris dans le sein du Conseil d'administration. Un membre de ce Conseil, au reste, est là d'une façon presque permanente, c'est M. Duport qui fait preuve d'un dévouement sans bornes et qui, avec sa haute compétence en matière commerciale, comme en toutes questions syndicales, plane au dessus de l'affaire, en est l'âme et comme le vrai directeur de fait, admirablement secondé par le directeur effectif M. Joseph Glas, qui, depuis le commencement de 1894, a pris la direction de cet important rouage.

La Coopérative a en elle seule les éléments essentiels de sa prospérité, mais il serait injuste de ne pas reconnaître ici que le dévouement sans bornes, autant que la cordialité toujours bienveillante de son directeur, ont été un facteur important de son rapide succès.

La Coopérative est destinée à être le fournisseur unique des syndicats qui lui sont affiliés, car elle est pour eux un fournisseur désintéressé, n'ayant en vue que leur prospérité. Si, en effet, elle est société indépendante, elle est néanmoins une émanation d'eux et elle est, en fait, sous leur surveillance et leur direction, puisque le Conseil d'administration est composé d'un certain nombre de présidents de syndicats. Mais, bien entendu, si la Coopérative a été créée pour être l'homme d'affaires des syndicats, ce n'en est pas le fournisseur obligatoire. Chaque syndicat reste libre d'acheter où il veut, où il trouve les meilleures conditions. Il est clair que, dès le premier jour, la Coopérative ne pouvait répondre à tout ce qu'on attendait d'elle ; il est clair qu'elle n'a pu, du jour au lendemain, obtenir du gros commerce, de l'industrie, des conditions autres que celles qu'obtiennent quelques associations syndicales. Il a fallu qu'elle s'impose, qu'elle recrute de nombreux adhérents, qu'elle puisse se présenter comme un gros acheteur, qu'elle obtienne de ses syndicats affiliés des renseignements exacts sur leur besoins, qu'elle ait le temps de passer des marchés. Les présidents, qui sont au courant des affaires, ne s'y sont pas trompés, ils n'ignoraient pas que c'était une question de temps et que, de plus, les frais généraux et de premier établissement retarderaient l'heure des prix d'un entier bon marché.

Comment, dès lors, expliquer l'impatience de certains syndicats qui voulaient tout obtenir à rien et de suite ?

C'était évidemment, de leur part, un excès de... naïveté, et, il faut le dire, ce ne fut pas à eux que la Société dut d'être si vite en bonne posture, car, c'est un fait, que ces syndicats semblaient avoir à tâche d'entraver l'œuvre qu'ils avaient eux-mêmes créée, en se faisant une règle de s'adresser ailleurs, même à conditions égales ! Nous pourrions même citer un des fournisseurs de la Société qui s'est engagé à ne livrer, dans tout le Sud-Est, qu'à un prix de....., prix de la Coopérative. Ne sachant probablement pas ce que signifie le mot solidarité, certains syndicats aimaient mieux s'adresser à lui qu'à la Coopérative, sans se douter que ce fournisseur loyal, consciencieux, donnait à celle-ci la différence entre ce prix et celui auquel elle avait traité. Il y a, de la part des présidents qui agissent ainsi, un faux calcul, car, en croyant faire preuve d'habileté, d'initiative, en voulant narguer la Coopérative, en lui montrant qu'ils obtiennent les mêmes prix qu'elle, ils se nuisent à eux-mêmes, mettant la Coopérative dans l'impossibilité de faire des marchés plus importants et, par le fait, plus avantageux.

En tout, en coopération surtout, il faut, pour réussir, de l'entente, de la patience et de la confiance, surtout de la confiance, et il est nécessaire que les syndicats viennent en aide aux fondateurs par tous les moyens, et cela dans l'intérêt de leurs membres, puisque c'est pour eux qu'ils ont fondé la Coopérative agricole du Sud-Est.

Parmi les articles que la Société peut fournir, il en est de deux sortes : les articles professionnels d'abord, les articles de ménage et de consommation ensuite. C'est là une distinction qu'il faut signaler et sur laquelle nous appelons l'attention.

Nous l'avons déjà dit, la loi de 1884 semble n'avoir compris, dans les attributions des syndicats, que les fournitures d'articles professionnels, et l'administration, à tort ou à raison, a plus d'une fois rappelé un syndicat au respect de la loi, en lui interdisant d'acheter pour livrer à ses membres des articles de ménage ou de consommation. Bien entendu, il n'était pas dans l'esprit de la Coopérative d'exclure du cadre de ses affaires ces articles de consommation et de ménage. Elle n'est pas régie par la loi de 1884 ; c'est une Société civile à forme commerciale, qui est bien libre de livrer à ses adhérents tout ce qu'elle veut. Mais pouvait-elle vendre ces articles aux syndicats ? Il y avait là un danger, car certains syndicats ont une prédilection marquée pour ces articles, qui leur sont journellement demandés.

Or, pour ces articles, la Coopérative est, sans contredit, à même d'acheter en gros à des prix fort avantageux et de vendre bien meilleur marché que le petit commerce. Dès lors, en vendant ces articles aux syndicats, elle les poussait dans la voie de ce qui paraissait une illégalité. Ce ne pouvait être son but, ce ne pouvait être son rôle. Il fallait donc tourner la difficulté, il fallait procurer les articles de ménage et de consommation aux membres des syndicats, tout en déchargeant ceux-ci de la vente de ces articles, pour leur permettre d'être très respectueux de la loi de 1884 et les protéger contre l'interprétation de l'administration. C'est le but qu'elle a atteint au moyen de la consignation.

La Coopérative a, en effet, deux systèmes de vente, elle opère de deux façons avec les syndicats.

Ou elle leur vend ferme, c'est-à-dire que c'est le syndicat lui-même qui achète à la Coopérative, à un prix de....., pour répartir ensuite entre ses membres au prix qui lui convient. En l'espèce, la Coopérative ne connaît que le syndicat, qui est son acheteur, son débiteur, et elle n'a pas à se préoccuper des conditions dans lesquelles les marchandises sont réparties.

Ou bien elle livre en consignation, mais alors elle ne vend pas au syndicat. Elle expédie au syndicat les marchandises qu'il lui demande, mais elle ne fait que les consigner dans ses entrepôts. Elle reste propriétaire de la marchandise consignée, et c'est aux membres du syndicat qu'elle la vend par les soins du syndicat. Elle emprunte au syndicat ses entrepôts, elle fait appel à son concours, mais son acheteur, son débiteur ce n'est pas le syndicat, c'est directement le syndiqué qui achète. Il s'en suit que le syndicat n'a pas la libre disposition des prix des marchandises consignées, et qu'il doit les vendre à ses syndiqués aux prix fixés par la Coopérative. Ce système des consignations a été imaginé sur la demande des syndicats eux-mêmes et dans un double but.

D'abord, tous les syndicats ne constituent pas des agglomérations importantes, des groupes de 100, 300, 500, 1,000 cultivateurs, faisant un gros chiffre d'affaires, ayant des ressources et pouvant se permettre de courir les risques inhérents à toute opération importante. Dès lors, les petits syndicats sans avances ou sans audace, les plus intéressants sans contredit, les moins bien placés pour se tirer d'affaire eux-mêmes, ont trouvé dans le système des consignations toutes les facilités pour procurer à leurs membres toutes marchandises de bonne qualité à des prix raisonnables, sans débourser un sou, sans encourir le moindre risque commercial. Et de fait, plus d'un modeste syndicat de notre Union n'a qu'un seul fournisseur, la Coopérative agricole du Sud-Est, et sans jamais rien acheter, sans débourser un centime, il a son entrepôt toujours garni de toutes les marchandises dont ses membres ont besoin.

Mais, c'est surtout pour la vente des articles de consommation et de ménage, que les consignations sont appelées à jouer un rôle important, car ces articles, pour la raison donnée plus haut, et pour n'être pas complice de l'illégalité dans laquelle se meuvent, d'après l'administration et certains jurisconsultes, les syndicats qui en font l'objet de transactions, la Coopérative ne les livre jamais aux syndicats qu'en consignation. C'est elle qui les vend, comme c'est son devoir, à ses associés, tous membres de syndicats, il est vrai, mais tous porteurs de part ou adhérents participants ; c'est elle qui fixe le prix de ces marchandises et le syndicat n'intervient que pour en faciliter la vente en prêtant son personnel et ses entrepôts ; en retour, la Coopérative lui concède une commission de tant pour cent, suivant les articles, sur chaque vente.

Actuellement, beaucoup de bureaux ne veulent pas entendre parler de livrer à leurs membres, pour le compte de la Coopérative, du savon, du riz, des pâtes alimentaires, du sel, du chocolat, du café, de l'huile, du pétrole, etc..., sous prétexte que ces articles ne sont pas professionnels et dès lors ne sauraient être que du ressort de la Coopérative et non de celui du syndicat. Ils ont raison, croyons-nous, de ne pas tenir ces articles pour professionnels, et de laisser à la Coopérative seule le soin de les vendre. Mais la question est de savoir si le syndicat n'est pas dans son rôle en prêtant son concours à la Coopérative pour la vente des objets de ménage et de consommation comme pour celle des articles professionnels.

Il faut reconnaître que le cultivateur, lui, ne se demande pas si tel objet est professionnel ou non ; il ne s'arrête pas à de telles distinctions, il n'aspire qu'à faire des économies sur tout et par tous les moyens, aussi bien sur les articles de ménage et de consommation que sur les articles professionnels. S'il a besoin, pour cultiver son champ, de semences, d'engrais, de machines, il a besoin aussi de manger, de s'éclairer, de se chauffer, il a besoin de trouver toutes ces fournitures à bon compte, aussi bien pour son ménage que pour ses terres. Est-ce qu'en effet, la ménagère ne contribue pas tout autant que le cultivateur à améliorer la condition de la famille ? Or le syndicat n'a-t-il pas précisément pour mission d'aider cette famille agricole, d'améliorer sa condition, et par tous les moyens ; dès lors ne devons-nous pas chercher à résoudre, à son profit, le problème de la vie à bon marché aussi bien que celui de la culture à bon marché ? Ne voyons qu'une chose, l'intérêt des cultivateurs, notre devoir est là, et ne nous laissons pas arrêter par des considérations qui sont loin de nous encourager à le remplir, d'autant que, par le procédé de la consignation, le syndicat ne fait que prêter son concours, tout en respectant rigoureusement les préceptes de la loi de 1884.

Il faut prendre, du reste, le bénéfice où il se trouve, et c'est justement sur les articles de ménage que la Coopérative pourra le mieux, elle aussi, faire des bénéfices, tout en les procurant à des prix avantageux ; dès lors, si, au moyen de ces marchandises, elle peut couvrir ses frais généraux, il en résultera qu'elle pourra fournir tous les articles professionnels au prix coûtant, au prix de revient. N'est-ce pas là un objectif légitime, n'est-ce pas là une raison suffisante pour convertir tous les syndicats et les entraîner dans la voie de la consignation ? Si, toutefois, certains d'entre eux ne croyaient pas l'heure venue d'y entrer, ils ne sauraient du moins refuser à leurs membres la possibilité de s'adresser directement pour les besoins de leur ménage, à la Coopérative, du moment que ceux-ci font tous partie de cette société.

Ainsi donc, la Coopérative vend, soit aux syndicats affiliés à elle, et, dans ce cas, elle ne vend que les articles professionnels, soit à ses membres adhérents, par l'intermédiaire des syndicats, et, dans ce cas, elle vend, par la consignation, les articles de consommation et de ménage, aussi bien que les articles professionnels.

Telle est, en somme, la manière de fonctionner de la Société.

Un avantage réservé aux syndicats, c'est la participation aux bénéfices de la société. Chaque année, une fois les frais généraux soldés, une fois la réserve servie, une fois l'intérêt du capital payé, les bénéfices nets sont répartis entre tous les coopérateurs porteurs de parts ou adhérents participants, au prorata de leur chiffre d'affaires (1). A ce point de vue, situation égale pour tous. Celui qui a versé 2 fr. de droit d'entrée ou pour lequel le syndicat a versé 2 fr. et qui, par ce versement, est devenu adhérent, a droit, aussi bien que le souscripteur porteur de parts, à la même quote-part de participation dans les bénéfices, s'il s'est adressé à la coopérative pour ses achats ou ses ventes. Et, réciproquement, tout coopérateur qui n'a pas fait d'opérations avec la Coopérative, qui ne lui a rien vendu ou rien acheté, soit directement, soit par l'intermédiaire de son syndicat, n'est pas appelé à la répartition quand bien même il a souscrit une part ou versé 2 fr.

Mais, et ici nous arrivons à une question de haute importance, de toute actualité, que vont faire les syndicats de ces bénéfices, de ces

---

(1) Pl. nº 13.

sommes perçues en trop par la Coopérative et que celle-ci leur res-
titue généreusement après inventaire ? Les distribuer individuellement à leurs membres ? Les mettre à la réserve ? Ce sera l'occasion
ou jamais de penser à l'avenir, d'entrer dans la voie de la prévoyance.

Il ne nous faut pas voir, en effet, dans le syndical, un simple comptoir,
ou marchand, destiné à gagner quelques sous, quelques francs par
des ventes ou des achats avantageux. C'est le petit côté de leur
existence et de leur destinée. Il faut voir plus loin, plus grand, plus
haut ; c'est une œuvre, — on dit souvent avec raison l'œuvre syndicale — une œuvre d'avenir, une œuvre philanthropique et sociale,
qui doit avoir des visées plus larges, qui doit appliquer, dans leur
ensemble, les principes de la solidarité et de la fraternité qui sont les
bases de la mutualité. De fait, le syndical a été créé pour venir en
aide aux agriculteurs, pour les protéger, pour les secourir. Or, de
quoi sont-ils menacés ?

Non seulement d'acheter trop cher ou de vendre trop bon marché,
mais encore et surtout d'être victimes des gelées, des grêles, des
orages, des inondations, de la maladie, de la mort enfin, qui va laisser
dans l'abandon leurs femmes, leurs enfants ?

Eh bien, il faut penser à tout cela et l'association, le syndical, est
le vrai moyen de parer, jusqu'à un certain point, à tous ces malheurs.
Caisse d'assurance contre la grêle, contre les inondations, contre la
mortalité du bétail ; caisse de retraites pour la vieillesse, caisse de
secours pour les indigents, pour les orphelins, pour les veuves,
assistance médicale, tout cela est du ressort du syndical ; c'est là le
sommaire de son avenir, c'est à la réalisation de ce programme que
nous devons travailler.

Mais où prendre l'argent? Où l'on peut, et précisément en employant
les bénéfices de la Coopérative à alimenter cette caisse, à en former
les premiers éléments.

Telle est, un peu détaillée peut-être — mais ce ne sera pas inutile
pour beaucoup de nos lecteurs — l'histoire de la création, de l'organisation et du fonctionnement de cette coopérative agricole modèle
qui, en faisant ressortir les services matériels que peut rendre l'association professionnelle, a établi le lien le plus puissant entre tous les
agriculteurs de la région.

Suivons-la maintenant, pas à pas ; nous trouverons, sans aucun
doute, dans sa vie si active et si utilement remplie, de nombreux
enseignements.

A peine constituée, la Coopérative va être à même de montrer ce dont elle est capable. Surpris par la sécheresse exceptionnelle de 1893 et la disette fourragère qui en a été la malheureuse conséquence, comprenant que les ressources locales étaient insuffisantes, elle n'hésite pas à faire un marché de mille tonnes de foin du Danube, qu'elle livre à 14 francs à toutes gares, alors que le commerce vend 18 et 20 fr. les 100 kilog.; en même temps, elle achète des quantités considérables de sons, maïs, tourteaux, en approvisionne les syndicats, les faisant bénéficier d'une réduction moyenne et constante de 15 à 20 %. Montrant ensuite qu'elle est avant tout une œuvre de progrès, elle envoie, en Hollande même, un jeune ingénieur-agronome, M. Mital, qui étudie sur place la question des tourbes et tourbières, lui rapporte des renseignements utiles lui permettant de traiter, en toute connaissance de cause, un marché de 1.200 tonnes. En même temps, grâce à une manœuvre habile, elle déjoue les projets du syndicat des fabricants d'engrais et soustrait les syndicats unis à leur coalition en obtenant des prix d'autant meilleurs que, sur toutes les livraisons, les dosages ont été supérieurs au titre de vente.

Au 30 juin 1894, le total des affaires faites pendant les 17 premiers mois atteignait le chiffre respectable de 1.057,116 fr., pour 17.539 coopérateurs (1).

Jusque là la Coopérative avait marché sous la seule impulsion de son fondateur, M. Duport, auquel M. Riboud apportait le concours de ses brillantes facultés, et M. Croizat l'appui de sa haute compétence commerciale. La mort, toujours aveugle, enlevait bientôt notre distingué collègue, M. Croizat, à l'œuvre naissante, et la lourde machine qu'était la Coopérative se trouvait de fait privé de l'un de ses mécaniciens les plus expérimentés.

Il ne fallait point songer à laisser retomber tout le poids de cette vaste organisation sur les épaules très chargées déjà de nos deux amis, c'eût été porter un préjudice considérable aux autres œuvres de l'Union, qui avaient plus que jamais besoin de leur intelligent dévouement. Le choix d'un Directeur s'imposait donc et, guidé par sa bonne étoile, le conseil mettait heureusement la main sur un homme qui n'était pas un inconnu pour lui. Ce n'est pas à un ami, comme nous, de dire ici tout le bien que nous en pensons ; le meilleur éloge qu'on puisse en faire, c'est de dire qu'il fut choisi à l'unanimité par les conseils réunis de la Coopérative et de l'Union. Pour

---

1) Pl. n° 12.

tous ceux qui connaissent l'indépendance et la réserve de leurs membres, c'est un éloge qui en dit long!

Au surplus, l'histoire qui va suivre n'est-elle pas la meilleure apologie de ce parfait directeur?

Après la clôture du premier exercice, qui avait été exceptionnellement favorisé par une sécheresse non moins exceptionnelle, le chiffre des affaires subit une dépression des plus accentuées et tombe, pour l'année qui va du 30 juin 1894 au 30 juin 1895, à 694,210 fr. 90. Le nombre des syndicats affiliés progresse de 41 à 64, et le nombre des coopérateurs s'élève de 17.599 à 20.504, augmentant en raison inverse et prouvant bien que la diminution dans les affaires n'est pas l'indice d'une moins bonne situation (1). Si l'on considère que le premier exercice avait eu une durée exceptionnelle de 17 mois contre 12 pour le second, si l'on observe que la sécheresse avait amené des opérations toutes fortuites, on constate que la diminution n'est qu'apparente et que, tout bien compté, l'accroissement des souscripteurs a compensé heureusement les méfaits de la sécheresse. Indice concluant: le service des consignations passe de 26,000 à 52,000 fr., et la vente des outils, qui a contribué singulièrement à la popularité de nos syndicats dans les milieux agricoles, monte de 6.000 à 42.000 fr. C'est un chiffre qui montre à lui seul l'utilité de la Coopérative, sans laquelle nos syndicats n'eussent jamais pu aborder ce rayon. Un tel développement des affaires amène naturellement une augmentation de personnel; dès ce jour la Coopérative occupe en entier le second étage de la maison natale de la rue du Garet. Le quantum des frais généraux s'élève à 2.54 % du chiffre d'affaires.

C'est en 1895 que, pour la première fois, l'Union parle des assurances agricoles, et comme pour mener à bien cette utile création, elle a besoin de la Coopérative, elle s'adjoint celle-ci, dans ses pourparlers avec la *Providence* et, grâce à ce concours, elle obtient, on peut le dire, des faveurs exceptionnelles, non pas seulement comme primes à payer, mais aussi comme rédaction des polices.

C'est donc avec raison que l'Assemblée générale, par l'organe de son dévoué président, M. Ponthichet, adresse de chaudes félicitations au Comité de direction et aux employés sous ses ordres. « C'est au zèle si dévoué des uns, à l'activité et à l'application des autres que nous devons d'aussi heureux, d'aussi satisfaisants résultats ».

---

(1) Pl. n° 12.

L'exercice 1805-1896 voit d'abord un changement de président.
M. Pontbichet, président depuis sa fondation, donne sa démission
pour raisons de santé et est remplacé par le Dr Giraud, président du
Syndicat d'Annonay.

Elu, le 24 janvier 1895, par la réunion constitutive, M. Pontbichet
était bien l'homme qu'il fallait pour présider à l'organisation première de la Coopérative. Ses collègues ne le virent point partir sans
un profond sentiment de regret et son successeur, se faisant l'interprète de tous, saluait en ces termes son départ prématuré :

« Initié dès sa jeunesse à la pratique des grandes affaires, devenu, après
une retraite bien gagnée, un agriculteur émérite, il réunissait toutes les
aptitudes nécessaires, pour nous servir de guide et occuper au milieu de
nous la première place.

« Elu président, il s'est consacré avec ardeur à la tâche qui lui était confiée.
Grâce à son dévouement, à son savoir et à sa grande expérience, il a pu,
avec le concours des hommes éminents qui composent votre comité de direction, imprimer dès le début, à notre Société, une marche sage et progressive qui en a assuré le succès.

« Pendant près de quatre ans, il a présidé les réunions du Conseil d'administration et, à deux reprises, nos assemblées générales. Dirigeant nos délibérations vers un but toujours pratique et précis, évitant les discussions
inutiles et apportant, vis-à-vis de ses collègues, un esprit conciliant et affa-
ble qui lui eut bientôt conquis l'affection et la sympathie de tous, il ne
comptait, au milieu de nous, que des amis.

« C'est avec un vif regret, sachez-le bien, que M. Pontbichet s'est trouvé
contraint par la maladie de se séparer de nous. Il aimait notre Coopérative, qui était en partie son œuvre. Dans les dernières lettres que j'ai reçues de lui, il me le disait encore et me chargeait de vous assurer qu'il resterait toujours de cœur au milieu de vous.

« Vous comprenez, Messieurs, le grand vide que va laisser dans nos rangs
la retraite prématurée de cet homme de cœur, de cet homme de bien.

« Aussi, pour lui témoigner toute notre reconnaissance, pour le garder encore autant que possible au milieu de nous, et pour nous permettre d'avoir
recours à ses conseils, je vous demanderai de nommer M. Pontbichet président honoraire de la Coopérative agricole du Sud-Est. (*Approbations unanimes.*)

Trop solidement organisée pour se ressentir des modifications qui
se produisaient dans le sein de son conseil d'administration, la Coopérative suit, dans le cours de cet exercice, une marche sérieusement
ascendante. Les Syndicats affiliés sont 85 contre 64, les souscripteurs
22.848 contre 20.534, le chiffre d'affaires passe de 694.210 fr. 90 à
870.261 fr. 30 (1).

---

(1) Pl. n° 12.

Ce dernier chiffre donne lieu à quelques observations qu'il est intéressant de noter. C'est ainsi que les superphosphates et les engrais composés sont en diminution sensible, alors que tous les produits destinés à combattre les maladies de la vigne accusent une progression que ne légitime que trop la redoutable invasion du black-rot, qui menace de la ruine les vignobles de notre région. Les ventes d'outils montent de 6,000 fr. et les ventes en consignations augmentent encore de 24,000 fr. La proportion des frais généraux est de 2.60 % du chiffre d'affaires.

Créé seulement à la fin de l'exercice précédent, le service des assurances-accidents dont l'Union a confié la charge toute entière à la Coopérative, accuse seulement 274 polices (1) ; c'est peu, mais le cultivateur est si lent à modifier ses habitudes et à sortir de la routine ! Ce résultat médiocre, qui aurait pu décourager bien des initiatives, n'empêche pas la Coopérative d'affecter une somme de 10,000 fr., prélevée sur le solde des trois derniers exercices, pour constituer une Caisse de réassurance pour les comptes mortalité du bétail, qui permettra aux caisses locales de fonctionner sans risques et sans crainte.

La présidence, décidément, devient fatale à tous ceux qui la touchent. et après M. Pontbichel, voilà que son sympathique successeur, M. le Dr Giraud, est frappé cruellement dans ses plus chères affections et se voit, par son état de santé précaire, obligé, lui aussi, de laisser à des mains plus jeunes la haute direction de la Coopérative. On ne le laissa pas partir sans adresser à cet homme de bien, à cet homme de cœur l'expression des vifs regrets qu'à causés à tous ses amis son départ, survenu dans d'aussi douloureuses circonstances.

Dans une autre partie de ce volume, nos lecteurs ont vu la nomination de M. le Dr Giraud comme conseiller honoraire de l'Union ; enregistrons ici son élection à la présidence honoraire de la Coopérative, et unissons-nous à tous ceux qui le connaissent pour applaudir à cette double distinction, juste témoignage des services signalés rendus par lui à la cause syndicale et agricole.

C'est à M. Ch. Petin qu'échoit la succession de M. le Dr Giraud, et il faut espérer que, cette fois, le nouveau président aura raison de la fatalité qui semblait poursuivre ses prédécesseurs.

La Coopérative continue sa marche ascendante, augmentant de plus en plus de vitesse, laissant déjà l'allure du simple fantassin,

____

(1) Pl. nᵒˢ 17 et 18

pour prendre l'allure martiale et vive de nos braves petits chasseurs alpins.

Où va-t-elle nous conduire ?

Mais ne nous amusons pas à faire des hypothèses, car nous resterions bien vite en arrière de la troupe.

112 syndicats affiliés, 26.385 adhérents, 1.222.315 fr. 85 d'affaires, tel est le très présentable bilan de l'exercice 1896-1897 ; si nos lecteurs veulent bien se reporter aux graphiques de notre album ils verront que la progression s'accentue sur toute la ligne (1).

Dans le détail des opérations, nous ne trouvons plus les anomalies signalées l'an passé, et si les insecticides pour la vigne accentuent encore leur augmentation, les engrais chimiques reprennent les devants et, beau premier, le superphosphate enregistre le chiffre de 4.000 tonnes.

Les enseignements du Bulletin, les conférences des syndicats, les conseils donnés et par les administrateurs et par les professeurs, la propagande fantaisiste de l'Almanach, portent leurs fruits, les engrais font peu à peu leur trouée dans notre monde agricole.

Les outils continuent à être l'article préféré des ventes en consignation ; les charbons et les denrées de consommation deviennent un élément non négligeable du chiffre des affaires.

Le taux des frais généraux a baissé, il n'est plus que de 2 fr. 49 % au lieu de 2 fr 60 %.

Les assurances-accidents montent de 250 polices à 587 (2) ; la réserve, créée l'an dernier pour la caisse des réassurances des comptes bétail est vierge encore de demandes et d'emprunts. L'exercice se clôt par l'ouverture, à Chalon s/Saône, d'une succursale destinée à assurer les services matériels du très puissant syndicat de notre ami M. Prosper de l'Isle ; son organisation coïncide avec l'ouverture de l'exercice suivant.

Cette succursale dépend entièrement du siège social, où sont tenues les écritures et où se font tous les règlements.

Un sous-comité de direction, composé de quelques administrateurs des syndicats de la région, a été installé pour la surveillance immédiate des entrepôts, et se tient en rapport constant avec le Comité de direction de Lyon, qui y a deux représentants.

---

(1) Pl. n° 12.
(2) Pl. n°° 17 et 18.

Ce serait de l'ingratitude de notre part de ne pas nous associer à l'Assemblée générale du 7 octobre qui, par l'organe de son président, témoigne sa profonde reconnaissance à M. Duport, qui est l'âme de la Coopérative, à M. Glas qui en est le directeur aussi intelligent que dévoué.

La création d'une succursale à Chalon devient le point de départ d'un nouveau bond en avant qui se traduit, dès la première année, par une augmentation considérable dans le chiffre des affaires porté, de ce fait, à 2.006.261 fr. 70 (1); sur ce total l'entrepôt de Chalon fait à lui seul 583.138 fr. Ce sont toujours les produits insecticides et les engrais qui tiennent la tête, suivis en posture très honorable, par les outils, qui prennent de plus en plus d'importance.

Suivant la même progression, le nombre des syndicats passe de 112 à 166, et le nombre d'adhérents passe de 26.385 à 34.303.

Le taux des frais généraux est en hausse et s'élève à 2.52 % contre 2.49 % l'année précédente. Cette élévation est ainsi expliquée par le rapport du président. « L'augmentation du nombre de syndicats nous a obligés, depuis le mois de juillet, à prendre quelques employés de plus, et nous devons nous attendre à voir le taux des frais généraux s'élever encore pour se rapprocher de 3 %, ce qui, du reste, n'a rien d'exagéré avec les nombreux petits syndicats qui utilisent nos services de consignation. »

Les assurances-accidents commencent à être mieux appréciées, et le nombre des polices passe de 587 à 1.100 (2).

Le compte assurance-bétail fonctionne normalement; trois syndicats en ont profité, déjà un premier sinistre a été désintéressé.

A la fin de l'exercice, l'Union du Sud-Est et la Coopérative quittent la vieille maison de la rue du Garet pour s'installer grandement place de la Miséricorde. Le nouveau local, tout de plein pied, facilitera le service et permettra de faire face aux exigences d'une augmentation dans les affaires, si elle se produit, ce que le passé permet d'espérer.

Avec raison, le président de l'Union pouvait, dans ses rapports annuels à l'Assemblée générale, se féliciter du succès de cette grande fille de l'Union car, disait-il, plus notre Coopérative sera prospère, plus aussi nos syndicats trouveront par elle les ressources nécessaires à leurs créations sociales, but de leurs efforts.

---

(1) Pl. n° 12.
(2) Pl. n°ˢ 17 et 18.

La Coopérative, ajoutait-il devant les délégués présents, tout comme l'Union, n'a qu'un but : vous faciliter l'accomplissement de votre tâche.

Loin d'être anémiée par sa croissance rapide et le travail considérable qu'elle produit sans la moindre trêve, la Coopérative grandit toujours et se fortifie de plus en plus. Le dernier exercice, qui finit au 30 juin 1899, accuse 195 syndicats affiliés et 41.803 coopérateurs (1).

Le chiffre des affaires augmente de 500.000 francs sur le précédent exercice et atteint le total magnifique de 2.507.608 francs ! (1) A titre d'indication, et puisque c'est le dernier inventaire, donnons les principaux éléments de cet énorme total :

Superphosphate	5.300.000 k.
Nitrate de soude	680.000
Sulfate de cuivre	883.000
Soufre	606.000
Instruments viticoles	3.000 p.
Fils de fer	100.000 k.
Grillages et ronces	500.000 m.
Petits outils	10.000 p.

Dans le cours de l'exercice, la Coopérative a organisé plusieurs entrepôts importants.

En avril 1899, pour faciliter les petits syndicats de la Maurienne et de la Tarentaise, qui sont d'autant plus intéressants que leurs moyens d'action sont plus limités, leur clientèle moins préparée, elle crée des dépôts à Albertville, Moutiers et Saint-Jean-de-Maurienne, dépôts ouverts seulement les jours de marché.

Cette installation a sauvé d'une mort certaine bien des petits syndicats de cette région, que les frais de transports rendaient impuissants à lutter contre le commerce local; elle a donné un regain de vie à certains autres qui n'existaient que nominalement, elle a rendu à tous le courage et la confiance.

En septembre, à la suite de la fusion des deux syndicats de l'arrondissement de Belley et pour éviter à l'enfant, qu'avait mis au jour leur union, les soucis matériels qui avaient été la ruine de ses père et mère, elle installe à Belley un dépôt pour tous les syndicats de l'arrondissement.

Enfin, plus récemment, et après la clôture de l'exercice, un dépôt a été créé à St-Laurent-les-Mâcon pour les syndicats de la Bresse,

---

(1) Pl. n° 12.

dont les membres, habitués réguliers des marchés de cette ville, trouveront un avantage sérieux à s'y approvisionner.

Le mouvement, déjà très marqué, qui s'était affirmé l'an passé en faveur des assurances-accidents, s'est encore accentué cette année, et les polices atteignent le chiffre de 1621 ; à l'heure où nous écrivons, elles dépassent 2.000 (1).

De 3 en 1898, les comptes de prévoyance contre la mortalité du bétail qui ont profité de la participation, ont passé à 28 fin décembre, et malgré le paiement de 12 sinistres, le compte de participation reste, en fin d'exercice (30 juin), créancier de 501 fr. 50 (2). Ce n'est pas un bénéfice, car la quote part versée par les comptes locaux au compte participation étant payable d'avance, il restait au 30 juin chargé de la garantie future pour plusieurs mois, sans qu'il ait de nouvelles recettes à attendre. Le compte garantie de la participation à la mortalité du bétail n'a pas eu à intervenir, et il reste supérieur à la somme qui y avait été appliquée en principe, grâce aux intérêts que la Coopérative lui verse et malgré les frais de propagande qu'il a payés.

Malgré toutes ces nouvelles créations, le taux des frais généraux n'atteint pas 2.50 %/ !

Enfin, et c'est un point que nous mettons en relief plus loin, la Coopérative décide de prélever sur le solde des exercices précédents une somme de 5.000 fr. pour subventionner les œuvres agricoles et sociales de l'Union, puis une autre somme de 5.0 0 fr. pour créer une caisse de retraites au profit du personnel employé dans les syndicats (2). En ce faisant, le Conseil de direction a compris que c'était son devoir de récompenser le dévouement et le zèle des employés de la Coopérative et des syndicats unis, qui, tous, avaient largement contribué au succès de l'œuvre commune et que c'était là, du reste, le vrai moyen de donner l'exemple de la solidarité mutuelle.

Telle a été, au jour le jour, racontée sommairement la vie de notre Coopérative depuis sa fondation ; la fille aînée de l'Union du Sud-Est a largement tenu ses promesses, et les fées bienfaisantes qui assistaient à son baptême ont eu raison des mauvaises fées, plus nombreuses, qui avaient, dès le premier jour, prédit et souhaité sa ruine et sa mort.

Enfant précoce autant que bien douée, la Coopérative vient de subir

---

(1) Pl. n° 17 et 18.
(2) Pl. n° 14.

devant nos lecteurs un examen qui lui a été des plus favorables ; peut-être ne sera t-il pas inutile de dégager maintenant les enseignements que nous avons puisés auprès de cette enfant prodigue qui, à peine âgée de 7 ans, a déjà plus fait pour la cause agricole et sociale que les plus vieilles sociétés de notre circonscription. Nous voulons surtout la défendre contre ces jaloux qui ne la croient capable que de faire des affaires et montrer à tous que, digne fille de l'Union, elle ne cherche dans sa prospérité matérielle que le moyen le plus sûr d'arriver à mener à bien l'œuvre de moralisation et d'éducation sociales qu'elle poursuit avec tout son cœur.

De 50.000 fr. qu'il était à sa fondation, le capital social a été successivement porté à 125.000 francs (1), mais l'émission des actions nouvelles n'est faite qu'au fur et à mesure des besoins.

Avec ce capital, plus que modeste, la Coopérative a pu, de mars 1893 à décembre 1899, faire pour le compte des syndicats affiliés, un chiffre de 9.515.471 fr. 30 ; ses frais généraux n'ont jamais dépassé 2.70 °/₀ ; elle a placé, en réserves ordinaires ou supplémentaires, une somme de 73.862 fr. 05 et elle a distribué en répartitions aux Syndicats affiliés, 161.860 francs (2).

Ce serait affaiblir l'éloquence de ces chiffres que vouloir les commenter ; nous les dédions à tous ces esprits chagrins, qui voient dans nos associations des affaires et rien que des affaires. Ils nous disent, ces beaux esprits, que les Syndicats et les Coopératives tendent à supprimer le commerce, à écraser les consommateurs livrés comme une proie à la rapacité des agriculteurs, qu'ils visent le monopole de la vente des produits du sol et l'accaparement du marché national ; pour eux nos groupements régionaux sont une inquiétante reconstitution d'Etats agricoles dans l'Etat, ils leur font un grief de défendre les intérêts généraux de l'agriculture, ce qui, dans l'interprétation la plus étroite de la loi de 1884, semble pourtant leur principale raison d'être.

Pour juger ainsi Syndicats et Coopératives il faut mal les connaître, ou avoir pris comme type quelques associations qui n'ont de syndical que le nom, parfois usurpé, ou quelquefois de ces fausses Coopératives qui causent tant de préjudices à la vraie Coopération.

Essayer de réagir contre l'abus des intermédiaires, parasites qui s'interposent entre le producteur et le consommateur, ce n'est

---

(1) Pl. n° 12.
(2) Pl. n° 13.

pas vouloir supprimer le commerce, dont l'importance économique bienfaisante n'est contestée par personne, et ces pratiques nouvelles, que l'association professionnelle a mises à la disposition des cultivateurs en leur permettant d'acheter meilleur à meilleur marché, ne sont pas autre chose que l'exercice d'une liberté naturelle.

Le rôle de la Coopérative du Sud-Est a toujours été conforme à l'esprit de ses fondateurs, et pour tous ceux — ils sont, Dieu merci, la grande majorité — que n'aveuglent ni l'esprit de parti, ni l'intérêt personnel, ce rôle, au point de vue du progrès agricole, a été considérable.

Loin de supprimer le commerce des engrais, elle a pu, avec le concours des syndicats et par une propagande intelligente en faveur des bonnes méthodes de culture, lui apporter une extension de clientèle considérable; elle l'a moralisé, ce dont nul ne saurait se plaindre; elle s'est inspirée de la plus saine démocratie en venant au secours des paysans indignement exploités par les courtiers qui parcouraient les campagnes pour leur vendre très cher des matières inertes, sans valeur fertilisante.

N'est-ce pas à elle que nos milliers d'agriculteurs ont dû de pouvoir, sans trop de frais, lutter contre la disette des fourrages de 1893-1894? N'est-ce pas grâce à elle que nos viticulteurs, si éprouvés par des fléaux sans nombre, ont pu acheter, en 1899, au prix de 45 à 65 fr., 800.000 kil. de sulfate de cuivre, dont une spéculation éhontée, partie d'Amérique, avait fait monter les cours dans le commerce, à 70 et 75 francs ?

N'est-ce pas à elle que les instruments et les outils agricoles de modèle nouveau doivent leur importante extension? Par les dépôts en consignation qu'elle fait dans chacun de ses syndicats, elle a répandu l'usage des outils et facilité la culture moderne; c'est grâce à leurs bas prix que nos agriculteurs, toujours avides de progrès, les ont substitués aux outils primitifs de leurs pères.

Nous pourrions trouver bien d'autres exemples, du rôle et de l'influence bienfaisante de la Coopérative, mais, à quoi bon? Ses résultats et le chiffre toujours croissant de ses adhérents ne parlent-ils pas plus haut et mieux que nous ?

Et qu'on ne vienne pas nous dire que cette institution ne sert pas à grand chose, que ses répartitions sont des leurres, et que les syndicats qui s'en tiennent éloignés font tout aussi bien, sinon mieux que la Coopérative.

Les Syndicats et les membres affiliés sont là pour dire le con-

traire et, pour proclamer que la répartition n'est point à dédaigner ;
que c'est une rosée bienfaisante qui arrive au moment où souvent
elle est le plus utile.

Bref, les plus grands syndicats, c'est-à-dire ceux qui pourraient le
mieux se passer d'elle, sont ses plus fidèles clients, c'est la meilleure
démonstration de son utilité.

La table est servie pour tous, l'Union y convie tous ses syndicats,
vienne s'asseoir qui voudra, mais nous estimons, pour notre part,
que, faisant partie des convives, nous nous en trouvons fort bien et
nous ajoutons être parfaitement satisfaits du menu.

Tâchant d'aider les hommes dévoués qui sont à la tête de cette
œuvre, bien loin de les critiquer et de voir le petit côté des choses,
nous admirons tout ce qu'ils ont fait, nous les en félicitons, ne nous
attardant pas à ce qu'ils n'ont point encore fait, car nous sommes de
ceux qui pensent que les chemins de ce monde sont semés d'aspérités
qu'il vaut mieux franchir toutes, nous aimons mieux aller de l'avant
que de risquer de demeurer à l'arrière sans jamais arriver.

Il est intéressant de savoir que 198 syndicats sont affiliés à la
Coopérative et que 52 ne le sont pas (1).

Ces derniers, par conséquent, ne peuvent user que des services de
l'office. Mais, nous devons le dire avec regret, en général ils n'usent
ni des uns ni des autres, et ce sont encore les syndicats affiliés à la
Coopérative qui font de beaucoup les plus importantes affaires avec
l'office du courtier.

Les syndicats non affiliés ont, pour la plupart, agi par eux-mêmes,
oubliant trop que l'idée même des syndicats est l'idée de groupement et d'association, et que les affaires traitées en dehors du groupement viennent diminuer la force même de la Coopérative en lui
créant une véritable concurrence.

Ils croient pour quelques-uns qu'ils achètent mieux qu'on ne
pourrait le faire dans nos divers services, ce qui est une profonde
et regrettable erreur ; car il est incontestable que nos services ne faisant que cela, avec un personnel spécial, rompu à la chose et expérimenté, sont mieux placés pour bien acheter ; sans compter que les
achats qui se chiffrent par millions de kilogrammes se font toujours
plus avantageusement que les achats faits isolément par un seul
syndicat.

De plus, il est un facteur dont bien peu de syndicats tiennent

_____

(1) Pl. n° 11.

compte, c'est la répartition de la Coopérative en fin d'année ; ce boni mérite pourtant d'être pris en considération dans l'établissement du prix de revient, et l'on conçoit difficilement que certains syndicats, en comparant les prix du commerce avec ceux de la Coopérative, et se trouvant en présence de prix identiques, perdent de vue cette répartition qui constitue pourtant un bénéfice presque certain. Elle constitue même une sorte d'assurance contre les aléas d'une gestion toujours difficile, en même temps que le moyen le plus sûr d'accroître les réserves au bout de l'année. Nous allons même plus loin, si parfois les prix de la Coopérative ne sont égaux à ceux du commerce qu'en escomptant la répartition de ses bénéfices, les syndicats ne devraient jamais hésiter ; ils devraient venir franchement à la Coopérative, parce que c'est leur devoir d'assurer à cette Société des bénéfices qu'elle met ensuite à leur disposition pour la création de tant d'œuvres sociales qu'ils doivent avoir le souci de fonder, parce que c'est aussi leur devoir de songer à plus petits qu'eux, et de permettre à la Coopérative de mieux acheter pour donner satisfaction aux syndicats modestes qui ne peuvent se payer le luxe d'une fausse indépendance.

C'est donner une force considérable à notre association que de savoir se grouper autour d'elle, mettant au-dessus de tout le bien général, qui se transforme bientôt en bien-être particulier.

Ce sont des vérités qui peuvent paraître banales et qui, cependant, ont besoin d'être dites et redites, car l'idée de particularisme et d'individualisme, qui a si longtemps régné en maîtresse dans notre pays, a bien de la peine à être déracinée, même par les exemples les plus éclatants.

Avant de quitter le rôle purement commercial de la Coopérative, il est peut-être utile de signaler, en passant, deux faits qui ont leur importance.

Et, d'abord, la Coopérative est restée le plus strictement possible sur le terrain simplement professionnel et si elle s'est vue obligée, pour faciliter la vie de la famille agricole, de fournir aux syndicats qui le demandaient, les denrées de consommation, elle n'en a jamais pris l'initiative, elle n'a jamais cherché à en développer la vente. C'est surtout dans les petits syndicats de l'Isère et de la Savoie que les denrées de consommation sont désirées et, comme dans la plupart des villages où ils ont leur siège, le commerce de détail est fort mal approvisionné, le rôle de la Coopérative a été, là encore, des plus bienfaisants. Pour ceux que les chiffres intéressent, ajoutons que, sur le total des affaires de 1898-99 de 2.500.000 fr., les produits de consommation entrent à peine pour 150.000 fr.

Second point à signaler : le service des ventes en consignation a plutôt une tendance à diminuer qu'à augmenter. En effet, sauf pour les denrées alimentaires que les syndicats ne peuvent acheter autrement, l'achat ferme est toujours beaucoup plus avantageux que l'achat en consignation, et comme les syndicats connaissent bien aujourd'hui les besoins de leurs membres, ils se rallient à peu près tous au système qui leur donne les prix les plus réduits.

Nous venons de le voir, la Coopérative a brillamment répondu aux espérances de ses fondateurs, elle a, au point de vue commercial, fait de magnifiques affaires, auxquelles — ce qui n'est pas commun — elle a largement intéressé ses acheteurs. Pour beaucoup son rôle se pourrait terminer là.

Mais la Coopérative a une ambition plus haute, des aspirations plus nobles et, pour elle, le service des achats et des ventes n'est qu'un moyen d'aider les syndicats dans leur œuvre professionnelle et sociale.

Comment s'y est-elle pris ? Nous allons le voir rapidement.

C'est en 1896 qu'elle faisait, sur ce terrain, le premier pas et prenant à sa charge tout le service des assurances contre les accidents, et entre ses mains les intérêts des syndicats unis étaient bien placés. Par la plume de son directeur, M. Glas, elle propageait cette nouvelle assurance dans une brochure claire et pratique, qu'elle faisait largement distribuer par tous les syndicats unis. D'aucuns se diront qu'elle y avait peut-être intérêt : oui si l'on entend par là le désir qu'elle a d'être utile à ses adhérents, non si l'on envisage un résultat pécuniaire, puisque, dès le premier jour, son rôle d'intermédiaire avait été complètement gratuit (1).

La Coopérative a rendu un véritable service aux agriculteurs en mettant à leur disposition le moyen le plus simple et le plus économique de se garantir efficacement contre les risques de leur profession. C'est là un nouvel avantage, et non le moindre, mis à la portée des cultivateurs du Sud-Est ; il appartient à ceux-ci de savoir en profiter, ce sera la récompense de la Coopérative, la seule qu'elle ambitionne.

Après leur avoir donné la facilité d'assurer leurs adhérents, la Coopérative a rappelé aux syndicats qu'ils avaient des devoirs envers leur personnel et elle a, elle-même, d'accord avec la Compagnie « La

---

(1) Pl. n° 18.

Providence », organisé l'assurance des employés qui, moyennant une faible cotisation, décharge le syndicat et ses administrateurs de toute responsabilité à l'égard de leurs agents. Nous reparlerons, au chapitre des assurances, de cette création qui, due à la Coopérative, devait y trouver une place, si modeste soit-elle.

Deux ans après, en 1897, la Coopérative, qui s'était déjà chargée de la mise sur pied des comptes de prévoyance contre la mortalité du bétail, prélevait, sur ses réserves, une somme de 10.000 francs pour constituer une caisse de réassurance. Elle permettait ainsi aux syndicats de résoudre, par la mutualité et sans trop de risques, ce difficile et important desideratum de nos populations rurales.

Nous parlerons en détail dans le chapitre spécial que nous consacrons aux assurances, de cette caisse.

Non contente de faciliter, dans la plus large mesure, les assurances à ses adhérents, la Coopérative a singulièrement aidé à leur éducation professionnelle et syndicale, et c'est pour nous un véritable regret de ne pouvoir condenser ces petites circulaires qui, tous les deux mois, vont, chez tous les membres de l'état-major syndical, porter la bonne parole, instruisant les uns, stimulant les autres, inspirant à tous des idées de prévoyance et d'assistance.

C'est le cœur et non point l'intérêt qui les dicte. On voit que celui qui écrit a compris toute l'importance de l'œuvre et lui a donné, avec une foi d'apôtre, son concours le plus dévoué. Sa foi est grande dans l'avenir :

« Aujourd'hui, nous dit-il, que nous avons organisé nos services matériels, aujourd'hui que nous avons déjà rendu quelques services économiques et professionnels à nos adhérents, pourquoi ne viserions-nous pas plus haut ? Pourquoi ne dirions-nous pas à l'Union du Sud-Est : créée par vous, la Coopérative veut rester la fille dévouée et fidèle de son excellente mère. Rêvez toujours des œuvres nouvelles. Si vous avez besoin d'un concours empressé, vous le trouverez chez-nous. Heureuse sera la Coopérative que vous la mettiez souvent de moitié dans ce que vous faites pour le bien des agriculteurs, pour l'honneur et la gloire du pays. »

Veut-on savoir comment M. Glas comprend le rôle de la Coopérative ?

« Aider le cultivateur à se procurer de bons engrais et à les avoir à de bonnes conditions, lui apprendre à les utiliser d'une manière raisonnée, lui faciliter l'achat de semences sélectionnées, d'outils et d'instruments agricoles des meilleures fabriques, tout cela est bien dans notre rôle. Mais lui montrer et lui offrir les moyens de conserver ce qu'il possède, le mettre à même de réparer ses torts sans attaquer ses biens, l'amener à tendre la main à plus faible que lui et à secourir, non par l'aumône dont on pourrait rougir mais par le jeu de la mutualité, le voisin malheureux, la veuve ou les orphelins du camarade défunt, c'est là surtout le but de nos Associations. »

Toujours désireux de faire mieux et de mieux servir tous les intérêts de ses milliers d'adhérents, il écrit aux présidents :

« Ne manquez pas, Monsieur le président, de nous signaler tout ce qui pourrait intéresser les autres syndicats. Faites-nous connaître les prix pratiqués dans votre région et les offres qui vous seraient faites. Vous nous permettrez peut-être ainsi d'améliorer nos services matériels, et tous les syndicats profiteront des observations faites et des renseignements donnés par quelques-uns.

Et ce ne sera pas seulement au point de vue matériel que votre concours sera utile aux autres. Si la Coopérative est spécialement chargée de vous procurer des choses bonnes à des prix convenables et de réglementer, pour ainsi dire, les cours du commerce qui, sans sa présence, seraient certainement plus élevés, elle a la prétention d'avoir aussi un rôle plus noble, celui de contribuer aux services économiques et sociaux des syndicats.

M. Duport, président de l'Union du Sud-Est, dans la séance générale du 29 novembre, représentait les œuvres de l'Union comme une maison en construction. Les fondations sont les services matériels, les étages les services économiques. La toiture, qui a été commencée cette année, est formée des services sociaux : les rentes aux vieux travailleurs de la terre. La valeur des fondations n'est-elle pas liée à la réussite de la Coopérative ? N'est-ce pas sur elles que reposent les étages et la toiture ? La Coopérative n'y contribue-t-elle pas par sa répartition du trop perçu ? N'a-t-elle pas apporté directement sa pierre à l'étage des services économiques, en s'occupant des assurances-accidents, et en consacrant 10.000 francs au compte de participation contre la mortalité du bétail ?

Une autre image représente bien aussi le lien indissoluble des services matériels avec les services économiques et sociaux. Notre ami, M. Silvestre, compare nos œuvres à un arbre. Les racines, c'est-à-dire les services matériels, nourrissent le tronc et les branches, représentant les services économiques et, au sommet, les fleurs et les fruits, c'est-à-dire les services sociaux. Si notre rôle est modeste et caché comme les racines de l'arbre, ne pouvons-nous pas nous enorgueillir un peu de voir au-dessus de nous le tronc vigoureux et les branches chargées de fleurs et de fruits ? Jusqu'à ce jour, le résultat pouvait paraître incertain et, pour beaucoup aussi peu sûr, moins peut-être que la récolte des produits de la terre. Mais aujourd'hui que le temps a passé, que l'arbre a grandi et jeté de profondes racines, aujourd'hui que déjà les fleurs et les fruits ont paru, il n'est plus permis de douter du succès.

Aussi pouvons-nous dire à ces hommes de cœur qui, au conseil de l'Union du Sud-Est et dans ceux des syndicats, s'occupent le plus des œuvres sociales : « Allez de l'avant ! Continuez vos rêves admirables que des igno-

« rants ou des envieux peuvent traiter de chimères. Pour nous qui avons vu
« le passé, nous savons ce que sera l'avenir. Nous avons la foi, et nous
« croyons, c'est-à-dire nous tenons pour certain que ces rêves sublimes se
« changeront bientôt en sublimes réalités. » Et si la Coopérative agricole
du Sud-Est, fortifiée de plus en plus par la fidélité de tous, peut y contribuer, ce sera pour elle un honneur, un honneur aussi pour tous les syndicats qui ont compris, et ils sont nombreux, ce côté élevé de son rôle et de
sa raison d'être. »

Terminons par cette dernière citation qui définit bien le véritable
but de nos syndicats et coopératives :

« Il me semble que si beaucoup de syndicats ont compris le rôle de
l'Union et de la Coopérative, il en est malheureusement quelques autres,
peu nombreux heureusement, qui ne se sont pas encore rendu compte du
but noble et élevé poursuivi par nos fondateurs et nos administrateurs.

« Le côté matériel est le petit côté de la question, et j'ai bien quelque
mérite à le proclamer moi qui suis plus spécialement chargé de ce service
terre à terre. Le vrai but est l'éducation de l'agriculteur, l'amélioration de
son sort par lui-même, en lui montrant tout ce qu'il peut retirer des forces
d'une grande mutualité. C'est de l'amener à voir, dans le syndicat, son
ami, moins pour le bien qu'il en retire lui-même que pour celui qu'il lui
permet de faire aux autres. C'est à vous à apprendre à vos syndiqués,
l'avantage qu'ils trouveront dans vos associations, mais en même temps, et
surtout, à leur montrer que c'est par leur fidélité à leur syndicat qu'ils lui
donneront la force morale nécessaire pour instruire les ignorants, réchauffer les indifférents, convaincre les hésitants. Ah ! je sais bien que vous ne
récolterez pas toujours la reconnaissance à laquelle vous auriez droit.
Qu'importe ? Vous avez le cœur assez généreux, l'âme assez haute pour
trouver votre récompense dans la conscience du devoir accompli. »

Plus loin, plus haut ! telle est la devise de la Coopérative. Elle n'y
faillira pas.

But final de nos syndicats, l'œuvre sociale est donc bien aussi le but
auquel tendent tous les efforts de la Coopérative : elle a fait tout ce
qui dépendait d'elle pour l'atteindre le plus rapidement possible.

C'est d'abord par ses répartitions, c'est ensuite par sa subvention
aux œuvres sociales, c'est enfin par sa caisse de retraites.

Par ses répartitions qui, nous l'avons vu plus haut, atteignaient
déjà, fin juin 1899, le chiffre respectable de 161.860 fr. (1), la Coopérative a appliqué largement le principe de la participation aux bénéfices et réalisé la devise : « Tous pour chacun, un pour tous. »

____

(1) Pl. n° 13.

Dans la plupart des syndicats coopérateurs, les répartitions ont préparé le fonctionnement de l'assistance et elles leur fournissent à cet effet des ressources régulières qui vont leur permettre, dans un avenir prochain, d'utiliser largement la nouvelle loi de 1898 sur les sociétés de secours mutuels et les caisses de retraites.

La coopération, le crédit, l'assurance sont les véritables étapes de la route syndicale, et c'est la coopération, cette forme de la mutualité dont nos associations sont sorties, qui va nous permettre, en augmentant nos ressources, de donner une base solide à l'assistance dans nos campagnes.

Non contente de donner aux syndicats unis le nerf de la guerre, la Coopérative a voulu encore aider l'Union et, dès cette année, elle lui a généreusement voté une première somme de 5.000 fr. pour subventionner ses œuvres sociales agricoles. On peut compter qu'il en sera fait un utile emploi et que la semence ainsi jetée portera des fruits.

Enfin, et comme dernière création, elle a constitué au profit de son personnel une caisse de retraites qu'elle a dotée, à sa naissance, d'un premier don de 5.000 fr.(1). Large et libérale, elle a compris que les agents de ses syndicats étaient, eux aussi, des membres de sa grande famille et, généreusement, elle les a admis à participer à sa caisse dans des conditions que nous retrouverons au chapitre spécial de la Prévoyance et de l'assistance.

Telle est l'histoire de la Coopérative du Sud-Est ; elle fait honneur à celui qui l'a conçue et qui, depuis sa fondation, la dirige avec un dévouement de tous les instants, M. Duport. D'aucuns trouveront peut-être que ce nom revient bien souvent sous notre plume et que nous lui adressons bien des éloges ; ceux-là ne connaissent ni nos œuvres ni l'homme qui les incarne, et nous ne pouvons que regretter d'avoir une plume si petite pour rapporter des services aussi grands. Nul ne saurait nous contredire ; c'est au président de l'Union que la Coopérative doit sa prospérité, sa réussite, ses succès, c'est à lui qu'elle doit d'avoir si parfaitement et si rapidement rempli la haute mission qui lui était dévolue ; c'est à lui que nos syndicats doivent reporter leur profonde et affectueuse reconnaissance.

Née dans la liberté, la Coopérative a grandi dans la liberté, elle triomphe dans la liberté, elle ne supprime pas la liberté, elle ne se

---

(1) Pl. nº 14.

mel pas en conflit avec la liberté, loin de là, elle favorise seulement une répartition moins meurtrière des facultés productives ; elle développe l'esprit d'activité personnelle, elle propage l'esprit de discipline, l'esprit de justice, l'esprit de solidarité, car chacun de ses adhérents travaille pour lui-même autant que pour les autres.

« C'est ainsi que, peu à peu, concluons-nous avec M. Poincaré, dans l'association libre, la conception égoïste du profit s'épure et s'élève jusqu'à la notion de l'intérêt commun ; c'est ainsi que l'horizon de l'âme s'élargit et s'éclaire, c'est ainsi que le sentiment de l'égalité, dépouillé peu à peu, par le rapprochement des cœurs, de ce qu'il a si souvent d'étroit, de médiocre et d'envieux, s'ennoblit, se fortifie et se féconde par le sentiment de la fraternité ! »

UNION

DES

PRODUCTEURS ET CONSOMMATEURS[1]

Société anonyme, Capital 25.000 francs

Les syndicats agricoles ont un double devoir :

Faciliter la production du sol ;

Faciliter la vente des produits agricoles.

Il était dès lors logique de chercher d'abord à produire, à meilleur marché, par des achats d'engrais, de machines, de semences, etc. Nous avons vu que par la création du courtier et de la Coopérative, l'Union y était arrivée. C'était le plus facile.

Il appartenait donc à l'Union de chercher ensuite à favoriser l'écoulement des produits des syndicats unis ; elle l'a tenté. Grâce à l'activité et au dévouement de M. Duport, elle y a réussi, du moins en partie ; nous allons voir, avec lui, comment.

Suivons-le donc dans ses études préliminaires d'abord, puis dans l'exécution de son projet ; nous aurons ainsi la solution du problème posé.

Comme nous l'avons vu précédemment, les syndicats, si désireux qu'ils soient de faciliter la vente des produits de leurs membres, ne sont pas du tout organisés pour ce genre d'affaires, et si l'on peut espérer qu'à la longue ils arriveront à s'organiser, il n'en faut pas conclure pour cela que le problème de la vente sera résolu. S'il est vrai, en effet, qu'un syndicat, ayant fait une première affaire avec le

---

Pl. nᵒˢ 19 et 20.

courtier, en fait plus aisément d'autres, instruits que sont ses membres par l'expérience, il n'en est pas moins vrai que ces ventes en gros, au grand et au moyen commerce, outre qu'elles nécessitent des frais de groupement sur les lieux de production, ne correspondent pas entièrement au desideratum, à la raison d'être des syndicats et des Unions : *le rapprochement des producteurs et consommateurs.*

Le problème de la vente se présentait donc pour l'Union, sous trois faces : vente au commerce en gros, vente aux détaillants, vente aux consommateurs.

Pour la vente en gros, l'avenir était très limité à cause des difficultés de groupement d'abord, ensuite et surtout à cause de la mauvaise volonté du commerce, qui voit ces ventes sans enthousiasme, à regret même, prévoyant bien, non sans raison, que ce n'est là qu'un premier pas vers la vente directe.

Pouvait-on espérer qu'en s'adressant aux détaillants et en modifiant le personnel de l'Office, pour le mettre en mesure de voir journellement cette clientèle, on obtiendrait un meilleur résultat ? Pas davantage. En effet, outre les frais spéciaux du personnel, inhérents à ce changement de front, l'Union eût été bien vite arrêtée par un fossé profond : nous, agriculteurs, nous renonçons déjà difficilement au paiement immédiat de la foire pour attendre l'arrivée de notre marchandise à la ville, mais nous ne pouvons faire plus ; or, le détaillant veut le crédit, il est même entre les mains des marchands en gros, et c'est là peut-être la plus grosse plaie de l'organisation commerciale de la vente des produits alimentaires.

Que ce soit le boucher, le marchand de fromages, le débitant de vins, tous sont entre les mains du marchand en gros, dont l'habileté première a été de consentir un premier terme. C'est le commerce en gros qui est le maître du détaillant, comme il est le maître du producteur. Il y a donc, dans cette question de crédit, un obstacle à peu près insurmontable, car les acheteurs, qui ont su garder les libertés du comptant, ne peuvent guère nous fournir des clients. Voici pourquoi : usant eux-mêmes de l'Association, ils veulent garder pour eux tout l'écart de prix entre la production et la consommation. Certes, ils ont raison de se mettre en syndicat, mais puisqu'ils abusent de leur force, pourquoi les syndicats agricoles n'useraient-ils pas de cette force qui réside non seulement dans le groupement syndical, mais dans la logique ? Il n'y a, en effet, de syndicats logiques, moraux, que ceux de production et ceux de consommation ; tous ceux qui ont pour but la revente sont des parasites et il est dans la logique de les voir périr. S'ils cherchent à accaparer, ils sont immoraux ; s'ils se substituent au commerce, ils sont onéreux.

Restait le troisième moyen, la vente directe à la consommation, moyen auquel les agriculteurs sont conduits par la force des choses. Là, les difficultés se dressent innombrables, mais il n'y en a pas d'insurmontables, et si le combat promet d'être rude, la conquête sera définitive, le succès immense, absolu.

Examinons donc le terrain et laissons expliquer, par M. Duport, pourquoi il y avait lieu d'engager la lutte. Voici ce qu'il écrivait en 1889 : (1)

« Et d'abord les intermédiaires gagnent-ils autant qu'on le dit : non, si vous les prenez chacun séparément, et c'est pour cela qu'à n'en supprimer qu'un, le résultat nous paraît insuffisant ; oui, si les supprimant tous, vous réussissez à diminuer les charges tout en groupant les bénéfices. Pour cela il n'y a qu'un moyen : la vente directe au consommateur.

« Il ne faut pas pourtant espérer y trouver des profits immenses, car une organisation semblable nécessitera des frais et, pour réussir, il faut offrir à la consommation le partage exact de ce profit.

« Différemment, nos syndicats ne seraient plus qu'une force purement commerciale, par suite onéreuse et destinée à périr. Ce principe posé et admis d'un partage exact, entre le producteur et le consommateur, du profit réalisé par la suppression des intermédiaires, comment l'appliquer pratiquement ?

« Je rentre, à partir de maintenant, dans l'explication détaillée du projet soumis à votre approbation.

« Nous examinerons :

« 1º L'organisation de la vente directe aux consommateurs ;

« 2º Le partage pratique des bénéfices avec les consommateurs.

§ 1

« Je n'hésite pas à penser que, pour l'organisation de nos ventes à la consommation, nous devons suivre l'exemple donné par les grands magasins de nouveautés, qui ont groupé sous une seule direction,

---

(1) La vente des produits agricoles *La Viande*, brochure, Gallet, imprimeur, rue de la Poulaillerie, Lyon.

dans le même local, avec une seule patente, tous les genres de commerce touchant à l'habillement ; groupons, nous, tout ce qui touche à l'alimentation en un ou plusieurs magasins, sous une dénomination quelconque rappelant le principe ou le but, comme par exemple : « Aux producteurs et consommateurs réunis », ou tout autre, peu importe.

« Je pense que ces magasins, au début, devraient être au nombre de deux, dont un dans un quartier riche, et l'autre dans un quartier populeux. Il faudrait, en plus, un entrepôt pour emmagasiner les marchandises encombrantes venues par grosses quantités ; c'est de cet entrepôt que se ferait l'alimentation des magasins de vente au détail. Cet entrepôt aurait, de plus, l'avantage de permettre la vente au demi-gros à la consommation, pour certaines marchandises qui peuvent la demander, telles que les vins en fûts, les pommes de terre, etc.

« La direction générale serait installée à côté de votre Office, avec un directeur spécialement affecté à cette branche, car, pour réaliser une semblable organisation, il vous faut créer une société, distincte de votre Union, cela va sans dire, mais même de votre Office, au moins en ce qui regarde la question financière ; c'est un point à étudier sérieusement, si vous vous décidez à entrer dans cette voie.

« Je vous ai dit qu'il fallait prendre modèle sur les grands magasins de nouveautés et créer, en quelque sorte, des docks de l'alimentation où se trouveraient réunis tous les produits de nos campagnes qui sont employés tels quels à l'alimentation de l'homme : farine, vin, viande, lait, beurre, fromages, volailles, fruits, légumes, etc. Nous laisserons de côté les préparations, en quelque sorte industrielles, de la panification, de la charcuterie, etc., qui nécessiteraient une organisation plus compliquée.

« Le champ est, du reste, assez large, car notre région plus qu'aucune autre, est riche en produits alimentaires qu'elle fournit en foule et de qualité supérieure.

« L'éloge n'est pas à faire de nos bœufs du Charolais, de nos moutons bourguignons, de nos veaux du Beaujolais. Notre production en vins revient ; nous pouvons offrir aux consommateurs du vin du pays, pour toutes les bourses, depuis le vin nouveau un peu vert, mais qui a son charme pour l'ouvrier auquel il rappelle le pays, jusqu'aux grands crus vieillis dans nos celliers de propriétaires. Comme fruits, en plus des pommes et des poires des montagnes du Lyonnais, nous aurons le raisin frais pour la table, les petites prunes de la

Haute-Savoie, les superbes noix de Saint-Marcellin, les excellents marrons du Vivarais.

« Pour le laitage et le beurre, notre intermédiaire est aussi nécessaire que pour le vin à ceux qui redoutent les falsifications et les mélanges. Pour les fromages, la Haute-Savoie nous fournit ses gruyères, ses excellents rebrochons de la vallée de Thones, la Loire ses tômes, Saint-Marcellin, Condrieu, nos montagnes lyonnaises, leurs succulents fromages de chèvre, sans parler des monts-d'or et de certains façon-Brie, qui sont nos voisins immédiats.

« Pour la volaille, il n'est besoin que de citer la Bresse, et parmi les légumes, sans parler de l'article maraîcher proprement dit dont nous ne saurions nous occuper, les pommes de terre peuvent donner lieu à d'importantes et satisfaisantes transactions ; certaines primeurs, les asperges de Saint-Symphorien d'Ozon, par exemple, pourraient prendre place à notre devanture sans oublier le succulent tubercule, la truffe de la Drôme, qui trouve à Lyon, grâce à notre gourmandise, un vaste marché. Tous ces produits et beaucoup que je passe, alimenteraient votre détail, j'ajoute encore, qu'à votre entrepôt, des affaires de fourrages et d'avoines se pourraient traiter en gros.

« J'aurai terminé l'exposé général de cette question, l'organisation de la vente aux consommateurs, quand j'aurai étudié avec vous quelle est la somme nécessaire pour obtenir un bon fonctionnement. La somme nécessaire est moins considérable qu'on le croirait en songeant à l'ampleur du projet. Cinquante mille francs seraient l'aisance. Je ne crois pas qu'ils soient nécessaires et, si nous réussissons, avec quarante mille francs nous devons pouvoir marcher, car nous n'achetons pas pour vendre, nous recevons seulement des marchandises à la vente, de telle sorte qu'une fois l'agencement des magasins réalisé, il suffit d'un fonds de roulement modeste.

« Comment obtenir cette somme ? Non seulement en ne promettant aucun dividende fantastique, mais en promettant seulement un intérêt de 5 %, sans même dissimuler les chances de pertes. La chose paraîtrait impossible et elle le serait en effet, s'il y avait dans notre œuvre, autre chose qu'un dévouement absolu à la cause agricole.

§ II

« Il nous reste à examiner le partage pratique des bénéfices avec les consommateurs, car, je ne saurais trop le répéter, toute autre manière de faire dénaturerait nos intentions en faussant l'équité ; j'ajoute que, pour ce motif, le partage doit être égal.

« En étudiant attentivement les meilleurs moyens de nous attirer la consommation, j'ai eu à examiner s'il convenait d'offrir nos produits à un prix plus bas que le commerce, ce que notre organisation permettrait souvent ; or je ne le pense pas et en voici les raisons :

« Nous devons réussir non pas seulement par l'économie procurée au consommateur, mais aussi par l'excellence, l'honnêteté de nos produits ; si nos produits sont honnêtes il se trouvera souvent que l'écart de prix sera nul ou peu important en face d'un produit falsifié. De plus, l'acheteur est ainsi fait qu'en offrant de la viande, par exemple, à dix centimes meilleur marché que les grands bouchers, il en conclura que c'est une qualité inférieure, il s'en éloignera ; souvent un sot amour propre amènera ce résultat et le disposera à croire les méchancetés inventées par les intéressés.

« Il en sera tout autrement si vos magasins, confortablement agencés, situés dans des quartiers convenables, s'ouvrent avec une réclame suffisante, avec des prix raisonnables, avantageux certainement, mais offrant surtout à l'acheteur une participation dans le bénéfice qu'il vous aide à réaliser.

« D'autre part, il est bien évident que vous devez bannir la forme coopérative proprement dite, cela pour plusieurs raisons, parmi lesquelles je me borne à citer : 1º la nécessité de vous adresser au gros public ; 2º la méfiance naturelle de ce public pour toute idée nouvelle, qui exige un premier versement, un engagement ; 3º l'obligation où vous serez parfois d'acheter de la viande, par exemple, en dehors de nos syndicats, si leurs envois laissent nos magasins dépourvus, ce qui ôterait le seul avantage de cette forme d'association, l'exemption de la patente ; 4º enfin, et ceci seul suffirait pour faire rejeter la forme coopérative, la difficulté des écritures et surtout de la répartition avec une clientèle aussi nombreuse, aussi mobile.

« Et, cependant, il nous faut une sorte de coopérative pratique, simple ; or, je crois qu'elle nous est fournie par une organisation qui a bruyamment échoué, parce qu'elle avait un but de spéculation, et qui réussira si elle est basée sur la justice aidée du désintéressement ; j'ai nommé les « bons commerciaux » que nous appelerons, si vous le voulez, pour éviter toute confusion, « Bons de production et Bons de consommation » selon qu'ils seront remis aux vendeurs ou aux acheteurs. Là tout est simplifié.

— 299 —

« Voyons d'abord le vendeur ; il expédie, pour la vente, du bétail, du vin, etc., la Commission fixe le prix d'après les marchés de Vaise, de Serin, ou le cours des Halles. La marchandise est payée sur ce prix et l'on remet en plus au vendeur des « Bons de production » pour le montant de son envoi.

« Quant à l'acheteur, rien de plus simple. Tout achat donne droit à un « Bon de consommation ». Pour simplifier, on pourrait établir que les bons seraient de 1, 5, 50 et 100 fr. Toute fraction au-dessous de 0.50 c. ne donnerait pas droit à un bon, toute fraction de 0 fr. 50 c. ou au-dessus donnerait droit à un bon de 1 fr., l'échange des bons plus petits pourrait se faire avec les plus gros en les groupant.

« Tous les six mois ou tous les ans, les comptes étant établis, on verrait quel est le bénéfice par % et la répartition s'en ferait comme suit :

« 80 % aux vendeurs et aux acheteurs, par moitié ;

« 10 % à la réserve ;

« 10 % au personnel salarié à l'année.

« Par exemple, le mouvement des ventes et des achats étant de 100,000 fr. pour un trimestre, si le bénéfice net est de 5.000 fr., soit 5 %, tous frais et amortissement déduits, cette somme sera répartie :

« 4.000 aux vendeurs et acheteurs ;

«   500 à la réserve ;

«   500 au personnel payé à l'année.

« De telle sorte que si j'ai envoyé, par exemple, un bœuf, vendu 400 fr., je reçois un supplément de prix de fr. 16, soit 80 % du bénéfice de ma vente ; si, en même temps, j'ai consommé pour mon ménage, pendant ces trois mois, 400 fr. de viande, ce que constatent mes bons de consommation, je reçois encore 16 fr., soit 80 % du bénéfice de mes achats.

« Rien n'est plus simple, rien ne laisse mieux à chacun toute sa liberté, rien n'est plus équitable.

« Grâce à ces bons, pas de comptabilité spéciale ; si certains bons ne sont pas représentés à la répartition, ils augmentent la réserve et servent ainsi à rembourser le capital.

« Par ce système, véritable coopérative libre, sans les encombres de l'affiliation, ni les dépenses du versement, chacun peut essayer, ne serait-ce qu'une fois en passant, l'achat dans nos magasins. De la sorte, enfin, l'association est bien complète entre les producteurs et les consommateurs, se partageant également les bénéfices de leur entente, association si naturelle, que l'on s'étonnera un jour qu'elle n'ait pas existé plus tôt.

« J'ai fini, Messieurs, votre œuvre commence. Examinez les grandes lignes de ce projet, pesez les avantages, jugez les difficultés, décidez si nous devons obéir à la soif de dévouement qui nous anime, décidez si nous devons doter notre région d'une organisation qui sera le complément de notre œuvre, si grande et si féconde des syndicats agricoles. »

Tel était, dans ses grandes lignes, le projet Duport; si étudié, si généreux qu'il fût, il n'en reçut pas moins, le 6 mai 1889, jour de sa présentation à l'Union, un accueil indifférent pour ne pas dire hostile.

Les marchands, objectaient quelques membres de l'Union, vont accumuler les difficultés contre la réussite des magasins de vente; plus forts que nous, ils auront facilement raison de notre tentative qui, dès lors, ne pourra aboutir.

Que fera-t-on, disaient d'autres, des marchandises avariées, viandes ou autres denrées? Ce sont des pertes à prévoir dans une large mesure, pourra-t-on les compenser avec le bénéfice très modeste qui sera prélevé?

Enfin, et c'était là l'objection la plus spécieuse, n'est-il pas dangereux de faire descendre des syndicats agricoles, cette tentative de vente directe? L'Union du Sud-Est est-elle assez forte pour supporter les fluctuations de cette affaire? L'œuvre des syndicats ne sera-t-elle pas compromise en cas de non réussite? Est-il prudent, pour les syndicats, de revendiquer cette paternité?

M. Duport n'eut pas de peine à dissiper toutes ces craintes : « La production, dit-il, est favorisée par tous les moyens possibles. C'est bien, mais le monde agricole a-t-il intérêt à ce que cette production soit encouragée si, d'autre part, les débouchés manquent à l'écoulement des produits? Ce sont des débouchés que nous cherchons, pourquoi hésiter à rapprocher, par la vente directe, producteurs et consommateurs? C'est peut-être une transformation sociale, un changement de front dans les habitudes des agriculteurs, mais est-ce une raison pour redouter un échec? L'idée peut et doit germer, il faut qu'elle pénètre dans les syndicats. Plus tard, lorsqu'ils seront à même de l'appliquer ou bien lorsqu'ils auront vu la mise en pratique à côté d'eux (car nous pouvons être distancés par d'autres dans cette organisation de la vente directe), nos syndicats unis seront au regret de n'avoir pas pris la place et de ne pas se trouver à la tête du mouvement.

« Les syndicats doivent être les fournisseurs, les livreurs des produits vendus dans les magasins, il n'a jamais été question pour les syndicats, en tant que syndicats, d'être les pères de cette affaire, qui doit être entreprise par une Société indépendante de l'Union, indépendante des syndicats. Les capitaux ne sont pas demandés aux syndicats, pas plus que ceux-ci n'auront à encourir la responsabilité de la direction de cette entreprise.

« Ce n'est pas la clientèle, ni les consommateurs qui manqueront, ce qu'il faut plutôt redouter, c'est l'indifférence, la négligence de la part des vendeurs. »

Cette argumentation serrée n'eut pas raison de certaines résistances, et c'est sur la demande même de l'auteur que le projet fut provisoirement réservé. Il ne le fut pas longtemps, car peu de jours après, un certain nombre de présidents des syndicats unis, parmi les plus dévoués et les plus compétents, comprenant de mieux en mieux l'importance d'une tentative immédiate, demandèrent qu'à nouveau le projet fût mis à l'ordre du jour et, par l'organe de M. de Fontgalland, formulèrent très nettement le vœu que l'Union du Sud-Est aidât de toutes ses forces à la fondation d'une Société, ayant pour but de favoriser le rapprochement du producteur et du consommateur, en prenant pour début la vente de la viande de boucherie à Lyon. A l'unanimité des présidents présents, l'Union se prononçait, le 9 juillet, pour l'affirmative ; de ce jour le rôle de l'Union du Sud-Est était terminé, la mission de la nouvelle Société commençait.

L'ouverture des boucheries avait été fixée au 1er octobre, le temps pressait, mais, avec du dévouement et des amis, que ne fait-on pas ? La Société « Union des Producteurs et Consommateurs » pouvait compter sur les uns et sur les autres, aussi ne nous étonnons pas de voir son capital de 25.000 francs — 50 parts de 500 francs, — entièrement souscrit, les statuts rédigés et approuvés, la Société constituée en l'étude de Me Verrier, notaire à Lyon, le tout en moins d'un mois, puisque dès le 15 août, la Société installait ses bureaux à côté de ceux de l'Union du Sud-Est.

Pendant les six semaines qui précédèrent l'ouverture des boucheries, les membres du Conseil de la nouvelle Société, réunis pendant de nombreuses séances, sous la présidence de M. Chavent, membre et secrétaire de la Chambre de commerce de Lyon, qui a bien voulu leur apporter l'appui de son expérience, étudièrent très soigneusement toutes les questions d'organisation, questions des plus nouvelles, puisqu'il s'agissait d'innover en tout. Il n'est pas inutile, en effet, de rappeler que la tentative, faite par l'Union, d'une création qui n'est ni une Société de consommation, ni une Coopérative et qui tient cependant des deux genres, est la première application, non seulement en France, mais même à l'étranger, de ce principe économique qui peut transformer les conditions matérielles et morales de l'ordre social actuel : « l'Union des Producteurs et Consommateurs ».

Il a été dépensé, pour ces études préparatoires, beaucoup d'intelligence et de zèle, et si le succès a répondu aux espérances des fondateurs, jamais l'intelligence ni le dévouement n'ont été dépensés plus utilement.

La Société étant créée, organisée, dans ses meubles, il importe, avant de passer aux résultats obtenus, de rappeler les difficultés qu'elle a eues à vaincre, d'examiner aussi de quelle manière les administrateurs en ont eu raison. Cette revue en arrière pourra servir d'enseignement à ceux qui voudraient suivre l'exemple de l'Union du Sud-Est ; elle ne saurait manquer, pour tous ceux qui s'intéressent à l'œuvre syndicale, d'être instructive.

La plus grande difficulté était le contrôle du personnel au triple point de vue des recettes, des déchets et des prix de vente, contrôle indispensable dans tout commerce de détail, mais plus encore dans celui de la boucherie où les prix varient suivant les morceaux. La chose paraissait impossible, la Société put réussir grâce à ses Bons de consommation. Cette utilisation des bons, pour le contrôle des opérations, a rendu les plus grands services, et comme, dans toutes les tentatives analogues de vente au détail, il n'y a pas lieu de croire que l'on puisse s'en passer sans danger, nous allons en parler avec quelques détails.

Le Conseil ayant décidé que les bénéfices nets seraient répartis intégralement et également aux producteurs et aux consommateurs, au moyen de bons de production et de consommation, l'idée vint à M. Duport d'utiliser ces bons pour obtenir, par le public, le contrôle du personnel. Il proposa donc de remplacer les jetons de valeur fixe, dont il avait été primitivement question, par des bons du chiffre exact des ventes ou des achats, bons sur lesquels on ferait figurer toutes les indications propres à permettre au Conseil de contrôler non seulement les sommes encaissées, mais encore le poids des marchandises vendues et, par suite, le déchet ainsi que les prix de vente, ce qui était capital. L'idée une fois née, il ne restait plus qu'à en rendre l'application pratique, c'est ainsi que le modèle actuel de carnet de bons de consommation fut adopté.

Le carnet comprend cent feuillets, divisés eux-mêmes en cinq parties ou bons, d'un libellé absolument semblable ; chaque carnet contient donc 500 bons de consommation, dont modèle ci-dessous.

U. P. & C.									
B. — Rue Sala, 32 (*Timbre dateur*).									
	Bœuf..	K				à	F.		OBSERVATIONS
	Veau ..		K			à	F.		
	Mouton			K		à	F.		TOTAL
						à la p.	F.		F.	||

Chacun de ces bons est perforé pour en faciliter le détachement rapide ; il porte, de plus, le numéro du feuillet et une lettre correspondant à sa place dans le feuillet, afin de permettre d'en rechercher la souche, s'il est besoin de la comparer ; enfin il est frappé d'un timbre dateur. Chaque feuillet, ainsi composé de cinq bons, séparés par des perforages, est doublé d'un feuillet en papier blanc, divisé d'une manière semblable et portant absolument les mêmes indications de numéros, lettres et libellés.

Les bons à détacher sont imprimés sur du papier mince et de couleur : détails qui pourraient paraître insignifiants, tout en ayant leur valeur. Le papier mince, qui est de nature résistante, a pour but de permettre le décalque forcé des chiffres qui y sont inscrits au moment de la vente, procédé analogue à celui employé, dans les gares de chemins de fer, pour les expéditions de colis ; grâce à ce procédé, les erreurs se retrouvent, et s'il y en avait de volontaires, elles ne pourraient même pas profiter à leurs auteurs. La couleur des bons a également son utilité : les bons verts sont uniformément employés pour les livraisons à crédit, payables fin de mois ; les autres couleurs, qui sont changées tous les trimestres et qui varient pour chaque boucherie, ont pour but de faciliter la répartition, en permettant, dès le premier coup d'œil, de savoir par laquelle des boucheries ils ont été émis et s'ils ne sont pas périmés (1).

Voyons à présent comment les choses se passent :

---

(1) Ce système s'est montré si parfait, qu'après plus de dix années de fonctionnement, il reste seul employé pour assurer le contrôle. Ajoutons qu'il permet l'établissement régulier de statistiques précises dont les Pl. 19 et 20 fournissent la preuve.

Le client est servi, le garçon a appelé la qualité, le poids et le prix ;
la caissière, qui a tout inscrit à mesure, fait ressortir le total dans la
colonne réservée et, détachant le bon, le remet à l'acheteur contre
paiement. Si celui-ci achète pour lui ou pour autrui, son bulletin lui
sert à bien se rendre compte si le poids est exact, si le prix est
celui convenu, si enfin le calcul ne comporte aucune erreur. Quant
au contrôle, comme tout ce qui a été écrit sur le bulletin détaché
s'est décalqué sur le double du feuillet, il peut à son aise en tirer
toutes les indications qui lui sont utiles. On comprend, en effet,
facilement que, par la simple addition des poids, le commissaire de
surveillance a le total exact des sorties, qualité par qualité, ce qui,
en les défalquant des entrées, lui permet de constater, chaque
semaine, le déchet et d'éviter ainsi ce terrible aléa du coulage.
D'autre part, en additionnant tous les totaux, il est facile d'établir le
chiffre exact des recettes journalières. Dans les ventes à crédit, les
feuillets détachés du carnet vert et sur lesquels les livraisons
sont détaillées de même, servent à établir le compte à chaque fin de
mois.

Nous venons de voir les nombreux avantages des Bons de consommation ; il nous reste à parler de certain inconvénient qu'ils ont, si
tant est que ce soit un inconvénient.

Nous avons vu que, par eux, le client pouvait exercer un contrôle
sérieux et permanent ; mais, de même qu'ils servent à empêcher le
coulage dans les boucheries, de même aussi ils gênent singulièrement cet autre coulage qui a nom l'anse du panier ; aussi, dès le
premier jour, ces Bons nous ont-ils fait des ennemis acharnés de la
grande majorité des cuisinières qui, ne trouvant pas dans les boucheries de l'Union le sou par franc, cet usage indélicat qui équivaut
à un prélèvement de 5 %, n'ont pas pu se rattraper sur la majoration du prix ou du poids.

De ce côté, l'Union des producteurs et consommateurs a toujours
eu à compter avec une hostilité marquée, et nous ne pouvons que
féliciter son Conseil d'avoir tenu bon, préférant perdre une partie de
sa riche clientèle plutôt que de favoriser cet onéreux intermédiaire
qui s'appelle la cuisinière. Les bouchers, de leur côté, se sont montrés les fidèles alliés des cuisinières, il n'est pas de sots racontars
qu'ils n'aient répandus, il n'est pas de sottes manœuvres qu'ils
n'aient essayées.

Cuisinières et bouchers étaient dans leur rôle, la Société était
dans le sien en leur tenant tête et en suivant, droit devant elle,

la voie qu'elle s'était tracée : la vente directe sans intermédiaire.

L'organisation de la vente étant ainsi résolue, il nous faut, pour être complet, donner le règlement arrêté pour les envois de bestiaux par le producteur :

RÈGLEMENT

1° Nulle expédition de bestiaux ne peut être faite au Directeur des boucheries, sans avoir été autorisée par écrit par le courtier agréé des syndicats agricoles de l'Union du Sud-Est, chargé du service d'approvisionnement. La lettre d'autorisation détermine la date d'expédition.

2° Dans le cas où les bestiaux seraient envoyés sans l'autorisation écrite du service d'approvisionnement, comme dans le cas où leur qualité ne conviendrait pas à l'emploi des boucheries, le directeur les tiendra, dans une écurie, à la disposition des ordres ultérieurs de l'expéditeur, qui sera prévenu par lettre dans les vingt-quatre heures de l'arrivée.

3° Les expéditions sont faites franco Vaise. Les frais de débarquement et de conduite sont à la charge du vendeur.

4° Le directeur n'abat les bestiaux, régulièrement envoyés, que le troisième jour après leur arrivée ; leur entretien et les dépenses en résultant sont à la charge de la Société ;

5° Le prix des bestiaux expédiés est déterminé par le cours moyen du premier marché de Vaise qui suit l'arrivée. Le classement par catégories, devant déterminer ce prix, est fait par le directeur.

6° Le poids des veaux est reconnu vif par peseur juré. Le poids des moutons, bœufs, taureaux, vaches et génisses, est reconnu poids net par peseur juré.

7° Pour tout ce qui n'est pas prévu au présent règlement, le règlement des abattoirs à Lyon fait loi.

8° Le compte de vente est toujours remis dans les cinq jours de l'arrivée, par les soins du service d'approvisionnement, auquel toutes réclamations doivent être adressées.

9° Le service d'approvisionnement est autorisé à déduire du compte de vente, pour ses peines et ses soins, un demi pour cent. Par contre, il n'est compté ni frais de commissionnaire, ni frais de marché, ni frais de corde.

10° Le paiement se fait au choix du vendeur : par traite payable à trente jours de la date du marché, au Crédit Lyonnais, à Lyon, ou par l'envoi d'un mandat ou d'un chèque. Dans ce dernier cas, les frais sont à la charge des vendeurs.

Aussitôt les bestiaux abattus et dépouillés, le compte de vente établi par le courtier, un Bon de production, conforme au modèle ci-contre, et au dos duquel figure le compte détaillé de la livraison, est envoyé à l'expéditeur ; on remarquera que le bon de production donnant droit à la répartition, porte le produit brut et non le produit net.

20

N°.....

Compte de vente

N°...

M............

F° J°¹

Union des Producteurs et Consommateurs

BON DE PRODUCTION

Montant du Compte de Vente N° ▆▆▆ remis le... 19

Francs ▆▆▆▆▆▆▆▆▆▆▆▆▆▆▆▆▆▆▆▆▆

La part des bénéfices à laquelle ce BON donne droit sera payée au porteur, dans les 3 mois qui suivront la fixation des bénéfices à répartir.

Tout BON qui n'aura pas été présenté pendant le trimestre qui suivra la date fixée pour la répartition, sera périmé.

Année 1890   **Compte de vente**   N°.....

1° VENTE DE BOEUFS

4 bœufs pesés chaud	1.761ᵏ »	
A déduire, suivant règlement de l'abat-toir, 5ᵏ par bœuf.................	20 »	
Poids net	1.741ᵏ » à 152ᶠ les 100ᵏ =	2.646ᶠ 30

A déduire :

Commission de courtier 1/2 %....	13ᶠ 25	
Pesage	4 »	
Garantie contre la saisie, 0,50 par tête...........	2 »	22 25
Frais de débarquement et conduite................	3 »	
Produit net		2.624 05

2° VENTE DE VEAUX

1 veau pesant brut.................	88ᵏ »	
A déduire tare de sangle	2 »	
Poids net....	86ᵏ » à 116ᶠ les 100ᵏ =	99ᶠ 75

A déduire :

Commission du courtier 1/2 %........	0ᶠ 50	
Pesage	0 40	
Droit d'octroi............................	7 90	10.90
Débarquement, conduite et pansage.................	2 10	
Produit net		88 85

3° VENTE DE MOUTONS

24 moutons, pesant ensemble.........	400ᵏ 500	
A déduire pour pieds	6	
Poids net....................	394ᵏ 500 à 195ᶠ les 100ᵏ =	769ᶠ 30

A déduire :

Commission du courtier 1/2 °/₀.........	5 35	
Pesage..	3 55	10 90
Débarquement et conduite...........................	2 »	
Produit net.....................................		758 40

Total du Bon de production...................... 3.545 35
Total à payer............................. ..... 3.471 30

Le courtier agréé,
(SIGNATURE.)

Nous avons vu, par ce qui précède, l'organisation complète des boucheries de l'Union des Producteurs et Consommateurs ; nous allons maintenant voir leur marche progressive et les résultats.

Comme nous l'avons dit plus haut, c'est le 1ᵉʳ octobre 1889, que les deux premières boucheries furent ouvertes ; depuis, deux nouvelles boucheries ont été ouvertes ; c'est sur l'ensemble des quatre magasins que porteront nos observations et le chiffre d'affaires.

Le premier soin du Conseil de l'Union des Producteurs et Consommateurs fut de faire connaître aux intéressés la nouvelle création, et comme la circulaire envoyée aux acheteurs et aux vendeurs résume exactement le but poursuivi, les moyens pris pour y arriver, nous croyons bien faire en la reproduisant.

CIRCULAIRE

But. — Le but de la Société est de rapprocher le producteur du consommateur par la suppression des intermédiaires devenus trop nombreux et, par suite, onéreux.

Objet. — La Société a pour objet d'acheter et de vendre tous les produits agricoles pouvant servir tels quels à l'alimentation de l'homme ou à l'entretien des animaux.

Base. — Comme il s'agit d'une véritable association entre les producteurs et les consommateurs, la Société prend comme base la répartition intégrale et égale aux producteurs et aux consommateurs des bénéfices devant résulter de leur entente.

Fondateurs. — Les fondateurs de la Société, n'ayant en vue qu'une œuvre de haute économie sociale, ne se sont réservés aucun avantage.

Souscripteurs. — Les souscripteurs, pour le même motif, ont renoncé à tous bénéfices.

Administrateurs. — Les administrateurs exerceront leur mandat gratuitement, ils ne recevront pas même des jetons de présence.

Capitaux. — Les capitaux engagés n'ont droit qu'à un intérêt de 5 % et au remboursement par l'amortissement.

Bénéfices. — Les bénéfices nets sont répartis : moitié aux producteurs et moitié aux consommateurs.

Répartitions. — La répartition des bénéfices se fera, tous les ans, comme la présentation de bons, dits de production ou de consommation, selon qu'ils auront été remis à des producteurs, au moment de leurs ventes, ou à des consommateurs au moment de leurs achats.

Bons. — Ces bons seront détachés de carnets numérotés, ils porteront toujours les indications de poids et de prix, ce qui servira de contrôle et de garantie.

Producteurs. — Les membres des syndicats agricoles, faisant partie de l'Union du Sud-Est, peuvent seuls recevoir, au moment de leur vente à la Société, des bons de production, leur donnant droit à la répartition des bénéfices ; tout vendeur étranger à ces associations n'a droit qu'au paiement de ses fournitures.

Consommateurs. — Tout consommateur, au moment de ses achats, a droit, sans distinction aucune, à la remise d'un bon de consommation du montant de ses achats ; il n'est nullement nécessaire qu'il soit membre d'un syndicat agricole, ou client de la Société ; l'achat fait, même en passant, donne droit à un bon et, par suite, à la répartition des bénéfices.

Et maintenant, rendons-nous compte du fonctionnement journalier des magasins de l'Union des Producteurs et Consommateurs.

Chacune des boucheries a comme personnel :

Une caissière intéressée.	Un 3ᵉ garçon.
Un 1ᵉʳ garçon intéressé.	Un 4ᵉ garçon.
Un 2ᵉ garçon.	

Au-dessus et comme directeur de toutes les boucheries, se trouve un boucher-chef intéressé, ayant sous ses ordres un comptable, en permanence au siège de la société.

L'ouverture des magasins a lieu à 5 heures et souvent plus tôt, car il faut préparer, entre les quatre boucheries, 150 à 200 commandes, qui doivent être portées à domicile avant neuf heures ; or, ce n'est pas une petite affaire, certains clients habitant plus loin que le rayon habituel de la clientèle d'une boucherie ordinaire. Dès 6 heures 1/2, le public se présente pour affluer de 8 heures à 10 heures et, si l'on songe que, certains dimanches, à la Croix-Rousse, par exemple, 500 clients sont servis avant 11 heures, heure de la fermeture les dimanches et fêtes, on est surpris de la rapidité des garçons à servir et de la caissière à calculer. A dix heures, les garçons chargés de porter les commandes à domicile rentrent et commencent la toilette du magasin, des outils, des tables et des plots, ce qui n'est pas une mince besogne. L'étalage est enlevé de la devanture et refait tout au fond du magasin. A midi, la caissière fait la situation, la journée commençant et finissant toujours à midi ; il faut qu'après avoir fait la caisse elle remplisse la feuille journalière, dont le modèle ci-après.

UNION

DES

PRODUCTEURS ET CONSOMMATEURS

Société anonyme capital 25,000 fr.

LYON

FEUILLE JOURNALIÈRE

Boucherie de la rue Sala, n° 32

Situation du.......... 190 .

MARCHANDISES

	BOEUF	VEAU	MOUTON	DIVERS
Existences......	kil.	kil.	kil.	kil.
Entrées.........				
Totaux..........				
Sorties.........				
Existences......				

VENTES

FR.

ÉTAT DE CAISSE

Solde précédent............................ Fr.

Ventes de la journée .. .. Fr.

Versement................................. Fr.

Reste en Caisse........................... Fr.

Cette feuille qui se décalque, comme les bons, sur un registre qui reste à la boucherie, est remise à 2 heures à l'employé chargé des encaissements, lequel vérifie les additions, appose son timbre avec sa date sur le registre et sur le carnet des bons de consommation, puis emporte chaque jour la recette qu'il verse immédiatement et intégralement, pour le compte de la Société, au Crédit lyonnais. De cette manière, les versements inscrits dans cette banque doivent toujours correspondre avec la feuille des recettes journalières ; il n'y a d'exception que pour le dimanche, dont la recette, bien que séparée sur les livres, s'ajoute au versement fait le lundi. Ce procédé rend la surveillance bien plus facile et ne présente pas d'inconvénient. Dans chaque boucherie, la caissière a toujours une petite somme pour faire face aux menues dépenses afin de ne jamais prendre sur la recette; elle inscrit les débours sur un registre où, chaque semaine, un administrateur les vise et fait les observations nécessaires.

Pendant les après-midi, les garçons sont à l'abattoir pour tuer et travailler les animaux désignés par le boucher-chef. Le soir même, ces animaux sont transportés dans les boucheries, pesés soigneusement à leur entrée et prennent place de suite à l'étalage du fond. Ce pesage rigoureux, avec l'inscription du poids au livre des entrées par les soins de la caissière, est indispensable, car, c'est ce qui permet d'établir les situations de marchandises qui se font tous les lundis soir en présence du boucher-chef. Toutes les marchandises existantes à ce moment étant pesées et le poids en étant ajouté à celui des sorties, il est clair que la différence entre le chiffre ainsi obtenu et le total des entrées depuis la dernière situation représente le déchet. A 8 heures, les magasins ferment. La journée de chacun a été bien employée.

Le boucher-chef, les jours de marché, est obligé d'y aller pour se rendre compte des cours et faire les achats nécessaires si les syndicats n'ont pas envoyé en suffisante quantité ; enfin, il passe dans les magasins, chaque jour, plutôt deux fois qu'une, ainsi qu'au bureau de l'Office du Sud-Est pour assurer les approvisionnements par nos syndicats. Une fois par semaine, du 1er janvier au 31 mars, le comptable procède au paiement de la répartition contre la remise des bons de consommation. Les clients les lui remettent en paquet, il les classe rapidement par date, les relie par une épingle, les annule d'un seul coup à l'aide d'un emporte-pièce, puis totalise rapidement les sommes, et paie de suite au porteur le montant de la répartition. En plus de ce travail de répartition, de l'encaissement et du versement de la recette, le comptable tient les livres, vérifie les factures, dresse les comptes de vente, fait la correspondance nécessaire, envoie les bons de production et prépare les paiements, qui se font tous par chèques sur le Crédit Lyonnais avec le visa du courtier chargé de l'approvisionnement par les syndicats, ce visa afin d'assurer le service et la représentation des intérêts des expéditeurs.

Nous avons fini avec l'organisation, l'installation des boucheries ; passons maintenant aux résultats.

Et d'abord, l'expéditeur a-t-il intérêt à vendre par les boucheries ? En suivant la filière habituelle, que l'on soit emboucheur du Charolais, fermier de la Bresse ou de la Savoie, éleveur de la Loire ou berger de la Drôme, il faut vendre en foire où le bétail est acheté par un petit marchand du pays, sorte de courtier, ou mieux, de racoleur, au service des gros marchands. Loin de se contenter d'un tant par tête, il achète le plus souvent à un prix inférieur à celui auquel il est autorisé à traiter par le marchand de bœufs ; bien entendu, il garde cette différence, qui s'ajoute aux frais d'achat et de conduite jusqu'au lieu d'embarquement. Le marchand de bœufs, qui est une puissance, a la bourse bien garnie ; comme il est admirablement renseigné sur les cours des marchés, il dirige ses achats en conséquence, c'est lui qui prélève la plus grosse part de la différence de prix entre la production et la consommation. Le bétail, embarqué sur wagon ou dirigé par terre, est confié aux toucheurs, ou bâtonniers, qui le conduisent jusqu'au marché de Vaise.

Pour éviter ces trois intermédiaires, quelques éleveurs dirigent eux-mêmes leurs envois sur Lyon, mais alors ce sont des tribulations sans nombre et il faut passer sous de nouvelles fourches caudines, non moins onéreuses que celles du gros marchand. Les commissionnaires en bestiaux sont une véritable caste, ils tiennent nombre de bouchers par leur crédit, les marchands de bœufs, eux-mêmes, passent souvent par leur intermédiaire. Supposons donc que le paysan passe par là : il envoie son bœuf la veille du marché, le commissionnaire le prend en gare, le conduit à l'écurie et l'attache le lendemain à côté de ceux qu'il doit vendre. La commission, en plus des frais de débarquement, d'écurie et de conduite au marché, est de 5 francs par tête, mais comme la plupart des commissionnaires sont marchands ou associés avec de gros marchands, ils vendent d'abord leur propre bétail avant celui de leur client, lequel reste quelquefois pour le marché suivant, d'où frais supplémentaires pour trois ou quatre jours de garde. C'est là une première perte, mais ce

n'est pas la plus forte. A Lyon, la vente, les veaux exceptés, se fait
toujours au poids vif. Si les bœufs envoyés sont tués le lendemain
de leur arrivée, le déchet sera modéré, il n'y a pas lieu de se plaindre; mais si, au contraire, le boucher ne les tue que deux ou trois
jours après, le déchet est important, la perte sensible, l'expéditeur
ne sera évidemment pas content, mais qu'y faire?

Changer de méthode, répondrons-nous, et envoyer aux boucheries
coopératives de l'Union des Producteurs et Consommateurs. Rien de
plus simple : après avoir rempli les formalités prévues par le règlement donné plus haut, l'expéditeur envoie son bétail qui, aussitôt
arrivé, est débarqué, saigné et abattu; les billets de poids sont
dressés par les peseurs jurés, apportés à l'Office et le compte de
vente envoyé à l'intéressé qui le reçoit au plus tard dans les cinq
ours de son expédition.

Comme l'écrivait, en 1893, M. Léon Riboud :

« Une des particularités intéressantes de notre organisation, c'est
que l'éleveur peut, par nous, vendre son bétail inférieur aussi bien
que son bétail de bonne qualité. Vous avez, par exemple, un lot de
trente moutons : vingt sont bons et trouvent preneurs sur place,
mais que faire des dix autres ? Vous usez de nos services et, d'un
coup, vous vous débarrassez du lot complet : les vingt moutons de
bonne qualité vous sont payés par nous et vont à nos boucheries, et les
dix autres sont vendus sur le marché pour votre compte. Point d'embarras pour vous et généralement un bénéfice.

« Je dis bien un bénéfice; car si nous pouvions mettre sous vos
yeux les lettres de tous les éleveurs qui ont eu recours à nous, vous
seriez convaincus, quelquefois même étonnés du gain par eux réalisé,
grâce à la différence existant entre nos prix et ceux de la foire. Assurément il y a quelques plaintes, peut-être même des pertes, mais il
ne saurait en être autrement, car on ne tombe pas toujours sur un
marché favorable et, d'ailleurs, n'y a-t-il pas toujours des insatiables
qui, par nature et par principe, ne se déclarent jamais satisfaits. La
différence entre nos prix et ceux payés en foire peut être évaluée, en
général, pour le gros bétail, par exemple, à une moyenne de 25 à
30 fr. par tête, sans faire entrer en ligne de compte le tant pour cent
que le producteur vendeur aura à toucher à la fin de l'année, à la
répartition des bénéfices. Est-ce à dédaigner, en vérité, et ne vaut-il
pas mieux mettre ce bénéfice dans votre poche que d'en faire cadeau
aux marchands de bestiaux ou aux commissionnaires? Ceux que la
routine aveugle à ce point qu'ils méconnaissent ainsi leurs intérêts,

non seulement font preuve d'une imprévoyance coupable, mais, en même temps, trahissent la cause agricole, parce qu'ils découragent les hommes de bonne volonté et laissent sombrer des entreprises destinées à faciliter le relèvement de l'agriculture ».

Pour appuyer par des chiffres, les avantages qu'aurait le producteur à utiliser les boucheries, nous prendrons une moyenne hebdomadaire, pour l'ensemble des magasins, de 8 bœufs, 16 veaux, 60 moutons. En prenant, comme base du bénéfice réalisé par les producteurs, les chiffres donnés par ceux-ci, nous pouvons, au bas mot, estimer que ce bénéfice est de 25 francs par tête de bœuf, de 5 francs par tête de veau, de 2 francs par tête de mouton. Continuant notre calcul, nour arrivons donc à une somme de 410 francs, représentant la part des bénéfices pouvant revenir, chaque semaine, au producteur par la suppression soit du marchand en gros, soit du commissionnaire. Si nous ajoutons à ce chiffre très respectable, la répartition de 2 1/2 % pour 400.000 francs environ d'achats, nous en concluons qu'en utilisant les boucheries, les producteurs pourraient réaliser un bénéfice net de 32.000 francs.

Ayant un intérêt indiscutable à utiliser les boucheries coopératives, le producteur a-t-il profité de l'instrument merveilleux mis entre ses mains ?

Si pénible que soit la constatation, il nous faut répondre : non ; le producteur envoie à peine le quart, souvent moins, de l'approvisionnement nécessaire aux boucheries, la Société devant recourir, pour la différence, aux achats faits sur le marché de Vaise.

Et cependant, M. Léon Riboud le faisait ressortir. Les producteurs sont les vrais intéressés ; c'est en réalité pour eux que nous travaillons, et pourtant ils sont bien lents à user de nos services. S'ils n'ignorent pas notre entreprise, ils font preuve d'une insouciance vraiment désespérante et l'on dirait même qu'ils prennent plaisir à refuser la main que nous leur tendons. Obéiraient-ils, par hasard, à une sorte de défiance ? Certes, ils auraient bien tort, car à l'Union des Producteurs et des Consommateurs, ils sont chez eux, ce sont eux qui abattent leurs bêtes, ce sont eux qui les vendent aux consommateurs ; le contrôle y est parfait, et si des intérêts y sont plus particulièrement surveillés, ce sont bien les leurs. Au surplus, ils ne peuvent douter de notre désintéressement et de notre dévouement, puisque, pour nos peines, nous n'avons d'autre rémunération que le plaisir de leur venir en aide, et ils savent bien que les bénéfices de chaque année leur appartiennent à eux producteurs comme aux consommateurs. Il faut croire que leur abstention tient plutôt à leur connaissance incomplète de notre entreprise.

Un certain nombre d'entre eux, mieux renseignés sans doute, sont venus à nous du Charolais, de l'Ain, de la Loire, de la Drôme ; nous recevons régulièrement des envois, qui ont même parfois été assez importants puisqu'ils ont représenté jusqu'à 15.000 francs et plus par mois, mais ils sont loin de suffire à l'alimentation de nos boucheries. La plupart des éleveurs intelligents et prévoyants ont été satisfaits. Mais pourquoi les autres s'obstinent-ils à suivre les vieux errements ? Comment se fait-il que cette défiance, qu'ils nous témoignent, ils ne l'éprouvent pas à l'égard du gros marchand?

C'est que la routine est puissante et tenace. Et puis, le paysan aime la foire : on y jase, on y rit, on y trinque, et c'est alors que le maquignon fait de bonnes affaires. En temps de hausse, tout le monde est content, mais, au jour de baisse, l'éleveur sera bien obligé, tout en maugréant, de se plier aux exigences de son faux ami. Il pourrait, il est vrai, s'adresser aux commissionnaires et expédier ses bêtes à Vaise, mais une fois déjà il a usé de ce moyen et il a juré qu'on ne l'y prendrait plus. Alors il pensera à nous peut-être, mais plaise à Dieu qu'il ne soit pas trop tard, car il est à craindre qu'en présence de l'inutilité de nos efforts, notre dévouement ne se lasse et nos portes ne se ferment.

Le consommateur, second intéressé, a-t-il mieux compris que le producteur les avantages des boucheries coopératives?

Oui, et en donnant sa clientèle, il s'est bien vite rendu compte que la nouvelle Société devait servir de frein à l'élévation du prix de la viande et que, d'autre part, le désintéressement des administrateurs était pour lui la double garantie de l'exactitude des pesées et de la qualité des marchandises. Il n'a pas eu, du reste, à regretter sa confiance et, à en juger par la fidélité de la clientèle des boucheries, il est permis de penser que, du côté des consommateurs, la création a été appréciée. Il y a lieu, cependant, de faire quelques restrictions et, sans parler à nouveau de l'hostilité des cuisinières, qui ne trouvent pas, dans les établissements de l'Union, cette complaisance coupable, grâce à laquelle elles font danser l'anse du panier, nous ne pouvons que nous étonner de l'abstention ou de la désertion de quelques-uns qui, ne voulant pas comprendre le but social de l'œuvre, n'ont vu, dans la Société nouvelle, qu'une affaire ordinaire.

Désireuse de continuer son expérience sur un terrain plus vaste, l'Union des producteurs ouvrait, le 1er juin 1894, dans un des quartiers les plus populeux du nouveau Lyon, cours Lafayette, 32, un vaste magasin où elle avait entassé, sous leur vraie marque d'origine, tous les produits de l'alimentation ; où le vin du syndicat de Cadillac (Gironde) dispute la vente à ceux des syndicats du Beaujolais, du Mâconnais, de la Bourgogne, du Midi ; où la viande, les œufs, le beurre, les fromages, les volailles, viennent directement de la ferme se joindre au pain, à la charcuterie, à l'épicerie, et s'offrir à toutes les catégories de consommateurs à des prix appropriés à toutes les bourses. Les portes du nouveau magasin étaient ouvertes aux produits de tous les membres des syndicats de France, elles étaient ouvertes à tous les consommateurs.

Admirablement organisés pour les achats, les syndicats, nous l'avons déjà dit, ne le sont pas du tout pour la vente, et malgré la ténacité des fondateurs, malgré leur désintéressement, malgré leur dévouement, le nouveau magasin dût, après quelques années, fermer ses portes, ses administrateurs n'ayant pas voulu transformer en affaire commerciale, ce qui devait rester une œuvre.

Le producteur, peu perspicace, n'a pas compris où était son véritable intérêt, où se trouvaient ses véritables amis.

Si l'agriculteur avait su utiliser les services de l'Union des producteurs et consommateurs, cette société aurait puissamment contribué à réaliser ce second desideratum des syndicats agricoles, le plus difficile assurément : la vente des produits agricoles.

En résumé, de l'essai tenté par l'Union du Sud-Est, il résulte :

1º Que la consommation approuve l'idée et l'utilise, surtout dans les classes moyennes qui ne dépendent pas des cuisinières ;

2º Que la production en pourrait retirer de très sérieux avantages, mais qu'elle n'en sait pas profiter.

Quoi qu'il en soit, si les boucheries fondées par l'Union ont été un échec relatif au point de vue agricole, elles ont été un succès au point de vue économique, puisque, depuis 12 ans, elles ont pu maintenir leur situation, alors que partout ailleurs, toutes les organisations similaires tentées dans d'autres régions, n'ont pu dépasser 2 ou 3 ans d'existence.

Les producteurs, à l'intention desquels surtout elles ont été créées, n'ont pas su en profiter, c'est regrettable pour eux et leurs intérêts, mais puisque les consommateurs en sont satisfaits, l'Union n'a pas lieu de regretter son action utile et bienfaisante.

TITRE V

ENSEIGNEMENT PROFESSIONNEL

Bulletin. — Almanach. — Enseignement

BULLETIN DE L'UNION DU SUD-EST

————

« Tant que les agriculteurs, a dit Georges Lafargue, resteront liés entre eux, sans solidarité réelle, ils ne pourront rien pour améliorer leur sort. Le jour où ils sauront se réunir pour la défense de leurs intérêts communs, ce jour-là ils auront trouvé le secret de la force et de la fortune ; ils auront, dans les mains, l'instrument de l'émancipation définitive. »

Cet instrument, les agriculteurs du Sud-Est l'ont trouvé dans leurs syndicats, dans l'Union, et c'est par le Bulletin, création nécessaire, que la véritable solidarité s'est établie entre eux. Sans organe, il n'est pas de société prospère, car le journal est pour l'intelligence ce que les chemins de fer sont pour le sol : il abrège la distance entre les esprits.

Dans une Union de syndicats, c'est le Bulletin qui donne un caractère de réalité au lien existant entre les syndicats unis, et sans lui, l'Union ne procurerait que des profits très limités au point de vue pratique. Le Bulletin doit servir à étendre à tous les syndicats unis la connaissance des offres et des demandes des syndicataires, par lui l'annonce sort des limites du canton, de l'arrondissement, du département, pour entrer dans le domaine de la région, de la France même, et sans lui il serait difficile, pour ne pas dire impossible, d'informer les agriculteurs unis des adjudications, des besoins spéciaux de telle ou telle région, et généralement de tous les évènements qui concernent la collectivité agricole, qu'ils se passent à l'intérieur ou à l'étranger.

Et, du reste, comme le disait si bien, au Congrès d'Autun, notre regretté collègue, M. Deusy, le défaut de publicité est un des plus grands obstacles à la vente profitable des produits agricoles. La publicité est l'âme de l'industrie et du commerce, c'est le grand ressort qui fait mouvoir le monde des affaires, c'est désormais le véhicule obligé de toute entreprise qui veut réussir. Nous ne poussons pas l'excentricité jusqu'à recommander aux agriculteurs d'avoir des porteurs de bannières ou des hommes-sandwichs, nous leur demandons seulement d'être de leur siècle. L'agriculture n'est pas une œuvre de bienfaisance ni un passe-temps ; elle travaille pour réaliser des profits. Imitons donc nos émules de l'industrie et du commerce, et puisque la réclame est nécessaire, n'hésitons pas à y recourir.

Cette publicité, nous la ferons non pas par les grands journaux de Paris qui absorberaient bien vite nos bénéfices, souvent même nos récoltes, nous la ferons par nos Bulletins et tout gratuitement. C'est grâce à eux que nous nous connaîtrons et qu'il nous sera loisible de traiter entre nous.

Et nos champs d'expériences ? Sans Bulletin, comment faire profiter l'agriculture des résultats constatés ? Nous avons établi un champ d'expériences pour comparer, par exemple, diverses variétés de blé et apprécier les effets de tel ou tel engrais sur chaque espèce. Nous ne sommes pas égoïstes, nous n'entendons pas réserver pour nous seuls les remarques que nous aurons faites, les rendements que nous aurons obtenus. Qui en profitera ? Un ami, un voisin, venu par hasard nous rendre une visite, ou quelques collègues zélés qui feront exprès le voyage. Mais les autres, ceux-là surtout qui en ont le plus besoin, ne sauront rien. Avec le Bulletin, au contraire, le grand nombre en profitera, l'expérience d'un seul pourra tourner à l'avantage de tous.

Dans la plupart de nos syndicats, le rôle vulgarisateur du Bulletin a été compris et nous ne connaissons guère d'associations syndicales qui réussissent sans lui.

Il était donc naturel que, dès sa création, l'Union songeât à établir, à côté des bulletins particuliers défendant les intérêts privés de chaque syndicat, un bulletin général soutenant les revendications communes, facilitant les échanges de syndicat à syndicat, traduisant en un mot, au fur et à mesure qu'ils se produisaient, les faits et gestes de l'Union du Sud-Est.

Dès le premier jour, l'Union avait conçu le Bulletin, mais ce n'est en réalité qu'après trois ans de gestation qu'elle mettait au monde, le 15 juin 1891, l'enfant dont elle devait, plus tard, être si justement fière. Ce n'est, en effet, qu'à cette date que commence le Bulletin proprement dit. Mais, comme, en somme, il a été précédé d'une feuille d'offres et de demandes qui en était la préparation, nous allons d'abord parler de celle-ci avant d'aborder celui-là.

Feuille d'offres et de demandes.

C'est sur les conclusions très affirmatives de M. de Fontgalland, rapporteur de la Commission spéciale nommée pour étudier la question, que la première Assemblée générale décide, le 16 octobre 1888, la création d'une feuille d'offres et de demandes. Pour la mener à bonne fin, une commission de trois membres, composée de MM. Duport, Guinand et de Bélair, était immédiatement nommée ; c'était d'avance forcer le succès et assurer l'avenir de la nouvelle publication. Sans perdre son temps, la commission arrête les deux règlements qui doivent servir de base à la feuille d'offres et de demandes et dont, pour les Unions nouvelles, nous reproduisons la teneur :

RÈGLEMENT AVEC LES SYNDICATS UNIS

I. — Un Bulletin dit d'offres et de demandes est créé, l'organisation en est commercialisée.

Il porte la mention expresse : Les annonces sont publiées sans la garantie des syndicats.

II. — La publication s'en fait à Lyon, chaque 25 du mois, sur feuilles portant comme en tête :
Supplément au Bulletin du syndicat agricole de... (tel mois).
Il est divisé en deux parties :
1º Annonces des syndicats.
2º Annonces commerciales.

III. — Tout syndicat qui en fait la demande, s'il appartient à l'Union du Sud-Est, reçoit gratuitement le nombre de numéros qu'il indique, à seule charge de les encarter dans son Bulletin mensuel.

IV. — L'Assemblée générale de l'Union nomme, pour trois ans, une Commission de trois membres chargée de veiller à ce service.

V. — Cette Commission choisit un employé spécial chargé de recueillir les annonces, d'en encaisser les prix fixés par elle, d'organiser l'impression dont elle discute et règle le prix.

VI. — Cet employé est aussi chargé de faire franco les envois aux adhérents. Il tiendra un carnet des recettes et des dépenses et aura droit comme appointement à 30 % sur le net produit du *Bulletin d'offres et de demandes.*

VII. — Les 70 % restant seront annuellement distribués aux syndicats recevant le Bulletin d'offres et de demandes, en prenant pour base de la répartition, la proportionnalité du tirage de chacun d'eux au 30 mars de l'exercice parcouru, par unité de centaines, sans tenir compte des fractions.

VIII. — Les comptes fournis par l'employé chargé de ce service seront vérifiés et approuvés par la Commission, chaque année en septembre, pour commencer en 1889.

IX. — Les pouvoirs les plus étendus sont donnés à la Commission en matière de contrôle et de direction, non seulement au moment de la vérification annuelle, mais aussi pendant tout le cours de l'exercice, comme pour tout ce qui n'a pas été prévu au présent réglement.

Les rapports des syndicats avec le Bulletin étant ainsi réglés, il s'agissait de trouver, conformément à l'article 5 et suivants, un employé directeur ; ce fut facile puisque, dès le 22 novembre, le traité suivant était signé :

Entre les soussignés :

Composant la commission spéciale du *Bulletin d'offres et de demandes* nommée par l'Assemblée générale de l'Union du Sud-Est des Syndicats agricoles le 16 octobre 1888 ;

Agissant au nom et comme représentants de cette Union,
D'une part.

Et M. X.. (*Noms et adresse du Directeur.*),
D'autre part,

Il a été convenu ce qui suit :

M. X..., sur la demande qu'il en a faite, est agréé comme directeur du Bulletin d'offres et de demandes, publié sous le patronage de l'Union du Sud-Est, mais sans sa participation.

M. X... se charge de provoquer et recueillir les annonces, réclames, insertions à mettre au Bulletin. Il devra rigoureusement appliquer les tarifs fixés par la Commission, il en encaissera le montant et donnera valable quittance. Il surveillera l'exécution, par l'imprimeur, de la convention passée entre la Commission et ce dernier. Il veillera à ce que le service du Bulletin soit fait régulièrement aux syndicats unis l'ayant demandé. Il paiera toutes les dépenses, circulaires, lettres, poste, etc., etc., concernant le Bulletin. Il en tiendra, ainsi que des recettes, un compte sur un registre spécial. Ce compte sera à la disposition de la Commission à toute demande.

Il tiendra également sur ce registre un compte, en double partie et par mois, des exemplaires fournis par l'imprimeur d'une part et des exemplaires servis à chaque syndicat d'autre part. Ce registre, toujours à la disposition de la Commission, servira à fixer la répartition des bénéfices entre les syndicats.

Ce bénéfice sera établi par les soins de la Commission, chaque année en septembre, pour commencer en 1889. Le produit net, défalcation faite de tous frais d'imprimeurs et autres, sera distribué :

Soixante et dix pour cent aux syndicats unis recevant le Bulletin, en prenant pour base de la répartition la proportionnalité du tirage de chacun d'eux au 31 mars précédent, par unité de centaines sans fraction ;

Trente pour cent à M. X.., à titre de tout appointement.

Conformément à l'article 9 du règlement du Bulletin, la Commission se réserve les pouvoirs les plus étendus pour le contrôle de la direction comme pour son changement.

Fait et signé double à Lyon, le... etc.

(Signatures.)

Ces deux règlements élaborés et approuvés par les intéressés, le Bulletin n'avait plus qu'à paraître, ce qu'il ne tarda pas à faire puisque son premier tirage de 6.000 numéros eut lieu en novembre 1888.

De 6.000, le tirage s'éleva rapidement pour arriver, en juin 1889, à 10.060 et, en octobre, à 12.100 ; après douze mois d'exercice, le Bulletin accusait, pour l'année, un tirage total de 118,640 exemplaires, soit un peu moins de 10.000 par mois.

A la même époque, c'est-à-dire à l'Assemblée générale de l'Union du 14 novembre 1889, les comptes se soldaient par un excédent net de 606 fr. 45.

Ce double résultat mérite d'être détaillé et de nous arrêter quelques instants.

Pour une première année, le chiffre du tirage, en considérant surtout sa progression rapide et continue, était évidemment un premier succès fort encourageant ; il était surtout appréciable au point de vue de la publicité excellente qu'il offrait à la fois au commerce et aux syndicats. Il ne faut pas oublier cependant que le Bulletin était offert gratuitement à tous les syndicats unis et que ceux-ci n'avaient, par suite, qu'à le vouloir pour en faire bénéficier leurs adhérents, sans bourse délier. L'accroissement du tirage, si important qu'il fût, n'était donc pas en rapport avec l'augmentation du nombre des membres des syndicats unis et il se trouvait encore, à la fin de la première année, pas mal de syndicats qui n'avaient même pas pris la peine de profiter du service gratuit que leur offrait l'Union.

Y avait-il négligence, insouciance, mauvaise volonté de leur part ? Nous ne le croyons pas, il est plus juste de penser que la feuille d'offres et de demandes ne remplissait pas le but que lui avaient assigné ses créateurs : servir d'intermédiaire entre les syndicats unis. Si, en effet, nous scrutons les chiffres apportés par l'honorable rapporteur, M. Guinand, à la fin de cette première année d'essai, nous constatons que sur 4.186 fr. 45 d'annonces payées au directeur, les syndicats n'entraient que pour la faible part de 105 fr. 30. Or, si nous voulons bien nous rappeler que le Bulletin était destiné surtout à favoriser les échanges et qu'à ce titre, les syndicats unis avaient droit à dix lignes, par l'intermédiaire de leur président, avec un rabais de 20 %, nous en devons conclure que les intéressés n'en ont guère profité puisqu'entre eux ils n'arrivaient ensemble qu'à un total de 330 lignes pour 12 Bulletins.

Malgré ces deux points noirs, la situation du Bulletin n'était pas mauvaise, puisqu'après tous frais payés, il restait 600 francs, soit 180 francs pour le directeur, et 420 francs pour les syndicats abonnés, ce qui représentait pour ceux-ci 3 fr. 85 à toucher pour 1.000 exemplaires reçus. Recevoir gratuitement un journal et toucher à la fin de l'année un dividende, cela nous semble assez rare pour être signalé. Les syndicats, du reste, ne voulurent pas être en reste de générosité et abandonnèrent de bon cœur à la Commission, pour l'employer à l'amélioration du Bulletin, la quote-part qui leur revenait. N'est-ce pas le cas de dire avec M. Guinand : « Faire quelque chose avec rien était, avant l'Union du Sud-Est, réputé impossible ; vous avez résolu ce problème, si tant est qu'il faille compter pour rien la bonne volonté et le dévouement de tous. »

Sans ressources ni avances, le Bulletin a vécu un an, payé tous ses fournisseurs, distribué un dividende ; que va-t-il faire aujourd'hui qu'il a de l'expérience, 12.000 abonnés et 400 francs en caisse ? Il ne sera jamais, à coup sûr, qu'une feuille aride d'annonces, mais comme il n'est pas créé pour thésauriser, son Conseil va l'améliorer et le rendre en quelque sorte plus syndical en y insérant, chaque mois, la circulaire du courtier des syndicats de l'Union. Ce sera désormais un lien entre l'Office et les syndicats, le porte-parole de l'un, le conseiller des autres. Comme, à l'Union du Sud-Est, tout se fait avec la plus grande régularité, la commission du Bulletin inaugure cette amélioration en publiant, dans la feuille de janvier, les décisions suivantes :

1° La circulaire, faite par le courtier le 25 de chaque mois, au plus tard, sera insérée dans le Bulletin d'offres et de demandes ;

2° Le courtier sera tenu de verser dans la caisse du Bulletin la moitié du prix des abonnements à sa circulaire ;

3° Il sera réservé, tant pour l'insertion de cette circulaire que pour les communications que la Commission aura à faire, la moitié d'une feuille du Bulletin primitif ;

4° Le prix annuel d'abonnement au Bulletin, servi aux syndicats et aux syndiqués qui n'ont pas de Bulletin et qui en feront la demande, sera de

1 franc pour le département du Rhône et les départements limitrophes, et de
1 fr. 25 pour les autres départements.

Ainsi modifié, le Bulletin d'offres et de demandes suit une progression constante mais lente, et quand arrive l'Assemblée générale de
1890, nous le trouvons, pour les douze mois, avec un tirage total de
166.730 numéros, soit une moyenne mensuelle d'environ 14,000 numéros. Si le tirage a augmenté, le nombre des syndicats qui l'ont
demandé n'a pas varié et, sur 52 syndicats affiliés, 18 seulement ont
consenti à recevoir ce Bulletin gratuit ! La Commission, du reste,
n'a pas beaucoup poussé à la diffusion, en raison de l'augmentation
considérable des frais qu'un tirage plus élevé eût occasionné. Les
lignes d'annonces se payant à ce moment 0.50 centimes, on ne pouvait guère espérer en augmenter le prix sans courir le risque de
rendre les insertions difficiles et d'en faire diminuer le nombre.
Ne nous étonnons donc pas outre mesure du tirage restreint du Bulletin, et cherchons surtout si, mieux que précédemment, les syndicats
ont utilisé ce mode de publicité fait par eux et pour eux.

Le rapport de l'honorable vice-président de l'Union, M. A. Guinand,
va nous fixer: « Comme en 1889, les syndicats se sont fort peu servi
du Bulletin pour leur usage personnel et le commerce a été à peu près
seul à utiliser sa publicité ; quelle peut en être la cause ? Nous avons
cru la trouver dans le fait suivant, que les syndicats ne sont pas suffisamment organisés, en tant que syndicats, pour vendre les produits de
leurs membres ; des opérations de ce genre sont extrêmement délicates
et difficiles et il faut encore de longs tâtonnements pour arriver à cette
pratique ; il faudrait que les syndicats deviennent pour ainsi dire de
véritables intermédiaires, ce qui ne laisse pas d'être dangereux à bien
des points de vue. Pour donner un intérêt de plus au Bulletin, votre
Commission, avec les ressources que vous lui avez laissées, y a inséré
une des deux circulaires de votre courtier.

« Conviendrait-il de faire davantage? Devrait-on y insérer les communications générales de votre Bureau, les études intéressantes de
votre Commission de contentieux ou toutes autres questions d'un
intérêt général pour les syndicats de l'Union du Sud-Est ? Vous
aurez, Messieurs, à l'examiner comme aussi vous devrez voir de
quelle façon on pourrait faire face aux dépenses forcément occasion-
nées par ces améliorations. Une feuille rédigée de la sorte pourrait
tenir lieu de Bulletin aux syndicats qui n'en ont point, et aurait

l'avantage de resserrer de plus en plus les liens qui unissent les syndicats de l'Union du Sud-Est ».

In fine, le rapporteur constate un disponible de 884 fr. à répartir entre les syndicats abonnés, de telle sorte que cet organe qui ne coûte rien à personne peut, après avoir payé tous ses frais, distribuer à chaque syndicat un reliquat de 5 fr. par 1.000 exemplaires reçus.

Comme conclusion, l'Assemblée, toujours désireuse de mieux faire et s'enhardissant des résultats déjà obtenus à si peu de frais, vote la résolution suivante :

1° Le format du Bulletin sera modifié et la feuille pliée en deux.

2° La circulaire du courtier et tous autres documents insérés dans cette feuille sont exceptés du service des annonces. En conséquence, soit pour l'exercice expiré, soit pour les exercices à venir, la partie de la feuille qui comprend les dits documents et circulaires ne sera pas comptée, pour établir la part proportionnelle revenant au directeur du Bulletin, dans le produit des annonces;

3° Le Bulletin sera dorénavant envoyé franco aux syndicats ;

4° Les fonds disponibles sont laissés aux mains de la Commission qui les emploiera à l'amélioration du Bulletin.

Bulletin.

Dès maintenant, la transformation de la feuille d'offres et demandes en *Bulletin-Journal* est virtuellement posée, pour ne pas dire résolue ; aux premiers jours de décembre, la Commission se met à l'œuvre et commence son enquête. Au moment où elle entreprenait ce travail, elle a la bonne fortune de rencontrer sur sa route un collègue dévoué, M. Léon Riboud, qui ne lui a jamais marchandé ni son temps ni son travail et qui devient, de ce jour, l'organisateur de ce Bulletin dont il est aujourd'hui le très sympathique administrateur.

Les bonnes volontés, comme les dévouements jeunes, n'étaient pas de trop, au reste, pour résoudre cet important problème que depuis longtemps se posait le Bureau : la création d'un organe général, destiné à faciliter les relations entre les syndicats unis, en les faisant participer à la vie commune. Sur quelles bases fallait-il l'organiser et comment pouvait-on concilier les intérêts généraux des syndicats, tout en sauvegardant leur autonomie et leur vie propre ?

Là encore, ce sont les syndicats de l'Union beaujolaise, si habilement présidés et dirigés, qui servent de modèles. Deux combinaisons : le Bulletin sera divisé en deux parties, l'une spéciale, réservée à chaque syndicat pour y faire les communications et publier les notes qui lui sont particulières, l'autre, commune à tous et rédigée par la commission, c'est le *Bulletin spécial* ; le Bulletin n'aura pas de partie spéciale, les quatre pages réservées à cet effet étant remplies au gré de la commission, c'est le *Bulletin omnibus*.

Le Bulletin spécial portera le titre de *Bulletin de l'Union du Sud-Est* et du *Syndicat agricole de*..... la seconde page de couverture sera la propriété du syndicat abonné qui la pourra utiliser comme bon lui semblera.

Le problème ainsi résolu, il restait à l'appliquer. Après entente avec les imprimeurs de Lyon, et malgré les difficultés que présentaient la confection de 25 Bulletins différents et leur expédition sans trop de retards, la commission pouvait offrir, dans sa circulaire du 15 mars, aux syndicats unis, les conditions suivantes :

0 fr. 50 par an et par membre, frais de timbre et de poste compris, pour les syndicats prenant le *Bulletin omnibus*, soit 16 pages, et y abonnant en bloc tous leurs membres ;

0 fr. 60 centimes pour ceux qui se réserveraient les quatre premières pages et y abonneraient leurs membres en bloc ;

1 fr. pour ceux qui ne prendraient que des abonnements isolés ;

2 fr. pour les personnes étrangères aux syndicats.

Les réponses de la première heure furent peu nombreuses, tant il est vrai que les agriculteurs sont la prudence même et veulent toucher du doigt avant de croire ; comme toujours les petits syndicats, ceux surtout pour lesquels l'Union travaille, se tinrent, au début, en dehors de la nouvelle création.

Malgré le peu d'empressement apporté par les syndicats à donner leur adhésion, la Commission ne crut pas devoir tergiverser plus longtemps ; le premier Bulletin de l'Union paraissait le 15 juin 1891, à 5.530 exemplaires (1).

A titre provisoire et jusqu'à meilleure organisation, l'Agence Fournier devint concessionnaire de la publicité, l'Union se réservant toutefois droit de censure sur les annonces et interdisant d'avance toute publicité ayant un caractère financier.

Suivant une marche progressivement ascendante, le Bulletin tire à plus de 8.700 dès le mois d'août pour arriver, en novembre, à 9.614

____

(1) Pl. nº 5.

exemplaires, avec un tirage, pour son premier semestre, de 58.045. Fait à remarquer : le Bulletin omnibus diminue chaque mois, le Bulletin spécial augmentant dans les mêmes proportions, ce qui montre bien que l'Union a eu raison de ménager l'amour propre et l'autonomie des syndicats abonnés, en leur réservant, pour leurs communications personnelles, les quatre premières pages de texte et la couverture spéciale avec titre. C'est là évidemment une condition *sine quâ non* de succès.

Ce fut là, à n'en pas douter, la raison véritable de l'accueil flatteur fait par les intéressés au Bulletin de l'Union qui, après six mois d'existence, se présente avec 24 syndicats abonnés au *Bulletin spécial* et 3 au *Bulletin omnibus*. C'est plus qu'un résultat, le succès dépasse les prévisions les plus optimistes. De tous côtés, du reste, les concours sont venus appuyer la direction sage et intelligente de M. Léon Riboud, et si les syndicats ont répondu si nombreux et si vite à l'appel qui leur était fait, pourquoi ne pas reconnaître qu'une bonne part en revient à la rédaction, composée toujours — c'est l'habitude de nos syndicats — d'éléments bénévoles et dévoués qui ont su rendre, dès le premier jour, le Bulletin instructif et attrayant?

C'est ici que se pose une question qui pouvait nuire au développement du nouveau Bulletin, en créant des ennuis et des difficultés aux syndicats abonnés : nous voulons parler du désir exprimé par quelques syndicats de voir encarter dans le bulletin la circulaire du courtier. Il y avait là, à notre sens, un écueil dangereux ; les prix du courtier sont établis pour les syndicats et non pour les syndiqués ; ils ne tiennent jamais compte ni des transports, ni des frais d'entrepôt, ni même des majorations nécessaires pour assurer l'existence matérielle de nos associations. Toujours établis pour des quantités de 5.000 kil., les prix ainsi présentés donnaient donc aux membres des syndicats abonnés de fausses indications, soulevaient de regrettables interprétations, quand, se basant sur les prix annoncés, l'acheteur se voyait obligé, dans son syndicat, de payer 1 ou 2 fr. de plus qu'il ne croyait payer. C'étaient des récriminations, des démissions souvent, quelquefois même des doutes sur la bonne foi ou la probité des administrateurs. Echaudés déjà par la feuille d'offres et de demandes qui présentait les mêmes inconvénients, certains syndicats, sans vouloir cependant faire de l'obstruction et se mettre en travers des désiderata de quelques-uns, demandèrent et obtinrent que cet encartage serait facultatif, le président du syndicat intéressé ayant toujours le droit d'imposer son *veto*. C'était résoudre la difficulté sans blesser personne, en laissant à chacun le soin d'apprécier l'opportunité de la décision à prendre.

Mentionnons, en passant, la résolution votée sur la demande de la commission du Bulletin : que le Bulletin spécial ne pourra être servi à l'avenir aux syndicats nouveaux qu'autant que ceux-ci prendront 100 abonnements minimum.

C'est là une sage mesure, car la composition est chose coûteuse, et pour qu'elle ne conduise pas à une perte véritable, il est de toute nécessité qu'elle corresponde à un nombre d'exemplaires suffisant.

Entrant dans sa seconde année avec son septième mois d'existence, le Bulletin fait déjà très bonne figure à côté des publications similaires et comme, à cet âge, les enfants sont souvent capricieux et indociles, le Bureau donne au Bulletin un précepteur particulier qui sera chargé de faire son éducation et de pourvoir aux besoins de son existence. M. Dutertre, ancien élève de Grignon, précédemment agent du syndicat de la Haute-Savoie, se trouvait tout désigné, par ses études antérieures, pour remplir ces fonctions; il restait, du reste, sous la direction effective de M. Léon Riboud, par conséquent bien placé pour se rompre vite et bien à ses nouvelles fonctions.

Ce n'est pas cette année que nous constaterons les pleins résultats de la nouvelle organisation, mais déjà l'Agence Fournier n'a plus la régie exclusive des annonces, et l'administration du Bulletin les sollicitant simultanément avec elle, nous n'avons pas lieu de nous étonner de l'accroissement du budget de publicité pour l'année 1892.

Quoiqu'en progression, le tirage n'a guère augmenté que de 1.000 exemplaires et se tient, pendant tout l'exercice, entre 10.000 et 10,200 ; s'accentuant davantage encore, le mouvement en faveur du Bulletin spécial est général et il ne reste de vraiment fidèles au Bulletin omnibus que ceux qui ne peuvent faire autrement. De 27 syndicats abonnés, nous avons passé à 36; un seul, depuis sa fondation, a dû, faute de ressources, se retirer (1).

Premier résultat pratique : du 1er juin 1891 au 31 septembre 1892, le budget spécial du Bulletin se boucle par un excédent de recettes de 1,573 fr. 80.

A dix-huit mois, le Bulletin entre dans sa deuxième année avec 1,573 fr. de dot ! Notre ami M. Riboud qui, tout en étant un sage, n'est pas un avare, va certainement lui apprendre la vie et le lancer

---

(1) Pl. n° 5.

dans le monde. Tout d'abord, on garnit sa garde-robe ; de 16 robes qu'il avait, on lui en donne 20 : quatre qui seront les robes de bal et qu'on modifiera suivant les milieux, selon les circonstances, et 16 robes de visite ou d'intérieur, qui — pour ne pas faire de jaloux — seront les mêmes pour tous les syndicats. Cette première dépense se boucle avec 589 fr. Ne pouvant faire seul son entrée dans le monde, le Bureau lui donne pour mentor son tuteur, M. Dutertre, qui lui consacrera tout son temps, recevant pour ses bons soins 600 fr. de gratification. Ces prodigalités ne sont pas sans résultat ; elles attirent non seulement des lecteurs, mais surtout des annonces.

Dégagé de tout traité avec l'Agence Fournier — qui, nous le reconnaissons, lui a rendu au début de signalés services — le Bulletin fait lui-même ses affaires et, grâce à ses manières distinguées, grâce aux multiples invitations qu'il reçoit sous forme d'abonnements, grâce enfin à la vigilance et à l'activité de M. Dutertre, il est bientôt l'enfant gâté du commerce et sa publicité qui, pendant les 18 premiers mois, n'avait produit que 1.346 fr., donne, à la fin de 1897, un produit net, pour douze mois, de 3.500 fr. Tant il est vrai que

> ... la toilette a toujours fait merveille,
> A tous les maux, c'est un remède sûr.

Mais *ad seria revertamur* et, après avoir constaté l'augmentation de l'article « annonces », n'oublions pas de remarquer que le tirage a passé de 10.000 à 12.500 et que, malgré 1.200 fr. de dépenses supplémentaires, le total en caisse se chiffre, en fin d'exercice, par un total de 2.172 fr. 65.

Si, scrutant les chiffres du tirage, nous voulons un résultat au point de vue de l'augmentation des syndicats abonnés, nous trouvons, à la fin d'octobre 1893, le Bulletin servi à 47 associations (1) : 36 reçoivent le Bulletin spécial, 11 le Bulletin omnibus, le chiffre des abonnés isolés étant de 194. Trois syndicats seulement ont un tirage de plus de 1.000 exemplaires ; c'est donc, on le voit, ceux surtout pour lesquels il a été créé, ceux-là même qui ont été les plus longs à l'utiliser, les petits et les moyens syndicats, qui en tirent surtout parti. Tout lui réussissant, la fortune lui venant au-delà de toute espérance, que va faire le Bulletin ? Nul, mieux que son directeur, M. Riboud, ne saurait nous le dire ; écoutons la fin de son rapport de 1893 :

« Mais, ce ne sont pas seulement les mérites de l'administration de votre Bulletin qu'il est juste de signaler. Je ne saurais oublier de

____

(1) Pl. n° 5.

rendre justice aux syndicats qui font de réels sacrifices pour procurer gratuitement à tous leurs membres les conseils et les renseignements professionnels que renferme l'organe de l'Union. Près de 7.000 francs, cette année, ont été prélevés sur leurs maigres ressources, sans parler des frais supplémentaires que certains d'entre eux ont dû faire pour utiliser les pages spéciales dont ils pouvaient disposer. Ces pages ont été au nombre de 201 pendant l'exercice écoulé, représentant une somme de 804 francs. Ce sont donc finalement 7.800 francs, en chiffres ronds, qui sont sortis des caisses syndicales pour vulgariser l'enseignement professionnel dans la région agricole du Sud-Est.

« On ne saurait trop féliciter les bureaux de nos associations de comprendre ainsi leur rôle, mais, en même temps, on ne saurait nier que le Bulletin manquerait à tous ses devoirs si, de son côté, il ne leur venait en aide, en leur faisant toutes les concessions compatibles avec ses ressources.

« Or, Messieurs, bien que tenu, en ma qualité de trésorier, à être prudent et économe, j'estime que cette année l'état de la caisse est assez satisfaisant pour pouvoir vous proposer un modeste dégrèvement.

« Dans notre esprit, le Bulletin doit servir à la fois d'organe général de l'Union et d'organe particulier de chaque syndicat, il doit offrir l'hospitalité dans ses colonnes aussi bien aux communications purement locales qu'aux articles d'intérêt régional. Il faut donc que nous nous préoccupions, avant tout, de mettre cette hospitalité à la portée de tous les syndicats, des petits comme des grands.

« Pour l'instant, je le reconnais, cette hospitalité est onéreuse pour les syndicats. Elle leur coûte 2 fr. par demi-page, et, s'ils en usaient, autant qu'ils en ont le droit, elle leur reviendrait chaque mois à 14 fr. pour 3 pages et demie, soit 168 fr. par an. Certes, les syndicats abonnés sont loin d'en abuser, car ils étaient, l'an dernier, une trentaine jouissant de ce privilège, pouvant disposer de 42 pages chacun, ou, si vous aimez mieux, entre eux tous, de 1.260 pages par an, et je vous ai dit que 201 pages seulement avaient été utilisées. Les uns ont presque épuisé leur provision : Saint-Genis-Laval, par exemple, est allé jusqu'à 31 pages et demie sur 42 ; Die jusqu'à 24 ; d'autres, moins fortunés, sans doute, n'en ont occupé que 10, 5, 1 ; il en est même qui ne nous en ont emprunté qu'une demie, mais tous en ont profité. Ce qui prouve que cette organisation peut rendre des services, et elle en rendra beaucoup, le jour où elle ne coûtera que la peine de préparer mensuellement de la copie.

« Il est même à craindre que, ce jour-là, les syndicats n'en usent largement, et alors ce sera, pour la caisse du Bulletin, une bien lourde charge, et pour son directeur beaucoup de souci. Songez donc qu'en admettant que nous ayons, pendant l'année actuelle, à servir 33 bulletins particuliers, et que nous ayons chaque fois à remanier 3 pages et demie par bulletin, ce serait, mensuellement, une composition nouvelle et un remaniement de 115 pages et demie qui coûteraient au Bulletin 462 francs par mois et la somme respectable de 5.544 francs par an !

« Nous ne pouvons donc, Messieurs, penser, même une minute, à vous faire actuellement une telle gracieuseté. Nos finances ne nous le permettent pas. Si nous étions sûrs que 201 pages seulement seraient occupées par les syndicats, comme l'année dernière, nous pourrions peut-être obéir à un bon sentiment et risquer une dépense de 804 francs en escomptant le résultat des annonces. Mais il est à craindre que l'imagination des présidents et des secrétaires ne se donne libre carrière, le jour où elle ne risquera pas de coûter cher à leur association, et, dès lors, le Bulletin ferait preuve d'imprudence, pour ne pas dire de naïveté, en voulant se montrer trop généreux.

« Tout ce que votre trésorier peut proposer, pour prouver une fois de plus aux syndicats son désir de leur être agréable, et bien démontrer que le Bulletin n'a d'autre préoccupation que de leur venir en aide, c'est de diminuer de moitié le prix des pages de changement. Et encore, Messieurs, je vous l'avoue, c'est avec l'espoir que plus d'un d'entre vous reculera de temps en temps, pour une raison ou pour une autre, devant l'effort indiscutable que nécessite la composition d'une feuille périodique.

« Donc, chaque demi-page dont peut disposer un syndicat, ne lui coûterait qu'un franc au lieu de deux francs pendant l'année 1893-94. Chaque mois, par conséquent, il pourrait utiliser 3 pages et demie, c'est-à-dire 7 demi-pages pour la somme de 7 francs, faisant ainsi une économie de 7 fr. par mois sur le tarif actuel, une économie de 84 fr. pour l'année. Ce serait, en somme, pour 33 syndicats, une économie assez raisonnable de 2.772 fr. Mais il resterait bien entendu, qu'au-delà de 3 pages et demie par numéro, le prix des pages supplémentaires serait à débattre comme par le passé.

« Peut-être, n'est-ce pas agir en administrateur prévoyant que de vous faire une telle proposition. Mais j'estime que le Bulletin n'est pas fait pour thésauriser. Ce n'est pas une idée de spéculation qui le guide, c'est une œuvre qu'il poursuit, et, dès lors, on ne saurait, à mon sens, lui reprocher de mettre toutes ses économies au service de la cause qu'il est chargé de défendre.

« C'est, du reste, à vous, Messieurs, de prononcer en dernier ressort. Vous connaissez l'état de la caisse, vous connaissez ma proposition, vous en voyez à la fois l'avantage et le danger, à vous de décider. »

La proposition était trop séduisante pour ne pas obtenir l'approbation unanime des intéressés et, fait à noter, cette heureuse modification n'augmenta pas, comme le Conseil avait pu le croire un instant, l'emploi par les syndicats de pages spéciales. Le résultat espéré ne se manifestait donc pas dès la première année, et les présidents n'avaient pas compris l'action bienfaisante qu'ils pourraient exercer sur leurs syndiqués en utilisant pour des communications locales les pages du Bulletin qui leur étaient réservées.

Pendant qu'en 1893 les syndicats abonnés avaient utilisé 201 pages sur les 1.260 qui leur appartenaient, en 1894, les syndicats, quoique plus nombreux — 6 nouveaux s'étaient fait inscrire dans le cours de l'exercice — ne prenaient que 171 pages représentant une dépense totale de 686 fr., dont moitié payée par les intéressés et moitié par la caisse du Bulletin.

Malgré cette dépense supplémentaire, la situation financière était satisfaisante ; elle se soldait, au 30 septembre 1894, par un excédent en caisse de 2.472 fr. contre 2.172 fr. 65 à la fin de l'exercice précédent.

L'état de caisse dénotait, en même temps qu'une augmentation de tirage — 13.400 en 1894 contre 12.500 en 1893 (1) — un rendement stationnaire de la publicité qui n'augmente jamais en proportion du tirage, alors qu'au contraire, l'impression des annonces coûte d'autant plus que le tirage est plus fort.

A la fin de 1894, le Bulletin de l'Union du Sud-Est qui pouvait être considéré comme l'une des publications agricoles les plus importantes, pouvait-il se vanter d'être au nombre des plus intéressantes ? Je laisse à son directeur, M. Léon Riboud, le soin d'y répondre :

« A ce point de vue, il y a beaucoup à dire et je ne saurais prétendre, loin de là, que notre Bulletin renferme des trésors d'érudition.

______

(1) Pl. n° 5.

Je sais bien qu'il n'a pas été créé pour parler le langage de la science, mais, du moins, devrait-il jouer son rôle de vulgarisateur en relatant, dans des articles dénués de prétention littéraire, mais au moins riches en renseignements profitables à tous, les méthodes nouvelles, leurs applications et les résultats indiscutables de la pratique.

« Si, malgré nos efforts, nous ne sommes pas arrivés à cette perfection, cela tient en partie à nos modestes ressources, qui ne nous permettent pas de nous attacher des écrivains de profession. Cela tient aussi, et surtout, à ce que, permettez-moi de vous le dire, vous ne nous accordez que trop rarement votre collaboration.

« Ce n'est certes pas dans les bureaux de la rue du Garet, où nous sommes absorbés par de multiples préoccupations administratives, que nous pouvons puiser des renseignements techniques, bien faits pour vous éclairer. Ce n'est pas seulement en publiant une chronique des événements quotidiens, une revue de la presse agricole et quelques articles économiques que le Bulletin peut rendre des services appréciables. Ce qu'il faut, à mon sens, ce sont des leçons de choses, des faits, et ces leçons de choses c'est à nos lecteurs que nous devons les demander. Nous avions toujours espéré que, parmi ces vrais cultivateurs qui ne reculent pas devant l'application de la science nouvelle, nous trouverions des collaborateurs bénévoles, toujours prêts à consigner dans nos colonnes les résultats de leurs expériences. Nous pensions que le Bulletin devait être un trait d'union entre nous tous et que, dans un esprit vraiment syndical, chacun de nous devait faire profiter les autres de ses recherches et de ses découvertes. Il faut avouer que, jusqu'à ce jour, nos espérances se sont peu réalisées, et ils sont rares ceux d'entre vous qui ont bien voulu profiter de l'hospitalité du Bulletin. Nous ne désespérons pourtant pas complétement, et la preuve c'est que nous faisons encore appel aujourd'hui, avec un reste de conviction, à la collaboration de tous nos amis et nous comptons, grâce à eux, grâce aussi au concours éclairé des ingénieurs agronomes qui sont au nombre des auditeurs au Conseil de l'Union, faire de notre modeste Bulletin un recueil de documents vraiment instructifs et vraiment pratiques. »

L'année 1895 n'apportait pas de très sensibles changements dans l'existence sage et réglée du Bulletin, mais le résultat financier semblait devenir moins bon et, dans son rapport annuel, fin septembre, M. Riboud dissimulait mal ses inquiétudes, en constatant que le

solde en caisse de 2.472 francs, au lieu de s'accroître, s'était réduit à
2.423 francs.

« Ce n'est pas que cette perte soit énorme, mais c'est un symptôme
grave qui, d'une part trouble la conscience de votre trésorier et,
d'autre part, l'autorise à réclamer de vous un concours plus efficace
pour assurer les destinées de votre Bulletin.

« A quoi tient ce résultat ? C'est d'abord à des dépenses supplémentaires que nous avons jugé à propos de faire, cette année, pour réviser et corriger les listes d'abonnements. Beaucoup de ces listes
étaient inexactes : un grand nombre de syndiqués, par suite, se plai-
gnaient de ne pas recevoir le Bulletin et, de plus, l'envoi des radiations ou des inscriptions d'abonnés se faisant à travers la correspondance commerciale adressée à nos différents services, était une
cause continuelle d'erreurs. Nous avons pensé qu'il était utile de
mettre entre vos mains des formules toutes faites, des bordereaux de
radiation et d'inscription d'abonnés, et nous avons fait tirer pour
chaque syndicat un jeu de bandes qui nous sert de minute, auquel
viennent se joindre, pour le compléter, les feuilles d'inscription et
de radiation, et nous sommes ainsi bien armés pour surveiller plus
exactement le travail de l'imprimeur. Ces jeux de bandes, nous
avons demandé à chaque syndicat de corriger le sien, puis nous
leur avons fourni un double qu'ils feront bien de tenir régulièrement
à jour, et je dois dire que la plupart des syndicats nous ont aidé
très gracieusement dans cette réorganisation de notre service, qui
les intéressait du reste tout particulièrement.

« De ce fait la caisse a eu à faire quelques dépenses d'imprimés, de
correspondance et d'affranchissement; mais je ne crois pas qu'il y
ait lieu de les regretter, ce sont des dépenses, une fois faites, faites au
moins pour longtemps, et qui ne peuvent que profiter au Bulletin
en donnant plus de satisfaction à ses abonnés.

« Mais, Messieurs, ce qui est bien fait pour nous inquiéter, ce qui
déjà cette année a porté atteinte à la prospérité croissante de votre
publication, c'est la difficulté que nous éprouvons à remplir nos
pages d'annonces. Déjà, l'an dernier, je vous faisais remarquer que
l'état de caisse dénotait un rendement stationnaire des annonces.
Cette année, l'état de caisse accuse une diminution de 362 francs
dans nos ressources provenant de ce chef. Je sais bien que le défaut
d'unité dans la direction du *Bulletin* pendant l'exercice écoulé
explique un peu ce résultat. Nous avons, en effet, vu successivement à la tête de notre bureau, trois directeurs et, chacun d'eux

ayant à faire pour ainsi dire son éducation professionnelle, nos recettes en ont souffert. Mais il y a plus : les chercheurs d'annonces
sont si nombreux, la concurrence est telle que les tarifs sont de
moins en moins rémunérateurs, et il faut faire preuve d'une diplo-
matie consommée pour séduire le client. Ceci est d'autant plus
grave que, comme vous le savez, le prix des annonces est loin d'augmenter en proportion du tirage. C'est la solution inverse, et nous
assistons à ce spectacle peu consolant de voir diminuer le rendement
de nos annonces en même temps que notre tirage augmente et nous
impose, par suite, un déboursé plus fort pour l'impression de ces
annonces.

« A cette situation on aurait pu répondre par des efforts plus énergiques, et nous avions quelque droit de compter sur l'importance
toujours grandissante de notre Bulletin et sur son bon renom pour
obtenir la préférence et faire rechercher notre publicité. Mais un
coup imprévu est venu nous frapper, et nous sommes autorisés à
nous étonner qu'il vienne de ceux-là même qui sont chargés de défendre nos intérêts. Dans le rendement des annonces, les encartages
jouaient un rôle fort appréciable. Or, le législateur, dans sa prétendue
sagesse, n'a rien imaginé de mieux que de nous priver de ce précieux
appoint. L'encartage voyageait avec la publication à titre de supplément, sans payer d'affranchissement. Dorénavant, de par la nouvelle
loi budgétaire, il doit payer son propre affranchissement, ce qui équivaut presque à une interdiction. Je ne sais si nos représentants,
serviteurs toujours dociles du fisc, ont cru faire, en l'espèce, une
merveilleuse découverte, mais ce que je sais bien, c'est qu'ils n'ont
pas mûrement réfléchi, car ceux-là même qui parlent toujours avec
emphase, et avec raison d'ailleurs, de la diffusion de l'enseignement,
se sont donnés une fois de plus un démenti, en arrêtant dans leur
évolution nos publications agricoles qui n'ont d'autre but, celles-là,
que cette diffusion même de l'enseignement à travers nos campagnes.

«N'est-ce pas le cas de répéter ici ce que disait dernièrement l'honorable M. Méline à la tribune de la Chambre des députés, à propos
d'une autre loi néfaste pour l'industrie agricole : « Nous sommes
venus tous ici avec la ferme intention d'aller au secours de l'agriculture, de faire des lois qui lui profitent ; nous l'avons tous promis et,
par une singulière contradiction, dans toutes les lois que nous faisons, nous semblons prendre à tâche d'augmenter le fardeau qui
l'accable. »

« Est-ce à dire, Messieurs qu'il faille désespérer ? Certes non. Les difficultés ne peuvent que stimuler notre ardeur, et c'est à l'administration de votre Bulletin à chercher un remède, soit dans les économies, soit dans une propagande plus active. Du reste ne pourrait-on pas revenir sur la question des encartages, et nos amis du groupe agricole ne trouveraient-ils pas là, à propos du prochain budget, une occasion nouvelle de défendre nos intérêts, en demandant que, dans les limites des poids réglementaires, annonces et encartages soient dispensés de l'affranchissement lorsqu'ils sont envoyés à titre de supplément d'une publication ayant pour but principal l'instruction professionnelle ? Vous-mêmes, Messieurs, vous apprécierez s'il n'y aurait pas lieu de profiter de cette réunion pour émettre un vœu en ce sens.

« De plus vous me permettrez de compter sur votre concours pour faciliter l'extension du Bulletin, et en faire un organe dont le tirage attire à lui seul la publicité. Cela vous est plus facile que jamais, grâce aux nouvelles conditions que nous a concédées notre imprimeur. Vous savez que, depuis le numéro du 15 octobre, le prix d'abonnement n'est plus que de 0 fr. 50 par an et par abonné pour les syndicats qui abonnent en bloc tous leurs membres ; c'est un rabais de 0 fr. 10 par abonnement, rabais qui représente une économie de plus de 1.400 fr. par an pour les caisses syndicales. Et tout en obtenant une diminution du prix d'abonnement nous avons obtenu une augmentation du nombre des pages qui composent notre publication ; notre Bulletin a maintenant 32 pages, et nous nous proposons de profiter de cette amélioration pour donner dans chaque numéro, à côté des communications du bureau et de nos différents services annexes, une plus grande place aux questions de culture pratique.

« De telle sorte, Messieurs, que vous pouvez d'autant mieux le recommander qu'il est à la fois moins cher et plus riche en renseignements. Il a aussi cet avantage vraiment indiscutable de pouvoir servir en même temps d'organe général de l'Union et d'organe spécial de chaque Syndicat ayant au moins 100 abonnés. Et cela pour un supplément de dépenses bien modique, moyennant 1 fr. par demi-page. Cette somme, je le répète, n'est pas énorme et est largement compensée par les services qu'en peut retirer chaque Syndicat pour le bon fonctionnement de ses affaires intérieures. Ce qui le prouve, d'ailleurs, c'est que vous en avez profité cette année, jusqu'à concurrence de 191 pages, et la dépense n'a été, pour 41 Syndicats qui peuvent en profiter, que de 382 fr. Et, cependant, l'un de nos honorables collègues demande que vous puissiez disposer gratuitement de la première 1/2 page au moins. Mais vous estimerez avec moi qu'en l'état actuel de la caisse, en présence du résultat du dernier exercice, il est difficile de lui donner satisfaction. Je n'ai pas hésité, il y a deux ans, à vous proposer de mettre la moitié de la dépense à la charge du Bulletin, mais, aujourd'hui, je ne puis que vous demander d'attendre des jours meilleurs, pour décider la gratuité des pages de changements. A chaque jour suffit sa peine et c'est en faisant preuve d'un peu de patience et de beaucoup de dévouement que nous mènerons notre œuvre à bien.

« J'estime, du reste, que nous ne pouvons que nous féliciter de la marche de notre Bulletin. En cinq ans, il a fait bien du chemin. Je me souviens qu'à l'assemblée générale de 1891, mon honorable collègue, M. Guinand, vous présentait avec raison, comme un résultat merveilleux, l'abonnement de 25 syndicats. Aujourd'hui, je peux articuler le chiffre de 54 syndicats abonnés, et pourtant je trouve que c'est insuffisant puisqu'il y a 101 syndicats dans l'Union. Il y a donc encore de la marge et j'espère que nous ne nous arrêterons pas à un tirage de 15.000 exemplaires ; il ne dépend que de vous que notre publication puisse se vanter d'ici à peu de temps de tirer à plus de 20.000 exemplaires. Faites de la propagande auprès des Syndicats qui sont vos voisins, montrez-leur tout l'intérêt qu'il y a pour eux à mettre de côté une faible partie de leurs ressources pour répandre, au moyen du Bulletin, dans les populations agricoles de leur région, l'idée d'association et les premiers principes d'une culture mieux raisonnée. »

L'année 1896 fut plus paisible encore que sa devancière et, si elle n'apporta pas d'améliorations sérieuses à la caisse du Bulletin, elle vit tout au moins — ce qui est le point important — son tirage s'accroître de 3.000 exemplaires, le nombre des Syndicats abonnés passant de 54 à 70 (1).

Cette augmentation de près de 1.300 fr. dans les abonnements, pouvait à peine compenser la diminution du produit des annonces, qui reculait de 3.057 fr. 15 à 2.137 fr. 50.

La loi sur les encartages produisait son maximum d'effet et c'est avec raison que, dans son compte rendu annuel, M. Riboud déman-

---

(1) Pl. n° 5.

dait aux Syndicats unis de faire au Bulletin une saine réclame en cherchant des souscriptions et des annonces.

« Faites ressortir surtout, disait-il à leurs représentants, combien il est important d'avoir un trait d'union entre nous tous, de recevoir mensuellement une publication qui vous rappelle que vous faites partie d'un groupe professionnel, que pour défendre vos intérêts il faut savoir défendre ceux des camarades, que notre belle industrie peut et doit devenir un bloc, un bloc puissant qui, par son seul poids, rétablira l'équilibre au profit de l'agriculture dans la balance économique, et j'ajoute, sociale de notre pays. Cela, nous avons besoin de nous le rappeler souvent, nous avons besoin qu'on nous le dise parce que nous ne sommes que trop absorbés par le détail de nos occupations journalières et l'intérêt immédiat de nos affaires, et c'est en cela que le Bulletin fait œuvre utile d'intérêt général en vous tenant au courant des décisions de votre Bureau, en vous invitant, en son nom, à porter votre attention sur telle ou telle question, à vivre de la vie d'association et à participer à l'effort commun pour faire aboutir les problèmes qui intéressent notre profession.

« Il y a plus ; vivre de la vie d'association, cela dépend de celui qui est à la tête du syndicat, c'est au président à guider ses collègues, à leur parler d'union et de solidarité, et pour cela il est indispensable qu'il soit sans cesse en communication avec eux. Le Bulletin lui en fournit le moyen, en mettant chaque mois à sa disposition 4 pages de texte. C'est là une combinaison qui devrait déterminer tous les syndicats à prendre le Bulletin et dont les présidents des syndicats abonnés n'usent pas assez.

« Et maintenant, que sera l'avenir ? Permettez-moi de vous en laisser le souci. Votre Bulletin est assurément une de vos créations les plus heureuses, les plus utiles. Il a déjà fait ses preuves au point de vue de l'application pratique des nouveaux principes de la science agronomique. Mais si, à mon sens, il est permis de lui accorder une certaine importance, c'est surtout comme porte-parole d'une des plus importantes Unions agricoles de France. A ce point de vue vous estimerez qu'il faut lui donner de l'autorité pour qu'il soit écouté. Or, il ne sera puissant que s'il a des ressources et s'il compte tous les syndiqués de l'Union parmi ses abonnés. Pour arriver à ce double résultat, vous pouvez être assurés de notre dévouement et de notre activité, mais c'est à vous surtout qu'il appartient de lui réserver une brillante et solide destinée ».

L'année 1897 fut bonne pour le tirage et la propagande, elle ne fut pas meilleure que ses devancières pour la caisse, et pendant que les abonnés augmentent de 3.000, avec 26 syndicats de plus (1), la réserve, loin d'augmenter, est réduite à 2.150 fr., soit 180 fr. de diminution.

Le succès croissant du Bulletin devient un danger, car si les dépenses augmentent proportionnellement au tirage, le produit des annonces, qui est l'élément le plus intéressant de l'actif de son budget, diminue dans les mêmes proportions. Grâce, en effet, à la sollicitude éclairée des législateurs pour le fisc, le Bulletin est privé des bénéfices que lui procuraient les encartages ; quant aux annonces ordinaires, elles sont tellement recherchées qu'elles sont de plus en plus exigeantes ; elles sont à rien.

La publicité, devenant aussi difficile qu'onéreuse, le Bulletin avait-il intérêt à traiter avec une agence capable de lui assurer un rendement fixe certain, en rapport avec son tirage ? Son trésorier en avait eu un instant la pensée, mais il ne fût pas long à l'abandonner en présence des exigences de tous les spécialistes auxquels il s'adressa. Nous verrons plus loin la question reprise et tranchée au mieux des intérêts du Bulletin et des Syndicats unis.

A l'insuffisance du produit des annonces vint s'ajouter un bel élan des syndicats en faveur des pages spéciales, dont 381 furent occupées contre 232 en 1896, soit une augmentation de dépenses pour la caisse de 300 fr. Si pénible qu'elle puisse être pour le cœur d'un trésorier, cette dépense le réjouit plutôt qu'elle ne l'attriste, et si l'état précaire de ses réserves ne le retenait, il tenterait volontiers, dans son rapport de fin d'année, de faire comprendre aux présidents unis le parti avantageux qu'ils peuvent tirer, surtout au prix réduit qui leur est fait, de la partie spéciale de leur Bulletin.

Le Bulletin n'a vraiment sa raison d'être que si, tout en étant l'organe général de l'Union, il revêt le caractère de publication locale. Il est bon qu'il donne des renseignements généraux, il est bon qu'il se fasse, jusque dans les coins les plus reculés de notre région, l'écho des décisions et des projets de l'Union du Sud-Est ; mais il est non moins nécessaire qu'il parle la langue de la région du village, qu'il soit le porte-paroles du président ou du secrétaire de l'association elle-même, et qu'il crée ainsi un lien plus intime entre tous les membres d'un même groupe local. Il faut qu'il porte le nom du Syndicat, car c'est alors seulement qu'il devient pour le syndiqué son Bulletin, celui

---

1) Pl. n° 5.

auquel il a droit. Ceci est essentiel, car, pour remplir utilement sa mission, le Bulletin a besoin d'être bien accueilli, ce qu'on obtient facilement en le rendant sympathique et en lui donnant un peu de couleur locale. Les bulletins étendus, comme celui de l'Union, ont besoin du concours de tous. Si nous nous efforçons de gagner les humbles cultivateurs à l'idéal qui nous guide, si nous nous faisons les apôtres de cette grande idée de l'association libre qui, grâce à nous, agriculteurs, finira par transformer le pays et lui conservera la paix et la prospérité, ce ne sont certes pas les forces de quelques-uns qui peuvent suffire à pareille tâche. Le Bulletin est un adjuvant puissant pour la propagation des idées, mais il n'acquerra réellement une influence utile et efficace que si, dans chaque syndicat, dans chaque village, il est le journal des syndiqués, en même temps que ceux-ci seront ses collaborateurs.

C'est dans cette voie que l'a toujours poussé son distingué trésorier, et l'année 1898, malgré un budget toujours obéré, prouve à M. Riboud que ses infatigables efforts n'ont point été perdus.

De 21.278 les lecteurs passent à 24.700, les syndicats abonnés montant de 91 à 125 (1).

C'est là un premier résultat, mais le plus important c'est l'augmentation croissante des Bulletins spéciaux qui utilisent 100 pages de plus qu'en 1897. Cette progression constante montre bien que la tendance générale des Syndicats est de faire du Bulletin, leur Bulletin, en prenant l'édition particulière, à pages réservées, afin de lui donner ce goût de terroir, qui lui assure plus d'autorité sur ses lecteurs, en permettant aux présidents d'agir plus directement et plus efficacement sur leurs collègues.

« Il semble donc, disait M. Riboud, à l'Assemblée générale de 1896, que ceux qui sont à la tête de nos syndicats comprennent mieux leur rôle et qu'ils le jouent mieux. En prenant plus volontiers la plume ils prennent plus à cœur leurs fonctions, se rendant parfaitement compte que les rapports constants, les renseignements, les avis, les conseils sont les conditions indispensables de la marche progressive dans une association.

« Mais, s'il nous est permis de voir, dans tout cela, des symptômes encourageants au point de vue de l'extension de l'œuvre syndicale et des bienfaits qu'elle est appelée à rendre, il est d'autant plus pénible de constater que les moyens dont nous disposons ne sont pas en rapport avec les résultats que nous entrevoyons.

Pl. n° 5.

« Ces moyens, auxquels je fais allusion, ce sont les ressources pécuniaires dont le Bulletin a besoin pour vivre. Or, plus il grandit, plus il est exigeant, plus il dévore et, malheureusement, la caisse de votre trésorier est de moins en moins en état de satisfaire son appétit.

« Le succès nous tue. Je vous l'ai déjà expliqué. Les annonces ne rapportent pas proportionnellement au tirage, et pourtant, cette année, grâce au zèle déployé par notre directeur, nous en avons tiré un meilleur parti ; mais nous ne pouvons pourtant pas sacrifier toutes nos pages à la réclame. De plus, je vous rappelle que les pages qui vous sont réservées sont pour moitié à la charge du Bulletin : soit 940 francs pour l'exercice dernier. En outre, plus le nombre des abonnés augmente dans les départements non limitrophes, plus devient importante la dépense qui incombe à la caisse commune du fait des affranchissements supplémentaires ; de ce chef j'ai versé 622 francs à l'imprimeur pendant le dernier exercice, sans que vous ayez concouru en rien à cette dépense. Et, pour vous donner une idée de la façon dont cette dernière dépense grandit chaque année, je n'ai qu'à vous rappeler qu'elle n'était que de 560 francs en 1896-97, et de 434 francs en 1895-96 ; elle a donc augmenté de 188 fr. en deux ans.

« De même pour les pages de changement: en 1895-96 le Bulletin a payé, de sa poche, 464 francs ; en 1896-97, 763 francs, et cette année 940 francs, soit 473 francs d'augmentation en deux ans. En tout, 664 fr. de charges nouvelles en deux années, rien que pour les deux motifs que je viens de vous signaler. Et je laisse de côté le supplément de dépenses qu'entraîne l'augmentation du tirage pour le paiement des annonces, ainsi que les frais divers (timbres, imprimés, livres de comptes et autres) que nécessitent le perfectionnement et l'extension du service.

« Vous comprendrez, dès lors, qu'à ce jeu-là votre Bulletin n'a pas pu faire fortune.

« Toutefois, ce qu'il a pu faire, et nous devons nous estimer, je crois, bien heureux, c'est de garder ses positions. Son patrimoine était, l'an dernier, à pareille époque, de 2.150 francs, il est actuellement le même, mais il ne faut pas oublier qu'il avait des pertes à réparer.

« Une telle gestion n'est pas sans inspirer des craintes pour l'avenir, et votre trésorier a pensé qu'il ne fallait pas tarder plus longtemps à chercher à consolider un peu notre petite institution. Survienne un événement malheureux, la situation serait bien vite compromise' faute de disponibilités et je ne sais si, pour la sauver, nous pourrions sérieusement compter sur les ressources particulières des syndicats; la plupart, je le crains, n'ont en réserve que de bonnes intentions et de généreuses mais onéreuses aspirations.

« Nous avons alors jeté les yeux sur la providence de notre Union, sur la Coopérative agricole du Sud-Est, qui, en fille dévouée, n'oublie jamais son devoir de reconnaissance envers celle qui l'a mise au monde.

« Nous avons pensé, d'ailleurs, que notre Bulletin avait bien été un peu pour elle, et le premier, sa providence. Il lui a ouvert ses colonnes, il s'est fait le vulgarisateur de son nom et de son fonctionnement, il a porté à tous ses conseils, ses avis, ses offres de marchandises et de services, il a fait valoir l'importance de son rôle et vanté avec raison sa loyauté, son honnêteté, son désintéressement; en retour il est en droit, sans se montrer bien exigeant, de lui parler d'aide mutuelle et de lui réclamer un concours effectif. D'autant que la Coopérative agricole du Sud-Est, et aussi le courtier de l'Union, ont un réel intérêt à pouvoir se prononcer sur l'opportunité de telle ou telle annonce, à pouvoir écarter les concurrents, et être maître de notre publicité.

« Dans ces conditions nous leur avons fait des propositions qui ont été acceptées, à titre d'essai, pour un an. Le Bulletin a affermé sa publicité à la Coopérative agricole du Sud-Est et au courtier de l'Union, moyennant le paiement, par eux, d'une somme égale au produit des annonces pendant le dernier exercice, étant bien entendu que, chaque année, ils remettraient au Bulletin un supplément de prix calculé, d'un commun accord, d'après les besoins de notre caisse et les résultats qu'ils auraient obtenus. C'est, autrement dit, une convention basée sur le dévouement réciproque et qui suppose, dans la direction des deux administrations, l'intention bien arrêtée de s'entr'aider mutuellement. Pas n'est besoin, en effet, entre nous, de mieux préciser, puisque le même esprit nous anime et qu'en somme nous n'avons d'autre devoir et d'autre ambition que de concourir, en commun, au succès de l'œuvre que dirige avec vigilance le Conseil de l'Union. En cas de conflit, qui n'est certes pas à prévoir, le juge est là, et votre Conseil de l'Union saurait défendre impartialement les droits et les intérêts de chacun.

« Ce *modus vivendi*, que nous expérimentons en ce moment, met dans les mains du courtier et de la Coopérative une publicité qui a sa valeur et, en même temps, il enlève à votre Bulletin bien des préoccupations. C'est, pour lui, comme une assurance contre les risques toujours possibles, c'est le lendemain garanti, ce n'est pas la fortune en perspective — il n'y a jamais aspiré — mais c'est le pain de chaque année assuré. Et, s'il sait faire quelques économies, si, d'autre part, comme il est permis de l'espérer, courtier et Coopérative, satisfaits de la combinaison, se montrent généreux à son égard, ce sera même plus que le pain de chaque année, et nous pourrons alors songer à des perfectionnements, à des concessions diverses dont vous serez, je le sais, heureux de profiter.

« Mais, pour l'instant, la prudence s'impose; il faut voir, il faut attendre au moins un an pour apprécier les conditions de notre nouvelle existence et savoir si le Bulletin n'aura plus à penser à ses préoccupations financières d'autrefois. Donc vous estimerez, je suppose, que l'heure n'est pas venue de lui demander de nouvelles faveurs, qui pourraient modifier sa situation et compromettre l'expérience en cours. »

L'année 1899 n'offre rien de particulier ni en bien, ni en mal; la marche du Bulletin a été normale, régulière en ce sens que le nombre des abonnés a continué à progresser et que, malgré les charges nouvelles, la caisse a pu faire face à toutes les dépenses.

L'exercice marquera cependant dans la vie du Bulletin, car c'est au cours de cette année qu'il a eu la joie d'imprimer en manchette, en tête de sa couverture: Tirage justifié: 25.200 exemplaires. Ce chiffre, dont il a le droit d'être fier, a été atteint en avril 1899, juste huit ans après sa fondation. En augmentation de 20 sur l'exercice précédent, les syndicats abonnés sont aujourd'hui au nombre de 133, sur lesquels 71 reçoivent l'édition spéciale, et 62 l'édition omnibus(1).

C'est là la face de la médaille, voyons maintenant le revers, avec M. L. Riboud, et puisque c'est ici le dernier rapport présenté, donnons-lui toute grande l'hospitalité; dans les chiffres arides, beaucoup de nos lecteurs pourront trouver de précieux enseignements.

« Les frais d'impression du Bulletin, compris les suppléments d'affranchissement, ont atteint une somme totale de 15.800. fr. 10. Dans ce total une somme de 1.440 fr. 25 a été fournie par la seule Caisse du Bulletin, soit pour le supplément d'affranchissement que nécessite le service fait aux syndicats des départements non limitrophes, soit pour les pages spéciales, utilisées par les syndicats, le règlement, on le sait, laissant à la charge du Bulletin la moitié de la dépense.

« Et naturellement ce sont là des dépenses qui augmentent chaque

---

(1) Pl. n° 5.

— 345 —

année, à mesure que le tirage augmente, au moins en ce qui concerne le supplément d'affranchissement.

« Ainsi, à ce deuxième point de vue, voici la progression des quatre
dernières années :

1895-1896 .... 434 30   1897-1898 .... 622 »
1896-1897 .... 560 40   1898-1899 .... 644 25

soit une augmentation de 209 francs 95 en quatre ans.

« En ce qui concerne la dépense occasionnée par les pages spéciales,
elle est plus ou moins forte suivant que vous usez plus ou moins de
la faculté qui vous a été accordée ; mais la moyenne finit toujours
par augmenter à mesure que le nombre des syndicats abonnés à
l'édition spéciale est plus grand.

« Comparons les quatre dernières années.

« Le Bulletin a payé de sa poche, sans rien vous demander, du fait
de la copie que vous avez fait imprimer spécialement pour vos syndiqués :

En 1895-1896........ 464 »   en 1897-1898........ 940 »
— 1896-1897........ 763 »   — 1898-1899........ 796 »

« Cette année vous avez été moins prolixes que l'année dernière —
et vous avez eu tort — mais vous l'avez été plus que les deux années
précédentes, et en 1898-1899 votre copie a coûté à la caisse du Bulletin 332 francs de plus qu'en 1895-1896.

« Loin de moi la pensée de vous en faire un grief, car je sais trop
combien les communications locales sont du goût des syndiqués,
combien il est utile que les présidents et secrétaires de nos associations fassent connaître régulièrement à leurs collègues, leurs idées,
leurs décisions et le résultat de leurs efforts. C'est absolument indispensable à la bonne marche d'un syndicat et le Conseil déplore que,
tous, vous ne profitiez pas davantage de la facilité qui vous est
offerte par le Bulletin de renseigner les syndiqués sur le fonctionnement de leur association et de vous mettre mieux en contact avec
eux. C'est donc une dépense que le trésorier du Bulletin est tout
disposé à supporter, mais il faut qu'il trouve le moyen d'y faire face.

« Ajoutez à cela le prix des annonces qui a imposé, cette année, à
notre caisse une avance de 12 fois 90 francs, soit 1.080 francs.

« Ajoutez la participation du Bulletin dans les appointements de son
directeur, et les dépenses de bureau (timbres-poste, registres, etc.),

le tout atteignant, en 1898-1899, 1.100 francs en chiffrés ronds, et faites l'addition.

« Vous ne trouverez pas moins de 3.600 francs qui restent à la charge exclusive du Bulletin.

« Où chercher cette somme ? Bien entendu dans le produit des annonces. Or, vous savez, je vous l'ai dit l'an dernier, ce qu'il est permis d'espérer de cette source de revenus. Et vous vous souvenez que vous nous avez autorisés, il y a un an, à tourner la difficulté en nous entendant avec la Coopérative agricole du Sud-Est, dans des conditions qu'a précisées mon rapport de 1897-1898.

« Grâce à cette combinaison, la Coopérative nous a remis cette année 3.864 fr. qui nous ont permis de boucler. Et nous abordons l'exercice nouveau avec un avoir de 2.300 francs, sensiblement égal à celui de l'an dernier, puisqu'au 1er octobre 1898 le patrimoine du Bulletin était de 2.150 francs.

« Mais il ne faut pas oublier que nos charges, au cours du dernier exercice, n'ont pas atteint leur maximum. Je vous ai fait remarquer notamment que je n'ai payé que 796 francs pour les pages de changement, au lieu de 940 francs l'année précédente. Or, il est prudent de prévoir de ce chef une augmentation régulière de dépenses, et alors le pécule de notre Bulletin sera vite entamé, si nous ne pouvons tabler sur de nouvelles ressources ou des économies.

« Des nouvelles ressources, votre trésorier n'en voit guère poindre à l'horizon. Tout au plus pourrait-il espérer un concours pécuniaire plus important de la part de la Coopérative agricole du Sud-Est, dans les limites du traité passé avec cette société, naturellement. Mais vous reconnaîtrez avec moi que tous nos rouages s'enchaînent, et que la bonne administration de l'ensemble de nos services nous défend de faire vivre les uns aux dépens des autres. Ce qui veut dire que le Bulletin doit commencer par se tirer d'affaire tout seul.

« Or, Messieurs, nous nous sommes heureusement aperçus, juste à point, que le Bulletin de l'Union du Sud-Est est devenu, au cours de cette année — comme le dirait notre ami Silvestre — un grand garçon. Il a 26.000 lecteurs. Il fait donc bonne figure, il est un client intéressant, et peut-être est-il en droit, sans trop de vanité, de se montrer plus exigeant.

« C'est ce que nous avons cru devoir faire remarquer à notre imprimeur, en le priant d'en tenir compte dans l'établissement d'un nouveau traité. Les pourparlers sont engagés et nous avons tout lieu d'espérer qu'ils aboutiront à une heureuse solution. »

« Telle est, Messieurs, la situation de votre Bulletin au point de vue financier. Elle n'est pas des plus brillantes, car le grand garçon en question, en huit ans, a fait fort peu d'économies. Mais on ne peut du moins lui reprocher d'avoir fait un mauvais usage de sa petite fortune, puisqu'il a su, pendant ce laps de temps, gagner les bonnes grâces de 26.000 agriculteurs.

« C'est sans doute qu'on l'a trouvé d'agréable et instructive compagnie. Sur ce point il y aurait beaucoup à dire, mais je n'ai garde d'oublier que je vous ai promis de ne pas être long. J'ajouterai simplement une réflexion, c'est que la conversation de notre Bulletin serait singulièrement plus intéressante si vous vouliez bien, de temps en temps, à la sienne joindre la vôtre. Vous ne nous envoyez pas d'articles. Et pourtant vous travaillez, vous faites des essais, vous obtenez des résultats. A qui faites-vous part du fruit de vos études ? Ne seraient-ce pas là les meilleures leçons de choses à vulgariser entre nous tous par la voie de notre organe commun ?

« Ce serait en même temps assurer à notre publication une plus grande variété et, par suite, lui donner plus d'attrait. Notre directeur, M Roussel, fait de son mieux — et je serai le juste interprète de vos sentiments, j'en ai la conviction, en le félicitant du zèle et de l'intelligence dont il fait preuve dans la rédaction et l'administration du Bulletin. Il fait de son mieux, dis-je, pour donner asile dans nos colonnes à toutes les questions, économiques, sociales ou pratiques, qui intéressent notre profession. Mais il est absorbé par un travail très complexe et, malgré lui, certains documents d'actualité, spécialement d'ordre juridique ou économique, se glissent avec trop de facilité peut-être dans les colonnes de notre Bulletin.

« Ce n'est pas que ces documents soient sans utilité. Loin de là. Plus que jamais les agriculteurs, et surtout ceux d'entre eux qui sont à la tête de nos associations, doivent se tenir au courant des actes officiels et des décisions de la jurisprudence. Vous avez entendu parler certainement du maquis de la procédure, et l'on pourrait peut-être, sans exagération, parler aujourd'hui du maquis de la législation. Quiconque ne connaît pas ces broussailles risque fort de s'égarer, et tout président, soucieux de remplir son devoir, doit éviter que son association ne tombe dans une embuscade.

« C'est donc un réel service que leur rend notre Bulletin en leur présentant les textes, tels qu'ils sortent du cerveau du législateur, et surtout en les expliquant — ce qui n'est pas toujours commode.

« Mais la place est limitée dans notre Bulletin, et il serait regrettable, à mon sens, qu'il s'écartât par trop de sa première manière en négligeant les questions purement agronomiques. Il dépend de vous, Messieurs, de lui conserver son rôle de vulgarisateur de la culture pratique, en publiant le résumé de vos travaux. Ces comptes rendus complèteront utilement les articles scientifiques de notre rédacteur en chef, et constitueront le meilleur enseignement pour les petits cultivateurs auxquels s'adresse tout particulièrement notre Bulletin.

« D'autant qu'il vous appartiendra de mettre vous-mêmes en évidence, dans les pages qui vous sont réservées, tel document officiel d'une importance capitale. Ce sera assurément la meilleure manière de faire connaître les lois nouvelles, car, vous le savez très bien, ce que chaque syndiqué lit d'abord et de préférence, c'est ce qui est en tête du Bulletin, ce qui est publié par le Bureau de son association.

« C'est tellement vrai que, pour ma part, je suis étonné de voir que sur 136 syndicats abonnés, 62 reçoivent encore l'édition omnibus, et certainement sur ces 62, bon nombre ont plus de 100 membres et, par suite, le droit de réclamer une édition spéciale.

« Là, pourtant, est le véritable intérêt de notre publication. L'édition spéciale, c'est, à vrai dire, ce qui donne à notre Bulletin toute sa portée. Si un syndicat n'a pas 100 membres, qu'il se joigne au syndicat voisin, et dès qu'il approche du chiffre de 100 adhérents, seul ou uni à d'autres, il doit prendre l'édition spéciale, parce qu'alors le syndicat a bien son Bulletin ; ce n'est plus seulement le Bulletin de l'Union, c'est bien celui de l'association locale dont le nom est en toutes lettres sur la couverture, c'est celui dans lequel écrivent le président, le secrétaire, l'administrateur-délégué ; c'est, pour le syndiqué, son journal qui relate les convocations, qui rend compte des réunions, qui renseigne sur les cours des produits, qui traite des questions intéressant la commune, le canton, l'arrondissement, qui reflète, en somme, la vie syndicale et fait penser en commun.

« Or, tout est là, il ne suffit pas d'instruire, il faut unir.

« Notre Bulletin, par son caractère particulier et général, peut aboutir à ce résultat, si vous savez vous en servir. Il ne tient qu'à vous qu'il devienne le vrai trait d'union entre tous les agriculteurs syndiqués de notre région. »

A l'issue de l'Assemblée générale, et à la suite de pourparlers qui ne purent aboutir, un changement d'imprimeur fut décidé par le Bureau de l'Union et, de Lyon, le Bulletin s'embarquait pour Grenoble, où il a pu trouver des conditions exceptionnellement raisonnables qui permettent aujourd'hui à notre ami M. Riboud de ne plus être inquiet sur l'avenir de ses finances.

Et, maintenant, il appartient aux syndicats unis restés en dehors jusqu'à ce jour de venir apporter au Bulletin le concours de leur souscription pour en faire l'organe des 60.000 syndiqués de l'Union, le lien entre la petite famille et la grande famille. C'est à tous les syndicats d'assurer, dans l'avenir, la prospérité de cette utile publication, c'est à eux de la répandre dans les campagnes, c'est à eux de développer cet instrument si bien fait pour l'union, le progrès et le développement de l'Association professionnelle.

Que tous soient les apôtres de cette feuille destinée à resserrer de plus en plus les liens qui nous unissent, de ce Bulletin qui doit faire de l'Union plus qu'une corporation agricole, mais bien une véritable famille !

C'est là le vœu que formulait récemment l'homme de dévouement qui, depuis sa fondation, a pris la lourde charge du Bulletin, ce doit être, pour tous nos amis, un devoir d'entendre sa voix et de lui témoigner ainsi la profonde reconnaissance qui lui est due par tous ceux qui sont venus se grouper sous le drapeau de l'Union. Il a été, depuis dix ans, constamment à la peine, aide de camp vaillant de son chef et ami, qu'il soit aujourd'hui à l'honneur et qu'il reçoive, aux côtés du président, l'éclatant hommage de tous les membres de notre grande famille du Sud-Est !

ALMANACH DE L'UNION DU SUD-EST

S'il n'est plus vrai de dire, avec la diffusion générale de l'instruction, que « c'est dans l'almanach que le peuple des campagnes apprend
à lire », il est encore vrai de dire, avec Michelet, que « l'almanach bien
compris est un excellent moyen d'instruction et d'éducation ».

Dès le premier jour, l'Union Beaujolaise des syndicats agricoles
s'était rendu compte du parti qu'elle en pouvait tirer pour la propagation de bonnes méthodes agricoles; aussi dès 1890 elle se mettait à
l'œuvre; nous avons vu plus haut à quels résultats elle était arrivée.

Toujours à l'avant, toujours généreuse quand ses essais sont couronnés de succès, l'Union Beaujolaise ne crut pas devoir garder pour
elle seule une publication qui, dès la seconde année, avait pu être
distribuée gratuitement à ses 5,000 adhérents et, contente d'en
faire profiter sa grande sœur, l'Union du Sud-Est, elle lui offrit,
sans compensation aucune, d'utiliser sa nouvelle création. C'était
évidemment faire preuve de solidarité et d'abnégation, c'était
sacrifier son intérêt particulier à l'intérêt général. Si, en effet,
nous avions pu, par des prodiges d'équilibre, faire complètement payer par la publicité l'Almanach pour 1892, tiré à 5.000
exemplaires, il était évident que, malgré toute l'activité déployée,
il ne fallait pas songer à tabler ainsi pour un almanach de
20.000 exemplaires. C'était, pour les syndicats beaujolais, l'obligation
future de débourser au minimum, et chaque année, 5 à 600 fr. pour
continuer à servir à leurs membres cette gaie et intéressante publication. Ce n'était point là pourtant ce qui pouvait arrêter leur généreuse initiative et aucun d'eux n'a jamais songé à nous tenir rigueur
de l'y avoir poussé.

L'Almanach, de Beaujolais devient donc Lyonnais ; que va-t-il faire ? Notre rapport présenté à l'Assemblée générale de 1893 le dira sommairement :

« Je ne pensais pas être admis, dès la première année, aux honneurs de l'ordre du jour de votre Assemblée générale, et en accordant à l'Almanach une place dans vos travaux, le Bureau donne à ce jeune étranger ses lettres de grande naturalisation. C'est, en effet, Messieurs, dans le sein de l'Union Beaujolaise que l'Almanach a pris naissance, c'est seulement à l'âge de deux ans, quand elle a reconnu sa vigoureuse constitution et ses bonnes aptitudes, que l'Union du Sud-Est a songé à l'adopter. Cette adoption a complètement transformé votre jeune nourrisson, et personne aujourd'hui ne saurait reconnaître dans ce jeune élégant, aux belles manières, que d'aucuns même trouvent trop fin de siècle, l'enfant mal dégrossi et quelque peu campagnard qu'il était en 1892. Bien qu'en sérieux progrès, j'aime à croire qu'il n'a pas dit son dernier mot et qu'il grandira de plus en plus en âge et en sagesse, pour le plus grand honneur de l'Union et le plus grand bien de nos syndicats.

« Et, maintenant, Messieurs, laissez-moi entrer dans la vie intime de notre petit Almanach et vous prouver que son sort est digne du plus grand intérêt.

« Disposant de peu de ressources et ne voulant qu'en dernier ressort grever son budget d'un nouvel et onéreux article, le Bureau de l'Union a pensé qu'il était essentiel que l'Almanach vécût de ses propres deniers, avec son propre budget. Ce n'était pas impossible, mais, en raison surtout des goûts luxueux de votre nourrisson, c'était difficile, et il fallut, pour réussir, le doter d'un conseil judiciaire qui, fort habilement du reste, lui fit comprendre qu'en tout la médaille a son revers, et qu'en affaires, à côté de l'actif, il y a toujours le passif. Vous allez voir que l'éloquence de ses conseillers ne l'a pu convertir tout à fait, mais vous reconnaîtrez en même temps que le coupable mérite les circonstances atténuantes, et que si, en 1893, il a dépensé plus qu'il n'a gagné, la faute ne lui incombe pas toute entière.

« L'édition pour 1893 a eu un tirage justifié de 20.000 exemplaires (1), dont le coût exact a été de 0.25 l'unité. Si de ce prix vous rapprochez le prix de vente qui, dans la plupart des cas, a été 0.10, vous com-

_____

(1) Pl. n° 5.

prendrez, sans peine, qu'à l'encontre de ce qui se passe généralement dans le commerce, nous avons d'autant plus perdu que nous vendions davantage. La publicité, Dieu merci, nous a permis de faire une liquidation honorable, et si le compte de 1893 se boucle par un déficit de 98 fr. 60, c'est à deux annonciers insolvables qu'il en faut attribuer la responsabilité. Vous voyez, Messieurs, qu'il ne faut pas être trop sévère pour le petit Almanach, il a péché par bonté d'âme et vous jure, comme le corbeau, qu'il n'y reviendra plus. Il dépend entièrement de vous de lui donner les moyens de tenir ses promesses, car le jour où vous serez tous nos souscripteurs, le prix de revient diminuera sensiblement, et la perte, au lieu d'être de 0.15 à 0.16, pourra très bien être ramenée à 0.05 l'exemplaire. A ce moment, c'est l'équilibre assuré, peut-être la fortune, sûrement cette *aurea mediocritas* que nous traduirons librement en la circonstance : De quoi faire le jeune homme.

« Cette médiocrité dorée ne semble pas cependant devoir commencer cette année et, pour l'instant, notre seule ambition est de boucler sans perte le compte de 1894. Y arriverons-nous? J'en doute et vous en douterez avec moi, quand vous aurez vu avec quels soins et quel luxe nous avons paré votre enfant. La différence, toutefois, sera peu importante, et je ne doute pas qu'une fois encore votre Bureau accepte de la parfaire. Quoiqu'il en soit, nous sommes en sérieux progrès, et vous nous féliciterez sûrement des modifications apportées à sa composition et surtout à son illustration, en même temps que vous nous saurez gré de vous avoir donné les foires et les marchés de tous les départements unis.

« En somme, Messieurs, nous avons pourvu votre almanach d'un trousseau de premier choix, il nous reste à lui donner l'argent de poche qui lui doit permettre de faire le jeune homme.

« Nous avons fait tout ce que nous avons pu ; à vous, Messieurs, de nous prêter main-forte en nous aidant à écouler les exemplaires disponibles et à atteindre ainsi le tirage espéré de 30.000. Il vous appartient, Messieurs, de prouver que le vieux dicton : « Nul n'est prophète dans son pays », ne saurait être applicable à l'Union, car il serait vraiment regrettable que l'Union du Sud-Est, faisant seule des sacrifices pour l'Almanach, ce soient les sociétés et les syndicats non unis qui en retirent le bénéfice. Nous ne poussons pas l'égoïsme jusqu'à vouloir en profiter seuls, et nous sommes très flattés de voir notre Almanach aussi amicalement accueilli hors de notre région, mais il n'en est pas moins vrai que charité bien ordonnée commence par soi-même, et que les premiers à en jouir doivent être ceux-là même qui ont aidé à son éducation. Fait pour vous, dans un esprit qui est le vôtre, l'Almanach de l'Union du Sud-Est ne saurait tarder d'être l'Almanach de tous les syndicats unis, et quand, par vous seuls, vous nous amènerez la souscription de tous vos adhérents, que nous serons près, Messieurs, de la réalisation de notre rêve et combien avancée sera l'œuvre entreprise!

« Je sais bien que la grande objection est le manque de ressources, et que la très grande majorité des syndicats non souscripteurs ne peut ou ne croit pas pouvoir faire cette dépense. Je dis « ne croit pas pouvoir », parce qu'en somme si votre caisse n'est pas assez riche pour supporter à elle seule les frais de ce cadeau de bonne année, je suis persuadé qu'aucun de vos adhérents ne vous refuserait les 0.10 c. ou 0.15 c. qui représentent sa quote-part personnelle. Une autre objection, sur laquelle nous ne sommes pas fâchés de nous expliquer, nous vient de syndicats ayant déjà l'Almanach des Agriculteurs de France. Nous avons trop de respect à l'endroit de notre grande société pour vouloir marcher sur ses brisées, mais il nous est bien permis de dire que, loin d'être le rival de l'Almanach des Agriculteurs de France, l'Almanach de l'Union en est le complément et qu'en vérité pour les syndicats du Sud-Est, les deux font la paire.

« L'un et l'autre, du reste, ont des allures assez personnelles pour n'être pas en concurrence, mais, tout en s'adressant à des lecteurs bien différents, ils ont au moins un but commun, bien défini, que nous pouvons résumer en deux mots : l'amour du sol et de la Patrie.

« Je termine, Messieurs, en vous présentant l'Almanach pour 1894, et si ce jeune élégant, que nous avons fait aussi beau, aussi bon que possible, vous semble encore jeune, parfois léger, pardonnez-lui ses écarts de jeunesse et n'oubliez pas que, pour bien remplir son but, il doit *instruire en amusant*. »

L'Almanach pour 1894 accusa un très réel progrès sur son aîné, et s'il eût été plus modeste, il eût put peut-être commencer sa tirelire. Il était encore trop jeune pour apprécier la valeur de l'argent, c'est sa seule excuse auprès de ses amis.

De 20.000, la vente passe à 26.000 exemplaires répartis entre 56 syndicats (1); dans la même proportion, les annonces donnent 30 % de plus que l'année précédente.

L'augmentation de ces deux chapitres assurait donc un excédent

______

(1) Pl. n° 5.

si le Conseil n'avait décidé d'ajouter à l'Almanach toutes les foires de la région, soit 32 pages supplémentaires, en même temps qu'il supprimait le droit de 10 fr. payés précédemment par les syndicats qui voulaient une couverture spéciale. C'était, d'un seul coup, faire droit aux desiderata les plus chers de nos syndicats, mais c'était aussi consacrer pour l'avenir une dépense importante avec laquelle il faudra désormais compter.

L'Almanach pour 1895 se chargea de nous prouver rapidement que si nous avions été bons et généreux, nous avions été peu prévoyants et, pour ne pas revenir sur les concessions déjà faites, l'Almanach dut réduire son volume de 192 à 180 pages.

La diminution des recettes ne provenait point du tirage qui était resté presque stationnaire — 28.000 au lieu de 26.000 — mais bien des annonces dont le produit baissait de 50 % sur l'exercice précédent.

La crise que nous avons signalée plus haut pour le Bulletin se généralisait, la publicité devenait décidément le mauvais génie de nos publications : elle ne fut pas, Dieu merci, de longue durée et, sans jamais pouvoir espérer autre chose qu'une balance de son budget, l'Almanach, dès l'année suivante, peut vivre sans trop demander à sa mère nourrice.

C'est donc en bonne posture que nous retrouvons l'Almanach pour 1896, qui marque un progrès sensible dans la voie de cette intéressante publication.

Exception faite d'une vingtaine, tous les syndicats unis souscrivent pour tous leurs membres et, pour la première fois, les syndicats domiciliés hors de la région du Sud-Est lui apportent leur concours en souscrivant ensemble bien près de 20.000 exemplaires.

C'était là un gros succès, c'était le premier pas fait par l'Almanach en dehors de sa famille, c'était la première étape de ce gai compagnon qui, depuis, a fait victorieusement son tour de France.

Les annonces se maintiennent sans changement apparent, grâce à une nouvelle combinaison créant deux catégories :

a) L'une comprenant celles qui, devant passer dans toutes les éditions, font partie intégrante du texte et sont intercalées dans le corps du volume.

b) L'autre comprenant celles qui, paraissant seulement dans l'édition du Sud-Est, sont groupées en cahier, avec les foires, à la fin du volume.

« Par cette division, disions-nous à l'assemblée générale de fin d'année, nous avons pu satisfaire aux exigences du commerce local qui, n'ayant aucun intérêt à faire connaître ses produits en dehors de sa région, nous aurait échappé en raison de l'élévation de notre tarif, qui lui paraissait disproportionné avec le résultat qu'il pouvait obtenir. Cette élévation était cependant nécessaire, car, au chiffre de tirage que nous atteignons, une page d'annonces coûte, de composition et de tirage, 42 fr., et si nous y ajoutons les frais de courtage, de remise, de correspondance auxquels donne lieu l'obtention de ladite page, il faut tabler sur un prix de revient moyen de 75 à 80 fr., qui est souvent même dépassé. Si élevés qu'ils puissent paraître à ceux qui n'ont pas le courant de l'impression, ils sont cependant la très exacte vérité ; vous comprendrez dès lors, qu'il nous était impossible de continuer à vendre 50 ou 60 fr. la page ordinaire d'annonces. La publicité n'a sa raison d'être que si elle est productive et si, cette année, notre rigidité a éloigné de nous quelques annonces, le commerce comprendra vite l'intérêt qu'il a à utiliser notre almanach, l'un des rares qui puissent justifier un aussi gros tirage, et il y viendra de lui-même, certain qu'il est d'avoir chez nous une annonce lue et profitable.

« L'extension de l'Almanach aux syndicats hors région avait amené un instant votre Commission à étudier s'il n'y avait pas avantage à faire deux éditions spéciales, dont l'une ne comprendrait que des articles professionnels et dont l'autre comprendrait, en plus, une partie littéraire, humoristique et illustrée. C'était, Messieurs, une réforme radicale et c'est probablement parce qu'elle l'était trop que des modérés comme nous ne l'ont pas acceptée. Nous avons pensé, en effet, que notre almanach était bien le type du genre, et que si nos adhérents avaient plaisir à y trouver des articles et conseils agricoles, leurs familles et eux-mêmes étaient très loin de se plaindre des historiettes et gravures qui y sont intercalées. D'aucuns prétendent que c'est à ce double caractère que notre almanach doit son succès si rapide, vous approuverez donc votre Commission de le lui avoir conservé.

« Comme allure, nous n'avons rien de bien particulier à vous signaler, sinon que nous avons ajouté les foires de la Haute-Savoie et de la Savoie à notre cahier habituel, qui se trouve maintenant un répertoire complet des foires et marchés de la région. Les petits excédents que nous laisse entrevoir l'édition 1896 nous ont également permis d'avoir des gravures et de nous passer du concours aimable de quelques-uns de nos grands confrères que je suis heureux, en passant, de remercier du généreux appui qu'ils nous ont donné pendant les premières années. La couverture laisse peut être bien encore à désirer ; mais, dès maintenant, nous nous occupons de donner à notre enfant qui va prendre ses sept ans, l'âge de raison, un habit plus cossu et plus en rapport avec sa haute situation.

« C'est, Messieurs, sur cette promesse que je conclus en vous remerciant du concours si généreux et si dévoué que vous nous avez toujours prêté, et en vous demandant de nous le continuer dans l'avenir afin que, toujours digne du beau nom qu'il porte, notre Almanach soit vraiment l'ami des agriculteurs, le compagnon des paysans fidèle à son vrai rôle, qui est d'*instruire en amusant.* »

La sympathie pour l'Almanach des syndicats hors région s'affirme avec l'édition pour 1897, et dans le total des souscriptions, l'Union du Sud-Est n'entre que pour 60 %, le reste revenant à des syndicats domiciliés un peu sur tous les coins de France. Dès maintenant, nous songeons à transformer notre publication, ce sera chose faite l'an prochain.

En même temps que les souscriptions, les annonces subissent une progression qui, bien que peu importante, n'en reste pas moins appréciable, si l'on considère les difficultés toujours croissantes de leur recherche. C'est à ce moment que l'Almanach essaie de vendre sa publicité à une agence spéciale bien placée pour en tirer profit, mais les pourparlers échouent en raison des exigences de nos acheteurs, qui ne veulent pas nous assurer des conditions en rapport avec l'importance d'une publication professionnelle qui justifie déjà d'un tirage annuel de 60.000 exemplaires, dont 34.000 pour l'Union du S.-E. (1). Nous restons donc les maîtres de notre publicité, et malgré que la tâche soit lourde et surtout ennuyeuse, nous l'acceptons sans peine, voyant encore dans le *statu quo* le seul moyen de conserver à l'Almanach une existence sinon dorée, du moins calme et honnête.

L'Almanach, encouragé par les résultats relativement bons de sa dernière édition, augmente son volume de 16 pages et annonce, d'une manière définitive, pour son édition prochaine, une couverture plus digne de son succès et de son bel avenir.

C'est avec l'édition 1898 que s'opère la transformation que nous

____

(1) Pl. n° 5.

avons annoncée plus haut : avec elle l'Almanach de l'Union du Sud-Est devient l'Almanach des Syndicats agricoles de France

La circulaire suivante, adressée à tous les syndicats de France, était chargée de leur porter la bonne nouvelle :

A Monsieur le Président du Syndicat agricole de....

Au lendemain du Congrès national des Syndicats agricoles, tenu à Lyon en 1894, un certain nombre de présidents ayant eu l'occasion d'apprécier notre Almanach — petit livre assurément fort simple, mais auquel nos Syndicats du Sud-Est doivent, au moins pour partie, leur expansion rapide et leur succès — nous demandèrent d'en faire l'Almanach des Syndicats agricoles. Après bien des hésitations, en face du gros surcroît de travail que cette nouvelle organisation allait nous créer, nous fîmes un essai timide, en 1895, commençant d'abord par les départements limitrophes de notre région.

Avec l'édition pour 1897, le rayon d'action s'étendit et notre tentative reçut la consécration du succès : 50.000 exemplaires furent souscrits en moins d'un mois.

En face d'une manifestation aussi significative, aussi sympathique, nous n'avons plus le droit de nous dérober et, puisque l'Almanach des Syndicats agricoles, répondant à un besoin, est considéré par les plus autorisés de nos collègues comme un lien utile à l'union et à la cohésion des forces syndicales, nous venons aujourd'hui, en vous annonçant son entrée dans le monde agricole, vous demander votre concours et votre collaboration.

Par sa composition, par ses gravures, inédites les unes et les autres, par son exécution matérielle irréprochable, l'Almanach des Syndicats Agricoles s'efforcera de mériter votre confiance et celle de vos secrétaires en suivant rigoureusement sa devise première « Moraliser et instruire en amusant ».

C'est, en quelques mots, notre programme et notre but.

C'est vous dire, Monsieur et honoré Collègue, que l'Almanach des Syndicats agricoles traitera toutes les questions économiques, sociales, syndicales et agricoles qui, pendant l'année, auront attiré l'attention ; c'est vous dire qu'à côté de l'utile il joindra l'agréable sous forme d'historiettes, de fantaisies illustrées, toutes soigneusement choisies et à même d'être lues par tous les membres de nos familles rurales.

Tous nos soins seront apportés au choix des articles professionnels qui, confiés aux hommes les plus compétents en chaque matière, et soigneusement illustrés, seront assez variés et assez généraux pour convenir à toutes les régions et intéresser tous les agriculteurs, à quelque province qu'ils appartiennent.

L'Almanach des Syndicats agricoles ne sera spécial à aucune région ; il traitera avec un égal intérêt toutes les branches de l'agriculture nationale ; il sera l'Almanach de tous les agriculteurs.

Vous trouverez, ci-contre, les conditions d'organisation et de vente de l'Almanach ; nous appelons tout particulièrement votre attention sur le paragraphe 7, qui vous donne les moyens d'avoir l'Almanach pour rien, et sur l'article 10 qui vous permet de l'avoir en dépôt sans risques pour vous et sans bourse délier.

En terminant, laissez-nous vous rappeler que l'Almanach est pour nos Syndicats le plus puissant et le plus efficace instrument de propagande agricole et sociale ; il jouit dans les campagnes d'une influence considérable, à vous de nous aider à le faire beau, bon et digne du grand rôle que nous voulons lui faire jouer.

Dans l'espoir d'une réponse favorable et aussi prochaine que possible, nous vous prions, Monsieur le Président, d'agréer l'expression de nos sentiments distingués.

Le Président de la Commission,

Émile DUPONT,

président de l'Union du Sud-Est.

Le Secrétaire de la Commission,

C. SILVESTRE,

Secrétaire général du Syndicat agricole du Bois-d'Oingt.

Organisation. — Conditions.

1° Le format de l'Almanach sera le petit in-8 carré, soit 21×13.

2° L'Almanach, sans supplément, sera d'environ 160 pages.

3° Il paraîtra courant octobre de chaque année.

4° La couverture portera le seul titre du Syndicat souscripteur, sans que rien puisse rappeler l'origine lyonnaise de la publication.

5° Le prix de l'Almanach est fixé à 15 fr. le cent.

6° Tout Syndicat souscripteur aura le droit d'ajouter, au commencement et à la fin du volume, 4, 8, 12 ou 16 pages spéciales dont il fournira lui-même le texte.

7° Ces suppléments pourront être consacrés à des renseignements administratifs (*Bureau, Statuts, Liste des membres*) ou à l'énumération des *foires* et *marchés* de la région.

Ils pourront surtout être consacrés à des annonces locales ou régionales dont le produit, appartenant au Syndicat souscripteur, lui permettra de payer tout ou partie de sa souscription.

8° Les prix de ces suppléments seront ainsi fixés :

4 pages	20 francs
8 »	40 »
12 »	60 »
16 »	80 »

Au-dessus de 1.000 exemplaires, le prix pour les mille suivants, sera seulement de 12 francs par mille et par feuille de 16 pages.

9° Tout syndicat qui, coopérant à l'œuvre commune, procurera des annonces devant paraître dans toutes les éditions, bénéficiera d'une remise de 30 % sur le montant desdites annonces.

10° **Très important.** — *Les Syndicats, qui ne voudraient pas nous donner une souscription ferme, pourront demander un dépôt de l'Almanach aux conditions suivantes :*

1) *L'Almanach sera vendu au public o fr. 50;*
2) *Une remise de 25 % sur ce prix sera faite au Syndicat dépositaire;*
3) *Les invendus seront retournés fin janvier à la Commission;*
4) *Les ports à l'aller et au retour seront à la charge du Syndicat dépositaire.*

L'effet de cette circulaire ne se fit point attendre, et elle détermina, en faveur de notre Almanach, un mouvement qui grandit chaque année et qui porta, dès 1898, le tirage à 70.000 exemplaires, dont 40.000 pour l'Union du Sud-Est (1).

Dans l'Union du Sud-Est, 16 syndicats seulement, sur 160, restèrent, la plupart pour raisons budgétaires, en dehors de l'almanach; hors de l'Union nous avions, en plus des syndicats isolés, deux grandes Unions qui nous arrivaient avec bien près de 150 syndicats.

Nous avions donc le droit d'écrire dans notre rapport de fin d'année que l'Union du Sud-Est pouvait se montrer fière de son jeune nourrisson qui, sous sa puissante égide, faisait son tour de France, se faisant acclamer et fêter de tous côtés, parce que sa devise « Le sol c'est la Patrie », est la devise de tous les bons Français.

L'édition pour 1899, marquait un très sensible progrès sur les éditions précédentes, et sa belle couverture en couleurs, exécutée par l'une de nos meilleures maisons parisiennes, nous donna l'occasion de présenter à l'Assemblée générale de l'Union le rapport suivant que nous n'hésitons pas à citer, malgré son allure fantaisiste. Il montrera l'état exact de notre publication à cette époque.

« L'édition pour 1899 marque la neuvième année du plus jeune enfant de l'Union du Sud-Est; l'Almanach, en effet, aura la bonne fortune de prendre ses dix ans avec le siècle prochain, et sans vouloir préjuger de sa fin, il aura du moins, en mourant, la satisfaction d'avoir vu deux siècles et une Exposition.

« Pour un petit campagnard, ce n'est déjà pas mal, et en prévision du voyage qu'il va faire à Paris, en 1900, avec son grand frère Bulletin, nous avons dû commencer à lui faire prendre quelques leçons de civilité puérile et honnête. Les premières leçons n'ont pas été sans quelque difficulté, car, dans ses nombreux voyages à Lyon et aux environs, notre jeune gamin avait réellement pris de mauvaises manières, et les sévères reproches de sa grand'mère n'étaient, hélas!

---

(1) Pl. n° 5.

que trop justifiés. Mais enfin, toute faute se rachète et il a aujourd'hui si grande envie d'être sage que nous devons prendre acte de ses bonnes dispositions. Au surplus, dix-huit mois nous restent pour compléter son éducation, et son trousseau; c'est plus qu'il n'en faut pour transformer heureusement notre petit bonhomme.

« Vous avouerez du reste, Messieurs, qu'il y a cette année une très sensible amélioration ; pour la première fois, l'Almanach est allé se faire habiller par un grand tailleur de la capitale, et bon petit patriote, au lieu d'adopter la mode anglaise, il a arboré fièrement les couleurs françaises, saluant militairement l'armée qui passe et qui, plus que jamais, se repose sur les vrais Français du soin de la défendre, du soin de la soutenir.

« Si, non contents de son allure martiale, vous voulez scruter son âme, interrogez-le et vous serez surpris de sa remarquable compétence sur toutes les questions qui touchent à nos syndicats, à leurs services, à leurs œuvres ; peut-être trouverez-vous qu'il leur a trop sacrifié, négligeant à l'excès les questions agricoles, mais aujourd'hui où les carrières sont si encombrées, nous avons pensé que puisque déjà le frère aîné, Bulletin, avait conquis au point de vue agricole, tous ses grades, il était sage de spécialiser l'almanach et de lui faire étudier surtout le côté économique et social de notre grande œuvre syndicale.

« A côté d'un frère aussi lettré, aussi académique et aussi distingué que le Bulletin qui a eu, dans le courant de l'année, les honneurs de la tribune parlementaire, il est certain que notre pauvre petit Almanach fait piètre figure ; il est si volage et si amuseur qu'on ne peut cependant le corriger radicalement. On l'aime comme il est, et comme cette année il a bien travaillé, un grand bienfaiteur de nos syndicats, M. le comte de Chambrun, vient de lui offrir un voyage d'agrément pour lequel il part dans quelques jours ; il va aller dans tous les syndicats de France expliquer ce qu'est le Musée social et apprendre à nos paysans ce que la France agricole doit de reconnaissance à son généreux fondateur. Ce voyage serait assurément dangereux pour notre Benjamin, s'il n'avait pour le conduire et le présenter notre ami, M. le comte de Rocquigny, en la compagnie de qui il ne peut trouver que le plus grand profit.

« Il y a bien longtemps qu'Almanach demandait à sa famille de lui payer ce voyage qu'il considérait, à juste raison, comme devant produire les meilleurs résultats, mais il était si prodigue pendant l'année, il dépensait si largement les économies, que grand-père, las de toujours ouvrir sa bourse, lui refusa toujours cette satisfaction, qui ne va pas coûter moins de 700 francs à M. le comte de Chambrun.

« Espérons qu'il sera bien reçu par nos amis et que, spontanément, beaucoup d'entre eux l'inviteront à l'avenir chaque année; s'il réussit à conquérir ainsi toutes les sympathies, je suis sûr que le bon grand-papa n'osera plus lui tirer les oreilles et que pour ses étrennes il lui paiera gentiment la note de son tailleur parisien, trop lourde hélas ! pour sa petite bourse de jeune homme.

Messieurs,

« Les syndicats unis prennent petit à petit l'habitude de distribuer l'Almanach à leurs membres et j'aime à espérer que l'exemple de cette année décidera les retardataires à nous passer toujours leurs commandes en temps utile : 22 demandes, arrivées depuis le bon à tirer définitif, n'ont pas été satisfaites, les 4,000 exemplaires que nous avions tirés en plus des souscriptions, ayant à peine suffi pour les nouveaux syndicats. C'est environ 2.500 exemplaires qui nous manquent, sans compter les demandes de ceux qui avaient pu espérer qu'il était temps encore de les passer aujourd'hui.

« C'est un avertissement salutaire, nous l'espérons, qui ne peut nous faire taxer d'imprévoyance, puisque les syndicats non souscripteurs ont reçu avant le tirage 3 lettres de rappel.

« Sur les 208 syndicats que compte actuellement l'Union, 150 ont souscrit effectivement.

« C'est donc 58 syndicats qui restent en dehors de notre publication : 22 malgré eux, ce sont les retardataires ; 36 volontairement, ce sont les sauvages.

« Parmi ces derniers, il en est une dizaine qui voudraient mais qui ne peuvent pas, gênés qu'ils sont par leurs faibles ressources, les autres ne veulent pas, mais le peuvent puisque pour la plupart ils paient le double des publications similaires qui n'ont rien de syndical.

« A quoi attribuer cette abstention ? Peut-être à quelque imperfection de notre publication, mais au lieu de la mettre de côté, ne vaudrait-il pas mieux lui faire des observations, et l'aider à mieux faire ?

« L'édition de cette année peut satisfaire les plus rigides, et nous espérons bien que dans notre grande famille syndicale il n'y aura bientôt plus de dissident et que tous nos Syndicats tiendront à honneur de propager une publication qui, faite par eux et pour eux, n'a qu'un but : égayer le foyer en servant de son mieux la cause des Syndicats et de la France.

« En deux ans, grâce aux Syndicats hors de l'Union qui viennent de plus en plus à nous, notre tirage a doublé, nous sommes, à quelques milliers près, au chiffre de *cent mille ;* il dépend de vous seuls, Messieurs, de nous permettre de l'atteindre pour notre prochaine édition. Il faut absolument qu'à l'Exposition de 1900 l'Union puisse accuser ce chiffre colossal, dont l'éloquence touchera, soyez-en sûrs, tous ceux qui n'ont pas encore compris toute l'importance du mouvement syndical en France.

« Sur la question annonces je n'ai rien de très intéressant à vous signaler, sinon que la combinaison des annonces départementales a totalement échoué ; sur 600 propositions lancées, deux traités seulement sont revenus signés, et comme à eux deux ils formaient une demi-page seulement, alors que quatre au moins étaient nécessaires, nous avons eu le regret de n'y pouvoir donner suite.

« Plus nous approchons de 1900, plus la récolte des annonces devient pénible et difficile, et nous avons dû, cette année, baisser singulièrement nos prix pour arriver à notre chiffre ordinaire. En même temps que les grands industriels réduisent de plus en plus leur budget de publicité, le nombre de publications qui veulent y émarger augmente considérablement. La publicité devient un marchandage, et ce ne sont pas toujours les publications les plus honnêtes qui en profitent le plus. Nous avons devant nous une période de deux ans qui sera dure à passer, en raison des frais énormes que cause à tous nos annonciers leur participation à l'Exposition de 1900, mais ce n'est pas ici, en face des merveilles déjà accomplies par le seul dévouement, qu'il y a lieu de se décourager. Faisons notre devoir, la Providence fera le reste ! »

L'édition pour 1900 (1), dont 50.000 pour l'Union du Sud-Est, qui est la dernière dont nous puissions parler, a répondu en tous points aux espérances fondées sur elle ; de l'Union comme du dehors, les souscriptions ont progressé, faisant atteindre à notre petit Almanach le tirage si longtemps désiré, si ardemment rêvé de 100.000 exemplaires.

Notre rapport de la dernière Assemblée générale de l'Union donne la physionomie exacte de l'Almanach à la fin du XIXe siècle, nous lui

---

(1) Pl. n° 5.

donnons donc encore l'hospitalité, laissant à nos lecteurs le soin d'en tirer la conclusion.

« En entrant aujourd'hui dans sa dixième année, l'Almanach, cet enfant gâté de l'Union, semble avoir atteint ce que l'on est convenu d'appeler l'âge de raison. Il n'est peut-être pas encore parfait, mais avouez qu'il a fait de très sérieux progrès et que les reproches de sa mère-grand lui ont été profitables.

« Rien ne forme comme les voyages, a-t-on dit ; l'Almanach en est aujourd'hui un exemple des plus frappants. Vous n'ignorez pas, en effet, Messieurs, qu'au commencement de cette année, le grand sociologue que nous avons eu la douleur de perdre, M. le comte de Chambrun, avait proposé à l'Union de faire faire, à ses frais, un tour de France à l'Almanach. Le petit gamin l'avait séduit par son air martial, ses idées précoces, son cœur chaud et surtout par l'ardeur de son amour pour les Syndicats. Il le prit en affection, et avec le consentement de sa mère-grand il lui paya un splendide voyage à travers ce beau pays de France. En le voyant partir, la vieille grand'-mère ne put retenir ses larmes, car elle croyait bien que c'était un adieu et non un au revoir qu'elle adressait à son petit Benjamin. Elle avait mauvaise opinion de sa faiblesse, elle redoutait, pour lui, les entraînements, les mauvaises compagnies, tout ce qui fait, en un mot, les mauvais sujets. L'Almanach valait mieux que sa réputation et pendant son long voyage à travers la France syndicale, il fut aussi sage que raisonnable, il laissa partout la meilleure impression.

« Dans bien des régions, il se rencontra avec un sien cousin qui s'appelle l'Almanach de la Société des Agriculteurs de France, plusieurs fois ils voyagèrent ensemble, dans le même compartiment. Tous deux de même âge, se connaissant depuis longtemps, ils firent à cette occasion plus ample connaissance et des liens d'amitié étroite se formèrent entre eux. C'est dans les Ardennes qu'ils se séparèrent ; l'un rentrant à Paris, l'autre rentrant à Lyon par le Jura et la Bourgogne, où il fut reçu avec la plus cordiale sympathie par nos amis de la région.

« A son retour, l'Almanach fut reçu par sa grand'mère en enfant prodigue et le veau gras fut tué à son intention.

« Cette année, parmi les amis qu'il a visités, beaucoup l'ont déjà invité à revenir, c'est là preuve qu'il a laissé un bon souvenir et que son voyage n'a pas été inutile. Il serait donc utile qu'à défaut de notre grand bienfaiteur, l'Union pût payer à son enfant un nouveau voyage qui le ferait mieux connaître et mieux apprécier. La dépense n'est pas exagérée, au surplus le petit Almanach, qui est un jeune homme rangé, a pu économiser près de 400 francs, c'est là le meilleur emploi à faire de sa tirelire.

« Vous l'avez compris, ce voyage à travers la France dont je viens de vous parler, représente l'envoi à tous les syndicats agricoles, de l'Almanach de l'Union, et c'est pour que notre publication retire de cet envoi tout le fruit désirable, que je demande qu'il soit répété cette année. Notre Almanach n'est pas seulement, en effet, l'Almanach de l'Union du Sud-Est, il est l'Almanach des Syndicats agricoles de France et grâce aux facilités qu'il donne aux syndicats d'en faire leur Almanach, sa diffusion ne peut que profiter d'une plus ample connaissance.

« L'Almanach des syndicats agricoles doit se tenir à la hauteur de sa réputation, il aura l'honneur de figurer, dans quelques mois, à l'Exposition de 1900; il faut qu'il justifie tout le bien que nos amis pensent et disent de lui. De toutes les publications similaires, notre Almanach est de beaucoup le plus important puisqu'il dépasse de plus du double le tirage de l'Almanach agricole le plus répandu. 100.000 exemplaires c'est, Messieurs, un tirage que pendant longtemps nous avons regardé comme inaccessible ; cependant nous l'atteignons et déjà nous espérons le doubler.

« Nous avions l'an passé 150 syndicats souscripteurs sur 208, nous en avons cette année 200 sur 248.

« De la question annonces, j'ai peu à dire, sinon que leur recherche devient de plus en plus une course au clocher et que la tâche est d'autant plus ardue que les publications honnêtes qui garantissent leur réel tirage ont à lutter contre certaines publications qui ne vivent que par la publicité et qui annoncent 25, 30, 50 000 exemplaires même, alors qu'en supprimant le dernier chiffre on est encore bien au-dessus du tirage effectif. D'autre part l'Exposition de 1900 oblige beaucoup de grandes maisons à réduire leurs frais de réclame, de telle sorte qu'il faut beaucoup d'annonces pour produire la somme qui nous est nécessaire pour boucler notre budget.

« Nous n'avons cependant pas le droit de trop nous plaindre puisque, pour la première fois, l'Almanach peut se passer du concours financier de l'Union et régler ses dépenses avec ses seules ressources. Si l'on songe que nous perdons dans la vente aux syndicats, 0.10 à 0.12 par exemplaire, on reconnaîtra que le résultat n'est pas trop mauvais et que décidément l'Almanach vaut mieux que sa réputation.

« Voilà donc votre bambin devenu homme ; il a quitté les robes courtes pour prendre les culottes, et s'il est resté un garçon sérieux et rangé, il n'oublie pas cependant que les farces honnêtes et les histoires gaies rentrent dans le programme de ses études.

« Quelques-uns de nos amis ont exprimé le désir que les études de votre Benjamin soient purement classiques, c'est-à-dire agricoles, mais ils ne sont qu'une infime minorité et tous nos lecteurs demandent au contraire qu'il soit drôle, et que non content d'instruire, il amuse.

« L'année 1900 sera pour lui féconde en enseignements ; il est invité par sa bisaïeule l'Union centrale des syndicats, à aller passer quelques semaines à l'Exposition et à assister au Congrès des Syndicats ; pour qu'il puisse vous rapporter des impressions vues et qu'il puisse faire plaisir à ceux qui ne pourront pas aller voir cette grande exhibition qui doit marquer l'aurore du XXe siècle, nous avons forcé les cours de dessin et donné à l'Almanach deux professeurs distingués qui ont développé le talent artistique de notre jeune élève. Il en avait besoin, car jusqu'à ce jour il ne nous avait jamais donné que de mauvais petits bonshommes, mal bâtis et mal équilibrés ; cette année, grâce aux leçons de ses deux jeunes maîtres, il s'est habilement tiré de ses illustrations et vous pouvez être sûrs que, l'an prochain, il fera mieux encore.

« Comme littérature, il est dans une bonne moyenne, il n'a plus ces vilains mots et ces histoires grivoises qu'il apprenait dans le vilain quartier de la rue du Garet ; il se souvient du reste combien sa grand'mère lui a allongé les oreilles et il a juré qu'on ne l'y reprendrait plus. Je sais bien que de temps en temps on voudrait qu'il parle patois. et qu'il garde en honneur ces parlers locaux qui rappellent à chacun de nous sa petite patrie, mais il est tellement répandu aujourd'hui qu'il lui faudrait une véritable science pour parler le patois, car chaque syndical a son parler spécial.

« En résumé, nous n'avons pas le droit d'être mécontents de celui que vous appeliez hier encore votre jeune nourrisson ; le grand air et la vie des champs, autant que les voyages, lui ont profité, et sa vieille grand'mère, qui n'est cependant pas toujours commode, peut être fière de son gars.

« Il a pour lui un cœur d'or et c'est lui qui a amené à sa bonne mère un petit enfant trouvé sur les bords de l'Azergues, et qui s'appelle *Agenda des Agriculteurs et des Syndicats agricoles*. C'est la Coopérative qui a pris le soin de ce second nourrisson, et c'est assez vous dire que ses mamelles généreuses en ont rapidement fait un beau garçon, gros, joufflu, bien portant qui, sans peur et sans reproche et marchant droit devant lui, portera toujours fièrement les couleurs de ces vaillants Syndicats agricoles dont il est né et pour lesquels il travaille avec autant de dévouement que de succès ».

« Almanach et Agenda sont deux fils de l'Union, l'un fils légitime, l'autre fils adoptif ; ensemble ils se présentent à vous, vous demandant votre appui et votre concours, je sais qu'ils peuvent compter sur vous, comme vous pouvez compter sur eux.

« Tous deux n'ont qu'un but, servir, par l'agriculture et par les syndicats, notre grand'mère à tous, la France.

Nous sommes trop intimement lié à la vie même de l'Almanach, pour avoir le droit ici de faire son éloge.

Son succès colossal est une affirmation nouvelle de la grande vitalité que donne à tous ses enfants l'Union du Sud-Est, il est une preuve de la puissance de cohésion qui anime tous les syndicats de France. En devenant l'organe de tous les syndicats agricoles, l'Almanach est devenu un lien étroit et fraternel qui unit tous ceux qui dirigent et qui suivent ce grand mouvement qu'a provoqué la loi libérale du 21 mars 1884, et dont la poussée de plus en plus irrésistible entraînera bientôt tous ces millions de Français qui constituent l'armée pacifique de la démocratie rurale !

ENSEIGNEMENT AGRICOLE [1]

Il y a dix-neuf cents ans bientôt, le savant agronome Columelle écrivait dans la préface de son *Traité d'Agriculture* demeuré si justement célèbre :

« Je vois partout des écoles ouvertes aux rhéteurs, aux danseurs, aux musiciens et même aux saltimbanques ! Les cuisiniers et les barbiers sont en vogue ; on tolère des maisons où le jeu et les vices attirent la jeunesse imprudente, tandis que pour l'art qui fertilise la terre il n'y a rien, ni maîtres, ni élèves, ni justice, ni protection.

« Et, pourtant, quand même nous viendrions à perdre ceux qui professent toutes ces choses, la République pourrait encore avoir de beaux jours, car nos ancêtres qui ne connaissaient point ces divertissements et qui n'avaient pas même d'avocats, n'en furent pas plus malheureux, tandis que la société humaine ne saurait se passer d'agriculture. »

Puis il ajoute :

« Souhaitez-vous tirer parti de votre héritage, améliorer vos procédés ; vous ne rencontrez ni guides, ni gens qui vous comprennent. Et, si je me plains de ce mépris, on me parle aussitôt de la stérilité actuelle du sol ; on va jusqu'à me dire que la température est changée.

« Le mal est plus près de vous, ô contemporains ! L'or, au lieu de couler sur les campagnes qui nourrissent les villes, est jeté à pleines mains au luxe, aux plaisirs, aux exactions ! Écoutez-en mon expérience : reprenez le manche de la charrue et vous me comprendrez ».

---

(1) Pl. nᵒˢ 6 et 7.

Voilà, certes, une bien longue citation, mais on nous excusera d'avoir commencé par là, tant, malgré ses dix-neuf siècles, elle est encore vivante et pour ainsi dire contemporaine.

Déjà, il y a dix-neuf cents ans, l'agriculture était la grande délaissée. Déjà la ville et ses plaisirs faciles entraînaient l'imprudente jeunesse. Toutes les branches de l'activité humaine trouvaient un enseignement; seule l'agriculture ne rencontrait ni maîtres, ni élèves. Mais on déclarait, comme on le fait de nos jours, que la terre avait perdu sa fertilité et le soleil la chaleur de ses rayons.

L'homme, de tous les temps, pour excuser sa faute, a toujours préféré frapper la poitrine des autres ou accuser les éléments.

Qui de nous n'a pas, en maintes circonstances, entendu formuler les mêmes plaintes? Qui de nous n'a pas lu dans les feuilles publiques et dans nos revues savantes les mêmes doléances?

Nos campagnes se dépeuplent et les villes augmentent.

« Lorsque je veux voir les habitants de ma commune, disait, il y a quelques années, un maire de la Haute-Saône, je suis obligé de partir pour Paris; plus de la moitié des habitants de Mailley y est aujourd'hui installée, et il en est de même des communes voisines. »

Et cette constatation d'un maire du nord-est, M. Cornélis de Witt l'a faite à son tour pour le sud-ouest, lorsqu'il nous montre la commune de Laparade, dont la population s'élevait, en 1836, à 1108 habitants, et qui est tombée à 708 en 1896.

« Qui d'entre vous, s'écrie notre si regretté collègue et ami, Charles de Lorgeril, président de l'Union de Bretagne, qui d'entre vous n'a pas été persécuté par des fils de cultivateurs en quête d'une petite position?

« Ils appellent ainsi un emploi dans une administration publique ou privée, aux postes, aux ponts et chaussées, aux chemins de fer. Peu importe que l'emploi soit actif ou sédentaire, qu'il ait des conséquences favorables ou défavorables à l'hygiène, qu'on y abdique ou non ses libertés de conscience, de père de famille ou autre, l'essentiel est d'émigrer loin de la ferme, de dire un adieu sans retour aux rudes labeurs des champs. »

Et il ajoute cette vérité redoutable:

« Que pour tant d'impatients les places font défaut et que les élus sont pris dans l'élite des candidats : gens de conduite, d'une intelligence et d'une instruction plutôt au-dessus de la moyenne, bien tournés de leur personne, ayant conquis au régiment des galons de caporal ou de sous-officier. Quant aux autres, les déshérités de l'intelligence, les buveurs, les vicieux incorrigibles, les réformés du corps, du cœur et de l'esprit, ils restent aux champs parce que l'on n'en veut point ailleurs.

« D'où cette inéluctable conclusion que, dans l'état actuel des choses, l'avenir réservé à la famille agricole consisterait à se perpétuer par une sélection à rebours.

« Et nous assistons à ce spectacle profondément triste du dépeuplement de nos campagnes; nous voyons une à une les chaumières se fermer, les hameaux tomber en ruines, les fermes s'en aller en jachères. »

Et cette immense plainte qui s'élève de tous côtés, il n'y a pas jusqu'au rapporteur du budget de l'enseignement public, M. Bouge, qui ne vienne à son tour la formuler. Dans la séance du 22 novembre 1897, n'exposait-il pas à la Chambre la pléthore qui se manifestait dans le personnel enseignant ?

« A l'heure qu'il est, disait-il, 419 répétiteurs sont sans emploi ; les élèves de l'Ecole normale eux-mêmes sont obligés d'attendre; il y a là un mal social auquel il faut obvier !... l'Etat ne doit pas travailler à faire des déclassés. »

L'Office du Travail vient de publier une statistique sur les asiles de nuit ; nous y relevons le chiffre de 144.000 individus y ayant demandé l'hospitalité, parmi lesquels plus de 40.000 journaliers ou domestiques (la plupart certainement des évadés de la campagne) et 216 professeurs ou institutrices. Et le journaliste qui publie cette désolante statistique, ajoute : Où sont allés les autres, les femmes surtout, les 10.000 institutrices sans emploi, sorties de l'Ecole normale ?

« C'est comme une vaste conspiration contre les habitants des campagnes, dit encore M. de Lorgeril ; au régiment, à l'école primaire même, avec quelle hauteur ne traite-t-on pas la profession qui attache à la glèbe ; et le service obligatoire, qui est peut-être une nécessité de l'époque, n'est-il pas, sans aucun conteste, le dissolvant le plus énergique de la famille agricole ; et cet instituteur lui-même, cet émancipé de la ferme, bien vêtu, bien logé, bien payé, n'est-il pas lui aussi une leçon de chose frappante, si frappante qu'elle ne peut qu'impressionner l'enfant ?

« Et l'enseignement donné, loin de corriger l'impression produite, vient encore la fortifier ; si la dictée, la leçon du manuel met systématiquement à l'écart les choses de l'agriculture, l'enfant considèrera que la profession de son père dont on ne parle jamais en bonne part est décidément une profession inférieure,où l'on mange son pain à la sueur de son front, tandis que les privilégiés, comme l'instituteur, race supérieure, avec un moindre labeur, trouvent le banquet servi et la nappe mise. »

Du bas jusqu'en haut de notre échelle sociale en France, il en est de même, et ce ne sont pas seulement les paysans qui abandonnent les champs, mais aussi les classes élevées.

Ce mal est signalé par M. de Calonne à la fin du siècle dernier ; dans son travail, *La Vie agricole sous l'ancien régime*, il écrit : « L'émigration vers la ville, devenue à la mode d'abord dans le Beauvoisin et le Laonnais, gagne insensiblement les châteaux les plus isolés du Boulonnais, de l'Artois et des Flandres. »

On abandonne la campagne, car on n'est plus propriétaire qu'accessoirement ; on possède des exploitations plus ou moins importantes, mais on ne s'en occupe qu'en passant : on va s'y délasser au moment des chaleurs, au moment des vacances ; on va quelquefois assister aux récoltes, mais on est avocat, magistrat, commerçant, industriel ; agriculteur, jamais ou du moins presque jamais.

Du reste, la jeunesse française tout entière est entraînée par un courant irrésistible qui l'éloigne des champs. Et comment pourrait-il en être autrement ?

Prenez les établissements de l'Etat aussi bien que les établissements libres : partout une seule préoccupation,partout un seul désir, partout une même tendance comme une même organisation. Il faut faire des bacheliers.

Dans ce moule que l'Etat a forgé, il faut, coûte que coûte, y faire entrer de bon gré ou de force toutes les intelligences françaises.

C'est un passe-partout qui ouvre toutes les serrures.Et nous assistons à ce spectacle lamentable de la jeunesse française, appartenant à la classe aisée, travaillant uniquement en vue de la conquête de cette clef décevante, sans que personne songe à y trouver aucun inconvénient, et n'élève la voix pour demander une réforme. Et chaque jour le nombre des candidats augmente et chaque jour la moyenne des réceptions diminue. Pendant ce temps les programmes se modifient,chaque ministre de l'instruction publique veut y mettre quelque chose, de telle sorte que ces pauvres jeunes gens qui doivent tout savoir, savent un peu de tout, mais rien de bien assurément.

Loin de nous la pensée de supprimer les études classiques ! Elles sont le béton sur lequel on bâtira l'édifice de la vie, elles sont la base de toutes les autres connaissances, elles sont le sommet qui nous permettra de nous orienter et de diriger nos pas d'un côté ou de l'autre ; elles sont enfin la véritable formation intellectuelle. Mais qui osera jamais prétendre que les études faites aujourd'hui en vue du baccalauréat soient de véritables études classiques ?

Et puis, après la palme conquise, que voyons-nous ? Une course échevelée du côté de Saint-Cyr, de Polytechnique et des autres Écoles. Là, comme pour le baccalauréat, le nombre de concurrents va toujours grandissant, mais, celui des évincés va toujours en croissant, de telle sorte que pour 15 reçus il y a 85 refusés.

« Voilà donc, dit le P. Burnichon, dans son fort intéressant travail, le *Retour aux Champs*, voilà donc des milliers de jeunes gens brusquement obligés de changer de direction. Désorientés, las de cette lassitude profonde que laisse un travail intense, suivi d'un échec, déçus et humiliés ; il faut ou préparer un nouvel examen, ou s'engager de prime saut dans quelque profession où l'on a toute chance d'être devancé par ceux qui s'y sont préparés de longue main. »

Mais il n'y a pas que les jeunes gens se préparant à ces écoles, combien d'autres vont s'enfouir dans les Facultés de droit, combien d'autres vont tâcher de conquérir une licence ou un doctorat dont ils n'auront cure plus tard, là encore combien est faible le pourcentage de ceux qui, dans ces études juridiques, trouvent une véritable carrière ? Les carrières administratives et judiciaires sont encombrées, il y a 50 candidats pour une place, et puis qui n'a pas souvent entendu les jeunes gens fortunés auxquels on demande ce qu'ils vont faire, répondre : « Je vais faire mon droit. — Et pourquoi votre droit ? — Mais pour avoir mes grades ». Et dans le fonds ils se disent : pour passer gaîment mes années de jeunesse. Et voilà encore de jeunes hommes qui, après avoir appris à ne rien faire, après avoir gaspillé ce temps précieux que la Providence leur a prêté pour se préparer à jouer un rôle en harmonie avec la situation qu'ils occupent, qui, au lieu d'employer leur intelligence et leurs forces à augmenter la somme de grandeur et de bien-être de leur pays, à aider leurs concitoyens dans la lutte si difficile de la vie, vont grossir les rangs des inutiles sur terre.

Et faut-il les accuser, faut-il leur jeter la pierre, la faute doit-elle être mise tout entière sur leur tête ?

Quelles ressources leur a-t-on fournies pour changer leur direction, quels chemins leur a-t-on préparés pour les conduire à l'agriculture ?

Serait-ce Grignon, Montpellier et Beauvais? Mais ces écoles sont absolument insuffisantes et loin d'être à la portée de tous.

C'est d'une dure mais trop vraie constatation, tout dans notre éducation moderne les détourne des champs.

Et si, à cette éducation toute entière dirigée dans un sens opposé, on ajoute les attraits des plaisirs de la ville, l'appât du gain dans les entreprises industrielles et commerciales, celui de l'ambition et de la gloire dans les carrières politiques et militaires, celui de la tranquillité et souvent de la paresse dans les positions d'échelon et de marchepied, où les années et les protections, à défaut de qualités naturelles, font plus que tout le reste, si on ajoute encore à tout cela la rigueur des éléments eux-mêmes, et les maladies sans nombre qui sont venues fondre sur l'agriculture; si, par-dessus tout cela on place l'exemption de deux ans de service militaire accordée à quantité de professions autres que l'agriculture, à laquelle injustement on a fait une portion plus que congrue et presque nulle, on arrive à cette conclusion que non seulement les jeunes gens sont excusables de ne pas entreprendre la carrière agricole, mais encore qu'ils sont dans l'à peu près impossibilité d'y entrer.

Et cependant, sous peine de voir la France s'étioler peu à peu, sous peine de voir tarir ses forces les plus vives et ses ressources les plus belles, il faut arriver à arrêter ce courant, à le remonter même, à faire une volte-face complète et à rendre à la terre tous ces bras, toutes ces intelligences, tous ces capitaux qui lui font tant besoin.

Ah! si une faible partie de ces polytechniciens, de ces industriels, de toutes ces intelligences d'élite enfin, tournaient leurs efforts du côté agricole, que de merveilles n'accomplirait-on pas? Notre pays, au lieu d'être dans le marasme, serait véritablement transformé. La natalité s'en ressentirait, et alors on pourrait songer non seulement à repeupler l'intérieur, mais encore à fournir des colons pour nos colonies ; car c'est bien bon de répéter, comme on le fait tous les jours: allons, jeunes gens, partez, allez coloniser ; mais il me semble que la première colonie est la mère-patrie, dont les champs sont dépeuplés et où les bras manquent de tous côtés.

On se fait trop souvent agriculteur, comme le diable se fait ermite; l'agriculture est la profession des vieux, de ceux qui n'en ont plus, des retraités de toutes les carrières. Mais pour les jeunes intelligences il semble qu'elles aient mieux à faire et que les années pleines d'ardeur, de jeunesse et d'activité doivent être déployées sur un autre champ de bataille.

Et ce que nous signalons pour l'enseignement des garçons, il faut aussi le dire de l'enseignement des filles à tous les degrés. Qui s'occupe de faire une bonne paysanne, une bonne ménagère, qui s'occupe de faire une femme connaissant ses devoirs d'état ? Mais non, on veut faire des demoiselles et nos meilleures congrégations religieuses se laissent entraîner par ce funeste courant ; on passe de longues heures à étudier mille inutilités, qu'il faudra plus tard abandonner sous peine de négliger les plus impérieux devoirs.

La recherche d'un certificat d'études, d'un brevet, d'un diplôme, hante tous les cerveaux, et alors nous assistons à cet effroyable déclassement, auquel les pouvoirs publics prêtent si funestement la main. Et ces pauvres filles, arrachées au foyer maternel par ces promesses trompeuses, s'en vont traîner leur misère et trop souvent leur honte sur les pavés de nos grandes villes.

Nos administrations, nos banques, nos chemins de fer sont envahis par ces femmes obligées de vivre et dans l'impossibilité de créer un foyer ; par ces mères manquées, qui quittent leur domicile le matin pour n'y rentrer que le soir.

La femme chasse petit à petit l'homme des positions qu'il occupait ; ne lui faut-il pas aussi sa place dans nos prétoires, dans nos amphithéâtres de médecine, partout enfin ?

Et toutes ces places où elle n'est point à sa place, la femme les occupe parce que se pose l'inéluctable problème de la vie, et qu'il lui faut, coûte que coûte, utiliser le fruit de ses études pour ne point mourir de faim. Il n'est point rare, de nos jours, de voir des cuisinières et des femmes de chambres munies de leur brevet d'institutrice, connaissant fort mal la couture et moins encore la cuisine, mais s'empressant de remplacer Madame au piano lorsqu'elle est sortie.

Et maintenant, dira-t on qu'il n'y a rien à faire, que les modifications à apporter aux programmes sont trop difficiles, que les études sont déjà trop chargées, qu'on ne peut rien y ajouter ; que l'encyclopédie des sciences se déroule déjà trop longue pour qu'un jeune cerveau puisse en accepter une parcelle de plus ; qu'il est impossible à l'instituteur primaire de donner des notions agricoles de quelque valeur et que l'enfant ne connaisse déjà, et cela beaucoup mieux, par tout ce qu'il voit autour de lui, chez son père ; que l'enseignement secondaire, lui aussi, ne peut laisser aucune place à cette science nouvelle, qui serait une superfétation, que, du reste, pure théorie, elle risquerait de demeurer bien inutile ; qu'enfin en ce qui concerne l'enseignement supérieur, il est bien difficile d'y comprendre l'agriculture, car, en réalité, qui dit enseignement supérieur dit enseignement surtout scientifique et spéculatif; or l'agriculture, qui est avant tout une science pratique, se prêterait peu à ce genre d'enseignement.

Autant d'objections que nous avons entendu formuler par de très bons esprits, lorsque s'est posée la question de l'enseignement agricole.

Mais qui vous dit qu'on veuille allonger ce rouleau encyclopédique et pourquoi ne pas mieux organiser, au contraire, l'enseignement primaire à la campagne, faisant converger, vers le but qu'on veut atteindre, tous les efforts combinés de l'orthographe, des dictées, des problèmes, etc., et partout où c'est possible, sans nuire au développement intellectuel et à la somme des connaissances générales nécessaires, remplacer ceci par cela ?

« Le but à atteindre, dit l'instruction ministérielle concernant les notions d'agriculture dans les écoles rurales, le but à atteindre, pour l'enseignement agricole primaire, c'est d'initier le plus grand nombre des enfants de nos campagnes aux connaissances élémentaires indispensables pour lire avec fruit un livre d'agriculture moderne, pour suivre avec profit une conférence agricole ; c'est de leur inspirer l'amour de la vie des champs et le désir de ne point la changer pour celle de la ville ou de l'usine ; c'est de les pénétrer de cette vérité que le métier d'agriculteur, le plus indépendant de tous, est plus rémunérateur que beaucoup d'autres, pour tout praticien laborieux, intelligent, instruit. »

En matière d'enseignement secondaire, il ne s'agit point d'ajouter encore au programme si chargé du baccalauréat; mais puisqu'on le modifie lui-même chaque jour, pourquoi n'obtiendrait-on pas une réforme en ce sens ; et puis, n'y a-t-il que le baccalauréat et son programme qui puisse conduire les jeunes gens à quelque chose, surtout lorsqu'il y a tant d'appelés et si peu d'élus?

Pourquoi ne pas traiter l'agriculture comme les autres branches des sciences humaines, ne la pas faire participer aux faveurs de l'exemption militaire?

Enfin, en ce qui concerne l'enseignement supérieur, où a-t-on entendu dire que la haute science agricole, celle de tous les grands problèmes dont Pasteur et nos savants ont soulevé le voile, ne soient pas de la plus haute importance et de nature à faire progresser nos pratiques agricoles et à modifier nos méthodes?

Le temps est venu pour nos écoles de la campagne, pour les maisons d'enseignement secondaire, pour l'enseignement supérieur lui-même, d'entrer résolument dans cette voie où il y a tant à faire. Et c'est à la loi de liberté de 1884 que nous devrons ce mouvement.

Dans notre pays de France, où seules les étiquettes changent, sans modifier les rouages et les engrenages de toute sorte, c'est l'initiative privée qui opèrera cette révolution ; et ce sera une des gloires de nos syndicats agricoles de l'avoir conçue et organisée.

L'honneur en revient au grand cœur de M. de Lorgeril, puissamment aidé dans sa tâche par frère Abel, récemment promu supérieur général de son Institut. La Bretagne est partie la première, et son bel exemple s'est bientôt propagé sur divers points du territoire ; l'Anjou, le Bordelais ont fait de premiers essais fort encourageants. Sur quelques points de l'Union du Sud-Est, comme dans l'Ain, l'Ardèche, l'Isère, le Rhône et la Loire, les syndicats ont aussi commencé et la réussite de leur première année leur a fait désirer que l'Union elle-même entrât dans la lice, pour donner une consécration plus haute aux lauréats du premier degré, devenus les candidats du deuxième degré.

Le Conseil de l'Union du Sud-Est ne pouvait donc se désintéresser de ce grand mouvement et, dans sa séance du mois d'août 1897, il désignait l'un de ses vice-présidents pour promouvoir et organiser l'enseignement agricole dans sa circonscription, consacrer et coordonner les efforts déjà tentés, et cela avec le concours de M. de Villoutreys, président du Syndicat de Saint-Paul-en-Jarez, et de M. Jullien, trésorier de celui de Saint-Genis-Laval. Dans une première séance préparatoire, tenue le 28 août de la même année, il était procédé, après enquête, à la désignation des délégués départementaux et à celle des membres de la Commission exécutive ; une lettre leur était adressée au nom de l'Union du Sud-Est et, nous devons le dire avec joie, elle a été accueillie par tous avec un véritable empressement, tant cette question de l'enseignement agricole est dans l'air, tant elle est *in votis*, c'est bien le cas de le dire.

C'est le groupement des membres de la Commission exécutive et des délégués départementaux qui forme la Commission supérieure de l'enseignement agricole de l'Union du Sud-Est.

Dans sa séance du 11 septembre, cette Commission procédait à la nomination de son bureau. M. Guinand était confirmé dans ses fonctions de président, M. André Roux et M. de Villoutreys étaient désignés comme vice- présidents, M. Jullien confirmé dans ses fonctions de secrétaire-général, et M. Roussel nommé secrétaire-adjoint.

.Depuis cette époque, ce dernier qui était sorti dans un excellent rang de l'Institut agronomique, s'est présenté au concours pour le grade de professeur spécial d'agriculture qu'il a obtenu en 1900, montrant ainsi quelle est la valeur professionnelle de ceux qui ont entrepris cette lourde tâche de l'organisation de l'enseignement agricole.

« Ce sera, Messieurs, disait M. Guinand en ouvrant la première réunion, un des grands honneurs de ma vie, cette confiance nouvelle qu'ont bien voulu m'accorder mes collègues, pour une entreprise si grande, si noble et si patriotique, une entreprise dans laquelle je me vois entouré de tant d'hommes éminents et surtout d'hommes si profondément dévoués aux intérêts de l'agriculture et du pays tout entier. »

Dès le début de ses travaux, la Commission décida d'adresser immédiatement une circulaire aux Recteurs des académies de Lyon, de Chambéry et de Clermont comprenant, dans leur ressort, le territoire tout entier de l'Union du Sud-Est; aux Supérieurs généraux des Congrégations de l'enseignement primaire et aux Inspecteurs d'académie des dix départements, pour les informer de ce mouvement et leur demander ce qu'ils pourraient faire à l'égard des maîtres placés sous leur juridiction. Le recteur de Clermont répondit par une lettre fort aimable, donnant des renseignements sur l'enseignement secondaire agricole de sa circonscription. Les Supérieurs généraux des Congrégations remercièrent la Commission de sa communication, et l'informèrent de leur intention de promouvoir l'enseignement primaire agricole dans les écoles placées sous leur direction.

D'autres circulaires furent envoyées, soit aux présidents des syndicats unis pour les informer à leur tour, leur donner le nom des délégués départementaux et les prier de s'entendre avec eux pour organiser l'enseignement agricole dans leur département; soit aux délégués départementaux pour leur faire connaître les noms des présidents de syndicats de leur département et les inviter à les convoquer afin de former avec eux et avec les personnes notables de leur département le comité départemental.

Il leur était dit, dans cette circulaire, que la Commission supérieure de l'Union du Sud-Est n'entendait, en aucune façon, prendre la place des comités départementaux, mais qu'elle désirait, au contraire, leur laisser la plus large initiative, heureuse qu'elle serait de les aider de tout son pouvoir. On les invitait à songer non seulement à l'enseignement des garçons, mais encore à celui des filles et à former, dans ce but, des comités de dames qui leur seraient d'un puissant secours.

Nous ne devons pas oublier de dire ici que, dès sa première séance, la Commission supérieure écarta le titre de Commission d'enseignement primaire agricole, pour prendre celui beaucoup plus large et beaucoup plus conforme à ses aspirations de *Commission supérieure de l'enseignement agricole*, voulant bien marquer par là qu'elle entendait non seulement s'occuper de l'enseignement primaire des garçons et des filles, mais encore de l'enseignement secondaire et de l'enseignement supérieur, c'est-à-dire, propager un enseignement agricole destiné non seulement aux jeunes gens qui auront terminé leurs études, mais encore à former des maîtres qui donneront à leur tour l'enseignement agricole, soit dans les écoles primaires, soit dans les écoles secondaires.

La Commission a décidé de diviser l'enseignement primaire agricole en deux années d'études ayant chacune leur programme.

Les études de première année sont laissées à la surveillance et au contrôle des Comités départementaux, qui dressent le programme en s'inspirant de celui de deuxième année, et délivrent des certificats d'études sous leur responsabilité.

Les études de deuxième année doivent embrasser le programme dressé par la Commission supérieure de l'enseignement agricole de l'Union du Sud-Est; elles sont couronnées par des examens auxquels ne peuvent prendre part que les enfants ayant obtenu le certificat d'études agricoles primaires. Un diplôme délivré par l'Union du Sud-Est est décerné aux lauréats (1).

Etudes agricoles primaires de garçons. — Programme de l'examen de première année.

I. — AGRICULTURE. — NOTIONS GÉNÉRALES.

1° *L'agriculteur.* — Qualités qui lui sont nécessaires.

2° *L'air, l'eau, la plante.* — Notions sur l'air et l'eau ; étude de la plante : la racine, la feuille ; tige, fleur, fruit, graine ; mode de reproduction des plantes cultivées.

3° *Le sol.*

A. Sa composition : Terre arable. Eléments des différents terrains. Sous-sol, sa nature, son importance.

____

(1) Pl. n° 1.

B. Améliorations du sol : Epierrement, drainage, irrigation, qualité des eaux d'arrosage.

C. Fertilisation du sol ; Effet produit sur le sol par la végétation des plantes. Engrais : fumier de ferme, engrais verts, engrais industriels ou chimiques.

D. Culture du sol : Labours, hersage, roulage, instruments aratoires.

4° *La culture des plantes.*

A. Ensemencement et plantation : Soins d'entretien, binage, sarclage, buttage.

B. Récolte : Fenaison, moisson, vendange.

C. Assolement : Règles d'assolement, jachère, cultures dérobées.

II. — CULTURES DIVERSES.

1° *Culture des céréales.* — Généralités : blé, seigle, orge, avoine, maïs, sarrasin.

2° *Cultures sarclées.* — Généralités : betteraves, carottes, navets, pommes de terre, choux fourragers ; conservation : caves et silos.

3° *Plantes fourragères.* — Prairies naturelles et artificielles, luzerne, trèfle, sainfoin, vesces, pois fourragers, maïs ; leur conservation.

III. — ANIMAUX DOMESTIQUES.

1° *Notions générales.* — Classification, alimentation, soins d'hygiène, bons traitements.

2° *Espèce bovine.* — Bœufs de travail et de boucherie, principales races, élevage et engraissement ; vaches laitières : lait, beurre, fromage.

3° *Espèces chevaline et asine.* — Chevaux, ânes, mulets : principales races de chevaux ; leur nourriture.

4° *Espèces porcine, ovine et caprine.* — Races de porcs : soins à donner aux porcs ; nourriture ordinaire ; engraissement. Races de moutons : laine et viande ; nourriture ; chèvres.

5° *Animaux de basse-cour.* — Lapins, poules, canards, dindons, oies, pintades, pigeons.

IV. — VITICULTURE.

1° *La vigne.* — Principaux cépages français et américains cultivés dans la région.

2° *Multiplication.* — Greffage, bouturage, provignage.

3° *Etablissement d'un vignoble.* — Minage, plantation.

4° *Soins d'entretien.* — Taille, ébourgeonnement, sarclage, binage, fumure.

5° *Ennemis de la vigne*. — Gelée, grêle, coulure, pourriture, phylloxéra, mildiou, oïdium, black-rot.

6° *Vinification*. — Cuvaison, foulages, pressurages.

V. — HORTICULTURE.

1° *Jardin potager*. — Etablissement du jardin, culture et entretien des principales plantes.

2° *Verger*. — Principaux arbres fruitiers, plantation. Notions sommaires sur la greffe et la taille.

VI. — ASSOCIATION.

But et rôle des Syndicats agricoles. — Leur importance.

Règlement de l'examen de première année.

ARTICLE PREMIER. — Le certificat d'études agricoles primaires sera délivré après un examen oral passé dans les conditions suivantes.

ART. 2. — Les directeurs d'écoles qui voudront présenter des élèves pour l'obtention de ce certificat devront en faire la déclaration écrite, adressée du 1er au 10 mai, au délégué de leur département pour l'enseignement agricole.

Ils joindront à leur déclaration la liste en double exemplaire, par ordre alphabétique, des élèves qu'ils se proposent de présenter à l'examen, avec les nom, prénoms et date de naissance de chaque élève, et l'école à laquelle ils appartiennent. Exceptionnellement les instituteurs pourront présenter des élèves pour l'examen, postérieurement au 10 mai, avec l'assentiment du président du jury.

ART. 3. — Les examens du premier degré pourront être fixés par les syndicats du 15 juin au 15 août, mais autant que possible la date en devra concorder avec celle des examens oraux du deuxième degré.

ART. 4. — Les membres du jury d'examen seront choisis par le Bureau des syndicats ou par la Commission spéciale d'enseignement agricole de ces syndicats, qui instituera autant de jurys qu'en exigeront les centres d'examens et le nombre des candidats. Un jury d'examen se composera au moins de trois personnes.

ART. 5. — Le bureau du Syndicat ou la Commission spéciale déterminera les centres d'examens où devront se rendre les élèves candidats ; ces centres seront, autant que possible, les chefs-lieux de canton ; ils seront établis de manière que la distance entre chaque école n'impose pas aux élèves une trop grande fatigue.

ART. 6. — Les parents des candidats, les directeurs ou professeurs d'écoles, le maire, s'il le désire, et les candidats, pourront seuls assister aux examens oraux.

Le président du jury aura la police de la salle et se concertera avec les directeurs ou professeurs pour le maintien de l'ordre et l'observation du silence.

ART. 7. — Les candidats seront appelés à l'examen suivant l'ordre alphabétique des élèves appartenant à la même commune.

ART. 8. — Chaque candidat aura à répondre à trois interrogations sur les matières indiquées dans le programme de première année arrêté par le Comité départemental; il lui sera posé une ou plusieurs questions sur le chapitre 1 du programme; de même sur les chapitres 2 et 3; et de même sur les chapitres 4 et 5.

Le total des trois interrogations sera d'environ dix minutes.

Le candidat devra de plus justifier qu'il a assisté à trois excursions agricoles.

ART. 9. — Chaque interrogation sera cotée de 0 à 10 points, soit un total de 30 points. Le candidat, pour être jugé digne d'obtenir le certificat d'études agricoles primaires, devra avoir un minimum de 15 points.

ART. 10. — Le nombre de points de 0 à 10 recevra les dénominations suivantes :

0..	Nul.
1,2...	Mal.
3,4...	Médiocre.
5,6...	Assez bien.
7,8...	Bien.
9,10...	Très bien.

ART. 11. — Un procès-verbal sera dressé par le jury d'examen et contiendra les nom, prénoms, date de naissance de chaque élève, le nombre de points pour chaque question et le total des points. Ce procès-verbal sera adressé au président du Comité départemental.

ART. 12. — Les certificats délivrés porteront la mention *très bien*, si l'élève a obtenu un minimum de 27 points sur le total des interrogations ; la mention *bien*, s'il a obtenu un minimum de 21 points.

ART. 13. — Les certificats seront délivrés au nom de l'Union du Sud-Est des Syndicats agricoles, par le Comité départemental ; ils contiendront les nom, prénoms, et date de naissance du titulaire, ainsi que la mention *bien* ou *très bien*, s'il y a lieu. Ils seront signés par le président du Comité départemental, le président du Syndicat dans la circonscription duquel se trouve l'école du titulaire, et le président du jury.

ART. 14. — Le libellé du certificat d'études agricoles primaires sera ainsi conçu :

UNION DU SUD-EST DES SYNDICATS AGRICOLES

Syndicat d

Certificat d'études agricoles primaires.

Le Comité départemental pour l'enseignement agricole,

Vu le procès-verbal en date du...., dressé par le jury d'examen, duquel il résulte que l'élève (nom et prénoms), né le..., a satisfait à l'examen du

1er degré, délivre audit élève (nom et prénoms), le Certificat d'études agricoles primaires.

Lyon, le   19 .

Signé. — *Le Président du Comité départemental pour l'enseignement agricole*..................................
Le Président du Syndicat de............
Le Président du Jury....................

Art. 15. — Les certificats seront distribués par les soins de chaque Comité départemental d'accord avec les Syndicats agricoles.

Programme de l'examen de deuxième année

1. — AGRICULTURE. — NOTIONS GÉNÉRALES

1° *L'agriculteur*. — Qualités intellectuelles et morales qui lui sont nécessaires.

2° *L'atmosphère, l'eau, la plante*. — Notions sur l'air et l'eau ; étude de la plante et de ses éléments nutritifs ; la racine, ses fonctions ; la feuille, ses fonctions ; tige, fleur, fruit, graine ; germination ; mode de reproduction des plantes cultivées ; nutrition, respiration, accroissement des végétaux, éléments de nutrition contenus dans le sol.

3° *Le sol*.

A. Sa composition : Composition de la terre arable, éléments des différents terrains, caractères des terrains selon les proportions de ces éléments ; leur analyse sommaire et son interprétation ; sous-sol, sa nature, son importance.

B. Amélioration du sol : Épierrement, écobuage, drainage, irrigation, qualité des eaux d'arrosage, pouvoir absorbant du sol.

C. Fertilisation du sol : Effet produit sur le sol par la végétation des plantes ; exigences des plantes ; rôle des engrais ; éléments utiles des engrais ; insuffisance du fumier de ferme ; engrais complémentaires ; engrais azotés, phosphatés, potassiques, calcaires ; engrais naturels et engrais industriels ou chimiques, leur origine animale, végétale, minérale ; fumier de ferme, sa préparation ; purin ; engrais verts ; décomposition des matières organiques ; importance de la nitrification, de l'assimilabilité et du dosage en vue de l'emploi et de l'achat des engrais ; formules ; champs d'expérience.

D. Culture du sol : Labours, diverses sortes de labours ; hersage, roulage, utilité de ces opérations ; instruments aratoires.

4° *La culture des plantes*.

A. Ensemencement et plantation : Choix, préparation et conservation des semences et des plants ; semis, soins d'entretien, binage, sarclage, buttage, utilité de ces opérations.

B. Récolte : Fenaison, moisson, vendange.

C. Assolement : Sa nécessité ; plantes améliorantes et plantes épuisantes ; exigence des diverses plantes cultivées ; règles d'assolement ; jachère ; principaux assolements ; cultures dérobées

II. — CULTURES DIVERSES

1° *Culture des céréales.* — Généralités : blé, seigle, orge, avoine, maïs, sarrasin, etc.

2° *Cultures sarclées.* — Généralités : betteraves, carottes, navets, pommes de terre, topinambours, rutabagas, choux fourragers, etc. Conservation des tubercules et des racines. Silos.

3° *Plantes fourragères.* — Généralités : prairies naturelles et artificielles ; création et entretien ; luzerne, lupuline, trèfle, sainfoin, vesces, pois fourrager, maïs, etc. Conservation des fourrages, salage, ensilage.

III. — ANIMAUX DOMESTIQUES

1° *Notions générales.* — Classification ; soins d'alimentation, rations ; amélioration des animaux domestiques ; soins d'hygiène, bons traitements ; vente et achat, vices rédhibitoires.

2° *Espèce bovine.* — Bœuf de travail et de boucherie : caractères généraux, principales races ; vaches laitières ; âge, élevage, engraissement des bêtes bovines ; lait, beurre, fromage.

3° *Espèces chevaline et asine.* — Chevaux, ânes, mulets : principales races de chevaux ; âge, nourriture et maladies des chevaux.

4° *Espèces porcine, ovine et caprine.* — Races de porcs : soins à donner aux porcs ; nourriture ordinaire ; engraissement ; maladies. Races de moutons : production de la laine et de la viande ; nourriture et maladies ; Chèvres.

5° *Animaux de basse-cour.* — Lapins, poules, canards, dindons, oies pintades, pigeons.

IV. — VITICULTURE

1° *La vigne.* — Principaux cépages français et américains.

2° *Multiplication.* — Greffage, bouturage, provignage.

3° *Établissement d'un vignoble.* — Préparation du sol, choix des cépages, plantation.

4° *Soins d'entretien.* — Taille, ses principes, ébourgeonnement, sarclage, binage, fumure.

5° *Ennemis de la vigne.* — Gelée, grêle, coulure, pourriture, maladies parasitaires, cryptogamiques.

6° *Vinification.* — Ses principes ; soins à donner aux vins ; maladie des vins ; utilisation des marcs.

V. — HORTICULTURE

1° *Jardin potager*. — Etablissement du jardin, soins d'entretien, culture des principales plantes.

2° *Verger*. — Plantations, greffe, taille ; lutte contre les ennemis des arbres fruitiers ; conservation des fruits.

VI. — ENNEMIS ET AUXILIAIRES DU CULTIVATEUR

1° *Animaux et plantes nuisibles*. — Enumération ; moyens de les combattre.

2° *Animaux utiles*. — Enumération ; moyens de les multiplier ; protection des nids.

VII. — PRINCIPES DE COMPTABILITÉ AGRICOLE ET DE DROIT RURAL

1° *Nécessité* pour le cultivateur de tenir des comptes. Carnet de poche, livre de caisse.

2° *Notions sommaires de droit rural* : Eaux, clôtures, plantations, bornages, évitaison, etc.

3° *Notions d'arithmétique, de cubage et d'arpentage*, appliquées à l'agriculture.

VIII. — DE L'ASSOCIATION

1° *Bienfaits de l'association*. — Prévoyance et assistance.

2° *Rôle des syndicats agricoles*. — Loi de 1884.

3° *Mutualité*. — *Coopération*. — *Epargne*. — *Crédit*. — *Assurances*.

APPENDICE. — PARTIE FACULTATIVE

1° *Plantes industrielles*. — Olivier, colza, navette, œillette, mûrier, tabac, houblon, chanvre, lin. *Notions sur les industries agricoles :* huilerie, brasserie, rouissage, minoterie, distillerie.

2° *Apiculture*. — Les abeilles, reine, faux-bourdons, ouvrières, rayon, couvain, miel, ruche, essaims naturels et artificiels, récolte du miel, maladies des abeilles.

3° *Sériciculture*. — Vers à soie, magnaneries, choix de la graine, éclosion, mue, nourriture, récolte des cocons, maladies des vers à soie.

4° *Pisciculture*. — Frayères, nourriture des poissons et des alevins, régime des étangs.

5° *Sylviculture*. — Bois et forêts, futaies et taillis, arbres feuillus et résineux, semis et plantations, entretien des bois et des forêts, produits et exploitation des forêts, cubage.

6° *Notions* sur les constructions rurales.

25

Règlement pour les examens de deuxième année.

Titre I. — Dispositions générales

Article premier. — L'Union du Sud-Est des Syndicats agricoles, voulant promouvoir, dans toute l'étendue de sa circonscription, l'enseignement agricole primaire et lui donner une sanction efficace, a institué un examen (dit du second degré) qui, subi avec succès, donnera droit à un diplôme d'études agricoles primaires qui sera décerné par l'Union elle-même.

Art. 2. — Les élèves pourvus du certificat d'études agricoles primaires (examen du premier degré) délivré par les Comités départementaux et les Syndicats agricoles seront seuls admis à se présenter à l'examen du deuxième degré. En dehors des élèves des écoles primaires, la Commission supérieure pourra, sur l'avis du délégué départemental, dispenser du certificat de première année. Les candidats au diplôme devront avoir 12 ans révolus.

Art. 3. — Les instituteurs qui désirent présenter des candidats à l'examen du deuxième degré, devront en faire la déclaration écrite du 1er au 15 mai, au président de la Commission supérieure de l'enseignement agricole, à l'Union du Sud-Est, place de la Miséricorde, 8, à Lyon. Ils joindront à cette déclaration la liste, par ordre alphabétique, en double exemplaire, de leurs candidats, avec la date et le lieu de naissance de chacun.

Les maîtres indiqueront en même temps les récompenses qu'ils auraient obtenues, soit pour leur enseignement, soit pour leurs travaux personnels.

Art. 4. — L'examen du second degré sera divisé en deux parties, l'une écrite, l'autre orale.

Titre II. — Examen écrit.

Art. 5. — *Époque de l'examen.* — Les examens auront lieu autant que possible le même jour dans tous les départements de l'Union.

L'époque en est fixée du 20 mai au 20 juillet, mais, s'il était nécessaire, elle pourrait être reculée sur demande du Comité départemental, qui fera connaître les dates à la commission supérieure.

Art. 6. — *Lieu de l'examen.* — Les examens se passeront autant que possible au chef-lieu de canton, dans un local choisi par le syndicat ou le délégué départemental.

Art. 7. — *Commission d'examen.* — La Commission d'examen se composera des délégués choisis par le Comité départemental pour chaque centre d'examen et pris parmi les membres des syndicats et les personnes notables, assistés par un délégué désigné par la Commission supérieure de l'Union du Sud-Est.

Art. 8. — *Sujets de l'examen.* — L'épreuve écrite comprendra :

1° Une rédaction sur des sujets agricoles ;
2° Deux problèmes appliqués à l'agriculture.

Les sujets de l'examen seront choisis par la Commission supérieure qui ne pourra les prendre dans la partie facultative.

Ces sujets seront envoyés au délégué départemental, qui les transmettra sous pli cacheté, au président de la Commission d'examen. Il y aura autant de sujets que de dates d'examen.

ART. 9. — *Organisation et durée des épreuves écrites.* — L'ouverture du pli sera faite en salle d'examen, devant les candidats. Le président de la Commission donnera connaissance des sujets, aux candidats, en deux fois :

1° Il leur dictera cinq questions d'agriculture. Chaque élève en choisira trois à sa convenance et les traitera aussitôt. Une heure et demie sera donnée pour cette composition.

2° Après un quart d'heure d'interruption, un délégué dictera les deux problèmes portant sur l'arithmétique, le cubage, l'arpentage ou la comptabilité, pour lesquels il sera accordé une heure de travail.

ART. 10. — *Police des examens.* — Durant les deux séances d'examen écrit, les candidats n'auront à leur disposition aucun livre, note ou cahier. Il leur est interdit de quitter la salle pendant la rédaction de leurs compositions.

Toute communication entre les candidats est rigoureusement interdite. Les membres du jury seuls pourront pénétrer dans la salle.

ART. 11. — *Désignation des copies.* — Les candidats ne devront jamais inscrire leur nom et prénoms en tête de leurs copies, ni les signer à la fin. Ils se désigneront par un numéro d'ordre, qui leur est assigné sur la liste jointe aux sujets de composition envoyés par la Commission supérieure.

ART. 12. — *Correction des copies.* — Les commissions locales enverront, le soir même, sous pli cacheté ou en colis postal à l'Union du Sud-Est, 8, place de la Miséricorde, à Lyon, les épreuves écrites qui seront corrigées par les soins de la Commission supérieure.

ART. 13. — *Echelle des notes.* — Chaque composition sera cotée de 0 à 10 avec la signification suivante :

0	Nul.
1,2	Mal.
3,4	Médiocre.
5,6	Assez bien.
7,8	Bien.
9,10	Très bien.

ART. 14. — *Coefficients.* — Le coefficient de chacune des parties est fixé comme suit :

Orthographe et écriture, coefficient	1
Problèmes	3
Agriculture	6

ART. 15. — *Admissibilité à l'oral.* — On ne tiendra compte de l'examen oral que pour les candidats qui auront obtenu la mention *assez bien* à l'écrit et au moins la note 5 en agriculture. Les autres seront ajournés

quelle que soit leur note à l'oral, mais le bénéfice de l'épreuve écrite demeurera acquis à l'élève refusé à l'oral.

La mention *assez bien* sera accordée pour un minimum de... 50 points.
— *bien* .... — 70 points.
— *très bien*.. 90 points.

Le zéro est éliminatoire.

TITRE III. — EXAMEN ORAL

ART. 16. — *Epoque des examens oraux.* — On fera concorder, autant que possible, dans chaque département, les examens du second degré avec ceux du premier degré ou ceux du certificat d'études primaires. L'examen oral pourra avoir lieu le même jour que l'examen écrit.

ART. 17. — *Lieu des examens oraux.* — Les examens se passeront, autant que possible, au chef-lieu de canton, dans un local choisi par le Syndicat ou la Commission de l'examen. Ils ne pourront être passés que dans les circonscriptions dont fait partie l'école. Les exceptions à cette règle pourront être autorisées par la Commission supérieure, mais pour une école entière.

ART. 18. — *Jury de l'examen.* — Les examens oraux seront passés devant un jury formé par les soins de la Commission supérieure, d'accord avec le Comité départemental et comprenant, autant que possible, les présidents des syndicats agricoles ou leurs délégués, auxquels la Commission supérieure pourra adjoindre quelques personnes notables. Il devra comprendre au moins trois membres.

ART. 19. — *Interrogations.* — Les interrogations porteront sur chacune des parties suivantes :

Première partie. — Agriculture : Notions générales, titre 1 du programme.

Deuxième partie. — Cultures diverses; animaux domestiques, titres 2 et 3 du programme.

Troisième partie. — Viticulture, horticulture, ennemis et auxiliaires du cultivateur, titres 4, 5, 6 du programme.

Quatrième partie. — Principes de comptabilité, de droit rural, de l'association, titres 7, 8 du programme.

Cinquième partie. — Epreuve pratique, pour laquelle on mettra entre les mains du candidat des échantillons de plantes agricoles, de greffes, de plantes atteintes de maladies, d'engrais, etc.

Les candidats devront de plus justifier avoir fait au moins trois excursions agricoles, sur lesquelles ils pourront être interrogés.

ART. 20. — *Interrogations facultatives.* — Les candidats qui le demanderont pourront être interrogés sur la partie facultative du programme et auront droit pour leurs réponses à une note supplémentaire, qui sera additionnée avec les autres.

ART. 21. — *Notes.* — Comme pour l'examen écrit, les notes iront de 0 à 10.

Art. 22.—*Minimum de points pour être reçu.*— Un minimum de 25 points sera nécessaire pour être reçu à l'oral.

La note 0 ne sera pas éliminatoire à l'oral.

Art. 23. — *Note totale de l'écrit et de l'oral.* — Le maximum des points additionnés de l'écrit et de l'oral est de 150, sans compter les 10 points des interrogations sur la partie facultative.

La mention assez bien est nécessaire pour obtenir le diplôme d'études agricoles primaires (examen de deuxième degré), décerné par l'*Union du Sud-Est des Syndicats agricoles.*

La mention *assez bien* sera accordée pour un minimum de   75 points.
  —   *bien*.................................. .... 105 points.
  —   *très bien*................................. 135 points.

Art. 24. — Un procès-verbal sera dressé par le jury et envoyé au Comité départemental, qui le fera parvenir à la Commission supérieure.

Art. 25. — Les parents et les maîtres pourront seuls assister à l'examen oral

Titre IV. — Diplomes et récompenses

Art. 26. — *Diplômes et récompenses.* — L'*Union du Sud-Est* décernera :
1º Un diplôme d'études agricoles primaires (examen du 2º degré) aux candidats ayant obtenu le nombre de points nécessaires, ainsi qu'il est dit plus haut. Sur le diplôme seront inscrits le nom, les prénoms, la date de naissance du candidat et la note *bien* ou *très bien* qu'il aura obtenue.

2º Une récompense spéciale pourra être accordée aux diplômés classés les premiers sur la liste générale des candidats de la circonscription de l'*Union du Sud-Est.* (En tenant compte des notes de l'écrit ou de l'oral).

Art. 27. — *Archives.* — Les délégués départementaux devront envoyer à la Commission supérieure, 8, place de la Miséricorde, à Lyon, pour être conservés, les procès-verbaux des examens oraux. Ils auront aussi à dresser un rapport détaillé sur ces examens, en indiquant leurs desiderata et donnant leur appréciation.

Art. 28. — *Signataires du diplôme.* — Le diplôme sera signé :

1º Par le président de l'*Union du Sud-Est.*
2º Par le président de la Commission supérieure de l'enseignement.
3º Par le délégué départemental.
4º Par le président du Syndicat de la circonscription de l'école.
5º Par le président du Jury d'examen.

Art. 29. — *Distribution des diplômes.* — Les diplômes et récompenses seront distribués par les soins de la Commission supérieure, d'accord avec les Comités départementaux et avec leur concours.

La distribution aura lieu à une époque qui sera fixée par la Commission supérieure.

Art. 30. — *Récompenses aux maîtres.* — La Commission supérieure pourra décerner des récompenses spéciales aux maîtres ayant eu le plus d'élèves diplômés, en tenant compte :

1° De la proportion entre les élèves diplômés et ceux fréquentant l'école;
2° De leurs travaux et titres personnels.

Art. 31.— *Bourses dans les écoles primaires pratiques d'agriculture.*— Chaque année les Commissions départementales auront la faculté de désigner 3 °/₀ au maximum des élèves diplômés du 2° degré de leur département, en les choisissant parmi les plus intéressants tant au point de vue de l'instruction agricole qu'à celui de la situation de famille.

Les candidats participeront à un concours spécial pour l'obtention de bourses dans les écoles primaires pratiques d'agriculture.

La bourse représentera le tiers du prix de la pension (1).

Les parents des boursiers auront le droit de choisir sur une liste dressée par l'Union du Sud-Est, portant plusieurs écoles d'agriculture, dépendant soit de l'Etat, soit de l'initiative privée.

Etudes agricoles primaires de Filles.
Programme de l'examen de première année.

PREMIÈRE PARTIE. — LA FEMME A LA MAISON

1° *Qualités de la bonne ménagère.*— Ordre, propreté, économie, autorité maternelle.

2° *Emploi de la journée.* — Soins aux animaux, lever des enfants, préparation des repas, entretien du linge et des vêtements, coucher des enfants, tenue des comptes.

3° *La tenue du ménage.* — Le mobilier, la vaisselle, ustensiles de cuisine, la chambre à coucher, destruction des insectes, chauffage.

4° *La lingerie.* — Linge de maison, linge de corps, couture, raccommodage, tricotage, blanchissage et repassage.

5° *Alimentation.* — Le pain ; diverses espèces de soupes ; viandes, lard, salaison, légumes, boisson.

6° *Notions d'hygiène.* — Aération, nourriture, boisson, danger de l'alcoolisme, soins à donner aux nourrissons et aux enfants malades. Précautions contre les maladies et les accidents (morsure, piqûre, brûlure, coupures, chutes).

DEUXIÈME PARTIE. — LA FEMME A LA FERME

1° *Les animaux domestiques.* — Vaches, races, rendement en lait d'une bonne vache, allaitement des veaux, nourriture et soins. Le mouton, la chèvre, le chien à la ferme et avec les animaux. Le porc, nourriture des porcelets, engraissement du porc.

---

(1) Dans l'esprit de la Commission supérieure, le deuxième tiers pourrait être payé par le Syndicat, le troisième demeurant à la charge de la famille ou d'un bienfaiteur.

2° *Traité et laiterie.* — Traite, soins de propreté, fabrication du beurre et des fromages, leur conservation. La laiterie, petit lait.

3° *La basse-cour.* — Poules, canards, oies, dindons, pintades, pigeons, lapins. Races de poules, poulailler, propreté, soins, nourriture.

TROISIÈME PARTIE. — LA FEMME AU JARDIN

1° Semis, marcottage, bouturage, greffage.
2° Culture des principaux légumes. Arbres fruitiers, soins à leur donner ; cueillette des fruits, leur conservation.
3° Les ennemis et les auxiliaires du cultivateur, quadrupèdes, oiseaux, insectes et papillons.
4° Plantes médicinales usuelles.

Règlement de l'Examen de première Année.

ARTICLE PREMIER. — Le certificat d'études agricoles primaires sera délivré après un examen oral passé dans les conditions suivantes :

ART. 2. — Les directrices d'écoles qui voudront présenter des élèves pour l'obtention de ce certificat devront en faire la déclaration écrite, adressée du 1er au 15 mai, au délégué de leur département pour l'enseignement agricole.

Elles joindront à leur déclaration la liste, en double exemplaire, par ordre alphabétique, des élèves qu'elles se proposent de présenter à l'examen, avec les nom, prénoms et date de naissance de chaque élève, et l'école à laquelle elles appartiennent. Exceptionnellement, les institutrices pourront présenter des élèves pour l'examen postérieurement au 15 mai, mais avec l'assentiment du président du jury.

ART. 3. — Les examens du premier degré pourront être fixés par les Syndicats du 15 juin au 15 août, mais, autant que possible, la date en devra concorder avec celle des examens oraux du deuxième degré.

ART. 4. — Les membres du jury d'examen seront choisis par le bureau des Syndicats ou par la Commission spéciale d'enseignement agricole de ces Syndicats, qui instituera autant de jurys qu'en exigeront les centres d'examens et le nombre des candidates. Ces jurys seront mixtes, composés de dames et de messieurs.

Un jury d'examen se composera au moins de trois personnes.

ART. 5. — Le bureau du Syndicat ou la Commission spéciale déterminera les centres d'examens où devront se rendre les élèves candidates ; ces centres seront, autant que possible, les chefs-lieux de canton ; ils seront établis de manière que la distance entre chaque école n'impose pas aux élèves une trop grande fatigue.

ART. 6. — Les parents des candidates, les directrices ou professeurs d'écoles, le maire, s'il le désire, et les candidates, pourront seuls assister aux examens oraux.

Le président du jury aura la police de la salle et se concertera avec les directrices ou professeurs pour le maintien de l'ordre et l'observation du silence.

Art. 7. — Les candidates seront appelées à l'examen, suivant l'ordre alphabétique des élèves appartenant à la même commune.

Art. 8. — Chaque candidate aura à répondre à trois interrogations comprenant plusieurs questions sur les matières indiquées dans le programme de première année arrêté par le Comité départemental. Chacune de ces interrogations sera accompagnée, si la question le comporte, d'une épreuve pratique de couture ou autre.

Le total des trois interrogations ne devra pas dépasser dix minutes.

Art. 9. — Chaque interrogation sera cotée de 0 à 10 points, soit un total de 30 points. La candidate, pour être jugée digne d'obtenir le certificat d'études agricoles primaires, devra avoir un minimum de 15 points.

Art. 10. — Le nombre de points de 0 à 10 recevra les dénominations suivantes :

0............	Nul.	5,6.............	Assez bien.
1,2............	Mal.	7,8.............	Bien.
3,4............	Médiocre.	9,10.............	Très bien.

Art. 11. — Un procès-verbal sera dressé par le jury d'examen et contiendra les nom, prénoms, date de naissance de chaque élève, le nombre de points pour chaque interrogation et le total des points ; ce procès-verbal sera adressé au président du Comité départemental.

Art. 12. — Les certificats délivrés porteront la mention *très bien* si l'élève a obtenu un minimum de 27 points sur le total des interrogations, la mention *bien* si elle a obtenu un minimum de 21 points.

Art. 13. — Les certificats seront délivrés au nom de l'*Union du Sud-Est des Syndicats agricoles* par le Comité départemental ; ils contiendront les nom, prénoms, et date de naissance de la titulaire, ainsi que la mention *bien* ou *très bien*, s'il y a lieu. Ils seront signés par le président du Comité départemental, le président du Syndicat dans la circonscription duquel se trouve l'école de la titulaire et le président du Jury.

Art. 14. — Le libellé du certificat d'études agricoles primaires sera ainsi conçu :

UNION DU SUD-EST DES SYNDICATS AGRICOLES

Syndicat d

Certificat d'études agricoles primaires.

Le Comité départemental pour l'enseignement agricole,

Vu le procès-verbal en date du..., dressé par le jury d'examen, duquel il résulte que l'élève (nom et prénoms), née le .., a satisfait à l'examen du 1er degré, délivre à ladite élève (nom, prénoms), le Certificat d'études agricoles primaires.

Lyon, 19 . Signé,

Le président du Comité départemental pour l'Enseignement agricole...
Le président du Syndicat de.......................
Le président du Jury.........................

Art. 15. — Les certificats seront distribués par les soins de chaque comité départemental d'accord avec les syndicats agricoles.

Pendant la première année, certaines différences ont marqué les efforts tentés de toutes parts ; ici une commission centrale a organisé un concours examen écrit, avec l'aide de commissions locales chargées de vérifier dans les écoles la façon dont est donné l'enseignement, ainsi que de fournir des notes sur la valeur du cahier de chaque élève et du cahier archives, sur lequel chaque enfant, à tour de rôle, copie un devoir entier ; ailleurs une commission d'examen a interrogé en fin d'année tous les enfants qui ont reçu l'enseignement agricole.

Quoiqu'il en soit, les deux méthodes sont recommandables, car la plupart du temps on fait comme on peut et non point comme on veut.

Ici comme là des certificats d'études agricoles ont été décernés aux élèves, et des récompenses aux maîtres.

Initiative à signaler, le syndicat de Quet-en-Beaumont, dirigé par M. l'abbé Barel, pratique trois sortes d'enseignement :

1º *Celui des enfants* dans les écoles de filles et de garçons. Des concours mensuels y ont été organisés, et tous les mois le Jury a reçu et classé la meilleure copie envoyée par les Écoles.

C'est une idée féconde que nous sommes heureux de signaler.

2º *Celui des jeunes gens*, donné d'octobre à avril dans plusieurs sections de cercles d'études agricoles. Trois ou quatre fois par semaine des jeunes gens de quinze à vingt ans se réunissent au presbytère de 6 à 8 heures du soir ; chacun apporte son « Agriculture à l'Ecole primaire » et son cahier de rédaction ; on corrige les problèmes indiqués dans la leçon, puis un élève lit une leçon et après chaque paragraphe le directeur donne des explications. A la fin de la leçon il interroge chaque élève.

Un concours mensuel est établi entre tous les élèves des différents cercles d'études. Le sujet du concours est indiqué dans le Bulletin mensuel du Syndicat ; il se compose d'une rédaction et d'un problème. Les copies sont envoyées au jury du Syndicat, qui les classe et fait reproduire la meilleure dans le Bulletin du Syndicat. Les trois premiers élèves reçoivent en récompense des objets ou des livres agricoles ; par exemple : 1er prix, une faulx Révolier ; 2e un agenda Silvestre ; 3e un râteau français.

3º *L'enseignement donné aux agriculteurs*, soit par la voie du

Bulletin lui-même en leur enseignant les meilleures méthodes et en leur donnant de bons conseils, soit par la voie de conférences ou causeries agricoles.

En cela, le syndicat de Quet-en-Beaumont donne là un magnifique exemple.

Nous devons insister d'une façon toute particulière sur les excursions agricoles qui ont une véritable importance à tous les degrés de l'enseignement.

Rien ne saurait les remplacer, et ce que les enfants ont vu se grave bien plus profondément dans leur esprit.

La Bretagne a bien compris la chose ; aussi les directeurs de l'enseignement agricole ont-ils fait imprimer un programme des excursions agricoles, divisé mois par mois ; nous recommandons tout spécialement cette pratique.

Organisés comme ils le sont, nos syndicats fourniront facilement matière à cette visite qui, du reste, sera profitable non seulement à ceux qui la feront, mais encore à ceux qui la recevront.

Un plan des principales exploitations pourra orner les murs de l'école et servir à l'enseignement lui-même.

Nous devons signaler dans le Rhône, dans le Syndicat du Haut-Beaujolais, une première tentative d'enseignement agricole des filles. C'est un exemple qui a été suivi à Belleville, puis dans l'Ain, dans le syndicat de Bresse.

Les ouvrages d'enseignement primaire agricole, Dieu merci, ne manquent plus aujourd'hui.

Nous pouvons indiquer pour les garçons :

Les *Notions élémentaires d'agriculture*, par les Frères de la Doctrine chrétienne et le *Traité d'agriculture*, par les mêmes ; le *Manuel d'agriculture et de viticulture*, par les Frères Maristes ; le *Manuel du cultivateur et du jardinier*, par les Frères du Sacré-Cœur du Puy ; l'*Agriculture à l'Ecole primaire*, par les Frères de Ploërmel ; la *Première année d'agriculture*, par Raquet, Franc et Gassend ; *Notions d'agriculture à l'usage des écoles primaires*, par Barillot.

Pour les filles, les *Leçons d'agriculture élémentaire et d'économie domestique*, d'après le programme de l'Association Bretonne ; *La Ménagère agricole à l'usage des écoles primaires*, par Barillot ; *La première année de ménage rural à l'usage des Ecoles de filles*, par Raquet.

Nous ne saurions oublier l'école d'agriculture de Laurac (Ardèche), fondée il y a plus de quarante ans par les Frères des Écoles chrétiennes.

L'enseignement donné à Laurac est secondaire ; moins scientifique que pratique, destiné surtout aux enfants de la classe moyenne, aux fils de paysans aisés, mettant la main à la pioche ou à la charrue. Le prix de la pension est de 350 francs, ce qui est peu élevé.

Tels sont les débuts de l'enseignement agricole dans le Sud-Est ; ils sont de tout point encourageants et montrent bien que l'enseignement agricole répondait à des besoins et à une nécessité.

Pour mieux suivre la marche progressive de l'enseignement agricole dans l'Union, il nous semble naturel de reproduire ici le rapport que chaque année le distingué président de la Commission d'enseignement a présenté à l'assemblée générale de l'Union. Ce sera la meilleure monographie que nous puissions faire, et le style vibrant de notre ami Guinand reposera heureusement nos lecteurs de notre prose monotone :

« L'année 1898 commençait sous d'heureux auspices, et l'appel que la Commission avait adressé à tous les amis de l'agriculture fut largement entendu.

« La Commission supérieure dût, dès le début de l'année, fournir de nombreuses, de longues et laborieuses séances qui aboutirent à la rédaction des programmes et à l'élaboration du règlement.

« Ces programmes et règlements, que nous reproduisons plus haut, furent groupés dans une petite brochure, précédée d'un préambule donnant tous les renseignements sur l'organisation de l'enseignement et sur les ouvrages à consulter, et la commission les fit adresser à tous les instituteurs, sans aucune espèce de distinction, pensant que son appel, si désintéressé et si patriotique, serait entendu de tous.

« Les premiers examens furent passés le 8 juin, à La Mure (Isère), dans le syndicat de Quet-en-Beaumont, et les derniers, le 8 août, à Faverges, dans celui de la Haute-Savoie.

« Enfin, une session exclusivement réservée aux maîtres eut lieu le 17 novembre, au siège social de l'Union du Sud-Est, à Lyon. Nous devons à tous ces maîtres des félicitations toutes spéciales, car il leur a fallu un certain courage et une certaine énergie pour se mettre à des études entièrement nouvelles pour eux, pour se soumettre à ce surcroît de travail, sans cesser néanmoins de professer, et pour affronter enfin des épreuves auxquelles ils ne sont plus rompus. Après cet effort, ils seront en mesure d'enseigner, avec plus de compétence, l'agriculture à leurs propres élèves.

« Ce premier essai d'examen pour les maîtres a montré qu'il répondait à un besoin ; aussi, pour peu que la chose paraisse utile, nous sommes convaincus que la commission supérieure n'hésitera pas à organiser des jurys dans les principaux centres de la circonscription de l'Union où il y aura un nombre suffisant de candidats.

« Neuf départements de l'Union (Ain, Drôme, Isère, Loire, Rhône, Saône-et-Loire, Savoie et Haute-Savoie) ont organisé l'enseignement et présenté aux examens 1743 candidats, se répartissant de la manière suivante (1) :

```
1re année, certificat.................................... 1.336
2e année, diplôme...................................      355
Filles..............................................       52
```

« Il est juste de remarquer, en passant, que dans la Savoie, à Saint-Jean-de-Maurienne, la commission eut, comme candidats, des jeunes gens de 19 et 20 ans, ayant terminé leur philosophie et pour la plupart bacheliers.

« C'est un bel exemple donné par le Petit Séminaire de Saint-Jean, et par M. l'abbé Francoz, qui a préparé les candidats. Cet exemple, nous le voudrions voir suivi dans les collèges et maisons d'enseignement secondaire, où presque tous les jeunes gens sont destinés à devenir propriétaires, sans avoir jamais rien appris qui les y prépare.

« Sur les 1743 candidats présentés, 1287 ont été reçus, 456 ajournés.

« Cent trente-deux écoles ont pris part à ces examens, savoir :

```
Pour les garçons  117 Ecoles libres congréganistes.
      —             1   —   libre laïque.
      —             8   —   laïques communales.
Pour les filles     6   —
```

« Dans plusieurs départements, un certain nombre d'écoles communales avaient fait inscrire leurs élèves pour subir les examens, mais au dernier moment, elles se sont retirées, sous divers prétextes, en disant notamment que l'État, en 1898, avait rendu obligatoire une question d'agriculture dans le certificat d'études primaires, ce qui les dispensait de présenter leurs élèves à de nouveaux examens.

« C'était là une raison tout officielle et il eût fallu beaucoup de naïveté pour s'y laisser prendre.

« Ce serait, en effet, une erreur profonde de confondre les deux examens et de penser que l'examen du certificat d'études primaires peut remplacer celui d'agriculture, qui est purement agricole et non péda-

______

(1) Pl. nos 6 et 7.

gogique; de même l'examen du certificat d'études, qui ne peut comprendre l'agriculture que d'une façon fort accessoire, ne peut suppléer celui des syndicats. Ces deux genres d'examens sont faits pour se compléter l'un l'autre, et non point pour se combattre ; nous ne saurions trop insister sur ce point.

« Nous applaudissons des deux mains à tout ce que l'Etat fera pour développer l'enseignement agricole dans les campagnes, et le rapport du 4 août de M. le professeur de la chaire départementale d'agriculture du Rhône à M. l'inspecteur, suivi du programme (1) qu'il conviendrait d'enseigner aux élèves qui fréquentent les écoles primaires rurales du département, n'est point fait pour nous déplaire ; nous voyons que l'initiative des syndicats a porté ses fruits et que l'Etat ne veut point rester en arrière pour l'enseignement agricole ; mais nous persistons à penser que l'Etat ne peut et ne pourra jamais remplacer l'action pratique et l'initiative féconde du syndicat agricole ; nous dirons plus, nous croyons que ce serait une erreur de sa part de vouloir bloquer les deux examens en tâchant de supplanter celui créé par les agriculteurs eux-mêmes. Nous regretterions vivement que les instituteurs communaux se tinssent à l'écart des examens organisés par les syndicats agricoles, et privassent de la sorte leurs élèves de places que les syndicats ne manqueront pas de faire donner de préférence à ceux qui auront leurs diplômes.

« Nous pourrions donner ici un conseil en passant: dans le cas où, malgré tout, les instituteurs ne voudraient pas présenter leurs élèves aux examens agricoles, cependant si utiles, il y aurait un moyen d'aboutir : ce serait que les enfants se présentassent isolément, et pour cela il suffirait que les présidents de syndicats s'entendîssent avec les parents.

« Il y aurait encore un autre moyen, celui de faire présenter les enfants, une fois les études terminées.

« Bref, il faut vouloir et s'ingénier. Rien ne peut arrêter une volonté bien déterminée.

« Mais, revenons aux examens de 1898 ; les 1.742 candidats ont passé

---

(1) Ce programme est divisé en trois parties, en raison de l'âge des enfants:

1re partie. Notions données sous forme de leçons de choses aux enfants de 8 à 9 ans.

2e partie. Notions élémentaires de science et d'agrologie pour les enfants de 9 à 11 ans.

3e partie. Culture de plantes herbacées, des arbres fruitiers ; élevage et entretien des animaux domestiques.

devant 55 jurys différents, ayant tous leurs présidents et, en outre, un délégué de la Commission supérieure de l'enseignement, pour les examens du 2ᵉ degré, conduisant au diplôme de l'Union du Sud-Est.

« Deux cent quarante-sept examinateurs ont fait passer l'examen (1); tous agriculteurs, un grand nombre diplômés de l'Institut agronomique ou de nos grandes écoles d'agriculture et, parmi eux, un certain nombre de professeurs d'agriculture dont les noms font autorité dans la science agricole.

« Tous les délégués départementaux ont contribué, dans une large mesure, au succès inespéré de cette première année, et il est vrai de dire que, grâce à leur activité, à leur intelligence, à leur labeur qui a été rude plus d'une fois, grâce aussi au dévouement des membres des sous-comités syndicaux, l'enseignement agricole est fondé dans la circonscription de l'Union du Sud-Est.

« Voici, du reste, le tableau des examens par département (voir page suivante) ; il montrera que, s'il a été fait beaucoup pour une première année, il reste beaucoup plus à faire, et que nos efforts doivent redoubler pour arriver au résultat que nous devons atteindre.

« Tous nos départements, sauf ceux de la Loire et de l'Ardèche qui, grâce au dévouement de MM. de Villoutreys et de Mars, étaient entrés déjà dans la carrière, si nous pouvons ainsi parler, tous nos départements étaient à leurs débuts.

« C'est avec un ensemble vraiment merveilleux que les syndicats sont restés groupés autour de l'Union dans une fraternelle entente, pour pratiquer l'enseignement agricole et faire passer les examens. Un seul syndicat a cru devoir s'isoler et agir seul ; nous le regrettons pour lui, pour ses candidats et pour le but que nous poursuivons ; car il est incontestable que si chaque syndicat avait agi isolément et délivré des diplômes particuliers, il eut affaibli l'organisation et diminué la valeur des certificats et diplômes. S'il y avait autant de diplômes différents que de syndicats affiliés, ces diplômes n'auraient aucune espèce de valeur, en dehors de la circonscription du syndicat qui les aurait délivrés ; les programmes, variés à l'infini, n'auraient aucune espèce de sanction, le niveau des études varierait avec les syndicats eux-mêmes, et le voisin n'accepterait pas volontiers le diplôme délivré par le voisin.

« En groupant les syndicats dans une commune entente, tout en leur laissant les coudées franches et ne faisant que stimuler leur

---

(1) Pl. nº 7.

zèle et contrôler leur enseignement, on arrivera, au contraire, à donner une véritable valeur à cet enseignement, et surtout au diplôme délivré par l'Union du Sud-Est.

Tableau des Examens de 1898

DÉPARTEMENTS	PREMIER DEGRÉ			DEUXIÈME DEGRÉ			FILLES		EXAMINATEURS	JURYS	ÉCOLES
	Présentés	Reçus	Refusés	Présentés	Reçus	Refusés	Présentées	Reçues			
Ain............	18	16	2	6	4	2	»	»	7	2	2
Ardèche........	393	343	50	88	76	12	22	22	49	10	32
Drôme.........	42	40	2	17	16	1	»	»	18	4	3
Isère..........	165	151	14	22	21	1	4	4	43	11	16
Loire.........	376	164	212	104	47	57	»	»	48	8	33
Rhône.........	191	171	20	10	7	3	»	»	46	10	26
Haute-Loire....	»	»	»	»	»	»	»	»	»	»	»
Haute-Savoie...	9	9	»	9	4	5	»	»	9	4	2
Saône-et-Loire..	142	92	50	70	58	12	26	26	20	5	17
Savoie.........	»	»	»	6	6	»	»	»	5	1	1
10	1336	986	350	332	239	93	52	52	247	55	132
Maîtres..........				22	9	13					
				354	248	106					

RÉCAPITULATION

	Présentés	Reçus	Refusés
Premier degré.................	1336	986	350
Deuxième degré...............	354	248	106
Filles	52	52	»
Totaux......	1742	1286	456

« Et puisque nous parlons de certificat et de diplôme, c'est bien ici la place d'exprimer toute notre reconnaissance à l'éminent artiste, au peintre si distingué, qui est en même temps notre ami et notre collègue, M. Fernand de Bélair, qui a bien voulu mettre gracieusement son talent à notre disposition, pour la composition et l'exécution du magnifique diplôme que l'Union décerne aux candidats du 2ᵉ degré.

« Cette belle œuvre fait le plus grand honneur à l'artiste qui l'a conçue et à l'Union qui l'a inspirée. M. de Bélair a attaché son nom à une des plus grandes et des plus belles entreprises des syndicats, il aura bien mérité d'eux et de l'agriculture tout entière. Encore une fois merci.

« A la suite des rapports envoyés par les délégués départementaux, la Commission décide d'adresser des instructions à toutes les écoles, pour que, dès la première année, l'enseignement pratique s'ajoute à l'enseignement théorique.

« En ce qui concerne les examens de filles, qui ont lieu dans trois départements : l'Isère, l'Ardèche et Saône-et-Loire, nous devons dire que la satisfaction des jurys paraît être entière ; il est à penser que les institutrices auront tenu à honneur de ne présenter que des élèves de choix et parfaitement préparées, aussi le succès a-t-il été complet, puisque dans les trois départements il n'y a pas eu un seul ajournement.

« Le jury de Saône-et-Loire fait, du reste, cette remarque : que, dans leurs compositions écrites, les filles se sont montrées supérieures aux garçons pour le style et l'orthographe.

« Nous dirons ici que les jurys, pour les examens des filles, étaient mixtes, c'est-à-dire composés de dames interrogeant sur les parties du programme concernant le ménage et les soins intérieurs de la maison, et d'examinateurs interrogeant sur la partie agricole.

« Il faut espérer que ce premier essai d'examen de jeunes filles ira se généralisant, il est tout aussi important que l'examen des garçons, la femme joue un rôle considérable dans la maison rurale, elle en est souvent l'âme et bien souvent aussi la fortune.

« Nous avons rencontré plus d'une prévention contre l'enseignement agricole des filles ; mais, nous dit-on, c'est à l'homme à connaître l'agriculture, qu'est-ce que la femme peut faire dans cet ordre de choses ? Il importe de faire tomber ces préjugés et de montrer aux institutrices trop portées à enseigner des choses futiles, que les connaissances agricoles sont de toute nécessité pour la bonne tenue d'une ferme, et qu'à côté de ces connaissances agricoles, le programme contient toute une série de questions relatives à la tenue du ménage, à l'hygiène et aux soins à donner aux enfants ; autant de choses qu'on ignore totalement à la campagne et dont l'ignorance amène bien souvent des conséquences funestes.

« Mais pour faire tomber ces préjugés dans les écoles de filles, nous autres hommes nous sommes insuffisants, peut-être même incompétents ; souhaitons donc la formation, à côté de nous, de comités de dames qui feront dans les écoles de filles ce que nous avons fait dans les écoles de garçons. Avec leur précieux concours le succès est assuré. Et puis elles seront souvent un aide au milieu de nos labeurs syndicaux ; le rôle qu'elles pourront y jouer, notamment pour nos caisses de secours, sera des plus fructueux.

En suite des observations faites par les jurys des différents départements, la Commission supérieure a été appelée à étudier et à faire certaines modifications et adjonctions au règlement de l'examen du second degré. Voici son rapport :

1° *Age des candidats*. — Et d'abord, pour donner au diplôme, qui doit être le couronnement d'études vraiment sérieuses, toute la valeur et toute l'importance qu'il doit avoir, il a été décidé que les candidats ne seraient pas admis à l'examen du second degré, s'ils n'étaient au moins âgés de 12 ans révolus. Il pourra être admis des exceptions, sur demandes spéciales, mais ce ne sera jamais que des exceptions.

Vous comprénez toute la sagesse de cette adjonction à l'article 2 du règlement, et vous en sentez toute sa portée. Si nous voulons que notre diplôme soit pris au sérieux, si nous voulons qu'il soit coté, il est indispensable de ne point le donner à tout venant et il faut que les candidats aient une certaine maturité, pour affronter l'épreuve du deuxième degré.

2° *Epoque de l'examen*. — La seconde modification, qui concerne l'article 5, a rapport à l'époque des examens ; primitivement ils étaient fixés du 20 mai au 20 juillet. En raison des nécessités des travaux et pour faciliter les candidats et les maîtres, il a été décidé que les examens du deuxième degré pourraient être passés à partir du 1er mai, jusqu'au 15 juillet, et s'il était nécessaire la date du 20 juillet pourra être reculée, sur demande des comités départementaux.

3° *Correction des copies*. — La troisième modification est celle faite à l'article 12. Désormais, pour assurer autant que possible l'uniformité du niveau dans les études et dans les examens, toutes les compositions écrites seront envoyées à la Commission supérieure qui en assurera la correction. C'est une lourde tâche qu'elle assume, mais c'est le véritable moyen d'arriver à l'uniformité de correction et de s'assurer que le niveau des études est bien le même dans tous les départements de l'Union. Ce sera aussi de la sorte que nous donnerons au diplôme toute sa valeur.

4° *Note d'agriculture*. — La quatrième modification concerne la note d'agriculture pour la composition écrite, article 15 du règlement.

Ainsi que l'ont fait remarquer plusieurs jurys, avec juste raison, les coefficients actuels permettaient aux élèves forts en calcul d'obtenir facilement une moyenne de 25 points en arithmétique et d'être reçus, tout en étant presque nuls en agriculture.

Or, comme ce sont les connaissances agricoles qui doivent, en première ligne, assurer l'obtention du diplôme, la commission supérieure a décidé qu'aucun candidat du 2e degré ne pourrait être reçu s'il n'avait obtenu au moins la note 5 en agriculture, quelles que soient du reste les autres notes.

5° *Bourses*. — Enfin, la cinquième et dernière modification, qui est une adjonction au règlement par un article 31, est celle qui a rapport à la création de bourses pour les candidats les plus intéressants par leur savoir et par leur situation de famille.

La commission supérieure, voulant favoriser de tout son pouvoir l'enseignement agricole, non point l'enseignement théorique qui fait des déclassés et des hommes infatués de leur savoir, mais l'enseignement pratique qui fait des cultivateurs sérieux et attachés à leur sol, a demandé au Conseil de l'Union du Sud-Est, qui l'a gracieusement accordé, la création de bourses dans les écoles primaires pratiques d'agriculture ; voici, du reste, le texte de l'article 31 qui vous donnera toute l'économie de l'idée :

Art. 31. — *Bourse dans les écoles primaires pratiques d'agriculture*. — Chaque année les comités départementaux auront la faculté de désigner 3 °/₀ au maximum des élèves diplômés du 2° degré, en les choisissant parmi les plus intéressants, tant au point de vue de l'instruction agricole qu'au point de vue de la situation de famille ; les candidats prendront part à un concours spécial pour l'obtention de bourses dans les écoles primaires pratiques d'agriculture.

Les parents des boursiers auront le droit de choisir sur une liste d'écoles dépendant soit de l'Etat, soit de l'initiative privée, dressée par les soins de l'Union du Sud-Est. »

La bourse représentera le tiers de la pension. »

Nota. — Dans l'esprit de la commission le second tiers pourrait être payé par le Syndicat et le troisième par la famille ou par un bienfaiteur.

« Telles sont les modifications et perfectionnements que cette première année de fonctionnement a suggérés à la commission supérieure de l'enseignement.

« Comme conclusion, l'Union, dans son Assemblée générale, a décerné des récompenses aux maîtres.

« Les élèves ont reçu, par les syndicats, les récompenses de leurs succès, ici des sécateurs, des greffoirs, des abonnements au Bulletin de l'Union, des Agendas Silvestre, etc., et ailleurs des médailles et dans la plupart des livrets de caisse d'épargne de 5, 10, 15 et 20 francs.

« L'Union a voulu récompenser les maîtres ; malheureusement, les médailles dont la Société des Agriculteurs de France a disposé en sa faveur, sont en bien petit nombre, surtout si l'on songe que 132 classes réparties en 9 départements, ont donné l'enseignement agricole.

« Nombreux sont ceux qui eussent mérité ses faveurs : les collections, les champs d'expérience que beaucoup ont créés leur ont acquis des titres qu'elle eût été heureuse de récompenser.

« Cinq médailles pour nos neuf départements sont bien peu de chose, en présence d'un mouvement aussi important que celui qui s'est créé par les soins de l'Union, mais nous sommes convaincus à l'avance que le Conseil des Agriculteurs de France estimera, comme nous, que ses médailles pour l'enseignement dans notre région ne pourront trouver un meilleur emploi, et qu'elles ne pourront être distribuées avec plus de discernement que par l'Union du Sud-Est, conformément, du reste, à une décision prise au printemps dernier par le Conseil lui-même. »

Tel est le bilan de 1898 ; nous ne dirons pas que la tâche a été légère, sous peine d'être quelque peu à côté de la vérité, mais elle a été véritablement réconfortante. Il est beau de voir tant d'hommes dévoués abandonner leurs occupations et assumer un fardeau qui n'a pas laissé d'être parfois très lourd ; il est consolant de penser que 247 agriculteurs n'ont pas craint de se faire examinateurs, pour le plus grand bien de la France agricole. Déjà l'Union leur a adressé ses bien sincères remerciements, mais, ce qui vaudra encore mieux pour eux, c'est de penser qu'ils auront participé à une grande et généreuse entreprise et rempli un devoir vraiment patriotique. Nous ne doutons pas que leur exemple soit contagieux et nous demeurons convaincu qu'ils auront de nombreux imitateurs. Il faut que ce mouvement si bien commencé se généralise, que dans tous les départements, dans tous les syndicats, on fasse des efforts pour assurer le succès de l'année nouvelle. Les premiers obstacles, qui sont toujours les plus difficiles, sont désormais franchis, la voie est ouverte, il n'y a plus qu'à s'y engager résolument. Le succès appelle le succès.

L'année 1899 a marqué sur le terrain de l'enseignement un progrès sensible, et si la semence, généreusement jetée aux quatre coins du Sud-Est, par l'Union, n'a pas donné tous ses fruits, la faute en revient au mauvais vouloir de l'Université qui, de plus en plus, fait la sourde oreille à toutes les avances de nos syndicats.

2240 candidats se sont présentés, 1731 sont sortis victorieux de la lice ; c'est donc 507 examens de plus (1). Ces chiffres sont éloquents et démontrent d'une façon péremptoire que ce que nous avons fait, par notre libre initiative, répondait à un besoin et a été vivement apprécié des populations agricoles.

De tous côtés la commission a reçu des lettres d'encouragement de la part des maîtres et, à côté de ces lettres d'hommes vraiment

______

(1) Pl. n° 7.

épris de leur nouvelle orientation, elle en a reçu d'autres témoignant de la même ardeur et du même amour des choses de la terre, mais profondément affligés de se trouver entraînés par des défenses formelles de présenter leurs élèves, pourtant préparés, devant des jurys dont le grave défaut et le péché capital est de n'avoir pas été fondus dans le moule uniforme de l'Etat, mais d'être nés de l'initiative privée, si féconde pourtant et si peu coûteuse surtout.

Et cette plainte et ce regret que de simples instituteurs formulent, ils viennent d'une foule de départements et les rapports des délégués départementaux de la commission supérieure en témoignent fréquemment.

« Nous avons le regret de constater, dit l'un d'eux, que, malgré les efforts les plus louables et les tentatives les plus courtoises auprès des autorités académiques et des membres de l'enseignement officiel, aucune école du gouvernement n'a voulu accepter notre concours. Les instituteurs communaux ont reçu l'ordre de s'abstenir complètement et il nous a été impossible d'obtenir, même pour la formation de nos jurys, le concours des membres de l'enseignement officiel. »

Celui-là dit : « Il est extrêmement regrettable que le personnel universitaire n'ait pas concouru à cet enseignement d'une façon plus unanime, il faut constater qu'à l'occasion l'autorité supérieure a blâmé les instituteurs qui avaient présenté des élèves. D'une façon générale, le succès considérable des examens, l'affluence des candidats démontrent, par l'évidence la plus caractérisée, que ces examens répondent à un besoin réel, parfaitement compris des cultivateurs et du personnel enseignant. »

Cet autre : « Nous avons eu pour candidats autant d'élèves des écoles communales que d'élèves des écoles libres, de chaque côté on a manifesté le plus vif désir de faire davantage et mieux l'an prochain ; il est cependant fort probable que les maîtres dépendants de l'Etat ne seront pas autorisés à présenter leurs élèves à nos examens. Mais ce que nous avons vu cette année nous permet d'affirmer que l'initiative prise par l'Union du Sud-Est, de donner une sanction à l'enseignement, est très appréciée par *tous les maîtres*. Tous ne demandent qu'à donner cet enseignement pour lequel leurs élèves manifestent beaucoup d'aptitude. »

Dans tel autre département tel professeur d'agriculture qui avait accepté de faire partie du jury, en a reçu la défense de l'autorité préfectorale la veille de l'examen. Dans un autre encore, tel maître s'est vu retirer son emploi pour avoir présenté aux examens ses élèves qui, du reste, ont été reçus brillamment.

Et, pourtant, lorsque l'Union a commencé à propager l'enseignement agricole, les démarches furent faites auprès de toutes les autorités académiques.

Plus tard, dans une circulaire adressée aux professeurs départementaux et spéciaux d'agriculture, le Ministre de l'Agriculture, qui était alors M. Viger, s'exprime ainsi :

« Les conditions économiques qui régissent l'industrie agricole, depuis un certain nombre d'années, ont rendu indispensable la diffusion de l'enseignement technique et mis le gouvernement dans l'obligation d'être tenu au courant de tous les faits qui peuvent avoir une répercussion sur la production du sol. »

Puis il ajoute :

« Vous avez la mission de propager les découvertes scientifiques et les méthodes pratiques qui rendent fructueuse l'exploitation du sol. *Vous devez être en relations* avec les associations agricoles, *les syndicats*, de façon à permettre à tous ceux qu'intéressent les questions agricoles de trouver un guide sûr, d'autant plus apprécié que vous serez en contact plus fréquent avec les populations rurales et que vous vous tiendrez au courant de leurs aspirations et de leurs besoins. »

Voilà, certes, une excellente circulaire, et nous nous expliquerions mal l'ostracisme dont l'administration frappe la magnifique institution de l'enseignement agricole, entreprise par les syndicats agricoles si nous n'avions encore présente à la mémoire, la réponse faite à notre dévoué président, M. Duport, par un membre de la Commission parlementaire de la réforme de l'enseignement, incident qui a été déjà signalé par M. Duport, dans l'un de ses rapports.

Si nous revenons sur ce fait, c'est pour répondre à certains reproches qu'on aurait voulu faire encourir à la Commission supérieure, « de n'avoir pas fait tout ce qu'elle avait pu pour empêcher de se créer un pareil état de choses et, ensuite, pour chercher à le faire progressivement cesser ».

Dans son rapport de 1898, M. Guinand exprimait le regret de voir les instituteurs laïques se tenir à l'écart et, pour bien montrer combien était loin de notre pensée l'idée de faire œuvre de parti, il disait : « Nous applaudissons des deux mains à tout ce que l'État fera pour développer l'enseignement agricole dans nos campagnes ».

Quelques mois plus tard, à l'Union centrale à Paris, il ajoutait :
« Il est à désirer que l'Etat qui, trop souvent se croit une abstraction
et un être à part, en dehors des citoyens, aide ce mouvement admirable, qui ne peut aboutir qu'à la condition d'être libre ; mouvement
que l'Etat n'a pu commencer chez lui, après tant d'années d'efforts
et tant de circulaires demeurées lettres mortes, que par suite de
l'exemple donné et de l'émulation créée par nos libres institutions et
je réclame, en faveur des instituteurs de l'Etat, toute la liberté dont
jouissent les autres, car s'ils eussent été libres, ils auraient présenté
des candidats comme les autres. »

Cette explication était indispensable car il faut une bonne fois
faire cesser les malentendus.

Une véritable faculté d'agriculture a été créée, il y a près de deux
ans, à l'Université libre de Lyon, avec cours d'agriculture comparée,
d'agriculture générale, de zoologie, de zootechnie, de botanique, de
géologie, de droit rural, etc. Les étudiants qui fréquentent les cours,
sont, ou des jeunes gens désireux de se perfectionner en agriculture,
pour mieux gérer leurs propriétés, ou des maîtres de divers insti-
tuts qui sont venus y chercher la science qu'ils donneront à leur
tour à leurs élèves.

Or, huit de ces étudiants, comprenant 3 Frères et 5 jeunes gens,
avant d'affronter les examens de la Faculté, ont préparé celui du
2e degré de l'Union du Sud-Est et sont venus demander à nos juges
de les examiner. Deux ingénieurs agronomes, un avocat, un ancien
élève diplômé de Beauvais, le président du Comité départemental
du Rhône ont fait passer cet examen qui a abouti à huit réceptions,
bon exemple qui sera suivi par d'autres étudiants.

Comme l'an dernier, huit élèves de philosophie du petit séminaire
de St-Jean-de-Maurienne, tous bacheliers ou à la veille de l'être, se sont
présentés aux examens (nous citons le rapport de notre collègue,
M. d'Oncieu de la Batie, délégué départemental de la Savoie). « Ces élèves avaient été admirablement préparés par M. l'abbé Francoz,
récompensé, l'an dernier, par l'obtention d'une médaille d'argent grand
module ; je n'ai donc pas à insister sur l'intelligente initiative dont
ont fait preuve les supérieurs et les professeurs du petit séminaire
de St-Jean-de-Maurienne ; je me borne à constater que les huit candidats présentés ont été reçus avec la mention *bien*. »

Il y a lieu de féliciter à nouveau M. l'abbé Francoz et ses collègues
de leur louable initiative ; ils ont résolu un problème que tant d'autres

ont déclaré insoluble, ils ont montré qu'il était possible de préparer son examen d'agriculture, tout en préparant le baccalauréat, et d'arriver à être reçu des deux côtés; le tout est de vouloir et de savoir orienter le travail et les études de telle façon que la préparation de l'un serve en même temps à la préparation de l'autre.

Quel service immense le petit séminaire de St-Jean-de-Maurienne ne rend-il pas à ces jeunes gens! Qu'ils retournent chez leurs parents ou qu'ils restent au grand séminaire pour plus tard devenir curés de campagne, d'un côté comme de l'autre, ils retrouveront les leçons qui leur auront été données et, de loin, en remercieront leurs maîtres, ils pourront sans conteste rendre des services et exercer une influence que tous seront heureux de constater.

C'est surtout sur l'enseignement primaire que l'action de l'Union s'est exercée dans toute sa plénitude, puisque, en sortant les 8 candidats de l'enseignement supérieur il reste un chiffre de 2.219 examens, tant de garçons que de filles, ayant donné 1721 réceptions et 498 ajournements. » (1).

Voici, du reste, le détail par départements :

| DÉPARTEMENTS | GARÇONS | | | | | | FILLES | | | | | | NOMBRE | | | | |
| | 1er Degré | | | 2e Degré | | | 1er Degré | | | 2e Degré | | | D'EXAMINATEURS | DE JURYS | D'ÉCOLES | | |
	Présentés	Reçus	Refusés	Présentés	Reçus	Refusés	Présentées	Reçues	Refusées	Présentées	Reçues	Refusées			Congréganistes	Laïques	Pensionnats
Ain...	99	86	13	4	»	4	34	32	2	»	»	»	27	6	14	»	1
Ardèche	288	279	9	90	49	41	33	33	»	11	11	»	145	39	39	»	8
Drôme........	127	108	19	22	12	10	3	3	»	»	»	»	20	12	10	3	»
Isère	353	289	64	63	43	20	39	37	2	»	»	»	56	16	33	2	4
Loire	280	178	102	68	38	30	»	»	»	»	»	»	18	30	24	4	6
Haute Loire.....	72	41	31	»	»	»	»	»	»	»	»	»	28	7	7	13	»
Rhône..........	169	149	20	66	39	27	16	16	»	»	»	»	65	15	47	»	»
Saône-et-Loire...	155	109	46	50	29	21	66	49	17	9	8	1	36	10	19	4	1
Savoie........	83	65	18	9	9	»	»	»	»	»	»	»	21	8	6	6	1
Haute-Savoie....	10	9	1	»	»	»	»	»	»	»	»	»	7	2	2	»	»
	1636	1313	323	372	219	153	191	170	21	20	19	1	423	145	201	29	18
Maîtres..............				8	8	»									248		
				380	227	153											

(1) Pl. n° 7.

RÉCAPITULATION

		Présentés	Reçus	Refusés
Garçons	1ᵉʳ Degré	1636	1313	323
—	2ᵉ Degré	372	219	153
Filles	1ᵉʳ Degré	191	170	21
—	2ᵉ Degré	20	19	1
		2219	1721	498
Maîtres		8	8	»
Boursiers		13	2	11
		2240	1731	509

Ces chiffres sont éloquents, il en résulte que 248 écoles libres et 29 écoles de l'Etat y ont pris part, devant 145 jurys formés par 423 examinateurs.

Nous sommes bien obligé de remarquer que ce magnifique mouvement, si apprécié des populations agricoles et des candidats, si utile à l'agriculture française pour l'aider à sortir de sa routine et à lutter avec quelques chances de succès contre les nations voisines, nous sommes bien forcé de remarquer que ce mouvement eût été presque nul, si nous n'avions eu le concours des écoles véritablement libres.

Et, cependant, nous avons largement ouvert la porte à tout le monde, accueillant avec une véritable joie les maîtres de l'Etat qui nous conduisaient leurs élèves.

Comme l'an dernier, les délégués départementaux, dans leurs rapports, insistent sur les leçons de choses et le côté pratique de l'enseignement, c'est pourquoi la Commission supérieure a rédigé un tableau d'excursions à faire mois par mois, comprenant l'agriculture proprement dite, les animaux, la viticulture et l'horticulture. Elle a rendu obligatoires, pour l'examen du deuxième degré, trois excursions au choix du candidat, sur lesquelles il sera interrogé.

Elle a insisté beaucoup sur ce point auprès des examinateurs, car ce sera pour eux le moyen de s'assurer si les élèves ont étudié ailleurs que dans des livres. Que les maîtres se pénètrent bien de cette pensée, qu'on ne fait rien de sérieux avec les agriculteurs en chambre.

Deux départements, Ardèche et Saône-et-Loire ont eu, ainsi que nous l'avons dit, des examens de deuxième degré pour les jeunes filles.

Conformément à la décision prise par la Commission supérieure, le premier concours pour l'obtention des bourses a eu lieu cette année.

Cinq départements, savoir : l'Isère, la Loire, le Rhône, l'Ardèche et Saône-et-Loire y ont pris part; treize concurrents étaient sur les rangs.

Pour ne point leur occasionner une dépense inutile, l'écrit étant éliminatoire, il avait été décidé que la composition aurait lieu le même jour, dans tous les départements, sous la surveillance du délégué départemental ou de son suppléant. Le 20 septembre, tous les concurrents composaient et immédiatement leur composition était envoyée à Lyon pour être soumise à la Commission de correction : sept candidats étaient déclarés admissibles; l'Union du Sud-Est, ne voulant pas grever leur modeste budget, leur remboursa gracieusement leurs frais de voyage.

Une Commission composée de trois ingénieurs agronomes, d'un ancien magistrat et d'un avocat, leur faisait passer l'examen oral et déclarait définitivement admis : M. Joseph Bray, de Saône-et-Loire avec le n° 1 ; M. Trillat, de l'Isère, avec le n° 2 ; M. Guérin, de la Loire, avec le n° 3.

M. Trillat ayant renoncé à son privilège, le droit à la deuxième bourse a été passé à M. Guérin.

Comme l'an dernier, les élèves ont été récompensés directement par les syndicats ; livrets de caisse d'épargne, ouvrages d'agriculture, abonnement au Bulletin, Agenda Silvestre, sécateurs, tondeuses, greffoirs, etc., voilà pour les garçons ; médailles, nécessaires de couture, voilà pour les filles.

L'Union s'est réservée de récompenser les maîtres (au nom des Agriculteurs de France).

La Commission supérieure voulant reconnaître le dévouement exceptionnel de M. Laprugne, professeur spécial d'agriculture de l'arrondissement d'Yssingeaux, qui a présidé tous les jurys d'examen dans chacun des cantons de l'arrondissement, lui décerne la médaille de vermeil.

Elle décerne une première médaille d'argent grand module, au dévoué professeur, le frère Vulsin, de l'Institution des sourds-muets de Bourg, qui est arrivé à un si magnifique succès avec ses élèves.

Elle accorde une seconde médaille d'argent grand module, à M. Truchot, instituteur, à Sennecey-le-Grand (Saône-et-Loire), qui a présenté ses élèves avec tant de succès et a préparé au concours de bourses le jeune Bray, qui a obtenu le numéro 1.

La Commission accorde une seconde médaille d'argent petit module à Mme Anna Girard, en religion sœur Martina, religieuse de Saint-Joseph, institutrice à Bâgé-la-Ville, voulant récompenser en elle celles de Manziat, Bâgé et Replonges, dont le tour viendra bientôt.

Elle accorde une deuxième médaille d'argent petit module à M. Russier, instituteur au Mazet-Saint-Voy, canton de Tence, arrondissement d'Yssingeaux (Haute-Loire).

« La leçon qui se dégage de tout ce que nous venons de dire, ajoute, en terminant son rapport, le distingué président de la Commission supérieure, est tout d'abord, que l'enseignement agricole, si bien accueilli par les populations rurales, était devenu indispensable, en présence des découvertes incessantes de la science, de la marche en avant de toutes les branches de l'activité humaine, en face des efforts de l'étranger qui, certes, ne demeure point en retard, dont l'outillage se perfectionne chaque jour, où la main-d'œuvre est moins chère qu'en France, les impôts moins lourds, les terres d'un prix moins élevé. Il fallait donc aller de l'avant, sous peine d'être distancé et peut-être submergé.

« Nous devons donc redoubler d'efforts, perfectionner l'œuvre entreprise, rechercher s'il n'y a pas davantage et mieux à faire. Avons-nous tout fait lorsque nous avons fait passer l'examen et délivré les diplômes ; ne faut-il-pas, comme le dit si bien notre dévoué collègue, M. Mital, « songer à conserver chez nos lauréats les notions qu'ils ont emportées de l'Ecole primaire, et empêcher qu'elles ne s'évaporent pour ainsi dire, entretenir chez ce jeune homme l'amour du sol et rendre pratique tout ce qu'on lui a enseigné ? Si, une fois l'examen passé, l'enfant se contente d'accrocher au mur de la chaumière son diplôme bien encadré, s'il se contente de conduire la charrue ou de manier la pioche sans plus de souci du programme agricole qu'il a jadis étudié, l'influence du milieu, c'est-à-dire la routine, la rotation machinale des journées de travail, la cessation de toute culture intellectuelle, amèneront petit à petit l'oubli des leçons de l'école ».

« Comment exercer sur nos anciens lauréats une sorte de patronage ? Les directeurs d'écoles ne pourraient-ils pas les convoquer aux excursions agricoles ; ne pourraient-ils pas, pendant l'hiver, organiser des cours hebdomadaires ou employer d'autres moyens encore ? »

« La seconde leçon qui se dégage, c'est que rien ne peut remplacer l'initiative privée, mise au service du dévouement, sous l'aile de la liberté. Sa puissante fécondité a engendré cette magnifique organisation et montré la voie aux pouvoirs publics.

« Formons des vœux pour que l'Etat comprenne tout le parti qu'il peut tirer de ce grand mouvement et cesse de le considérer d'un œil indifférent lorsqu'il n'est pas hostile. »

L'histoire de 1899 serait incomplète si nous n'ajoutions que dans la session de février, la Société des Agriculteurs de France, désireuse de reconnaître et de consacrer le vaillant effort de l'Union sur le terrain de l'enseignement, lui a décerné son grand diplôme d'honneur, y ajoutant pour M. Guinand, président de la Commission, une grande médaille d'or.

Ce sont là deux récompenses chèrement gagnées, et en créant le cadre d'une organisation qui fonctionne grâce à une phalange d'hommes de bonne volonté groupés au service de l'enseignement agricole, l'Union et sa Commission supérieure ont accompli une œuvre de haute portée morale et sociale dont il faut vivement les féliciter.

Telle est, à la fin de 1899, l'histoire de l'enseignement agricole dans le Sud-Est ; un rapprochement piquant : C'est cent ans après cette grande révolution dont les grandes conquêtes s'appellent liberté, égalité, fraternité, que nous voyons l'administration renier cette devise contre des associations poussées par le seul désir d'être utiles à leur pays et à leurs concitoyens. Cent ans après 1789, nous voyons l'Université émancipée, s'entêter à ne pas voir les mains que lui tendent loyalement 250 syndicats et refuser de concourir avec eux à l'amélioration de l'agriculture et à l'éducation de l'agriculteur.

Pourquoi donc, en 1895, M. Buisson, directeur de l'enseignement primaire, nous invitait-il à marcher de l'avant ? « Le gouvernement, disait-il, ne prétend pas tout faire, tout payer, tout rétribuer directement, tarifant à l'avance, réglementairement, tous les bons offices, soit des instituteurs, soit des communes, soit des comités. Non, il s'adressera le plus possible aux groupes déjà bénévolement constitués, aux intermédiaires qui ont fait leurs preuves. Aide-toi, le Ciel t'aidera ! Les premiers que l'on aidera, ce sont ceux qui ont commencé tout seuls et qui ont fait quelque chose. Il est juste que ceux qui ont payé de leur personne soient les premiers bénéficiaires de l'appui gouvernemental. »

Les vrais pionniers de cette nouvelle campagne d'instruction populaire, ce sont toutes ces associations qui font de l'éducation par l'enseignement et de l'enseignement par le libre élan tant des maîtres que des élèves.

En avant et l'on vous soutiendra ! tel était l'appel qui nous était fait ; dès que nous y répondons, on crie « En arrière, lâchez tout ! »

Des promesses, des bonnes paroles, des éloges même, on nous en fait à foison, mais dès qu'il s'agit d'un acte le décor change, le rideau tombe.

C'est là une constatation pénible que nous ne pouvons nous dispenser de faire, car si par les efforts réunis de l'Etat et de nos syndicats l'enseignement agricole serait assuré, il n'est pas douteux que la division de ces deux forces aboutira nécessairement à un résultat plus ou moins négatif.

Comme l'a fort bien dit dans son remarquable manuel de l'Enseignement agricole, notre distingué collègue, M. d'Oncieu de la Bâtie : « C'est aux syndicats agricoles qu'il appartient de prendre partout où ils peuvent la direction du mouvement. »

Ces syndicats valent mieux que les autres parce qu'ils représentent l'union de toutes les classes sans exception de personnes, de clochers ou de drapeaux, parce qu'ils personnifient l'aide mutuelle de la science et de la pratique dans un juste équilibre de ces deux puissances, parce qu'ils sont le nombre qui permet la diversité, parce qu'il sont une force.

Il ne faut pas oublier que notre enseignement doit se répandre dans les écoles publiques comme dans les écoles privées, chez les congréganistes comme chez les instituteurs, au lycée aussi bien qu'au Petit Séminaire ; que nous faisons appel à tous les maîtres ; que nous convions à nos concours-examens tous les élèves. Il est donc absolument nécessaire qu'on ne puisse nous soupçonner d'avoir des préférences. Les garanties d'impartialité que nous offrons sont notre principal élément de succès. Nous en avons un autre dans notre compétence indiscutable : la loi de 1879 a eu beau décréter l'organisation de l'enseignement agricole à tous les degrés, créer des chaires d'agriculture pour y former toute la hiérarchie enseignante, actuellement encore, si les maîtres d'école ont certaines connaissances en agriculture qu'ils doivent à la profession de leurs parents, à mesure qu'on s'élève sur l'échelle académique on perd de vue la terre, et ses besoins vous échappent. Plutôt que de se risquer sur un terrain peu familier, nombre de savants voués au perfectionnement de l'Agriculture, dont parle M. L. Tisserand, préfèrent se cantonner sur les hauts plateaux de la science pure où la pratique se sent mal à l'aise. Pour interroger un petit paysan sur l'agriculture, il faut avoir soi-même pratiqué la terre, appris à ses dépens à la connaître. Seuls les syndicats, qui comptent parmi leurs membres des vétérans de la lutte pour le pain et le vin, peuvent former des bons jurys d'examen agricole. Bien supérieurs, en cela, à des fonctionnaires souvent changés, chez qui le zèle, le savoir, l'intelligence ne peuvent remplacer la connaissance du pays, ils n'en ignorent ni les habitudes ni les cultures spéciales ; ils savent quels sont les usages à réformer, les points faibles ; leurs questions sont choisies en vue d'atteindre la routine en sa tannière; leurs explications portent leurs fruits ; la façon dont ils interrogent est à elle seule un enseignement pour l'assistance.

Enfin, les syndicats sont une force : groupés en Unions, ils représentent une puissance anonyme dans laquelle se perdent les questions d'individus, contre laquelle viennent se briser les petites rivalités, les jalousies ; ils représentent en plus l'unité d'efforts et leur persévérance ; il donnent l'impression de la continuité. Les œuvres qu'ils entreprennent ne sont pas à la merci d'un zèle qui se lasse, d'un fonctionnaire qui s'en va, d'un bienfaiteur qui disparaît; pour un qui quitte le rang, dix le remplacent. Ce qu'ils étaient hier, ils le seront demain.

Pourquoi, au surplus, les mesures ne sont-elles pas générales et pourquoi, dans notre régime d'égalité, voyons-nous certains syndicats plus favorisés que d'autres, obtenir de l'État et de l'Université ce que d'autres leur demandent en vain ? Pourquoi refuser à des Associations présidées par des hommes qui n'ont d'autre politique et d'autre ambition que de faire le bien, un concours que l'on accorde si largement à d'autres qui sont parfois présidées par des hommes qui font, eux, beaucoup de politique ?

Comme l'a fort justement dit M. Duport à la fête du Musée social, « ce que nous demandons, c'est qu'on accepte un concours que nous offrons de tout cœur et sans arrière-pensée et surtout qu'on le fasse savoir à qui de droit. Certes, nos instituteurs y mettront leur zèle le meilleur, mais ils pourraient hésiter; de plus, il y en a parmi eux qui sont depuis longtemps dans l'enseignement et n'ont pas été préparés, par l'École Normale, à enseigner particulièrement les questions agricoles ; or, en agriculture, plus qu'en tout autre chose, il faut des praticiens, des gens qui puissent parler sur le terrain.

« Qui empêcherait, par exemple, d'organiser dans chaque commune — il est bien rare qu'il n'y ait pas une ou deux bonnes exploitations, — des visites au moment opportun avec des explications données sur place? Nous sommes persuadés que parents, enfants et maîtres donneraient toute leur bonne volonté pour faire produire à cet enseignement peu coûteux et bien simple, tous les fruits qu'on en peut espérer. »

Avec notre président, M. Duport, nous demandons que l'on marche le plus rapidement possible dans cette voie, pour apprendre aux enfants de nos cultivateurs à aimer leur profession, la première de toutes, parce qu'elle donne à notre armée ses soldats les plus vigoureux et les plus disciplinés, comme elle donne à l'Etat ses citoyens les plus sages et les plus dévoués.

TITRE VI

PRÉVOYANCE ET ASSISTANCE

Crédit agricole
Comité de Législation et de Contentieux
Assurances-incendie
Assurances-accidents agricoles
Assurances contre la Mortalité du bétail
Le rôle social par l'Assistance et la Prévoyance

CRÉDIT AGRICOLE [1]

Peu de questions sont à la fois aussi anciennes et aussi urgentes ; autant le désaccord et la variété existent dans les moyens de procurer le Crédit agricole, rapide et à bon marché, autant législateurs, écrivains et penseurs s'accordent sur la nécessité de propager en France le Crédit agricole, qui n'existe que depuis peu d'années.

Avec le Crédit agricole, il ne faut pas confondre ce qu'on appelle généralement le Crédit foncier. Ce dernier est nécessaire pour les prêts, qui ne peuvent être payés que pendant le cours d'une longue période, ceux, par exemple, contractés pour solder un prix d'acquisition ou des soultes de succession. Celui qui achète une propriété à crédit compte bien que les revenus de cette propriété dépasseront la somme d'intérêts qu'il aura à payer chaque année et, qu'avec l'excédent des revenus, il amassera lentement le capital nécessaire pour rembourser son créancier ; ou bien, si ce dernier y consent, il lui payera chaque année, en outre des intérêts, une petite somme qui amortira la dette en un nombre d'années déterminé. Le Crédit foncier est donc réservé aux emprunts que le débiteur ne pourra rembourser avant de longues années.

Pratiquement, le Crédit Foncier ne s'obtient guère, pour des sommes de quelque importance, qu'au moyen d'une hypothèque donnée sur ses biens par l'emprunteur au prêteur. Crédit foncier et Crédit hypothécaire sont presque synonymes. Et cela suffit à rendre le Crédit foncier impraticable pour les opérations agricoles à courte échéance ou de mince importance. Tout emprunt hypothé-

---

[1] Pl. n° 8.

caire, en effet, nécessite des frais et des formalités onéreuses ; si ces frais ne se répartissent pas sur un certain nombre d'années, ils augmentent considérablement les charges de l'emprunteur ; dans ce cas, en effet, le taux du prêt devient presque indifférent, tant les intérêts à servir sont peu considérables, comparés aux frais d'actes, d'inscription, de main-levée. Il convient donc de ne pas recourir à l'hypothèque pour un emprunt remboursable au bout de quelques mois ou même de deux et trois ans.

Le Crédit hypothécaire ou foncier ne manque pas dans nos pays, les placements hypothécaires ayant toujours grande faveur dans le public. Au reste, les questions qui se posent dans cet ordre d'idées intéressent beaucoup plus le grand propriétaire que le petit cultivateur, qui ne peut prétendre que difficilement au crédit hypothécaire, soit parce qu'il ne possède pas de propriétés, soit parce que les propriétés qu'il possède sont de trop peu de valeur pour servir de base à un emprunt un peu important.

A cette dernière catégorie d'agriculteurs, la plus nombreuse, la plus intéressante, ce qu'il faut, pour la satisfaction urgente de ses besoins, c'est le Crédit professionnel et mobilier, à court terme, celui qu'on appelle proprement le Crédit agricole.

Législateurs et particuliers se sont efforcés de l'établir en France.

« Malheureusement, dit M. Louis Durand, dans l'excellent ouvrage sur le Crédit agricole dont nous parlerons plus loin et auquel nous empruntons ces détails, si l'on compare le nombre et la variété des projets avec la nullité des résultats, si l'on fait l'inventaire de toutes les Commissions dont les rapports sont enfouis dans les archives parlementaires, sans avoir eu seulement les honneurs de la discussion ; de toutes les enquêtes dont les procès-verbaux avaient préparé ces résultats négatifs ; de toutes les sociétés, qui n'ont pu arriver à se constituer, on constate, somme toute, que tous ces efforts et tous ces travaux n'ont abouti qu'à une seule discussion parlementaire en 1883, à une seule faillite : celle du Comptoir agricole de Seine-et-Marne, et à une seule liquidation, plus désastreuse qu'une faillite, celle de la Société du Crédit agricole, fondée sous les auspices du Crédit Foncier ».

Depuis cet insuccès jusqu'au projet de loi présenté par M. Méline, aucune proposition, intéressant directement le Crédit agricole, n'avait été faite aux pouvoirs législatifs.

Et cependant, aujourd'hui plus que jamais, l'agriculteur a besoin de crédit.

Autrefois, il trouvait encore, chez les particuliers, certaines avances. Le paysan, qui avait besoin d'argent pour son exploitation, s'il était honnête et laborieux, rencontrait souvent un voisin, un ami, disposé à lui prêter, sur un simple billet, souvent même sur parole, tout ou partie de ses économies. L'argent gagné par la terre y retournait ainsi, et les bas de laine formaient une réserve importante pour le Crédit agricole. Cette réserve paraît aujourd'hui tarie.

D'abord, les besoins de l'agriculteur, en matière de crédit, ont augmenté. La culture d'aujourd'hui exige plus de capitaux que celle d'autrefois. Les fléaux divers qui ont dévasté l'agriculture, et les nécessités économiques l'obligeant à des changements de cultures, à des replantations onéreuses de vignes, ont épuisé ses ressources propres et augmenté ses besoins. Non seulement l'agriculteur ne peut plus prêter à ses voisins, mais il est obligé d'emprunter lui-même.

En second lieu, les épargnes agricoles, si diminuées qu'elles soient, ont pris une autre voie qui les éloigne de la campagne. L'agriculteur conservait, en numéraire, l'argent qu'il n'employait pas en achats de propriétés, parce qu'il n'avait pas d'autre mode d'emploi à sa convenance ; il regardait avec défiance les valeurs mobilières, peu connues encore dans les campagnes, et dont il ne pouvait apprécier la solidité. Aujourd'hui, les valeurs mobilières de toutes sortes, et non parfois les meilleures, ont pénétré jusque dans la campagne, et la plupart des propriétaires ruraux aisés ont un portefeuille plus ou moins considérable, emploi de leurs économies.

Les Caisses d'Epargne, elles aussi, ont contribué à cette diminution du numéraire ; de plus en plus répandues et appréciées, elles ont réuni et concentré une masse énorme de capitaux qui se trouvent ainsi retirés des lieux où ils auraient dû normalement circuler. Les dépôts agricoles, versés aux Caisses d'Epargne, vont se perdre dans le gouffre du budget et, s'ils sont remis en circulation, n'arrivent certainement pas aux campagnes qui les ont produits.

Dans bien des circonstances, cependant, une petite somme avancée à l'agriculteur peut lui épargner une grosse perte, ou lui procurer un bénéfice très appréciable.

Certaines dépenses, même improductives, peuvent parfois se faire utilement avec des fonds d'emprunt ; ce sont les dépenses absolument indispensables, celles que le cultivateur ne peut éviter. Qu'il ait à payer des frais de maladie, de procédure ou autres dépenses extraordinaires, sans doute il sera fâcheux pour lui de s'endetter, mais, contracter un emprunt à un taux raisonnable, vaudra souvent bien mieux que de vendre, à bas prix, quelques-uns de ses produits.

Et, en effet, aujourd'hui plus que jamais, il est important, pour l'agriculteur, de pouvoir attendre et de n'être pas forcé de vendre sa récolte dès qu'elle est terminée. Avec la dépréciation de tout ce qu'il produit, que devient le malheureux agriculteur ou vigneron qui se voit contraint de réaliser immédiatement pour se procurer de l'argent, soit pour payer une dette pressante, soit même pour vivre? Il vend son vin au sortir de la cuve, son blé dès qu'il est livré par la machine, se mettant ainsi en concurrence avec tous les agriculteurs — et ils sont nombreux — qui se trouvent dans la même situation. Il en résulte des prix de vente dérisoires, qui ne peuvent s'expliquer que par la nécessité absolue où le vendeur s'est trouvé de les accepter. Combien plus avantageux, pour lui, eût été un emprunt lui permettant d'attendre, quelques mois, des prix rémunérateurs!

Dans d'autres circonstances, une légère dépense peut encore éviter des pertes. Durant la sécheresse de 1893, les cultivateurs, obligés de vendre leur bétail parce qu'ils n'avaient ni fourrages pour le nourrir, ni argent pour acheter ces fourrages, ont vendu à vil prix des bêtes amaigries et affamées ; obligés de les racheter au printemps de 1894, ils n'ont pu le faire qu'à des prix excessifs. Double perte d'argent, sans compter l'absence d'engrais pendant tout l'hiver. N'eût-il pas été favorable et bienfaisant, le Crédit qui leur eût permis de conserver et nourrir, tant bien que mal, leur bétail durant l'hiver, et de le posséder encore au printemps?

Enfin, même pour des améliorations et acquisitions d'engrais ou instruments, le Crédit peut rendre à l'agriculteur de grands services. Un outil perfectionné facilitant et accélérant son travail, lui rapportera rapidement son prix d'acquisition et au delà ; mais, si modeste soit-il, ce prix ne sera peut-être, que par le Crédit, à la disposition du petit propriétaire ou fermier sans avances. Des engrais chimiques et autres, bien connus et analysés, peuvent transformer sa culture et, presque sans augmentation de main-d'œuvre, accroître notablement sa récolte. Les syndicats ne cessent d'en recommander l'emploi intelligent et leurs entrepôts les fournissent en toute sécurité. Mais, par une règle prudente, ils ne consentent à les livrer qu'au comptant, et l'agriculteur dépourvu d'argent, qui bénéficiera plusieurs mois après de cette sage dépense, doit encore recourir au Crédit.

En résumé, l'agriculture de nos jours ne peut échapper au mouvement qui pousse toutes les industries à recourir de plus en plus au

Crédit. Mais, pour les petites exploitations, pour les petits agriculteurs, fermiers, métayers ou propriétaires, le petit Crédit agricole n'existe pas en France à l'heure actuelle.

Telle est la conclusion de la savante et consciencieuse étude que, sur l'invitation de la Commission du Contentieux, l'un de ses membres, M. Louis Durand, a consacrée, en 1891, à cette importante question (1) et, dans laquelle nous avons puisé les détails qui précèdent.

Dans un rapport antérieur présenté à la Commission, le 2 juillet 1890, M. Louis Durand avait examiné la question du Crédit agricole chez les peuples étrangers, afin de voir quelles institutions satisfaisaient à ce besoin, et quel profit on pouvait tirer, pour la France, des expériences faites ailleurs.

Dans son remarquable travail, l'auteur, après avoir étudié les diverses formes du crédit agricole à l'étranger et les projets de loi proposés en France, conclut à l'adoption dans notre pays des caisses rurales Raiffeisen, qui fonctionnent depuis un demi-siècle en Allemagne et en Italie.

Ces caisses, fondées pour une circonscription très limitée, commune ou groupe de petites communes, reposent sur deux principes :

1° Absence de capital et de dividende, gratuité des fonctions, tous les bénéfices devant servir à créer et à fortifier les réserves;

2° Responsabilité illimitée de tous ses membres.

Pour introduire, dans notre pays, ces deux principes absolument nouveaux, le second surtout, M. Louis Durand n'a pas hésité à passer de la théorie à la pratique. Sans réclamer une législation nouvelle et des faveurs spéciales de l'État, usant uniquement de la législation de droit commun, il a rédigé les statuts d'une société en nom collectif à capital variable, fonctionnant dans les limites d'une seule commune.

Cette Société est en nom collectif : tous les associés sont donc solidairement responsables, sur tous leurs biens, des dettes de la Société.

Elle n'a pas de capital : les associés n'ont donc aucun versement à faire. Les capitaux que la caisse prêtera, elle les emprunte elle-même sous la garantie solidaire de ses membres.

---

(1) *Le Crédit agricole en France et à l'étranger*, par Louis Durand, docteur en droit, avocat à la Cour d'appel de Lyon. Paris, Chevalier-Maresq et Cⁱᵉ, 1891.

Les bénéfices que la caisse réalise forment une réserve destinée à couvrir les pertes qui pourraient être faites ; jamais un centime de ces bénéfices ne doit être distribué aux sociétaires, comme dividende, ou aux administrateurs comme traitement. La réserve s'accroît ainsi indéfiniment. Si elle devenait trop considérable, l'excédent en devrait être affecté à des œuvres d'utilité générale. Jamais les administrateurs ou les associés ne peuvent en bénéficier individuellement.

La caisse ne prête qu'à ses associés pour un emploi déterminé et jugé utile. Tout emprunt est garanti par une caution.

La caisse prête tout le temps nécessaire ; elle fixe d'avance, d'accord avec l'emprunteur, les époques où celui-ci devra payer des acomptes. Ces époques sont déterminées d'après les dates où l'emprunteur réalise ses principales recettes, par la vente de ses produits.

Dans ce système, les associés n'apportent point de capital du tout, mais ils s'engagent eux-mêmes, solidairement, jusqu'au bout, pour la dette de l'un d'entre eux. Ils examinent sa demande : s'ils l'approuvent, ils exigent une caution, puis, à côté de la signature de celle-ci, mettent celle de la Société et portent le tout à un particulier ou à une banque. La Société, tout en mettant 1 pour 100 dans le fonds de réserve, arrive à prêter à un taux très modéré. On a confiance en elle, parce que sa responsabilité est illimitée.

Au premier abord cela paraît très dangereux. En réalité, les sociétaires se sachant tenus à payer toute la dette, dans le cas où l'emprunteur ne le pourrait pas, épluchent sa demande beaucoup plus, surveillent de plus près l'usage qu'il fait de cet argent et, par conséquent, la sécurité de la Société n'est que mieux assurée.

Tel est le système Raiffeisen introduit et appliqué en France par M. Louis Durand.

Sur ces principes, et grâce aux efforts énergiques et persévérants de leur fondateur, 471 caisses rurales sont fondées à l'heure actuelle et, dans le dernier exercice, elles ont avancé à 1.432 cultivateurs plus de 1.500.000 francs.

Ces petites associations, éparses par la campagne, formées de paysans et de propriétaires inexpérimentés dans leur rôle nouveau de banquiers, n'ont pas tardé à se trouver faibles et isolées devant les méfiances et les difficultés que rencontrent toujours les œuvres nouvelles, celles surtout qui prétendent modifier un ordre de choses établi. Aussi les caisses rurales ont-elles senti le besoin de se grouper en Union, sous la présidence de leur fondateur, M. Louis Durand, pour trouver dans ce rapprochement les lumières et la force qui leur faisaient défaut.

L'Union des caisses rurales et ouvrières, dont le siège est à Lyon, avenue de Saxe, se charge de fournir tous renseignements juridiques ou pratiques pour la fondation et le fonctionnement des caisses. Elle publie un Bulletin mensuel où sont insérées des statistiques et tous documents dont le besoin se fait sentir. Elle se propose, en outre, d'étudier et d'établir les institutions utiles au développement des caisses unies.

Peuvent seules être admises dans l'Union, les caisses rurales et ouvrières qui remplissent les conditions suivantes :

1° Circonscription limitée à une seule commune, ou à deux communes, si l'une d'elles a moins de 600 habitants ;

2° Prêts aux seuls sociétaires, pour usage déterminé et contrôlé ;

3° Responsabilité solidaire et illimitée des associés ;

4° Interdiction de distribution de dividendes, tous les bénéfices étant attribués à la réserve.

5° Gratuité des fonctions des membres du conseil d'administration et du conseil de surveillance, le comptable seul pouvant recevoir une rétribution.

Les caisses unies, en adhérant à l'Union, conservent toute leur indépendance. Elles ne sont pas obligées d'adhérer aux institutions que l'Union pourra fonder par la suite, telles que : assurance mutuelle du bétail, caisse centrale, etc. Elles prennent seulement l'engagement d'envoyer, chaque année à l'Union, le nombre de leurs membres, la copie de l'inventaire annuel et les totaux des recettes et dépenses du livre de caisse pour permettre d'établir les statistiques. Elles ont, par contre, le droit de demander tous renseignements, conseils et consultations à l'Union.

Telle est l'organisation simple, pratique et pleine d'heureuses promesses, due aux intelligents efforts de M. Louis Durand, membre du comité du contentieux de l'Union du Sud-Est.

A la suite du vote de la loi de 1894, sur le Crédit agricole, et sur les instances de ses nombreux amis, M. Louis Durand a tenu à laisser les caisses fondées d'après ses principes, libres d'utiliser la nouvelle législation.

Il n'a pas voulu faire perdre aux caisses à responsabilité illimitée la possibilité de profiter des bénéfices de la loi de 1894, qui leur donne une plus grande liberté d'action, en leur imposant de moindres frais de constitution.

Un de nos amis, M. de Laage de Meux, président du Syndicat des Agriculteurs du Loiret, entra l'un des premiers dans cette voie et nous croyons être utile à nos lecteurs, en mettant sous leurs yeux les statuts de la Caisse rurale syndicale qu'il a créée sur les bases du système Raiffeisen :

Statuts

ARTICLE PREMIER. — Entre les soussignés, membres du Syndicat........ et toutes les personnes qui adhéreront aux présents statuts, il est fondé une Société en nom collectif, à capital variable, régie par la loi du 5 novembre 1894, sous le nom de *Caisse rurale de*........ ....

Elle a son siège dans la commune de.........................

Cette Société a pour but de procurer à ses membres le crédit qui leur est nécessaire pour leurs exploitations.

ART. 2. — Peuvent seuls faire partie de la Société, les personnes majeures, jouissant de leurs droits civils, membres du syndicat........... habitant la commune de...... ou y étant inscrites au rôle de l'impôt foncier.

Les nouveaux membres doivent être agréés par le Conseil d'administration de la Société, et accepter toutes les obligations que les présents statuts imposent aux associés. Tout candidat refusé par le Conseil d'administration peut en appeler à l'Assemblée générale qui statue en dernier ressort dans sa plus prochaine réunion.

ART. 3. — On perd la qualité d'associé :

1° Par démission volontaire : elle peut être donnée en tout temps;

2° Par décès : les héritiers du décédé ne peuvent jouir d'aucun des droits ou prérogatives de leur auteur;

3° Par la cessation des conditions exigées par l'art. 2, § 1er des présents statuts;

4° Par exclusion : elle peut être prononcée par le Conseil d'administration;

A. Si l'associé est condamné à une peine correctionnelle ou criminelle;

B. S'il est déclaré en faillite ou s'il se trouve en état de déconfiture notoire;

C. S'il ne remplit pas ses obligations vis-à-vis de la Société; s'il n'affecte pas les fonds empruntés à l'emploi qui a été déterminé, s'il oblige la Société à recourir contre lui aux voies judiciaires.

L'associé qui n'accepterait pas la décision du Conseil d'administration pourra en appeler à l'Assemblée générale, qui statuera en dernier ressort. L'exclusion ne pourra être prononcée qu'à la majorité des deux tiers des membres présents.

L'acquisition ou la perte de la qualité d'associé est constatée, vis-à-vis de l'associé, de la Société et des tiers, par une inscription sur le registre des entrées et des sorties des associés, signé par l'associé, le directeur et un membre du Conseil d'administration, en cas d'entrée ou de démission; et par ces derniers seulement, en cas d'exclusion.

Art. 4. — L'associé a le droit :

1° De prendre part aux Assemblées générales avec voix délibérative ;

2° De faire avec la Société toutes les opérations prévues par les statuts, autant que l'état de la Caisse et la solvabilité de l'associé le permettent.

Art. 5. — L'associé est, vis-à-vis des tiers, tenu sur tous ses biens des obligations de la Société. Entre les associés, les dettes de la Société se divisent par parts viriles. Mais chaque associé n'est tenu que des dettes antérieures à sa démission ou à son exclusion,

Art. 6. — Les associés ne peuvent engager la Société qui est représentée exclusivement par son administration, d'après les règles ci-après déterminées.

Art. 7. — Les organes de la Société se composent :

1° Du Conseil d'administration ; — 2° Du Directeur ; — 3° du Conseil de surveillance ; — 4° De l'Assemblée générale ; — 5° Du comptable.

Du Conseil d'Administration

Art. 8. — Le Conseil d'administration se compose de (1)........
membres élus par l'Assemblée générale pour (2)........
ans, il est renouvelable par (3)........

Les premières fois, le sort désigne le membre qui doit être soumis à la réélection. Les membres du Conseil d'administration sont indéfiniment rééligibles.

En cas de décès, démission ou empêchement durable d'un membre du Conseil d'administration, le Conseil nomme un membre provisoire, qui restera en fonctions jusqu'à la plus prochaine assemblée générale. Cette nomination doit être approuvée par le Conseil de surveillance.

Le Conseil d'administration choisit dans son sein le directeur qui préside ses délibérations, et le vice-directeur qui supplée le directeur en cas d'absence ou d'empêchement.

Le Conseil d'administration nomme et révoque le comptable qui peut être pris dans son sein, s'il n'est pas rétribué.

Le Conseil d'administration se réunit au moins une fois par mois, et plus souvent si c'est nécessaire. Pour la validité de ses délibérations, il faut la présence de deux membres. En cas de partage, la voix du directeur est prépondérante.

Le Conseil d'administration a pour mission :

1° De recevoir les demandes d'emprunt et d'accorder les prêts selon les

---

(1) *Ecrire le nombre des membres du Conseil d'administration* : *habituellement c'est* trois.

(2) Trois — *ou* six — *ou* neuf. *Ecrire le nombre d'années qui est adopté par la Caisse.*

(3) *Tiers chaque année — ou par tiers tous les deux ans*, si le Conseil est élu pour six ans, — *ou par tiers tous les trois ans*, si le Conseil est élu pour neuf ans.

règles établies par l'Assemblée générale, après examen du but de l'emprunt et fixation des termes de remboursement ; de donner son avis sur les demandes d'emprunt et les délais de remboursement dépassant le maximum fixé par l'Assemblée générale et prévu par l'article 11, n° 3 ; de rédiger les titres de créances et toutes pièces qui se rapportent aux affaires de la Société ; de surveiller l'emploi que l'emprunteur fait des sommes à lui prêtées ;

2° De décider sur l'admission ou l'exclusion des membres ;

3° De décider tous paiements ou recettes ; de veiller à la rentrée des fonds empruntés ;

4° De surveiller, de concert avec le directeur, la gestion du comptable, de vérifier la caisse tous les mois, et de faire faire inventaire tous les trois mois ;

5° D'établir, chaque année, les comptes et le bilan ;

6° D'autoriser le directeur à intenter une action en justice ou à y défendre ; de l'autoriser à transiger ou à compromettre sur toutes les affaires, mais, dans ce cas, avec l'approbation du Conseil de surveillance ;

7° De modifier l'art. 17 des statuts, déterminant le taux des opérations faites par la Caisse rurale.

Du Directeur

Art. 9. — Le directeur représente la Société vis-à-vis de tous. Néanmoins, sa signature n'oblige la Société qu'autant qu'elle est contresignée par un autre membre du Conseil d'administration. Le directeur peut être suppléé par le vice-directeur.

Le directeur gère les affaires de la Société, et est chargé notamment :

1° De représenter la Société en justice ou dans tous actes extra-judiciaires.

2° De signer la correspondance de la Société ;

3° De surveiller les opérations du comptable ; de faire exécuter les décisions du Conseil d'administration relativement aux opérations de la Caisse ; de vérifier la caisse tous les mois, et de faire dresser l'inventaire trimestriel ;

4° De surveiller la tenue régulière du registre des entrées et sorties des sociétaires ;

5° De présider les séances du Conseil d'administration ou de l'Assemblée générale, sauf dans le cas prévu à l'art. 11.

Du Conseil de surveillance

Art. 10. — Le Conseil de surveillance se compose de cinq membres élus pour deux ans par l'Assemblée générale. Chaque année, trois ou deux membres sont alternativement soumis à réélection. La première année, le sort désigne les deux membres sortants. Ils sont indéfiniment rééligibles.

Le Conseil de surveillance nomme, chaque année, dans son sein, un président, un vice-président et un secrétaire.

Pour délibérer valablement, il faut au moins la présence de trois membres. Dans le cas où la présence de trois membres n'aurait pas été obtenue dans deux réunions successives, les membres absents sans excuse légitime seront considérés comme démissionnaires, et une Assemblée générale sera convoquée pour compléter le Conseil de surveillance.

Le Conseil de surveillance a pour mission :

1° De vérifier les écritures, la comptabilité et les opérations de la Caisse, et d'en faire un rapport écrit à l'Assemblée générale annuelle ;

2° De statuer, en dernier ressort, sur la concession des prêts alloués au-dessus de la somme ou pour les échéances supérieures à celles fixées par l'Assemblée générale, conformément à l'art. II, n° 3 ;

3° De statuer sur les demandes d'emprunts faites par les membres du Conseil d'administration et sur l'admission de ces mêmes membres comme caution ;

4° D'approuver la décision du Conseil d'administration autorisant le directeur à transiger ou à compromettre ;

5° De procéder, tous les trois mois, à l'examen de la Caisse et de l'inventaire trimestriel, à la vérification de la solvabilité des emprunteurs et de leur caution, de la réalité du gage garantissant les emprunts, etc. Le Conseil de surveillance vérifiera, notamment, si l'argent prêté par la Caisse a été employé à l'usage indiqué par l'emprunteur. Dans le cas où cet argent aurait été détourné de sa destination première, ou si la solvabilité de l'emprunteur ou de la caution paraît avoir diminué, le Conseil de surveillance pourra ordonner le remboursement du prêt, immédiatement dans le premier cas, et dans le délai d'un mois dans le second, malgré toutes stipulations contraires de l'acte de prêt.

Le Conseil de surveillance se réunit au moins tous les trois mois, après la confection de l'inventaire, et plus souvent si c'est nécessaire. Il est convoqué par son président, chaque fois que le président, le directeur, ou trois membres du Conseil de surveillance le jugent nécessaire.

De l'Assemblée générale

Art. 11. — L'Assemblée générale se compose de tous les sociétaires, ils n'ont qu'une voix. Elle se réunit en session ordinaire tous les ans, après la confection de l'inventaire annuel. Des sessions extraordinaires ont lieu toutes les fois que le Conseil d'administration, le Conseil de surveillance ou un quart des associés le demandent. Les motifs de la convocation doivent, dans ces deux derniers cas, être présentés par écrit au directeur.

L'Assemblée générale est convoquée par le directeur. S'il se refusait à faire une convocation réclamée par le Conseil de surveillance, le président de ce conseil pourrait procéder à cette convocation. Si le directeur et le président du Conseil de surveillance refusaient de convoquer l'Assemblée générale réclamée par un quart des sociétaires, ceux-ci pourraient donner mandat écrit à l'un d'entre eux pour procéder à cette convocation.

La convocation de l'Assemblée générale est faite au moins huit jours à l'avance, par (1).....

---

(1) *Ecrire le mode de convocation qui aura été adopté. Les plus usités sont :* 1° Par un simple avis inséré dans le journal...; 2° Par un simple avis affiché à la porte de la Mairie ; 3° Par un simple avis affiché à la porte

Pour les Assemblées générales extraordinaires, l'avis mentionnera les objets portés à l'ordre du jour.

L'Assemblée générale est présidée par le directeur, sauf dans le cas où l'on doit délibérer sur l'approbation des comptes et la gestion du Conseil d'administration, et sauf aussi le cas où le directeur aurait refusé de convoquer l'Assemblée générale. Celle-ci élit alors son président.

L'Assemblée générale ordinaire ou extraordinaire ne délibère valablement qu'en présence d'un quart des sociétaires. Si le *quorum* n'est pas atteint, on convoque une nouvelle Assemblée générale dans le délai de huit jours; elle délibère valablement, quel que soit le nombre des membres présents.

Les membres personnellement intéressés dans une discussion ne prennent pas part au vote.

Les décisions sont prises à la majorité des membres présents, sauf ce qui est dit aux art. 3, 11, § 5, 20 et 21. En cas de partage, la voix du président est prépondérante.

Dans la réunion ordinaire annuelle qui a lieu dans le courant du mois de janvier après la confection de l'inventaire annuel et du bilan, l'Assemblée générale procède aux opérations suivantes :

1° Elle élit les membres du Conseil d'administration et du Conseil de surveillance en remplacement des membres sortants, démissionnaires ou décédés. Les membres qui remplacent les démissionnaires ou les décédés ne sont nommés que pour le temps qui restait à courir pour leur prédécesseur.

Au premier tour de scrutin, la majorité absolue est nécessaire. Au second tour de scrutin, la majorité relative suffit. En cas de partage, le sort décide.

Les élections en remplacement de membres démissionnaires ou décédés peuvent se faire dans n'importe quelle session.

2° L'Assemblée générale ordinaire reçoit les comptes et bilans du Conseil de surveillance, et, s'il y a lieu, approuve la gestion du directeur et du comptable et leur donne décharge.

Les comptes et bilans et le rapport du conseil de surveillance devront être mis à la disposition des sociétaires, au siège social, au moins huit jours avant l'Assemblée générale.

3° L'Assemblée générale détermine le maximum des prêts que le Conseil d'administration pourra accorder à l'un quelconque des sociétaires. Elle détermine, s'il y a lieu, un autre maximum que ne pourra dépasser le Conseil d'administration, même autorisé par le Conseil de surveillance, conformément aux art. 8 et 10. A défaut de décision spéciale à ce sujet, le Conseil de surveillance pourra autoriser des prêts sans autres limites que celles fixées pour le total des engagements de la Caisse.

4° L'Assemblée générale fixe, s'il y a lieu, la rétribution à allouer au comptable.

---

de l'église ; 4° Par un simple avis publié à son de caisse ; 5° Par lettre personnelle adressée aux Sociétaires.

La Caisse ne doit adopter qu'un seul de ces modes de convocation.

5° Elle décide, en dernier ressort, de l'admission ou de l'exclusion de certains membres, dans le cas où ceux-ci auraient fait appel des décisions du Conseil d'administration. L'exclusion ne peut être prononcée qu'à la majorité des deux tiers des membres présents, conformément à l'art. 3 des présents statuts.

Les Assemblées générales extraordinaires peuvent délibérer aussi sur les objets visés aux nᵒˢ 3, 4 et 5, pourvu qu'ils aient été portés régulièrement à l'ordre du jour.

L'Assemblée vote, en général, à mains levées avec contre-épreuve. Mais le scrutin secret est de rigueur quand il s'agit d'élection, ou quand un quart de l'Assemblée le demande.

Du Comptable

Art. 12. — Le comptable est nommé et révoqué par le Conseil d'administration. Il peut être choisi dans le sein de ce Conseil, s'il n'est pas rétribué. S'il reçoit une rétribution, il ne peut faire partie d'aucun Conseil, mais il peut seulement assister aux séances de l'un ou de l'autre Conseil, sur convocation du directeur ou du président, avec voix consultative.

Le comptable est le chargé d'affaires de la Société et, comme tel, il a le devoir :

1° D'exécuter les décisions du Conseil d'administration, en ce qui concerne la gestion de la Caisse ; d'effectuer les recettes et dépenses conformément à ces décisions, de tenir les livres, de garder en dépôt les titres, les actes et le numéraire en caisse. Mais sa signature n'oblige pas la Société.

2° De tenir la comptabilité, le registre des entrées et des sorties des sociétaires, et d'établir les comptes mensuels, les inventaires trimestriels et le bilan annuel.

Le comptable est tenu à fournir une ou plusieurs cautions ou à déposer un cautionnement, s'il n'en est dispensé par le Conseil de surveillance après avis conforme du Conseil d'administration. La fixation du cautionnement ou l'acceptation des cautions, si le comptable n'en est dispensé, appartiennent au Conseil de surveillance.

Dans le cas où le comptable n'est pas rétribué, il peut lui être adjoint un secrétaire, rétribué ou non, chargé du travail matériel des écritures. Ce secrétaire ne peut, en aucun cas, avoir la garde des effets ou valeurs, ni le maniement de l'argent. Il opère sous le contrôle et la responsabilité du comptable.

Dispositions générales

Art. 13. — Les membres des Conseils exercent leurs fonctions gratuitement et ne peuvent réclamer que le remboursement des dépenses faites pour le compte de la Société.

Le comptable ou son secrétaire peuvent seuls recevoir, s'il y a lieu, une rétribution en rapport avec leurs services. Cette rétribution est fixée par l'Assemblée générale. Elle doit être exprimée comme somme fixe et non comme tantième.

Art. 14. — Les associés ne possèdent pas d'actions, ne font aucun versement et ne reçoivent pas de dividendes. Le capital social se compose exclusivement de la réserve, qui est constituée par l'accumulation de tous les bénéfices réalisés par la Caisse sur ses opérations.

ART. 15.— La Société emprunte, soit à ses membres, soit à des étrangers, les capitaux nécessaires à son fonctionnement. Le maximum des dépôts à recevoir en comptes courants ne pourra dépasser la somme de.....

ART. 16. — Elle prête des capitaux à ses seuls membres, à l'exclusion de tous les autres, mais seulement en vue d'un usage déterminé, concernant l'industrie agricole et jugé utile par le Conseil d'administration, qui est tenu d'en surveiller l'emploi. Tout emprunteur qui affecterait les fonds empruntés à un usage autre que celui en vue duquel le prêt a été consenti, est déchu du bénéfice du terme, obligé à rembourser immédiatement la somme à la Caisse et exclu de la Société.

Là Société se fait souscrire, en échange du prêt, soit une obligation civile, soit une obligation hypothécaire, soit un billet à ordre.

Le Conseil d'administration ne peut consentir des prêts supérieurs à la somme fixée par l'Assemblée générale.

Si, dans certains cas exceptionnels, un membre de la Société voulait emprunter une somme supérieure, le Conseil de surveillance devrait statuer en dernier ressort, après avis favorable du Conseil d'administration. Si l'Assemblée générale a fixé une limite au Conseil de surveillance, conformément à l'art. 11, n° 3, le Conseil de surveillance ne pourra dépasser cette limite.

ART. 17. — La Société sert à ses prêteurs un intérêt de........°/₀ par an.

Elle fait payer par les emprunteurs un intérêt de.... °/₀ par an pour les prêts civils, et elle prélève un escompte de...........°/₀ par an sur les billets à ordre.

ART. 18. — Les prêts peuvent être consentis pour une durée maxima de cinq ans. Dans le cas où le terme excéderait une année, le prêt doit être remboursé par payements fractionnés au moins annuels ; l'obligation doit indiquer les diverses échéances qui correspondront aux époques où l'emprunteur réalise normalement ses principales recettes par la vente de ses récoltes ou de ses autres produits.

ART. 19. — Quelle que soit la solvabilité de l'emprunteur, aucun prêt ne peut être consenti sans bonnes garanties : caution, gage ou hypothèque.

ART. 20. — Des modifications pourront être apportées aux présents statuts d'après les règles suivantes :

L'art. 17, fixant le taux des diverses opérations de la société peut être modifié par une délibération du Conseil d'administration, publiée conformément à l'art. 5 de la loi du 5 novembre 1894.

Le dernier § de l'art. 15, fixant le maximum des dépôts à recevoir en comptes courants, peut être modifié par une décision de l'Assemblée générale ordinaire en la forme et à la majorité requise pour ses délibérations ordinaires.

Cette modification des statuts doit être également publiée dans les formes légales.

Toutes les autres dispositions des statuts ne peuvent être modifiées que sur la proposition du Conseil d'administration par une Assemblée générale extraordinaire statuant à la majorité des deux tiers des membres présents,

ART. 21. — La Société est fondée pour un temps illimité. En cas de dissolution, sa réserve est affectée à une œuvre d'intérêt agricole qui sera désignée par l'Assemblée générale qui aura voté la dissolution.

La dissolution ne peut être prononcée que par l'Assemblée générale extraordinaire, réunie et statuant dans les conditions établies par le dernier paragraphe de l'art. 20.

Si sept membres déclarent s'opposer à la dissolution de la Société et vouloir continuer ses opérations, la dissolution ne pourra être prononcée ; la réserve et la comptabilité seront remises à ces associés, les autres ayant seulement le droit de se retirer, conformément à l'article 3 des présents statuts.

Les membres qui veulent s'opposer à la dissolution de la Société devront en faire la déclaration à l'Assemblée générale qui prononcera cette dissolution, ou notifier leur résolution, par acte d'huissier, au directeur de la Société, dans les deux mois qui suivront la résolution de dissolution. Passé ce délai, ils seront déchus de leur droit d'opposition, et la réserve recevra l'affectation déterminée par l'Assemblée générale.

L'Assemblée générale qui prononce la dissolution de la Société, nomme un ou plusieurs liquidateurs qui auront les pouvoirs les plus étendus, et qui pourront exercer tous les droits qui appartiennent, pendant le fonctionnement de la Société, au Conseil d'administration ou au Conseil de surveillance.

L'Assemblée générale de la Société dissoute conserve ses pouvoirs jusqu'à la fin de la liquidation, et approbation des comptes des liquidateurs.

★[★]★

Parallèlement, et sur les principes de la loi du 4 novembre 1894 que le Syndicat de Belleville a même devancés, puisque sa caisse date du 19 juin 1894, des caisses à responsabilité limitée se sont formées un peu partout, dans l'Union du Sud-Est, en dehors, mais à côté des syndicats.

Les caisses 1894 nous semblent devoir être les caisses de l'avenir, car elles s'adaptent également bien aux prescriptions de la responsabilité illimitée, système Raiffeisen ; ce sont elles, dans l'Union, qui constitueront sans doute la majorité des institutions de crédit.

Comme nous venons de le dire, la première de ces caisses, fondée avant la loi, mais sur ses bases, a été créée, à Belleville, par le président de l'Union, et comme c'est sur elle que se sont calquées toutes celles qui l'ont suivie, il ne sera sans doute pas sans intérêt de consigner ici l'organisation-type de ces caisses rurales dans le Sud-Est.

Cela nous sera facile puisque l'éminent président de l'Union veut bien lui-même se charger d'expliquer à nos lecteurs pourquoi et comment il a organisé la caisse sur le type 1894.

Nous ne reproduisons pas ici la loi du 4 novembre 1894, connue de tous nos lecteurs, mais il nous semble utile de publier le commentaire que nous en a donné M. Duport (1). On trouvera ce texte de loi ainsi que celui de toutes les lois rurales dans l'excellent ouvrage que vient de publier l'un des nôtres, M. Chardiny, docteur en droit, avocat près la Cour d'Appel de Lyon, membre du Comité de Contentieux du Sud-Est (2). Nous signalons également comme source inépuisable de documents *Le droit rural*, publication mensuelle dirigée par l'un des vice-présidents de l'Union du Sud-Est, M. A. de Fontgalland (3).

« L'article premier a un caractère spécial indéniable, en ce qu'il réserve l'usage de la loi aux seuls membres des syndicats agricoles, ce qui est une nouveauté dans notre législation. A ce propos, que l'on me permette une courte digression pour en expliquer la genèse ; cet article premier, c'est en effet la loi tout entière.

« Cette loi fut conçue, au début, par M. Méline, moins pour organiser le Crédit agricole proprement dit, que pour faciliter aux Syndicats agricoles certaines opérations que la loi de 1884 ne lui paraissait pas leur permettre d'une manière suffisamment explicite, c'est pourquoi dès l'article premier, l'on voit apparaître les Syndicats agricoles comme en étant les seuls bénéficiaires.

« M. Méline se trompait incontestablement en voulant compléter les facultés des syndicats par une loi sur le crédit, alors que la loi sur les Sociétés coopératives répondait bien mieux, s'il en était besoin, au but qu'il se proposait, lequel était surtout de faciliter leurs opérations d'achats et de ventes ; mais il se trompait bien plus encore, lorsque, dominé par son idée, il allait, dans son premier projet, jusqu'à obliger les syndicats agricoles à user de la loi avec la responsabilité solidaire et illimitée de tous leurs membres.

« La loi actuelle est, heureusement, bien différente, et il n'est peut-être pas sans quelque intérêt de rappeler que l'Union du Sud-Est

---

(1) Notes à propos de la création d'une caisse rurale à responsabilité limitée, E Duport. 2e édit., J. Gallet, édit., Lyon (1897).

(2) *Recueil pratique de Droit Rural*. L. Chardiny, docteur en droit, avocat à la Cour d'appel (1900). Ath. Rousseau, Paris, Effantin et Cie, place Bellecour, 8, Lyon.

(3) *Le Droit Rural*, Lamulle et Poisson, éditeurs, Paris.

avait très vivement attaqué ce premier projet, qui pouvait conduire à la destruction de la loi de 1884, en ce qui concerne les Syndicats agricoles. C'est même à cette occasion, soit dit en passant, qu'ayant été chargé de rédiger une circulaire aux présidents des Syndicats unis, pour leur montrer les graves dangers de cette loi, je parlais pour la première fois du Crédit agricole au Comité de contentieux de l'Union et que l'un de ses membres, M. Louis Durand, frappé par l'importance de la question, s'offrit à l'étudier.

« De cette étude, il est sorti un ouvrage qui fait autorité sur la matière ; il en est résulté aussi, et surtout, que l'auteur y a trouvé l'une de ces fortes convictions qui font les apôtres ! Mais c'est m'écarter de mon sujet.

« D'après l'article premier, tel qu'il a été voté, les membres d'une caisse rurale doivent bien faire partie d'un syndicat, seulement il n'est plus nécessaire que tous les membres du syndicat fassent partie de la caisse, bien que pouvant tous user de ses services ; de plus, il est licite de stipuler que la responsabilité des associés sera individuelle ou solidaire, limitée ou illimitée, ce qui est capital.

« L'idée de faire reposer le Crédit agricole sur les Syndicats agricoles est juste en elle-même, j'ajoute qu'elle est logique. Faire le crédit sans en faciliter l'usage n'était pas suffisant et, dans la pratique, nombre de caisses rurales, si elles ne sont pas fondées par, ou à côté d'un syndicat agricole, se trouveront amenées à créer ou à faire naître cet organe essentiel pour l'utilisation du Crédit qu'elle dispense ; c'est pourquoi, je n'hésite pas à écrire que, quelle que soit la forme à adopter pour l'établissement du Crédit, il est, en tout cas, préférable de commencer à créer le syndicat pour le compléter ensuite par la Caisse de Crédit.

« Et j'ajoute, que la loi stipule avec raison que les opérations faites par les caisses rurales devront avoir un objet professionnel, ce qui va de soi, puisque l'usage en est réservé aux seuls membres des Syndicats agricoles, associations strictement professionnelles, mais ce qui n'est pas sans une réelle importance, puisque c'est le plus sûr moyen de les garantir contre les tentatives de la spéculation.

« La loi, du reste, contient de très sages prescriptions, qui n'ont d'autre raison d'être que celle d'écarter les spéculateurs ; il suffit de rappeler que les parts sont nominatives, que les bénéfices sont en grande partie et obligatoirement consacrés à la constitution de fonds de réserve et qu'ils ne peuvent jamais être attribués aux porteurs

28

de parts sous la forme de dividende. En voilà assez pour éloigner les brasseurs d'affaires : cela seul est un grand mérite.

« Parmi les autres prescriptions de la loi, il faut signaler que les statuts doivent déterminer le maximum des dépôts à recevoir en comptes courants, et aussi, que ces sociétés, tout en étant des sociétés commerciales, sont exemptes de la patente et de l'impôt sur les valeurs mobilières ; elles doivent pourtant, comme telles, tenir leurs livres conformément aux prescriptions du code de commerce.

« L'on a critiqué, bien à tort, cette dernière exigence de la loi, dont l'observation est loin de présenter les difficultés qu'on a voulu y voir, et qui offre pour les tiers, comme pour les associés, une garantie précieuse.

« Il reste à examiner les prescriptions de l'article 5, relatives à la constitution de ces sociétés et à leur administration.

« Ce sont d'abord les mesures de publicité qui remplacent celles exigées pour les sociétés commerciales en général, c'est ce qu'explique le premier paragraphe.

« Le second paragraphe prescrit le dépôt, en double exemplaire, au greffe de la justice de paix du canton où se trouve le siège social, et *avant toute opération*, des statuts et de la liste complète des administrateurs ou directeurs, et des sociétaires, avec leurs noms, profession, domiciles, avec l'indication du montant de chaque souscription. La loi ajoute : *il en sera délivré récépissé*, et c'est tout, car le paragraphe 3 concerne exclusivement les juges de paix.

« Les fondateurs de caisses rurales, en conformité de cette nouvelle loi, n'ont, en matière de publicité, aucune règle à observer, mais, cela ne veut pas dire que, pour la constitution de ces sociétés, ils n'ont pas à suivre certaines obligations de la loi de 1867 qui ne sont pas abrogées, comme, par exemple, celles qui concernent la souscription du capital. L'examiner sera l'objet du chapitre suivant, mais, auparavant, il nous reste à voir si, sur ce point, la loi a été suffisamment explicite.

« Premièrement, elle ne dit pas si les statuts, la liste des administrateurs et des sociétaires doivent être mis sur papier libre ou sur papier timbré, d'où une première difficulté avec les greffiers de justice de paix, qui se refusent à recevoir le dépôt de ces pièces si elles ne sont pas établies en double exemplaire sur papier timbré.

« Il y a plus, les greffiers de justice de paix émettent cette seconde prétention de ne pas délivrer de récépissé si l'on n'acquitte pas le droit de greffe ; bien mieux, ils exigent en même temps le droit de greffe qui sera dû pour le dépôt que la loi leur impose de faire au greffe du Tribunal de commerce de l'arrondissement.

« Assurément, la loi a le tort de ne pas contenir un mot qui eût suffi à faire tomber toutes ces prétentions, mais, si l'on considère que cette loi a été faite exclusivement pour les membres des Syndicats agricoles organisés par la loi du 31 mars 1884, il y a lieu d'en conclure que les prescriptions de cette dernière loi, en ce qui concerne le récépissé de dépôt des statuts et de la liste des administrateurs et sociétaires, sont seules applicables.

« Il y a plus, le législateur n'a pas employé l'expression usuelle en matière de dépôt authentique, il n'a pas dit, *il en sera délivré un certificat de dépôt*, il a dit, exactement, comme pour le dépôt prescrit par la loi de 1884 : *il en sera donné récépissé.*

« Il est donc certain que rien n'autorise les greffiers de justices de paix à exiger la mise sur timbre de documents dont ils n'ont pas, d'ailleurs, à faire un dépôt authentique; pas plus qu'ils n'ont à faire un dépôt authentique de la liste des membres, du tableau sommaire des recettes et des dépenses, ainsi que des opérations, toutes pièces qui doivent être déposées chaque année à leur greffe dans la première quinzaine de février.

« Il s'agit là uniquement de renseignements mis à la disposition des tiers, comme le dit le paragraphe 4, et par suite, il n'y a aucun droit de greffe à percevoir.

« Il en va de même pour le greffe du tribunal de commerce, auquel la transmission des pièces est faite par les soins de la justice de paix du canton.

« Au surplus, toute autre interprétation serait abusive, car, il résulterait de telles exigences, qu'une loi faite pour simplifier les formalités de constitution et en diminuer les frais, irait directement contre son but en les compliquant et en les rendant plus onéreuses : ce serait la négation de la loi. »

Depuis, sur les instances de l'Union, et grâce à l'intervention énergique de M. Méline, l'administration a envoyé à ses agents des instructions précises qu'il est bon de rappeler ici.

CIRCULAIRE DE 1895 SUR LE DÉPOT AU GREFFE.

L'article 5 de la loi du 5 novembre 1894, dont le texte a été transmis au service par l'instruction n° 2.874, modifie, en faveur des Sociétés de crédit agricole, les conditions de publicité prescrites par les articles 55 et suivants, de la loi du 24 juillet 1867 pour les sociétés commerciales ordinaires.

Il dispose que les Sociétés de crédit agricole seront tenues seulement de déposer en double exemplaire, au greffe de la justice de paix du canton où elles auront leur siège principal : 1° avant toute opération, leurs statuts, avec la liste complète de leurs membres ; 2° chaque année, dans la première quinzaine de février, la liste de leurs membres à cette époque, ainsi qu'un tableau sommaire des recettes, des dépenses et des opérations effectuées pendant l'année précédente ; — que l'un des exemplaires des pièces ainsi déposées sera remis, par les soins du juge de paix, au greffe du Tribunal de commerce de l'arrondissement ; — enfin, qu'il sera donné récépissé du dépôt fait, au greffe de la justice de paix, des statuts de la société.

Ces prescriptions nouvelles ont soulevé plusieurs questions dont la solution intéresse le service de l'enregistrement et du timbre ; on s'est demandé si, dans le cas prévu par la loi de 1894, les greffiers doivent, conformément au principe général établi par l'article 43 de la loi du 22 frimaire, an XII, dresser acte des dépôts qui leur sont faits, si les récépissés par eux délivrés constituent des actes de greffe sujets à l'enregistrement dans un délai déterminé, et si les actes et les documents déposés doivent être sur papier timbré.

Les ministres des finances et de la justice ont, les 27 juillet et 19 août 1895, sur la proposition conforme de l'administration, résolu ces difficultés dans le sens ci après :

1° Il a été admis, en premier lieu, que les greffiers des justices de paix et des tribunaux de commerce peuvent, sans en dresser acte, recevoir indistinctement tous les dépôts prescrits par l'article 5 de la loi du 5 novembre 1894.

En ce qui concerne le dépôt des statuts aux greffes des justices de paix, on a considéré qu'il doit, selon les termes exprès de la loi, en être donné récépissé, et que cette prescription est exclusive de l'obligation de dresser acte, ainsi qu'une décision ministérielle l'a déjà reconnu pour le cas analogue où il s'agit du dépôt de leurs titres fait, contre récépissé, au greffe du tribunal de commerce, par les créanciers d'un failli (*Inst. n° 420, § 2*).

Pour les dépôts périodiques à effectuer par les sociétés au greffe de la justice de paix, la loi de 1894 n'a pas, il est vrai, prévu formellement la délivrance d'un récépissé ; mais il est évident que, l'omission étant purement accidentelle, ils pourront être constatés de cette façon ; il s'ensuit que, pour cette catégorie de dépôts, comme pour la première, le greffier n'est pas tenu de dresser acte.

Quant au dépôt qui devra être fait au greffe du tribunal de commerce, non par les sociétés elles-mêmes, mais par le juge de paix, il revêt le caractère d'une mesure administrative et d'ordre public, ce qui suffit à écarter l'application de l'article 43 de la loi de frimaire.

2° Les récépissés que les greffiers des justices de paix ont à délivrer aux sociétés pour les dépôts annuels aussi bien que pour le dépôt des statuts, sont assimilables à ceux qui sont remis aux créanciers par les greffiers des tribunaux de commerce en matière de faillite et, pas plus que ceux-ci, ils ne constituent des actes de greffe, à proprement parler. Ils ne sont donc pas sujets à la formalité de l'enregistrement dans un délai déterminé.

Mais, délivrés par les greffiers, en qualité d'officiers ministériels, ils ne sauraient être considérés comme de simples écritures privées, passibles du droit de timbre de 0 fr. 10 établi par l'article 18 de la loi du 23 août 1871 : ils sont soumis au timbre de dimension, en conformité de l'article 12 de la loi du 13 brumaire an VII.

3° Lorsque le législateur de 1894 a prescrit aux sociétés de crédit agricole de déposer au greffe de la justice de paix, « en double exemplaire », leurs statuts, la liste de leurs membres, etc., il n'a point entendu parler d'actes réguliers. Si telle eût été son intention, il n'aurait pas manqué de reproduire les expressions contenues dans l'article 55 de la loi du 24 juillet 1867, qui prescrit aux sociétés ordinaires de déposer soit « un double de l'acte constitutif », s'il est sous seing privé, soit « une expédition » s'il est notarié.

On doit, dès lors, admettre que les *exemplaires*, présentés sous forme d'imprimés ou de simples copies, signés ou non signés par les représentants de la société, sont affranchis du timbre. Toutefois, il en serait différemment, et les documents déposés seraient soumis à cet impôt, s'ils étaient établis en forme d'actes réguliers, tels que des expéditions délivrées par des notaires, ces expéditions ne pouvant être considérées comme de simples *exemplaires* sans caractère juridique.

En résumé, les solutions arrêtées entre les départements de la justice et des finances sont les suivantes :

Les greffiers des justices de paix et des tribunaux de commerce sont, d'une manière générale et absolue, dispensés de dresser acte des dépôts qui leur sont faits en exécution de l'article 5 de la loi du 5 novembre 1894.

Les récépissés que les greffiers des justices de paix délivrent, dans tous les cas, lors de ces dépôts, ne sont pas sujets à enregistrement dans un délai déterminé, mais ils doivent être rédigés sur papier frappé du timbre de dimension.

Enfin, les pièces à déposer sont exemptes du timbre, à moins qu'elles ne soient établies sous la forme d'actes réguliers.

G. LIOTARD-VOGT,
Conseiller d'Etat, Directeur général de l'Enregistrement
des Domaines et du Timbre.

La loi ainsi posée et commentée, écoutons M. Duport qui va nous dire comment il a procédé pour la mettre en pratique dans ses Syndicats.

« *Constitution.* — La première chose qu'ont à faire les fondateurs d'une caisse rurale pour en assurer la constitution, c'est évidemment d'élaborer les statuts qu'ils présenteront à l'approbation des souscripteurs de parts.

Je n'ai pas la prétention de donner ici, ni un modèle unique, ni un modèle parfait ; je l'ai déjà dit, mon but est plus modeste, je désire uniquement être pratiquement utile à ceux qui, voulant créer une caisse rurale à capital et personnes variables et à responsabilité individuelle et limitée, se trouveraient embarrassés pour la rédaction de statuts en complète conformité avec la loi du 4 novembre 1894. J'ai pensé que les statuts adoptés à Belleville-sur-Saône pouvaient rendre ce service, soit qu'on les adopte tels quels, soit qu'on en prenne seulement certaines dispositions ; en tous cas les voici :

Caisse d'Economie et de Crédit du Syndicat Agricole de Bellevi le-sur-Saône à capital variable. — Statuts.

TITRE PREMIER. — FORMATION DE LA SOCIÉTÉ. — SON OBJET. — SA DÉNOMINATION. — SA DURÉE. — SON SIÈGE.

ARTICLE PREMIER. — Entre les soussignés et les personnes qui adhèreront aux présents statuts par la souscription ou la possession d'une ou plusieurs parts qui sont ou seront créées, il est formé une Société de crédit anonyme à capital et personnes variables, conformément à la loi du 5 novembre 1894.

En conséquence, nul ne peut faire partie de la Société s'il n'est membre du Syndicat agricole de Belleville-sur-Saône.

ART. 2 — Cette Société a pour unique objet de faciliter les opérations du Syndicat agricole de Belleville-sur-Saône et de procurer, à ses membres, pris individuellement, porteurs de parts ou non, l'usage du crédit et de les encourager à l'épargne dans le but d'améliorer leur situation morale et matérielle.

La Société est exclusive de toute idée de spéculation. Elle s'interdit toutes opérations et toutes discussions étrangères à son but.

ART. 3. — La Société prend la dénomination de *Caisse d Economie et de Crédil du Syndicat agricole de Belleville-sur-Saône.*

ART. 4. — Sa durée est fixée à 99 ans.

ART. 5. — Son siège est établi à la Croisée de Belleville-sur-Saône, commune de St-Jean-d'Ardière, il pourra être transporté ailleurs, dans le canton, en vertu d'une simple décision du Conseil d'administration.

TITRE II. — CAPITAL SOCIAL. — PARTS. — VERSEMENTS. — TRANSFERT.

ART. 6 — Le capital social est actuellement fixé à la somme de six mille francs, divisée en soixante parts de cent francs chacune dont la moitié, soit trente parts, est immédiatement souscrite par le Syndicat agricole.

Toutefois, au cours du premier exercice, le Conseil d'administration aura le droit de porter, en une ou plusieurs fois, le capital social au total de dix mille francs, au moyen de souscriptions postérieures à la constitution; pour cela, il avisera au meilleur moyen de réunir ces souscriptions, mais il ne sera nullement tenu, en ce qui concerne le capital nouveau, d'attendre qu'il soit souscrit en totalité comme pour le capital initial.

Le capital pourra ensuite être augmenté d'année en année, par délibération de l'Assemblée générale, décidant la création de nouvelles parts, et, en vertu de la nouvelle loi sur les Sociétés de Crédit agricole, ces parts à créer pourront être de valeur inégale.

Le capital pourra, par contre, être réduit, par suite de retraite ou exclusion de porteurs de parts, mais sans que jamais il puisse descendre au-dessous du capital initial de six mille francs.

ART. 7. — Chaque part est payable, le quart en souscrivant, le surplus seulement à l'appel du Conseil d'administration.

Nul souscripteur ne peut se libérer par avance.

Les versements en retard seront passibles d'un intérêt à raison de 5 % l'an. Passé le délai de trois mois, la Société disposera de la part aux risques et périls du souscripteur après une simple mise en demeure par lettre recommandée.

Conformément à la loi, les porteurs de parts ne sont engagés que jusqu'à concurrence du montant des parts par eux souscrites.

ART. 8. — Les parts seront toujours nominatives, les titres de ces parts seront extraits de registres à souche, signés de deux administrateurs et frappés du timbre de la Société. — Elles sont indivisibles à l'égard de la Société, qui ne reconnaît qu'un seul porteur de part. — En conséquence, tous les copropriétaires d'une part sont tenus de se faire représenter par un seul d'entre eux. — Nul ne peut posséder plus de 50 parts.

ART. 9. — Les parts seront transmises par une inscription sur les registres de la Société signée du cédant, du cessionnaire et d'un administrateur. — Toutefois le transfert est subordonné à l'agrément du Conseil d'administration et au paragraphe 2 de l'article premier.

TITRE III. — ADMISSIONS. — RETRAITES. — EXCLUSIONS

ART. 10. — Lorsqu'en vertu de l'article 6 une augmentation de capital aura été décidée par une Assemblée générale, l'émission des nouvelles parts aura lieu aux conditions fixées par la dite Assemblée, mais l'admission des nouveaux porteurs de parts ne pourra avoir lieu qu'en vertu d'une décision du Conseil d'administration.

ART. 11. — Tout porteur de parts a le droit de se retirer de la Société au moyen d'une déclaration signée de lui sur un registre spécial tenu au siège de la Société. La déclaration devra être faite un mois au moins avant la clôture de l'exercice annuel.

ART. 12. — Le Conseil d'administration pourra proposer l'exclusion d'un ou de plusieurs porteurs de parts à l'Assemblée générale.

ART. 13. — La retraite et l'exclusion des porteurs de parts cessent d'être praticables lorsque le capital social sera réduit au chiffre minimum fixé par l'article 6, à moins que l'associé sortant ne soit immédiatement remplacé par un nouvel associé dont l'apport soit au moins égal au sien.

ART. 14. — Lors de la retraite ou de l'exclusion d'un porteur de parts, la Société doit lui rembourser ses parts, au prix fixé par la dernière Assemblée générale. — Ce remboursement ainsi que le paiement du dividende d'intérêt ne seront exigibles qu'à l'époque fixée par le Conseil d'administration pour le paiement du dividende d'intérêt.

Le porteur de parts qui cesse de faire partie de la Société reste tenu envers ses co-associés et envers les tiers de toutes les dettes et de tous les engagements de la Société contractés avant sa sortie jusqu'à leur parfaite liquidation, mais cette responsabilité ne peut excéder le montant de ses parts.

Art. 15. — En cas de retraite volontaire ou forcée, les porteurs de parts ou leurs héritiers, ou ayants-droit, ne peuvent, sous aucun prétexte, provoquer l'apposition des scellés sur les biens ou valeurs de la Société, en demander le partage ou la licitation, ni s'immiscer en aucune façon dans son administration ; ils doivent, pour l'exercice de leurs droits, s'en rapporter aux décisions de l'Assemblée générale.

En cas de décès d'un porteur de parts, le Conseil d'administration aura toujours le droit de rembourser les héritiers dans les conditions de l'article 14.

Titre IV. — Administration

Art. 16. — La Société est administrée par un Conseil composé de 3 membres au moins, et de 9 au plus, pris parmi les porteurs de parts et nommés par l'Assemblée générale.

Art. 17. — Les Administrateurs doivent être propriétaires, pendant toute la durée de leur mandat, chacun d'une part. Cette part est affectée à la garantie de tous les actes de leur gestion, même de ceux qui seraient exclusivement personnels à l'un des administrateurs. Elles sont inaliénables et déposées dans la caisse sociale.

Art. 18. — Les Administrateurs sont nommés pour *six ans*. Le Conseil d'administration se renouvelle par tiers tous les deux ans. Les deux premières séries sont désignées par le sort. Les administrateurs sont toujours rééligibles.

Art. 19. — En cas de vacance par décès, démission ou autre cause, d'un ou de plusieurs administrateurs, ils peuvent être provisoirement remplacés par le Conseil, par voie d'élection, jusqu'à la prochaine Assemblée générale qui procède à l'élection définitive. Le membre ainsi nommé achève le temps de celui qu'il a remplacé.

Art. 20. — Chaque année le Conseil nomme parmi ses membres son bureau composé d'un président, d'un vice-président et d'un secrétaire.

Art. 21. — Le Conseil d'administration se réunit au siège social, aussi souvent que l'intérêt de la Société l'exige et au moins une fois tous les trois mois, sur la convocation du président ou, en cas d'empêchement, sur celle du vice-président. Les délibérations sont prises à la majorité des voix des membres présents ; en cas de partage, la voix du président est prépondérante.

Nul ne peut voter par procuration dans le sein du Conseil.

Art. 22. — Les délibérations sont constatées par des procès-verbaux qui sont portés sur un registre tenu au siège de la Société et signés par le président et le secrétaire qui y ont pris part.

Les copies ou extraits des délibérations à produire en justice ou ailleurs, sont certifiés par le président du Conseil ou le vice-président.

Art. 23. — Le Conseil a les pouvoir les plus étendus pour l'administration des biens et des affaires de la Société ; il peut même transiger, compromettre, donner tous désistements et mains-levées, avec ou sans paiement. Il arrête les comptes qui doivent être soumis à l'Assemblée générale, propose tous projets d'augmentation du capital, toutes modifications énumérées à l'art. 40.

Le président du Conseil représente la Société en justice, tant en demandant qu'en défendant ; en conséquence, c'est à sa requête ou contre lui que doivent être intentées toutes actions judiciaires.

Les pouvoirs sus-énoncés ne sont qu'indicatifs et non limitatifs.

Art. 24. — Les administrateurs ne reçoivent aucun jeton de présence, leur concours est donc absolument gratuit. Ils ne sont responsables que de l'exécution du mandat qu'ils ont reçu : ils ne contractent aucune obligation personnelle ou solidaire à raison de leur gestion, relativement aux obligations de la Société.

Art. 25. — Le Conseil peut déléguer ses pouvoirs à un comité d'escompte de 3 ou 5 de ses membres.

Titre V. — Direction

Art. 26. — Le Comité d'escompte est chargé de l'exécution des décisions du Conseil d'administration et de la gestion des affaires sociales.

Il déterminera les prélèvements à opérer sur les opérations de la Société, notamment pour les prêts, dont le taux d'intérêt ne pourra jamais dépasser de plus de 2 % celui de l'escompte à la Banque de France.

Titre VI. — Commissaires de surveillance

Art. 27. — Conformément à l'article 32 de la loi du 24 juillet 1867, un ou plusieurs commissaires, membres ou non de la Société, seront désignés chaque année par l'Assemblée générale. Ils sont rééligibles et peuvent être rétribués par décision de la dite Assemblée générale.

Titre VII. — Assemblée générale

Art. 28. — L'Assemblée générale régulièrement constituée représente l'universalité des porteurs de parts, ses décisions sont obligatoires pour tous, même pour les absents ou dissidents. Elle se compose de tous les porteurs de parts.

Art. 29. — Nul porteur de parts ne peut se faire représenter aux Assemblées générales que par un autre porteur de parts.

Art. 30. — L'Assemblée générale est présidée par le président du Conseil d'administration et en son absence par le vice-président ; à défaut par l'administrateur que le Conseil désigne.

Les fonctions de scrutateurs sont remplies par les deux plus forts porteurs de parts présents ou représentés, et, sur leur refus, par ceux qui suivent jusqu'à acceptation.

Le Bureau ainsi composé désigne le secrétaire.

ART. 31. — Les délibérations sont prises à la majorité des voix des membres présents ou représentés.

Chacun d'eux a autant de voix qu'il possède de parts, sauf l'exception prévue par l'art. 27 de la loi du 24 juillet 1867 pour les assemblées constitutives.

Toutefois nul ne pourra représenter personnellement plus de cinq voix.

ART. 32. — Ces délibérations sont constatées par des procès-verbaux inscrits sur un registre spécial et signés par les membres du Bureau. Une feuille de présence contenant les noms et les domiciles des porteurs de parts membres de l'Assemblée et le nombre de parts dont chacun est porteur, est certifiée par le Bureau et annexée au procès-verbal pour être communiquée à tout requérant.

ART. 33. — Les copies ou extraits des délibérations de l'Assemblée à produire en justice ou ailleurs, sont signées par deux membres du Conseil d'administration.

ART. 34. — Les convocations aux Assemblées générales ordinaires ou extraordinaires ont lieu par convocations individuelles envoyées huit jours avant l'époque de la réunion.

Ce délai sera le même dans le cas de deuxième convocation.

Lorsque l'Assemblée est extraordinaire, l'avis de convocation doit relater l'ordre du jour.

ART. 35. — L'ordre du jour est arrêté par le Conseil d'administration ; il est soumis préalablement aux commissaires. Il n'y est porté que les propositions émanant du Conseil ou des commissaires, ou qui ont été communiquées au Conseil un mois au moins avant la réunion avec la signature d'au moins vingt porteurs de parts.

Il ne peut être mis en délibération que les objets portés à l'ordre du jour.

ART. 36. — Il est tenu une Assemblée générale ordinaire chaque année du 1er octobre au 31 décembre, dans le canton, au lieu désigné par le Conseil d'administration dans sa convocation.

ART. 37. — L'Assemblée générale ordinaire délibère valablement lorsqu'elle est composée d'un nombre de porteurs de parts représentant le quart au moins du capital social alors existant.

Si cette condition n'est pas remplie à la première réunion, la délibération ne peut avoir lieu.

Il est fait une nouvelle convocation conformément à l'article 35 et la délibération sur les objets à l'ordre du jour de la première réunion est valable quel que soit le nombre des membres présents et des parts représentées.

ART. 38. — L'Assemblée générale annuelle entend le rapport des commissaires sur la situation de la Société, sur le bilan et sur les comptes présentés par les administrateurs. Elle discute, et, s'il y a lieu, approuve les comptes. Elle fixe la valeur des parts.

Elle nomme les administrateurs à remplacer, et les commissaires chargés de la surveillance pour l'exercice suivant.

Sur la proposition du Conseil d'administration, elle décide s'il y a lieu d'augmenter le capital social. Elle constate les augmentations et diminutions de capital effectuées.

Elle délibère et statue souverainement sur tous les intérêts de la Société. Elle confère au Conseil d'administration tous les pouvoirs supplémentaires qui seraient reconnus utiles.

ART. 39. — Les Assemblées générales extraordinaires qui ont à délibérer sur des modifications aux statuts, sur la dissolution ou la transformation de la Société, sur l'extension de l'objet de la Société, mais sans se départir d'un but agricole, sur la fusion avec toute autre Société, ne sont régulièrement constituées et ne délibèrent valablement qu'autant qu'elles sont composées d'un nombre de porteurs de parts représentant la moitié au moins du capital social alors existant.

TITRE VIII. — INVENTAIRE, ÉTATS DE SITUATION

ART. 40. — L'exercice commence le 1er octobre et finit le 30 septembre. Par exception, le premier exercice comprend le temps écoulé entre la constitution définitive de la Société et le 30 septembre 1895.

L'intérêt à servir aux porteurs de parts ne commencera à courir qu'à partir du 1er avril 1895.

Il est établi à la fin de chaque année sociale un inventaire contenant l'indication des valeurs mobilières et immobilières, et de toutes les dettes actives et passives de la Société. Cet inventaire est mis, ainsi que le bilan et le compte de profits et pertes, à la disposition des commissaires, le quatrième jour au plus tard avant l'Assemblée générale.

Ces divers documents sont ensuite présentés à l'Assemblée générale.

Tout porteur de parts peut en prendre, à l'avance, communication au siège social, ainsi que de la liste des porteurs de parts, pendant les quinze jours qui précèdent la réunion de l'Assemblée générale.

ART. 41. — Chaque année, dans la première quinzaine de février, un administrateur de la Société déposera en double exemplaire au greffe de la justice de paix du canton, avec la liste des membres faisant partie de la Société à cette date, le tableau sommaire des recettes et dépenses, ainsi que des opérations effectuées dans l'année précédente.

TITRE IX. — RÉPARTITION.

ART. 42. — Si, lors de l'inventaire annuel, l'actif surpasse le passif, il est prélevé 5 % sur la différence entre ces deux sommes pour constituer la réserve légale.

Et sur le surplus :

La somme nécessaire pour payer aux porteurs de parts un intérêt de 4 p. % net d'impôts du capital versé.

Si après ce double prélèvement il existe un excédent, il est réparti de la manière suivante :

75 p. % pour un fonds de réserve supplémentaire, jusqu'à ce qu'il ait atteint au moins la moitié du capital, conformément à la loi du 5 novembre 1894 sur les sociétés de crédit agricole ;

25 p. % à la disposition du Conseil d'administration pour être employés en gratification au personnel ou à tout autre usage.

En cas d'insuffisance pour le paiement de l'unique dividende d'intérêt de 4 % aux porteurs de parts, le complément sera pris sur les fonds de réserve supplémentaire, et, à défaut, sur les profits disponibles des exercices suivants, après prélèvement de la réserve égale.

Dans le cas où l'inventaire révélerait des pertes, le montant de ces pertes serait prélevé sur les fonds de réserve, et en cas d'insuffisance sur les profits disponibles des exercices suivants et avant le prélèvement des intérêts du capital social.

Art. 43. — Le paiement du dividende d'intérêt aux porteurs de parts a lieu dans les trois mois qui suivent l'Assemblée générale annuelle, aux époques fixées par le Conseil d'administration, par les voies et moyens indiqués par lui.

Le dividende d'intérêt est valablement payé au porteur du titre ou du coupon et sans responsabilité aucune pour la Société en cas de perte ou de soustraction du titre ou du coupon.

Art. 44. — Tout dividende d'intérêt non réclamé dans l'année de son exigibilité est prescrit au profit de la Société.

Les sommes prescrites sont versées au fonds de réserve supplémentaire.

Titre x. — Fonds de réserve.

Art. 45. — Un double fonds de réserve est constitué par l'accumulation des sommes prélevées sur les profits annuels, conformément aux dispositions de l'art. 43, pour faire face aux charges et dépenses extraordinaires et imprévues.

Lorsque le fonds de réserve légal aura atteint le dixième du capital initial ou augmenté, le prélèvement affecté à sa création cessera de lui profiter et sera versé au compte de réserve supplémentaire.

Lorsque la somme des réserves aura atteint la moitié du capital initial ou augmenté, l'Assemblée générale décidera, sur la proposition du Conseil d'administration, si le surplus sera laissé à ce compte en totalité ou en partie, ou employé à des œuvres d'intérêt agricole.

Titre xi. — Contestations.

Art. 46. — Toutes les contestations qui pourront s'élever pendant la durée de la Société ou au cours de la liquidation, à raison des affaires sociales, seront jugées à Villefranche par les tribunaux compétents ; mais préalablement à toute instance judiciaire, elles seront soumises à l'examen du comité consultatif du contentieux de la Société.

Art. 47. — Dans le cas de contestation, tout porteur de parts devra faire élection de domicile à Villefranche, et toutes assignations et notifications seront valablement données au domicile élu par lui sans égard à la distance du domicile réel.

A défaut d'élection de domicile, cette élection aura lieu de plein droit, pour les notifications judiciaires et extra-judiciaires, au Parquet de M. le Procureur de la République près le Tribunal civil de Villefranche.

TITRE XII. — DISSOLUTION. — LIQUIDATION

ART. 48. — En cas de dissolution, l'Assemblée générale extraordinairement convoquée règle le mode de liquidation, elle nomme un ou plusieurs liquidateurs ou confie la liquidation aux administrateurs en exercice. Pendant la liquidation les pouvoirs de l'Assemblée générale se continuent comme pendant l'existence de la Société. Toutes les valeurs de la Société sont réalisées par les liquidateurs, qui ont à cet effet les pouvoirs les plus étendus, et après paiement des dettes sociales et remboursement du capital, sur la proposition du Conseil d'administration, l'Assemblée extraordinaire devra décider de l'emploi des fonds de réserve à des œuvres d'intérêt agricole de la région.

« Les statuts étant préparés, les fondateurs ont à rechercher des souscripteurs; je me hâte de leur conseiller de ne les chercher que dans le canton ou la commune, dans lequel ou laquelle la caisse est appelée à fonctionner, ceci pour le cas, qui se présentera souvent, où le syndicat, dont les souscripteurs doivent être forcément membres, aurait une circonscription plus étendue, par exemple celle de l'arrondissement ou même du département.

« Et à ce propos, puisque l'occasion s'en présente, qu'il me soit permis d'ajouter que, si le syndicat a une circonscription supérieure à celle du canton, il faut de toute nécessité, ou créer des caisses par canton ou même par commune, en les reliant entr'elles sous la forme d'une Union de caisses rurales, ou constituer par localités des sections dont les membres accepteraient entr'eux et vis à vis de la caisse centrale une responsabilité solidaire, au besoin limitée et à déterminer.

« Il n'est pas douteux, en effet, que des opérations faites indistinctement avec tous les membres d'un syndicat départemental, qui compte parfois plusieurs milliers d'agriculteurs ne se connaissant pas et groupés sur des bases aussi larges que celles d'un syndicat, pourraient présenter, malgré leur sécurité relative, des chances de pertes qui diminueraient certainement le crédit de la Société, crédit qui est plus précieux pour les caisses rurales que le capital lui-même.

« Le capital, en effet, n'a pas besoin d'être considérable, il faut même qu'il soit modeste, il ne faut pas que la nécessité de le faire valoir, de gagner les intérêts auxquels celui-ci a droit, puisse pousser à des opérations dangereuses, et, puisque le capital doit être peu considérable, il s'en suit qu'il faut éviter les souscriptions par les mêmes individualités d'un grand nombre de parts, ce qui aurait l'inconvénient de restreindre la possession du capital à un trop petit nombre de porteurs, il faudrait presqu'arriver à l'unité de part par porteur, ou tout au moins s'en rapprocher, pour que le plus grand nombre possible de personnes soient intéressées à la bonne marche de la Société.

« Une autre raison qui doit militer en faveur d'un petit capital, c'est que la caisse doit réserver les prêts au remploi des fonds que l'Epargne locale ne tardera pas à lui confier, autrement, elle ne serait qu'un banquier de plus, cherchant à faire rapporter le plus possible à son capital, et pour cela donnant le moins possible à ses déposants, et faisant payer le plus qu'il peut à ses emprunteurs.

« Au surplus, le crédit est accordé aux caisses rurales et leur sera accordé de plus en plus, non pas autant en rapport de leur capital, comme en considération de leur rôle strictement professionnel, de leur clientèle et de leur direction, non moins professionnelles.

« Le capital étant souscrit et chaque souscripteur ayant versé le quart de sa souscription, suivant ce qu'exige la loi, il reste à provoquer l'Assemblée constitutive ; pour cela, bien que la loi n'en fasse pas mention, et justement parce qu'elle n'en fait pas mention, alors pourtant qu'elle vise spécialement les conditions de publicité, j'estime qu'il n'est nul besoin de faire paraître un avis dans un journal désigné pour les annonces légales et qu'il suffit d'adresser à tous les souscripteurs une convocation individuelle leur en indiquant l'objet.

« Les souscripteurs étant réunis, le rôle des fondateurs est fini. Les souscripteurs présents signent la feuille de présence et nomment parmi eux un président, un secrétaire, puis deux scrutateurs, pris généralement parmi les deux plus forts porteurs de parts, ou à défaut les deux plus jeunes sont désignés, mais il n'y a rien d'obligatoire.

« Le président nommé a alors pour devoir de constater :

1º Que des convocations individuelles, dont un exemplaire devra rester annexé au procès-verbal, ont été adressées à tous les souscripteurs portés sur la liste de souscription;

2º Que la feuille de présence, régulièrement émargée, porte les signatures de la moitié plus un des souscripteurs présents ou représentés (1) ;

3° Que le quart du capital souscrit a été effectivement versé, et pour cela les fonds doivent être déposés sur le bureau.

« Après quoi, le président déclare l'assemblée régulièrement constituée et passe à la lecture, à la discussion, puis au vote des statuts.

« Il fait nommer le Conseil d'administration, donne lecture du règlement s'il y en a un et le fait approuver, etc.

« *Administration. — Règlement.* — Autant que possible, il faut simplifier la tâche des administrateurs, outre que bien souvent ceux qui consentiront à l'assumer seront des cultivateurs disposant de peu de temps, souvent aussi ceux-ci seront peu lettrés, ils hésiteraient donc d'autant plus devant toutes complications qui ne feraient à leurs yeux qu'augmenter les apparences d'une responsabilité qui leur apparaît redoutable.

« Les réunions du Conseil seront donc réduites au strict nécessaire, une tous les trimestres paraît devoir suffire, surtout si l'on a soin de former, des membres les plus libres et les plus compétents, un comité d'escompte de trois ou cinq membres, lequel assumera la direction courante de la Caisse.

Une Assemblée générale annuelle est également suffisante ; elle sera fixée en février, à l'époque où, conformément à la loi, les comptes doivent être déposés au greffe de la justice de paix.

« Le Conseil d'administration, dès sa première séance, nommera un président, un vice-président et un secrétaire, il n'est nul besoin d'un trésorier, ni même d'un administrateur délégué ; il semble en effet préférable de déléguer les pouvoirs du Conseil à un Comité d'Escompte qui peut très bien assumer en même temps la direction courante, laquelle se réduit du reste à la signature des talons des bons et des billets détachés des carnets à souche, ainsi qu'on va le voir.

« Afin de bien préciser les fonctions de chacun, et, par suite, de réduire au minimum la responsabilité des administrateurs, je ne saurais trop conseiller le vote d'un règlement par l'Assemblée constitutive elle-même, règlement qui pourra se modifier à l'usage, s'il y

---

(1) La loi ne dit rien au sujet du nombre des souscripteurs nécessaires pour la validité de l'Assemblée constitutive, mais il paraît sage de s'en tenir pour cela aux prescriptions de la loi de 1867. Si ce quorum n'était pas atteint, il faudrait dès lors provoquer une nouvelle réunion.

a lieu, par le vote d'une Assemblée générale, mais règlement qui tracera nettement la conduite à tenir dans la très grande majorité des cas, enlevant ainsi toute responsabilité au Conseil, en dehors de la stricte observation de ses prescriptions.

« Voici, comme indication, le règlement adopté par la Caisse d'Economie et de Crédit du Syndicat agricole de Belleville-sur-Saône.

RÈGLEMENT DE LA CAISSE D'ÉCONOMIE ET DE CRÉDIT DU SYNDICAT AGRICOLE
DE BELLEVILLE-SUR-SAONE.

Durée et importance. — Ce règlement ne pourra être modifié que par décision d'une Assemblée générale ordinaire ou extraordinaire. Le Conseil d'administration est tenu d'en suivre les indications aussi strictement que si elles étaient inscrites aux statuts.

Du Comité d'Escompte. — Le Comité d'escompte a pour mission de veiller au fonctionnement régulier de la Société dans l'intervalle des réunions du Conseil, notamment pour autoriser ou refuser les prêts, fixer e taux d'intérêt à servir aux déposants ; il statue valablement, quel que soit le nombre des membres présents.

Il se réunit obligatoirement tous les troisièmes mardis du mois au siège social, et aussi souvent que les intérêts qui lui sont confiés lui sembleront l'exiger.

Les membres du Comité d'Escompte agissant dans les limites des statuts ne peuvent encourir aucune responsabilité.

Les décisions du Comité d'escompte resteront secrètes et ne pourront être communiquées qu'au Conseil d'administration réuni en séance.

Pour se renseigner sur la valeur des emprunteurs ou de leurs cautions, les membres du Comité d'Escompte pourront utiliser les correspondants communaux du Syndicat agricole de Belleville ou tous autres intermédiaires qu'ils jugeront utiles, sans jamais perdre de vue, que la discrétion la plus rigoureuse est l'une des conditions essentielles de leur mandat ; dans ce but, ils ne seront pas tenus d'indiquer au registre de leurs délibérations l'origine des renseignements obtenus, ni les motifs de leurs décisions.

Des Prêts. — Les prêts ne sont accordés qu'aux membres du Syndicat agricole de Belleville et en vue d'achats professionnels déclarés ou constatés.

Ils sont consentis contre simple signature avec ou sans caution, ou contre remise de garanties. Dans un cas comme dans l'autre, l'emprunteur doit signer sur un registre à souche un billet à ordre de la somme correspondante payable à l'échéance dans les bureaux de la Société.

La durée actuelle des prêts est fixée à six mois.

Les échéances sont fixées au 15 et fin de mois, chaque mois étant pris pour une unité entière d'un douzième, sans qu'il soit tenu compte du nombre réel de jours.

Les prêts ne seront consentis que par coupures indivisibles de cent et de cinquante francs.

Le montant des prêts faits en même temps à une seule personne, sur sa simple signature, ne pourra pas dépasser 500 fr. ; toutefois, ce maximum pourra s'élever jusqu'à mille francs, si l'emprunteur fournit une caution solidairement responsable avec lui pour la totalité de la somme avancée.

Par une exception unique à la règle précédente, le Syndicat agricole de Belleville pourra emprunter sur la seule signature de son président jusqu'à dix mille francs pour le service de ses entrepôts.

Le montant des prêts contre gages n'est pas soumis à un maximum, mais, la somme prêtée ne pourra jamais dépasser la moitié de la valeur du gage constaté dans la délibération ayant autorisé le prêt. Par exception, la Société pourra consentir des prêts sur les valeurs admises par la Banque de France et dans ce cas l'avance pourra se faire jusqu'à concurrence de la somme que cette Banque aurait elle-même prêtée.

Toute demande de prêts ou de renouvellement devra parvenir au siège de la Société quinze jours pleins avant la date fixée pour sa réalisation.

Le Comité d'Escompte décide si la demande est acceptable, et l'intéressé, est avisé de la décision par lettre fermée.

Tout billet qui ne sera pas payé à son échéance sera protesté, et le remboursement de son montant augmenté des frais sera poursuivi par tous moyens utiles.

Lorsqu'un renouvellement aura été accordé pour tout ou partie, le débiteur devra se présenter, le jour de l'échéance, pour payer partie, et signer de nouveaux billets pour le surplus si la prolongation n'a été accordée que partiellement, ou pour signer de nouveaux billets pour la totalité si le renouvellement total a été accordé ; dans le cas où il ne se présenterait pas au jour dit, il ne serait plus tenu aucun compte de sa demande de renouvellement même acceptée, et le billet échu serait protesté dans les formes ordinaires.

Des dépôts. — Les membres du Syndicat agricole de Belleville sont seuls admis à faire des dépôts dans la Caisse de la Société aux conditions stipulées par le Conseil d'administration.

Les dépôts sont faits pour une durée de 1 an au moins à 3 ans au plus, par coupures indivisibles de cent et de cinquante francs avec un maximum de mille francs, au nom du même déposant ; ils sont constatés par la remise d'un reçu détaché d'un carnet à souche indiquant la somme et la date du remboursement. Ce reçu est signé de l'un des administrateurs et de l'employé en fonctions. Les échéances sont fixées au 15 et fin de mois comme pour les prêts. Les dépôts ne pourront jamais être supérieurs au capital de la Société.

Le Comité d'Escompte peut fermer les guichets à la réception des dépôts par simple décision provisoire en attendant la décision du Conseil d'administration.

Le Conseil d'administration peut décider le remboursement anticipé des dépôts, mais seulement dans le cas de liquidation.

Intérêts. — *Pour les prêts*, le taux de l'intérêt est fixé tous les trois mois par le Conseil d'administration, mais le Comité d'Escompte reste libre de le modifier provisoirement pendant l'intervalle, si la nécessité lui en paraît démontrée. Le plus ordinairement un écart de 2 % sera conservé entre le taux de l'intérêt servi aux déposants et celui demandé aux emprunteurs, afin d'assurer le paiement des frais généraux et de constituer le plus promptement possible un fond de réserve. Ce taux est actuellement fixé à 4 °/₀ l'an.

Par une exception unique, le Syndicat ne paiera que 1 °/₀ au-dessus du taux des dépôts d'un an pour toutes les sommes empruntées à la Caisse pour le service de ses entrepôts.

Pour les dépôts, le taux de l'intérêt sera fixé comme pour les prêts, par décision du Conseil d'administration, mais il ne devra jamais dépasser le taux d'intérêt servi par la Caisse d'épargne de Villefranche.

Il est actuellement fixé à 2 °/₀ pour un an et à 2 1/2 jusqu'à 3 ans.

Pour les prêts, l'intérêt est payable d'avance et pour la totalité, il est retenu sur la somme avancée ; mention en est faite au talon.

Pour les dépôts, le paiement de l'intérêt est fait au déposant en même temps que le reçu ; mention en est faite au talon.

« Pour les Caisses, qui le croiraient utile et sans inconvénient, l'on pourrait ajouter au règlement un dernier article ainsi libellé :

Opérations diverses. — « En dehors des opérations de Crédit et « d'Epargne nettement délimitées par ce qui est dit pour les prêts « et les dépôts, la Société peut encore faire, dans les limites de ses « statuts, des opérations ordinaires de banque, telles qu'escomptes, « recouvrements, paiements, etc., mais à l'indispensable condition « que l'une des parties intéressées, au moins, fasse partie du « Syndicat. »

« La Caisse d'Economie et de Crédit du Syndicat agricole de Belleville n'a pas cru devoir étendre ses opérations en dehors des dépôts et des prêts, par prudence d'abord, alors qu'elle débute, mais surtout parce que le besoin ne s'en faisait pas sentir dans un pays où il existe des agences de nos grandes banques. Il en pourrait être autrement dans une région moins favorisée, où les recouvrements et les payements seraient très onéreux, mais il sera prudent de n'aborder ces opérations qui nécessitent une comptabilité complète, qu'après un fonctionnement de plusieurs années, la constitution de quelques réserves, et surtout, dans le cas seulement où l'on disposerait d'un administrateur véritablement expérimenté.

Comptabilité. — « Nous l'avons dit, et nous ne saurions trop le répéter, il faut tout simplifier, il faut tout rendre compréhensible, même aux esprits les moins préparés ; il faut réduire le plus possible les responsabilités, non seulement par un règlement bien étudié, mais encore en rendant toutes soustractions dans le maniement des fonds sinon impossibles, du moins improbables, par un contrôle constant, et pour ainsi dire mécanique, ne nécessitant que très peu de calculs, sources d'erreurs, et permettant d'établir en tout état de causes la situation exacte de la Société ; c'est le rôle de la comptabilité.

« Cette comptabilité il faut la restreindre au minimum, et il faut l'établir de telle sorte, que si, par une négligence toujours à prévoir dans ces toutes petites banques, les écritures venaient à n'être pas passées pendant plusieurs mois, un an même, il soit toujours facile de les reconstituer rapidement. Le système adopté à Belleville semble répondre parfaitement à ce double but de simplicité et de sécurité, ceci grâce à l'adoption des bons à échéances et des billets à encaisser, dont il a été parlé au chapitre Administration et Règlement.

« Voici en quoi consistent ces bons et ces billets ; en donner le fac-simile sera le meilleur moyen de les faire connaître, ce sera de plus fournir un modèle à ceux qui voudraient les adopter. Ces bons et billets sont établis sur du papier de couleur différente pour éviter toute confusion en permettant de les distinguer du premier coup d'œil.

« Le bon à échéance est toujours de cinquante ou de cent francs, ce qui permet de recevoir de cinquante à mille francs, maximum fixé par le règlement pour un seul déposant ; il n'a pas paru nécessaire de recevoir par fractions au-dessous de cinquante francs, pour ne pas faire concurrence aux Caisses d'Epargne diverses, mais surtout, pour simplifier les calculs d'intérêts et les mettre à la portée de tous.

« Les intérêts des dépôts sont en effet calculés aisément puisqu'ils portent sur des fractions indivisibles et pour des durées fixes d'un an au moins. Le taux pour cent et par an étant fixé par le Conseil suivant le règlement, il n'y a qu'à le réduire de moitié lorsqu'il s'agit de dépôt de cinquante francs.

« L'on remarquera aussi la bizarrerie apparente du paiement des intérêts le jour même du dépôt ; la raison en est que c'est tout simplifier comme écriture et contrôle. En effet, la signature du même administrateur contresigne les deux opérations par le visa du talon, lequel porte en plus la signature du déposant, laquelle vaut quittance, sans qu'il soit besoin d'un timbre d'acquit, la somme d'intérêt annuel ne pouvant pour cent francs atteindre dix francs ; mais il y a un autre motif à cette manière de procéder. Rien n'empêche, et il serait désirable même, que ces bons puissent s'utiliser comme de véritables billets de banque ; en fait, ce sont des billets ordinaires payables au porteur à échéances fixes et munis du timbre proportionnel, billets qui n'ont rien de contraire au privilège de la Banque de France (voir les modèles de ces bons à la page suivante). D'autre part, si celui qui a déposé les fonds en a retiré l'intérêt, il est évident qu'il peut céder son bon sans avoir de calcul à faire pour les intérêts qui lui seraient déjà dus au moment où il le donne en paiement pour sa valeur seule ; c'est là le point capital.

« Assurément, il y a la contre-partie; celui qui le prend, ne reçoit pas en fait des espèces, puisqu'il ne reçoit que la promesse de paiement à une date à venir, il va donc perdre l'intérêt pour ce temps, mais il n'en serait ainsi, que s'il ne trouvait pas lui-même à l'utiliser de la même manière au cas où il aurait besoin d'en faire argent ; ceci peut arriver, c'est certain, ce n'est pas toutefois dans la probabilité des faits.

« Quel est, par exemple, le propriétaire réglant avec son fermier qui refusera de recevoir partie du fermage avec un ou plusieurs bons de la Caisse de Crédit? Aussi, il n'est pas douteux que dans la circonscription de la Caisse, tout au moins, ces bons seraient rapidement et généralement acceptés.

« Bien entendu, et dans tous les cas, trois mois avant l'échéance, ces bons, grâce à leur libellé, seraient négociables dans la forme ordinaire des effets de commerce, et c'est encore un avantage qui n'est pas à dédaigner.

« Pour les billets signés par les emprunteurs, c'est absolument le même système qui a été suivi, ainsi qu'on le verra par le fac-simile ci-contre.

« Ce sont encore les coupures de cinquante et de cent francs qui sont seules adoptées, cela pour les mêmes motifs que pour les bons de dépôts. L'échéance peut se fixer à trois, six, neuf ou douze mois, suivant la durée du prêt consenti et suivant que les ressources de la caisse paraissent pouvoir permettre d'attendre l'échéance, moment où le billet deviendra négociable; mais, il semble préférable de procéder comme à la caisse de Belleville où les billets sont toujours à trois mois, ce qui permet de faire de l'argent en tout temps en les escomptant si le besoin s'en fait sentir, ou de les garder jusqu'à l'échéance ou jusqu'au renouvellement consenti, si la caisse n'a pas eu besoin de fonds pour de nouveaux prêts.

« En effet, il est à remarquer que ces billets *sont payables* dans les bureaux de la Société, ce qui présente les avantages suivants :

CAISSE D'ÉCONOMIE ET DE CRÉDIT

DU

Syndicat agricole de Belleville-sur-Saône

BON DE 100 FR.

Le .... la Caisse d'Économie et de Crédit du Syndicat agricole de Belleville - sur - Saône *paiera au porteur la somme de* CENT FRANCS, *valeur reçue en dépôt.*

Belleville-sur-Saône, le .... 19 .

Le Caissier comptable, L'Administrateur,

N° ▭ F° du J^al ▭

BON DE 100 FR.

Remis à M ....

Dem. à ....

Remboursable le .... 19 .

Le Caissier comptable,

L'Administrateur,

INTÉRÊTS

à ▭ p. °/. l'an pour ....

Fr. ▭ *reçus* ce jour .... 19 .

Le Déposant,

CAISSE D'ÉCONOMIE ET DE CRÉDIT

DU

Syndicat agricole de Belleville-sur-Saône

BILLET DE 100 FR.

Le .... je soussigné paierai, dans ses bureaux, à la Caisse d'Économie et de Crédit du Syndicat agricole de Belleville-sur-Saône, ou à son ordre, la somme de CENT FRANCS *valeur reçue en espèces.*

Belleville-sur-Saône, le .... 19 .

N° ▭ F° du J^al ▭

BILLET DE 100 FR.

Remis par M. ....

Dem. à ....

Payable le .... 19 .

L'Administrateur,

INTÉRÊTS

à ▭ p. °/. l'an pour ....

Fr. ▭ *payés* ce jour .... 19 .

Le Caissier comptable,

— 454 —

1º En cas de renouvellement, la Société elle-même se charge, sans frais, du paiement pour le compte du débiteur qui sera venu signer préalablement les nouveaux billets ; dès lors, pas de danger par exemple, que les fonds donnés pour le paiement contre la signature des billets renouvelés soient détournés ou simplement perdus ;

2º En cas de négociation des billets, l'encaissement se faisant à la Société, sera toujours moins coûteux que s'il devait se faire dans un village ou un hameau éloigné ;

3º Le billet étant négocié, la Société, en cas de non paiement à l'échéance, ne serait guère prévenue que 8 à 10 jours plus tard, par le retour de l'effet accompagné de son protêt, soit 10 à 12 fr. de frais au bas mot ; or, il peut y avoir un avantage considérable, et même plus grand que dans le commerce, à savoir de suite que le débiteur agricole n'a pas pu tenir son engagement, que ce soit par négligence ou par impossibilité, car, dans la plupart des cas, de promptes mesures permettront de se couvrir, s'il y a impossibilité de payer et mauvaise situation, ou d'éviter des frais inutiles, s'il y a simple négligence ou léger retard, et ce par une intervention en temps utile dont la caisse reste seule juge. Tout cela est obtenu par cette simple mention de paiement dans les bureaux de la Société, c'est ce que l'on appelle en banque « Domiciliation » ; je ne saurai assez en recommander l'usage.

« Par ce système, la caisse peut mobiliser son portefeuille, suivant ses besoins, et puisque les prêts, d'après le règlement, ne sont consentis qu'à 1 ou 2 p. º/₀ au-dessus du taux d'escompte de la Banque de France, il y a toujours certitude d'une marge suffisante, même s'il faut payer une commission de banque pour la troisième signature, ce qui pourrait s'éviter du reste, en demandant cette troisième signature au Syndicat, qui a fourni le plus souvent les marchandises ayant fait l'objet du prêt (1).

« C'est grâce à ce système que la Caisse de Belleville n'a pas eu à utiliser la moindre fraction de la somme de douze mille francs, soit le double de son capital, que la Caisse d'Epargne de Lyon avait bien voulu mettre à sa disposition, pour le cas où ses opérations auraient rendu cet emprunt nécessaire.

---

(1) A la date où cette brochure a été publiée, la loi sur les Caisses régionales n'existait pas ; aujourd'hui, plus que jamais, il y a un réel intérêt à ne mettre en portefeuille que des billets à trois mois, les Caisses régionales pouvant fournir la troisième signature exigée par la Banque de France.

« L'on remarquera que l'emprunteur ne reçoit le montant des billets qu'il signe que sous déduction de l'intérêt, qu'il paie ainsi d'avance. Ceci, plus encore que pour les bons, mais pour les mêmes raisons, facilite les règlements. Au talon, la signature de l'Administrateur qui a contrôlé la signature de l'emprunteur, puis le calcul des intérêts payés et la signature du caissier qui les a reçus, assurent un double contrôle.

« Tout cela, on en conviendra, est d'une simplicité grande, et il semble aussi difficile de faire une erreur que de commettre la moindre soustraction. En tout cas, le travail de contrôle des administrateurs est réduit à sa plus simple expression, c'est le but cherché, et le vol brutal par un employé des sommes en caisse reste seul à éviter ; c'est le moins dangereux.

« A propos des fonds en caisse, je conseille de n'en garder que le moins possible, tout juste l'indispensable pour les petites dépenses d'administration, timbres, papier, etc., ou pour le paiement d'intérêts à des déposants, car, pour toutes les autres opérations de paiements, il faut un préavis de quinzaine au moins, s'il s'agit de prêts à consentir, et, pour les bons de dépôts, les échéances étant à dates fixes, elles sont connues dès leur acceptation. Comme d'autre part, il peut être imprudent de garder des fonds importants, tant à cause des voleurs que du feu, sans parler de la surveillance administrative que leur garde nécessite, qu'enfin, il faut faire produire à ces fonds un intérêt, le plus pratique, le plus simple et le plus productif, est de les déposer à la Caisse d'Epargne voisine qui vous en donnera 3 % d'intérêt ; or, comme les sociétés sont admises à y déposer jusqu'à concurrence de 12.000 fr. par société, la marge est plus que suffisante pour l'usage des petites caisses rurales dont je parle.

« J'ai dit que la comptabilité devait être simple et pouvoir s'établir régulièrement, même si les écritures n'avaient pas été tenues pendant plusieurs mois ; c'est le résultat obtenu grâce aux carnets de bons à échéance et de billets à encaisser que je viens de décrire. Plus besoin de livres auxiliaires, de brouillard, de livre de débiteurs et créanciers, de livre de traites et remises, etc., pas n'est besoin non plus de remettre des carnets aux déposants, il suffira de relever, ne serait-ce même qu'une fois par an, au journal et au grand livre, les opérations inscrites aux talons des carnets de bons et de billets, ainsi que sur le petit livre de caisse, le seul que le comptable ait à tenir régulièrement à jour, et vous aurez la comptabilité la plus claire, tout en étant la plus simple, qu'il soit possible d'organiser.

« Quel en est l'inconvénient ? Je n'en vois qu'un, si tant est que ce soit véritablement un inconvénient, c'est de ne pas permettre les appoints au-dessous de cinquante francs, tant pour les bons que pour les billets ; mais, outre qu'il est possible d'abaisser la limite jusqu'à vingt-cinq francs ou même jusqu'à dix francs dans les pays où le besoin s'en ferait sentir, calculant alors les intérêts par quart ou par dixième, deux modes rapides d'opérer qui ne laissent que peu de place à des erreurs de calculs, il est certain, que dans le cas de dépôt, comme dans le cas d'emprunt, ce n'est pas la possibilité de faire l'appoint en francs et en centimes qui présente un réel intérêt et les avantages du système que je préconise sont tels qu'il me semble impossible d'hésiter.

« Il me reste un dernier avis à donner ; il sera pratique d'adopter la désignation d'échéances fixes par quinzaine, en prenant le mois pour un douzième exact de l'année, soit 24 échéances, ceci, non seulement en vue de faciliter grandement les calculs, mais aussi pour diminuer les dates auxquelles il y a manipulation de fonds ; ce sera permettre ainsi l'emploi de dépôts à la Caisse d'épargne, dont je viens de parler, et cela rendra aussi faciles qu'efficaces le contrôle et la surveillance des administrateurs, car c'est le point capital. »

Nous avons cru utile de faire cette longue citation dans le but de faciliter la tâche des fondateurs de Caisses de crédit agricole mutuel ; c'est, du reste, le but que s'était proposé M. Duport.

Partie la première, on peut dire, avant l'heure, la Caisse de Crédit Agricole de Belleville fit longtemps cavalier seul, et ce n'est guère qu'au moment du vote de la loi du 31 mars 1899 qu'on vit poindre dans nos syndicats un mouvement timide en faveur du crédit agricole. Les 40 millions que cette loi offrait gratuitement à l'agriculture dessillèrent les yeux des plus aveugles.

On sait les origines de cette avance. Aux termes de la loi du 17 novembre 1897, la Banque de France doit avancer au Trésor, sans intérêt, une somme de quarante millions ; de plus, elle doit verser, annuellement, à titre de redevance, le huitième de ses bénéfices nets. Cette redevance, étant estimée devoir produire, jusqu'en 1912, 50 millions, c'est donc, en bloc, 90 millions qui peuvent être mis à la disposition de l'agriculture.

On songea d'abord à une grande banque centrale qui aurait exercé son action dans tout le pays. Fort heureusement, les protestations des représentants des syndicats arrêtèrent le gouvernement dans cette voie dangereuse.

Le système des subventions à accorder à des institutions de crédit régionales fondées par la seule initiative des intéressés fut préféré. L'engagement pris par le gouvernement au moment de la discussion de la loi de 1897, fut tenu par le ministère Méline ; son projet, légèrement modifié par les Chambres, est devenu la loi du 31 mars 1899.

Les tendances au socialisme d'Etat qui prévalent tristement dans notre législation depuis quelques années, ont fait admettre que les avances de l'Etat seraient consenties à titre purement gratuit. Les agriculteurs n'avaient pas demandé cet excès de générosité ; en grande majorité, au contraire, ils insistaient pour payer le service qu'on leur rendait.

Les propagateurs du Crédit Mutuel en France avaient uni leurs efforts à ceux des Syndicats pour que le législateur admît le principe d'une légère redevance. Rien n'y fit et, une fois de plus, le principe qui fait de l'Etat une sorte de providence, dont tous les contribuables attendent la provende, sans s'apercevoir que ce sont eux-mêmes qui en font les frais, reçut une consécration officielle.

Aussitôt la loi votée, un certain nombre de nouvelles caisses se créèrent sur le territoire de l'Union, mais si l'on veut bien se reporter à notre album (1), on verra que leur chiffre est encore bien peu en rapport avec le chiffre de nos syndicats.

Nous sommes forcé de constater, avec regret, que la plupart des syndicats agricoles ne paraissent pas avoir compris l'utilité des Caisses locales et qu'ils n'ont pas, jusqu'à ce jour, fait des efforts vraiment sérieux pour profiter de la nouvelle législation créée pourtant en leur faveur.

L'utilité du Crédit agricole est, sinon contestée, du moins ignorée par un trop grand nombre de cultivateurs.

Comme dans toute industrie, le capital employé en agriculture peut être divisé en *capital fixe* et en *capital de circulation*.

Le capital fixe représente la valeur des terres, des bâtiments, du cheptel et des principaux instruments immobiliers, tels que les pressoirs et les cuves.

Il est ordinairement fourni par les propriétaires moyennant un loyer, ou moyennant une part dans les produits.

---

(1) Pl. n° 8.

Les fluctuations de ce capital n'intéressent pas le Crédit agricole ; et c'est une erreur de penser qu'il a été créé pour cela.

Celui-ci s'adresse, tout particulièrement, au capital de circulation ou d'exploitation, qui représente les valeurs mises en mouvement dans les opérations agricoles et transformées par la culture, tels que les semences, les engrais, le bétail, les denrées nécessaires à l'alimentation du personnel agricole et des animaux de la ferme.

Ce capital de circulation est, le plus souvent, beaucoup trop faible dans les exploitations agricoles, surtout dans la moyenne et la petite culture, parce que, poussé par son amour de la terre, le paysan français n'a qu'un désir, arrondir son champ, étendre son domaine, et qu'il emploie à l'achat de nouvelles terres des capitaux qui lui rendraient beaucoup plus, s'il les consacrait à l'exploitation de son patrimoine.

N'est ce pas une vérité généralement admise, aujourd'hui, que l'argent employé en achats d'engrais, de semences sélectionnées, de produits chimiques nécessaires à combattre les maladies des végétaux, d'animaux reproducteurs, ou destinés à l'engraissement, d'aliments provenant des résidus industriels, donne à l'agriculteur intelligent et travailleur des bénéfices bien plus élevés que le loyer de la terre qui tend toujours à baisser.

C'est pour mettre à la disposition de ces agriculteurs les capitaux dont ils peuvent avoir besoin, pour les achats de tout ce qui peut être utile à l'amélioration de leurs cultures, que le Crédit agricole a été créé.

Il a sa base dans le Syndicat qui, par la loi du 5 novembre 1894, est seul autorisé à créer des caisses locales, lesquelles trouvent dans la Caisse régionale les capitaux nécessaires à leur fonctionnement.

C'est donc aux syndicats que les lois nouvelles sur le Crédit agricole ont réservé l'honneur et la tâche de faire pénétrer dans nos campagnes ce nouvel élément de progrès. C'est d'eux que doit sortir l'initiative de la création des caisses locales et l'influence très heureuse que le développement du crédit a exercée sur le commerce général, dans la deuxième moitié de ce siècle, nous est un sûr garant que l'organisation du crédit agricole sera dans peu d'années l'un des facteurs principaux des progrès futurs de notre agriculture nationale.

Moins de trois mois après la loi du 31 mars 1899, la Caisse régionale de Crédit agricole mutuel du Sud-Est était fondée sur l'initiative de M. Duport, et le 29 juin, elle se constituait légalement sous la présidence de M. Burelle, président de la Société régionale de viticulture de Lyon. M. Ed. Aynard, le très distingué député du Rhône, voulait bien, en acceptant la présidence d'honneur, prêter à ses fondateurs le généreux concours de sa haute autorité et de sa grande compétence en la matière. Dès sa naissance, M. Duport lui amenait toutes les caisses fondées sur le principe de la loi de 1894 et M. Louis Durand y faisait adhérer la plupart de celles créées, sous sa direction, à responsabilité illimitée.

Les statuts, longuement étudiés et prudemment élaborés par le comité de contentieux de l'Union du Sud-Est, arrivèrent, croyons nous, les premiers, car si, à ce moment, beaucoup de caisses régionales étaient projetées, aucune, à notre connaissance, n'était régulièrement fondée.

Il n'est donc pas sans intérêt de les reproduire ici :

Statuts

TITRE I . — FORMATION DE LA SOCIÉTÉ. — DÉNOMINATION. — SIÈGE. — DURÉE. — OBJET

ARTICLE PREMIER. — Entre les Sociétés de Crédit agricole mutuel et les personnes membres de Syndicats agricoles soussignées, qui adhèrent aux présents Statuts, et celles qui y adhèreront par la suite en se conformant à leurs dispositions il est formé une caisse régionale de crédit agricole mutuel, Société anonyme à capital variable, conformément aux lois du 5 novembre 1894 et du 31 mars 1899.

Cette Société prend le nom de *Caisse Régionale de Crédit agricole mutuel du Sud-Est.* Elle a son siège à Lyon, provisoirement place de la Miséricorde, 8. Ce siège pourra être transporté, par simple décision du Conseil d'administration, partout ailleurs, à Lyon.

ART. 2. — Ne pourront faire partie de la Société que les Sociétés de Crédit agricole mutuel ayant leur siège dans les départements suivants : Ain, Hautes-Alpes, Ardèche, Drôme, Isère, Loire, Haute-Loire, Rhône, Saône-et-Loire, Savoie, Haute-Savoie, ou les personnes faisant partie des Syndicats de la même circonscription.

Sont considérées comme agricoles, les Sociétés de Crédit qui, par leurs statuts ou par une décision de l'Assemblée générale, s'interdisent toute opération étrangère à l'agriculture.

ART. 3. — La durée est fixée à 99 ans.

ART. 4. — La Société a pour objet de faciliter les opérations concernant l'industrie agricole, effectuées ou garanties par les Sociétés locales de Crédit agricole mutuel *associées.*

Elle escompte les effets endossés par ces Sociétés.

Elle peut faire à ces Sociétés, par prêts, acceptations, comptes courants ou autrement, les avances nécessaires pour la constitution de leur fonds de roulemement.

TITRE II. — CAPITAL SOCIAL. — PARTS. — VERSEMENTS. — TRANSFERTS

ART. 5. — Le capital social initial est fixé à la somme de *vingt-quatre mille francs*. Ce capital a été intégralement souscrit et versé avant la constitution de la Société.

Il est divisé en 240 parts de 100 francs chacune. Toutefois, postérieurement le Conseil d'administration aura le droit de porter, en une ou plusieurs fois le capital social au total de *quatre-vingt-dix neuf mille francs*, par l'émission de nouvelles parts de cent francs.

Lorsque ce chiffre sera atteint, l'Assemblée générale pourra décider de nouvelles augmentations de capital par l'émission de nouvelles parts.

Le capital pourra être réduit par suite de retraits ou exclusions de porteurs de parts, mais sans que jamais il puisse descendre au dessous du capital initial, ni, en cas d'augmentation, au-dessous des quatre cinquième du capital augmenté.

ART 6. — Les deux tiers au moins de ces parts seront réservés de préférence aux Sociétés locales de Crédit agricole mutuel faisant partie de la circonscription.

Aucune Société ne pourra souscrire plus de *cinquante* parts.

Les membres des Syndicats de la circonscription pourront aussi souscrire des parts jusqu'à concurrence de *dix* par personne et dans la mesure où le Conseil d'administration jugera opportun de les admettre.

Les associés ne sont responsables qu'à concurrence du montant des parts par eux souscrites.

ART 7. — Les parts seront toujours nominatives. La propriété de ces parts est établie par une inscription sur un registre spécial et par la remise d'un certificat, signé de deux Administrateurs et frappés du timbre de la Société.

Les parts sont indivisibles à l'égard de la Société, qui ne reconnaît qu'un seul porteur. En conséquence, tous les co-propriétaires de parts sont tenus de se faire représenter par un seul d'entre d'eux.

Les Sociétés de Crédit agricole mutuel seront représentées par qui de droit, conformément à leurs statuts.

ART. 8. — Les parts ne seront transmissibles que par voie de cession et avec l'agrément du Conseil d'administration. Cette cession ne pourra être faite qu'aux personnes désignées dans l'article 2 et par une déclaration inscrite sur un registre spécial signé du cédant, du cessionnaire et d'un administrateur.

TITRE III. — ADMISSIONS. — RETRAITES. — EXCLUSIONS

ART. 9. — L'admission des nouveaux porteurs de parts ne pourra avoir lieu qu'en vertu d'une décision du Conseil d'administration.

ART. 10. — Tout porteur de parts a le droit de se retirer de la Société au moyen d'une déclaration signée de lui sur un registre spécial tenu au siège de la Société. La déclaration devra être faite un mois au moins avant la clôture de l'exercice annuel.

Art. 11. — Le Conseil d'administration pourra proposer l'exclusion d'un ou de plusieurs porteurs de parts à l'Assemblée générale, laquelle ne pourra prononcer l'exclusion qu'à la majorité requise pour les modifications de statuts.

Art. 12. — La retraite et l'exclusion des porteurs de parts cessent d'être praticables lorsque le capital social sera réduit au chiffre minimum fixé par l'article 5, à moins que l'associé sortant ne soit immédiatement remplacé par un nouvel associé dont l'apport soit au moins égal au sien.

Art. 13. — Lors de la retraite ou de l'exclusion d'un porteur de parts, la Société doit lui rembourser ses parts au prix fixé par l'Assemblée générale, prix qui ne peut toutefois dépasser le capital versé. Ce remboursement, ainsi que le paiement des intérêts, ne seront exigibles qu'à l'époque fixée par le Conseil d'administration pour le paiement des intérêts.

Le porteur de parts qui cesse de faire partie de la Société reste tenu, envers ses coassociés et envers les tiers, de toutes les dettes et de tous les engagements de la Société contractés avant sa sortie jusqu'à leur parfaite liquidation, mais cette responsabilité ne peut excéder le montant de ses parts.

Art. 14. — En cas de retraite volontaire ou forcée, les porteurs de parts, ou leurs héritiers ou ayants-droit, ne peuvent, sous aucun prétexte, provoquer l'apposition des scellés sur les biens ou valeurs de la Société, en demander le partage ou la licitation, ni s'immiscer en aucune façon dans son administration ; ils doivent, pour l'exercice de leurs droits, s'en rapporter aux décisions de l'Assemblée générale.

En cas de décès d'un porteur de parts, le Conseil d'administration aura toujours le droit de rembourser les héritiers dans les conditions de l'article 13.

Titre IV. — Administration.

Art. 15. — La Société est administrée par un Conseil composé de *six* membres au moins, et de *quinze* au plus, pris parmi les porteurs de parts. Si ces porteurs de parts sont des personnes morales à ce autorisées par leurs statuts, ils seront représentés conformément à ces statuts.

Art. 16. — Les administrateurs doivent être propriétaires, pendant toute la durée de leur mandat, chacun d'une part. Cette part est affectée à la garantie de tous les actes de leur gestion, même de ceux qui seraient exclusivement personnels à l'un des administrateurs; elle est inaliénable.

Art. 17. — Les administrateurs sont nommés pour *six ans*. Le Conseil d'administration se renouvelle par tiers tous les deux ans. Les deux premières séries sont désignées par le sort. Les administrateurs sont toujours rééligibles.

Art. 18. — En cas de vacance par décès, démission ou autre cause, d'un ou de plusieurs administrateurs, ils peuvent être provisoirement remplacés par le Conseil, par voie d'élection, jusqu'à la prochaine assemblée générale, qui procède à l'élection définitive. Le membre ainsi nommé achève le temps de celui qu'il a remplacé.

Art. 19. — Chaque année, le Conseil nomme parmi ses membres son bureau, composé d'un président, d'un vice-président et d'un secrétaire.

Art. 20. — Le Conseil d'administration se réunit au siège social, aussi souvent que l'intérêt de la Société l'exige et au moins une fois tous les trois mois, sur la convocation du président ou, en cas d'empêchement, sur celle du vice-président. Les délibérations sont prises à la majorité des voix des membres présents ; en cas de partage, la voix du président est prépondérante.

Nul ne peut voter par procuration dans le sein du Conseil.

Art. 21. — Les délibérations sont constatées par des procès-verbaux, qui sont portés sur un registre tenu au siège de la Société, et signés par le président et le secrétaire qui y ont pris part.

Les copies ou extraits des délibérations à produire en justice ou ailleurs, sont certifiés par le président du Conseil ou le vice-président.

Art. 22. — Le Conseil a les pouvoirs les plus étendus pour l'administration des biens et des affaires de la Société ; il peut même transiger, compromettre, donner tous désistements et mainlevées, avec ou sans paiement. Il arrête les comptes qui doivent être soumis à l'assemblée générale, propose tous projets d'augmentation du capital, toutes modifications énumérées à l'article 39.

Le président du Conseil représente la Société en justice, tant en demandant qu'en défendant ; en conséquence, c'est à sa requête ou contre lui que doivent être intentées toutes actions judiciaires.

Les pouvoirs sus-énoncés ne sont qu'indicatifs et non limitatifs.

Art. 23. — Les administrateurs ne reçoivent aucun jeton de présence, leur concours est donc absolument gratuit. Ils ne sont responsables que de l'exécution du mandat qu'ils ont reçu : ils ne contractent aucune obligation personnelle ou solidaire à raison de leur gestion, relativement aux obligations de la Société.

Art. 24. — Le Conseil d'administration peut, sous sa responsabilité, déléguer ses pouvoirs à un ou plusieurs administrateurs délégués, ou à un directeur pris même en dehors des porteurs de parts.

Titre V. — Commissaires de surveillance.

Art. 25. — L'Assemblée générale annuelle désigne un ou plusieurs Commissaires, associés ou non, chargés de faire un rapport à l'Assemblée générale de l'année suivante, sur la situation de la Société, sur le bilan et sur les comptes présentés par les Administrateurs. A défaut de nomination des Commissaires par l'Assemblée générale, ou en cas d'empêchement ou de refus d'un ou de plusieurs Commissaires nommés, il est procédé à leur nomination ou à leur remplacement par ordonnance du président du Tribunal de commerce du siège de la Société, à la requête de tout intéressé, les Administrateurs dûment appelés.

Art. 26. — Pendant le trimestre qui précède l'époque fixée par les statuts pour la réunion de l'Assemblée générale, les Commissaires ont droit, toutes les fois qu'ils le jugent convenable dans l'intérêt social, de prendre communication des livres et d'examiner les opérations de la Société. Ils peuvent toujours, en cas d'urgence, convoquer l'Assemblée générale.

Titre VI. — Assemblées générales.

Art. 27. — L'Assemblée générale régulièrement constituée représente l'universalité des porteurs de parts, ses décisions sont obligatoires pour tous, même pour les absents ou dissidents. Elle se compose de tous les porteurs de parts.

Art. 28. — Nul porteur de parts ne peut se faire représenter aux Assemblées générales que par un autre porteur de parts.

Art. 29. — L'Assemblée générale est présidée par le président du Conseil d'administration et, en son absence, par le vice-président ; à défaut, par l'administrateur que le Conseil désigne.

Les fonctions de scrutateurs sont remplies par les deux plus forts porteurs de parts présents ou représentés et, sur leur refus, par ceux qui suivent jusqu'à acceptation.

Le Bureau ainsi composé désigne le secrétaire.

Art. 30. — Les délibérations sont prises à la majorité des voix des membres présents ou représentés. Chaque porteur a droit à une voix par *dix* parts ou fraction de *dix* parts. En cas de mandat, le représentant dispose des voix des représentés.

Art. 31. — Ces délibérations sont constatées par des procès-verbaux inscrits sur un registre spécial et signés par les membres du Bureau. Une feuille de présence, contenant les noms et les domiciles des porteurs de parts membres de l'Assemblée et le nombre de parts dont chacun est porteur est certifiée par le Bureau et annexée au procès-verbal pour être communiquée à tout requérant.

Art. 32. — Les copies ou extraits des délibérations de l'Assemblée à produire en justice ou ailleurs sont signés par le Président ou le vice-Président du Conseil d'administration.

Art. 33. — Les convocations aux Assemblées générales ordinaires ou extraordinaires ont lieu par convocations individuelles envoyées huit jours avant l'époque de la réunion.

Ce délai sera le même dans le cas de deuxième convocation.

Lorsque l'Assemblée est extraordinaire, l'avis de convocation doit relater l'ordre du jour.

Art. 34. — L'ordre du jour est arrêté par le Conseil d'administration ; ils est soumis préalablement aux Commissaires. Il n'y est porté que les propositions émanant du Conseil ou des Commissaires, ou qui ont été communiquées au Conseil un mois au moins avant la réunion, avec la signature d'au moins vingt porteurs de parts.

Il ne peut être mis en délibération que les objets portés à l'ordre du jour.

ART. 35. — Il est tenu chaque année, du 1er février au 30 avril, une Assemblée générale ordinaire.

ART. 36. — L'Assemblée générale ordinaire délibère valablement lorsqu'elle est composée d'un nombre de porteurs de parts représentant le quart au moins du capital social alors existant.

Si cette condition n'est pas remplie à la première réunion, la délibération ne peut avoir lieu.

Il est fait une nouvelle convocation conformément à l'art. 33, et la délibération sur les objets à l'ordre du jour de la première réunion est valable, quel que soit le nombre des membres présents et des parts représentées.

ART. 37. — L'Assemblée générale annuelle entend le rapport des commissaires sur la situation de la Société, sur le bilan et sur les comptes présentés par les administrateurs. Elle discute, et, s'il y a lieu, approuve les comptes. Elle fixe la valeur des parts qui ne peut, en aucun cas, dépasser le capital versé.

Elle nomme les administrateurs à remplacer, et les commissaires chargés de la surveillance pour l'exercice suivant.

Sur la proposition du Conseil d'administration, elle décide, s'il y a lieu, d'augmenter le capital social. Elle constate les augmentations et diminutions du capital effectuées.

Elle délibère et statue souverainement sur tous les intérêts de la Société. Elle confère au Conseil d'administration tous les pouvoirs supplémentaires qui seraient reconnus utiles.

ART. 38. — L'Assemblée qui aura à délibérer sur la nomination des premiers administrateurs et à vérifier la réalité du versement du capital souscrit, doit être composée d'un nombre de porteurs de parts représentant la moitié au moins du capital social.

Dans cette assemblée, chaque porteur de parts disposera des voix qui lui sont attribuées par l'art. 30, sans néanmoins que ce nombre puisse dépasser *dix*. Si l'Assemblée générale ne réunit pas un nombre d'actionnaires représentant la moitié du capital social, elle ne peut prendre qu'une délibération provisoire. Dans ce cas, une nouvelle Assemblée générale est convoquée. Deux avis publiés à huit jours d'intervalle, au moins un mois à l'avance, dans un des journaux désignés pour recevoir les annonces légales, font connaître aux porteurs de parts les résolutions provisoires adoptées par la première Assemblée, et ces résolutions deviennent définitives si elles sont approuvées par la nouvelle Assemblée, composée d'un nombre de porteurs de parts représentant le cinquième au moins du capital social.

ART. 39. — Les Assemblées générales extraordinaires, qui ont à délibérer sur les modifications aux statuts, et notamment sur la dissolution ou la transformation de la Société, sur le changement de sa circonscription, sur sa fusion avec tout autre société, sur la prolongation de sa durée, ne sont régulièrement constituées et ne délibèrent valablement qu'autant qu'elles sont composées d'un nombre de porteurs de parts représentant la moitié au moins du capital social alors existant.

TITRE VII. — OPÉRATIONS.

ART. 40. — La Société escomptera normalement les effets au taux de la Banque de France, avec faculté de relever ce taux jusqu'à 1 % au-dessus, ou de l'abaisser dans la même proportion par simple décision du Conseil d'administration.

Le taux de l'intérêt des prêts sera fixé d'après les mêmes proportions.

ART. 41. — Elle pourra recevoir des fonds contre *Bons à échéance*, jusqu'à concurrence de quatre fois le capital social, et en comptes courants jusqu'à concurrence de son capital social. Elle peut recevoir des dépôts en compte courant, émettre des bons, dont le total ne peut excéder les trois quarts des effets en portefeuille.

Elle pourra emprunter les capitaux nécessaires, recevoir les avances de l'Etat, verser les fonds momentanément inutilisés ou les employer en rente sur l'Etat, en bons du Trésor, en obligations de chemins de fer français ou toutes autres valeurs ayant la garantie d'intérêt de l'Etat, en un mot faire toutes opérations nécessaires à son bon fonctionnement, mais dans les limites fixées par la loi.

Elle pourra contrôler les opérations des caisses locales de crédit agricole ayant souscrit des parts.

TITRE VIII. — INVENTAIRE. — ETATS DE SITUATION

ART. 42. — L'exercice commence le 1er janvier et finit le 31 décembre. Par exception, le premier exercice comprend le temps écoulé entre la constitution définitive de la Société et le 31 décembre 1899.

L'intérêt à servir aux porteurs de parts ne commencera à courir qu'à partir du 1er juillet 1899.

Il est établi chaque semestre un état sommaire de la situation active et passive. Cet état est mis à la disposition des commissaires. Il est en outre établi chaque année un inventaire contenant l'indication des valeurs mobilières et immobilières, et de toutes les dettes, actives et passives, de la Société.

L'inventaire, le bilan et le compte des profits et pertes sont mis à la disposition des commissaires, le quarantième jour au plus tard avant l'Assemblée générale : ils sont présentés à cette Assemblée.

Quinze jours au moins avant la réunion de l'Assemblée générale, tout porteur de parts peut prendre, au siège social, communication de l'inventaire et de la liste des membres, et se faire délivrer copie du bilan résumant l'inventaire et le rapport des commissaires.

ART. 43 — Chaque année, dans la première quinzaine de février, un administrateur de la Société déposera en double exemplaire au greffe de la justice de paix du canton, avec la liste des membres faisant partie de la Société à cette date, le tableau sommaire des recettes et dépenses ainsi que des opérations effectuées dans l'année précédente.

Titre IX. — Répartitions

Art. 44. — Lors de l'inventaire annuel, après prélèvement des frais généraux, si l'actif dépasse le passif, il est attribué aux porteurs de parts un intérêt de 4 % du capital versé.

Le surplus est versé, à concurrence de 75 %, au fonds de réserve, jusqu'à ce qu'il ait atteint la moitié du capital.

Les 25 % restant seront répartis entre les Sociétés adhérentes, au prorata de leurs opérations.

En cas d'insuffisance pour le paiement de l'intérêt de 4 % aux porteurs de parts, le complément sera pris sur le fonds de réserve, et, à défaut, sur les profits disponibles des exercices suivants.

Dans le cas où l'inventaire révèlerait des pertes, le montant de ces pertes serait prélevé sur le fonds de réserve et, en cas d'insuffisance, sur les profits disponibles des exercices suivants et avant le prélèvement des intérêts du capital social.

Art. 45. — Le paiement de l'intérêt aux porteurs de parts a lieu dans les trois mois qui suivent l'Assemblée générale annuelle, aux époques fixées par le Conseil d'administration, par les voies et moyens indiqués par lui.

Art. 46. — Tout intérêt non réclamé dans les cinq ans de son exigibilité est prescrit au profit de la Société.

Les sommes prescrites sont versées au fonds de réserve.

Art. 47. — Le fonds de réserve est destiné à faire face aux charges ordinaires de la Société en cas d'insuffisance des profits annuels, ainsi qu'aux charges extraordinaires ou imprévues.

Lorsque la réserve aura atteint la moitié du capital initial ou augmenté, l'Assemblée générale décidera, sur la proposition du Conseil d'administration, si le surplus sera laissé à ce compte, en totalité ou en partie, ou attribué aux Sociétés au prorata de leurs opérations.

Titre X. — Contestations

Art. 48. — Toutes les contestations qui pourront s'élever pendant la durée de la Société ou au cours de sa liquidation, et relatives au pacte social, seront jugées à Lyon par les tribunaux compétents.

Titre XI. — Dissolution. — Liquidation

Art. 49. — En cas de dissolution, l'Assemblée générale extraordinairement convoquée règle le mode de liquidation, elle nomme un ou plusieurs liquidateurs ou confie la liquidation aux Administrateurs en exercice. Pendant la liquidation, les pouvoirs de l'Assemblée générale se continuent comme pendant l'existence de la Société. Toutes les valeurs de la Société sont réalisées par les liquidateurs, qui ont, à cet effet, les pouvoirs les plus étendus, y compris celui de transiger et compromettre, de donner mainlevée même sans recevoir paiement, et après remboursement des avances de l'Etat, des dettes sociales et du capital, sur la proposition du Conseil d'administration, l'Assemblée extraordinaire devra décider de l'emploi des fonds de réserve à des œuvres d'intérêt agricole de la région.

***

Fondée avec 23 Caisses, la Caisse régionale a vu, à la fin de la première année, son effectif monter à 25 ; son capital a passé de 24,000 à 25,200 francs.

Les opérations du premier semestre ont procuré un bénéfice de 337 fr. 75, suivant inventaire au 31 Décembre 1899.

Sur cette somme il a été attribué :

a) Pour servir l'intérêt à 2 % aux porteurs de parts, ci. 247 francs.

b) Pour amortissement, à raison de 25 % par an de frais de constitution de la Société, ci .... 45 fr. 05

c) Pour gratification du personnel, ci .... 16 fr. 90

d) Le solde des bénéfices de ce premier exercice a été reporté au Compte profits et pertes, soit.................. 27 fr. 80

Les statuts disant : « Si l'actif dépasse le passif, un intérêt de 4 % du capital versé doit être attribué aux porteurs de part » ; il aurait fallu pour cela 494 francs, somme supérieure au bénéfice net. La Caisse n'a donc pu payer l'intérêt à 4 %.

Cela ne doit pas faire supposer pourtant que les affaires de la Caisse n'ont pas été aussi prospères qu'elles auraient dû l'être.

« C'est, dit le sympathique président, dans son rapport de fin d'exercice, à une circonstance indépendante de notre volonté que ce résultat en apparence insuffisant doit être attribué.

« Les Caisses agricoles créées par les lois de 1894 et 1899 sont très limitées dans leurs opérations ; elles sont tenues étroitement en tutelle par la loi et cette rigueur semblait justifiée par l'avantage qu'on leur a promis de leur attribuer la jouissance des quarante millions, que la Banque de France tient à la disposition du gouvernement, sans intérêts, depuis le jour du renouvellement de son privilège.

« Cet avantage qu'on nous a promis, qui est inscrit dans les lois, de pouvoir mettre à la disposition des Caisses locales adhérentes à notre Caisse régionale, des sommes qui nous seraient avancées par la Banque de France, sans intérêt, nous n'avons pas encore pu obtenir malgré nos nombreuses démarches, qu'il fût mis en exécution.

« Le règlement d'administration prévu par la loi n'ayant pas été terminé, aucune Caisse en effet n'a reçu à ce jour une part quelconque des avances promises par le Gouvernement !

Avec le distingué président de la Caisse régionale de Crédit agricole du Sud-Est, nous faisons des vœux pour que le gouvernement tienne au plus tôt ses engagements.

Nous savons d'autre part que le 1er semestre 1900 indique un accroissement considérable dans le chiffre des opérations de la Caisse Régionale dont le capital disponible est tout utilisé; heureusement la banque de France vient de l'admettre à son escompte, ce qui va lui permettre de faire face aux demandes de plus en plus nombreuses qui lui sont envoyées par les Caisses locales adhérentes.

· Dernièrement pour une opération *d'inalpage,* la Caisse Régionale prêtait trente mille francs à une Caisse rurale de la région des Alpes pour permettre à ses adhérents d'acheter du bétail à mettre à l'embouché dans leurs prairies de montagne dès là fonte des neiges.

C'est bien là le rôle productif du Crédit Agricole et n'est-ce pas le cas de rappeler ici, en guise de conclusion, les belles paroles de notre président, M. Duport, à la fête du Musée social de décembre 1897 :

« C'est aux Caisses rurales qu'il appartient d'aller sur tout le territoire chercher le crédit agricole où il est véritablement et il est, n'en doutons pas, dans les habitudes d'économie et d'ordre du paysan français.

« Voilà le capital qu'il faut savoir mettre en action et les Caisses rurales sont parfaitement aptes à l'aller chercher jusque dans le plus petit des hameaux. Elles ne donneront le crédit qu'à l'homme qui le mérite et c'est là qu'est la force de cette organisation qui est le salut de notre agriculture, c'est pour cela qu'il faut que nous développions, de plus en plus, à côté de nos syndicats, le crédit par les Caisses rurales.

« Qu'elles soient fondées par l'un ou par l'autre système, nous n'avons pas à nous en préoccuper, il faut marcher le plus vite possible parce que le crédit mis à la portée de nos cultivateurs, même les plus pauvres, lorsqu'ils sont honnêtes, ce sera rendre notre terre de France plus riche, plus puissante.

« Songez à la force que prendra notre pays si agricole, le jour où, par le Crédit aidé de l'Association, nous aurons pu porter à son maximum la production nationale ! »

COMITÉ DE LÉGISLATION ET DE CONTENTIEUX

En 1889, le Conseil de l'Union du Sud-Est a créé une Commission spéciale chargée de statuer sur les questions de contentieux et de législaiton qui lui seraient déférées.

Ce Comité est composé de 10 à 12 membres tous appartenant au monde syndical, et désignés à raison de leur expérience ou de leurs études spéciales.

En ses 11 ans d'existence il a dû se renouveler partiellement. Il a eu la douleur de perdre un de ses membres les plus actifs, M. Louis Choisy, avocat à la Cour d'appel.

D'autres, après avoir plus ou moins activement participé aux travaux du Comité, ont dû cesser une collaboration que leur rendait impossible soit un changement de résidence, soit de nouvelles et plus absorbantes occupations professionnelles.

De ce nombre sont MM. de Bélair, G. Martin, Rérolle, de St-Charles, Missol.

Le Comité a d'abord été présidé par M. Gairal, avocat à la Cour d'appel, vice-président du Syndicat de St-Symphorien-d'Ozon.

En décembre 1891, M. Gairal, réélu président, s'est vu contraint, par ses nombreuses occupations, de décliner cet honneur malgré les instances et les regrets de la Commission, dont il avait dirigé les travaux, depuis sa création, avec tant de dévouement et de compétence. M. Ducurtyl, avocat à la Cour d'appel, a été, à l'unanimité, désigné pour le remplacer. Il exerce encore aujourd'hui les fonctions de président.

Le Comité se trouve aujourd'hui ainsi constitué :

MM. Ducurtyl, avocat à la Cour d'appel, président.

> L. Riboud, docteur en droit, vice-président de l'Union du Sud-Est.
>
> A. Guinand, licencié en droit, vice-président de l'Union du Sud-Est.
>
> E. Richard, docteur en droit, professeur à la Faculté Catholique de droit.
>
> A. Gairal, docteur en droit, professeur à la Faculté Catholique de droit.
>
> J. Rambaud, docteur en droit, professeur à la Faculté Catholique de droit.
>
> Louis Durand, docteur en droit, président de l'Union des Caisses Rurales et Ouvrières.
>
> Perroud, avocat à la Cour d'appel.
>
> E. Voron, docteur en droit, avocat à la Cour d'appel, secrétaire général de l'Union du Sud-Est.
>
> Chardiny, docteur en droit, avocat à la Cour d'appel.
>
> J. Gairal, docteur en droit, avocat à la Cour d'appel.
>
> Mayen, licencié en droit.

Depuis sa fondation, le Comité n'a cessé de fonctionner, à intervalles irréguliers sans doute, et au fur et à mesure que surgissaient les difficultés à résoudre, mais cependant d'une façon constante et sans longs chômages.

Dès le début, s'était posée la question de savoir si le Comité solutionnerait les difficultés relatives aux intérêts privés, et il fut décidé qu'on s'occuperait non-seulement des questions qui intéressent les syndicats, mais de toutes les questions qui intéressent l'agriculture, lorsqu'elles présenteraient un intérêt professionnel général.

Néanmoins, sauf quelques rares exceptions, les particuliers, qui trouvent souvent dans leurs syndicats des Comités spéciaux, n'ont pas encombré de leurs affaires personnelles le Comité de l'Union, dont, très heureusement, du reste, l'activité s'est trouvée concentrée sur les questions d'ordre syndical.

A suivre chronologiquement l'ordre des travaux, on y relèverait les progrès incessants de l'évolution syndicale.

Au début se présentent en foule les questions d'organisation, de composition du syndicat, de rédaction des statuts ; des difficultés surgissent entre les syndicats et les autorités judiciaires, préfectorales, municipales, et le Comité est appelé tantôt à revendiquer les

libértés octroyées en 1884, tantôt à rappeler à de trop indépendants syndicats le respect et l'obéissance aux lois générales.

Puis ce genre de questions diminue de fréquence, les rapports s'établissent plus cordiaux, comme il arrive entre gens qui apprennent à
se connaître et à s'estimer. Seul le fisc ne désarme pas.

Et, sans cesse, sous les formes les plus multiples, on voit surgir
des prétentions nouvelles, à propos de patente, poids et mesures, licence, etc.

Mais toutes ces entraves ne découragent pas les syndicats. Ils progressent sans cesse, et force est bien au Comité, ce qui lui est une
heureuse diversion, d'apprécier les entreprises nouvelles, œuvres de
crédit, de coopération, de prévoyance, de mutualité.

Et, comme l'agriculture n'est pas encore dotée des Chambres consultatives qu'elle réclame, les Unions essaient d'y suppléer, en fournissant non pas des avis officiels qui ne lui sont pas demandés,
mais des études destinées à éclairer l'opinion publique, et à être remises au besoin à des sénateurs ou députés, par l'intermédiaire
desquels, les vœux des Agriculteurs peuvent recevoir, et, en effet,
reçoivent parfois satisfaction.

On voit par là que le rôle du Comité de Contentieux et de Législation ne manque pas d'ampleur.

**Organisation et fonctionnement du Syndicat et questions
diverses.** — Le Comité, nous l'avons dit, au début, a eu surtout à
examiner des *projets de statuts*, *à trancher des questions de
recrutement ou d'organisation et à s'occuper des rapports des
syndicats avec l'administration.*

Ce fut souvent une tâche bien ingrate, tant étaient parfois compliqués et bizarres les statuts à juger ou les cas à résoudre; tâche bien
obscure, dont il serait difficile et fastidieux d'écrire l'histoire par le
menu, très utile, cependant, car par là l'Union put astreindre bien
des syndicats qui, sans elle, s'y seraient dérobés, à une scrupuleuse
obéissance à la loi de 1884, leur communiquer de l'association professionnelle une idée élevée qu'ils n'auraient peut-être pas conçue,
et assurer le respect des libertés individuelles en faisant écarter, par
exemple, des amendes destinées à sanctionner de rigoureuses prescriptions.

De la sorte et peu à peu, une jurisprudence s'est formée, des statuts

ont pu être dressés pour servir de type, la plupart des syndicats
naissants les ont adoptés, profitant de l'expérience de leurs devanciers, et s'imprégnant de leur concept élevé et désintéressé.

Si, plus d'une fois, le Comité a dû rappeler les syndicats au respect
de la loi, plusieurs fois aussi il a eu l'occasion de les soutenir contre
les prétentions abusives de l'administration ; un jour par exemple,
contre un sous-préfet qui voulait obtenir la liste de tous les adhérents, et obliger à des modifications de statuts ; une autre fois, contre
un maire qui voulait assister à la réunion du syndicat.

L'étendue *des droits* des syndicats est difficile à préciser ; la loi
de 1884, en donnant pour mission l'étude et la défense des intérêts
professionnels, a, par le vague de sa formule, laissé à la coutume le
soin de préciser ; il ne faut pas s'en plaindre, car, à n'en pas douter,
une excessive précision eût pu nuire à un développement dont il
était difficile de prévoir les manifestations diverses.

Un syndicat agricole peut-il *acheter* pour ses membres des
engrais, des machines, d'une façon générale les objets dont ils ont
besoin pour leur profession, ou *vendre* leurs produits ?

La question n'a jamais été posée directement, car si quelques
théoriciens ont soutenu l'incapacité des syndicats à cet égard, je ne
sache pas que jamais, en justice, on ait fait valoir la nullité de
pareils actes, ou que, de ce chef, la dissolution d'un syndicat pour
excès de pouvoir ait été demandée. Cependant, à diverses reprises, le
Comité a dû accessoirement s'occuper de ces questions, par exemple
le jour où s'est posée la question de la patente.

Un syndicat a incontestablement le droit de se livrer aux opérations d'achats et de ventes si importantes pour la défense des intérêts
agricoles, cela a été reconnu par de hautes autorités (citées Droit Rural
1900, p. 52), et s'il évite avec soin tout esprit de lucre tendant à un partage de bénéfices, il reste dans son rôle, fort de son droit pour échapper à de malveillantes critiques ou à d'injustes prétentions du fisc.

La capacité des syndicats est limitée en ce qui concerne *le droit
de posséder des immeubles*. Ils ne peuvent, dit l'article 6, acquérir
d'autres immeubles que ceux qui sont nécessaires à leurs réunions,
à leurs bibliothèques et à des cours d'instruction professionnelle.
Faut-il considérer comme tels des immeubles destinés à une ferme-
école ? Il semble que oui ; à un orphelinat agricole ? Peut-être, par
analogie, mais c'est plus douteux.

Un syndicat peut-il construire un immeuble destiné à ses réunions,
à sa bibliothèque et à ses entrepôts ? Les entrepôts ne sont pas pré-

vus expressément par la loi et, cependant, tout porte à croire que, joints aux lieux de réunion et de bibliothèque, destinés comme eux au fonctionnement du syndicat, ils doivent bénéficier de la même règle. Cependant, comme il s'agissait d'une construction importante à entreprendre, le Comité a cru devoir se montrer très circonspect et laisser entrevoir la possibilité d'une jurisprudence rigoureuse et anti-libérale, tout en ajoutant qu'en admettant même que la possession d'entrepôts par le syndicat constituât une inobservation de la loi, la sanction n'est pas la nullité des actes d'achat, mais seulement une obligation de revendre (Art. 8 dernier alinéa, loi du 21 mars 1884).

Au surplus, il ne faut pas exagérer l'interdiction de l'article 6. Un syndicat ayant dû *louer* pour ses services une usine trop grande pour lui et voulant en *sous-louer* une partie, a été arrêté par l'enregistrement. Le Comité n'eut pas de peine à démontrer qu'ici la prohibition légale ne s'appliquait pas; que, si elle interdit à une association professionnelle d'être propriétaire, elle ne lui interdit pas d'être locataire, ou titulaire de n'importe quels droits personnels et de les céder, si bon lui plaît. Et puis, que venait faire ici l'enregistrement?

Sauf ces restrictions générales relatives aux immeubles, les syndicats ont *le droit d'acquérir à titre gratuit*. On a bien, il est vrai, vu un procureur de la République reprocher à un syndicat d'avoir inséré dans ses statuts la possibilité d'augmenter son patrimoine par des libéralités, alors qu'il ne pourrait être alimenté que par des cotisations ! Le syndicat, fort étonné, demanda un avis, on lui répondit que cette prétention ne pouvait se soutenir, il maintint sa rédaction et le procureur mieux informé, sans doute, n'insista pas.

On ne peut guère douter, à la lecture de l'article 8 par exemple, qu'un syndicat puisse acquérir à titre gratuit; mais faut-il, en ce cas, une autorisation? Le Comité l'a toujours nié; l'art. 8, notamment, qui suppose que l'autorité fait annuler une acquisition d'immeubles à titre gratuit, aurait-il une raison d'être si cette même autorité avait dû donner son visa à l'acquisition? C'est donc que dons et legs peuvent être librement acceptés. Nous avons vu avec plaisir cette thèse adoptée à diverses reprises par le tribunal de la Seine. Elle serait légalement sanctionnée, si le projet actuellement soumis aux Chambres par M. Waldeck-Rousseau était adopté par elles.

Un syndicat a bien *le droit de défendre ses membres contre les accaparements, les délits divers nuisibles à leur profession*. Mais il n'est pas toujours aisé de déterminer sous quelle forme cette intervention pourra se produire, et de la faire accepter.

Un syndicat de viticulteurs de la Gironde, par une initiative hardie et intelligente, était intervenu dans une poursuite intentée par le parquet de Bordeaux à des marchands de vins prévenus d'avoir mouillé dans une proportion de 30 à 45 %. Le tribunal correctionnel le débouta de sa demande, sous prétexte que l'intérêt dont il se prévalait se confondait avec l'intérêt général. Mais le syndicat se pourvut et, en même temps, il sollicita des avis sur le bien fondé de son action. L'Union du Sud-Est fut heureuse de s'y associer et de le soutenir, en envoyant une consultation approuvée par le Comité, concluant au droit pour le syndicat, d'agir pour la défense des intérêts professionnels collectifs, et par conséquent de concourir à la répression d'une fraude qui peut amener la mévente des produits similaires et leur fait une concurrence déloyale. La cour de Bordeaux (5 juin 1897) accueillit en principe cette thèse, et si elle débouta encore le syndicat, ce fut parce que les marchands avaient vendu leurs vins sans dénomination et non pas comme vins de la Gironde.

Cette lutte contre la fraude est d'une importance capitale. D'autres fois le Comité eut à s'y intéresser en se demandant, par exemple, dans quels cas et à quelles conditions pourraient être poursuivis ces marchands d'engrais qui vendent à des prix fabuleux des engrais médiocres, à 28 francs des matières qui n'en valent pas 8, ou encore ces marchands de vins qui vendent comme naturels des vins de marc, faisant, aux producteurs honnêtes, une concurrence contre laquelle ceux-ci ne peuvent lutter. C'est là une tâche essentiellement utile que les syndicats poursuivent malgré tous les obstacles qu'ils rencontrent.

Un syndicat aurait voulu pouvoir réprimer les manœuvres d'acheteurs de graines qui, se coalisant, s'entendaient pour ne jamais dépasser un prix maximum, pour le plus grand préjudice des producteurs ; mais il n'était pas facile de trouver dans nos lois le principe et la forme de la répression, on les encouragea à essayer plutôt, de se passer, par l'association et l'union, des intermédiaires, en un mot, à lutter par la coalition en sens inverse.

Un autre aurait voulu faire assermenter un garde champêtre pour la surveillance des terres de ses adhérents, mais il se heurtait à des difficultés, notamment aux prétentions de l'enregistrement qui voulait percevoir autant de fois le droit de 3.75 que de membres dans le syndicat. Une note lui fut adressée établissant le droit pour les syndicats de recourir à ce mode très pratique de défendre leurs intérêts communs, et fournissant le moyen de repousser les prétentions du fisc.

Le Comité eut encore à établir les droits véritables des municipalités sur les marchés, pour permettre à un syndicat de lutter contre des prétentions exorbitantes; une autre fois il fournit la formule d'une pétition destinée à demander la modification d'arrêtés qui, en prescrivant de n'apporter sur le marché de Lyon que des fruits en état de maturité complète, apportait de graves obstacles à l'exercice du commerce des fruits pour l'exportation, aujourd'hui si florissant dans notre région.

Fort ingrate et fort utile a été l'étude, dans le dédale des lois administratives, des nombreuses *questions fiscales soulevées.*

A l'abri de la loi du 21 mars 1884, les ruraux croyaient pouvoir à plusieurs s'occuper en paix de leurs intérêts communs professionnels, aussi librement qu'ils le faisaient jadis isolément et, de fait, le groupement ne modifiait guère la nature des opérations. Mais le fisc ne l'a pas entendu ainsi. Ces quelques paysans qui achètent ensemble des engrais pour se les répartir, on a voulu les assimiler à des marchands d'engrais et les assujettir à la patente; sous prétexte que la répartition exige quelques pesées et des balances, les vérificateurs des poids et mesures ont voulu vérifier et, bien entendu, taxer. Parce que les syndiqués se répartissaient quelques pièces de vin, c'est la licence du gros; si l'on consomme au local quelques bouteilles du cru, c'est la licence de détail; si l'on achète du sulfate de cuivre, on devient pharmacien-droguiste. Faire, au syndicat, de la prévoyance mutuelle, c'est se soumettre à toutes les charges de l'assurance. Emprunter à une Caisse d'épargne, ferait encourir la taxe de 4 %.

Si le syndicat, à chaque manifestation de son activité dans le cercle professionnel qui est le sien, endosse une qualité nouvelle, marchand d'engrais, droguiste, société d'assurance, etc., et des impôts nouveaux, autant vaut qu'il suspende des opérations qui ne lui rapportant rien, ne lui laissent pas la marge de payer l'impôt.

Mais à cette raison de sentiment, le Comité du contentieux a dû substituer des arguments juridiques.

Le Comité du contentieux est intervenu plusieurs fois pour des syndicats qui avaient été illégalement soumis à la *patente*, et leur a enseigné la voie à suivre pour en obtenir la décharge.

En principe, les syndicats agricoles ne sont pas tenus de la patente, car leur but n'est pas et ne peut pas être la poursuite et la réalisation de bénéfices, et les actes auxquels ils se livrent ordinairement, comme l'achat pour le compte de leurs seuls membres de matières et objets utiles ou nécessaires à l'agriculture, la vente et l'écoulement des produits agricoles de leurs membres, même accompagnés d'une légère majoration correspondant aux frais qu'entraînent ces opérations, rien de tout cela ne saurait justifier leur soumission à cet impôt. Cette solution avait déjà été admise pour les sociétés coopératives.

Elle s'impose pour les syndicats. M. Pierre Legrand, ministre du Commerce, l'a admise dans sa lettre au président de la Chambre de Commerce de Paris, en date du 27 mai 1888.

L'administration a aussi eu la prétention de soumettre *à la vérification des poids et mesures* les syndicats à raison des distributions de marchandises par quantités variables auxquelles ils se livrent.

De prime abord le Comité estimant que la vérification était moins une taxe fiscale que la rémunération d'un service rendu par l'administration, conseilla aux syndicats de ne pas s'y soustraire.

Les tendances s'étant manifestées de soumettre les syndicats, par une assimilation inexacte de leurs opérations aux opérations commerciales, le Comité crut devoir se livrer à un examen plus approfondi ; or, de l'étude des textes et, notamment, de l'art. 4 de la loi du 4 juillet 1837, il résulte que l'assujettissement à la vérification suppose la commercialité des opérations et la publicité du débit, et comme ces conditions ne se trouvent pas réunies en ce qui concerne les opérations syndicales et que, d'autre part, les syndicats ne figurent ni sur les tableaux annexés au décret de 1873, ni dans les professions qui peuvent être visées par les arrêtés préfectoraux, le Comité déclara qu'il y avait lieu de résister devant les juridictions compétentes.

La Cour de cassation ayant infirmé une décision favorable aux syndicats, il leur restait encore l'espoir de revenir devant les Chambres réunies, lorsqu'un décret du 4 décembre 1899 fit aux syndicats agricoles l'honneur, dont ils se seraient bien passés, de les soumettre expressément à la taxe.

N'était-ce pas reconnaître implicitement que la résistance était justifiée, puisqu'il a fallu un décret pour la faire disparaître ?

Les mêmes préoccupations se sont retrouvées lorsqu'il a fallu rechercher les conditions d'application de la *licence de gros*, de la *licence de détail* ; le syndicat résistera s'il apparaît que la loi a voulu atteindre avant tout un acte de spéculation, un acte de commerce, car il n'en fait pas ; il se soumettra, s'il est certain que la loi a voulu atteindre l'acte en lui même, quel que soit le but poursuivi.

Quelques syndicats ayant organisé des buvettes pour leurs membres, des agents zélés voulurent les soumettre aux obligations des débits de boisson ; mais ici le Comité eut la bonne fortune de leur fournir, pour résister, un avis, émané d'un directeur de contributions indirectes et adressé à un des syndicats unis, qui, distinguant le cas où les boissons sont vendues par un agent, un concierge, à son compte et celui où l'achat et la livraison s'accomplissent pour le compte collectif des membres du cercle, sans que le public soit admis, n'impose les obligations des débits de boisson que dans le premier cas, pas dans le second.

Les syndicats qui détiennent des sulfates de cuivre, des cristaux de soude, doivent-ils être assimilés à des épiciers-droguistes et pharmaciens, et comme tels, assujettis à une *taxe de visite*? Non, parce qu'ils n'exercent aucune de ces professions.

Devront-ils payer la taxe de 4 °/₀ sur les valeurs mobilières comme les associations syndicales autorisées ou non?

L'Enregistrement a soutenu cette assimilation, mais sans fondement; car il y a de grandes différences entre ces associations syndicales régies par les lois du 21 juin 1865 et du 22 décembre 1878, et les syndicats régis par la loi du 21 mars 1884. Il a dû le reconnaître et renoncer à ses prétentions.

On voit donc fort nettement, dans toutes ces contestations, le syndicat s'efforcer, avant tout, d'éviter toute confusion avec le commerce et de ne pas laisser méconnaître son caractère essentiel de groupement professionnel, sans but lucratif, sans partage de bénéfices.

A ce titre, on ne peut pas lui imposer les impôts anciens qui visent des commerces, des affaires, des entreprises; on n'en créera pas de nouveaux, nous en avons la conviction, dans la crainte de ruiner ces associations si utiles ou de les jeter malgré elles dans une voie qui n'est pas la leur.

Nous nous bornerons à indiquer ici, à titre d'exemples, quelques-unes des questions qu'eut à résoudre le Comité, bien qu'elles ne fussent pas absolument d'ordre syndical, mais qui étaient d'un intérêt agricole général. Un viticulteur peut-il, sans être taxé de fraude, additionner son vin de levures ou de sucre? Dans quel cas peut être empêchée la vente d'une vache malade? Un cultivateur a-t il le droit d'exiger du maire un certificat de récolte? Peut-il, sous le couvert du privilège du bouilleur de cru, réunir les marcs de propriétés différentes en un seul endroit pour les distiller?

Une fois le Comité eut à se prononcer, comme arbitre, entre la Coopérative et un de ses clients, à la satisfaction de ses justiciables.

*
* *

Études de projets de lois. — *Représentation agricole.* — Cette question est à l'ordre du jour au moment où j'écris ces lignes; elle l'était aussi en 1889 quand naquit le Comité de législation et de contentieux.

Elle fut l'objet de rapports et de discussions très approfondis et, dès le début, furent posés les principes suivants fondamentaux et très simples : 1° Création de Chambres d'agriculture, analogues aux Chambres de commerce et, comme elles, consultées obligatoirement. 2° Création d'un Conseil supérieur de l'Agriculture sur le modèle du Conseil supérieur du commerce et de l'industrie. 3° Élection faite par le suffrage strictement professionnel.

Lors de l'Assemblée générale des Agriculteurs de France, en 1890, M. Sénart proposait des chambres émanées des comices, sociétés d'agriculture et syndicats. M. Guinand, vice-président de l'Union du Sud-Est, y défendit les idées énoncées plus haut, M. Flourens, ancien ministre des affaires étrangères, les appuya et, finalement, fut adopté le vœu émis par le Comité de contentieux et présenté par l'Union du Sud-Est.

Transformé en projet de loi, ce vœu a été déposé sur le bureau de la Chambre par M. de Pontbriand, député et membre du Conseil des Agriculteurs de France. Ces idées triompheront, nous l'espérons, si à cette question purement professionnelle ne viennent pas s'ajouter des questions politiques, qui n'ont ici rien à faire et qui priveraient le corps à créer d'une autorité véritable.

Quoiqu'il en soit, et en attendant, l'association professionnelle se développe. Elle sait, à l'occasion, faire entendre sa voix. Il y a là comme un embryon de représentation et certains ont pensé qu'il suffirait de le développer. La Société des Agriculteurs de France vient d'émettre un vœu en ce sens (V. Droit Rural 1900, p. 95). On verra, par les lignes qui vont suivre, qu'en effet le Comité de législation et de contentieux de l'Union du Sud-Est a formulé sur les projets de loi en préparation des avis, qui il est vrai ne lui étaient pas officiellement demandés, mais qui, cependant, n'ont pas été dépourvus d'utilité.

Deux lois en France ont été faites directement en vue d'organiser le *crédit personnel :* la loi du 5 novembre 1894 et celle du 31 mars 1899.

En 1889, quand le Comité fut fondé, on s'occupait activement de la préparation de la première, et l'étude des projets divers fut une des premières questions importantes dont il eut à s'occuper. Il eut la bonne fortune de choisir comme rapporteur, un de ses membres, M. Louis Durand, qui fit une étude si intéressante qu'on lui demanda de la compléter et de la développer, et le rapport devint un beau livre sur le *Crédit agricole en France et à l'étranger*, c'est un des ouvrages classiques en la matière. Il y eut mieux encore. M. Durand, séduit par certaines œuvres qu'il avait étudiées à l'étranger, s'en fit l'apôtre en France, il vulgarisa ce type d'associations à responsabilité illimitée qu'avait créé Raiffeisen en Allemagne.

Il fonda à Lyon l'*Union des Caisses rurales et ouvrières*, qui compte aujourd'hui près de 800 caisses et dont il est le président. Si ce mouvement s'est développé librement, grâce surtout au dévouement de son fondateur, l'Union du Sud-Est n'en est pas moins fière d'en avoir été le point de départ et l'occasion.

L'idée première de M. Méline avait été moins d'organiser le Crédit que de permettre aux syndicats certaines opérations qui auparavant leur étaient interdites. Le syndicat serait donc devenu lui-même banquier. Ses membres auraient été solidairement engagés à moins de clauses contraires..... De vives protestations s'élevèrent contre ce système et l'Union du Sud-Est ne fut peut-être pas étrangère au changement de front opéré ; la loi du 5 novembre 1894, en effet, organise le Crédit par des sociétés parallèles, mais non par le syndicat lui-même.

Au lendemain de la loi du 17 novembre 1897, qui obligeait la Banque de France à remettre au gouvernement une somme de 40 millions, et une redevance annuelle de deux millions au minimum, destinées à des établissements de Crédit agricole, on se demandait avec anxiété quel emploi serait fait de cette somme importante. Créerait-on une grande banque agricole ? Utiliserait-on les caisses de crédit déjà existantes ? Si oui, les admettrait-en toutes libéralement à participer aux avantages concédés ? La loi du 31 mars 1899 a, somme toute, au moins dans ses grandes lignes, résolu la question conformément aux vœux des agriculteurs, en confiant le soin de la répartition à des Caisses régionales faisant uniquement des affaires avec les Caisses locales, sans distinction de type ou d'origine.

Nous verrons plus loin que, non content de s'être intéressé à l'élaboration de ces lois, le comité du Contentieux s'est immédiatement occupé d'en faciliter l'application en collaborant à la rédaction des statuts des Caisses de Crédit agricole mutuel, locales ou régionales.

Une loi tentant d'organiser *le crédit réel mobilier* au profit de l'agriculture par le gage sans déplacement à l'aide des *warrants agricoles*, a été promulguée le 18 juillet 1898. Il est regrettable qu'on n'ait pas trouvé un mécanisme moins compliqué, moins coûteux surtout, qu'on n'ait pas prévu plus explicitement, de quelle façon pourrait être vendues par l'emprunteur les récoltes qu'il a engagées; qu'on n'ait pas surtout nettement formulé que les tiers acheteurs de bonne foi ne couraient aucun risque, laissant ainsi planer un doute qui pourrait être une source de grande gêne pour tous les marchés agricoles. Toutes ces critiques, le Comité les avait formulées avant que la loi ne fût votée, et dans l'espoir qu'elles seraient soumises au Sénat. La loi a été rapidement admise, d'urgence, à la fin d'une législature. Nous ne croyons pas qu'elle ait sensiblement remédié à la crise agricole.

Les syndicats de la Bresse ayant appelé notre attention sur un projet de remise en eau *d'étangs en Dombes* jadis désséchés à grands frais, ce fut l'occasion pour le président du Comité, M. Ducurtyl, de rédiger un rapport vivement approuvé par ses collègues, où il montre combien ce projet, à l'exception d'une de ses dispositions, est injuste et dangereux.

Il existe une loi du 30 novembre 1894, intitulée loi relative aux habitations à bon marché, qui est destinée à faciliter la création de maisons ouvrières, et d'une façon plus générale la *constitution et le maintien de la petite propriété*. Mais cette loi est faite surtout pour les ouvriers des villes, puisqu'elle n'a trait qu'aux maisons et au jardinet qui les joint, les ruraux n'en peuvent user qu'exceptionnellement; pour eux, il aurait fallu élargir la règle, et l'appliquer à des domaines comprenant une maison et des champs. On l'a fait après coup, ou plutôt, car ce n'est qu'un projet, un sénateur a déposé une proposition qui a déjà été examinée par les deux Chambres, et qui, d'une part, aurait pour but de faciliter la constitution de petits domaines (valeur inférieure à 6.000 fr d'après le Sénat) et qui, d'autre part, c'est peut-être la disposition la plus intéressante, permettrait à la veuve et aux héritiers, lors du décès du chef de famille, de maintenir l'indivision de ses domaines pendant un certain temps et d'éviter les partages hâtifs qui coûtent si cher et désorganisent la famille.

Ce projet intéressant a fait l'objet d'un rapport de M. Gairal et de discussions approfondies. Pour arriver à une solution rapide les conclusions ont été formulées en faveur de l'adoption par le Sénat du projet tel qu'il a été adopté par la Chambre des députés, mais pour le cas où des modifications obligeraient à un renvoi à cette dernière, le Comité a formulé de sérieuses critiques de détail en vue de dissiper quelques équivoques, et de concourir à une amélioration de la législation projetée.

Les agriculteurs aimeraient voir aboutir aussi le projet de loi de M. Viger qui affranchit les *caisses d'assurance* des formalités prescrites par la loi du 24 juillet 1867 et le décret du 22 janvier 1868, ainsi que de tous droits de timbre et d'enregistrement, sauf le timbre de 0 10 c. art. 18, loi des 23 et 25 août 1871 et leur permet de se constituer en vertu de la loi du 21 mars 1884.

Le Comité, appelé à donner son avis sur un vœu à émettre pour demander aux chambres l'adoption de ce projet, n'a pu que l'approuver ; mais craignant toutefois que les immunités accordées ne puissent être, sous couvert de mutualité, utilisées par des entreprises financières, il a demandé que les avantages concédés soient réservés aux sociétés d'assurances mutuelles à *circonscriptions restreintes*. Nous apprenons avec plaisir que ce projet vient d'être voté par la Chambre des députés.

Enfin les syndicats ne pouvaient rester indifférents *au projet de refonte de la loi de 1884* déposé par M. Waldeck-Rousseau dans le courant de l'année 1899.

Comme la première fois, ce projet est fait surtout en vue des syndicats ouvriers ; il ne paraît pas se douter qu'il y ait des syndicats agricoles qui se sont adaptés au besoin de leurs membres, et qui ont leur allure propre, une manière de vivre consacrée déjà par un long usage, et qu'on ne saurait leur enlever. Comme la législation nouvelle leur serait applicable, les syndicats agricoles se sont préoccupés de la situation qui leur serait ainsi faite et un rapport fut présenté sur ce point au Comité par M. Voron. Les syndicats acquerraient de par le projet un droit nouveau, celui de posséder des immeubles sans limitation aucune ; on consacre par un texte ne laissant place à aucun doute leur droit d'acquérir, à titre gratuit, sans autorisation ; les Unions seraient dotées de la personnalité civile ; ce sont là des innovations libérales qu'on ne peut qu'applaudir.

Mais le point capital de l'innovation est incontestablement le droit conféré aux syndicats de se livrer à des entreprises commerciales, sous le couvert, il est vrai, d'une société annexe. Comment apprécier cette règle nouvelle ? Le Comité l'a étudiée attentivement et n'a u dissimuler qu'elle lui causait une certaine anxiété. Cette innovation est inquiétante surtout si on la rapproche de l'exposé des motifs. Celui-ci affirme en effet que les syndicats, en vertu de la loi de 1884, ont une capacité très limitée, qui, en dépit de la généralité des mots, ne s'étend visiblement à aucune entreprise positive et matérielle, en dehors des cours d'instruction professionnelle et desbureaux de placement.

Ce serait pour leur donner une capacité plus étendue qu'on leur permettrait des entreprises positives, mais à la condition de constituer une société annexe.

Il est cependant inadmissible qu'on ait voulu par là enlever aux syndicats agricoles un droit dont ils ont joui jusqu'à présent, qui ne leur a pas été contesté, qui leur a même été presque officiellement reconnu, celui de procurer à leurs membres les engrais ou machines dont ils ont besoin, celui de vendre leurs produits, et cela sans avoir besoin de recourir à un organisme distinct du syndicat lui-même.

Sans doute l'auteur du projet, celui-là même qui rédigea naguère une libérale circulaire, n'a pas songé à priver les syndicats agricoles de ce qu'on peut considérer pour eux comme un droit acquis, mais encore est-il bon de prévenir les surprises que pourrait nous ménager une jurisprudence hostile, et de rédiger la loi en conséquence.

Au surplus, on peut se demander s'il est bon de permettre à un syndicat d'être le seul actionnaire d'une société anonyme qui se trouvera ainsi sans administrateurs sérieusement intéressés, sans actionnaires, presque sans capital versé, sans créance sérieuse pour le non versé.

Ces critiques et quelques autres de détail, le Comité les a formulées dans un rapport qui a été publié, et dont les conclusions ont été adoptées par l'Union centrale.

Un autre rapport, envisageant la question surtout au point de vue économique, fut rédigé par M. Durand. Le projet, en autorisant ces sociétés syndicales, forme très nouvelle de propriété collective, aux contours indécis, en sanctionnant dans son art. 10 le droit au profit des syndicats de fixer les conditions du travail, et d'en assurer l'observation, nous lance dans un inconnu dont très habilement et très justement M. Louis Durand essaya de soulever les voiles, apportant au Comité une raison de plus de maintenir, à l'égard du projet, les plus formelles réserves.

Comme on le voit par cet exposé, le Comité de contentieux et de législation de l'Union s'est intéressé activement aux travaux parlementaires relatifs à l'agriculture et particulièrement à ceux qui touchaient au développement de la Mutualité, du Crédit et de l'Association ; il l'a fait sans autre autorité que celle qu'a pu lui conférer l'étroit groupement des agriculteurs et que donne un travail fait consciencieusement, en se disant qu'un avis sérieusement délibéré peut acquérir quelque poids auprès des hommes d'Etat qui, surchargés de besogne, ne trouvent pas toujours à leur gré le temps de mûrir et d'approfondir. Il croit avoir été à cet égard parfois utile, et avoir concouru à faire aboutir, ou à rendre meilleures, ou moins mauvaises, certaines des réformes réalisées.

Créations annexes. — Sociétés coopératives, caisses de crédit, assurances, mutualités, toute une efflorescence d'œuvres sociales est due à la féconde impulsion de l'Union du Sud-Est.

Mais encore dans cette Union et sous l'habile direction de son président et de ses vice-présidents si dévoués, le comité du contentieux a collaboré de façon toute particulière aux créations diverses, puisque c'est à lui ordinairement que fut confiée la mission de déterminer leur forme juridique, d'écarter les obstacles, de mettre au point les règlements. Ce n'est pas sans une certaine fierté qu'aujourd'hui en voyant des œuvres qui sont prospères, les membres du Comité se rappellent avoir présidé à leur naissance et guidé leurs premiers pas.

Coopérative. — Le Comité du contentieux a eu à intervenir dans l'une des plus importantes créations de l'Union, la *Société coopérative agricole du Sud-Est.* Le projet des statuts lui a été soumis au mois de janvier 1893.

Le Comité avait déjà étudié cette question des associations coopératives agricoles, sur la demande de la Société de battage de Livron. Celle-ci, constituée en simple association en participation, travaillant même pour le compte de tiers, avait été soumise à l'impôt de la patente en la personne de son président, M. de Bouffier. Pour éviter si possible, à la fois cette charge et la responsabilité personnelle qui pesait sur le président seul, la Société avait eu recours au Comité du contentieux.

Le rapport de M. Louis Durand avait conseillé la création d'une Société en nom collectif, où la responsabilité personnelle des adhérents serait couverte par de sérieuses assurances, Société qui s'interdirait toute distribution de dividendes, les bénéfices étant destinés exclusivement :

1º A l'amortissement du matériel ;

2º Au remboursement du trop-perçu aux sociétaires qui auraient employé la machine.

Enfin, pour éviter la patente, il fallait renoncer à battre pour les tiers, mais, en constituant la Société à capital variable, c'est-à-dire avec facilité pour chacun d'y entrer et d'en sortir, on pouvait facilement pallier à cet inconvénient, et y introduire les cultivateurs intéressés que l'on croirait devoir y admettre.

Un modèle de statuts fut rédigé par le rapporteur, adopté par le Comité et transmis à la Société de battage.

C'est au même rapporteur, M. Louis Durand, que fut confié l'examen du projet des statuts de la Coopérative agricole.

A l'occasion du titre de la Société, M. Durand rappela que le caractère civil de la Société résultait moins du titre adopté par elle que de sa constitution et de son genre d'opérations. Il fit remarquer que l'expression de Société à capital et personnes variables était nouvelle en terminologie juridique. M. Duport signala, cependant, plusieurs Sociétés coopératives, formées notamment entre officiers, qui fonctionnaient avec une désignation semblable et dont les statuts semblaient, en outre, calqués sur ceux de la Coopérative.

Sur la proposition du rapporteur, quelques modifications furent introduites dans les art. 6, 9 et 25 des statuts. Le Comité appela particulièrement l'attention des fondateurs sur l'obligation de limiter aux sociétaires et adhérents le bénéfice de la Société, pour qu'elle restât civile et ne devînt jamais société commerciale.

Ces quelques indications données, le Comité du contentieux approuva pleinement les statuts de la Coopérative agricole du Sud-Est, dont pourront utilement se servir les fondateurs d'institutions analogues.

Dans le courant de l'année 1899, le Conseil d'administration de la Coopérative voulut fonder, au profit de ses employés et de ceux des syndicats ou groupements de syndicats adhérents à la Coopérative, une caisse de retraites. Il consentit à leur profit des subventions importantes. Les employés, appelés à donner leur avis sur le projet de règlement, y avaient adhéré avec empressement et avaient accepté le concours patronal avec reconnaissance. Avant de le mettre à exécution le Conseil de la Coopérative sollicita un avis juridique du Comité. Celui-ci dut rappeler qu'aux termes de la loi du 27 décembre 1893, toutes les retenues opérées sur les salaires, et toutes les sommes promises par l'entreprise devaient être versées dans les caisses de l'État. Toute l'économie du projet était ainsi renversée, des complications imprévues surgissaient, une fois de plus l'excès de la protection tournait contre ceux qu'elle devait couvrir ; la Coopérative se retira de la combinaison et les employés formèrent entre eux une société mutuelle libre, dont les statuts furent examinés et reconnus conformes à la loi du 1er avril 1898, société qui jouit sans doute de l'appui bienveillant du Conseil d'administration, mais sans engagement formel comme dans le projet abandonné.

Assurance. — En 1890, le Comité eut à examiner un projet relatif à l'assurance contre l'incendie, et comportant une union des assurés qui par leurs représentants auraient pu passer avec les puissantes Compagnies des traités mieux faits et plus avantageux pour eux. Des considérations d'ordre économique firent écarter ce projet, et si l'Union du Sud-Est n'a pas cessé de songer aux services qu'elle pourrait rendre à ses adhérents dans cet ordre d'idées, du moins, jusqu'à présent, elle n'a encore rien exécuté.

Une combinaison analogue a été reprise pour l'*Assurance contre les Accidents*. Il s'agissait ici de vulgariser une forme de prévoyance encore bien ignorée, et pour y arriver, le meilleur moyen était encore de proposer aux agriculteurs un contrat-type avantageux dont les conditions auraient été discutées et arrêtées

La collectivité stipulerait alors avec une Compagnie déterminée que ces conditions seraient accordées à quiconque parmi ses membres en revendiquerait le bénéfice. Quelle belle hypothèse de stipulation pour autrui à proposer aux méditations des jurisconsultes ! On la leur proposa, en effet, et nos amis du Comité eurent ainsi, en indiquant le moyen pratique à employer, à poser les bases fondamentales du traité qui fut passé entre la Coopérative et la Compagnie *La Providence*, traité qui, tant par la modicité des primes à payer, que par son ingénieuse combinaison d'assurances à l'hectare, a rendu de si grands services.

La loi du 9 avril 1898 vint révolutionner toute cette question de la responsabilité en matière d'accidents du travail, et alors le Comité eut à dire ce qui allait advenir du traité type et des contrats particuliers anciens.

On constata qu'en somme l'agriculture était peu touchée (la loi du 30 juin 1899 a encore précisé à cet égard), mais que, néanmoins, il convenait d'obtenir de la Compagnie la garantie des risques nouveaux résultant de la loi du 9 avril 1898.

Depuis cette consultation, des modifications ont été apportées à l'ancien contrat, qui sont de nature à donner pleine satisfaction aux membres des syndicats adhérents de l'Union.

Pour l'*assurance contre la mortalité du bétail*, le Comité eut à accomplir une mission plus délicate. Il ne s'agissait pas, en effet, d'étudier simplement un projet de contrat avec une Compagnie d'assurance, pour en faire un type à recommander ensuite aux syndicats unis. Le conseil de l'Union demandait davantage ; il demandait au Comité de créer, pour ainsi dire de toutes pièces, une organisation nouvelle, à la fois juridique et pratique, de cette forme spéciale de la prévoyance.

La loi de 1867, complétée par le décret du 22 janvier 1868, déterminait bien les conditions d'existence et de fonctionnement des Sociétés d'assurances mutuelles. Mais cette législation, déjà ancienne, ne cadrait plus avec la conception nouvelle de la mutualité professionnelle.

Habitués désormais à s'associer pour défendre leurs intérêts, les cultivateurs étaient prêts à s'entendre pour être moins durement atteints par la perte de leur bêtes. Mais cette entente, désirée surtout par les petits cultivateurs, utile surtout dans les pays de petite culture, n'était susceptible de se réaliser avec profit que localement, communalement, entre voisins se connaissant bien, pouvant avoir confiance les uns dans les autres et se surveiller au besoin. Dès lors, comment songer à mettre entre les mains inexpérimentées des paysans les rouages compliqués et dispendieux des sociétés prévues par la loi de 1867 ?

Du reste, était-il donc nécessaire d'envisager la création de telles sociétés? De quoi s'agissait-il ? D'un intérêt agricole à défendre. Or, le législateur n'avait-il pas déterminé, par la loi de 1884, dans quelles conditions les membres d'une même profession peuvent en commun arriver à ce résultat? Cette loi n'envisageait-elle donc que l'étude des questions économiques ? Nullement ; elle visait expressément la défense même des intérêts professionnels, sans énumération, sans restriction autre que l'obligation de s'en tenir à la défense d'un intérêt commun aux associés. Loi spéciale, dira-t-on. Oui, loi faite pour une catégorie spéciale de citoyens, et leur permettant exceptionnellement de s'associer, pour accomplir certains actes autrement que d'après les règles imposées par la législation générale à l'ensemble des citoyens.

L'assurance contre la mortalité du bétail pouvait-elle rentrer parmi les actes d'un intérêt professionnel commun à des agriculteurs syndiqués ? Le Comité n'hésita pas à le penser et il considéra qu'en vertu de la loi de 1884 le monde agricole pouvait légalement organiser l'assurance de ses bestiaux.

Déjà la Société des Agriculteurs de France avait abouti à la même solution. Mais elle avait cru devoir appuyer ses conclusions sur l'art. 6 § 4 de la loi de 1884. Or le Comité du contentieux de l'Union du Sud-Est fit remarquer que ledit art. 6 § 4, ne visait que les sociétés de secours mutuels définies par la loi de 1850, c'est-à-dire celles intéressant la vie humaine ; que, dès lors, il n'était pas applicable en la matière. D'après lui, c'était l'art. 3 de la loi qui, en chargeant d'une façon générale les syndicats agricoles « de l'étude et de la défense des intérêts économiques... et agricoles », autorisait les agriculteurs à se protéger mutuellement contre les conséquences de la mort de leur bétail.

Cette idée fit son chemin. Exposée dans un rapport que M. Léon Riboud, au nom du Comité, présenta, successivement, au Congrès des Syndicats agricoles, à Orléans, en 1897, puis, la même année, à l'Union centrale des Syndicats des Agriculteurs de France, elle reçut le meilleur accueil des praticiens, des économistes et même des jurisconsultes. Le principal auteur de la loi de 1884, M. Waldeck-Rousseau lui-même, lui donna son entière approbation. Sollicité par le comte de Roquigny de donner son avis sur le régime légal que devaient suivre les agriculteurs pour s'assurer contre la mortalité de leurs animaux, l'éminent avocat s'exprima ainsi, dans une consultation qui, à propos de cette question, a, très heureusement précisé la portée de la loi de 1884 :

« C'est essentiellement dans l'art. 3 qu'il faut chercher quels actes sont d'une façon générale permis aux syndicats..... Il faut et il suffit qu'ils aient un caractère d'intérêt professionnel commun aux adhérents au syndicat. Que ce soit un intérêt touchant à la profession agricole d'atténuer les risques de la mortalité du bétail, ce n'est pas douteux. Que ce soit un intérêt commun à tous les membres du syndicat, ce n'est pas plus contestable. Ce fait, par les membres d'un syndicat agricole de s'organiser en vue de se garantir mutuellement contre un événement qui menace la profession rentre certainement dans l'ordre des faits assignés aux syndicats par la loi..... Je n'hésite pas à penser que les syndicats agricoles peuvent faire entrer l'assurance mutuelle des bestiaux parmi les *objets* de leur constitution et que, de même, un syndicat d'agriculteurs peut se former dans le but spécial d'établir entre ses membres ce même mode d'assurance ».

Aujourd'hui le principe est admis et, de toutes parts, se sont fondées, en vertu de l'art. 3 de la loi de 1884, de petites caisses syndicales d'assurance contre la mortalité du bétail.

L'administration, du moins le département de l'agriculture, se prêta de son mieux à la vulgarisation et à l'application de l'idée nouvelle.

Quelques objections, quelques menaces même furent formulées par les parquets; grâce au ministre de l'Agriculture, elles n'eurent aucune suite.

Seul, le ministre des Finances ne voulut pas désarmer; mais, prochainement sans doute, le monde agricole sera, sur ce point, à l'abri des vexations du fisc, car, M. Viger, ancien ministre de l'Agriculture, a déposé, et la Chambre des Députés a récemment adopté, un projet de loi, d'après lequel les petites sociétés ou caisses d'assurances mutuelles, ne réalisant aucun bénéfice, constituées en se soumettant aux prescriptions de la loi du 21 mars 1884, « seront affranchies des formalités prescrites par la loi du 24 juillet 1867 et le décret du 22 janvier 1868... et exemptes de tous droits de timbre et d'enregistrement autres que le droit de timbre de 50 centimes prévu par le paragraphe 1er de l'art. 18 de la loi des 23 et 25 août 1871 ».

En assistant au succès de sa doctrine, le Comité de contentieux ne peut que se féliciter d'avoir contribué à une œuvre d'intérêt général.

Il ne s'est pas borné, d'ailleurs, à établir et à justifier sa théorie, il a tenu à la mettre en pratique et, dans un règlement très complet, dont le texte est reproduit, dans ce volume, au chapitre spécial de l'assurance des bestiaux, il a réglé d'une façon exacte et détaillée le mécanisme de l'assurance syndicale contre la mortalité du bétail.

Laissant, toutefois, de côté la conception d'un syndicat spécialement créé dans ce but, il s'est appliqué à ne considérer l'assurance du bétail que comme faisant partie des objets déterminés par les statuts des syndicats. Et, dès lors, il en a prévu le fonctionnement, à titre de service annexe du syndicat, sous le nom de *Compte de prévoyance contre la mortalité du bétail*. De la sorte, chaque syndicat agricole, suivant le nombre des communes comprises dans sa circonscription, peut organiser une ou plusieurs de ces petites caisses syndicales.

Le système a fait ses preuves, et sa réussite, dans le Beaujolais notamment, est telle, qu'il est permis de considérer comme résolu le problème de l'assurance contre la mortalité du bétail.

Crédit. — Nous avons déjà, par avance, défini le rôle pratique du Comité dans cet ordre d'idées. Nous n'osons revendiquer pour lui l'œuvre si féconde de M. Louis Durand, tant celui-ci y a mis de lui-même par son intelligente prévoyance, son activité infatigable et ses convictions d'apôtre ; le Comité n'a cessé, au surplus, de préconiser le système des caisses à responsabilité illimitée, si excellent au point de vue moral et économique. Cependant, la loi de 1894 étant venue offrir un type nouveau, des statuts furent aussi rédigés, précédés de notes fort claires et très pratiques de M. Emile Duport, en vue de répondre à certains besoins ou à certains désirs.

Cette loi de 1894 n'avait pas été sans inspirer au début certaines inquiétudes. Ne se heurterait-on pas à des formalités coûteuses ? Et, notamment, les dépôts aux greffes ne seraient-ils pas l'occasion de perceptions onéreuses de droit de timbre, d'enregistrement ou de greffe ? Les craintes n'étaient pas chimériques puisqu'elles se réalisèrent, mais, heureusement, des instructions vinrent donner satisfaction aux justes réclamations des caisses.

Enfin, aussitôt après la loi du 31 mars 1899, l'Union se hâta de procéder à la création d'une caisse régionale. La rédaction des statuts ne se fit pas sans difficulté. La loi du 24 juillet 1867 était-elle applicable à titre de droit commun des sociétés, ou bien les lois de 1894-1899 se suffisaient-elles à elles-mêmes ? Grave question par ses conséquences ; on dut après bien des hésitations et avec regret reconnaître qu'il serait prudent d'appliquer la loi de 1867. Il ne fut pas toujours facile ensuite de combiner les textes de 1894 et de 1899 qui se complètent l'un l'autre. Il fallut au comité plusieurs laborieuses séances pour mettre sur pied les statuts d'une caisse régionale qui fonctionne aujourd'hui très régulièrement.

Assistance et mutualité. — Je constate avec plaisir que dès sa première réunion, le Comité de contentieux eut à dire quelles formalités il fallait remplir pour créer une caisse de secours syndicale, ce qui prouve que dès le début nos associations avaient cet objectif. D'autres fois encore, il eut à formuler son avis sur les règlements adoptés par les syndicats pour les *œuvres d'assistance* qu'ils organisaient.

Secourir les membres malades, infirmes ou âgés, devait être une des premières préoccupations de l'association professionnelle; plusieurs, dans le même but, réglementèrent les prestations en nature. Ces premières tentatives, et j'en dirais autant de la constitution de rentes dues au comte de Chambrun, où à d'autres généreux donateurs, ressortissant de l'assistance, ne donnent que peu matière aux difficultés juridiques puisqu'elles ne créent ni droits au profit des assistés, ni obligations de la part de leurs généreux bienfaiteurs.

La mutualité proprement dite, elle, donne lieu à des contrats véritables, dont il faut assurer l'obligation, et dont la réglementation a nécessité une législation déjà abondante, ou se distingue la loi du 1er avril 1898 qui est aujourd'hui la charte fondamentale des sociétés de secours mutuels.

Certes, la mutualité s'était déjà développée sous le régime de la loi de 1850 et du décret de 1852, mais elle avait peu entamé les campagnes. Peut-être aujourd'hui, les paysans, mieux façonnés à l'idée d'association, entraînés par le mouvement syndical où ils sont engagés, montreront-ils plus d'empressement à user d'avantages que, jusque là, ils avaient trop négligés.

Pour se mieux préparer à coopérer à l'action mutualiste, le Comité de législation et de contentieux a, dès la promulgation de la loi du 1er avril 1898, consacré plusieurs séances à l'étudier, en se préoccupant surtout de dégager ce qui pouvait intéresser les campagnes et les syndicats agricoles. Signalons ici seulement quelques dispositions plus particulièrement intéressantes à ce point de vue.

Nous constatons d'abord que les sociétés mutuelles se créent à peu près comme les syndicats, un simple dépôt de statuts à la mairie, et un mois après la société peut fonctionner.

Si ces sociétés veulent être approuvées, elles n'ont qu'à le demander; l'approbation, qui est la source de privilèges appréciables, doit leur être accordée, elle ne peut leur être refusée si elles se sont conformées à la loi.

Enfin, aux termes de l'art. 40 « les syndicats professionnels, qui ont prévu dans leurs statuts les secours mutuels entre leurs membres adhérents, bénéficieront des avantages de la présente loi à la condition de se conformer à ses prescriptions ».

Beaucoup de commentateurs, plus ou moins officiels, veulent ne voir dans cet article qu'une répétition de l'art. 6 de la loi du 21 mars 1884 qui permet aux syndicats de constituer des caisses de secours annexes mais distinctes.

Le Comité du contentieux après en avoir longuement délibéré est d'avis que l'art. 40 veut dire quelque chose de plus ; il vise un syndical qui, *par lui-même*, sous une personnalité unique, assure les secours mutuels à ses membres adhérents ; à ce syndicat, la loi assure les mêmes avantages qu'aux sociétés ordinaires, si d'autre part, il s'est conformé à ses prescriptions. Cette disposition peut être particulièrement utile à un syndicat qui voudrait assurer à ses membres les secours en cas de maladie moyennant une légère cotisation supplémentaire.

A la suite de ces laborieuses discussions, des statuts, qu'on trouvera, avec un court préambule, dans une autre partie de cet ouvrage, ont été rédigées, en vue de la constitution d'une Caisse mutuelle de retraites. Les statuts, types du ministère de l'Intérieur, ont servi de point de départ, mais d'importantes modifications ont été faites. Le système adopté s'écarte aussi de ceux qui avaient été préconisés jusque-là. Une brochure, contenant les statuts et les explications nécessaires, a été publiée et l'U. S. E., la tient à la disposition des syndicats qui la désireront.

Puisse cette institution se répandre dans les campagnes, apporter à nos populations rurales souvent bien déshéritées un peu d'espoir et de réconfort.

Nous terminerons ici cet exposé des travaux du Comité du contentieux, croyant avoir suffisamment montré que, sous la direction de ses dévoués présidents, il n'a rien négligé pour appuyer les efforts des administrateurs de l'Union en vue du développement de l'association et du relèvement de l'agriculture. C'est par des travaux sérieux et non par des théories creuses, nous en avons la conviction, que, Dieu aidant, nous réussirons à avancer dans la voie du mieux.

ASSURANCES CONTRE L'INCENDIE

Ce n'est pas seulement pour une organisation plus favorable des assurances agricoles proprement dites qu'on attend beaucoup des syndicats. L'assurance contre l'incendie, écrit M. le comte de Rocquigny, est incontestablement la principale application de l'idée de prévoyance ; on se plaint généralement qu'elle soit trop chère et qu'elle ne couvre pas d'une protection suffisante les populations rurales. Il appartient aux Syndicats agricoles, habitués à intervenir constamment pour la défense des intérêts communs de leurs adhérents, de démocratiser en quelque sorte l'assurance, de la rendre accessible à tous, de donner la sécurité au prix coûtant : ils peuvent supprimer bien des intermédiaires inutiles dans l'assurance, comme ils l'ont déjà fait par ailleurs.

L'assurance contre l'incendie est pratiquée par des compagnies financières, dites compagnies à primes fixes, et par des sociétés mutuelles. Ces dernières qui n'ont pas d'actionnaires à rémunérer, peuvent assurer à meilleur marché et, en fait, leurs tarifs sont inférieurs à ceux des compagnies financières dans une proportion qu'on estime être, selon les cas, de 20 à 30 pour 100. Mais les grandes sociétés mutuelles, qui opèrent les unes dans toute la France, les autres dans la circonscription d'un groupe de départements, dont plusieurs sont très anciennes, très honorablement et habilement dirigées et possèdent des puissantes réserves accumulées, réalisent-elles l'idéal de ce que peut la mutualité en matière d'assurance ? On leur adresse quelques critiques.

Sans doute, elles n'ont pas d'actionnaires ; mais elles supportent des frais généraux considérables, une administration largement rétri-

buée, un personnel d'employés, de courtiers, d'agents et sous-agents
très onéreux. On évalue à 130.000 le nombre des employés et agents
de toutes les compagnies à primes fixes et sociétés mutuelles, dont
l a moitié environ pour les mutuelles : ce sont, en général, des chefs
de famille, de sorte qu'on peut considérer que 400.000 à 500.000 personnes vivent des bénéfices de l'assurance, c'est-à-dire aux dépens
des assurés. Le parasitisme commercial a tout envahi : il devait
réussir à s'interposer entre le vendeur et l'acheteur de cette marchandise spéciale qui fait l'objet du contrat d'assurance, la sécurité.

Le portefeuille des agents d'assurances, c'est-à-dire l'ensemble des
primes dont ils ont l'encaissement, leur rapporte de 10 à 15 pour 100.
Un président de syndicat qui s'est particulièrement voué à la réforme
de l'assurance au moyen des syndicats, M. Charles Lefèvre, avocat,
président du Syndicat agricole de Marmande, a constaté que certaines
sociétés mutuelles absorbent en frais généraux jusqu'à 50 pour 100
des cotisations qui leur sont versées, de sorte qu'après avoir encaissé
des sommes qui devraient grandement suffire à indemniser complètement les pertes, elles ne distribuent parfois qu'un prorata aux
sociétaires sinistrés.

On reproche encore aux grandes Sociétés mutuelles les plus anciennes, les plus prospères, d'exclure trop de risques comme dangereux.
Ces Sociétés tendent, en vue de conserver leur situation acquise, à
se dérober, pour ainsi dire, au principe même de la mutualité, en
devenant plus ou moins fermées à l'introduction de nouveaux éléments,
à réserver à des sociétaires triés sur le volet le bénéfice de leur
garantie : elles dégénèrent en affaires financières habilement menées
dans un intérêt collectif exclusif.

Ce n'est pas ainsi que les syndicats agricoles peuvent comprendre
l'organisation de l'assurance. Ils ont pour but principal d'aider les
petits cultivateurs: ils doivent donc chercher à leur offrir tous les
avantages d'une assurance économique et efficace. Les caisses mutuelles syndicales seraient, dit-on, moins exposées à la fraude de
leurs sociétaires, le contrôle leur étant facile et la bonne foi
formant la règle des rapports entre les membres d'une association
professionnelle ; on obtiendrait aussi d'elles une impartialité plus
constante dans les estimations et les règlements de sinistres.

Dans les campagnes, beaucoup de maisons et de bâtiments d'exploitation, de mobiliers, de récoltes réalisées, etc., ne sont pas assurés,
soit parce que les agents des compagnies ou sociétés négligent de
rechercher des assurances productives de primes insignifiantes, soit

parce que les paysans n'osent donner leur confiance à des assureurs dont ils ne peuvent apprécier la garantie par leurs rapports avec un agent ou courtier.

Quant aux Compagnies d'assurances par actions, les primes payées sont exagérées et hors de proportion avec les risques assurés. Il n'y a, d'ailleurs, qu'à parcourir les comptes-rendus et les bilans publiés annuellement par ces compagnies pour ne plus conserver le moindre doute à cet égard

Et non seulement elles ont été seules à les calculer, seules à les établir au mieux de leurs intérêts, mais encore pour s'éviter toute concurrence, tout abaissement de tarif que certaines compagnies eussent pu consentir, devant les justes réclamations de leurs assurés, elles ont formé une entente, un syndicat qui, seul, a qualité pour fixer le taux des primes et les relever ensuite s'il le juge convenable ; elles empêchent ainsi toute action isolée, toute dissidence, en maintenant encore mieux, envers et contre tous, les monopoles qu'elles se sont arrogés et dont elles ont joui jusqu'à présent sans conteste.

Bien que les conditions économiques et sociales aient subi, depuis la fondation des grandes compagnies, un changement presque complet, que les nouvelles constructions soient édifiées avec plus de soin que par le passé, que la pierre et le fer tendent continuellement à remplacer les matières combustibles, que, par conséquent, les chances d'incendie aillent diminuant de jour en jour, bien que villes et villages dépensent en organisation de secours des sommes de plus en plus considérables, aucun tempérament, aucun adoucissement n'a été apporté par les compagnies à leurs prétentions abusives et aucune diminution de taxe n'a suivi le chiffre croissant de leurs bénéfices.

S'il est certain qu'elles usent de leurs droits stricts en maintenant ou même en augmentant leurs primes, toutes les fois qu'elles croient menacés les dividendes annuels qu'elles servent à leurs actionnaires, dividendes qui représentent, pour quelques-unes d'entre elles, leur capital primitif, il n'en est pas moins évident que l'intérêt des assurés, c'est-à-dire le plus grand nombre, a été complètement sacrifié.

Les Syndicats agricoles ne pouvaient se désintéresser de cette situation anormale.

Nés de l'initiative individuelle, ils ont pour mission absolue, de venir en aide à leurs adhérents, de défendre leurs intérêts menacés, d'obtenir satisfaction toutes les fois qu'ils sont sacrifiés, et Dieu sait si le champ de leurs revendications est vaste !

L'Union du Sud-Est s'est donc préoccupée de cette assurance, et elle a étudié les moyens d'offrir aux membres de ses syndicats les garanties les plus sûres aux taux les plus réduits.

De nombreux documents ont été réunis dans ce but, des rapports ont été rédigés; cependant, rien encore n'a été organisé. En matière aussi grave, son Bureau a jugé prudent de s'entourer de renseignements plus complets et de précautions plus grandes; il a préféré attendre pour faire mieux. D'autres créations très importantes ont d'ailleurs absorbé son temps et son activité et on ne peut vraiment lui demander de tout faire à la fois.

Dès que les circonstances le permettront, une œuvre nouvelle viendra compléter les autres. L'Union offrira à ses adhérents, contre l'incendie, des garanties possédant à la fois les avantages de l'assurance mutuelle locale, ceux des grandes mutuelles et ceux des compagnies par actions, sans leurs inconvénients.

La forme adoptée sera la forme *communale*. En matière d'incendie, la mutualité locale est la réalisation la plus complète et la plus haute de l'idée d'assurance. Elle n'en fait plus un simple service de recettes et de dépenses, elle l'élève à la hauteur d'une véritable institution sociale, en réduisant à leur minimum les risques par la surveillance continuelle que les associés exercent les uns sur les autres, et en diminuant la gravité des incendies par les secours plus prompts et plus dévoués que chacun est intéressé à apporter.

Une expérience séculaire a déterminé la proportion des sinistres, et déterminé que, pour niveler les risques, une société d'assurances devait étendre le plus possible sa sphère d'action et se constituer pour le plus long délai. Dans les assurances locales, la proportion des sinistres est sans doute réduite; néanmoins, s'il est probable que des groupes seront exempts de tout sinistre pendant quelques années, il se peut tout aussi bien qu'une série de revers fonde sur d'autres groupes et les ruine. Faudra-t-il pour cela renoncer à la forme locale si avantageuse à d'autres points de vue ?

Non. Il suffira, pour répartir plus également les risques, d'ajouter aux groupes locaux un compte central de participation, au moyen duquel les groupes éprouvés verront leurs charges réduites grâce au concours des groupes épargnés ; c'est, appliqué aux risques incendie, le système déjà pratiqué avec un plein succès par les comptes mortalité bétail. Chaque compte local incendie, versant un cinquième de ses cotisations au compte central, serait couvert par lui du quart des pertes qui surviendraient, et le versement des deux cinquièmes des cotisations au compte central obligerait celui-ci à supporter la moitié des sinistres.

Il est à croire qu'un compte central organisé par une association aussi puissante et aussi étendue que l'Union pourrait offrir dès le début le maximum de garanties, tout en ne demandant que le minimum de cotisations.

Lorsque cette création nouvelle sera réalisée, les syndicats unis seront, dans chaque localité, un faisceau d'institutions qui, se complétant les unes les autres, seront propres à prémunir le cultivateur contre la plupart des maux dont il peut être victime, tels que : l'isolement, les maladies, les accidents, la vieillesse, l'incendie, et à lui rendre l'existence plus clémente.

Les précédents, créés à propos des comptes de prévoyance contre la mortalité du bétail, et le projet de loi Viger, dispensant les Mutuelles locales des impôts qui pèsent sur les Sociétés d'assurances, permettront de réduire dans une plus large proportion les cotisations demandées aux membres des comptes-incendie.

De plus, le projet de loi déposé par M. Waldeck-Rousseau, pour étendre la capacité civile des syndicats, donnera peut-être à l'Union un moyen plus facile de réaliser ses projets, et ces motifs ont contribué pour beaucoup à en faire retarder l'exécution.

Les tentatives que fera sur ce terrain nouveau l'Union du Sud-Est ne peuvent moins faire que d'intéresser tous ceux qui sont mêlés au mouvement syndical, car jusqu'ici les essais ont été plutôt malheureux, et M. le comte de Rocquigny ne nous dit-il pas que, sur les deux cents sociétés d'assurances mutuelles-incendie qui se sont fondées en France de 1870 à 1872, il en reste 54 seulement dont la moitié au moins n'offrent à leurs adhérents qu'une garantie des plus discutables.

Il n'est rien moins que démontré, en effet, que nos syndicats réussissent là où les mutuelles ont échoué, ni qu'ils aient chance de se créer une clientèle suffisante dans les contrées où ils seront en concurrence avec de bonnes Mutuelles générales ou départementales fonctionnant depuis longtemps avec des tarifs réduits, et l'un de nos amis les plus perspicaces, M. A. Rieu, administrateur délégué du Syndicat agricole Vauclusien, ne cache pas dans la belle étude qu'il a publiée à ce sujet, que l'idée des caisses mutuelles, bien que séduisante, lui a paru comporter trop de difficultés et d'aléa, pour que sa réalisation fût facilement et surtout promptement obtenue.

Il s'est donc résigné à une entente avec une grande compagnie mutuelle dont il a obtenu, au profit des membres de son grand syndical, d'importants avantages.

L'Union du Sud-Est aborde donc un problème des plus difficiles à résoudre ; toutefois elle a fait tant de choses extraordinaires que ce serait lui faire injure que de douter de son succès final. Mais ce succès, nous croyons qu'il ne sera pas obtenu sans peine, sans difficultés ; les hommes de cœur qui auront réussi dans cette importante création, n'auront que plus de droit à notre reconnaissance.

ASSURANCES CONTRE les ACCIDENTS AGRICOLES

STATISTIQUE (1)

ANNÉES	NOMBRE		MOYENNE PAR POLICE	MONTANT	
	de Polices	d'Hectares		des Primes	des Indemnités
1895	91	2.451	26.93	464.65	79 »
1896	309	6.308	20.41	3.591.80	1.463.10
1897	387	7.374	19.05	6.528.65	5.658.10
1898	441	7.120	16.14	10.295.10	11.368.55
1899	750	13.381	17.84	16.248.30	17.632.95
	1.978	36.634	18.52	37.128.50	36.201.70

Nous avons déjà fait ressortir l'utilité pratique des Syndicats agricoles pour faciliter l'agriculteur dans l'exercice de sa profession, Les pages qui précèdent témoignent suffisamment qu'ils ont fait leurs preuves, on peut dire déjà qu'ils ont leur histoire.

Mais il ne leur suffit pas de rendre des services d'ordre matériel, ils ont une ambition plus haute, ils ont un idéal.

Ils rêvent de faire lever le bon grain qui est enfoui au fond du cœur de tout cultivateur et qui ne demande qu'à germer.

Il n'est certes personne, en notre généreux pays, qui n'ait l'intuition de ses devoirs envers les siens comme envers ceux qui sont

---

(1) Voir Pl. nº 17 et 18.

à son service. Mais ne semble-t-il pas que l'agriculteur, plus que tout autre, a été doté des vertus domestiques, à en juger par son grand amour de ce foyer où s'assoient, patriarcalement, maîtres et serviteurs, courbés sous le poids des mêmes travaux, secoués par les mêmes joies et les mêmes souffrances.

Son rôle de père de famille, de chef de maison, il en a certes la conception, mais son initiative, à vrai dire sa volonté, est comme engourdie par la monotonie, souvent triste, de son existence ; elle s'atrophie. Il semble résigné à laisser couler le temps avec tout son cortège d'évènements, il vit dans une impassibilité qui ferait croire à son ignorance de la crainte, il attend dans une fausse quiétude, sans prévoir.

Et pourtant, la prévoyance est mère de sécurité. Que d'épreuves sont réservées à l'homme des champs, et pour n'en envisager qu'une catégorie, que d'accidents corporels peuvent fondre sur lui et sur toute sa maison !

N'est-ce pas, dès lors, une belle œuvre que de réveiller, dans cette nature en apparence indifférente, le sentiment de la prévoyance professionnelle ? N'est-ce pas une œuvre philanthropique, n'est-ce pas une œuvre sociale ?

Oui, sociale, car l'homme qui a prévu, qui s'est assuré contre les risques sans nombre dont il est menacé de toutes parts, a augmenté son crédit, a grossi son capital. Et, à mesure que la richesse nationale se consolide dans un plus grand nombre de mains, c'est la paix sociale qui s'affermit. Toute prime payée est pour le pays une assurance nouvelle contre le désordre et l'anarchie.

Mettre l'individu en valeur, cultiver cette terre féconde, tout est là. Le moyen, nous le trouvons dans l'association.

Qu'on laisse donc enfin l'association jouer librement son rôle, et notre société sera bien vite transformée par elle ; par la mutualité, l'individu vit dans un milieu d'émulation, il subit la contagion des idées, il respire une atmosphère plus généreuse, il fait, sans s'en douter, son éducation. Il s'améliore, il acquiert de la valeur, c'est une sorte d'inoculation du bien qui opère lentement, mais sûrement.

Un tel idéal ne pouvait que séduire l'Union du Sud-Est. Dans la voie de la prévoyance, elle songea d'abord à garantir les cultivateurs, à des conditions avantageuses, contre les accidents professionnels. Après être entrée en pourparlers avec toutes les Compagnies qui avaient pour objet spécial de garantir contre les accidents, après avoir examiné, avec autant d'impartialité que de soins, les avantages respectifs que chacune d'elles lui offrait, elle traita avec la Compagnie « La Providence » et confia ce service à la Coopérative Agricole du Sud-Est.

Mais avant, montrant une fois de plus sa prudence et sa sagesse, l'Union, représentée par son président et l'un de ses vice-présidents MM. Duport et Riboud, étudiait, avec le très aimable représentant de la Compagnie, à Lyon, les termes des conditions générales des polices et contrats.

C'est peut-être ici la place de rendre un hommage discret mais mérité au concours actif et désintéressé que, dans toutes les négociations, M. de Missolz, agent général à Lyon de « La Providence », donna à notre Union. Dès le premier jour cet homme de cœur avait su comprendre que derrière des polices il y avait une œuvre, œuvre utile et fraternelle et c'est bien à lui que nos syndicats ont dû d'obtenir de la Compagnie elle-même les avantages considérables dont ils profitent. Le rôle bienfaisant de M. de Missolz méritait d'autant mieux d'être mis en lumière, que c'est à lui et au désintéressement dont il a fait preuve, que l'Union, et après elle les nombreux groupements qui ont suivi son exemple, doivent d'avoir pu mettre à la portée de leurs milliers d'adhérents cette forme nouvelle de l'épargne la prévoyance.

Avec un partenaire aussi bien disposé les délégués de l'Union ne pouvaient moins faire que d'obtenir, en faveur de leurs mandants; le maximum d'avantages possibles. Peu habituées à ce genre d'assurances, les Compagnies manquaient de statistiques sérieuses et d'expériences. Elles avaient jusque là appliqué à l'agriculture le système appliqué à l'industrie : les primes étaient calculées sur le salaire des ouvriers suivant un tant pour cent qui se rapprochait beaucoup du taux industriel.

C'était là une entrave considérable et une charge réelle pour les propriétés agricoles; aussi nulles ou à peu près étaient les assurances-accident dans les campagnes.

Elles ne s'appliquaient d'ailleurs qu'aux ouvriers journaliers, le fermier en était exclu ainsi que le propriétaire exploitant. Chaque culture avait une prime différente; les chevaux, voitures, transports sur routes n'étaient garanties que par des assurances supplémentaires et spéciales La garantie civile enfin se payait à part, de telle sorte qu'une propriété moyenne en arrivait à verser des sommes considérables représentant plus de 4 francs par hectare.

Après bien des pourparlers, les délégués de l'Union firent admettre, par la « Providence », que ce système, inapplicable par sa complication et sa cherté, ne pouvait être maintenu. D'un commum accord, l'hectare fut adopté comme base. Une échelle de primes fut alors calculée, variant suivant que l'allocation quotidienne de l'ouvrier blessé était servie dès l'accident ou à partir du 11e jour, ou pas du tout. Les autres garanties concernant les cas de mort, de blessures graves, de responsabilité civile, restaient les mêmes. Enfin un remaniement complet des conditions générales des polices fut opéré ; toutes les clauses ambigues ou draconiennes furent supprimées afin d'écarter dans l'avenir toutes causes de conflits ou de discussions irritantes.

En retour de toutes ces concessions, l'Union apportait à la Compagnie le concours dévoué de tous ses syndicats pour la prompte diffusion et l'extension rapide de cette forme d'assurance.

Une fois arrêté, le projet de police était soumis à l'examen attentif du Comité de contentieux et après son approbation définitive, l'assurance-accidents entrait en vigueur dans le courant de l'année 1895.

Après avoir mis sur pied, avec tout le soin possible, cette nouvelle création, l'Union chercha, par la parole, à répandre à travers les campagnes les bienfaits de cette nouvelle organisation. Mais, hélas ! il ne suffit pas de parler au paysan, il faut lui présenter des choses toutes faites, il faut que le fruit soit mûr et qu'il n'ait qu'à le cueillir. Il aime, de plus, à y voir clair, sans effort. Et puis, il y a sa méfiance dont on ne peut avoir raison que par l'évidence même.

C'est ce qu'a très bien compris le directeur de la Coopérative du Sud-Est. Il s'est dit qu'il était bon de jeter un peu de lumière dans les ténèbres de la police d'assurance, d'en expliquer le fonctionnement, de mettre en relief les points essentiels des conditions générales, de mâcher en somme la besogne du futur assuré. Et il l'a fait en quelques lignes, en quelques chapitres, dont on ne saurait trop louer la disposition et la clarté.

Résumer ainsi, c'est propager, aussi nous n'hésitons pas à donner l'hospitalité à ce petit *Catéchisme de Prévoyance* dont tireront profit tous ceux qui veulent bien nous lire.

* *

SIMPLES NOTES SUR LES ASSURANCES CONTRE LES ACCIDENTS AGRICOLES (1)

Base de l'assurance. — L'assurance est basée sur la superficie de la propriété assurée.

Cette manière d'opérer est bien la plus simple et la plus facile.

A *tant par homme*, il faut prévenir la Compagnie chaque fois que, pour des travaux pressés ou importants (moissons, vendanges etc., etc.), on prend des travailleurs nouveaux. Il faut prévenir quand on les renvoie.

A *tant pour cent sur le salaire*, les difficultés sont aussi grandes. Il y a peu de cultivateurs qui aient une comptabilité en règle et puissent donner le chiffre exact de leurs dépenses et leur application. Comment calculer aussi la représentation du salaire pour l'assuré lui-même et ses parents qui travaillent avec lui sans rémunération ?

Toutes ces difficultés sont levées par le calcul de la prime *à l'hectare*. Toutes personnes travaillant pour les besoins de la surface assurée, quel que soit leur salaire, se trouvent couvertes par l'assurance, par le fait même que leur travail concerne l'exploitation désignée par la police.

Minimum de perception. — Les polices peuvent être de deux sortes : *individuelle* ou *collective*.

La police *individuelle*, c'est-à-dire celle ne comprenant qu'un seul assuré, doit être au minimum de *cinq hectares*, ou payer pour ce minimum.

C'est peu, certainement, et il était difficile d'imposer à une compagnie la création de polices pour une plus petite étendue.

Cependant nous avons obtenu la police *collective* dont le minimum doit être de *dix hectares* et qui peut comprendre plusieurs propriétaires.

Un seul est responsable aux yeux de la compagnie pour le payement de la prime, mais tous jouissent des mêmes avantages que s'ils avaient chacun une police individuelle.

------

(1) En vente à la Coopérative agricole et dans les syndicats, 0,05 l'exemplaire, 0,10 franco par poste.

Que coûte l'Assurance ? — L'assurance, en réalité, est une garantie vendue par une Compagnie. Plus la garantie est importante, plus le prix est élevé.

On peut choisir les tarifs suivants :

1re combinaison	....	0 fr. 60	par hectare.
2e —	....	0 fr. 50	—
3e —	....	0 fr. 40	—
4e —	....	0 fr. 80	—

Nous saurons plus loin quelle est la garantie correspondante à chaque combinaison.

Division des terres en diverses catégories. — Pour l'établissement des polices, les terrains sont divisés en plusieurs catégories :

1° *Terres cultivées ou susceptibles de l'être*, y compris les jachères, chaumes et prairies artificielles.

Cette catégorie paye la prime pleine au tarif choisi.

2° Les *prairies naturelles* et *marais* qui ne payent que 30 centimes par hectare, quelle que soit la combinaison choisie.

Exemple : une propriété de 15 hectares, dont 10 en terres cultivées ou cultivables et 5 en prairies naturelles ou marais, payera à la première combinaison :

10 hectares terres cultivables, à 0 fr. 60............	=	6 »
5 hectares, prairies ou marais, à 0 fr. 30............	=	1 50
Total............		7 50

3° Les *bois non exploités pour la vente* ne payent rien, mais l'assurance les couvre néanmoins, si l'on se borne à y couper le bois nécessaire à l'exploitation et à son propre usage.

On peut donc y faire des fagots pour son chauffage et celui de la ferme, y couper des bois pour des manches d'outils ou brancards de voitures, des bois de construction pour une grange, une écurie, un hangar, et être garantis dans ces travaux, bien que les bois n'aient pas été compris dans le calcul de la prime.

Cependant, sur le désir de plusieurs propriétaires, la Compagnie a consenti à introduire dans ses polices, si on le demande, la condition particulière suivante :

« Les bois exploités pour l'usage et la consommation, *ainsi que* « *pour les fagots vendus en surplus*, sont garantis par la présente « assurance, et ils rentrent dans le calcul de la prime ».

En aucun cas, la Compagnie n'assure les risques d'exploitation de haute futaie, c'est-à-dire le bucheronnage.

Quelle est la garantie vendue ? — Le tableau suivant donne le choix de quatre combinaisons avec les indemnités correspondantes;

1° Combinaison à 0.60 par hectare de terres cultivées ou cultivables.

Cas graves, indemnités, 1.000 fr...............	Mort.	
— — 1.500 —	Infirmités 1er degré.	
— — 1.200 —	— 2e —	
— — 600 —	— 3e —	
Allocation quotidienne, Hommes...........................		1 50
— Femmes et Enfants...............		0 75
Responsabilité civile, Personnel...........................		7 000 »
— Tiers............................		4 000 »

2° Combinaison à 0.50 par hectare.

Mêmes conditions. — *L'allocation quotidienne n'étant due qu'à partir du 11e jour.*

3° Combinaison à 0.40 par hectare.

Mêmes conditions. — Sans allocation quotidienne.

4° Combinaison à 0.80 par hectare jusqu'à 140 hectares, et 0.75 au-dessus de 140.

Cas graves, indemnités, 2.000 fr...............	Mort.	
— — 2.000 —	Infirmités 1er degré.	
— — 1.000 —	— 2e —	
— — 500 —	— 3e —	

Allocation quotidienne : Moitié du salaire quotidien, 2 fr. 50 étant le maximum de cette allocation.

Responsabilité civile. Personnel et tiers.................. 7.000 »

On voit qu'à ces diverses combinaisons, la Compagnie assure :

1° Pour les cas graves, une indemnité que nous désignerons sous le nom d'*indemnité contractuelle.*

2° Pour les *incapacités temporaires,* une *indemnité journalière,* sauf à la troisième combinaison.

3° Sous le nom de *responsabilité civile* elle prend le lieu et place de l'assuré, au cas où la victime ou ses ayants-droit, ne trouvant pas suffisante l'indemnité contractuelle, feraient un procès à l'assuré. Examinons successivement ces trois garanties.

Indemnité contractuelle. — L'article III de la police, classant les cas graves qui donnent droit à cette indemnité, est ainsi conçu :

« ART. 3. — L'assurance donne droit :

« 1° En cas de mort, au capital fixé aux conditions *particulières*
« de la police, payable aussitôt après les formalités d'usage à l'époux
« survivant ou aux enfants mineurs issus de son légitime mariage
« avec le sinistré; à défaut d'époux ou d'enfants survivants, les
« petits-enfants mineurs légitimes auront les mêmes droits qu'au-
« raient eu leurs auteurs. En cas de concours de l'époux survivant
« avec ses enfants mineurs, l'époux aura la moitié de ce capital,
« les enfants ou petits-enfants mineurs l'autre moitié.

« A défaut d'époux survivant et enfants mineurs ou petits-enfants
« mineurs, seuls les ascendants de la victime ont droit à la moitié de
« ce capital, à partager entre eux, quel que soit leur nombre.

« 2° En cas d'infirmité, à une indemnité payable à l'assuré lui-
« même, aussitôt après la constatation définitive de l'infirmité.

« L'infirmité comprend trois degrés :

« § 1er. — L'infirmité du premier degré consiste dans l'incapacité
« permanente, totale et absolue de tout travail (perte complète de
« la vue ou de l'usage de deux membres, paralysie générale de tout
« le corps). Elle donne droit à l'indemnité fixée aux conditions *par-*
« *ticulières* de la police.

« § 2. — L'infirmité du deuxième degré consiste dans la perte com-
« plète de l'usage d'une jambe, d'un bras, d'un pied, d'une main ou
« de la machoire inférieure. Elle donne droit à l'indemnité fixée aux
« conditions *particulières* de la police.

« § 3. — L'infirmité du troisième degré consiste dans la perte d'un
« œil ; de trois doigts de la main ou du pied ou de deux doigts y
« compris le pouce ou le gros orteil ; du mouvement de l'épaule, du
« coude, de la hanche, du genou, du cou-de-pied, du poignet ;
« comme aussi dans la fracture non consolidée de la mâchoire, de
« la rotule ou le raccourcissement d'un membre inférieur d'au moins
« trois centimètres. Elle donne droit à l'indemnité fixée aux condi-
« tions *particulières* de la police.

« Les infirmités non prévues aux paragraphes 1, 2 et 3 ci-dessus,
« seront considérées comme incapacité temporaire. »

Suivant qu'on a choisi une des trois premières combinaisons ou la quatrième, la Compagnie doit donc :

	1re, 2e et 3e combinaisons	4e combinaison
En cas de mort..........................	1.000	2.000
Pour infirmité du 1er degré...............	1.500	2.000
— 2e —	1.200	1.000
— 3e —	600	500

Hâtons-nous de dire que, le plus souvent, la Compagnie offre davantage. Elle fait son enquête, estime, avec la plus scrupuleuse équité, ce qu'elle croit raisonnable d'offrir, et traite 95 fois sur 100 de gré à gré avec la victime ou ses ayants-droit.

Indemnité journalière. — L'article III continue ainsi :

« En cas d'incapacité temporaire pour la victime de se livrer à
« ses occupations habituelles, une indemnité quotidienne, fixée aux
« conditions particulières ci-après, et payable aussitôt après la
« remise du rapport médical constatant la guérison.

« Cette indemnité est due à partir du lendemain de la déclaration
« de l'accident à la Compagnie jusqu'au quatre-vingt-dixième jour.
« Passé ce délai, la Compagnie se réserve le droit de continuer ladite
« indemnité ou de faire bénéficier la victime des dispositions des
« paragraphes 1, 2 et 3 ci-dessus.

« Dans *tout* sinistre, à l'expiration du trentième jour d'incapacité
« temporaire, la Compagnie devra régler au sinistré la moitié de
« l'indemnité quotidienne pour ce premier mois, à valoir sur l'in-
« demnité définitive dont la catégorie sera ultérieurement déter-
« minée. La Compagnie payera successivement sur ces bases chaque
« mois échu jusqu'à complète guérison et règlement définitif, soit
« pendant 90 jours.

« Pour les accidents qui n'entraînent qu'une incapacité de travail
« de moins de trois jours, aucune indemnité n'est due. »

Le chiffre de cette indemnité temporaire varie suivant la combinaison choisie, c'est-à-dire suivant le tarif appliqué au calcul de la prime.

A la première et à la seconde combinaison, la Compagnie paye :

   1 fr. 50 par jour pour les hommes.
   0 fr. 75 par jour pour les femmes et les enfants.

   (On cesse d'être compté pour enfant à 16 ans).

Remarquez qu'à la seconde combinaison cette indemnité n'est due qu'à dater du onzième jour. Quelques propriétaires ont désiré, en effet, payer une prime moins élevée et ne rien recevoir en cas d'accidents peu graves n'obligeant pas la victime à un repos trop long. Ils préfèrent ne pas s'astreindre aux déclarations et aux visites médicales.

A la troisième combinaison, il n'est dû aucune indemnité temporaire.

A la quatrième, la Compagnie paye, par jour d'incapacité de travail, la moitié du salaire, 2.50 étant fixé comme maximum de cette moitié.

Un acompte est versé vers le trentième jour et le solde de suite après la constatation de la guérison, contre quittance définitive et sans réserve.

Remarquez que, suivant le dernier alinéa de cet article III, aucune indemnité n'est due pour les incapacités de travail de moins de trois jours.

Responsabilité civile. — Supposons qu'en cas de mort ou d'infirmités de n'importe quel degré, la Compagnie offre soit seulement l'indemnité contractuelle, soit une somme plus élevée et que la victime ou les ayants-droit ne veuillent pas s'en contenter, et fassent un procès à l'assuré. C'est alors qu'entre en jeu la garantie de *responsabilité civile.*

Dans les trois premières combinaisons, cette garantie est de 7.000 fr. par victime faisant partie du personnel de l'exploitation, et 4.000 fr. par victime étrangère, c'est-à-dire pour les tiers, et ce, jusqu'à un total ne pouvant dépasser dix fois cette somme.

Dans la quatrième combinaison, cette garantie est de 7.000 fr. par victime (personnel ou tiers) et toujours jusqu'à un chiffre total de dix fois cette somme.

Par une augmentation de 10 centimes par hectare, la garantie de responsabilité civile est portée à 10,000 francs par victime, tant du personnel, qu'étrangère à l'exploitation.

Par une augmentation de 0.20 elle est portée à.................. 15.000 fr.
    —   0.30   —   .... 20.000 fr.
    —   0.35   —   .... 25.000 fr.

Remarquez bien que le maximum *par victime* est, suivant le cas, de 4.000, 7.000, 10.000, 15 000, 20.000 ou 25.000 fr.

Exemple : dans une ferme, un taureau blesse deux domestiques ; le propriétaire de l'animal est condamné à payer, par exemple, à l'un 12.500 fr. et à l'autre 3.000 fr., soit en tout 15.500 fr. S'il est assuré avec majoration de 20 centimes par hectare, la Compagnie payera tout, puisqu'elle le couvre jusqu'à 15.000 fr. par victime. Mais s'il est assuré au tarif ordinaire d'une des quatre combinaisons, elle payera 7.000 fr. pour l'un, 3.000 fr. pour l'autre, et l'assuré aura à pourvoir au complément de la première indemnité, les indemnités ne se compensant et ne se totalisant pas.

Quand la Compagnie a payé les dommages-intérêts mis par un jugement à la charge d'un assuré, il est bien entendu qu'elle n'a pas à lui payer l'indemnité contractuelle. Ce serait un double emploi.

Règlement des accidents arrivés à l'assuré ou à sa famille non salariée. — « La responsabilité civile ne pouvant exister pour « le souscripteur ou les membres non salariés de sa famille, cette « garantie est remplacée à leur égard par un capital de 3,000 fr. en « cas de mort ou d'infirmité du 1er degré, 1,500 fr. en cas d'infirmité « du 2e degré, 600 fr. en cas d'infirmité du 3e degré. »

Cet extrait du complément des polices s'applique au règlement des sinistres arrivés à l'assuré ou aux membres de sa famille non salariés.

En effet, supposons l'assuré lui-même blessé grièvement dans un travail agricole. Il est à la fois victime et responsable. Il ne peut donc se faire un procès à lui-même, et la Compagnie n'a pas à craindre une déclaration de responsabilité et une condamnation à 4, 5 ou 7,000 fr. de dommages. Elle fait donc immédiatement une cote mal taillée, et paye 3.000 fr. au lieu de 1.500 fr. ou 1.000 fr. qu'elle eût eu à payer comme indemnité contractuelle, suivant la combinaison choisie par l'assuré.

Quels sont les risques couverts ? — L'article 1 dit : « L'assurance « a pour objet de garantir au souscripteur, en faveur des personnes « mentionnées ci-dessus, des indemnités en cas d'accidents survenus « dans tous les travaux de la profession, notamment dans ceux de « cour, d'écurie, de labours, semailles, battage, entretien de culture, « etc. ; dans les transports ou le traitement des produits de l'exploi-« tation, dans les conduites d'animaux de toutes espèces, attelés ou « non attelés, sur les routes, dans les foires et marchés, etc. ; lorsque « ces accidents surviennent d'une cause *violente, extérieure, for-« tuite et involontaire.* Les accidents causés par les voitures at-« telées, et momentanément abandonnées sur la voie publique pour « les besoins du service, sont garantis par l'assurance. Les cas de

« rage, d'immersion ou d'asphyxie par les gaz délétères sont compris
« dans l'assurance. »

« Il est bien entendu que la Compagnie étend les garanties ci-des-
« sus, non seulement aux accidents survenus dans les limites de l'ex-
« ploitation, mais encore en dehors de la propriété pour tous les tra-
« vaux commandés pour les besoins de cette exploitation. »

Remarquons dans cet article :

1º Que l'assuré est couvert dans les foires et marchés ;

2º Que les voitures abandonnées *momentanément* sur la voie publique *pour les besoins du service* sont comprises dans l'assurance,
notamment pour livraison de lait et de produits maraîchers à domicile ;

3º Qu'il n'y a pas à distinguer si les voitures sont conduites par
des hommes ou des femmes, par l'assuré ou des domestiques.

4º Que les cas de rage (accidents causés par un chien *agricole*,
c'est-à-dire chien de garde ou de berger), sont aussi couverts par la
police ;

5º Que de même l'asphyxie par les gaz délétères (fosses d'aisance,
cuves de vendanges, marais) rentre dans les risques assurés.

Remarquez encore que les garanties s'étendent *au dehors de la
propriété*. La seule condition est que *les travaux soient commandés pour les besoins de cette exploitation*. Exemple : mener son
blé au moulin, conduire son vin, ses pommes de terre au marché ou
en gare, aller chercher de l'engrais, mener un bœuf à la foire, etc. etc.
sont des travaux commandés pour les besoins de l'exploitation et
sont par conséquent compris dans l'assurance.

On nous a fait souvent cette objection : « Pourquoi ne sommes-
nous pas couverts en dehors de nos travaux agricoles ? J'emploie parfois mon domestique et mon cheval à des charrois pour un voisin,
ma propriété n'étant pas assez grande pour les occuper entièrement
chez moi. Je voudrais bien être couvert absolument pour tout. »

La réponse est facile. Si votre propriété n'est pas assez grande
pour vous occuper en entier, vous, votre personnel et vos animaux,
elle ne paye pas une prime élevée. Remarquez bien que vous n'êtes
pas assuré à *tant par tête d'hommes ou de bétail, ou à tant par
jour*, mais *à l'hectare*, c'est-à-dire à la surface de votre propriété.
Vous ne pouvez donc demander à la Compagnie de vous garantir les
risques en *dehors de la chose assurée*. C'est comme si, titulaire
d'une police incendie pour une maison, vous prétendiez que la Com-

pagnie doit vous garantir, *par cette même police*, les risques d'une autre maison non assurée.

Et comme rien ne démontre mieux la fausseté d'un raisonnement que de le pousser à l'absurde, permettez-moi une supposition.

J'ai une propriété de 5 hectares pour laquelle je paye, à la première combinaison, 60 centimes par hectare, soit au total 3 fr. Mais il me plaît d'avoir 50 chevaux et 50 domestiques qui travaillent à tour de rôle dans mes terres et que j'emploie le reste du temps, c'est-à-dire près de quatre-vingt-quinze jours sur cent à des transports entre une usine que je suppose voisine de ma propriété et une ville plus ou moins éloignée. Voulez-vous donc que pour ces *malheureux trois francs*, la Compagnie couvre tous les risques de mes 50 chevaux et de mes 50 voituriers soit chez moi, soit en cours de route. Non, certainement. Or, si le principe que j'invoque est faux, il n'est pas plus applicable à *un* voiturier et *un* cheval qu'à 50 voituriers et 50 chevaux.

Distinction entre les accidents arrivant à l'assuré et ceux arrivant à des tiers. — L'assuré est *personnellement* couvert pour les accidents *corporels seuls.*

Vis-à-vis des tiers, il est garanti pour les accidents *corporels* et *matériels.*

Exemple : Jean, signataire d'une police, va au marché avec son char. Le cheval s'emporte, se blesse, brise sa voiture, mais Jean n'est pas blessé. Il n'a rien à réclamer à la Compagnie. S'il est blessé, il est couvert.

Mais si, au contraire, le cheval de Jean a blessé le cheval de Jacques, cassé la jambe à Paul, brisé l'étalage d'un boutiquier, Jean est couvert pour tous ces accidents, aussi bien pour les dégâts matériels que pour la blessure de Paul. Sa responsabilité civile est garantie aux deux points de vue.

Accidents non couverts. — Il nous suffit de donner dans son entier l'article V des polices. Il est ainsi conçu :

« Sont exclus de l'assurance : 1° les maladies ordinaires alors
« même qu'elles seraient contractées pendant le travail, et les
« affections qui ne sont que la conséquence d'un excès de travail ;
« 2° les accidents résultant d'anévrisme, d'apoplexie, d'épilepsie,
« d'aliénation mentale, d'étranglement de hernie ancienne ou nou-
« velle ; de rupture de varices ; ceux provenant de mutilations
« volontaires ou de suicide, alors même qu'ils seraient dus à un

« dérangement des facultés mentales ; ceux résultant d'opérations
« chirurgicales qui ne sont pas la conséquence d'un accident
« reconnu par la Compagnie ; 3° les accidents causés par la chute de
« la foudre, les tremblements de terre, les inondations, l'effondre-
« ment des bâtiments ou l'incendie ; 4° les accidents résultant de
« guerre, d'émeute, de rixe, d'ivresse ; ceux qui sont survenus par
« suite d'infractions aux lois, ordonnances et règlements.

« Ne peuvent être admises au bénéfice de l'assurance les person-
« nes âgées de moins de 12 ans et de plus de 70 ans, non plus que
« celles atteintes de maladies ou d'infirmités graves et permanentes. »

Emploi de moteurs inanimés. — On entend par *moteurs inanimés* tous ceux qui sont autres que l'homme ou l'animal. Une
machine à vapeur, une roue à eau, un moulin à vent, un moteur à
pétrole ou à gaz sont des *moteurs inanimés.*

L'emploi de ces moteurs place l'exploitant sous le coup des lois du
9 avril 1898 et du 30 juin 1899.

Dès lors il ne peut être couvert par la police agricole, puisqu'à
l'article 1er nous lisons : « Sont exclus de l'assurance les travaux
« exigeant l'emploi d'un moteur inanimé et, d'une façon générale,
« les risques soumis aux lois des 9 avril 1898 et 30 juin 1899, sur les
« accidents du travail. »

Ceux donc qui emploient des moteurs inanimés doivent souscrire
une police spéciale.

Battages mécaniques. — Le 30 juin 1899, la loi suivante a été
« votée : « Les accidents occasionnés par l'emploi des machines
« agricoles mues par les moteurs inanimés et dont sont victimes, par
« le fait ou à l'occasion du travail, les personnes quelles qu'elles
« soient, occupées à la conduite ou au service de ces moteurs ou
« machines, sont à la charge de l'exploitant dudit moteur. »

Quelle est la situation du cultivateur ?

S'il est propriétaire de la machine, il doit contracter une assurance
spéciale pour couvrir tout son personnel.

S'il fait battre son blé par un entrepreneur, c'est celui-ci qui sera
responsable de *tous* les accidents survenus à l'occasion du battage.
Le propriétaire doit simplement se renseigner si le batteur est
assuré, et s'il l'est à une compagnie sérieuse et solvable.

Qu'a voulu dire le législateur en stipulant que « *toutes les per-
« sonnes occupées à la conduite ou au service de ces moteurs
« ou machines* sont à la charge de l'exploitant dudit moteur » ?

Les uns ont affirmé qu'il n'a voulu parler que des accidents causés par la machine elle-même ou la batteuse. D'autres, et nous sommes de ceux-là, prétendent que du moment que vous aidez à l'opération du battage, tomberiez-vous d'un palier à 100 mètres de la machine, c'est le batteur qui est responsable. Nous avons, pour confirmer notre opinion l'avis de compagnies qui assurent des exploitants de machines à battre. Nous avons mieux que cela encore. Nous avons *vu* des règlements faits dans ces conditions.

Mais que nous ayons tort ou raison, peu importe. Le cultivateur qui est assuré par une police agricole et qui fait battre son blé à un entrepreneur solvable ou assuré ne craint rien. Un accident arrive-t-il ? S'il est reconnu tomber sous la loi de 1899, c'est le batteur qui payera. Si un jugement dit, au contraire, que l'accident en question n'a rien de commun avec cette loi, c'est donc un accident agricole, et alors la police souscrite par le propriétaire pour son exploitation le garantit. Quelle que soit la décision, il se trouve couvert.

Quand on échange un travail avec un voisin ou ami est-on assuré ? L'article 1 de la police disant que l'assurance est souscrite en faveur des ouvriers, domestiques et de toutes personnes employées *moyennant salaire*, on a demandé si, lorsque deux cultivateurs s'aident mutuellement à titre gracieux, ils sont exclus de l'assurance, *n'étant pas salariés*.

Il est certain, tout d'abord, que rendre un travail pour un travail est l'équivalent d'un salaire.

Ceci posé, il faut distinguer deux cas :

a). Pierre *assuré* travaille chez Paul *non assuré*. Il n'est pas couvert, car il ne travaille pas pour une propriété payant prime. Si donc il lui arrive un accident, il pourra peut-être se retourner contre Paul, mais la Compagnie n'aura pas à intervenir.

b). Paul, au contraire, *assuré ou non* (supposons *non assuré*), travaille pour Pierre *assuré*. S'il lui arrive un accident, et que Pierre soit déclaré responsable, la Compagnie le garantit, puisque le travail était fait pour une propriété assurée.

Cas spécial des Inalpeurs. — Dans les départements de la Savoie et de l'Isère, l'usage étant d'envoyer, pendant l'été, les vaches séjourner plusieurs mois dans les montagnes, où un entrepreneur les garde et travaille le lait, il est bon de spécifier les conditions, qui, dans ce cas, régissent les assurés.

Le propriétaire assuré est couvert dans la conduite de son bétail au lieu de l'inalpage, puisque les conditions générales de la police prévoient les accidents en *cours de route*.

Mais une fois remises à l'inalpeur, c'est-à-dire à l'entrepreneur du pâturage et de la laiterie, les bêtes ne sont plus sous la responsabilité du propriétaire, mais sous celle de l'inalpeur.

Comment celui-ci s'assurera-t-il ?

Les pâturages ne payent ordinairement que 30 centimes par hectare ; mais vu les dangers extraordinaires résultant de la conformation du terrain et de l'accumulation d'un grand nombre de vaches, la Compagnie ne consent pas à couvrir les risques à moins de 60 centimes par hectare.

Elle ne sort pas, du reste, des conditions de son traité, car le cas spécial de l'inalpage n'est plus, à proprement parler, une exploitation *purement agricole*, elle tient en même temps de l'industrie, soit par la réunion de ce bétail, *loué* pour ainsi dire, soit par l'exploitation de la fromagerie ou de la laiterie.

L'inalpeur assuré n'est pas couvert pour les accidents arrivant aux vaches dont il est considéré comme le propriétaire, mais il est couvert, comme dans les autres assurances, contre les accidents *corporels* arrivant à lui et à son personnel, contre les accidents *soit corporels, soit matériels*, causés par lui, ses aides, le bétail de son exploitation, ou ses chiens, à des tierces personnes. De même il est couvert contre les accidents industriels de la fromagerie.

En résumé, sauf le prix de 60 centimes appliqué aux pâturages, il a absolument les mêmes avantages et les mêmes garanties que tous les autres assurés

Comment faut-il s'y prendre pour s'assurer ? Quand on veut s'assurer on adresse à la Coopérative une proposition contenant tous les renseignements utiles à la Compagnie pour l'établissement de la police.

Des imprimés portant diverses questions, auxquelles on doit répondre avec sincérité bien entendu, sont déposés à cet effet dans les bureaux des Syndicats et de la Coopérative.

Parmi ces questions, quelques-unes demandent une explication.

1° *Situation du risque.* — Indiquer la ou les communes où se trouvent les propriétés à assurer. Fussent-elles dans dix départements différents et même en dehors de la circonscription de l'Union du Sud-Est, les terres d'un même propriétaire peuvent être portées sur la même feuille de proposition et figureront sur la même police.

2º Quel est le nombre d'hectares? Terres ou vignobles, etc.? — A la première ligne vous devez mettre le nombre total des hectares de vos propriétés. Les quatre lignes suivantes de la même question demandent le détail de ce total par diverses sortes de cultures : *terres cultivables, prairies naturelles, bois, marais.*

Vous pouvez arrondir les chiffres, et, par exemple, pour une propriété de :

<pre>
        10 hectares 60 ares de terres et vignobles,
        4   —   20 — de prairies naturelles,
porter :
        11 hectares terres et vignobles,
        4   ...   prairies naturelles.
</pre>

Une latitude de 5 % est laissée dans les évaluations de la superficie, sans que la Compagnie puisse en arguer fausse déclaration.

3º Quand l'assurance doit-elle prendre cours? — Pour la facilité des calculs de prime, toutes les polices sont calculées, soit du 1er du mois en cours (et dans ce cas l'assurance part du lendemain de la remise de la proposition à la Compagnie), soit du 1er du mois qui suit, qui est alors la date du départ de l'assurance.

Si donc en souscrivant une police le 20 décembre, vous voulez être assuré le 21, vous n'avez qu'à répondre à la question ces mots : *de suite ou demain,* et vous payerez depuis le 1er décembre. Si vous préférez n'être assuré que le 1er janvier, répondez : *1er janvier.* et le calcul partira de cette date.

La plus grande partie des syndicats encaissant en février les cotisations de leurs adhérents, le 1er février a été choisi pour point de départ de l'année-assurances. Les polices souscrites à toute autre date sont calculées, pour la première prime, au prorata du temps qui doit s'écouler jusqu'au 1er février suivant.

4º Quelle est la combinaison du tarif ci-contre demandée? — Le tarif est au verso de la feuille de proposition. Répondez première, deuxième, troisième ou quatrième combinaison, à votre choix, en ajoutant (si vous le désirez), avec majoration de 10, 20, 30 ou 35 centimes par hectare. Signez et datez au verso.

Une case est réservée pour les observations, si vous avez à en faire. Lesquelles ? Il est impossible de les prévoir. Nous vous en signalons trois qui se produisent assez souvent :

A. « Le proposant déclare que la propriété assurée appartient « partie à lui-même, partie à M. X..., dont il est le fermier. »

B « Le proposant déclare que la propriété assurée est indivise « entre lui et telle et telle personne. »

C. En outre, si un propriétaire veut assurer ses fermiers ou vignerons, bien que n'étant pas lui-même responsable des accidents leur arrivant, ou causés à d'autres par eux, leur famille, leurs domestiques ou leurs animaux, il libellera ainsi son observation :

« Le proposant déclare que la propriété assurée est exploitée par « 2, 3 ou tant de fermiers ou vignerons auxquels il entend réserver « les avantages de l'assurance dans tous les travaux n'engageant pas « sa responsabilité. »

Le plus souvent il n'y a lieu à observations que pour des cas spéciaux sur lesquels on a consulté ou le bureau du syndicat, ou la Coopérative agricole, qui se chargent de libeller le texte de ces observations.

Les propositions pour polices collectives se font sur feuilles séparées par chaque demandeur comme pour les polices individuelles. Il suffit de signaler, par une lettre accompagnant l'envoi de ces propositions, qu'elles doivent être l'objet d'une seule police et que le titulaire responsable doit être tel ou tel.

Le coût de la police, tant individuelle que collective, est de 2 fr. Il est payable en même temps que la première quittance, au moment de la signature des polices.

Les autres frais ne se composent que du timbre et répertoire à 0 fr. 50 pour cent de la prime, minimum 20 centimes.

Nous donnons ci-après un modèle de proposition avec des noms et des superficies supposés, pour en faire comprendre la rédaction.

Déclaration d'accidents. — Toute déclaration d'accident doit mentionner, d'après l'article VIII :

1° Le numéro de la police et le nom de l'assuré.

2° Les noms, prénoms et âge du sinistré (s'il s'agit d'un accident corporel).

3° Le montant de son salaire (s'il fait partie du personnel de l'exploitation).

4° La date de son entrée (s'il fait partie du personnel de l'exploitation).

5° La date, la nature et les circonstances de l'accident.

Nous croyons nécessaire d'insister sur ces déclarations, car plusieurs nous ont été adressées incomplètes. Il nous faut alors les renvoyer et ces retards peuvent occasionner parfois un refus d'acceptation par la Compagnie, les délais réguliers étant passés.

Faites *toujours* signer votre déclaration par deux témoins. « Mais, direz-vous, l'accident est arrivé loin de tous regards. » — Peu importe. Si l'on n'a pas vu votre domestique tomber d'un arbre en abattant vos noix, par exemple, on a pu le voir rapporter blessé, et l'on sait *par soi-même* ou *par enquête*, qu'il travaillait pour *votre compte* au moment de l'accident. Que les témoins le déclarent. Ils n'ont pas, dans ce cas, à affirmer ce qu'ils ont vu, mais ce qu'ils savent. Ils se portent garants de votre sincérité et de la loyauté de votre déclaration.

Pour un accident corporel, même relativement peu grave, faites de suite et toujours appeler un médecin. Lisez bien l'article VIII de vos polices. Cette visite *est à votre charge*. La compagnie la paye quand elle est faite par son médecin. Elle vous rembourse 3 francs lorsque vous avez pris un autre docteur. Mais le principe est formel : la visite est à la charge de l'intéressé, c'est-à-dire de l'assuré. De même pour la visite constatant la guérison, pour laquelle il vous est aussi tenu compte de 3 fr.

En vous laissant libre de choisir tel médecin que vous voudrez, la Compagnie agit, du reste, dans votre intérêt. Si elle vous imposait le sien, est-ce que, malgré son honorabilité, il ne pourrait pas être soupçonné de partialité et vous déclarer perclus de douleurs quand votre boiterie viendrait d'une chute? Ce serait un nid à procès. Au contraire, *votre médecin*, celui de votre choix, du moins, vous dit incapable de travailler pendant un mois ou quinze jours, puis il vous déclare guéri. La Compagnie paye et tout est dit.

Il est bien entendu, cependant, que l'assureur conserve toujours le droit de contrôler *à ses frais* l'opinion du médecin choisi par l'assuré, dans ce cas, le malade doit se laisser visiter; s'il refusait, il serait naturellement déchu de tous ses droits.

Remarquez que votre déclaration (toujours d'après l'article VIII), doit être faite dans les *cinq jours* qui suivent l'accident. Si donc vous n'aviez pas jugé à propos de faire venir le médecin le premier jour et d'aviser la Compagnie, l'accident vous paraissant peu de chose, ne laissez pas passer le cinquième jour si, par malheur, l'état du blessé devenait plus grave, sans le faire visiter et sans envoyer votre déclaration. Ces déclarations d'accidents se font par *simple lettre* adressée à la Coopérative agricole, place de la Miséricorde, 8, Lyon, qui se charge de les transmettre à la Compagnie.

De même, le certificat du médecin doit être sur papier libre. Il est absolument inutile de faire légaliser la signature du docteur.

Que faire en cas de procès fait par la victime ou ses ayants-droit à l'assuré ? L'article VI du complément de la police dit :

« Dans les procès en responsabilité civile, la Compagnie se réser-
« vant expressément le droit de suivre l'instance au nom du sous-
« cripteur, celui-ci s'oblige à transmettre à la Compagnie, dans les
« quarante-huit heures, tous actes judiciaires ou extra-judiciaires qui
« lui auront été signifiés, ainsi que tous avertissements, lettres, avis,
« convocations ou autres documents quelconques, relatifs à un
« sinistre.

« Il lui est interdit, à peine d'être privé du bénéfice de l'assurance,
« de faire aucune transaction sur les dommages-intérêts ou de
« plaider, soit en demandant, soit en défendant, dans une instance
« en responsabilité civile sans l'autorisation écrite de la Compagnie.
« *Les honoraires et frais de toute nature occasionnés par les*
« *instances judiciaires seront compris dans la somme à concur-*
« *rence de laquelle la responsabilité civile du souscripteur est*
« *garantie.* »

Pour qu'il n'y ait aucune surprise nous insistons sur la fin de cet article que nous avons soulignée.

Supposons que Pierre assigne Jean à la suite d'un accident et que ce dernier soit condamné à 3.000 fr. de dommages et aux frais se montant à 200 fr. par exemple. La Compagnie payera les 3.000 fr. de dommages et les 200 fr. de frais, puisque la responsabilité civile de Jean est garantie au moins jusqu'à 4.000 francs.

Mais, si Jean est condamné à 7.000 fr. et aux frais que nous suppo-serons de 500 fr., soit en total 7.500 fr., la Compagnie ne payera que 7.000 fr., maximum de sa garantie, si la victime fait partie du per-sonnel, ou 4.000 fr. si le sinistré est un tiers, et les 500 fr. de frais, dans le premier cas, resteront à la charge de l'assuré ; tout comme dans le second cas, il aura à payer lui-même et ces frais et les 3.500 fr. d'indemnité dépassant la garantie.

Modèle de proposition d'Assurance contre les accidents agricoles.

Nom et prénoms du proposant ?	*Grosclaude François.*
Domicile ?	*à Saint-Martin.*
	(Rhône-et-Loire).

Situation du risque ?	*Saint-Martin.*
Communes ?	
Cantons ?	*Canton de X.*
Arrondissements ?	*(Rhône-et-Loire).*

Quel est le nombre total d'hectares ?	*15.*

DÉTAIL

En terres ou vignobles ?	*10.*
En prairies naturelles ou pâturages ?	*3.*
En bois ?	*1.*
En marais ou étangs ?	*1.*

Les bois sont-ils exploités pour la vente ?	*Non.*

Est-il déjà survenu des accidents ? en quelles années ?	*1895, un accident de voiture. Jambe cassée.*

Existe-t-il parmi les ouvriers des individus atteints d'infirmités graves ou permanentes, âgés de moins de douze ans ou de plus de soixante-dix ans ?	*Non.*
Quel est leur nom ?	
Quelles sont ces infirmités ?	

Quand l'assurance doit-elle prendre cours ?	*1er décembre 1900*

Quelle est la combinaison du tarif ci-contre demandée ?	*1re combinaison, avec majoration de 30 c.*

Je soussigné, après avoir lu attentivement les questions ci-dessus, déclare que mes réponses sont conformes à la vérité, et n'avoir rien caché qui puisse induire la Compagnie en erreur, ou vicier son appréciation sur le risque proposé.

Le proposant,

GROSCLAUDE François.

Ainsi déclaré à Saint-Martin,
le 25 novembre 1900.

OBSERVATIONS. — Le proposant déclare que la propriété est cultivée par deux vignerons, et qu'il entend leur réserver le bénéfice de l'assurance dans tous les travaux n'engageant pas sa responsabilité.

VISA DE LA COOPÉRATIVE,

.*.

L'organisation de l'assurance-accidents sur les bases que nous venons de donner était une véritable révolution en la matière. D'importantes innovations étaient apportées dans les conditions habituelles ; aussi avons nous cru utile de donner un sérieux développement aux explications précédentes ; voyons maintenant comment dans notre région, syndicats et syndiqués en ont profité. Les chiffres suivants vont nous l'indiquer.

Le nombre de polices souscrites, au profit des membres des Syndicats unis, à la Compagnie « La Providence » par la Coopérative a été successivement :

Au 31 décembre 1895	91
Au 30 juin 1896	274
Au 31 décembre 1896	400
Au 30 juin 1897	587
Au 31 décembre 1897	787
Au 30 juin 1898	1.100
Au 31 décembre 1898	1.228
Au 30 juin 1899	1.624
Au 31 décembre 1899,	1.978 (1)

C'est un chiffre qui ne semble en rapport ni avec le nombre des membres de l'Union, ni avec les avantages qu'offre l'assurance, et il a fallu la fameuse loi sur les accidents, du 9 avril 1898, pour secouer l'indifférence des agriculteurs et les engager à profiter des conditions uniques mises à leur disposition.

Dans le principe, la nouvelle loi sur les accidents, dans la rédaction de laquelle nos législateurs ont donné de telles preuves d'incohérence qu'il a fallu retarder son application jusqu'après correction, la nouvelle loi devait s'appliquer aussi bien à l'agriculture qu'à l'industrie, mais l'Union du Sud-Est, l'une des premières, vint protester contre cette interprétation et ses protestations portées au Sénat n'ont pas peu contribué à obtenir l'addition à la loi d'un paragraphe précisant ce point capital.

Mais si elle ne vise l'agriculture que dans quelques cas spéciaux, il apparaît qu'elle peut avoir pour tous les cultivateurs, grands et

---

(1) Pl. n° 18. — Au moment où nous écrivons, 31 Mai 1900, le total des polices dépasse 2.500.

petits propriétaires, fermiers et métayers, les plus graves conséquences.

Elle laisse subsister toutes les responsabilités civiles, qui pesaient sur le patron cultivateur en cas d'accidents survenus à ses employés, à ses domestiques, ou aux tiers, du fait de sa négligence et de son imprudence, ou occasionnés par ses animaux (art. 1382 et suivants du Code civil). Et ces responsabilités, la jurisprudence les rend plus lourdes chaque jour. Elle en est venue, en effet, à considérer comme négligence du patron le fait de confier à un ouvrier un outil défectueux ou détérioré par l'usage, ou d'avoir des locaux d'entretien insuffisant.

En cas d'accident agricole ayant occasionné la mort ou une incapacité permanente de travail (totale ou partielle), l'indemnité consistera parfois en une rente qui ne peut être convertie en un capital une fois payé, même du consentement de la victime. Supposons un ouvrier charretier, gagnant un salaire annuel de 1.000 francs : cet homme est victime d'un grave accident et devient incapable de travailler. Le patron pourra lui devoir une rente viagère annuelle de 666 francs et devra verser, si la victime est âgée de 20 ans, un capital de 14.000 francs. Si la victime meurt, laissant, par exemple, une veuve âgée de 25 ans, et 3 enfants de 1, 3 et 5 ans, le patron devra alors faire à la veuve une rente annuelle de 200 francs et aux enfants une rente de 350 francs jusqu'à leur seizième année.

On voit les conséquences de la loi nouvelle. Elle met à la charge de la propriété un impôt très lourd, qui ira toujours s'aggravant, parce qu'aux préoccupations juridiques de ceux qui ont modifié et proposé ces lois, se sont ajoutés des motifs d'un ordre beaucoup plus dangereux, avec lesquels il n'est plus permis de discuter froidement.

La jurisprudence se teinte, en effet, d'idées sentimentales et surhumanitaires, et les pouvoirs publics tendent de leur côté à résoudre la question sociale par voie législative, c'est-à-dire par la force.

Si la raison légale a bien son importance, elle n'est pas la seule, toutefois, à envisager ; d'autres raisons militent aussi en faveur des assurances. La plus importante est celle qui, ne s'appuyant que sur l'intérêt privé, faisant abstraction complète des sentiments d'humanité que nous devons avoir les uns envers les autres, ne met en jeu que l'intérêt matériel, pratique.

En se plaçant à ce point de vue, on peut très bien soutenir et montrer que l'intérêt privé, bien entendu, conduit tout autant à l'assurance que les prescriptions légales les plus autoritaires.

Tout homme qui travaille, produit un revenu ; cet homme a donc une valeur. Cette valeur peut se traduire en chiffres, en une somme d'argent. Elle est fonction de ses aptitudes, de son endurance, de son activité.

Cette valeur reste entière tant que le travailleur, quel qu'il soit, jouit de la plénitude de ses facultés intellectuelles ou corporelles ; mais si la maladie vient à le frapper, si des accidents corporels le couchent sur un lit de douleur, cette valeur diminue inévitablement, ou même, disparaît tout-à-fait.

Donc, tout homme, tout travailleur, représente une valeur, c'est-à-dire un capital, et ce capital court des risques multiples du fait même de son travail ; seulement, s'il court des risques, sa durée est problématique, son avenir incertain.

Ce capital baissera d'autant plus de valeur que les risques qui l'atteindront seront plus grands.

Il est certain que si le travailleur qui court ces risques veut vivre en égoïste, sans famille, s'il ne veut prévoir les années mauvaises et s'il compte sur la société, sur l'État, pour le tirer du malheur où le plongerait un accident imprévu, oh ! alors, la valeur de cet homme sera singulièrement diminuée; mais, si, au contraire, il est à la tête d'une exploitation agricole, si, par son travail, il assure l'existence d'une nombreuse famille; si de sa vie dépend le bonheur d'êtres qui lui sont chers, le capital qu'il représente est grand, et il doit tout tenter pour s'affranchir des redoutables éventualités qui pourraient l'atteindre lui et les siens.

Dans ce cas, l'assurance ne paraît-elle pas comme seule capable d'arriver à ce but, sans grands efforts? Ne répare t-elle pas, dans la mesure du possible, le préjudice matériel causé, et ne permet-elle pas à une famille, atteinte par un douloureux accident, par une mort prématurée, d'attendre que ce vide douloureux soit réparé par le temps et par des circonstances nouvelles?

Les syndicats ne pouvaient rester inactifs et les témoins impuissants de cet ordre des choses. Ils comprennent trop bien la valeur de la prévoyance pour ne pas la préconiser chez leurs adhérents.

L'Union, qui est leur émanation la plus élevée, s'est émue des conséquences indirectes de la loi nouvelle et, dès sa promulgation, elle entrait en pourparlers avec la « Providence » pour discuter avec elle de nouvelles conditions prévoyant mieux que les anciennes toutes les responsabilités pouvant être encourues par ses adhérents.

Le 30 juin 1899, les législateurs ayant décidé « que la loi nouvelle en dehors de l'emploi des machines agricoles, mues par des moteurs inanimés, n'étaient pas applicables à l'agriculture », à première vue on aurait pu prétendre que le traité signé par l'Union du Sud Est et la Coopérative avec la Compagnie « La Providence », pour procurer à ses membres l'assurance agricole, n'avait pas à être modifié.

Mais il fallait tenir compte que si cette loi ne vise pas l'agriculture, elle l'atteint indirectement. En effet, dans les cas assez rares, heureusement, où une entente amiable n'intervient pas, les tribunaux sont portés à juger, d'après l'esprit de la loi industrielle ; car, qu'on soit tué par un animal de ferme ou par une machine de forge, les enfants n'en sont pas moins des orphelins.

Les charges de la Compagnie qui assure en deviennent plus lourdes.

L'Union du Sud-Est et la Coopérative ont donc cru juste d'accorder à « La Providence » une légère augmentation de prime, d'autant qu'après quatre ans et demi d'expérience, elles avaient constaté le grand nombre d'accidents qui frappent les cultivateurs.

En présence de la tendance des tribunaux à accorder des rentes viagères, qui peuvent exiger *le versement immédiat* d'un capital de 10, 15, 20.000 francs et plus, elles ont profité de la modification du traité pour obtenir la possibilité de se garantir jusqu'à 25.000 francs par victime.

Ce sont les bases nouvelles de l'assurance que nous avons données plus haut, elles ne diffèrent des premières que sur le taux des primes augmenté de 0.10 dans chaque combinaison, et sur le chiffre des garanties civiles qui peut être aujourd'hui porté à 25.000 francs contre 10.000 précédemment.

Grâce à ces modifications que nécessitait la loi nouvelle et qui, il faut le reconnaître, sont tout à l'avantage des syndiqués, ceux-ci pourront envisager, sans trop de crainte, les conséquences nouvelles de la jurisprudence ; il ne tient donc qu'à eux de se mettre en garde contre les risques matériels que peuvent entraîner les accidents qui surviendraient chez eux.

En terminant, donnons quelques chiffres. Au 31 décembre 1899, la Coopérative avait en cours 1978 police sur 2004 souscrites depuis la création de ce service. (1)

---

(1) Pl. n° 18.

Le nombre d'accidents a été de 458 soit 23 % des polices en 4 ans e demi.Beaucoup de polices, au moment de ce compte, ne datant que de deux ou trois ans, souvent même de quelques mois, leur durée moyenne ne dépasse pas 2 ans, ce qui donne annuellement 11.50 % des polices frappées d'un accident.

Le total des indemnités servies par la Compagnie aux assurés a été de plus de 37.000 francs (1).

Sur 458 accidents, 4 ont été mortels et 41 n'ont donné lieu à aucun payement, l'assurance ayant été faite suivant des combinaisons qui ne donnent droit à aucune indemnité journalière.

Ce n'est donc en réalité que 398 accidents qui ont été indemnisés par des sommes variant de 8 fr. à 600, et dont la moyenne est de 91 fr. par accident.

**

Non contente de garantir les membres de nos syndicats contre les accidents professionnels, l'Union et la Coopérative ont organisé l'assurance des employés de nos associations.

Voici les conditions de cette assurance :

1° Une police unique groupe les employés de tous les syndicats adhérents à la Coopérative, qui acceptent cette combinaison. Ce système économise à chaque association le coût d'une police.

2° Les primes sont fixées à :

1 1/2 %	pour les salaires inférieurs à	....	500 fr.
1 %	» » de 500 francs à	....	1.000 fr
0. 75 %	» » supérieurs à	....	1.000 fr.

Cette différence s'explique, car ces dernières catégories se composent d'employés travaillant surtout dans les bureaux et, partant, moins exposés que ceux des dépôts.

Le minimum de perception par employé est de 4 francs.

3° Au commencement de chaque année, les syndicats adhérents doivent donner les noms de leurs agents et employés assurés et le chiffre de leur traitement. Ils auront soin, dans le cours de l'année, de signaler tous les changements de personnel et de salaires qui pourraient se produire, l'assurance passant, bien entendu, sur la tête des remplaçants.

4° Les syndicats n'employant pas de personnes salariées peuvent assurer les distributeurs volontaires ou gratuits, en payant pour eux le chiffre minimum de 4 francs.

7° Ceux qui logent leur personnel doivent ajouter à la déclaration salaire en espèces le complément de ce salaire fait en nature ou par le logement.

6° Moyennant le payement de la prime, calculée comme il est dit plus haut, payement qui doit s'effectuer dès le commencement de l'an-

---

(1) Pl. n° 18.

née, le syndicat est garanti jusqu'à 7.000 fr. pour la responsabilité civile.

L'indemnité contractuelle est fixée à :

1.200 fr. en cas de mort.
1.600 fr. en cas d'infirmités du 1er degré.
  800 fr.   »   »   du 2e degré.
  400 fr.   »   »   du 3e degré.

L'indemnité journalière est de la moitié du salaire ; maximum : 3 fr.

Cette assurance a été vivement appréciée ; c'est une petite, très petite dépense, très largement compensée par la sécurité donnée au Syndicat et à ses administrateurs contre tout recours d'un employé blessé dans le service.

*
* *

Telle est l'économie de l'assurance-accidents, organisée par l'Union avec le double et précieux concours de la Coopérative agricole et de « la Providence. »

L'assurance-accidents agricoles basée sur l'étendue de l'exploitation a servi de modèle à beaucoup de Syndicats de France : l'initiative de l'Union s'est donc montrée là encore utile et féconde. C'est à elle que l'agriculture doit de pouvoir aborder économiquement et pratiquement ce problème jusque-là insoluble. C'est grâce à la moralité et à l'honnêteté qui président à nos groupements qu'elle a pu obtenir des primes et des contrats vraiment exceptionnels.

Aux intéressés de profiter largement de cette organisation ; elle est telle, qu'il n'est pas possible qu'un agriculteur, soucieux de son repos ou de ses intérêts, puisse rester en dehors.

ASSURANCES CONTRE la MORTALITÉ du BÉTAIL

STATISTIQUE (1)

ANNÉES	NOMBRE				PROPORTION	
	de Comptes	d'Etables	d'Animaux	de Sinistres	d'Animaux par étable	des Sinistres par °/₀ d'Animaux
1898	6	223	733	5	3.29	0.682
1899	22	690	1.702	23	2.47	1.351
	28	913	2.435	28	2.67	1.149

Comme conclusion du remarquable rapport de M. le comte de Rocquigny sur l'Assurance par les Syndicats agricoles, le Congrès de Lyon, en 1894, émettait le vœu : « Que les Syndicats agricoles soient encouragés à fonder ou à couvrir de leur patronage des institutions de prévoyance destinées à garantir, au moyen de la mutualité, les pertes causées par les accidents du travail agricole et par la mortalité des bestiaux ».

Nul vœu, peut-être, ne fut aussi bien accueilli et plus vite suivi d'effets, surtout en ce qui concerne l'assurance-bétail. On dirait que, dans leur préoccupation très juste d'habituer les campagnes à la

---

(1) Voir Pl. nᵒˢ 15 et 16.

prévoyance, nos associations ont pensé, non sans raison, que l'idée aurait d'autant plus d'attrait pour le cultivateur qu'elle aurait en vue ce bétail, qui a pour lui tant de prix.

Dès le premier jour, l'Union l'avait compris et dès la fin de 1895 elle chargeait l'un de ses vice-présidents, M. Riboud, d'étudier la question et de la conduire à bonne fin. La tâche était lourde mais elle n'était pas au-dessus des forces de notre distingué collègue. Avec la merveilleuse netteté de vues qui le caractérise, il posa, dans un règlement remarquable, qui a fait depuis son tour de France, les jalons de la nouvelle institution.

Ce serait de notre part beaucoup de prétention que de vouloir expliquer, en son lieu et place, à nos lecteurs, l'importance et l'organisation des Comptes de prévoyance ; aussi, avec sa permission, lui cédons-nous la parole pour lui laisser expliquer, dans son rapport au Congrès d'Orléans de 1897, ses vues en la matière.

*
* *

« Ce n'est pas à nos Syndicats agricoles que revient l'honneur d'avoir imaginé ce mode d'assurance. Il y a longtemps que les agriculteurs ont songé à se grouper pour mettre en commun les risques afférents à leurs bestiaux. Bien avant la loi du 21 mars 1884 sur les syndicats professionnels, il existait des sociétés créées dans ce but, mais elles émanaient généralement d'autres associations fondées, dans un sentiment religieux, pour apprendre d'une façon générale à s'aimer, se soutenir et se respecter, ce que nous appelons aujourd'hui : aide-mutuelle et confraternité.

« C'est ainsi qu'on rencontre à Préty, en Saône-et-Loire, une « Assurance mutuelle contre les chances de mortalité du bétail » dont les origines se trouvent dans les statuts de la Confrérie de Saint-Isidore ; et ces statuts sont assurément d'un âge respectable, si l'on en juge par la tournure quelque peu naïve de leur style : « Nous, laboureurs-cultivateurs de Préty, dit l'avant-propos, voulant imiter l'exemple que nous ont laissé nos devanciers, de nous réunir en associations, qui sont appelées confréries, pour nous aider tous réciproquement et nous porter secours et protection lorsque les circonstances le demanderont, et en même temps pour honorer l'utile et noble profession de nos pères, ainsi que le grand saint Isidore, notre patron, nous avons résolu d'établir notre institution sur une base durable. En conséquence, nous avons établi les règles et conditions suivantes : »

« L'article 3 déclare qu'on ne peut admettre un candidat qui est soupçonné de dureté envers le bétail. « Si un de nous se trouvait d'avoir des bestiaux malades, dit l'article 10, et que son travail de la culture de la terre en soit arrêté, il pourra aller demander ceux d'un confrère, sans qu'on lui puisse refuser, sauf le cas d'impossibilité. Mais il est expressément défendu à celui qui rend service de ne rien accepter de son confrère, ni argent, ni boire, ni manger. S'il accepte quelque chose, il ne devra plus être regardé comme un service de confrères, qui doivent s'aimer, se soutenir et se respecter dans tous les cas où la bienséance et l'amitié doit nous conduire. »

« A la suite du règlement de la Confrérie, sont les statuts de la Société d'assurance : « Il est établi, entre les confrères qui ont adhéré aux présents statuts, une assurance mutuelle contre la mortalité des animaux servant à la culture de la terre. » C'est la Confrérie qui assure. Elle indemnise des 3/4 du prix estimatif. Elle assure « tous les animaux servant à la culture : cheval, jument, poulain, pouliche, bœuf, vache, taureau et génisse », dit l'article 2. Les cas d'exclusion sont prévus. Une commission est chargée des estimations tous les trois mois. Il est même dit, sans plus de façon, que « tout confrère, qui ne sera pas content de l'estimation que la Commission aura faite de ses bestiaux, sera rayé de l'assurance sur le champ. » En cas de pertes, le compte de chaque confrère est établi au marc le franc, et le recouvrement doit être fait dans la huitaine sous peine de radiation.

« Avouez que nos prédécesseurs ne nous ont pas laissé grand'chose à innover en la matière. Ils ont même eu soin de donner à leur association le caractère de société de tempérance, puisqu'il est enjoint de n'accepter ni boire, ni manger lorsqu'on rend service à un confrère. De nos jours, cette recommandation serait loin d'être superflue.

**

« Ne vous semble-t-il pas que le règlement de la Confrérie de Saint-Isidore a servi de modèle aux colises et consorces des Landes? On serait tenté de le croire. C'est toujours l'esprit de sacrifice qui inspire ces associations, dont le nom est indistinctement colise ou consorce, suivant les localités. Elles sont très restreintes; on en compte jusqu'à trois ou quatre dans une même commune. Mais il faut dire que, contrairement à la Confrérie de Saint-Isidore, chacune d'elles n'a en vue généralement qu'une catégorie d'animaux, et c'est

34

là une mesure de prudence que nous devrions toujours suivre, parce que les risques varient avec les différents genres d'animaux. Les plus récentes cotises s'occupent cependant de toutes les variétés de bestiaux.

« Ces associations sont constituées au moyen d'actes sous seing privé ou devant notaire. Les adhérents, postérieurs à la rédaction de l'acte notarié, apposent leur signature sur une même feuille timbrée à 0 fr 60, en tête de laquelle il est dit : « Les soussignés déclarent adhérer à la société constituée d'après tel acte ». Et il est à remarquer que ces actes ont une telle autorité que, malgré la disparition de tous ceux qui ont signé au bas des statuts primitifs, plus d'une de ces associations continue régulièrement ses opérations.

« La consorce ou cotise, qui fleurit surtout dans la grande Lande, est l'expression même de la mutualité. On répartit la perte d'un animal entre tous les membres, y compris le perdant, et le partage se fait au marc le franc, tantôt d'après la valeur totale des animaux assurés, tantôt, mais plus rarement, d'après leur nombre. Les sinistres sont indemnisés intégralement, sans aucune retenue sur le prix d'estimation de l'animal.

« On s'aperçut bientôt que le règlement des pertes, en fin d'exercice, se faisait fort lentement. Aussi l'usage s'établit-il peu à peu de faire payer d'avance un pour cent du capital par chaque assuré. — Nous devrons peut-être tenir compte de cette indication.

« Mais pour que cette cotisation, payée d'avance, soit en apparence moins lourde, on ne la fait verser que par quart, c'est-à-dire 0 fr. 25 pour cent par trimestre. Dans certaines mutuelles des Landes, on a dû élever la cotisation jusqu'à 1 fr. 50 pour cent. De plus, on impose souvent un droit d'entrée de 0 fr. 50 par tête de bétail.

« Grâce à ces versements, on a comme un fonds de réserve, qui a permis souvent de faire face aux sinistres sans appels de fonds directs, en tous cas ces appels ont pu être atténués et on a été en mesure de payer le vétérinaire attaché à la cotise. Car c'est un point à retenir, toute consorce ou cotise a un vétérinaire attitré, et, chaque trimestre, l'homme de l'art assiste à la visite du bétail, qui a lieu dans un même local où sont réunis tous les animaux. Là, au moins, le contrôle de tous les intéressés est possible, et comme les estimations se font au grand jour, personne ne doute de leur sincérité.

« Fait à noter, un véritable trafic de bêtes, dites bêtes de cotises, s'était organisé. On spéculait, on jouait. On achetait, à tout hasard, un animal malade, et si on avait la chance qu'il fût estimé un bon prix par les experts, on avait un gain certain à la mort de la bête. Les colises prirent alors le parti de refuser le bénéfice de l'assurance à toute personne présentant un animal qui avait déjà été l'objet d'une indemnité, ou qu'une autre colise avait fait vendre ou réformer. Par contre, certaines colises se sont mises d'accord pour assurer d'office, en cas de changement de commune, les bestiaux assurés par l'une d'elles.

« J'ajoute que, dans ces petites sociétés, les frais sont réduits à leur plus simple expression. Je lisais dans le compte-rendu annuel d'un trésorier de colise, que la société n'avait eu à supporter, pendant l'exercice, qu'une dépense de 1 fr. 20 pour deux litres de vin, et ces deux litres de vin avaient servi à désaltérer le vétérinaire.

« Aujourd'hui les colises triomphent plus facilement des difficultés du début, grâce aux Caisses rurales de crédit. Plus d'une a inséré dans ses statuts : « Si les fonds venaient à manquer, la Caisse rurale, dont la colise est membre, fait les avances, et l'on règlera exactement avec elle à la fin du bail. »

*
* *

« Si nous passons en Vendée, nous nous trouvons, comme vous le savez, au milieu d'un groupe florissant de caisses-bétail. Elles se sont propagées, de commune en commune, depuis 1890, sur un type uniforme et sous le nom de « la Prévoyance agricole ».

« Ce sont, elles aussi, des sociétés à circonscriptions restreintes ; trois, quatre communes, un canton au plus. Ce sont des mutuelles, mais elles se contentent d'une mutualité limitée, car il est expressément déclaré dans les statuts que les sociétaires ne seront jamais tenus de payer plus de 2 fr. pour cent de la valeur de leur étable ».

En outre, chaque sociétaire verse 0 fr. 20 par an pour faire face aux dépenses d'écritures.

« Notez que ces sociétés sont des associations syndicales, se réclamant de la loi du 21 mars 1884, ce dont on leur a fait un reproche, que pour ma part je crois peu fondé.

« Enfin je tiens à vous faire remarquer une modification importante qu'une expérience de plusieurs années a amené la « Prévoyance agricole » à apporter à ses statuts primitifs. On a reconnu qu'il y avait intérêt à régler les sinistres immédiatement, à permettre à un cultivateur de remplacer de suite ses animaux sinistrés. Dès lors, nécessité d'avoir une caisse, un fonds social ; nécessité de se procu rer des ressources au moyen de cotisations versées à l'avance et qui sont complétées, si besoin est, par des appels de fonds supplémentaires. D'après la statistique des dernières années, ces associations ont pu, moyennant une prime de 0 fr. 80 pour cent du capital assuré, payer les 4/5 de la valeur des animaux

***

« Je pourrais continuer cette revue et suivre l'évolution de l'assurance-bétail à travers la Mayenne, les Vosges, la Haute-Saône, la Marne, la Sarthe ; mais il n'y aurait pas grand profit à cela, car, en principe, toutes les sociétés contre la mortalité des bestiaux se sont inspirés de leurs devancières, et elles ne se distinguent les unes des autres que par des points de détails.

« J'estime qu'il est préférable de chercher à dégager une idée d'ensemble de tous les renseignements que nous possédons, et de voir si les syndicats agricoles sont dans la bonne voie pour garantir leurs membres contre la perte des animaux. Autrement dit, voyons si nous possédons la formule définitive.

« Si vous le voulez bien, je commencerai par la fin, c'est-à-dire qu'au lieu d'examiner en premier lieu — ce qui serait plus logique — sur quelle base judirique peut être fondée une caisse de secours contre la mortalité du bétail, j'envisagerai de suite, et rapidement, le côté pratique de l'œuvre, son fonctionnement.

***

« A mon sens, ce que nous devons chercher avant tout, c'est à venir en aide au petit cultivateur. C'est le possesseur de quelques bêtes, c'est le modeste propriétaire de deux ou trois vaches qui a le plus d'intérêt à être garanti contre des risques d'autant plus redoutables pour lui qu'il a une étable moins bien garnie. C'est vous dire que la prévoyance relative aux bestiaux est à recommander surtout dans les pays de petite culture, en particulier dans les pays pauvres.

« De plus, je vois dans cette institution, comme dans nos associations syndicales et dans toutes leurs créations annexes, une œuvre d'éducation. Pour cela nous devons chercher à mettre l'instrument entre les mains mêmes des intéressés, et à leur en apprendre le fonctionnement. Or, vous ne l'ignorez pas, les cultivateurs ne se meuvent bien que dans leur milieu, et ce serait leur demander l'impossible que de les charger d'administrer une société qui rayonnerait au-delà de ce qu'ils appellent le pays.

« Du reste, la condition première de l'assurance-bétail, c'est la sûreté des renseignements, c'est la connaissance exacte de la valeur des étables, et de la valeur morale de l'associé lui-même. Donc, on ne saurait songer à donner à ces sociétés un champ d'action trop étendu.

« Je sais bien qu'il existe de ces caisses de secours qui opèrent sur des départements entiers, mais je me permettrai de trouver que, par leur importance même, elles ne sont pas assez en harmonie avec l'esprit syndical. Elles ne peuvent fonctionner qu'à condition d'avoir des rouages compliqués, elles n'appellent pas les intéressés à prendre part à leur direction, elles ne sont pas dès lors un enseignement pour eux, elles ne font pas œuvre sociale. Elles ont même des risques trop grands, parce qu'ils sont encore trop agglomérés pour le peu de facilité qu'elles ont de les surveiller.

« Personne n'ignore que dans une même région, dans un même département, les pertes d'animaux sont très variables. Là, les sinistres sont rares et de peu de valeur, ici la mortalité est excessive. A quoi cela tient-il ? est-ce au mode d'élevage, est-ce à la nourriture, est-ce au climat ? je ne sais, mais, en tous cas, c'est un fait, et dès lors si la société n'est pas sur les lieux, elle a toute chance de ne recueillir que les mauvais risques. Et puis, la société d'assurance ne doit pas seulement avoir pour but de verser une indemnité en cas de sinistre, elle doit se proposer également d'apprendre à un assuré la manière de tenir une étable, elle doit veiller à ce que toutes les précautions hygiéniques soient prises. Je le répète, si elle n'est pas sur place, elle ne pourra remplir utilement cette partie de son programme.

« J'ai parlé des mauvais risques, et ne faut-il pas prévoir aussi les fraudes ? Quand bien même on n'admettrait dans la société que des membres du syndicat, ce qui est une sage mesure, il serait imprudent de ne pas croire à des tentatives possibles de fraudes. Demandez aux compagnies-incendie ce qu'elles pensent des sinistres volontaires ? Elles sont loin de se faire illusion, mais les preuves n'échappent que trop souvent à l'inspecteur qui vient de la ville et ne connaît pas âme qui vive sur le lieu de l'incendie. Si l'assuré est coupable, il est avant tout un malin lorsqu'il n'est pas pris, et il faut avouer qu'on prise assez les malins à la campagne. Nous devons lutter contre de pareilles tendances qui peuvent se faire jour dans l'assurance-bétail, tout aussi bien que dans l'assurance-incendie. Et si la société mutuelle à petite circonscription n'avait pour elle que d'être dans des conditions plus favorables pour moraliser l'assuré, je dirais que cela suffit pour lui donner la préférence.

« Il est vrai que la mutuelle communale trouvera difficilement son application dans certaines régions, en particulier dans les pays de grand élevage. Mais j'estime que les grands propriétaires, les emboucheurs, tous ceux qui ont de vastes troupeaux, n'ont pas grand intérêt à la création des caisses de secours. Ils ne risquent annuellement qu'une perte relativement insignifiante par rapport à l'importance et à la valeur de leurs étables, au moins en temps normal aussi ont-ils peut-être meilleur compte à être leurs propres assureurs.

« Du reste, je n'ai pas la prétention de formuler des règles applicables dans toutes les conditions de la culture, et si vous le voulez bien, afin de rester sur un terrain mieux défini, nous n'envisagerons que l'intérêt du petit cultivateur.

*
* *

« L'administration de la caisse communale devra être fort simple ; pas de dépenses, peu d'écritures, pas de frais d'employés, les fonctions seront gratuites. Sa réussite dépendra surtout des experts-estimateurs. Il ne faut nommer à ce poste que des hommes vraiment compétents et d'une honorabilité incontestée.

Faut-il, pour les nommer, recourir au mode électif ? Oui, dira-t-on, car s'ils tiennent leur mission des intéressés eux-mêmes, ils auront plus d'autorité. Je ne partage pas cette illusion. Je suis de ceux qui croient difficilement à la clairvoyance infaillible de l'électeur et je me méfie de l'habileté de certains rusés campagnards, qui sauront trop bien s'imposer et chercher dans cette distinction un moyen de se procurer quelques petits profits personnels. Je préférerais de beaucoup confier au bureau du Syndicat ou au bureau de la caisse le soin de faire un choix éclairé ; tout au moins je serais d'avis de leur octroyer le droit de présentation.

*
* *

« Je laisse de côté tout ce qui concerne l'adhésion aux statuts, les démissions ou exclusions, les conditions exigées des animaux, les déclarations en cas de sinistre et tous les autres points de détails.

« J'arrive à la question plus importante de la cotisation. Faut-il en principe admettre que la société sera sans capital, qu'on attendra la fin de l'année, ou la fin du semestre, pour répartir les pertes entre tous les associés ? ou faut-il exiger d'avance le paiement d'une cotisation ?

« Rappelez-vous les réflexions des cotises des Landes et de la Prévoyance agricole de la Vendée. A la fin de l'exercice, le recouvrement est difficile, il y a toujours des récalcitrants, il est même parfois pénible pour certains associés d'attendre leur indemnité de moins fortunés qu'eux, et de plus des poursuites ne peuvent que rompre la bonne harmonie qui doit régner entre tous les intéressés.

« Je crois donc qu'il est préférable d'imposer une cotisation payable d'avance, de donner à l'engagement de l'adhérent une sanction immédiate, de procurer des ressources à la société. On la mettra ainsi en mesure de faire face aux dépenses courantes, de payer le vétérinaire, de régler peut-être les sinistres immédiatement, en cours d'exercice.

« Assurément, cette disposition ne facilitera pas le recrutement des adhérents. Débourser de suite donnera à réfléchir aux paysans. Beaucoup voudront voir, ils ne se détermineront qu'à la longue, lorsque le voisin touchera ou qu'ils seront eux-mêmes victimes d'un sinistre. Mais de la sorte il s'opérera une très heureuse sélection. La caisse pourra compter sur ceux qui seront engagés ; ce seront des fidèles, des convaincus, et le trésorier tablera sur des ressources certaines, sans avoir à redouter des non-valeurs.

« — La cotisation devra-t-elle être fixe ? on pourrait l'admettre, surtout si on suppose que la caisse contracte une réassurance. Toutefois, je suis trop convaincu des bienfaits de la mutualité, au point de vue de l'éducation morale du cultivateur, pour ne pas vous demander d'en maintenir le principe. Il est indispensable, à mon sens, que les associés soient jusqu'à un certain point tenus de se venir en aide les uns aux autres. C'est une garantie de bon fonctionnement, de surveillance réciproque, c'est aussi une garantie que les experts-estimateurs, tenus comme les autres, rempliront leur devoir avec conscience.

« Bien entendu, je ne vais pas jusqu'à demander un engagement illimité. Le but moral sera atteint par cela seul que l'associé pourra être tenu à un versement supplémentaire. La menace d'un nouveau sacrifice suffira.

« Volontiers, j'adopterais une cotisation mobile, variant suivant l'importance des sinistres. Elle pourrait aller, par exemple, d'un minimum de 0 fr. 50 pour cent de la valeur de l'animal assuré, à 2 pour cent au maximum. Dans ces conditions, l'adhérent sait à quoi il s'engage, il accepte d'ores et déjà d'avoir à verser au besoin une prime élevée, mais en tous cas limitée, et la caisse envisage l'avenir avec plus de confiance, parce qu'elle peut escompter des ressources importantes. Du reste, pour éviter autant que possible que la cotisation n'atteigne le maximum, je suis d'avis d'admettre des membres honoraires, d'imposer un droit d'entrée et de prévoir des dons et des legs.

« J'appelle votre attention sur la nécessité de prévoir les dons et les legs dans nos statuts. Nous aussi nous finirons bien par avoir nos bienfaiteurs. Un évènement récent nous prouve qu'un tel espoir n'est pas absolument chimérique. Et il est encourageant de constater, que, même en dehors du monde agricole, ceux qui comprennent toute la portée de notre œuvre, commencent à plaider auprès des cœurs généreux en faveur de nos institutions syndicales. Lisez plutôt la *Réforme sociale*. Dans un de ses derniers numéros, à propos de l'histoire d'un syndicat agricole modèle, elle n'a pas craint de déclarer que quelques-unes des centaines de mille francs qui vont à des académies encombrées de legs, seraient mieux employées dans les caisses de nos associations.

« — Comment faire payer la cotisation, comment faire, s'il y a lieu, le rappel supplémentaire ? Étant donné que la circonscription de la caisse sera restreinte, étant donné que le déplacement des associés sera chose facile, étant donné que la vie d'association doit se manifester aussi fréquemment que possible, j'admettrais volontiers une réunion par trimestre, en tous cas, deux réunions semestrielles. On payerait, à chaque réunion, 50 pour cent de la prime annuelle, et en cas de rappel, on verserait en même temps le supplément de cotisation afférent au semestre écoulé. Une telle combinaison ne me semble pas présenter de grandes difficultés.

« — Quel parti prendre au sujet du règlement du sinistre ? Je n'hésite pas à penser que du moment que la cotisation sera exigée d'avance, il sera bon de régler les sinistres immédiatement. Mais il serait prudent alors de recourir à une réassurance. C'est, en effet, la raison d'être de la réassurance de permettre le paiement intégral de l'indemnité, dans les limites statutaires, et le paiement immédiat. Si la réassurance n'était pas possible, il faudrait au moins prévoir le versement d'un premier secours, d'un acompte, à l'assuré. Dans

ce but, on pourrait recourir à une caisse de crédit rural, qui ferait
des avances remboursables à la fin du semestre.

*
* *

« J'aborde enfin le point le plus important, la question capitale,
celle du régime juridique sous lequel doit vivre l'assurance du
bétail.

« Jusqu'à ce jour, tous les Syndicats qui se sont occupés de cette
branche de la prévoyance ont cru devoir créer des sociétés indépendantes d'eux, ayant leur existence propre.

« Supposons que ce soit la solution, et demandons-nous d'abord
ce que sont juridiquement ces sociétés. Sont-elles des caisses de
secours mutuels ou des sociétés d'assurances mutuelles? Les mots
ici ont leur valeur, car ils ont un sens juridique. Les caisses de
secours mutuels sont définies par la loi du 17 juillet 1850, que complète le décret du 26 mars 1852; tandis que la société d'assurances
mutuelles est prévue par la loi de 1867 et réglementée par le décret
du 22 janvier 1868.

« Or, si j'en crois l'article premier de la plupart des statuts que
j'ai eus sous les yeux, si j'en crois le modèle de statuts proposé par
la Société des Agriculteurs de France, l'assurance-bétail doit être
organisée sous forme de caisse de secours mutuels. Pourquoi ?
Parce que l'article 6, § 4, de la loi du 21 mars 1884 dit : « Ils (les
syndicats professionnels) pourront, sans autorisation, mais en se
conformant aux autres dispositions de la loi, constituer entre leurs
membres des caisses de secours mutuels et de retraite. »

« Je prendrai la liberté de ne pas me rallier à ce raisonnement. Je
le répète, les mots ont leur valeur. L'article 6, § 4, parle de secours
mutuels et de retraite. Qu'est-ce qu'une société de secours mutuels
et de retraite? La loi du 17 juillet 1850 le dit : c'est une société intéressant la vie humaine, autrement dit une société dont le but est de
donner des secours en cas de maladie, d'infirmités et d'incapacité de
travail, et d'accorder des pensions aux ouvriers qui en font partie.

« Or, l'article 6, § 4, de la loi de 1884, ne vise que les sociétés définies par la loi de 1850. Cela ressort nettement des discussions qui
ont précédé le vote de la loi. Le législateur n'a eu d'autre but que de
dispenser de l'autorisation, lorsqu'elles sont créées par les syndicats
professionnels, les sociétés de secours mutuels et de retraite qui
sont soumises à cette obligation par la loi de 1850. Cela ressort

également du § 2 de l'article 7 de la loi de 1884, qui parle des sociétés de secours mutuels et de pensions de retraite pour la vieillesse, et explique bien ainsi le sens du § 4 de l'article 6.

« D'où je conclus, qu'en invoquant l'article 6, § 4, de la loi du 21 mars 1884, pour créer une société d'assurance-bétail, on fait une fausse interprétation de cet article. On l'invoque à tort, puisque les sociétés de secours mutuels, auxquelles il fait allusion, n'intéressent que la vie humaine.

« Si ces sociétés ne peuvent être des sociétés de secours mutuels au sens juridique du mot, quelle base légale leur donner ? Faudrait-il conclure à l'adoption du type légal d'une société d'assurances mutuelles, d'après la loi de 1867? Je ne le pense pas. J'estime que cette solution serait peu conforme à l'esprit, à la volonté du législateur de 1884. La loi sur les syndicats professionnels est une loi de liberté qui a cherché à simplifier avant tout le fonctionnement de nos associations. Serait-ce logique d'admettre qu'en même temps le législateur a entendu astreindre les syndicats, pour des œuvres annexes et ayant un caractère nettement professionnel, à des formalités compliquées, telles que celles édictées par le décret du 22 janvier 1868, sur les sociétés d'assurances mutuelles ? Rien ne permet de le supposer.

« Et alors, si ces sociétés ne peuvent se recommander ni de la loi de 1850, ni de la loi de 1867, nous voilà forcés de reconnaître qu'elles sont régies purement et simplement par les règles du code civil.

« De telle sorte qu'en voulant fonder une société distincte du syndicat, autonome, on ne sait pas au juste sur quelle base juridique la placer. On peut, en outre, se heurter à certaines difficultés. C'est ainsi qu'on pourrait se trouver en présence de la prétention du fisc d'exiger le timbre et l'enregistrement pour les statuts et les polices. On pourrait également avoir à lutter contre quelque représentant de l'administration qui, invoquant les apparences, exigerait l'application des formalités et des comptabilités fort compliquées du décret de 1868.

« Aussi n'est-il pas sans intérêt de se demander si vraiment les syndicats agricoles, pour l'assurance-bétail, sont obligés de créer des sociétés distinctes d'eux. C'est l'opinion qui est émise dans l'avant-propos des statuts proposés, comme modèle, par la Société des Agriculteurs de France.

« Pour ma part, j'ai fait des recherches et j'avoue que, ni dans les travaux préparatoires, ni dans la discussion des articles de la loi, je n'ai trouvé la preuve de cette obligation. Elle me paraîtrait d'ailleurs bien peu conforme à l'esprit de la loi de 1884, et, jusqu'à preuve contraire, j'admettrai difficilement que le législateur, après avoir confié à nos associations la défense de tous les intérêts agricoles, ait eu soin, par une contradiction inexplicable, d'en exclure ceux qui font l'objet de la prévoyance.

« L'article 3, en effet, de la loi libérale du 21 mars 1884, donne aux syndicats professionnels la mission la plus large, en les chargeant « de l'étude et de la défense des intérêts économiques, industriels, commerciaux et agricoles. » Or, ne sommes-nous pas en présence d'un intérêt agricole ? Dès lors la loi le dit: c'est au syndicat à l'étudier et à le défendre. C'est à lui qu'il appartient, s'il le juge à propos, de distribuer des secours en cas de mortalité du bétail. Il n'a nul besoin pour cela de créer une société spéciale.

« Non seulement cette solution me paraît plus en harmonie avec les intentions du législateur de 1884, mais elle répond bien à la pensée de la circulaire ministérielle du 25 août 1885, qui disait, à propos des difficultés que la loi pourrait faire surgir: « Elles devront toujours être tranchées dans le sens le plus favorable au développement de la liberté ». Nous sommes en présence d'une difficulté, je demande à la trancher dans le sens le plus favorable au développement de la liberté, en reconnaissant aux syndicats agricoles, en vertu de l'article 3 de la loi de 1884, le droit de garantir eux-mêmes leurs membres contre les pertes d'animaux.

« D'autres raisons militent en faveur de cette solution. J'estime que l'idée syndicale doit planer au-dessus de toutes les créations de nos associations, qu'on ne saurait trop prendre de précautions contre les tendances mercantiles ou les tentatives de spéculation. Dès lors, pour parer à ces dangers, il est préférable que toute caisse, impliquant un mouvement de fonds soit sous la surveillance de ceux qui, placés à la tête des syndicats agricoles, n'ont en vue que les bienfaits de la mutualité. De plus, il faut veiller à maintenir intact le principe d'union, de concorde, qui est la condition première du succès de l'œuvre syndicale. Or il faut compter avec les oppositions de personnes, la fausse vanité de réussir mieux que le voisin, qui peuvent égarer certains esprits et amener des scissions regrettables. Créer une société indépendante à côté d'un syndicat, une société destinée à rendre des services aux membres mêmes de ce syndicat, cela peut avoir pour conséquence de créer, sous une autre forme, un syndicat dans le syndicat, et faire naître la discorde.

.*.

« Telles sont les considérations que j'ai exposées, au commencement d'avril, à la réunion de l'Union centrale des Syndicats des
agriculteurs de France, et auxquelles nos collègues, si je ne me
trompe, ont fait le meilleur accueil. C'est le système auquel s'est
ralliée la commission chargée par l'Union du Sud-Est d'élaborer un
modèle de statuts-type à proposer à ses 135 syndicats unis. Ce sont
les conclusions de cette commission que j'ai eu l'honneur de développer devant vous.

« Permettez-moi de vous en montrer les conséquences. Chaque
syndicat agricole pourra faire bénéficier ses membres du service de
l'assurance-bétail, en centralisant à part, dans un compte de prévoyance, les fonds à lui versés dans ce but déterminé. Il fera un
règlement auquel adhèreront les syndiqués qui voudront participer
au compte spécial. Il demandera, en plus de la cotisation syndicale,
une cotisation-bétail, qui sera versée au compte de prévoyance. Il
n'y aura qu'une personne morale, le syndicat. C'est le président du
syndicat qui représentera en justice les participants comme tous les
autres membres du syndicat. C'est le trésorier du syndicat qui
aura la surveillance du compte spécial.

« Le fonctionnement sera des plus simples. Si le syndicat est cantonal ou départemental, il n'aura qu'à ouvrir une série de comptes,
chaque compte étant limité à une ou plusieurs communes. Ces
comptes seront en fait comme autant de caisses, ils seront confiés à
des commissions locales qui tiendront leurs pouvoirs du bureau du
syndicat. Le Trésorier n'aura qu'à grouper les situations arrêtées par
les commissions locales, pour faire son rapport d'ensemble à
l'assemblée générale du syndicat. Il y aura réellement unité de
direction, tant au point de vue moral qu'au point de vue matériel.
De plus, comme tout participant au compte de prévoyance devra
être membre du syndicat, cette combinaison aura le mérite d'attirer
un plus grand nombre de cultivateurs dans l'association syndicale.

***

« Dirai-je un mot de la réassurance ? c'est certainement le complément presque indispensable de la caisse de secours contre la
mortalité du bétail, au moins à ses débuts.

« Le Syndicat des agriculteurs de la Sarthe a organisé la réassurance sous la forme d'une Union des sociétés de secours mutuels de la Sarthe. Cette caisse commune a pour but de permettre à chaque société de tenir ses engagements statutaires et de rembourser les sinistres sans augmenter la quote-part de chaque assuré. De plus, comme ces sociétés mutuelles ne font pas payer de cotisation avant le règlement des pertes, l'Union fait, sur la demande de la caisse locale, l'avance des fonds nécessaires au remboursement immédiat des sinistres, moyennant un intérêt de 2 fr. 50 pour cent par an. Pour alimenter la caisse de l'Union, tous les assurés versent, semestriellement et d'avance, cinq centimes pour cent de leur valeur assurée. Jusqu'à ce jour la caisse de réassurance, je crois, n'a pas eu à intervenir.

« A l'Union du Sud-Est, nous nous proposons d'arriver au même résultat par un autre procédé. C'est notre Coopérative régionale qui servira de caisse de réassurance. Elle a pris sur ses réserves une somme de dix mille francs pour faciliter les débuts des syndicats qui organiseront l'assurance-bétail. Dans notre esprit, chaque syndicat, adhérent à la Coopérative, pourra utiliser le service de réassurance en versant une partie de la prime payée par l'assuré, et la Coopérative contribuera au règlement de chaque indemnité dans une proportion plus élevée que le syndicat. Cela s'explique puisque les risques de la Coopérative, étant répartis à travers plusieurs syndicats, seront divisés et, par suite, moins grands.

« L'organisation de la caisse de réassurance est bien dans le rôle des Unions régionales, et elles ne sauraient trouver de meilleur argument pour encourager les syndicats à entrer dans la voie de la prévoyance contre la mortalité du bétail.

[*]

« En rendant compte de la séance dans laquelle l'Union centrale des syndicats des Agriculteurs de France s'est occupée de cette question, l'*Argus*, journal international des assurances, s'exprimait ainsi : « Aussi bien en assurance-bétail qu'en assurance-accidents, l'avenir appartient aux grandes compagnies qui, en échange d'une prime fixe, garantiront le remboursement intégral des sinistres. L'essai très honorable et très loyal des syndicats agricoles aura un résultat important. Il familiarise les populations rurales avec les idées de prévoyance; il leur fait toucher du doigt les bienfaits de l'assurance ; il prépare le terrain aux hommes d'affaires, appelés fatalement à succéder aux hommes de foi, aux apôtres. On se lasse vite des fonctions gratuites et des titres purement honorifiques, et du remboursement partiel de ses pertes. Or, c'est tout ce que les mutuelles peuvent donner. »

« Il ne tient qu'à nous de faire bonne justice de si noires prédictions Les hommes d'affaires ignorent la puissance de l'idée d'association. Nos titres, il est vrai, ne sont qu'honorifiques, mais nos fonctions sont loin d'être gratuites, puisque nous trouvons, dans la satisfaction des services rendus à tant de braves gens, une rémunération qui n'est pas sans valeur. Nous familiarisons, en effet, les populations rurales avec les idées de prévoyance, nous leur faisons toucher du doigt les bienfaits de l'assurance, mais que l'*Argus* se rassure, lorsque nous nous lasserons, parce que les forces humaines ont des limites, nos successeurs seront eux aussi des hommes de foi. Grâce à l'idée d'association, notre œuvre ne deviendra jamais une affaire. »

Adoptées par le Congrès, les conclusions de M. Riboud furent faites siennes par l'Union du Sud-Est qui publiait immédiatement le règlement préparé par son vice-président, ainsi que les commentaires qui l'expliquaient. Nous les reproduisons à titre documentaire, ils seront utiles à tous ceux qu'intéresse — et ils sont nombreux — l'assurance-bétail.

RÈGLEMENT

ARTICLE PREMIER. — Le Syndicat agricole d............ centralise à part les fonds qui lui sont versés, en plus de leur cotisation annuelle, par ceux de ses membres de la commune de (1).......... qui désirent, par mesure de prévoyance, se précautionner contre la mortalité possible de leur bétail (2).

ART. 2. — Ces fonds, versés dans un but déterminé, formeront un compte spécial de Prévoyance.

---

(1) En principe, faire l'application du compte de prévoyance par commune. Mais, si, par suite de la configuration du terrain ou pour tel autre motif, il est nécessaire de comprendre plusieurs communes, alors, dans le texte, on mettra « les communes de....», au lieu de « commune de....».

(2) Les risques variant avec les espèces animales, des comptes distincts doivent être créés pour chaque genre de bestiaux.

Ce compte, comme tous les autres comptes du Syndicat, sera sous la surveillance du trésorier du syndicat qui, chaque année, à l'Assemblée générale du Syndicat en fera l'objet d'un rapport.

Art. 3. — Au moyen de ce compte spécial, le Syndicat agricole indemnisera de leurs pertes, comme il sera dit ci-après, uniquement les possesseurs d'animaux de l'espèce bovine (1) qui auront adhéré au présent règlement.

Art. 4. — Ne seront admis à profiter des avantages du compte de Prévoyance, comme membres participants, que les agriculteurs, membres du Syndicat, propriétaires, fermiers ou métayers, ayant des animaux de l'espèce bovine dans la commune sus-désignée et réputés comme soignant bien leurs animaux.

Art. 5. — Les adhésions sont recueillies sur un registre *ad hoc*, par les soins du bureau du Syndicat, jusqu'à l'ouverture du compte.

Dans la suite, tout membre du syndicat qui voudra participer au compte de Prévoyance, devra apposer sa signature sur le registre d'adhésions tenu par le secrétaire de la Commission de Prévoyance dont il sera question plus loin.

Si le postulant ne sait ou ne peut signer, il en sera fait mention en présence de deux participants qui signeront pour lui.

L'admission sera prononcée par la Commission de Prévoyance, qui pourra la refuser sans motiver sa décision.

Acte de l'admission sera donné au postulant par le reçu du droit d'entrée qu'il devra payer de suite.

Art. 6. — L'admission ne pourra être prononcée, tant qu'il y aura dans l'étable du postulant des animaux en mauvais état, hors de service, ou atteints de maladies épidémiques ou contagieuses.

Avant de se prononcer, la Commission de Prévoyance pourra faire visiter l'étable.

Art. 7. — Les démissions seront données par lettre recommandée, adressée au Directeur de la Commission de Prévoyance ; elles ne seront acceptées et définitives qu'autant que le participant aura acquitté sa contribution annuelle et rempli toutes ses obligations.

Art. 8. — La Commission de Prévoyance pourra proposer au bureau du Syndicat l'exclusion d'un participant pour faute grave : notamment pour mauvais traitements à l'égard des animaux, du fait du participant ou des personnes dont il est responsable, pour fraude, tentative de corruption, défaut de paiement de la contribution, violation du présent règlement, etc; sans préjudice des poursuites qui pourraient être exercées contre lui et du droit de lui refuser le paiement de toute indemnité, ainsi que de lui réclamer l'exécution de toutes ses obligations.

L'exclusion n'a pas à être motivée.

Art. 9. — En cas de démission ou d'exclusion, le participant perd tous

---

(1) Les risques variant avec les espèces, des comptes distincts doivent être créés pour chaque genre de bestiaux.

ses droits. Celui qui cesse de faire partie du Syndicat, cesse également de participer au compte de Prévoyance.

Art. 10. — Tous les membres du Syndicat pourront, à titre de membres honoraires, verser au compte de Prévoyance au moins 10 francs par an, ou 100 francs une fois versés ; mais ils ne jouiront d'aucune prérogatives réservées aux participants et ne supporteront aucune des charges qui incombent à ceux-ci (1).

Art. 11. — Le compte de Prévoyance garantit, par tête, tous les animaux qui composent l'étable du participant, sauf les exceptions portées à l'article 12.

Le participant doit les faire inscrire par le secrétaire de la Commission de Prévoyance, en donnant leur estimation et autant que possible leur signalement et leur âge.

Toute dissimulation fera perdre tout droit à indemnité.

Mais la Commission de Prévoyance, sur l'avis des commissaires-experts, dont il est parlé plus loin, peut refuser de garantir un animal, si elle juge qu'il n'est pas dans les conditions voulues.

Art. 12. — Les animaux ne bénéficieront de la garantie qu'un mois après leur inscription (2).

La perte des animaux morts avant l'âge de 3 mois révolus ne sera pas indemnisée.

Sont exclues de la garantie les vaches âgées de plus de 12 ans (3).

Sont exclus également de la garantie les animaux appartenant à des marchands de bestiaux non cultivateurs, et ceux qui, bien que n'appartenant pas à des patentés, seraient notoirement l'objet d'un trafic constant.

Cessent d'être garantis les animaux qui ne font plus partie de l'étable du participant, dans les limites de la circonscription de Prévoyance. Il y

---

(1) L'intervention des membres honoraires pourra être précieuse au point de vue de l'administration. Elle permettra de plus aux propriétaires non exploitants de seconder l'effort de leurs fermiers, métayers ou vignerons.

(2) Dans certaines régions les cultivateurs achètent les vaches prêtes à faire le veau. On pourrait peut-être garantir les conséquences du vêlage, même dans le mois.

De plus et d'une façon générale, il pourrait être stipulé que, en devenant participant, un cultivateur serait garanti de suite contre la perte de tous ses animaux, s'il présentait un certificat de vétérinaire établissant le bon état de son écurie, joint à une déclaration qu'il possède les animaux depuis un mois.

Postérieurement, tout nouvel animal inscrit, pourra être garanti de suite moyennant un certificat du vétérinaire, constatant que la bête a subi l'épreuve de la tuberculine.

(3) On pourrait garantir les vaches âgées de plus de 12 ans moyennant une augmentation de 0.10 % pour chaque année au-dessus de cet âge. Si, par exemple, la prime est fixée à 1 %, une vache de 13 ans payerait 1,10 %, une de 14 ans 1.20 et ainsi de suite.

a dès lors diminution de la valeur de l'étable, qui doit être déclarée par le participant.

ART. 13. — Les participants versent un droit d'entrée de fr 0.50 par animal la première année après la fondation et 1 franc pour les années suivantes ; ce droit d'entrée pourra être élevé par la Commission proportionnellement à l'importance des réserves. Toutefois ceux qui adhèrent avant l'ouverture du compte (art. 2) ne paieront qu'un droit d'entrée unique de fr. 0,50.

Chaque participant s'engage en outre à payer, par semestre et d'avance, la contribution annuelle réclamée par la Commission de Prévoyance.

Il n'y a entre les participants aucune solidarité, chacun d'eux n'est tenu qu'au maximum de contribution fixé ci-après.

ART. 14. — La contribution annuelle sera de 1 0/0 de la valeur de chaque bête estimée comme il est dit à l'article 24. Elle sera payée par semestre.

Si les ressources ne permettent pas de faire face aux charges, la Commission de Prévoyance après autorisation du bureau du Syndicat, pourra faire chaque semestre un rappel de contribution supplémentaire, sans que le montant total de la contribution pour l'année puisse dépasser 2 0/0 de la valeur de chaque bête.

Mention de ce rappel de contribution sera faite à chaque participant dans l'avertissement dont il est parlé à l'article suivant. Ce supplément de contribution sera payé par le participant en même temps que la contribution du semestre suivant.

Si, malgré ce rappel, les ressources sont insuffisantes, le fonds de réserve, après autorisation du bureau du Syndicat et ratification des participants en réunion générale, sera mis à contribution, mais jusqu'à concurrence seulement de 50 0/0 par semestre.

Par contre, le bureau du Syndicat pourra, suivant l'importance du fonds de réserve, abaisser le taux de la contribution au-dessous de 1 0/0 pour l'exercice suivant, sans que jamais ce taux puisse descendre au-dessous de fr. 0.50 0/0. Cette décision ne vaudra que pour un an, étant bien entendu que le rappel jusqu'à 2 0/0 pourra néanmoins avoir lieu avant absorption de 50 0/0 du fonds de réserve.

ART. 15. — Avant les réunions générales prévues à l'article 35, chaque participant recevra un avertissement indiquant :

1° Le montant de sa contribution à payer pour le semestre suivant;

2° Le surplus de contribution due sur le semestre écoulé pour les augmentations de valeur survenues dans son étable ;

3° Le rappel de contribution prévu à l'article 14.

Le dit avertissement indiquera, en somme, au participant ce qu'il doit sur le semestre en cours et ce qu'il a à verser d'avance sur le semestre suivant.

En cas de perte d'une bête qui a produit une augmentation de valeur de l'étable déclarée en cours du semestre, le surplus de contribution due sera retenu sur le montant de l'indemnité.

Tant que le participant n'a pas payé le montant total de contribution portée sur l'avertissement ci-dessus mentionné, il n'a droit à aucune indem-

35

nité en cas de sinistre. De plus, passé le délai d'un mois après la réunion générale ci-dessus visé, s'il n'a pas payé, il pourra être poursuivi, conformément aux lois, à la requête du président du Syndicat; il pourra, en outre, être exclu (art. 8).

Art. 16. — Le participant est toujours tenu de se conformer en tout aux instructions de la Commission de Prévoyance, pour toutes les mesures préventives ou hygiéniques à prendre, notamment pour l'emploi du vaccin contre la fièvre charbonneuse ou de la tuberculine pour déceler la tuberculose, sous peine de perdre tout droit à une indemnité.

Art. 17. — Les participants s'engagent, pour une année au moins, l'année en cours.

Le semestre en cours est toujours dû en entier.

Au bout de l'année, le participant reste engagé pour une année nouvelle, s'il n'a pas donné sa démission un mois avant.

En cas de décès du participant, les héritiers sont tenus des engagements de leur auteur, pour l'année courante.

Si un participant abandonne la culture ou quitte la circonscription de Prévoyance, il cesse de participer au compte et perd tout droit aux sommes qu'il aura pu verser, mais il est tenu de remplir toutes ses obligations de l'année, notamment en cas de rappel de contribution.

Art. 18. — Est indemnisée toute perte résultant de maladies, d'accidents ou d'abatage obligatoire.

L'abatage obligatoire comprend celui ordonné par l'administration et aussi celui opéré sur l'avis d'un vétérinaire ou d'un des trois commissaires-experts.

Art. 19. — Le compte de Prévoyance payera, jusqu'à concurrence de ses ressources, à chaque participant ayant éprouvé des pertes de bestiaux, les 4/5 seulement de la valeur des animaux perdus, soit 80 0/0; le participant se garantissant lui-même pour le surplus, afin qu'il ait intérêt à bien soigner son bétail.

Art. 20. — Il sera déduit du montant des indemnités dues :

1o Toute valeur que le sinistré, ou, pour le compte de celui-ci, la Commission de Prévoyance aura pu tirer soit de la viande, soit de la peau ou autrement.

2o Toutes sommes que le sinistré obtiendrait de l'État, du département ou d'ailleurs, notamment en cas d'abatage par mesure administrative ou de recours contre un tiers.

Art. 21. — Aucune indemnité n'est accordée pour les sinistres couverts ou qui auraient pu être couverts par des assurances spéciales et dont le sinistré aurait le droit de se faire dédommager autrement.

Art. 22. — Le paiement des pertes sera fait par la Commission de Prévoyance dans les limites fixées par les articles 19 et suivants, dès qu'elle possèdera tous les éléments lui permettant d'établir exactement l'indemnité due.

Mais si les ressources deviennent insuffisantes pour régler, pendant le semestre, tous les sinistres dans les proportions susdites, le secrétaire de la Commission de Prévoyance déterminera exactement, à la fin du semestre, l'indemnité de chaque sinistré par rapport à l'importance des ressources et, dans l'avertissement mentionné plus haut, réclamera, s'il y a lieu, ce qu'un sinistré indemnisé aura perçu en trop.

Le remboursement de ce trop perçu est soumis aux prescriptions de l'article 15.

En cas d'épizootie ou de mortalité anormale, les participants, en réunion générale extraordinaire, pourront renvoyer le paiement des pertes à la fin du semestre, pour qu'il ait lieu proportionnellement à l'importance des sinistres et des ressources. Dans le cas d'épizootie administrativement reconnue, l'indemnité sera suspendue.

ART. 23. — Ne sont pas indemnisés les accidents de force majeure, tels que : guerre, émeute, guerre civile, vol, pillage, inondation, incendie, foudre, écroulement de bâtiments, transports par terre, fer ou eau.

Il n'est pas répondu non plus des sinistres survenus par suite d'excès de travail, de manque de soins, de violences et mauvais traitements exercés sur les animaux par les participants ou les personnes dont ils sont civilement responsables.

Les animaux menés en foire ou à un concours, même hors de la circonscription, restent garantis.

En cas de sinistre imputable à un tiers, le participant sera tenu d'exercer son recours avant de toucher l'indemnité.

ART. 24. — Trois commissaires-experts, pris parmi les participants et désignés par ceux-ci en réunion générale sur la présentation de la Commission de Prévoyance, seront chargés de vérifier les déclarations et estimations, et dans leur âme et conscience, de fixer définitivement la valeur de chaque animal.

En cas de désaccord entre les experts, c'est d'après la moyenne de leurs estimations que le secrétaire de la Commission de Prévoyance inscrira la valeur des animaux.

L'expertise peut, au besoin, si la Commission de Prévoyance le décide, être faite par un seul des commissaires-experts, assisté de deux participants choisis par lui. Mais, dans ce cas, si le participant intéressé l'exige, une contre expertise aura lieu par les trois commissaires-experts.

Mention détaillée du nombre des animaux et de leur estimation sera faite sur un registre que le participant pourra toujours consulter.

Chaque semestre, avant la réunion générale prévue à l'article 35, cet état estimatif sera mis à jour et servira à fixer la contribution de chaque participant.

Du reste, la Commission de Prévoyance peut ordonner une révision générale ou partielle des estimations quand elle le juge à propos, de même qu'elle a toujours le droit de faire visiter, quand et par qui bon lui semble, les étables d'un participant.

ART. 25. — Toute modification, dans la composition et la valeur de l'étable, doit être déclarée par le participant et portée au registre.

D'après ces déclarations, le secrétaire de la Commission de Prévoyance calcule le montant de la contribution de chaque participant pour le semestre suivant, en tenant compte, non seulement du nombre des animaux, mais aussi de leur plus ou moins-value due à l'âge ou au cours du bétail. Il s'en remet, s'il y a lieu, à l'appréciation des commissaires-experts.

Art. 26. — Aussitôt qu'un participant aura un animal malade, il devra en avertir un des commissaires-experts qui, avec deux participants les plus proches voisins de l'étable, estimera l'animal au cours du jour ; puis, si la bête vient à périr, le participant en préviendra de nouveau le même commissaire, qui constatera la perte et ses causes et consignera le tout dans un certificat signé de lui.

L'expert pourra aviser au meilleur parti à tirer de la dépouille.

En cas d'accident, il sera procédé de même.

En cas de contestation sur le prix fixé par l'expert assisté de deux voisins, les deux autres commissaires-experts seront appelés à se prononcer avec leur collègue, en dernier ressort.

En cas de sinistre, si la valeur des animaux est supérieure à celle qui a été déclarée on ne tiendra compte, pour le règlement, que de la valeur déclarée et enregistrée.

Dans les 48 heures, le sinistré devra déposer le certificat entre les mains du secrétaire de la Commission de Prévoyance et, le plus tôt possible, faire une déclaration de la valeur des dépouilles utilisées, ainsi que du montant des indemnités ou allocations auxquelles la perte pourrait lui donner droit, d'autre part, à un titre quelconque.

Art. 27. — Faute par le sinistré d'avoir appelé, en temps utile, même en cas d'accident, un commissaire-expert, toute indemnité sera refusée.

Si le sinistré n'a pas fait appeler un vétérinaire, le commissaire-expert pourra le faire de sa propre autorité, s'il le juge à propos.

Si l'homme de l'art déclare que l'animal doit être vendu sur pieds ou abattu, la mesure sera exécutée immédiatement, à la diligence du commissaire-expert, s'il y a lieu, et si le sinistré s'y refuse, il perdra son droit à l'indemnité.

Les frais de vétérinaire et de médicaments sont de moitié à la charge du participant et de moitié à la charge du compte de Prévoyance, ainsi que les frais d'abatage et de vente.

Les frais seront avancés par le compte de Prévoyance, qui se remboursera de moitié, lors du règlement du sinistre, après vérification par le commissaire-expert appelé.

Art. 28. — S'il était reconnu qu'un participant ait laissé périr des bestiaux, faute de soins, ou qu'il ait cherché à tromper ou corrompre les commissaires-experts ou le vétérinaire, il serait exclu, sans préjudice des poursuites à exercer contre lui, et du droit, dans ce cas, de lui refuser toute indemnité.

Art. 29. — Une Commission de Prévoyance composée d'un directeur, d'un trésorier et d'un secrétaire, délégués à ces fonctions par le Bureau du Syndicat et pris parmi les participants, est chargée de l'application du présent règlement.

Ces fonctions sont absolument gratuites. Toutefois, le bureau du Syndical pourra autoriser la remise d'une gratification annuelle au secrétaire, s'il le juge convenable.

La Commission de Prévoyance administre sous le contrôle du bureau du Syndicat.

Toutes contestations sont soumises au bureau du Syndicat, qui prononce sans recours.

Art. 30. — Le bureau du Syndicat nomme chaque année les membres de la Commission de Prévoyance et soumet ses nominations à l'approbation de son Assemblée générale. Dans le courant de l'année il pourvoit aux vacances.

Il peut choisir l'un des trois membres de la Commission de Prévoyance parmi les membres honoraires, même en dehors de la circonscription de Prévoyance.

Art. 31. — Cette Commission reçoit les adhésions et les démissions, soumet les exclusions au bureau du Syndicat, veille au paiement des contributions, prélève sur les fonds en caisse les sommes nécessaires en vue de se procurer la garantie d'une partie des risques couverts par le compte, et cela dans des conditions déterminées par le bureau du Syndicat ; procède au règlement des sinistres et fait annuellement à la Chambre syudicale un compte rendu de sa gestion, qui est soumis à l'Assemblée générale du Syndicat.

Art. 32. — Le directeur de la Commission de Prévoyance peut réunir les membres participants toutes les fois qu'il le juge à propos. En cas d'absence ou d'empêchement il est remplacé par le trésorier.

Le secrétaire tient la correspondance et les registres. Il rédige les procès-verbaux des séances de la Commission de Prévoyance et des réunions générales, il inscrit les demandes d'admission et les démissions, il rédige les propositions d'exclusion, il enregistre les déclarations de pertes et les estimations ainsi que les augmentations ou diminutions survenues dans les étables, et tient tous ces renseignements à la disposition du bureau du Syndicat.

Le trésorier tient la comptabilité, fixe et recouvre les contributions, en fait le placement ou l'emploi, conformément aux instructions du bureau du Syndicat, solde les dépenses, arrête le compte à la fin de l'exercice et le soumet au trésorier du Syndicat.

Le Compte de Prévoyance est approuvé par l'Assemblée générale du Syndicat, sur le rapport du trésorier du Syndicat.

Art. 33. — Si l'un des commissaires-experts, désigné comme il est dit à l'article 24, est absent et refuse, il est pourvu à son remplacement par la Commission de Prévoyance.

Sur la proposition de cette Commission, les commissaires-experts peuvent être révoqués de leurs fonctions par le bureau du Syndicat, qui pourvoira à leur remplacement jusqu'à la prochaine réunion générale des participants. Il en sera de même pour les commissaires-adjoints, dont il sera parlé ci-après.

Les commissaires-experts sont spécialement chargés des estimations et des constatations de sinistres.

Ils ont d'une façon générale à veiller, chacun dans son rayon, aux intérêts du compte de Prévoyance et au respect du présent règlement.

Si l'étendue du ressort l'exige, les participants, en réunion générale et sur la présentation de la Commission de Prévoyance, pourront nommer des commissaires adjoints, par lesquels les commissaires-experts, en cas de besoin, pourront se faire suppléer.

Art. 34. — Les membres de la Commission de Prévoyance, les commissaires-experts et les commissaires adjoints, ne contractent, en raison de leur gestion, aucune obligation personnelle ou solidaire relativement aux engagements du compte de Prévoyance ; ils ne répondent que de l'exécution de leur mandat.

Lorsqu'un sinistre intéresse personnellement l'un des commissaires-experts ou l'un des commissaires adjoints, ou leurs ascendants ou descendants, la Commission de Prévoyance peut désigner un autre participant pour remplir les fonctions.

Art. 35. — L'exercice prendra fin au plus tard avec le mois qui précédera celui dans lequel le Syndicat tiendra son Assemblée générale.

Les participants se réuniront en réunion générale à la fin de chaque semestre au moins.

Les réunions générales seront présidées par le président du Syndicat, qui pourra se faire remplacer par le directeur de la Commission de Prévoyance et, à son défaut, par le trésorier de la dite commission.

Les participants ne peuvent se faire représenter aux réunions et chacun ne dispose que d'une voix.

A chaque réunion semestrielle les participants doivent faire leurs versements, comme il est dit aux articles 13 et suivants.

A la réunion de fin d'exercice il sera rendu compte des opérations effectuées dans l'année, de la situation financière, et on arrêtera les termes du rapport à fournir à la Chambre syndicale.

Art. 36. — Le compte de Prévoyance est alimenté par :

1° Le produit des entrées ;

2° Les sommes versées par les membres honoraires ;

3° La contribution annuelle payée par chaque participant, proportionnellement à la valeur de ses bestiaux ;

4° Les dons et les legs qui auront été faits au Syndicat pour être affectés spécialement aux besoins du compte de Prévoyance ;

5° Les subventions ou avances qui peuvent, dans ce même but, être versées au Syndicat par l'Etat, le département, la commune, une Caisse de crédit agricole, une Société d'agriculture, un Comice agricole, etc.

Partie des fonds versés par les participants peut, après décision du bureau du Syndicat, être versée à la *Coopérative agricole du Sud-Est*, pour que celle-ci se charge proportionnellement d'une partie des risques. Dans ce cas le bureau du Syndicat, afin de n'avoir pas à réclamer de trop perçu à un sinistré, et afin de régler les 4/5 des pertes, pourra demander à la *Coopérative agricole du Sud-Est* une avance, dans les conditions prévues au Règlement du compte de garantie.

L'excédent des recettes sur les dépenses est versé à un fonds de réserve destiné, le cas échéant, à suppléer à l'insuffisance des contributions payées par les participants, dans les limites du règlement.

Ce fonds de réserve sera administré sous la surveillance du trésorier du Syndicat.

Aucun participant, même s'il cesse de l'être, ne peut réclamer ni exercer un droit quelconque sur le fonds de réserve.

Lorsque la situation financière le permettra, le bureau du Syndicat pourra mettre une partie du fonds de réserve à la disposition de la Commission de Prévoyance, pour faire exécuter par d'autres participants les travaux de culture qu'un participant ne pourrait faire, à cause de la maladie de ses animaux, ou pour organiser tout service analogue.

ART. 37. — Les modifications à ce règlement et la cessation de fonctionnement du compte de Prévoyance seront décidées en Assemblée générale du Syndicat, après discussion d'un rapport du directeur de la Commission de Prévoyance qu'auront adopté les participants en réunion générale.

Elles pourront l'être à la majorité prévue par les statuts du Syndicat pour les cas de modifications de ses statuts.

ART. 38. — Si un syndiqué, habitant sur les confins de la circonscription de Prévoyance, demande à participer provisoirement au compte de Prévoyance, en attendant une création analogue dans sa région, le bureau du Syndicat pourra l'y autoriser, après avis de la Commission de Prévoyance.

Il pourra en être ainsi pour ceux qui, étant déjà participants, auront des étables en dehors de la circonscription de Prévoyance.

ART. 39. — En cas d'arrêt du compte de Prévoyance, l'emploi des fonds sera réglé par l'Assemblée générale du Syndicat. En aucun cas ces fonds ne pourront être partagés entre les participants, ils seront attribués à une œuvre d'intérêt agricole.

En cas de dissolution du Syndicat, l'Assemblée générale pourra décider que les fonds appartenant au compte de Prévoyance seront employés à la création d'une Caisse de secours contre la mortalité du bétail.

RÈGLEMENT DE LA COOPÉRATIVE AGRICOLE DU SUD-EST

Relatif au compte de participation aux risques des groupements de prévoyance contre la mortalité des bestiaux.

ARTICLE PREMIER. — Par décision de l'Assemblée générale du 8 octobre 1896, un compte spécial a été ouvert dans le but d'aider par une participation aux risques ceux des membres de la Coopérative agricole du Sud-Est, qui se seront groupés pour être garantis, sous certaines conditions, contre la mortalité de leurs bestiaux.

En vertu de la même décision une somme de *dix mille francs* prélevée sur le montant des réserves supplémentaires, a été spécialement affectée à ce compte de garantie.

ART. 2. — Ne peuvent faire appel à ce compte de garantie que les syndicats ayant ouvert des comptes de prévoyance contre la mortalité des bestiaux, à l'usage de leurs membres faisant eux-mêmes partie de la Coopérative.

ART. 3. — Les demandes de participation au compte spécial doivent être adressées au président de la Coopérative par les présidents des syndicats : réponse devra leur être donnée dans le délai maximum de un mois.

Les demandes doivent fournir les indications suivantes :

1° Date de la fondation ;

2° Règlement adopté, taux de la contribution annuelle, durée de l'engagement ;

3° Nombre des écuries et des têtes d'animaux garantis, espèce par espèce ;

4° Bilan du dernier exercice.

Aucune demande individuelle ne pourra être examinée.

ART. 4. — Les demandes de participation doivent porter sur la totalité des risques pris ou à prendre par le compte de prévoyance, sous peine de nullité en cas d'infraction constatée et de perte des versements antérieurement faits.

ART. 5. — Les Syndicats administrent eux-mêmes leurs comptes de prévoyance sans contracter, vis-à-vis de la Coopérative, d'autres obligations que celles stipulées au présent règlement

ART. 6. — La Coopérative, de son côté, ne s'engage qu'au payement de la participation aux pertes stipulées par chaque accord, elle ne participe pas aux frais, quelqu'ils soient, et n'intervient en rien dans la direction des comptes ; elle ne saurait dès lors être rendue responsable de leur plus ou moins bon résultat.

ART. 7. — Les syndicats faisant appel au compte de participation devront fournir, chaque année, à la Coopérative, un état justifié du mouvement et du résultat de leurs comptes de prévoyance contre la mortalité des bestiaux.

ART. 8. — La participation dans les pertes, consentie par la Coopérative, peut être du quart ou de la moitié.

La durée de l'engagement peut être de un ou de dix ans, cet engagement tombant de fait si le compte cesse de fonctionner.

Les demandes doivent donc indiquer la quotité de participation et la durée d'engagement choisis.

ART. 9. — La participation d'un quart dans les pertes donne lieu à un versement au compte spécial de garantie d'un cinquième, et la participation de la moitié à un versement de deux cinquièmes de la contribution versée au compte de prévoyance.

ART. 10. — En cas de pertes, si un syndicat ayant un engagement de dix ans, après avoir utilisé toutes les ressources, y compris la participation de garantie de son compte de Prévoyance, vient à ne pouvoir les rembourser, il a le droit de demander que la somme supplémentaire nécessaire soit prélevée sur le compte spécial et mise à sa disposition et cela sans intérêt, pourvu toutefois que le montant de cet appel ne dépasse pas le produit de ses versements annuels à ce compte et que la durée de son engagement soit encore de trois ans.

Au cas où la somme nécessaire pour assurer le paiement intégral des pertes serait supérieure à celle des versements annuels, le compte spécial pourra en faire l'avance, en tout ou en partie, mais seulement sur l'avis du Comité de direction, qui en reste alors seul juge ; dans ce cas, la somme avancée produira intérêt à 4 °/₀ l'an.

Art. 11. — La participation aux pertes, même lorsqu'il y aura lieu de faire appel au prélèvement de droit, sera payée dans les dix jours de la justification et, dans le cas d'emprunt, dans les dix jours de la décision du comité l'ayant autorisé.

Les prélèvements ou les prêts ainsi faits seront remboursés par les syndicats en ayant bénéficié, sur le montant libre des exercices suivants de leurs comptes de prévoyance et sans interruption pour quelque cause que ce soit.

Art. 12. — Les déclarations nouvelles de participation aux pertes, pour les syndicats préalablement admis, ne prendront effet que tous les trois mois, les 1ᵉʳ janvier, 1ᵉʳ avril, 1ᵉʳ juillet et 1ᵉʳ octobre et elles devront être parvenues à Lyon quinze jours avant.

Le paiement des parts de contribution sera fait par semestre et d'avance, en y ajoutant les fractions dues pour les déclarations faites au cours du semestre précédent.

Art. 13. — Tous les paiements seront faits à Lyon, c'est-à-dire que les envois de fonds, s'il y a lieu d'en faire, seront à la charge des syndicats.

Art. 14. — En cas de difficultés au sujet de l'interprétation ou de l'application du présent règlement, les parties s'en remettront à la décision du Comité du contentieux et de législation de l'*Union du Sud-Est des Syndicats agricoles*.

M. Riboud a fait suivre ces règlements d'un commentaire très détaillé ; étudiant successivement le rôle du syndicat, de la commission et des experts, le fonctionnement général du compte, le règlement des sinistres, la comptabilité et la participation de la Coopérative (1).

Les fondateurs de comptes locaux trouveront, dans cette très complète étude, l'explication et la raison d'être de chacun des articles des statuts. Leur tâche se trouvera donc considérablement simplifiée.

Comme nous le disions plus haut, le Règlement avec commentaire fit vite sa trouée et c'est de tous côtés sur ses bases que nos amis des Unions voisines établirent leurs comptes de Prévoyance.

---

(1) La Prévoyance contre la mortalité du bétail dans l'Union du Sud-Est des syndicats agricoles et son commentaire par Léon Riboud, vice-président de l'Union du Sud-Est. Imprimerie du *Salut Public*, Lyon, 1898. (En vente à l'Union du Sud-Est, 0 fr. 20 l'exemplaire ; 0 fr. 30 franco par poste.

Non seulement, les idées qui y sont exposées, ont reçu déjà plusieurs applications, mais elles ont, de plus, attiré l'attention des jurisconsultes et des économistes agraires, et les appréciations, dont elles ont été l'objet, sont loin de leur avoir été défavorables.

Pour s'en convaincre, il suffit de se reporter à la circulaire 19, série B, du Musée social, datée du 25 juin 1898, qui contient une remarquable étude de M. le comte de Rocquigny sur « *les petites institutions mutuelles de prévoyance contre la mortalité des animaux de ferme* » (1).

On y trouvera les différents types de ces institutions, énumérés et décrits d'une façon complète, et en particulier, dans le chapitre 3, le système inauguré par l'Union du Sud-Est des Syndicats agricoles.

On y trouvera aussi, dans le chapitre 4, et c'est là la partie essentielle de ce travail, un examen très concluant de « la base juridique des institutions de prévoyance contre la mortalité du bétail » ; question délicate, mais d'un intérêt pratique de premier ordre pour l'avenir de ces institutions.

Non content de déterminer lui-même, avec une netteté et une logique inattaquables, sous quel régime légal doivent se placer les associations qui ont en vue la garantie des étables, M. le comte de Rocquigny a eu l'heureuse pensée de solliciter l'avis de M. Waldeck-Rousseau, le principal auteur de la loi de 1884.

La consultation de l'ancien ministre, qui commenta la loi sur les syndicats professionnels et en régla l'application, est d'une telle importance, que nous n'hésitons pas à la reproduire dans son intégralité.

« C'est par une interprétation inexacte de l'article 6 § 4, de la loi de 1884, dit l'honorable sénateur, qu'on a voulu rattacher à la législation syndicale professionnelle la constitution des sociétés d'assurances mutuelles sur la mortalité du bétail.

« Le texte et la discussion de l'article 6 ne laissent place à aucune hésitation sur ce point. Présenté sous une autre forme, il donna lieu à des explications de la part de MM. Balbie, Clément et Tirard, qui établissent qu'il s'agissait des sociétés de secours mutuels et que le débat s'est engagé sur le point de savoir dans quelle mesure il convenait de modifier la législation de 1850 et 1852, qui n'a rien de commun avec les assurances. Il convient d'ajouter que l'article 6, — à la différence de l'article 3 qui a déterminé la capacité des syndicats *par la nature professionnelle* des actes qui leur

---

(1) Cette étude a paru, en un volume in-18, de 250 pages environ, sous ce titre simplifié « *L'assurance mutuelle du bétail* », par le comte de Rocquigny (chez Arthur Rousseau, 14, rue Soufflot, Paris).

sont permis, — a voulu donner à ces groupements certaines attributions nécessaires, certaines facultés tout à fait distinctes de la capacité professionnelle ; ester en justice, acquérir des immeubles, créer des sociétés de secours mutuels sont des actes de la vie commune, et non des actes dépendant de la profession.

« C'est donc essentiellement dans l'article 3 qu'il faut chercher quels actes sont d'une façon générale permis aux Syndicats. Ici, la capacité est limitée non par une énumération des actes, mais par leur caractère et leur nature.

« Il faut et il suffit qu'ils aient un caractère d'intérêt professionnel commun aux adhérents du Syndicat.

« Que ce soit un intérêt touchant à la profession agricole d'atténuer les risques de la mortalité du bétail, ce n'est pas douteux. — Que ce soit un intérêt commun à tous les membres du Syndicat, ce n'est pas plus contestable. Le fait, par les membres d'un Syndicat agricole, de s'organiser en vue de se garantir mutuellement contre un événement qui menace la profession, rentre certainement dans l'ordre des faits assignés aux Syndicats par la loi.

« Peut-on dire que c'est là une opération active sortant du cadre de l'étude des intérêts économiques ? — L'objection serait sans valeur. — L'article 3 parle non pas seulement d'*étude*, mais de *défense* des intérêts... agricoles. Toute la discussion prouve que, loin de vouloir enfermer les associations professionnelles dans le cercle des études abstraites, on souhaitait les en faire sortir, et la pratique adoptée sur des points divers est conforme à cette interprétation, puisque, sans aller plus loin chercher des exemples, on voit que l'achat des matières premières, la vente des produits, l'établissement de comptoirs d'achat ou de vente, sont considérés comme des actes les plus légitimes.

« On ne doit pas s'arrêter à l'objection tirée de ce que la matière des assurances mutuelles est régie par une législation générale en ce qu'elle s'applique à l'ensemble des citoyens. — La loi de 1884 est une loi *spéciale* qui s'applique à une catégorie particulière : les syndiqués professionnels. Elle est, à vrai dire, une loi d'exception. Elle permet de former, aux conditions qu'elle précise, des associations en vue d'objets déterminés. L'assurance rentrant dans ces objets, ce serait détruire la loi de 1884 que de soutenir qu'elle ne se suffit pas à elle-même.

« Il faut ajouter enfin que les associations que nous envisageons se distinguent par un point essentiel des associations de droit commun en fait d'assurances mutuelles : *elles ne peuvent se former qu'entre personnes exerçant la même profession*. C'est assez dire qu'elles échappent à la loi qui régit les assurances mutuelles formées entre toutes personnes.

« Je n'hésite pas à penser que les syndicats agricoles peuvent faire entrer l'assurance mutuelle des bestiaux parmi les *objets* de leur constitution, et que, de même, un syndicat d'agriculteurs peut se former dans le but spécial d'établir entre ses membres ce même mode d'assurance. »

Nous ne pouvions demander une plus complète et plus haute approbation des idées émises par le distingué vice-président de l'Union du Sud-Est.

Les fondations étant solidement établies, il s'agissait de faire comprendre aux syndicats l'utilité de la prévoyance contre la mortalité du bétail, il fallait les encourager à organiser au plus tôt des comptes. Toujours disposée à aider les syndicats dans leur œuvre économique et sociale, la Coopérative, comme nous l'avons vu dans le Règlement, décide dans son Assemblée générale du 8 octobre 1896, la création d'une caisse de réassurances qu'elle dote généreusement d'une première somme de 10.000 fr. prélevée sur ses réserves libres

Pour compléter son intervention amicale, la Coopérative prend à sa charge tous les frais d'établissement des registres des comptes et elle les met à très bas prix à la disposition des intéressés.

Une fois de plus la Coopérative se montre une bonne fille vis-à-vis de ses parents : les syndicats unis.

On pouvait penser qu'avec les facilités sans nombre qui leur sont offertes, nos syndicats allaient se piquer d'amour-propre et lutter à qui arriverait le plus rapidement au plus grand nombre de comptes.

Ce serait mal connaître la sage lenteur avec laquelle les administrateurs des Syndicats ont pour principe d'aborder les créations nouvelles ; l'idée fera peu à peu son chemin, elle le fera lentement, et ce n'est que le jour où la conviction sera faite dans l'esprit de nos amis qu'elle prendra rapidement alors le développement qu'elle doit réellement avoir.

L'année 1898 voit quelques tentatives timides dans le Beaujolais et dans l'Isère, en 1899 le mouvement s'étend avec une certaine vivacité dans le Beaujolais, et les renseignements qui nous ont aidés à faire dans la première partie l'histoire des syndicats unis nous permettent d'espérer que l'année actuelle sera une année féconde sur le terrain de l'assurance bétail.

Au surplus tout facilite les Comptes de prévoyance, et par une circulaire du 15 avril 1898, M. Méline, alors ministre de l'Agriculture, prévint préfets et sous-préfets que les fonds du chapitre 38 du budget de son ministère seraient surtout employés, à l'avenir, à subventionner les institutions mutuelles ayant pour but la garantie contre la mortalité du bétail et celles de ces institutions qui, par suite de sinistres trop importants, n'auraient pas les ressources nécessaires pour indemniser les adhérents dans une proportion efficace. Depuis cette circulaire, tous les comptes créés dans l'Union ont été favorisés d'une subvention officielle de 500 fr. une fois donnée, et cette manne, dont les agriculteurs ont été si longtemps privés, vient bien à point pour constituer leur première réserve.

Comme tous les nouveaux comptes ont intérêt à faire appel à l'État, il peut leur être utile de trouver ici la liste et la nature des pièces à fournir pour obtenir cette subvention.

LISTE DES PIÈCES

DEVANT COMPOSER LE DOSSIER D'UNE DEMANDE DE SUBVENTION A L'ÉTAT POUR UN COMPTE DE PRÉVOYANCE CONTRE LA MORTALITÉ DU BÉTAIL BOVIN.

1° Demande à M. le préfet par les membres de la commission administrative du compte, laquelle devra contenir obligatoirement les renseignements suivants :

1° La date de création de la société ;
2° Le nombre d'assurés ;
3° Le chiffre du capital assuré ;
4° Le montant des primes perçues ;
5° Le chiffre des pertes subies par les sociétaires ;
6° Le montant des indemnités allouées ;
7° Le rapport p. °/₀ entre le chiffre des pertes subies et celui des indemnités.

2° Quatre exemplaires du règlement (sans commentaires).

3° Deux listes des membres participants, avec noms, prénoms et adresses certifiées exactes par le président de la Commission.

4° Certificat du maire constatant la subvention allouée par le Conseil municipal.

5° Certificat du professeur d'agriculture à l'appui de la demande.

MODÈLE DE DEMANDE DE SUBVENTION

A Monsieur le Préfet du département de..........

Monsieur le Préfet,

Les soussignés, membres de la Commission administrative du compte de prévoyance contre la mortalité du bétail bovin de la commune de...... arrondissement de........... après avoir pris connaissance de la circulaire qui vous a été adressée le 15 avril 1898 par M. Méline, président du Conseil, ministre de l'Agriculture, relative à la constitution et au développement des sociétés d'assurances mutuelles agricoles ;

Ont l'honneur de vous exposer :

1° Que le compte de prévoyance contre la mortalité du bétail bovin de........ qu'ils dirigent, fonctionne depuis le ....

2° Qu'il a été créé sous le couvert de la loi du 21 mars 1884, comme service annexe du Syndicat agricole de............ ainsi que vous pourrez en juger par le règlement joint à la présente demande.

3° Que ce compte comprend déjà......... membres participants, vignerons

ou petits cultivateurs, faisant tous partie du Syndicat agricole de..........
et ayant assuré ensemble...........: bêtes (il y en a...... dans la commune
entière) pour une valeur de...... francs.

4° Que la contribution annuelle étant de......... °/₀ payable par moitié
au commencement de chaque semestre, le montant des primes perçues a
été de..................., pour le 1ᵉʳ semestre.

5° Qu'au début du 2ᵉ semestre il y aura certainement de nombreuses
inscriptions nouvelles parce que cette installation est aujourd'hui universel-
lement appréciée.

6° Que jusqu'à ce jour il n'y a eu aucun sinistre, par conséquent aucune
indemnité allouée (1).

7° Que s'il en survenait un il serait désintéressé dans la proportion des 4/5.

8° Que ce compte enfin a rencontré le meilleur accueil, puisque plus de
la moitié des intéressés se sont immédiatement fait inscrire et qu'il n'y a
pas de doute que dans un délai très rapproché tous n'en fassent partie.
Qu'il importe dès lors au plus haut point qu'il soit aidé dans ses débuts
pour arriver à constituer le plus tôt possible un petit fonds de réserve suffisant, soit pour pouvoir payer tous les sinistres en cas de mortalité anormale, sans faire de rappel supplémentaire de contribution, soit aussi pour
organiser le service à prix réduit du vétérinaire et du pharmacien. Que le
Conseil municipal de......... lui a dans ce but, le......... dernier voté une
première subvention de..... francs (ou a décidé d'appuyer cette demande).
Qu'il y a lieu encore d'observer qu'aux termes de la circulaire de M. Méline,
aucun secours ne sera plus accordé aux cultivateurs qui, ayant été dans la
possibilité d'assurer leur bétail, ne l'auront point fait, et que le chiffre des
secours accordés par l'Etat à raison de 20 francs par bête en moyenne, ayant
été d'environ.......... par an dans la commune de.......... pendant les
5 dernières années, ce dernier fera chaque année l'économie de cette somme.

Qu'il convient enfin d'encourager ceux qui sont entrés dans les vues de
la Chambre et du Gouvernement et ont mis en application les idées de
mutualité pour se garantir entre eux contre la perte de leurs bestiaux, afin
que leur exemple soit suivi et qu'il rencontre de nombreux imitateurs.

C'est pourquoi, Monsieur le Préfet, les soussignés ont l'honneur de vous
faire parvenir, en faveur du Compte de Prévoyance contre la mortalité du
bétail bovin de.........., une demande de subvention de....... francs
à prendre sur les fonds du chapitre 38 du budget de l'Etat de..... et vous
prient instamment de leur accorder votre précieux et puissant appui, afin
qu'elle soit prise en considération et favorablement accueillie par M. le
Ministre de l'Agriculture.

> *Le Directeur* : signé..
> *Le Secrétaire* : signé..
> *Le Trésorier* : signé... (1)

---

(1) S'il est survenu un sinistre, l'indiquer.

CERTIFICAT DU MAIRE

CONSTATANT LA SUBVENTION ALLOUÉE PAR LE CONSEIL MUNICIPAL

Je soussigné, maire de la commune de .... certifie que le Conseil Municipal voulant encourager une création aussi utile que celle d'un Compte de Prévoyance contre la mortalité du bétail, qui intéresse surtout les vignerons et les petits cultivateurs de la commune, a, dans sa séance du........ .... dernier, voté une subvention de....... francs en faveur de celui qui vient d'être créé à................. et qui fonctionne depuis le......... .... à la satisfaction générale.

En foi de quoi j'ai délivré le présent certificat pour servir et valoir ce que de droit.

Le Maire,

Signé...................................... ....

N.-B. — Au cas où une subvention ne serait pas accordée, avoir si possible une lettre du Maire appuyant la demande.

CERTIFICAT DU PROFESSEUR D'AGRICULTURE.

.... le..........................

Monsieur le Préfet,

Je soussigné, professeur d'Agriculture de l'arrondissement de............ certifie que le Compte de Prévoyance contre la mortalité du bétail qui fonctionne à............ .. depuis le................. a été accueilli avec une grande faveur par tous les vignerons et petits cultivateurs de cette commune. Je ne doute pas qu'il soit appelé à rendre de réels services à la classe laborieuse de la population agricole.

Il mérite par conséquent d'être encouragé, et les libéralités de l'État seront bien employées à favoriser le développement de pareilles institutions, qu'il serait désirable de voir se créer dans chaque commune.

J'ai l'honneur.....

Le professeur d'Agriculture de l'arrondissement...

Afin de favoriser ce mouvement, si intéressant pour la sécurité des agriculteurs comme pour l'expansion de l'esprit de mutualité, le Parlement avait voté, au chapitre 41 du budget du ministère de l'Agriculture, un crédit de 2.500.000 francs, sur lequel 500.000 francs devaient être affectés à des « subventions aux sociétés d'assurances mutuelles agricoles contre la grêle et la mortalité du bétail ».

On se demandait avec quelque anxiété comment et sur quelles

---

(1) Faire légaliser ces trois signatures par le Maire.

bases seraient réparties ces subventions : car une circulaire de M. Méline, président du Conseil, ministre de l'Agriculture, en date du 15 avril 1898, semblait réserver le bénéfice des encouragements de l'Etat aux sociétés d'assurances mutuelles proprement dites, c'est-à-dire aux associations fonctionnant conformément aux dispositions organiques du décret du 22 janvier 1868. Mais la force des choses a démontré que la petite mutualité rurale ne saurait être astreinte aux prescriptions rigoureuses d'une règlementation qui n'a pas été édictée pour elle et qui ne pouvait même pas prévoir son développement. M. Méline lui-même a accordé des subventions à des mutualités qui se réclamaient de la loi sur les Syndicats professionnels et non de la législation des assurances mutuelles, et son successeur, M. Viger, s'est inspiré des idées les plus larges et les plus équitables pour l'emploi du crédit voté par les Chambres. Ce qui semble surtout avoir été retenu de la circulaire ministérielle du 15 avril 1898, ce qui a servi de règle à l'administration, c'est qu'un droit éventuel aux encouragements de l'Etat est acquis aux institutions de forme diverse « qui, s'inspirant uniquement des idées de prévoyance et de solidarité, s'interdisent toute pensée de lucre et n'affectent en aucune manière le caractère d'entreprise commerciale ».

Il n'est donc pas indispensable, aux yeux du ministre de l'Agriculture, que l'organisation de la prévoyance soit autonome, et elle peut avoir lieu sous la forme d'un simple service spécial des Syndicats agricoles.

Les subventions accordées par le ministre de l'Agriculture, comme fonds de premier établissement, varient ordinairement de 500 à 1.000 francs, selon l'importance des associations qui les sollicitent.

Malgré le nombre considérable des institutions de prévoyance contre la mortalité du bétail qui se sont créées dans les diverses régions de la France par application de la loi sur les Syndicats professionnels (et cela depuis une dizaine d'années), malgré l'avis favorable exprimé par d'éminents jurisconsultes, malgré les traditions libérales du ministère de l'Agriculture, quelques petites associations locales se sont vues, dans certains départements, inquiétées par les parquets ou les agents du fisc qui ont tenté de les contraindre à se transformer en sociétés d'assurances mutuelles. Il en a été ainsi notamment pour plusieurs « syndicats agricoles de prévoyance contre la mortalité du bétail » créés dans le département de la Meuse, qui ont été invités par le procureur de la République de Montmédy à se soumettre aux formalités de la loi du 24 juillet 1867 et du décret du 22 janvier 1868.

Aux termes de leurs statuts, ces syndicats « ont pour but général l'union fraternelle entre leurs membres et pour but spécial l'allocation de secours à ceux d'entre eux qui seront victimes de pertes de bétail ». Ils se bornent à former un fonds de secours avec le produit des cotisations annuelles des sociétaires et avec les dons ou subventions qu'ils peuvent recevoir. Ce fonds est employé à délivrer, en proportion des ressources disponibles, des secours aux membres participants victimes de pertes de bétail, sans que ces secours puissent excéder un quantum déterminé.

On voit par là que les éléments de l'assurance font défaut : c'est de l'assistance mutuelle, mais non de l'assurance.

Et la plupart des petites mutualités qui, dans leurs statuts souvent maladroitement rédigés, emploient l'expression « Assurance mutuelle » ne font en définitive qu'organiser des secours mutuels en cas de pertes d'animaux.

C'est ce qu'a reconnu M. Viger, ministre de l'Agriculture, dans une lettre qu'il a adressée à M. Bontemps, député de la Haute-Saône, et qu'il nous semble intéressant de reproduire ici :

MINISTÈRE

DE

L'AGRICULTURE   Paris, le 11 octobre 1898.

Monsieur le Député et cher Collègue,

Vous avez bien voulu me demander d'intervenir auprès de M. le Ministre des finances en vue d'obtenir l'exonération ou, tout au moins, l'abaissement des droits de timbre auxquels les sociétés d'assurances mutuelles sont soumises en vertu des lois actuellement en vigueur et qui grèvent lourdement le budget de ces associations.

Permettez-moi de vous faire observer, Monsieur le député et cher collègue, que les droits auxquels vous faites allusion ne sont applicables qu'aux sociétés d'assurances mutuelles proprement dites, c'est-à-dire aux associations régies par la loi de 1867 et par le décret du 22 janvier 1868. Encore y aurait-il lieu de distinguer et d'examiner s'il ne serait pas équitable de diminuer les charges fiscales d'un certain nombre de ces Sociétés, qui ne poursuivent la réalisation d'aucun bénéfice et ne sauraient être assimilées, par conséquent, à des entreprises commerciales.

En tous cas, j'estime que les droits dont il s'agit ne peuvent légalement être exigés que des sociétés qui se sont placées sous le régime de la loi et du décret précités.

Quant aux petites associations locales qui se sont créées à la faveur des dispositions de la loi du 21 mars 1884 sur les syndicats professionnels et qui fonctionnent sous le nom de caisses de secours contre la mortalité du bétail et la grêle, elles ne sauraient logiquement être assimilées aux sociétés d'assurances proprement dites, car elles ont bien moins pour but « d'assurer », c'est-à-dire d'indemniser l'agriculteur de la totalité de sa perte, que de l'aider à supporter cette perte, en lui en remboursant une partie : les 2/3, la moitié et quelquefois moins.

Ce sont des institutions de prévoyance d'un genre spécial, de véritables sociétés de secours mutuels, que l'on doit exonérer des droits de timbre, si on ne veut entraver leur fonctionnement et aller ainsi à l'encontre des vues du Parlement qui a voulu favoriser le développement de ces modestes et si utiles Associations.

Je viens, d'ailleurs, répondant au désir que vous m'avez exprimé, d'appeler à nouveau l'attention de M. le Ministre des finances sur une question qui présente un intérêt capital pour notre agriculture, et je ne manquerai pas de vous faire connaître ultérieurement les résultats de cette démarche.

Agréez, Monsieur le député, etc.

Le Ministre de l'Agriculture,

Signé: VIGER.

La discussion du budget du ministère de l'agriculture fournit en 1899 à M. Viger l'occasion de confirmer son opinion très nette sur ce point. Un député, M. Antoine Perrier (Savoie), réclamait du ministre de l'agriculture une large propagande destinée à faire comprendre à nos populations agricoles les avantages considérables qu'elles peuvent trouver dans la mutualité : « C'est, disait-il, un système de prévoyance et, en même temps, d'assistance qu'il faut étendre autant que possible pour que l'on ne recoure pas constamment à l'Etat dès qu'on se trouve en présence d'un malheur quelconque. » Mais il faisait remarquer que la propagande ne suffit pas, qu'il faut encore donner aux organisations mutuelles la possibilité de vivre en renonçant à leur appliquer les lois fiscales draconiennes auxquelles sont soumises les sociétés financières ; et il citait, à l'appui de son observation, l'exemple suivant. Dans une petite commune rurale, une société s'était formée entre 50 ou 60 paysans, ignorants des prescriptions de la loi de 1867. Comme ils avaient négligé de faire au bureau d'enregistrement la déclaration exigée par la loi, l'agent du fisc les frappa d'une amende de 1.300 francs, ce qui n'est pas encourageant pour la mutualité.

On nous permettra de citer textuellement la réponse que M. le Ministre de l'agriculture a cru devoir donner à M. Antoine Perrier :

En ce qui concerne la propagande à faire, elle ne s'est pas simplement exercée par voie de circulaires aux préfets ; j'ai répandu de tous côtés et envoyé à tous nos professeurs spéciaux d'agriculture, aux présidents d'associations agricoles, un petit livre publié par le Musée social, véritable manuel pour la formation des sociétés d'assurances mutuelles. Quant à la petite société signalée par M. Perrier et qui a été frappée d'un droit d'enregistrement très élevé, cette Société a eu tort de se constituer conformément à la loi de 1867. Si elle s'était formée en syndicat conformément à la loi de 1884, elle n'aurait eu aucun droit à payer.

On voit combien formelle est l'opinion exprimée par l'honorable M. Viger, et si des difficultés venaient encore à être suscitées aux petites et si nombreuses institutions mutuelles de prévoyance contre la mortalité du bétail qui se sont placées sous l'égide de la loi du 21 mars 1884, on estimera sans doute qu'une association agricole est fondée à se couvrir de l'autorité de l'ancien ministre de l'agriculture.

Ces principes posés, il nous reste à voir comment les Syndicats de l'Union ont utilisé cet instrument précieux de propagande et quels résultats ils ont obtenus.

Ce n'est guère qu'en 1898, que furent tentés les premiers essais, et c'est encore en Beaujolais, dans ce terrain par excellence de nos associations syndicales, qu'ils se produisirent. Après avoir longuement étudié le Règlement et le Commentaire de l'Union, un de nos amis, des premiers fondateurs de l'Union Beaujolaise, M. Joseph Chatillon, s'était laissé séduire par les avantages considérables que présentait ce genre d'assurance. Il en avait parlé à ses voisins, à ses compatriotes, et l'entrain avec lequel ses premières propositions avaient été acceptées le décidèrent à tenter, dans sa commune même, l'organisation d'un Compte de prévoyance. Ce fut donc à Limas que naquit, à proprement parler, dans notre région du Sud-Est, l'assurance bétail et, il est juste de le reconnaître ici, c'est à M. Chatillon, président du Syndicat de Villefranche, que revient l'honneur, très enviable ma foi, d'avoir le premier mis en pratique l'organisation préparée par M. Riboud et l'Union du Sud-Est. C'est grâce à son zèle, à son dévouement, à l'énergique initiative dont il a fait preuve, que son Syndicat tient la première place sur le terrain de l'assurance bétail ; ce sera à lui, sans aucun doute, que nous devrons le magnifique mouvement qui se dessine dans notre région en faveur de ces utiles institutions.

A sa suite, de nombreux syndicats ont étudié et installé chez eux des Comptes de prévoyance, mais il n'en reste pas moins vrai qu'il n'y a encore qu'un commencement d'exécution.

La question fait peu à peu son chemin ; comme la tache d'huile, elle s'étend de plus en plus et il n'est pas douteux, qu'en présence

de l'accueil qui leur est fait partout par les membres de nos Syndicats,
elle soit bientôt, dans le Sud-Est, l'un des principaux éléments de
vitalité de nos Associations.

Le Syndicat de Villefranche, avec ses vingt comptes, tient de
plusieurs envolées la tête du mouvement dans notre région ; nous
allons emprunter quelques-uns des chiffres signalés lors de la dernière Assemblée générale par le rapporteur, M. Blanc du Carra, qui
a été, dans cette organisation modèle, le meilleur collaborateur de
M. Chatillon.

Portant seulement sur 12 comptes — huit nouveaux ayant été
créés depuis — le chiffre des adhérents atteint 844 membres participants, ayant assuré 1139 têtes de bétail, pour une somme totale de
331.150 francs. Si l'on songe que les plus vieux comptes datent de
dix-huit mois et que neuf ont de deux à dix mois d'existence, ces
chiffres ont une réelle éloquence et démontrent avec quelle faveur
nos vignerons beaujolais ont accueilli ces créations. Ce qui prouve
encore quelle importance et quelle utilité ils attachent à cette forme
de la mutualité, c'est d'abord le nombre insignifiant des démissions:
deux seulement; c'est ensuite le nombre considérable des nouvelles
recrues. Si nous prenons, par exemple, le compte de Limas, le plus
ancien mais aussi le compte modèle, puisqu'il a pour directeur M. Chatillon lui-même, nous voyons que de 34 adhérents qu'il comptait au
début, il est arrivé, fin 1899, à 66 participants et 138 vaches, autant
dire l'unanimité du bétail, puisqu'il n'en existe que 143 dans la commune. L'unanimité moins 5, voilà un résultat bien fait pour exciter
la jalousie de tous les directeurs de Comptes de prévoyance.

Presque partout les comptes ont trouvé de nombreux membres
honoraires ou donateurs; dans quelques-uns même leurs cotisations
égalent presque celles des participants; elles forment pour l'ensemble
des 12 comptes une somme totale de 1.335 francs. De leur côté, les
conseils municipaux ont voté presque tous des subventions et l'état
a accordé, jusqu'ici, à chacun des comptes nouvellement créés une
subvention de 500 francs pour leur réserve.

L'un des avantages caractéristiques des comptes organisés dans le
Sud-Est est assurément la réassurance à la Coopérative qui, moyennant le versement d'une très faible partie des contributions, accepte
de jouer le rôle de Caisse de garantie vis-à-vis des comptes de prévoyance.

Cette réassurance devrait enlever toute hésitation à ceux qui ont
peur de ne pas réussir, et le fait exceptionnel qui s'est produit dans

l'un des comptes du Syndicat de Villefranche est bien fait pour dissiper toute crainte chez les plus timorés. En treize mois d'exercice, le compte de la commune de Rivollet-Montmelas a eu à subir 8 sinistres. La somme à désintéresser s'élevait à 1.108 fr. 35 ; les contributions des participants se montant seulement à 599 fr. 75, il restait un déficit de 508 fr. 60.

Le fonds de réserve eût donc été absorbé presque entièrement, peut-être même eût-il fallu recourir à une contribution supplémentaire ; grâce à l'intervention de la Coopérative il s'est produit ce résultat inattendu : la Caisse a pu désintéresser ces 8 sinistres sans avoir recours aux mesures extrêmes de la contribution supplémentaire, bien plus, réserve, subventions, dons, cotisations des membres honoraires, tout est resté intact !

On croira peut-être qu'avec des comptes aussi multipliés les frais d'administration sont très élevés ; erreur absolue : pour tout 1899 et pour 12 comptes ils atteignent seulement 187 fr., somme plutôt majorée puisqu'elle comprend tous les frais d'organisation. C'est là un nouvel avantage des circonscriptions restreintes, où il sera toujours facile de trouver des administrateurs dévoués à leur commune ne mesurant ni leur temps ni leur peine, faisant le bien sans lucre, sans intérêt. .

Les services des vétérinaires et des pharmaciens ont été partout organisés à prix réduit ; les premiers ont consenti une réduction de 50 % sur le prix ordinaire de leurs visites et opérations, et les pharmaciens cèdent leurs médicaments avec un rabais de 20 % sur le tarif déjà réduit de 25 % des bureaux de bienfaisance de Lyon. Ces derniers — il n'y a que le premier pas qui coûte — ont accordé le même avantage pour les remèdes dont ont besoin les participants pour eux et leur famille. Du chef de cette double réduction une économie de 659 fr. a été réalisée sur l'exercice 1899 pour les 12 comptes, donc les 2/3 n'ont fonctionné guère que six mois.

Veut-on connaître maintenant la situation financière, à fin octobre 1899, des 12 premiers comptes du Syndicat de Villefranche ? Les recettes se montent à 10.987 fr. 22, les dépenses à 1.724 fr. 53, d'où un excédent total de recettes de 9.262 fr. 69. Quelques-uns des comptes ont déjà des réserves importantes dépassant 1500 francs, et tous, sans exception, sont aujourd'hui en posture de faire face à un nombre de sinistres bien au-dessus de la moyenne.

Aussi, au fur et à mesure que les ressources augmentent, se préoccupe-t-on d'accorder, sans augmenter la prime, des garanties particulières non prévues aux statuts. C'est ainsi que plusieurs comptes indemnisent, dans la proportion de 80 %, la même que pour les sinistres ordinaires, mais sans le secours de la Coopérative bien entendu, la perte résultant de l'écornage ou de la saisie à l'abattoir pour cause de tuberculose. Voici les règlements adoptés dans l'un et l'autre cas :

1° *La fracture simple de l'étui corné n'intéressant ni la membrane réticulaire ni la cheville osseuse du cornillon.* — Cette fracture étant bénigne et ne pouvant porter préjudice au service ultérieur de l'animal, ne devra faire l'objet d'aucune garantie ;

2° *Les fractures intéressant une partie de l'étui et une partie de la membrane réticulaire par fêlure, ainsi que l'évulsion totale de l'étui corné sans aucune lésion du cornillon.* — Après guérison des lésions de ce cas, la bête peut rendre des services. Le cornillon a besoin d'être renforcé par un appareil spécial, mais les services sont moindres et la bête a perdu le *quart* de sa valeur ;

3° *Le cas d'évulsion complète ou incomplète de l'étui corné compliqué d'une fracture du cornillon n'excédant pas le tiers de sa longueur.* — Cette lésion, plus grave encore que la précédente, guérit également, mais la dépréciation pourra être évaluée au *tiers* de la valeur de la bête ;

4° *Les fractures complètes intéressant plus du tiers de la longueur du cornillon.* — Ces cas sont graves, attendu que la plupart du temps, après guérison, les animaux ne peuvent être employés au travail, et dans cette occurrence, la garantie pourrait être de la *moitié* de la valeur de l'animal.

D'autres, comme le Compte de Corcelles du Syndicat de Belleville ont étendu la garantie aux veaux soit en cas d'avortement, soit après leur naissance, moyennant le paiement d'une faible prime supplémentaire :

« Par une déclaration qui devra être faite en temps opportun au secrétaire du Compte et contre un droit de *deux francs* par tête, les veaux au fœtus seront garantis sur la mère, en cas d'avortement, à partir de 6 mois jusqu'à la naissance, pendant qu'elle est en état de gestation, pour une valeur de 40 francs, sauf constatation par les commissaires-experts, le cas échéant, ou au besoin par le vétérinaire commis à cet effet.

« Cependant, si la mère venait à périr en vêlage, lors même que le veau aurait été assuré et aurait reçu le jour, il ne serait point indemnisé, parce que dans ce cas la mère est garantie.

« De plus, par ce même droit de 2 francs, le veau sera garanti contre la mortalité à partir de sa naissance jusqu'à l'âge de six semaines, pour une valeur qui ne devra jamais excéder 80 francs, dont les 4/5 seulement seront payés.

« Mais s'il vient à périr dans cet intervalle, le prix en sera calculé à raison de 6 fr. 70 par chaque semaine d'existence à ajouter à 40 francs représentant la valeur du veau à sa naissance. Ce qui correspond à 80 francs à six semaines.

« Toutefois, d'après ce système, et s'il s'agit d'un veau ayant l'âge, le prix ne devra jamais être supérieur à la valeur réelle du jour, calculée à raison du poids de l'animal mort et du cours moyen actuel ;

« En faisant une nouvelle déclaration et en payant un nouveau droit de 2 francs par animal, les veaux en sevrage seront garantis de 6 semaines à 3 mois révolus pour une somme de 100 francs, dont on ne payera, comme dans tous les cas précédents, que les 4/5 en cas de mortalité. »

En résumé, dans les Comptes organisés par les Syndicats de l'Union du Sud-Est, la méthode est des plus simples, elle se peut résumer en quelques lignes.

A cet effet, le Syndicat centralise à part, dans un compte de prévoyance, les fonds que ses membres lui versent dans ce but déterminé.

Le compte est établi par commune ou par groupe de communes, et il doit en être tenu un distinct pour chaque espèce d'animaux. Actuellement, il n'en existe que pour les animaux de l'espèce bovine, mais les risques des chevaux seront prochainement garantis.

Ces comptes sont administrés par une commission de trois membres au moins, pris autant que possible parmi les participants et qui reçoivent leur investiture du Syndical lui-même.

Le trésorier du Syndicat a la connaissance de tous les comptes spéciaux ouverts dans sa circonscription et qui forment, pour ainsi dire, autant de caisses locales.

Aucune personnalité morale n'existe autre que celle du Syndicat, dont le président représente tous les cultivateurs participants aux comptes de prévoyance. Le Syndicat est également responsable des fonds versés par les participants.

Ceux-ci doivent faire inscrire tous les animaux de leur étable, en donnant leur estimation et autant que possible leur signalement et leur âge. Trois commissaires experts, pris parmi les participants et désignés par eux en réunion générale, vérifient les déclarations et estimations, et fixent définitivement la valeur de chaque animal ; ce sont eux qui, au moment du sinistre, ont encore mission d'estimer l'animal au cours du jour.

La contribution annuelle est, en principe, de 1 % de la valeur de chaque bête ; elle est payable par semestre et d'avance. En cas d'insuffisance des ressources pour faire face aux charges, la Commission administrative du compte de prévoyance, après autorisation du Bureau du Syndicat, peut faire, chaque semestre, un rappel de contribution supplémentaire sans que le montant total de la contribution pour l'année puisse dépasser 2 °/₀ de la valeur de chaque bête. La charge éventuelle, que l'application de la mutualité peut imposer, est donc limitée à 2 °/₀ sans aucune solidarité entre les participants. Ces derniers doivent, en outre, acquitter un droit d'entrée fixé au début, mais susceptible d'être augmenté proportionnellement aux ressources après l'ouverture du compte.

En cas de sinistre, le compte de prévoyance paie, jusqu'à concurrence de ses ressources, 80 °/₀ de la perte nette ; cette indemnité est réglée par la Commission de prévoyance, dès qu'elle possède tous les éléments nécessaires pour lui permettre de l'établir exactement, et sauf restitution du trop perçu par le sinistré si les ressources devenaient insuffisantes pour régler, pendant le semestre, tous les sinistres dans la proportion de 80 °/₀. Lorsqu'il y a, au contraire, excédent des recettes sur les dépenses, cet excédent est porté au fonds de réserve.

Les participants ne sont engagés que pour une année entière.

Chaque compte peut recevoir des dons ou legs, avoir des membres honoraires et demander des subventions à la commune, au département et à l'Etat.

Il peut aussi transférer une partie de ses risques, le quart ou la moitié, à la Coopérative Agricole du Sud-Est, qui accepte de jouer le rôle de caisse de garantie vis-à-vis de tous les comptes de prévoyance organisés par les Syndicats qui lui sont affiliés.

Si la Coopérative participe pour un quart dans les sinistres, le compte doit lui verser un cinquième des contributions ; si elle y participe pour la moitié, les deux cinquièmes.

Pour faciliter à ses quatre syndicats la création de comptes de prévoyance, dans l'étendue de sa circonscription, l'Union Beaujolaise paie à leur acquit une partie de la redevance due à la Coopérative pour sa participation aux risques, soit les 3/4 la première année, la 1/2 la seconde et le 1/4 la troisième.

Telles sont les grandes lignes de l'organisation de la prévoyance contre la mortalité du bétail dans l'Union du Sud-Est. La théorie autant que la pratique ont consacré le système inauguré et adopté par elle, l'expérience prouve qu'il prévoit les moindres détails, qu'il indique la solution de toutes les difficultés, qu'il est en un mot d'une application des plus faciles et qu'il permet d'obtenir les meilleurs résultats.

Les résultats obtenus par le Syndicat de Villefranche ne sont-il pas des plus encourageants et ne prouvent-ils pas que la prévoyance contre la mortalité du bétail répond à un véritable besoin ? Sans doute, beaucoup de cultivateurs, au commencement surtout, se montrent rebelles à l'idée d'association comme à toute idée nouvelle, mais après avoir vu le fonctionnement simple et facile, les avantages considérables obtenus, ils ne tardent pas à donner leur adhésion et à s'enrôler dans une société qui leur est si profitable. Les plus récalcitrants deviennent vite les plus fervents et ils sont bien rares ceux qui, malgré tout, se refusent à se laisser garantir.

Et puis quel excellent moyen pour recruter des membres dans une association ! Les 12 comptes du syndicat de Villefranche lui ont valu 400 adhérents, parce que c'est principalement le petit cultivateur que les comptes intéressent, ceux-là précisément qui jusqu'à ce jour, étaient demeurés les plus éloignés de nous.

C'est par les comptes de Prévoyance que nos syndicats feront disparaître les préjugés, la routine, qu'ils développeront l'initiative individuelle, pour habituer progressivement les cultivateurs aux applications diverses des grandes idées de prévoyance et de mutualité. C'est là le moyen le meilleur et le plus sûr pour faire leur éducation.

C'est enfin, comme le disait notre cher président M. Duport, à la grande fête de Villefranche du 6 novembre dernier : « C'est de la vache que nous allons faire sortir ce quelque chose d'intéressant pour l'homme qui s'appelle l'Assistance. Vous connaissez l'histoire de la création de la femme ; Dieu l'a sortie de l'homme et tirée d'une de ses côtes. Eh bien ! nous aussi nous allons faire une création, et, quoique nous ne soyons pas Dieu, prenant exemple sur lui, nous tirerons l'assistance de nos vieillards des côtes de nos vaches. Nos comptes de prévoyance contre la mortalité seront dans chaque commune l'école de la mutualité où vous apprendrez à créer des caisses de retraites pour assurer le pain à vos vieux jours. »

LE ROLE SOCIAL

l'Assistance et la Prévoyance

———

Il suffit de réfléchir un instant à la nature et à la multiplicité des services personnels que rendent à leurs membres les syndicats pour apercevoir ceux qu'ils rendent en même temps à la société et se convaincre que leur rôle social est immense.

N'est-ce point en effet servir la société, le pays tout entier, qu'aider, encourager et remettre en honneur la plus nécessaire et la plus noble de toutes les professions ? N'est-ce pas accroître la richesse publique et la prospérité d'une nation, que faire produire au sol des récoltes plus abondantes, qui lui permettront de nourrir une population plus nombreuse et de la mieux nourrir ?

Les syndicats agricoles, ajouterons-nous avec M. de Gailhard-Bancel, le sympathique et dévoué député de l'Ardèche, ont accompli cette œuvre ; partout où ils se sont établis, les rendements des céréales, des fourrages, des récoltes de toute nature, ont augmenté dans des proportions considérables ; grâce à eux, les populations rurales ont pu traverser moins péniblement la crise agricole qui a sévi sur le pays il y quelques années, et s'il est vrai de dire que la dépopulation des campagnes soit un fléau dû, en grande partie, à la misère, ils ont contribué à l'enrayer en apportant un peu plus d'aisance parmi les cultivateurs.

Ce n'est donc pas une illusion de croire et d'affirmer que les Syndicats sont, par eux-mêmes, une œuvre sociale, puisque les premiers services qu'ils ont rendus, ceux qui rentraient naturellement dans leurs attributions, ont le caractère des services sociaux par leur réaction sur l'intérêt général du pays, gravement compromis par l'accroissement démesuré des grandes villes aux dépens des campagnes.

*
* *

Les Syndicats agricoles et les institutions d'assistance et de prévoyance. — Mais les syndicats agricoles ne doivent pas limiter leur action à l'amélioration des cultures ; d'autres mobiles que la juste rémunération du travail de la terre poussent les jeunes générations à déserter les champs pour aller à la ville. Nous ne parlons pas de la vie en apparence plus facile et plus agréable à la ville qu'au village ; des séductions et des plaisirs qu'offrent les grandes agglomérations aux pires instincts de la nature humaine, — non pas, certes, qu'à ce point de vue, les syndicats n'aient rien à faire ; — mais, parmi les attraits qui sollicitent parfois les meilleurs parmi les jeunes gens à abandonner la profession agricole, il en est qui sont sérieux et raisonnables. « A la ville, se disent-ils, nous aurons, avec un travail régulier et un salaire plus élevé, des secours en cas de maladie et d'accident, et surtout dans les grandes industries, dans les grandes administrations, particulièrement dans celles de l'Etat, nous aurons une retraite, du pain, un abri assuré pour nos vieux jours ».

Oui, *la retraite,* voilà, pour le plus grand nombre, la perspective séduisante, l'attrait irrésistible qui les entraîne à échanger le travail de la terre contre le travail de l'usine ou de l'atelier, et surtout à rechercher les fonctions publiques, si modestes, si peu rétribuées qu'elles soient.

Il y a, là, une indication pour les syndicats agricoles. Leur rôle social s'agrandit devant ce désir, cette aspiration légitime, des jeunes cultivateurs. Ils doivent s'efforcer d'y répondre et de retenir aux champs ces jeunes gens qui ne demandent qu'à y rester, en mettant à leur portée les avantages qu'ils peuvent trouver dans l'industrie ou dans les administrations de l'Etat.

L'exemple de ceux qui sauront être prévoyants entraînera les autres, et beaucoup trouveront là un stimulant puissant de pratiquer l'esprit d'ordre et d'économie, si difficile à conserver aujourd'hui, avec les habitudes de dépense et de dissipation qui ont pénétré un peu partout, jusqu'au fond de nos campagnes.

Mais ce n'est pas seulement par leurs œuvres, c'est par leur nature même, par l'idée d'association d'où ils sont nés et qu'ils ont mise en pratique, que les syndicats jouent un rôle social.

L'association est le trait d'union nécessaire entre l'individu et l'État, dans une société vraiment organisée. En groupant les hommes d'après leur profession, elle forme comme une seconde famille, la famille professionnelle, qui devient l'auxiliaire, l'appui, le complément de la famille proprement dite.

Que le chef de famille, en effet, celui dont le travail la fait vivre, tombe malade, qu'il soit victime d'un accident, qu'il succombe, c'est trop souvent, hélas! la ruine, la dispersion de la famille. Mais, si ce chef de famille appartient à une association, à un syndicat fortement constitué, qui se sera préoccupé de mettre ses membres à l'abri des plus graves éventualités de la vie par la création d'institutions d'assistance et de prévoyance, l'avenir de la famille sera sauvegardé. La mère pourra rester au foyer avec ses enfants, elle pourra y attendre, en les élevant, que l'aîné d'entre eux soit à même de remplacer le père et de conserver à tous, le foyer, le patrimoine familial.

Et si ce syndicat était parvenu à se constituer à lui-même un patrimoine personnel, s'il disposait, comme ce serait à souhaiter, de ressources importantes, quel secours, en pareille circonstance, il pourrait apporter à une famille éprouvée par le malheur, secours qui compléterait celui que les institutions d'assistance et de prévoyance auraient déjà en partie assuré!

Avant tout, les syndicats doivent se constituer une caisse, un patrimoine. Une bonne et sage administration les y aidera; mais elle ne suffirait pas. Ils ne doivent pas hésiter à faire appel à la générosité de ceux de leurs sociétaires qui, plus fortunés ou grevés de moins de charges que d'autres, peuvent être à même de leur prêter leur concours pour ces œuvres de mutuelle et fraternelle prévoyance. Ils doivent leur demander d'alimenter leurs caisses de secours par des souscriptions spéciales; nulle libéralité ne peut être plus féconde qu'une libéralité de cette nature qui développera l'esprit d'économie et de prévoyance, en l'aidant et en lui faisant produire des résultats; qui contribuera à retenir les jeunes gens sérieux à la campagne et en fera des citoyens sages, éclairés, prévoyants, indépendants, aimant leur profession d'agriculteur, leur champ, leur maison modeste, leur village, tout ce qui fait les petites patries, et prépare à mieux aimer et à mieux servir la grande.

Mais pourquoi, en vérité, nous donner tant de peine, tant de sou-

cis et d'embarras, diront peut-être quelques-uns, quand nous avons
près de nous l'Etat qui ne demande qu'à se charger de cette besogne ? — Eh bien, non, répondrons-nous, ce n'est pas à l'Etat qu'il
appartient d'assister tous les citoyens, ce n'est pas à l'Etat d'être
sage et prévoyant pour chacun d'eux. Aussi bien, si on lui demande
d'assister tout le monde, pourquoi ne lui demanderait-on pas aussi
de loger, de vêtir et de nourrir tout le monde ? Pourquoi ne devien-
drait-il pas le père de famille ou, mieux encore, la mère de famille
universelle qui, de sa main vigoureuse, tiendrait en *lisière* tous ses
enfants pour les empêcher de tomber et de se faire mal, les soignerait
quand ils seraient vieux et malades et leur préparerait le pain et la
soupe de chaque jour ?

Il y a beaucoup de *mais* à cette charmante perspective, et le premier, c'est que le pain ne tarderait pas à manquer, la marmite à être
vide, et la misère à devenir générale ; car les enfants, comptant sur
la mère, se soucieraient peu de travailler, et la mère, ne pouvant
trouver des ressources que dans le travail de ses enfants, n'aurait
bientôt plus rien à leur mettre sur le dos et sous la dent.

Et comme, ni la douceur, ni le dévouement ne seraient vraisemblablement la caractéristique de l'Etat père et mère, de l'Etat-Providence ; comme, non moins vraisemblablement, cet Etat serait représenté, non pas par les meilleurs, ni les plus sages, mais par les plus
paresseux, les plus violents et les plus voraces, il ne faudrait pas
longtemps pour qu'il devînt l'Etat-Misère, l'Etat-Famine, aussi bien
pour ceux qui se seraient gorgés et repus les premiers, que pour les
malheureux qui auraient été rationnés dès le début parce que leurs
têtes ou leurs idées n'auraient pas convenu aux représentants de cet
Etat de malheur.

Tout cela n'est pas sérieux, nous dira-t-on peut-être. Vous vous
moquez de nous, ou vous n'y entendez rien. Personne n'a jamais eu
l'idée d'investir l'Etat de la mission de loger, habiller et nourrir tous
les citoyens !

C'est là pourtant l'idéal, le but final du socialisme, et l'assistance
par l'Etat, la prévoyance par l'Etat ne sont qu'une étape dans cette
voie ou, si vous préférez, une amorce pour attirer les simples et les
naïfs et pour gagner au socialisme les esprits faibles, les imagina-
tions malades et la foule trop nombreuse, hélas ! de ceux qui souf-
frent. Une fois dans l'engrenage, il faudra y passer jusqu'au bout et
savourer toutes les douceurs de l'Etat-Providence, qui établira son
empire sur les ruines de la famille et de la propriété, qui transfor-

mera tous les citoyens en esclaves, affamera les estomacs et oppri-
mera les consciences.

Assurément, le bon sens de nos populations rurales aura raison de
ces billevesées et de ces utopies auxquelles les ouvriers des villes
sont, malheureusement, trop enclins à croire. Le paysan veut être
maître et rester maître chez lui. Il n'entend pas abdiquer la propriété ou la jouissance de la maison qui l'abrite avec sa famille, du
champ qu'il cultive et qui le nourrit. Libre il est, libre il veut vivre
et mourir.

Mais, quelles que soient sa volonté, ses aspirations, s'il laisse l'Etat
empiéter tous les jours sur ses droits, s'il abandonne entre les mains
de l'Etat ses prérogatives de chef de famille qui lui imposent le
devoir d'être prévoyant pour lui et pour les siens, il succombera
dans cette lutte contre le socialisme.

Pour rester lui-même, pour demeurer son maître, pour conserver
son indépendance et pour être fort, il faut qu'il ne reste pas seul,
isolé; il faut qu'il s'associe, qu'il se solidarise avec ses voisins, ses
compatriotes de la commune, de la vallée, du canton; il faut qu'il
soit membre d'un syndicat agricole, qu'il s'intéresse à la bonne
marche et à la prospérité de l'association dont il fera partie.

Cette association, ce syndicat, lui procurera tous les avantages qu'il
attendrait vainement de l'Etat socialiste et lui en épargnera toutes
les déceptions, les oppressions et les injustices. Il agrandira et for-
tifiera sa personnalité au lieu de la supprimer; il l'aidera sans porter
atteinte à sa liberté et en développant chez lui l'esprit de solidarité
et d'initiative, il lui assurera assistance dans le besoin et sécurité
pour l'avenir à lui et aux siens, tout en respectant sa dignité, parce
que lui-même, en vertu de la puissance de la mutualité, aura contribué
à procurer ces mêmes biens à ses co-associés.

C'est ainsi que les Syndicats agricoles, en même temps qu'ils
rendent de nombreux services matériels à leurs membres, peuvent
exercer sur eux, au point de vue moral, une influence salutaire et les
aider puissamment à se préserver des dangereuses chimères du
socialisme, aussi bien qu'à se prémunir contre les accidents de la
vie.

Et leur rôle social apparaît ici encore singulièrement bienfaisant
pour la société elle-même, qui trouvera en eux une sauvegarde contre
ses pires ennemis, les socialistes, qui rêvent de la bouleverser et de
la détruire.

Aussi, affirmerons-nous avec une conviction profonde, que dans une société, dans un État, bien organisé, les syndicats agricoles, comme d'ailleurs toutes les associations professionnelles, devraient être considérés comme un organe essentiel, indispensable du corps social ; qu'ils devraient bénéficier de toute la sollicitude, de toute la sympathie des pouvoirs publics, et qu'une large place devrait être faite à leurs délégués dans les grandes Assemblées du pays.

Quels qu'ils soient, les gouvernements ne sauraient rencontrer de meilleurs auxiliaires pour les aider dans l'accomplissement de leur mission, à la condition, bien entendu, de profiter du concours de ces associations, sans porter atteinte à leur autonomie et à leur indépendance.

Ce n'est, malheureusement, pas ainsi que l'ont compris nos gouvernants, et au lieu de s'appuyer, au point de vue économique et social, sur nos associations qui sont la plus parfaite émanation de la démocratie rurale, ils ont préféré les tenir en suspicion, prêtant trop souvent l'oreille à des dénonciations locales venant la plupart du temps d'hommes politiques plus ou moins reniés par le suffrage universel.

Depuis quelques années, depuis le concours Chambrun surtout, qui fut une révélation, il semble que les pouvoirs publics nous traitent avec plus de déférence, et il est à souhaiter que les bonnes dispositions s'accusent de plus en plus dans l'avenir.

Un savant, doublé d'un homme de grand cœur, M. Émile Cheysson, a parfaitement développé à la fête Chambrun du 31 octobre 1897 le passé, le présent, l'avenir du syndicat agricole.

« Ce qu'ont été, dit-il, ce que sont, ce que seront les syndicats, c'est-à-dire leur passé, leur présent et leur avenir, tout cela vous a été dit de façon si magistrale, que je ne me hasarderai pas à vous le redire ; mais de tout ce magnifique dossier, je ne voudrais retenir que trois principaux traits caractéristiques pour vous signaler en eux, d'abord des soutiens de la petite propriété, puis des instruments de paix sociale, enfin des écoles d'éducation virile, de solidarité, d'émulation et de liberté.

« Et d'abord, le syndicat donne à la petite propriété un regain de force et de vie. Elle qui était jadis accusée, par certaines écoles, d'être fatalement vouée à la routine et à la culture attardée, ne compte plus aujourd'hui que des amis, y compris certains défenseurs zélés et bruyants dont l'amitié de fraîche date ressemble à une conversion et qui n'avaient pas jusqu'ici accoutumé la propriété à une telle sollicitude. Ces démonstrations, que je veux croire toutes également sin-

cères et désintéressées, ont à coup sûr leur prix, et les vieux amis
de la petite propriété, ceux de la première heure, auraient mauvaise
grâce à ne pas s'en réjouir, mais ils ne peuvent s'empêcher de constater qu'elles ne valent pas, au point de vue de sa vitalité, l'action
des syndicats agricoles qui lui confèrent les qualités de la grande
propriété, tout en laissant intactes ses vertus propres ; s'il est vrai,
comme je le crois avec beaucoup d'autres, que la petite propriété
soit le fondement même du pays, le syndicat agricole qui la fortifie,
rend par là un service digne d'être signalé à la reconnaissance
publique.

« Ce n'est pas le seul qu'on doive inscrire à son actif : il est aussi un
instrument de paix sociale. Tel n'est pas, je le sais, l'avis de ces personnes qui tremblent au seul nom de syndicat, parce qu'elles se le
figurent comme une forteresse hérissée de canons et toujours prête
à ouvrir le feu contre le capital. Il ne manque pas de faits nombreux
et regrettables qu'on peut invoquer à l'appui de cette opinion, mais
ils sont l'abus, la déviation de l'idée syndicale, ils n'en sont pas
l'application sincère et légitime. Pour voir ce que cette idée contient
de fécond et de vivant, il faut se retourner vers les syndicats agricoles, les juger à l'œuvre et, comme notre concours nous a permis de
le faire, constater, à la fois, l'essor qu'ils ont pris et le bien qu'ils
ont fait dans l'espace de dix ans.

« Là, nulle déviation, nul écart, nul abus, mais une émulation salutaire pour multiplier les services, pour imaginer d'ingénieuses combinaisons destinées à réaliser quelque soulagement ou quelque amélioration en faveur de leurs adhérents ; au lieu de cette lutte impie
et fratricide de classes, qui inspire trop de syndicats urbains,
momentanément égarés, nos syndicats agricoles ont tous adopté la
belle devise de « L'Union pour la vie », que notre ami Kergall a si
heureusement proposée. Ils rapprochent les classes dans une organisation familiale en vue d'un but commun ; ils amènent entre elles
ces contacts qui dissipent les malentendus et les préventions. On se
plaint, en général, du petit nombre de ces syndicats urbains où
les patrons se groupent avec les ouvriers, et l'on fait des efforts, jusqu'ici presque partout infructueux, pour réaliser ce desideratum. Il
l'est pleinement dans le syndicat agricole qui, par essence, est un
syndicat mixte et reçoit dans ses rangs les grands et les petits propriétaires, les fermiers, les métayers, les ouvriers ruraux. Par là, ce
syndicat travaille efficacement au maintien de la paix sociale ou à
son rétablissement là où elle est ébranlée.

37

« Le syndicat agricole est aussi une grande école d'éducation virile et un bel exemple de ce que peuvent la liberté et l'association.

« Nos syndicats sont nés tout seuls, dès que la loi leur a permis de naître, comme un produit spontané du sol. Ils ne demandent à l'État, comme Diogène à Alexandre, que leur place au soleil ; le reste les regarde. Ils constituent ainsi un bel exemple d'initiative privée dans un moment où l'on a une tendance trop générale à se tourner vers l'État, comme vers une providence visible, et à le charger de faire notre bonheur sans nous et même malgré nous.

« Ces idées sociales, importées d'Outre-Rhin, mais si contraires au génie français, sont, du reste, en voie de décroissance et perdent du terrain, comme le prouvent leur échec incontestable aux derniers congrès de Bruxelles et le vote récent de la Chambre des Députés, qui a repoussé l'obligation de l'assurance contre les accidents. Nous devons louer hautement nos députés de s'être dérobés aux étreintes du système germanique et d'être restés fidèles aux traditions de notre pays ; mais il est juste d'attribuer en partie le mérite de ce vote à l'influence et à l'exemple de nos syndicats agricoles, qui ont montré à l'opinion publique et au Parlement ce dont la liberté était capable, et qui ont commencé sur divers points à résoudre, par leur propre initiative et sans contrainte légale, le problème de l'assurance contre les accidents.

« Ce n'est pas seulement en cette matière que les syndicats peuvent utilement faire acte d'initiative. Un champ illimité s'ouvre devant eux, comme l'a si bien démontré M. Duport, non seulement pour la production et la vente, l'enseignement agricole, le crédit agricole, mais encore pour l'assistance et l'assurance sous toutes les formes. Nous avons foi dans la puissance de l'association libre, et c'est d'elle que nous attendons la solution de ces problèmes, qui dépassent la portée de l'individu et qu'il serait imprudent de remettre entre les mains de l'État.

« Mais, pour tirer parti de cette force considérable qui réside dans nos syndicats agricoles, et à laquelle appartient l'avenir, il faut la révéler au public qui l'ignore, qui ne soupçonne même pas, en général, la grandeur du rôle économique et social du paysan.

« Dans nos grandes villes, les hautes maisons qui bordent les rues nous cachent le ciel ; l'asphalte des trottoirs et le pavé des chaussées nous cachent la terre, la bonne mère nourrice, d'où tout provient et où tout retourne Or, la terre, la terre vivante et maternelle, qui nous fournit la nourriture, le vêtement, l'abri, tout enfin, la terre dans son état actuel, qui l'a faite si ce n'est le paysan, dont les générations successives y ont enfoui, suivant le mot de Michelet, leur sueur et leurs ossements ? Sur le sol que nous occupons aujourd'hui, il se trouvait des marécages, des forêts vierges, des bêtes sauvages, des miasmes pestilentiels, et c'est lui, ce pauvre paysan obscur qui, à force de labeurs accumulés, nous a donné la France. Voilà le bienfait dont nous lui sommes redevables et qu'il nous faut proclamer bien haut à toute occasion.

« Comment s'expliquer, dès lors, qu'ayant accompli de tels exploits, fait de si grandes choses, le paysan ait été longtemps oublié, méconnu, tandis que l'attention publique se portait passionnément vers les problèmes concernant les ouvriers ?

« Nous retrouvons ici cette influence, qui est au fond de presque tous les phénomènes contemporains, celle de l'avènement de la mécanique, qui a révolutionné les conditions antérieures de la production et substitué, au tête-à-tête du petit artisan avec son compagnon et son apprenti dans l'atelier de famille, la grande industrie avec ses centaines et ses milliers d'ouvriers réunis autour de ses puissants moteurs. Ce sont ces gigantesques agglomérations qui ont fait naître tous ces problèmes sociaux, l'honneur et l'angoisse de notre temps, et sollicité vivement l'attention des Chambres et du pays.

« Pendant cette transformation prodigieuse de l'industrie, l'agriculture restait comme auparavant courbée sur son sillon solitaire ; au-delà d'une limite très étroite, on ne peut violenter la nature. Pour lui commander, a dit Bacon, il faut commencer par obéir à ses lois. Or ses lois sont celles de la vie ; les forces qu'elle emploie sont les forces vitales, qui sont enfermées dans le cycle des saisons et imposent un délai fatal entre la semence et la récolte. Sur un hectare d'usine, on peut mettre un millier d'ouvriers et plus ; sur un hectare de pré, de terre ou de vigne, on ne saurait en occuper utilement plus d'un ou deux. Cette différence profonde entre les forces en jeu dans l'industrie et l'agriculture entraîne des conséquences sociales de la plus haute importance ; c'est elle, en particulier, qui explique, d'une part, la concentration industrielle, le surchauffement des agglomérations ouvrières, l'éclat de leurs revendications, d'autre part, la dissémination des populations rurales, leur paix et leur effacement relatif.

« Mais le temps est venu de rendre au paysan la place qui lui appartient, et de montrer le concours que les associations libres où il entre, peuvent prêter à la solution des questions sociales les plus hautes et les plus difficiles. Sans rien enlever à l'intérêt qu'excitent et que méritent les problèmes ouvriers, il faut mener de front avec eux les problèmes ruraux. »

C'est cette préoccupation très vive que ressentait M. le comte de Chambrun, lorsqu'il commandait au sculpteur Roty cette belle médaille qu'il devait distribuer plus tard à nos lauréats, où l'on voit l'ouvrier des champs et l'ouvrier des villes gravir ensemble, vers la lumière, les degrés du temple de la science et de la paix sociale. Aussi, après avoir récompensé les mérites et la fidélité de l'ouvrier industriel, a-t-il voulu honorer l'ouvrier rural.

L'éclatant hommage rendu à nos syndicats devait trouver ici sa place, d'autant mieux que M. Cheysson est notre compatriote, et qu'il est justement de ce beau pays Beaujolais dans lequel les syndicats ont si complètement et si heureusement rempli la mission qu'il a si largement définie. En faisant aussi éloquemment notre éloge devant un auditoire dont l'élément parisien était plutôt sceptique à notre endroit, il nous a rendu justice ; nous lui en exprimons à nouveau notre profonde reconnaissance.

La Prévoyance et l'Assistance furent toujours l'incessante obsession des fondateurs de nos syndicats, et l'Union du Sud-Est n'a jamais manqué l'occasion d'en rappeler l'importance.

Comment l'Union comprend-elle l'Assistance ? Dans son remarquable discours à la fête du Musée social, son éminent président, M. Duport, l'a magistralement exposé :

J'aborde maintenant la question d'assistance, complément nécessaire de la prévoyance ; il est, certes, important que l'association pousse l'individu à la prévoyance, c'est son devoir, mais il y a parfois des malheurs qui peuvent venir frapper même celui qui a su prendre certaines précautions contre les risques de la vie ; il est donc indispensable de venir l'aider et c'est encore le devoir de l'association d'organiser l'assistance dans les campagnes le plus économiquement, le plus pratiquement possible.

Il y a beaucoup de bonnes choses déjà faites dans cette voie, mais il reste incontestablement des progrès considérables à réaliser ; actuellement, quand un cultivateur est malade, il peut et il doit obtenir des secours de la commune et du département ; je sais tout cela, mais je voudrais que ces secours ne fussent pas entièrement et fatalement à la charge des communes et des départements ; je voudrais que l'association en prît sa part, je crois la chose parfaitement possible : c'est ce que je vais essayer d'expliquer.

Dans nos campagnes il faut s'efforcer avant tout de garder chez lui le cultivateur assisté ; interrogez un paysan malade, demandez-lui s'il veut s'en aller à l'hôpital ; les trois-quarts du temps, au risque d'être très mal soigné, il préférera rester dans sa maison, près des siens, près de son exploitation ; et s'il s'agit d'un vieillard, interrogez-le encore, parlez-lui d'aller à l'hospice pour y finir ses jours tranquillement ; il vous répondra: L'hospice c'est bien loin, c'est la perte de ma liberté.

Que voulez-vous, nos vieux ont peur de la mort solitaire là-bas, ils ont peur du convoi sans un ami, ils ont peur de la fosse commune ; ils tiennent à rester dans l'ombre de leur clocher natal, à reposer, le jour venu, près des leurs, dans le cimetière voisin ; ils tiennent à garder cette liberté à laquelle leurs travaux les ont habitués, à voir renaître les saisons, à revoir la fauchaison, la moisson, la vendange ; vouloir les enlever à cette vie là, c'est les tuer avant l'heure.

Il faut donc fonder des caisses de retraites le plus tôt possible ; l'Etat nous y aide sans doute, mais nous devons, nous, également faire quelque chose. Nous ne devons pas seulement nous contenter d'un système, il y en a plusieurs ; celui de Castelnaudary qu'on rappelait tout à l'heure est parfait, celui de Belleville qu'on a couronné il y a un instant n'est pas mauvais non plus ; ces systèmes peuvent se combiner et, si de l'un et l'autre l'Etat voulait bien tirer quelque parti, je crois que nous arriverions à faire quelque chose d'excellent, c'est-à-dire assurer aux vieux cultivateurs un pain bien à eux, à manger chez eux.

Pour cela que faut-il ? Il ne faut pas tant de choses. L'on se dira sans doute : Les ressources sont, en somme, bien minimes. Soit ; moi, j'ai confiance dans l'avenir, je crois aux cœurs généreux, qui peuvent faire qu'à un moment donné, ces ressources s'augmentent de dons volontaires, de legs, s'ajoutant aux cotisations ou aux subventions fournies par les caisses de l'Etat, et j'y crois d'autant plus qu'aujourd'hui, vous en conviendrez, ce n'est pas le jour d'en douter.

L'assistance dans les villes peut se faire assez facilement, mais dans les campagnes il est bien plus difficile d'arriver à quelque chose de satisfaisant, il faut absolument que l'Etat utilise cet instrument nouveau qui est mis à sa disposition par l'association, instrument merveilleux qui s'appelle le Syndicat agricole.

Je voudrais pouvoir faire comprendre toute l'importance de cette conception ; d'une part, les ressources qui peuvent se recueillir, celles par exemples dues à la libéralité des particuliers ; d'autre part, les ressources dont nous avons parlé tout à l'heure qui proviennent de l'Etat ; mais il y a aussi celles qu'on doit demander à la contribution volontaire de celui qui jouira de la caisse de retraites, c'est à-dire les versements individuels. Ce sont là des éléments variés dont il faut savoir tenir compte. Pour cela, il n'est pas nécessaire du tout — et c'est en cela que la loi de 1884 est merveilleuse — de créer des caisses spéciales, de faire des caisses de retraites proprement dites; je puis vous assurer, après l'avoir expérimenté, que le Syndicat agricole est un instrument excellent pour distribuer l'assistance ; et comme, en somme, c'est quelquefois se faire mieux comprendre que de citer un exemple, je vous demande la permission de vous parler d'un petit fait personnel.

Il y a déjà nombre d'années, c'était, si je m'en souviens bien, en 1889, j'étais alors préoccupé d'organiser dans le Syndicat de Belleville l'assistance des orphelins et des vieillards, en plus de l'assistance au travail dont il a été parlé tout à l'heure. J'hésitais devant la dépense, or, voici le fait qui m'a fait devancer l'heure. Un jour, je vis venir à moi la veuve d'un vigneron, mort quelques jours auparavant, conduisant par la main une fillette d'une huitaine d'années ; elle venait me consulter, disait-elle, pour mettre l'enfant à la Providence, c'est ainsi que dans nos pays l'on appelle un orphelinat. Elle me dit : « Monsieur le président, je voudrais bien garder la petite qui est encore si jeune, mais la maladie de mon pauvre homme m'a coûté gros, il faut que je paie maintenant un travailleur pour les piochages, et puis, voyez-vous, toute petite qu'elle est, vous ne croiriez jamais ce qu'elle mange. » —

A ce moment, je vis la fillette qui tirait sa mère par sa robe, et je l'entendis chuchoter : « Maman, dis, garde-moi, je ne mangerai qu'une fois par jour ! » Il me passa quelque chose au cœur et je dis à la femme : « Retournez chez vous, gardez cette enfant, votre mari était du Syndicat, on paiera le pain de votre fille, qu'elle en mange à sa faim ! »

Et c'est ainsi que dans le Syndicat de Belleville fut créée tout d'un coup l'assistance aux orphelins.

L'histoire ne finit pas là ; deux ans après, je passais dans le même village et je répondais distraitement à des enfants qui, revenant de l'école, me saluaient, quand tout à coup j'entendis un : « Bonjour, monsieur le président ! »

Je dis à la personne qui m'accompagnait : « Quelle est donc cette enfant ui m'appelle du titre de président ? »

— « Vous ne la connaissez pas ? me fut-il répondu, c'est la fille de la veuve de ce pauvre vigneron mort il y a deux ans, à laquelle le Syndicat paie son pain pour qu'elle puisse rester près de sa mère. »

A ce moment je me retournais pour mieux voir l'enfant, je l'aperçus au bout du chemin, arrivant près de sa mère qui l'attendait sur la porte de sa maisonnette et l'embrassait tendrement. Ce jour-là, je pris la résolution nette et ferme de garder tant que je le pourrais leurs mères aux enfants de nos syndiqués.

Mais les mères ne sont pas toujours là ; pensez donc à l'angoisse de l'homme ou de la femme quand c'est le dernier qui s'en va et que les petits vont rester tout seuls ! Il y a des orphelinats, je le sais, mais si vous étiez à ce moment vous verriez si cela vous suffirait et si vous seriez tranquilles de penser que vos enfants y seront conduits, qu'ils y seront soignés, soit, mais qu'ils y oublieront bientôt non seulement la profession, mais jusqu'au nom du village de leurs parents.

Tout autre serait la situation le jour où le mourant saurait que l'association ferait les enfants siens, qu'ils seraient élevés au village. Il ne faut pas tant d'argent pour cela. Dès qu'un enfant a dix ans, comme berger il gagne son pain, et l'on pourrait trouver souvent un voisin ou un parent pauvre qui garderait pour une petite somme l'enfant près de l'endroit où ont vécu ses parents, et cet enfant ne serait plus un isolé dans la société.

L'association pourrait cela et elle ne le ferait pas ? Ce serait mal nous connaître, n'est-ce pas ? mes amis ; nous le ferons parce que cela est bon et utile pour le pays ; oui, aidés ou non, nous organiserons l'assistance dans nos campagnes.

Le champ est vaste. Eh bien ! nous travaillerons plus fort. Est-ce qu'on a jamais vu le laboureur s'arrêter devant l'étendue de son champ ? Nous sommes des ruraux ; si le sillon est long, nous le creuserons lentement, mais sûrement ; et j'espère que nous arriverons à présenter même prochainement, en 1900, à l'Exposition, un magnifique faisceau d'associations rurales ; nous y montrerons nos Syndicats agricoles aux étrangers étonnés, comme étant l'une de nos gloires françaises.

L'heure est socialement grave. Et pourtant, si, au déclin du siècle dernier, l'esprit d'association a disparu, emporté dans la tourmente révolutionnaire par la chute des corporations, qui avaient eu le tort grave d'avoir chassé de leur sein la liberté individuelle, il semble que cet esprit d'association tout puissant renaisse plus vivant que jamais dans les Syndicats agricoles, qui ont su et sauront, eux, respecter la liberté individuelle.

Servons-nous donc de cet instrument merveilleux, unissons nos efforts dans un amour commun de la patrie et, sous l'œil de Dieu, marchons résolument vers le progrès social par les Syndidats agricoles. L'avenir est à eux, l'Association sauvera la France de la Révolution. »

C'était magistralement tracer le programme social des syndicats agricoles, et il semble que le président de l'Union, M. Duport, premier lauréat de ce grand concours, était particulièrement placé pour le présenter à ses collègues.

De tous côtés, dans la France syndicale, ces belles paroles furent comprises, mais nulle part la semence jetée ne germa aussi rapidement et aussi heureusement que dans notre Union du Sud-Est ; sans vouloir diminuer en rien le mérite de nos Collègues des autres régions, nous nous permettons de penser que sur ce terrain aussi, notre grande Union mérite encore la première place.

L'Assistance. — L'action des institutions d'assistance et, partant, leur organisation, ne peuvent qu'être essentiellement locales, mais les Unions n'en ont pas moins une très importante mission à remplir dans l'impulsion à donner à la création d'œuvres sociales. C'est à elle qu'il appartient de provoquer les initiatives, de les encourager, de les aider par des conseils, des renseignements, des conférences, par la publicité donnée aux résultats obtenus.

L'Union du Sud-Est a parfaitement compris son rôle et, grâce à l'insistance qu'elle a mise à pousser ses syndicats affiliés sur le terrain de l'assistance, elle a droit aujourd'hui d'étaler fièrement les résultats obtenus.

La première forme d'assistance a été le placement des ouvriers agricoles en quête de travail. Fournir du travail à ceux qui en manquent, placer le vigneron qui doit ou veut changer de travail, c'est rendre, le plus souvent, l'assistance inutile, c'est combattre efficacement la misère. La loi du 21 mars 1884 autorise et invite nos syndicats à s'occuper du placement des ouvriers, en les exemptant des prescriptions qui règlent les bureaux de placement. Nous reconnaissons que les syndicats sont en excellente situation pour procurer du travail aux ouvriers ruraux ; ceux-ci y trouvent leur intérêt et les syndicats acquièrent ainsi de plus en plus le caractère mixte nécessaire au plein succès de leur fonction sociale.

Grâce à l'Union, grâce à la large publicité de son bulletin qui pénètre dans les 10 départements de la région, nos syndicats ont pu chercher ailleurs que dans leur circonscription le placement de leurs ouvriers. Comme le fait fort justement observer M. de Rocquigny, il y a peut-être là un remède à la situation économique défectueuse de la production agricole, au point de vue de la main-d'œuvre qu'elle emploie. Dans certaines régions viticoles, le personnel tend à être de plus en plus rare, alors que, dans les autres régions, il y a surabondance de main-d'œuvre. D'une part, c'est le travail qui manque à l'ouvrier, d'autre part c'est l'ouvrier qui manque au travail.

Pourquoi les Unions ne chercheraient-elles pas à opérer un nivellement favorable à tous les intérêts, en s'efforçant à déverser le trop plein des départements où la population rurale ouvrière est en excès, sur les départements où elle est insuffisante ? Cette idée n'a rien de chimérique, car le réseau de syndicats qui couvre le territoire et les ressources de leurs Unions permettent de combiner une organisation meilleure qui, pour les travaux urgents, répartirait les travailleurs proportionnellement aux besoins connus et dispenserait les patrons ruraux de faire appel à la main d'œuvre étrangère. On éviterait ainsi, dans une certaine mesure, cette anomalie, aussi préjudiciable à l'employeur qu'à l'employé, des salaires variant du simple au triple, sur des points de la France que séparent à peine quelques heures de chemin de fer. Dans tous nos syndicats on a compris, qu'entre celui qui possède la terre et celui qui la cultive, il y a communauté d'intérêts, et qu'en face de l'union réalisée du capital et du travail il n'y avait ni maître ni serviteur, mais bien deux associés prêts à s'aider, prêts à se défendre.

A ceux qui crient « L'ennemi, c'est le maître », ils ont répondu « Soyons unis pour être forts » ; à la discorde ils ont opposé la concorde, prouvant ainsi que la fraternité n'est pas un monopole et que c'est souvent ceux qui en parlent le moins, qui la pratiquent le mieux.

— 585 —

Il est encore une forme de l'assistance mutuelle, très répandue dans notre Union, qui consiste, pour les syndicats, à maintenir la concorde entre leurs membres, en conciliant et en réglant les différends qui peuvent diviser ceux-ci sur le terrain professionnel.

Procurer aux agriculteurs les moyens d'éviter les frais de justice et la lenteur de la procédure devant les tribunaux de droit commun, c'est leur rendre un très grand service, et certainement c'est aussi remplir le devoir de protection et d'aide mutuelle que les syndicats se proposent.

Nul n'ignore les haines, les mauvais procédés, parfois même les vengeances que suscitent entre deux paysans les procès interminables et toujours coûteux qu'ont fait naître les hasards du voisinage ou des transactions. Une prompte solution de la difficulté naissante, un arrangement amiable, moins onéreux qu'un procès gagné après une longue attente, devant une juridiction souvent lointaine et, à plus forte raison qu'un procès perdu, est donc incontestablement un gage de paix ; c'est, en tous cas, un bon exemple à donner aux plaideurs de l'avenir.

Les syndicats qui veulent, avant tout, être de véritables associations fraternelles, ne doivent-ils pas provoquer ce résultat désirable, en fournissant aux plaideurs de la campagne un tribunal de paix et de conciliation, pris dans son sein, et contribuer ainsi à la bonne entente de tous ceux qui vivent de la terre ?

Voltaire rapporte qu'en Hollande il existait une institution de ce genre :

« La meilleure loi, dit-il, le plus excellent moyen, le plus utile que j'aie vu, c'est en Hollande. Quand deux hommes veulent plaider l'un contre l'autre, ils sont obligés d'aller d'abord au tribunal du juge conciliateur, appelé faiseur de paix. Si les parties arrivent avec un avocat et un procureur, on fait d'abord retirer ces derniers, comme on ôte le bois d'un feu qu'on veut éteindre Les faiseurs de paix disent aux parties : Vous êtes de grands fous de vouloir manger votre argent, à vous rendre mutuellement malheureux. Nous allons vous accommoder sans qu'il vous coûte rien. »

Si Voltaire revenait, il n'aurait plus besoin d'aller en Hollande pour trouver ces institutions qu'il appréciait si fort, et il n'aurait pas de peine à reconnaître dans nos syndicats, ces faiseurs de paix qu'il se félicitait d'avoir appris à connaître.

Plus de la moitié de nos syndicats de l'Union ont organisé des commissions de contentieux et d'arbitrage, et nous pourrions citer certains syndicats du Beaujolais où il ne se passe pas de semaine que le président de la commission n'ait à donner un conseil, un avis, un renseignement juridique.

Certains syndicats ont, en même temps, contribué à la révision des usages locaux agricoles, et nous avons vu, notamment dans l'historique du syndicat d'Allex, que celui-ci avait tenu, à cet effet, une réunion générale, au cours de laquelle une enquête fut faite sur les usages suivis dans le pays et le résultat donné au juge de paix cantonal qui l'avait sollicitée. Dans bien des pays les juges de paix, souvent fort étrangers aux coutumes locales, n'ont pas craint, officieusement, de s'appuyer sur les avis des syndicats, et nous ne croyons pas qu'ils aient eu à regretter d'avoir ainsi placé leur confiance.

Au-dessus de tous ces petits comités locaux, spéciaux à chaque syndicat et les dominant tous, le comité de contentieux de l'Union du Sud-Est joue un rôle considérable, soit pour la collaboration continue autant qu'éclairée qu'il ne cesse de prêter au bureau de l'Union, soit pour les conseils et les consultations qu'il donne largement à tous les syndicats unis.

Avant d'aborder l'assistance proprement dite, il est peut-être utile de faire ici une courte allusion à une question qui préoccupe beaucoup tous les économistes : le chômage pendant l'hiver. Il est malheureusement trop évident que le chômage des mois d'hiver est une des causes permanentes les plus certaines de la misère qui sévit dans nos campagnes et de l'émigration qui en résulte.

En 1893 la Société des Agriculteurs de France, sur la proposition de M. Duvergier de Hauranne, avait décidé de procéder à une enquête générale sur les conditions des classes rurales dans nos diverses provinces, mais nous ne croyons pas qu'il ait été donné suite à ce vœu et que la Société ait rien fait ou publié dans ce sens. Nous le regrettons avec tous ceux qu'intéresse l'avenir de l'agriculture nationale, car notre grande Société des Agriculteurs est mieux placée que toute autre pour conduire à bien cette enquête, que lui ont préparé les intéressants travaux de Beaudrillart et les recherches de l'Académie des Sciences morales et politique.

Les syndicats pourront, dans cette enquête, être ses auxiliaires dévoués, de même qu'ils constitueront les agents de propagande les plus capables d'en appliquer les résultats. Il faut, disons-nous après le comte de Rocquigny, qu'une heureuse décentralisation industrielle apporte aux ouvriers ruraux des ressources complémentaires pendant les chômages de l'hiver. Pour chercher à organiser ce travail, l'initiative ne saurait leur appartenir ; elle est le fait des associations agricoles et surtout de celles d'entre ces associations qui poursuivent un but pratique et immédiat, comme les syndicats. Ils seront les artisans indispensables de l'enquête votée par la Société des Agriculteurs de France ; s'efforcer de faire renaître ou d'implanter dans les villages quelques industries accessoires des travaux des champs, n'exigeant qu'un apprentissage facile, c'est pratiquer l'assistance la plus efficace et la plus recommandable.

Un des syndicats de l'Union est entré le premier, dans cette voie, et en fournissant à ses adhérents pour occuper leurs longs mois d'hiver un travail rémunérateur (la fabrication des couronnes mortuaires), le petit Syndicat de Valmeinier a donné ainsi un exemple que nous espérons voir suivi, mais qui, en attendant, méritait d'être signalé.

Nous arrivons maintenant à l'assistance proprement dite, à cette assistance dont l'organisation efficace au profit des plus humbles familles rurales des travailleurs de la terre, qui usent leurs forces dans les rudes labeurs de la production agricole, doit être le but suprême des efforts de nos associations professionnelles.

Sur ce terrain, l'initiative des Syndicats est éminemment variée, et le lecteur trouvera, dans les historiques de nos associations, comment chacune d'elles a compris et pratiqué cette forme de la mutualité.

Nous nous attacherons donc ici à signaler simplement quelques-unes des tentatives qui ont le mieux réussi dans l'Union, et cela à titre surtout documentaire, puisque la loi de 1898 va permettre aux syndicats d'unifier leurs efforts et de marcher sur ce terrain en l'élargissant jusqu'à la mutualité.

Dès l'origine, les quatre syndicats de l'Union Beaujolaise, suivant l'exemple donné par le président de Belleville-sur-Saône, M. Duport, organisaient l'aide mutuelle sous forme de secours en nature. Les statuts diront mieux que nous son but et son fonctionnement.

RÈGLEMENT DE L'AIDE MUTUELLE.

ARTICLE PREMIER. — L'aide mutuelle n'est ni une aumône ni un droit, mais un secours temporaire et facultatif donné à un associé dans le besoin par ses co-associés.

ART. 2. — L'*aide* sera fournie uniquement sous la forme de journées de travail destinées à remettre en état suffisant les cultures du syndiqué auquel on l'accorde.

Art. 3. — L'ensemble des syndiqués contribuera, sans distinction de commune, à l'aide donnée, car le coût des journées faites sera prélevé sur la caisse générale.

Art. 4. — Provisoirement, et jusqu'à nouvelle décision de l'Assemblée générale, l'aide mutuelle ne s'appliquera qu'aux cas de maladie.

Art. 5. — Tout membre du syndicat peut profiter de l'*aide mutuelle*, s'il est dans les conditions requises :

1°. Travaillant de ses mains sa propriété ou celle d'autrui par vigneronnage ou fermage ;

2°. Malade depuis une semaine au moins, ou même depuis moins de temps, si l'incapacité de travail résulte d'un accident ;

3°. Dans l'impossibilité de payer un journalier.

Art. 6. — Les membres correspondants dans chaque commune, après avoir pris l'avis du plus âgé et du plus jeune des syndiqués, habitant la commune, sont autorisés à faire exécuter immédiatement, par un journalier de leur choix, les travaux nécessaires, jusqu'à concurrence de six journées, dont le coût ne devra, dans aucun cas, dépasser vingt francs.

En cas de parenté avec le syndiqué demandant l'aide, le membre correspondant, ou le plus âgé ou le plus jeune des syndiqués doivent se faire remplacer, le premier par un membre du bureau, les autres par ceux des syndiqués que leur âge désigne.

Art. 7. — Les correspondants, chaque fois que l'aide aura été accordée, devront fournir, dans la huitaine, un court rapport au président, qui ordonnancera un bon sur la caisse du Syndicat.

Art. 8. — Si une aide de plus de six journées était nécessaire, de même si, dans l'année, une aide nouvelle au même syndicataire paraissait opportune, la demande en devrait être adressée, au préalable, par le même correspondant, au Bureau, qui seul pourrait l'autoriser.

Art. 9. — Quand, dans la même commune, l'aide aura été accordée trois fois dans l'année, l'avis préalable du président sera indispensable, avant l'exécution de nouvelles journées d'aide.

Art. 10. — Appel est adressé à toutes personnes en situation de le faire, pour alimenter la caisse par dons ou par legs, afin que l'aide puisse être fournie chaque fois qu'elle sera nécessaire. Toutes dispositions spéciales accompagnant les dons ou legs seront scrupuleusement observées.

*
* *

Après le Beaujolais, beaucoup d'autres syndicats adoptèrent cette forme manuelle de l'assistance, qui donne des résultats d'autant plus satisfaisants que la circonscription syndicale est plus restreinte, et qui a, de plus, le grand mérite de n'exiger aucune caisse spéciale.

C'est donc là une forme d'assistance particulièrement recommandable aux petits syndicats peu fortunés ; nos lecteurs ont pu voir, dans le premier volume, qu'ils ont su en profiter.

En plus de l'aide mutuelle par le travail, quelques-uns des syndicats unis ont créé une caisse de secours au profit de leurs membres malheureux. Ces caisses sont alimentées, soit par des dons volontaires comme dans le syndicat du Bois-d'Oingt, soit par des allocations du syndicat lui-même comme à Allex.

Voici, au surplus, les statuts et règlement de ces deux caisses-types.

Caisse de secours du Syndicat d'Allex.

I. — Une caisse de secours en cas de maladie est établie dans le Syndicat agricole d'Allex.

Elle est alimentée par une somme votée chaque année par l'Assemblée générale du Syndicat sur la proposition du bureau.

II. — Cette caisse est destinée à rembourser aux sociétaires qui auront été malades pendant l'année, tout ou partie des frais de médecins et de pharmaciens qu'ils auront eu à supporter.

Les médicaments prescrits par ordonnance du médecin sont seuls admis au remboursement.

III. — Les sociétaires dispensés de payer la cotisation du Syndicat, aux termes des articles 3 et 11 des statuts, ne participent pas à la caisse de secours.

Les sociétaires nouveaux n'y participent qu'un an après leur admission, à moins de payer une cotisation entière à leur entrée, en plus de la cotisation de l'année courante.

IV. — Les sociétaires peuvent s'adresser aux médecins et pharmaciens de leur choix.

V. — Dans le courant du mois de janvier, les sociétaires qui ont été malades pendant l'année écoulée, doivent remettre leurs notes, autant que possible, acquittées, entre les mains du trésorier, qui en fait le total et les soumet au Conseil.

VI. — Si le total des factures ne dépasse pas la somme votée, les factures sont intégralement remboursées.

Si ce total est plus élevé que la somme votée, les factures subissent une réduction proportionnelle, et ne sont remboursées que jusqu'à concurrence de cette somme. Dans ce cas, les factures supérieures à 30 fr. sont d'abord ramenées à ce chiffre.

VII. — A raison de la grande facilité procurée aux membres du Syndicat de s'assurer contre les accidents agricoles, aucun secours n'est alloué en cas d'accident de cette nature.

Caisse de secours du Syndicat du Bois-d'Oingt.

ARTICLE PREMIER. — Il est créé dans le Syndicat agricole du Bois-d'Oingt une caisse de secours qui aura pour circonscription territoriale le canton du Bois-d'Oingt.

Le bureau pourra, sur demande motivée des intéressés, annexer à ce canton une ou plusieurs communes limitrophes:

ART. 2. — Les secours que cette caisse est destinée à fournir ne constituent pour les membres du syndicat ni une aumône, ni un droit; ils sont simplement l'application à des cas déterminés du principe de la fraternité professionnelle.

ART. 3. — La caisse est administrée par le bureau cantonal du syndicat, lequel perçoit, gère et répartit les fonds, applique et interprète le présent règlement, statue souverainement sur toutes les demandes de secours, et fixe en dernier ressort le montant des secours et les cas où ils peuvent être demandés.

ART. 4. — Le patrimoine de la caisse sera formé : 1º Par les souscriptions des membres bienfaiteurs payant une cotisation annuelle de 100 fr. au moins ; 2º Par les souscriptions des membres donateurs payant une cotisation annuelle de 20 francs au moins ; 3º Par les souscriptions des membres honoraires payant une cotisation annuelle de 10 fr. au moins ; 4º Par les dons et legs faits au syndicat avec affectation à la caisse de secours ; 5º Par les subventions que le syndicat pourra voter selon ses ressources.

Les membres bienfaiteurs, donateurs et honoraires pourront, à toute époque, se libérer du paiement annuel de leur cotisation, par le versement unique et immédiat d'une somme égale à dix fois la valeur de cette cotisation.

Toutes les cotisations sont payables dès le début de l'année.

ART. 5. — Le patrimoine de la caisse comprendra un fonds de service et un fonds de réserve. Le fonds de service se composera : 1º Du produit des cotisations ; 2º De la subvention du syndicat ; 3º Des intérêts du fonds de réserve. Le fonds de service seul peut être utilisé pour le payement des secours et pour les dépenses diverses.

Le fonds de réserve se composera : 1º Des sommes provenant des dons et legs ; 2º Des sommes fournies par les membres libérés de leur cotisation ; 3º Du prélèvement fait annuellement sur les excédents de recettes ; 4º Du capital placé. Le fonds de réserve ne pourra être employé que dans des cas exceptionnels avec l'approbation motivée du bureau.

ART. 6. — La caisse de secours est destinée à venir en aide aux membres du syndicat vivant de leur travail et qui, dans des cas déterminés, se trouveront dans l'incapacité temporaire de travailler.

Les cas d'incapacité de travail autorisant une demande de secours, et le montant du secours lui-même, seront fixés par le bureau dans un règlement spécial qui sera modifiable selon les circonstances.

Art. 7. — Les secours sont, en principe, limités aux cas d'incapacité de travail atteignant personnellement les syndiqués. Toutefois, le bureau peut les étendre aux cas d'incapacité de travail atteignant les femmes des syndiqués collaborant exclusivement aux travaux agricoles de leur mari, et leurs enfants légitimes adultes habitant avec eux et collaborant exclusivement aux travaux agricoles de leurs parents depuis un an au moins.

Art. 8. — En raison des facilités que donne le syndicat à ses membres de s'assurer économiquement contre les accidents agricoles, la victime d'un accident de cette nature n'aura pas droit aux bénéfices de la caisse de secours.

Néanmoins, dans les cas dignes d'intérêt, le bureau pourra accorder, à titre exceptionnel, un secours modique qui ne sera pas renouvelé.

Art. 9. — Pour être admis à bénéficier de la caisse de secours, il faut : 1° Être membre du syndicat depuis un an au moins et avoir payé deux cotisations ; 2° Habiter la circonscription territoriale de la caisse ; 3° Avoir l'agriculture comme profession unique ou principale ; 4° Être travailleur agricole, c'est-à-dire vivre de son travail et n'avoir que des ressources personnelles nulles ou très restreintes.

Dans l'appréciation des ressources personnelles, le bureau tiendra compte des charges de famille et notamment du nombre d'enfants.

Art. 10. — Dans le cas où le demandeur ferait partie d'une société de secours mutuels ou serait admis au bénéfice de l'assistance médicale gratuite, le Bureau pourra, selon les circonstances, refuser tout secours ou réduire le secours accordé.

Art. 11. — Le secours n'est accordé que sur la demande écrite de' l'intéressé, accompagnée des pièces justificatives que le Bureau croira devoir exiger. Le secours pourra être en argent ou en nature. S'il est en argent, il sera payé directement à l'intéressé par le Bureau du Syndicat.

Avant de statuer, le Bureau, indépendamment des pièces justificatives fournies, pourra prendre tous les renseignements dont il croira avoir besoin.

Art. 12. — A chaque Assemblée générale, il sera donné un compte rendu détaillé du fonctionnement et de la situation financière de la caisse pendant l'année écoulée.

Art. 13. — En cas de dissolution de la Caisse de secours, les fonds retournent à la Caisse du Syndicat. Le Bureau peut seulement suspendre le fonctionnement de la Caisse de secours. La dissolution n'en peut être prononcée que par l'Assemblée générale du Syndicat.

Art. 14. — Tout ce qui n'a pas été prévu par le règlement suivant sera tranché en dernier ressort par le Bureau.

Règlement.

Article premier. — Les cas d'incapacité de travail autorisant une demande de secours sont les suivants :

1º Maladie du syndiqué, entraînant une incapacité de travailler pendant plus d'une semaine ;

2º L'appel du syndiqué sous les drapeaux comme réserviste ou soldat de l'armée territoriale ;

3º Naissance d'un enfant légitime (incapacité de travail atteignant la femme du syndiqué, par application de l'article 7 du règlement général).

ART. 2. — Le montant des secours est ainsi fixé :

1º En cas de maladie, 1 fr. par jour sans dépasser 30 jours.

2º En cas d'appel sous les drapeaux, 30 fr. pour un réserviste, et 15 fr. pour un soldat de l'armée territoriale.

3º 25 fr. en cas de naissance d'un enfant légitime.

ART. 3. — Le Bureau décidera sur chaque demande en particulier si le secours sera donné en argent ou en nature.

ART. 4. — La demande de secours devra être visée par le syndic de la commune où habite le syndiqué auteur de la demande. Ce visa n'implique pas l'appui de la demande par le syndic ou son approbation par le Bureau.

ART. 5. — Toute demande de secours devra être adressée, sans désignation personnelle, à M. le président de la Caisse de secours au Bois-d'Oingt.

Cette dernière Caisse, grâce à une généreuse dotation de son distingué président, M. le marquis de Chaponnay, auquel se sont joints une quarantaine de souscripteurs, pris parmi les plus gros propriétaires du pays, a pu distribuer, dans le dernier exercice, 1.655 francs pour secours divers !

Bien mieux, les quatre syndicats de l'Union Beaujolaise, toujours à l'avant-garde de notre armée syndicale, ont créé 22 rentes viagères qui, ajoutées aux 4 rentes perpétuelles du comte de Chambrun, représentent un total annuel de 2.000 francs, réparti entre les plus méritants travailleurs de notre vieille terre beaujolaise.

La Prévoyance.— Mais tout cela ne constitue que de l'assistance ; malgré les plus généreux efforts, elle ne profitera jamais qu'à de rares privilégiés, et nul n'y pourra prétendre avec assez de certitude pour se sentir vraiment garanti contre les misères que peuvent amener la maladie et la vieillesse.

Cette sécurité, il faut la demander à la prévoyance qui, tout en s'inspirant des nobles sentiments d'assistance et de charité participe, par ailleurs, à la nature de l'assurance par le droit qu'elle confère à l'associé. Il est bien clair, au surplus, que ce droit, le participant ne peut l'acquérir qu'à l'aide d'un sacrifice, d'une prestation consentie par lui, en échange des avantages qui lui sont promis. Ces promesses réciproques constituent essentiellement la mutualité.

Le mutualiste doit s'assujettir à des versements périodiques, dans la pensée d'en retirer un profit quand il sera vieux ou malade, tout en sachant que d'autres en tireront profit s'il n'est plus là pour en profiter. L'adhésion suppose donc bien des qualités : l'esprit de prévoyance, d'épargne, d'association. Elle suppose, il faut bien le dire aussi, des ressources suffisantes ou tout au moins beaucoup d'ordre et d'économie.

Toutes ces qualités, le paysan les possède ordinairement, sauf peut-être l'esprit d'association avec la dose d'altruisme qu'il comporte, et si jusqu'à présent le mouvement mutualiste n'a guère entamé les campagnes, puisqu'au dire de M. Mabilleau, sur 1.500 000 mutualistes il n'y avai', en 1895, que 25 000 cultivateurs, c'est peut-être bien qu'il fallait leur infuser d'abord le sens de l'association et leur en montrer les avantages.

Les syndicats ont déjà beaucoup fait en ce sens, et ils vont essayer leur pouvoir en tentant la vulgarisation des sociétés de secours mutuels ainsi que des caisses de retraites.

Les *Sociétés mutuelles de secours contre les maladies* ont pour but de procurer à leurs membres, en cas de maladie, une indemnité journalière, les soins médicaux, les médicaments ; de payer, en cas de décès, les frais funéraires et d'assurer même, quand leurs ressources le permettent, des secours aux veuves et aux orphelins.

Les Sociétés mutuelles de retraites ont pour but principal de procurer à leurs membres âgés, des pensions viagères et, exceptionnellement, d'allouer des secours temporaires aux veuves et aux orphelins.

Ces sociétés luttent donc d'une façon très directe contre deux sources abondantes de misère : la maladie et la vieillesse.

Elles assurent ainsi la sécurité et l'indépendance ; sécurité, car elles procurent au moins les ressources nécessaires quand surviennent ces maux redoutables ; indépendance de l'assistance publique ou privée, de l'hôpital, de l'hospice, toutes formes bienfaisantes de la charité, mais dont on ne saurait nier qu'à certains égards, elles entraînent quelques servitudes. Elles développent enfin et supposent de nobles qualités morales : l'esprit d'épargne, de prévoyance, d'assistance mutuelle, de charité, les meilleurs adversaires de ces fléaux qui se nomment : l'alcoolisme, la débauche, l'égoïsme.

Par la mutualité, l'épargne est secondée et multipliée, au point de

rendre des services bien supérieurs à ceux qu'aurait pu rendre
l'épargne individuelle.

Supposons un modeste travailleur qui, depuis trois ans, a pu, en
élevant sa famille, économiser 15 francs par an Il les a mis à la
Caisse d'épargne, il a donc 45 fr. S'il tombe malade et que la maladie se
prolonge, de quel secours lui seront ces modestes économies ? Quelques jours les auront bien vite anéanties et après.... il lui restera la
misère.

Si, au contraire, il existe au village une société de secours mutuels,
et que notre travailleur s'y soit affilié, les 15 francs qu'il aura versés
à titre de cotisation annuelle lui assureront une indemnité journalière et, en outre, gratuitement, les soins du médecin, les remèdes
du pharmacien.

L'*épargne isolée* aurait été emportée comme un fétu, laissant
après elle le dénûment le plus complet.

L'*épargne mutualisée*, comme indéfiniment multipliée, fournira
le nécessaire pendant de longs mois, indéfiniment peut-être.

Par la loi libérale du 1er avril 1898, digne complément de la loi
du 21 mars 1884, les syndicats agricoles ont les moyens de prendre
cette nouvelle initiative, de diriger cette forme de la prévoyance, ils
n'y sauraient manquer.

Aussitôt la promulgation de cette nouvelle loi, l'Union du Sud-Est
s'est mise à l'œuvre et, à l'assemblée générale de l'Union Centrale de
Paris, du 24 février 1899, son distingué secrétaire général, M. Voron,
résumait, devant les délégués des syndicats unis, les travaux préparatoires qui, depuis, ont servi de base à toutes les tentatives faites dans
le monde syndical.

La première création de l'Union, sur ce terrain, fut l'organisation
d'une Caisse de retraites au profit des employés de la Coopérative et
des divers syndicats unis (1).

Voici sur quelles bases la Caisse fut édifiée :

Caisse de retraites des employés de la Coopérative agricole du Sud-Est et des Syndicats de l'Union du Sud-Est.

Statuts

CHAPITRE I. — FORMATION ET BUT DE LA SOCIÉTÉ.

ARTICLE PREMIER. — Une Société mutuelle, conformément à la loi du
1er avril 1898, est établie à Lyon sous le nom de « Société mutuelle de
retraites des employés de la Coopérative agricole du Sud-Est ».

---

(1) Pl. n° 14.

Elle recrute ses membres participants parmi :

A. Les employés de la Coopérative agricole du Sud-Est ;

B. Les employés de l'Union du Sud-Est et des Unions locales dont les syndicats sont adhérents à l'Union du Sud-Est ;

C. Les employés des Syndicats adhérents à l'Union du Sud-Est.

Elle a pour but :

1° De leur constituer des pensions de retraites ;

2° De leur donner éventuellement des allocations annuelles renouvelables ;

3° D'allouer des secours aux veufs, veuves, enfants et petits enfants orphelins, ou aux ascendants, de ses membres participants décédés.

CHAPITRE II. — COMPOSITION DE LA SOCIÉTÉ. — CONDITIONS D'ADMISSION.

ART. 2. — La Société se compose de membres honoraires et de membres participants.

ART. 3. — Les membres honoraires sont ceux qui, par leurs souscriptions ou par des services équivalents, contribuent à la prospérité de la Société sans participer à ses avantages. Ils ne sont soumis à aucune condition d'âge, de domicile, de profession.

ART. 4. — Les membres participants sont ceux qui ont droit à tous les avantages assurés par l'Association, en échange du paiement régulier de leur cotisation.

Les mêmes avantages sont assurés à tous les membres participants, sans autre distinction que celle qui résulte des cotisations fournies et des risques apportés.

ART. 5. — Les femmes employées dans les conditions de l'article 1er peuvent faire partie de la Société.

ART. 6. — Les membres participants sont ceux qui, étant dans les conditions de l'article 1er et de l'article 7, en font la demande. Leur admission est de droit à la fin du trimestre au cours duquel la demande s'est produite.

Les membres honoraires sont admis par le Conseil à la majorité des voix.

ART. 7. — Pour être admis à titre de membre participant, le candidat doit remplir les conditions suivantes :

1° Présenter une attestation de l'Association dont il est employé, constatant cette qualité ;

2° Avoir accompli son service militaire ou être âgé de 22 ans, s'il en a été exempté.

Toutefois le Conseil d'Administration pourra admettre comme membre participant, conformément à l'article 32, sans qu'il ait l'une des qualités énoncées à l'article 1er, un membre honoraire qui sera atteint par des revers de fortune.

CHAPITRE III. — ADMINISTRATION.

ART. 8. — La Société est administrée par un Conseil, composé d'un président, un vice-président, un secrétaire, un trésorier, et 5 administrateurs.

ART. 9. — L'Administration de la Société ne peut être confiée qu'à des Français majeurs, de l'un ou l'autre sexe, non déchus de leurs droits civils ou civiques, sous réserve, pour les femmes mariées, des autorisations de droit commun.

ART. 10. — Tous les membres du Conseil sont élus en Assemblée générale, au bulletin secret, le vote par écrit étant admis. Ils devront être choisis :

2 parmi les membres honoraires, membres du Conseil d'administration de la Coopérative Agricole du Sud-Est ;

3 parmi les membres honoraires, présidents ou administrateurs d'Unions ou de Syndicats de « l'Union du Sud-Est » ;

4 parmi les membres participants.

Nul n'est élu au premier tour de scrutin s'il n'a réuni la majorité absolue des suffrages. Au deuxième tour, l'élection a lieu à la majorité relative ; dans le cas où les candidats obtiendraient un nombre égal de suffrages, l'élection est acquise au plus âgé.

Le Bureau sera nommé par le Conseil.

ART. 11. — Le Conseil est élu pour trois ans. Il sera renouvelable par tiers chaque année et les membres en seront rééligibles pour deux périodes nouvelles.

Le premier Conseil procédera par voie de tirage au sort pour désigner ceux de ses membres qui seront soumis à la réélection chaque année.

Il en sera de même du Conseil qui serait élu à la suite d'une démission collective des Administrateurs en exercice.

Il est pourvu provisoirement, par le Conseil, au remplacement des membres décédés ou démissionnaires ; ses choix sont soumis à la ratification de la plus prochaine Assemblée générale.

Les administrateurs ainsi nommés ne demeurent en fonctions que pendant la durée du mandat qui avait été confié à leurs prédécesseurs.

Les membres du Bureau sont élus chaque année par le Conseil, après l'Assemblée générale. Ils sont rééligibles pendant toute la durée de leur mandat d'administrateurs.

ART. 12. — Le président assure la régularité du fonctionnement de la Société conformément aux statuts.

Il adresse dans les trois premiers mois de chaque année, au Préfet, les statistiques prévues par l'article 7 de la loi.

Il est chargé de la police des Assemblées ; il signe tous les actes, arrêtés ou délibérations ; il représente la Société en justice et dans tous les actes de la vie civile.

ART. 13. — Le vice-président seconde le président dans toutes ses fonctions.

Il le remplace en cas d'empêchement.

En cas d'empêchement du président et du vice-président, l'administrateur le plus âgé et le plus ancien au Conseil les remplace.

Art. 14. — Le secrétaire est chargé des convocations, de la rédaction des procès-verbaux, de la correspondance et de la conservation des archives. Il tient le registre matricule des membres de la Société.

Art. 15. — Le trésorier fait les recettes et les paiements ; il tient les livres de la comptabilité.

Il est responsable de la caisse contenant les fonds et les titres de la Société.

Il paie sur mandats visés par le président.

Il délivre aux sociétaires, au moment de leur admission, des cartes ou livrets sur lesquels est constaté le paiement des cotisations.

Il ne pourra, sans l'autorisation du Conseil, vendre ou échanger aucune valeur mobilière ; mais il pourra, avec cette autorisation, signer toutes feuilles de conversion, de transfert ou de remboursement, consentir l'annulation de tous titres ou certificats nominatifs, faire toutes déclarations, acquitter tous impôts, etc...

Art. 16. — Le Conseil se réunit chaque fois qu'il est convoqué par le président et au moins tous les trimestres.

La convocation est obligatoire quand elle est demandée par la majorité des membres du Conseil.

Le Conseil ne peut délibérer valablement que si la majorité des membres qui le composent assistent à la séance.

Art. 17. — La Société se réunit en Assemblée générale ordinaire une fois par an, pour entendre la lecture des rapports qui lui sont présentés et statuer sur les questions qui lui sont soumises par le Conseil.

En outre, le président peut toujours convoquer une Assemblée générale dans les cas graves et urgents.

La convocation est obligatoire quand elle est demandée, soit par le quart des membres de la Société, soit par la majorité des membres du Conseil.

Art. 18. — L'Assemblée générale, qui délibère dans les cas autres que ceux qui sont prévus dans l'article qui suit, doit être composée du quart au moins des membres de la Société présents ou représentés. Si elle ne réunit pas ce nombre, la délibération est ajournée ; une nouvelle assemblée est convoquée dans le délai d'un mois au plus, et elle délibère valablement, quel que soit le nombre des sociétaires présents.

Les délibérations sont prises à la majorité des voix.

Art. 19 — L'Assemblée générale extraordinaire, qui délibère sur des modifications aux statuts, doit être composée du quart au moins des membres de la Société.

Les délibérations sont prises à la majorité des deux tiers des membres présents.

L'Assemblée générale extraordinaire, qui délibère sur la dissolution volontaire de la Société, ne peut statuer qu'à la majorité des deux tiers des membres présents et à la majorité des membres de la Société.

L'Assemblée générale extraordinaire, qui statue sur les acquisitions, ventes ou échanges d'immeubles, doit être composée de la moitié au moins des membres de la Société présents ou représentés, et ne peut statuer qu'à la majorité des trois quarts des voix.

Art. 20. — Est nulle et non avenue toute décision prise dans une réunion de l'Assemblée générale, ou du Conseil, qui n'a pas fait l'objet d'une convocation régulière, ou portant sur une question qui ne figurait pas à l'ordre du jour.

Art. 21. — Toute discussion politique, religieuse, ou étrangère au but de la mutualité est interdite dans les réunions du Conseil et de l'Assemblée générale.

Il est interdit aux membres du Conseil de se servir de leur titre en de hors des fonctions qui leurs sont attribuées par les statuts.

Chapitre IV. — Organisation financière.

Art. 22. — Les recettes de la Société sont de deux sortes : les recettes ordinaires et les recettes extraordinaires.

Les recettes ordinaires sont :

1° Les cotisations des membres participants ;
2° Les intérêts produits par les fonds provenant de ces cotisations.

Les recettes extraordinaires sont :

1° Les cotisations des membres honoraires ;
2° Les dons et legs ;
3° Les subventions ;
4° Les intérêts produits par les sommes des recettes extraordinaires.

Art. 23. — Comme conséquence de ces deux catégories de recettes sociales, il est stipulé que les dépenses s'effectueront de la façon suivante :

1° Les secours et allocations temporaires par prélévement sur le compte de recettes extraordinaires seul ;

2° Les retraites sur l'ensemble de l'avoir de la société sans distinction de comptes, mais avec cette réserve que le montant du compte ordinaire devra toujours être au moins égal aux versements capitalisés à 3 %, effectués par des membres participants non encore admis à la retraite.

Art. 24. — Chaque année, l'excédent éventuel des recettes sur les dépenses de chacun de ces derniers comptes est reporté au même compte pour l'exercice suivant.

Art. 25. — Le trésorier ne peut conserver en caisse une somme supérieure à mille francs.

Art. 26. — Les fonds du compte ordinaire devront être employés en dépôts à la Caisse nationale de retraites, à la Caisse des dépôts et consignations, aux caisses d'épargne, en rentes sur l'État français, en bons du Trésor ou autres valeurs créées ou garanties par l'État, en obligations des départements et des communes ou des Compagnies de chemins de fer qui ont la garantie d'intérêts de l'État, ou enfin en prêts hypothécaires en France.

Art. 27. — Les fonds du compte extraordinaire s'emploieront librement.

Art. 28. — Les titres et valeurs qui seraient au porteur seront déposés dans une banque de Lyon, et ne pourront être retirés que contre la signature du président et du trésorier.

Chapitre V. — Obligations envers la Société.

Art. 29. — Les membres participants s'engagent au payement d'une cotisation mensuelle égale à 2, 50 0/0 de leur appointement.

Art. 30. — Les membres honoraires payent une cotisation annuelle dont le minimum est fixé à 10 francs. Ils peuvent la racheter par le payement d'une somme de 150 francs.

Art. 31. — Tout membre est obligé, sauf e cas de force majeure, notamment le trop grand éloignement, de se rendre aux assemblées générales et à toutes les convocations statutairement faites Ceux valablement excusés auront la faculté de se faire représenter aux termes de l'article 6 de la loi.

Chapitre VI. — Obligations de la Société.

Art. 32. — Les membres honoraires atteints par des revers de fortune peuvent être admis comme membres participants par décision spéciale du Conseil et par dérogation aux conditions de l'article 7.

Art. 33. — Les membres participants, après 25 ans de versements, lorsqu'ils auront atteint l'âge de 55 ans, auront droit à la liquidation de leur retraite, à raison de 25 % de leurs versements capitalisés à 3 % sous les réserves de l'article 23.

Art. 34. — Nul ne peut demander la liquidation de sa retraite, tant qu'il reste employé de la Coopérative, de l'une des Unions ou de l'un des Syndicats du Sud-Est.

Art. 35. — L'employé participant qui aurait versé pendant 25 ans, mais qui n'aurait pas atteint la limite d'âge de 55 ans, pourra continuer ses versements.

Art. 36. — L'employé participant, âgé de 55 ans au plus, ayant fait des versements pendant 25 ans, qui préférera ne pas demander la liquidation de sa retraite, pourra ne plus faire de versements et verra néanmoins sa retraite augmenter de 1 %, sans que ce quantum puisse aller au delà de 33 % de ses versements, toujours capitalisés à 3 %.

Dans le cas où il préférerait continuer ses versements, il jouirait du même avantage de voir augmenter le quantum de sa retraite de 1 % annuellement, mais sans limitation de maximum.

Art. 37. — En cas d'infirmité ou de maladie ne permettant plus à un membre participant de rester au service de la Coopérative, d'une Union ou d'un Syndicat du Sud-Est, ce dont l'Assemblée générale sera juge, il lui sera attribué une rente proportionnelle calculée à raison de 15 % de ses versements toujours capitalisés à 3 %, ceux-ci devenant alors la propriété définitive de la Caisse.

ART. 38. — Dans les cas de démission, le membre participant qui resterait employé de la Coopérative ou d'une Union, ou d'un Syndicat de l'Union du Sud-Est, devra laisser ses versements à la Caisse et ne conservera d'autres droits que ceux à la retraite proportionnelle, comme il est dit à l'article 37, c'est-à-dire 15 % des versements, mais seulement quand il aura atteint la limite d'âge et de service fixée pour la liquidation de la retraite.

Toutefois, dans le cas de son départ de l'une des associations ci-dessus avant la liquidation de sa retraite, il recevra le remboursement de ses versements sans intérêts, et ceux-là seuls.

ART. 39. — L'employé participant, âgé de 60 ans, bien que n'ayant pas effectué ses 25 ans de versements, aura le droit de demander la liquidation de sa retraite au même taux de 25 % des versements capitalisés à 3 %, même s'il quitte la Coopérative, l'Union ou le Syndicat dont il était employé, sans que ce soit pour motifs de maladies ou d'infirmités.

ART 40. — Pour le cas où il serait établi que les ressources de la Société ne permettraient pas de servir intégralement les rentes sur les bases précédentes, et en tenant compte des conditions de l'article 23, l'Assemblée générale fixera le quantum des réductions en tant % à leur faire subir. Aussitôt qu'il serait constaté que les ressources permettraient de revenir aux bases statutaires, l'Assemblée générale serait tenue d'en décider le rétablissement.

ART. 41. — Les arrérages des retraites sont payés par la Caisse sociale par trimestre échu, et sont prélevés sur le montant de l'avoir social, conformément à l'article 23.

ART. 42. — En cas de décès d'un membre participant, avant la liquidation de sa retraite, un secours équivalent au montant des versements effectués par lui, sans intérêts, sera accordé en totalité et dans l'ordre suivant:

1° A l'époux survivant.

2° A ses enfants mineurs.

A défaut d'époux ou d'enfants mineurs, les versements resteront acquis à la Caisse, le Conseil restant libre d'allouer un secours aux ascendants, aux enfants ou aux petits-enfants, dans le besoin.

En cas de décès d'un membre participant après la liquidation de sa retraite, un secours pourra être alloué à l'époux survivant, aux enfants mineurs, ou aux ascendants, ou petits-enfants dans le besoin.

ART. 43. — L'Assemblée générale décide les secours ou allocations temporaires ou annuels à accorder à un participant en vertu de l'article précédent.

Le Conseil, en cas d'urgence, est autorisé à accorder des secours provisoires en attendant l'Assemblée générale. Ces secours et allocations sont prélevés sur les fonds disponibles des recettes extraordinaires.

CHAPITRE VII. — RADIATIONS. — EXCLUSIONS. — DÉMISSIONS

ART. 44. — Cessent de faire partie de la Société les membres participants n'ayant pas payé leur cotisation depuis six mois, et les membres honoraires en retard d'un an, après deux rappels par lettres recommandées.

La radiation est prononcée par le Conseil, qui peut surseoir à l'application de cet article pour les membres participants qui prouvent que des circonstances indépendantes de leur volonté les ont empêchés d'effectuer le payement de leur cotisation.

Cessent aussi de faire partie de la Société les membres participants qui ne sont plus employés de la Coopérative, d'une des Unions ou d'un Syndicat du Sud-Est. Le Conseil, sans droit d'appréciation, constate et effectue cette radiation.

ART. 45. — L'exclusion est prononcée en Assemblée générale, sur la proposition du Conseil et sans discussion, contre tout sociétaire qui se serait rendu coupable d'un acte contraire à l'honneur ou aurait causé aux intérêts de la Société un préjudice volontaire et dûment constaté.

Dans les cas prévus par le présent article et par l'article précédent, le membre participant dont l'exclusion est proposée, est invité à se présenter devant le Conseil pour être entendu sur les faits qui lui sont imputés ; s'il ne se présente pas au jour indiqué, une nouvelle invitation lui est adressée par lettre recommandée ; s'il s'abstient encore de s'y rendre, son exclusion est, sans autre formalité, proposée à l'Assemblée générale.

ART. 46. — En cas de radiation ou exclusion pour quelque cause que ce soit, le participant recevra le remboursement sans intérêts des versements faits par lui et de ceux-là seulement.

CHAPITRE VIII. — MODIFICATION AUX STATUTS. — DISSOLUTION. — LIQUIDATION.

ART. 47. — Les statuts ne peuvent être modifiés que sur la proposition du Conseil ou sur celle du quart des sociétaires au moins.

Dans ce dernier cas, la proposition est soumise au Conseil deux mois avant la séance où elle viendra en délibération.

Le projet de modification est imprimé et envoyé à tous les sociétaires, huit jours au moins avant la séance de l'Assemblée générale extraordinaire, à laquelle ils sont convoqués par lettre individuelle indiquant l'ordre du jour.

Toute modification aux statuts doit être notifiée et publiée conformément à l'article 4 de la loi du 1er avril 1898.

ART. 48. — La dissolution est prononcée dans les formes prescrites par le précédent article.

ART. 49. — Les modifications aux statuts et la dissolution sont prononcées par l'Assemblée générale aux conditions de majorité prescrites par l'article 19.

ART. 50 — En cas de dissolution, il est prélevé sur l'actif social :
1° Le montant des engagements contractés vis-à-vis des tiers.

2° Les sommes nécessaires pour assurer les engagements contractés vis-à-vis des participants, notamment par des versements à la Caisse nationale des retraites.

3° Les dons et legs qui n'auraient été reçus qu'avec obligation d'emploi dans un but déterminé, afin qu'ils soient, autant que possible, utilisés conformément au but du donateur, ou en cas d'impossibilité mis à la disposition des héritiers.

4° Le surplus de l'actif social sera, s'il y a lieu, réparti entre les membres participants, appartenant à la Société au jour de la dissolution et non pourvus d'une pension ou indemnité annuelle, au prorata des versements opérés par chacun d'eux depuis leur entrée dans la société, sans qu'ils puissent recevoir une somme supérieure à leur contribution personnelle.

Le reliquat de l'avoir de la société sera employé par le Conseil d'administration, seul chargé de la liquidation, soit à la constitution d'une caisse nouvelle, soit en faveur d'œuvres agricoles, d'assistance et de prévoyance.

DISPOSITIONS TRANSITOIRES.

Conformément à l'article 4 de la loi, les statuts et la liste des membres chargés de l'administration seront déposés à la Préfecture, et le fonctionnement de la Société sera renvoyé à un mois.

Les membres participants, pendant ce délai d'un mois après l'Assemblée constitutionnelle, pourront faire remonter le point de départ de la retraite à la date de leur entrée au service de la Coopérative, d'une Union ou d'un Syndicat de l'*Union du Sud-Est*, ou à une date intermédiaire, moyennant le versement de 2 1/2 0/0 des appointements touchés pendant cette durée, augmentés de la capitalisation à 3 0/0.

La capitalisation n'aura pas lieu à partir du 1er juillet 1899.

En songeant, tout d'abord, à ses modestes collaborateurs, l'Union payait une dette de reconnaissance envers ceux qui furent les artisans dévoués de nos Associations, dette au remboursement de laquelle ont tenu à s'associer, comme membres honoraires, tous ceux, et ils sont nombreux, qui savent combien nous sommes redevables à cette pléiade d'agents qui, sous la haute direction du président de l'Union, assurent le service régulier et journalier de nos 250 syndicats.

Cette première pierre posée, l'Union étudia comment les syndicats peuvent utiliser la loi de 1898, et portant d'abord ses efforts sur la retraite elle est arrivée, comme base de l'organisation de l'assistance, à la conclusion suivante :

1° Les Syndicats assureraient par eux-mêmes les secours en cas de maladie conformément à l'article 40 et sous forme libre.

Ce secours consisteraient en soins médicaux et en médicaments ; de plus des secours en nature seraient organisés, pour faire exécuter par groupes les travaux des syndiqués malades, cette dernière forme d'aide mutuelle pouvant à peu de frais rendre les plus signalés services.

2° En vue de la retraite, les Syndicats pourraient constituer des Sociétés annexes et approuvées où serait versée une cotisation spéciale.

Il serait important, ici, d'avoir une caisse à part et soumise à la réglementation administrative, car il s'agit d'administrer et de placer à longue échéance des fonds importants.

Sur ces bases, l'Union a préparé des statuts pour l'organisation des retraites, point capital de l'Assistance, laissant à chaque syndicat le soin d'organiser les secours maladie comme il l'entendra. Elle reste, bien entendu, à leur disposition pour les conduire sur ce terrain neuf et un peu mouvant, et nous savons même que son distingué secrétaire général, M. Voron, prépare à cet effet un petit manuel qui pourra devenir le guide des administrateurs de nos associations (1).

Les mutualistes les plus autorisés estimant que, pour arriver à des retraites sérieuses, il faut constituer des Sociétés se proposant ce but unique et spécial, et d'autre part, les secours en cas de maladie, quoique moins nécessaires, étant déjà organisés dans beaucoup de nos villages, l'Union a porté ses efforts surtout sur l'organisation des retraites, qui n'existent pour ainsi dire pas à la campagne et qui y seraient pourtant si utiles, tant pour le bien-être et la sécurité de nos paysans que dans l'intérêt de notre agriculture nationale si étrangement délaissée.

Le point le plus important et, en même temps, le plus délicat à trancher, était l'organisation financière. Comment gérer ces fonds qui vont s'accumuler ? Comment les faire fructifier ? Comment les répartir ensuite de façon à ne léser aucun droit ?

L'Union s'est arrêtée à la combinaison suivante :

a) Les participants qui doivent faire partie du syndicat fondateur, versent une cotisation qui doit être intégralement remise à la Caisse Nationale des Retraites pour la vieillesse, et inscrite à leur nom sur livret individuel, à capital aliéné ou réservé à leur choix.

Tel a paru être le procédé le plus sûr pour garantir aux adhérents

---

(1) Caisses agricoles mutuelles de retraites, brochure par Em. Voron. (Vallier E. & Cie, Grenoble, 1900).

des droits au moins équivalents à leurs versements, et faciliter le règlement de leurs droits à la sortie du syndicat.

b) Les cotisations des membres honoraires, les libéralités, les subventions constituent une masse commune qui servira à constituer des compléments à la retraite procurée par le livret, à ceux qui feront encore partie de la caisse et, par suite, du syndicat, à l'âge de la retraite.

L'Union encourage ainsi, d'une part, les agriculteurs riches et les syndicats à être généreux, puisque les professionnels seuls en profiteront, et, d'autre part, elle engage les participants à la stabilité de séjour et de profession, en les incitant ainsi à ne pas abandonner une caisse qui doit leur procurer de tels avantages.

Les caisses, ainsi constituées, seront placées sous le régime de la loi du 1er avril 1898, et les fondateurs auront à se décider entre les deux types principaux qu'elle prévoit : *la forme libre et la forme approuvée.*

Si, avec la première, on est plus exempt de tutelle et d'entraves, avec la seconde, on jouit de privilèges sérieux, tels que le droit de se faire fournir par la Commune, locaux et registres; on s'assure des exemptions fiscales, et *le droit de placer des fonds à 4 1/2 % à la Caisse des Dépôts.* Aussi, la forme approuvée aura-t-elle, nous en sommes persuadé, les préférences de beaucoup.

Après avoir donné les statuts d'une caisse approuvée, nous indiquons les quelques modifications qu'il faudrait y introduire pour une caisse libre.

Une brochure, où l'on s'est efforcé de fournir les explications nécessaires pour la fondation et la gestion d'une caisse de retraites, ainsi que des statuts types, sont à la disposition des syndicats qui en feront la demande à l'Union du Sud-Est.

Statuts d'une Caisse approuvée

Caisse mutuelle de retraites du Syndicat de......

CHAPITRE PREMIER. — FORMATION ET BUT DE LA SOCIÉTÉ.

ARTICLE PREMIER. — Une société mutuelle est établie à.......... sous le nom de *Caisse mutuelle de retraites du Syndicat de......* Elle se recrute parmi les membres du Syndicat de..... (1).

---

(1) Pour une société communale formée dans un syndicat cantonal, on ajoutera : habitant la commune de......

Elle a pour but :

1° De leur constituer des pensions de retraites ;

2° De leur donner des allocations annuelles renouvelables ;

3° D'allouer des secours aux ascendants, aux veufs, aux veuves ou orphelins de leurs membres participants décédés.

CHAPITRE II. — COMPOSITION DE LA SOCIÉTÉ. — CONDITIONS D'ADMISSION.

ART. 2. — La Société se compose de membres honoraires et de membres participants.

ART. 3. — Les membres honoraires sont ceux qui, par leurs souscriptions ou par des services équivalents, contribuent à la prospérité de la Société sans participer à ses avantages. Ils doivent être membres du syndicat. Ils ne sont soumis à aucune condition d'âge, de domicile ou de nationalité.

ART. 4. — Les membres participants sont ceux qui ont droit à tous les avantages assurés par l'Association, en échange du paiement régulier de leur cotisation.

Les mêmes avantages sont assurés à tous les membres participants, sans autre distinction que celle qui résulte des cotisations fournies et des risques apportés (1).

ART. 5. — Les femmes (2) et les enfants (3) peuvent faire partie de la Société. Les sociétaires mineurs peuvent assister aux assemblées, mais ne sont pas admis à voter.

ART. 6. — L'admission est de droit à la fin du trimestre au cours duquel la demande s'est produite, pour tout syndiqué qui, étant dans les conditions de l'art. 1 et de l'art. 7, en fait la demande.

Les membres honoraires sont admis sur leur demande par le Conseil.

Sont assimilés aux membres du syndicat les femmes et les enfants d'un syndiqué qui habitent avec lui. Les orphelins de père et de mère mineurs conservent le bénéfice de cette assimilation jusqu'à 21 ans.

ART. 7. — Pour être admis à titre de membre participant le candidat doit :

N'être pas âgé de plus de... ans (4) ; néanmoins, pendant le cours des années qui suivront la fondation de la Caisse, tous les membres du syndicat pourront être admis sans limite d'âge, par l'Assemblée générale (5) ;

---

(1) Condition imposée par l'art. 2 de la loi.

(2) Les femmes n'ont pas besoin de l'assistance de leur mari (art. 3 de la loi). Aux termes de cet article, les femmes peuvent aussi créer, administrer et diriger une société. Si elles sont mariées, elles ne peuvent l'administrer et la diriger qu'avec les autorisations de droit commun.

(3) Les mineurs peuvent faire partie de la Société sans l'intervention de leur représentant légal.

(4) Par exemple 45 ans.

(5) 1 à 3 ans.

Ne pas être affilié à une autre Société de secours mutuels en vue d'en tirer une rente qui, jointe à celle que doit lui procurer la nouvelle affiliation, lui assurerait une pension annuelle supérieure à 360 fr. (1).

Chapitre III. — Administration.

Art. 8. — La Société est administrée par un Conseil, composé d'un président, un vice-président, un secrétaire, un trésorier et.... administrateurs (2).

Ces fonctions sont gratuites (3).

Art. 9. — L'Administration de la Société ne peut être confiée qu'à des Français majeurs, de l'un ou l'autre sexe, non déchus de leurs droits civils ou civiques, sous réserve, pour les femmes mariées, des autorisations de droit commun (4).

Art. 10. — Tous les membres du Conseil sont élus au bulletin secret, en Assemblée générale, et ne peuvent être choisis que parmi les membres honoraires ou participants (5).

Nul n'est élu au premier tour de scrutin s'il n'a réuni la majorité absolue des suffrages. Au deuxième tour, l'élection a lieu à la majorité relative ; dans le cas où les candidats obtiendraient un nombre égal de suffrages, l'élection est acquise au plus âgé.

Le Bureau sera nommé par le Conseil.

Art. 11. — Le Conseil est élu pour trois ans. Il sera renouvelable par tiers chaque année et les membres en seront rééligibles indéfiniment.

Le premier Conseil procèdera par voie de tirage au sort pour désigner ceux de ses membres qui seront soumis à la réélection chaque année.

Il en sera de même du Conseil qui serait élu à la suite d'une démission collective des administrateurs en exercice.

Il est pourvu provisoirement, par le Conseil, au remplacement des membres décédés ou démissionnaires ; ses choix sont soumis à la ratification de la plus prochaine Assemblée générale.

Les administrateurs ainsi nommés ne demeurent en fonctions que pendant la durée du mandat qui avait été confié à leurs prédécesseurs.

Les membres du Bureau sont élus chaque année par le Conseil, après l'Assemblée générale. Ils sont rééligibles pendant toute la durée de leur mandat d'administrateurs.

Art. 12. — Le président assure la régularité du fonctionnement de la Société, conformément aux statuts.

---

(1) Clause nécessitée par l'art. 28 de la loi.

(2) 3 ou 5.

(3) Cette disposition n'empêche pas que les sociétés nombreuses aient, pour assurer le fonctionnement de leurs services, un ou plusieurs agents rétribués.

(4) Article 3 de la loi.

(5) Article 3 de la loi.

Il adresse dans les trois premiers mois de chaque année, au Préfet :

1° La statistique de l'effectif de la Société (1) ;

2° Le compte rendu de la situation morale et financière de la Société (2) présenté par le Conseil à l'Assemblée générale.

Il est chargé de la police des assemblées ; il signe tous les actes, arrêtés ou délibérations ; il représente la Société en justice et dans tous les actes de la vie civile.

ART. 13. — Le vice-président seconde le président dans toutes ses fonctions.

Il le remplace en cas d'empêchement.

En cas d'empêchement du président et du vice-président, l'administrateur le plus âgé et le plus ancien au Conseil les remplace.

ART. 14. — Le secrétaire est chargé des convocations, de la rédaction des procès-verbaux, de la correspondance et de la conservation des archives. Il tient le registre matricule des membres de la Société et présente au Conseil les demandes d'admission.

En cas de maladie d'un membre participant et en vue de l'application de l'art. 16, le secrétaire avise le président et les visiteurs s'il en a été désigné.

En cas de décès, il règle tout ce qui a rapport aux funérailles.

ART. 15. — Le trésorier fait les recettes et les paiements ; il tient les livres de la comptabilité.

Il est responsable de la caisse contenant les fonds et les titres de la Société (3).

Il paie sur mandats visés par le président.

Il délivre aux sociétaires, au moment de leur admission, des cartes ou livrets sur lesquels est constaté le paiement des cotisations.

En ce qui concerne les titres et valeurs au porteur, il se conforme à l'article 20 de la loi du 1er avril 1898.

Il touche avec l'autorisation du Conseil, le montant du remboursement des rentes ou valeurs nominatives qui seraient amorties.

Sur la décision du Conseil, il peut vendre les valeurs mobilières jusqu'à concurrence d'une somme fixée annuellement par l'Assemblée générale (4).

Il peut, avec l'autorisation du Conseil, signer toutes feuilles de conversion, de transfert ou de remboursement, consentir l'annulation de tous titres ou certificats nominatifs, faire toutes déclarations, acquitter tous impôts, etc.

ART. 16.— Des visiteurs, choisis par le conseil parmi les membres honoraires ou participants, peuvent être chargés d'aller visiter les membres

---

(1) Art. 7 de la loi.

(2) Art. 29 de la loi.

(3) Lorsque la Société emploie des agents rétribués, le règlement intérieur peut également les rendre responsables des fonds et titres qui leur sont confiés.

(4) Cette fixation peut aussi être faite par un règlement intérieur.

retraités malades, ou ceux qui pourraient avoir droit à une allocation en vertu de l'article 34, de leur porter les pensions ou secours servis par la société, de faire le nécessaire pour qu'ils puissent recevoir les pensions servies par la Caisse nationale des retraites.

ART. 17. — Le Conseil se réunit chaque fois qu'il est convoqué par le président et au moins tous les trois mois.

La convocation est obligatoire quand elle est demandée par la majorité des membres du Conseil.

Le Conseil ne peut délibérer valablement que si trois membres au moins assistent à la séance.

ART. 18. — La Société (1) se réunit en Assemblée générale ordinaire une (2) fois par an, pour entendre la lecture des rapports qui lui sont présentés et statuer sur les questions qui lui sont soumises par le Conseil.

En outre, le président peut toujours convoquer une Assemblée générale dans les cas graves et urgents.

La convocation est obligatoire quand elle est demandée, soit par le quart des membres de la Société ayant le droit de vote, soit par la majorité des membres du Conseil.

ART. 19. — L'Assemblée générale, qui délibère dans les cas autres que ceux qui sont prévus dans l'article qui suit, doit être composée du quart au moins des membres de la Société présents ou représentés. Si elle ne réunit pas ce nombre, la délibération est ajournée ; une nouvelle assemblée est convoquée dans le délai d'un mois au plus, et elle délibère valablement quel que soit le nombre des sociétaires présents.

Les délibérations sont prises à la majorité des voix.

ART. 20. — L'Assemblée générale extraordinaire, qui délibère sur des modifications aux statuts, doit être composée du quart au moins des membres présents.

L'Assemblée générale extraordinaire, qui délibère sur la dissolution volontaire de la Société, ne peut statuer qu'à la majorité des deux tiers des membres présents, et à la majorité des membres de la Société ayant le droit de vote (3).

L'Assemblée générale extraordinaire, qui statue sur les acquisitions, ventes ou échanges d'immeubles, doit être composée de la moitié au moins des membres de la Société ayant le droit de vote, présents ou représentés, et ne peut statuer qu'à la majorité des trois quarts des voix (4). Les convocations aux assemblées prévues par cet article doivent être envoyées au moins huit jours avant la date de l'Assemblée avec indication de l'ordre du jour.

---

(1) Composée des membres honoraires et participants (Art. 2 des présents statuts).

(2) Ou plusieurs.

(3) Article 11 de la loi.

(4) Article 20 de la loi.

Art. 21 — Est nulle et non avenue toute décision prise dans une réunion de l'Assemblée générale qui n'a pas fait l'objet d'une convocation régulière, ou portant sur une question qui ne figurait pas à l'ordre du jour.

Art. 22. — Toute discussion politique, religieuse ou étrangère au but de la mutualité, est interdite dans les réunions du Conseil et de l'Assemblée générale.

Il est interdit aux membres du Conseil de se servir de leur titre en dehors des fonctions qui leur sont attribuées par les statuts.

Chapitre IV. — Organisation financière.

Art. 23. — Les recettes de la Société sont de deux sortes : les recettes normales et les recettes complémentaires.

Les recettes normales sont :

1° Les cotisations des membres participants ;

2° Les versements que les participants effectuent volontairement pour accroître leurs pensions, ou ceux qui seraient effectués en leurs noms.

Les recettes complémentaires sont :

1° Les cotisations des membres honoraires ;

2° Le produit des amendes ;

3° Les dons et legs dont l'acceptation, s'il y a lieu, a été approuvée par l'autorité compétente (1);

4° Les subventions accordées par l'Etat, le département, la commune ou les particuliers ;

5° Le produit des fêtes, tombolas, régulièrement autorisées, collectes, etc., organisées par la société ;

6° Les intérêts produits par tous ces fonds.

Art. 24. — Les cotisations des membres participants et les versements supplémentaires effectués en leur nom, sont entièrement versés par le trésorier de la société sur livret individuel à la Caisse nationale des retraites pour la vieillesse, à la fin de chaque trimestre, c'est-à-dire avant le 1er janvier, 1er avril, 1er juin, 1er octobre.

Les recettes complémentaires servent d'abord à payer les frais de gestion, puis à constituer, soit un fonds disponible destiné à faire face aux frais de gestion, aux allocations renouvelables, aux secours, soit un fonds commun inaliénable destiné à servir des compléments de retraite.

Le fonds disponible est placé conformément à l'art. 20 de la loi, et notamment en compte courant disponible à la Caisse des Dépôts et Consignations, en dépôts aux Caisses d'épargne, en fonds de l'Etat, en obligations des départements et des communes, du Crédit Foncier de France, ou des Compagnies de Chemins de fer qui ont une garantie d'intérêts de l'Etat, ou en immeubles à concurrence des 3/4 de l'avoir de la Société.

Le fonds commun est placé à titre inaliénable à la Caisse des Dépôts et Consignations. Il est alimenté : 1° par le 1/6 des cotisations des membres honoraires ; 2° par des prélèvements opérés sur les fonds disponibles, sans que

---

(1) Article 17 de la loi.

ceux-ci puissent dépasser le quart de ce fonds et seulement à la suite d'un vote de l'Assemblée générale sur la proposition du Conseil, qui reste libre de faire ou de ne pas faire cette proposition.

Art. 25. — Le trésorier ne peut conserver en caisse une somme supérieure à 500 francs.

Chapitre V. — Obligations des sociétaires.

Art. 26. — Les membres participants s'engagent à payer une cotisation annuelle de 12 francs (1), payable par quart et par trimestre. Ils peuvent aussi verser une cotisation supplémentaire destinée à être versée comme la cotisation elle-même sur le livret individuel. Ce supplément doit représenter un nombre exact de francs.

Art. 27. — Les membres honoraires payent une cotisation annuelle dont le minimum est de 6 francs. Elle peut se racheter par un versement unique de 12 fois la cotisation consentie (2).

Art. 28. — Le versement de la cotisation des membres participants s'effectuera le 1er dimanche de décembre (pour l'année suivante) de mai, de juin, de septembre, dans la salle habituelle de la société à................ Le sociétaire sera porteur de son livret de sociétaire et, s'il l'a en mains, de son livret à la caisse nationale. Le versement de la cotisation sera constaté par émargement sur le livret, signé par le trésorier ou l'administrateur qui le remplace.

Les membres honoraires acquittent leur cotisation sur la quittance détachée d'un carnet à souche qui leur est présentée.

Art. 29. — Chaque membre participant est obligé, sauf le cas de force majeure, de se rendre aux assemblées générales et à toutes les convocations statutairement faites.

Art. 30. — Les membres participants sont tenus, sauf excuse approuvée par le Conseil, d'assister aux funérailles des membres de la Société décédés dans la commune qu'ils habitent ; ils y sont convoqués par avis spécial. La réunion a lieu à........... Les lettres d'avis sont retirées à la sortie du cimetière.

Chapitre VI. — Obligations de la Société.

Art. 31. — Tout membre participant reçoit, dès son admission dans la société, un livret de la Caisse nationale des retraites pour la vieillesse donnant droit à une pension de retraite garantie à l'âge de....... (3).

Le membre participant indique en prenant son livret s'il entend que les versements soient faits à capital aliéné ou à capital réservé.

---

(1) Ou d'avantage, par exemple 16 ou 20.

(2) Ou dix fois.

(3) 50 au moins d'après l'article 25. Mais cet âge doit être aussi élevé que possible, par ex. 65 ans.

Il peut, à un moment quelconque, faire une déclaration d'aliénation du capital en vue d'obtenir une augmentation de la rente.

Avant le 1er janvier, le 1er avril, le 1er juillet, le 1er octobre, le trésorier de la Société verse sur chacun de ces livrets:

1° La cotisation du membre participant;

2° Les versements volontaires effectués en leur nom pour accroître leurs pensions.

Art. 32. — Chaque année, l'Assemblée générale accorde, sur les revenus du fonds commun, des pensions dont elle fixe le montant en tenant compte de la durée du sociétariat, et désigne les titulaires. Ceux-ci doivent être âgés d'au moins...... ans (1), et avoir acquitté la cotisation pendant 15 ans au moins.

En aucun cas, l'Assemblée générale n'allouera de pensions qui, jointes à celles auxquelles le participant aurait droit dans d'autres sociétés, dépasseraient 360 francs.

Art. 33. — L'Assemblée générale fixe annuellement le montant d'une allocation renouvelable de retraite destinée, soit aux participants qui, ayant atteint l'âge de........et ayant 15 ans de sociétariat n'auraient pu recevoir de pensions sur les revenus du fonds commun, soit à servir un complément à ceux qui n'auraient eu qu'une pension insuffisante.

La répartition est faite par l'Assemblée générale, sur la proposition du conseil, en tenant compte de la durée du sociétariat.

Cette allocation est prise sur les revenus du fonds commun, ou sur le fonds disponible. Elle ne peut excéder le montant des cotisations des membres honoraires, déduction faite de la part attribuée au fonds commun (2) plus 1/10 du fonds disponible.

Art. 34. — Une allocation renouvelable peut encore être accordée par l'Assemblée générale aux membres participants devenus infirmes ou incurables avant d'avoir atteint l'âge de la retraite ou les quinze ans de sociétariat, ainsi qu'aux retraités devenus infirmes ou très âgés. Des secours peuvent être alloués par l'assemblée générale aux ascendants, aux veufs ou veuves ou orphelins des membres participants décédés.

Ces dépenses sont imputées sur les fonds disponibles en caisse ou en compte courant, et en dehors de la proportion de l'article précédent.

Art. 35. — Les livrets de retraite sont la propriété des participants, qui les emportent dans le cas où ils viennent à quitter la Société.

Art. 36.— L'Assemblée générale peut aussi admettre comme participants les membres honoraires atteints de revers de fortune, et leur allouer, soit des pensions viagères, soit des allocations renouvelables, soit des indemnités conformément aux art. 32, 33, 34. En ce cas, les années de sociétariat sont comptées du jour où ces membres sont entrés dans la Société comme honoraires (3).

---

(1) Même observation que ci-dessus.

(2) V. art. 24 des statuts.

(3) Au lieu de se faire inscrire comme membres honoraires, un autre

CHAPITRE VII. — POLICE ET DISCIPLINE.

ART. 37. — Le règlement concernant la police des séances est arrêté par le Conseil. Aucune peine ne peut être établie en dehors de celles fixées par les statuts.

ART. 38. — Tout membre qui ne remplit pas les fonctions statutaires qui lui sont confiées, tout visiteur qui ne s'est pas acquitté régulièrement de sa mission, encourt, sauf excuse reconnue valable par le Conseil, une amende de 2 fr. pour chaque infraction.

Tout membre qui fait des déclarations sciemment inexactes et préjudiciables à la Société, ou qui favorise volontairement les fraudes et les fausses déclarations d'autres sociétaires, encourt une amende de 5 fr.

Tout membre participant qui n'assiste pas aux assemblées générales encourt, sauf excuse reconnue valable par le conseil, une amende de 1 fr.

. Tout membre qui trouble le cours des séances ou se présente à l'assemblée en état d'ivresse, encourt une amende de 2 fr. et est tenu de quitter l'assemblée.

Tout membre qui prononce des paroles injurieuses contre les membres du Conseil encourt une amende de 2 francs.

Tout membre qui, dans une réunion, soulève une question politique ou religieuse, est pour ce fait seul, condamné à une amende de 5 francs. Cette amende est de 10 francs pour les membres du Conseil.

Tout membre en retard du paiement de sa cotisation paiera une amende de 1 franc pour un retard de 3 mois, 2 francs pour un retard de 6 mois, sans préjudice de l'application de l'art. 40 s'il y a lieu.

ART. 39. — Les amendes sont exigibles avant la cotisation. Le membre participant qui refuse de payer celles auxquelles il a été condamné peut être exclu de la Société.

CHAPITRE VIII. — RADIATION. — EXCLUSION.

ART. 40. — Cessent de faire partie de la Société les membres participants qui n'ont pas payé leurs cotisations depuis sept mois, et les membres honoraires s'ils n'ont pas payé dans les premiers mois de l'année qui suit celle à laquelle la cotisation était afférente.

Cependant il peut être sursis par le Conseil à l'application de cet article pour les membres qui prouvent que des circonstances indépendantes de leur volonté les ont empêchés d'effectuer le paiement de leur cotisation.

ART. 41. — Cessent aussi de faire partie de la Société les membres parti-

---

moyen pratique de venir en aide à la Société serait, pour les personnes simplement aisées, de se faire inscrire comme membres participants, de verser à capital réservé, puis arrivés à l'âge de la retraite, d'en faire abandon à la caisse si elles n'en ont pas besoin et de faire don du capital à la caisse par cession ou testament.

cipants et honoraires qui, pour un motif quelconque, cessent de faire partie du syndicat. En cas de dissolution du syndicat, la Caisse continuera à fonctionner entre ses adhérents, et se recrutera librement parmi les personnes appartenant à la profession agricole dans la commune de........ Néanmoins, l'assemblée générale de la Caisse pourra décider que la Caisse sera annexée à un nouveau syndicat qui viendrait à se fonder dans les conditions où elle était annexée à l'ancien.

Art. 42. — Le membre participant appelé sous les drapeaux qui a acquitté ses cotisations jusqu'au moment de son départ, reste inscrit sur les contrôles de la Société pendant la durée de son service militaire actif, sans avoir rien à payer. Un an après l'expiration de son service, s'il n'a pas repris le paiement de ses cotisations, sa radiation a lieu d'office (1).

Art. 43. — L'exclusion est prononcée en assemblée générale, sur la proposition du Conseil et sans discussion :

1° Contre les sociétaires qui seraient frappés d'une condamnation infamante ;

2° Contre ceux qui se seraient rendus coupables d'un acte contraire à l'honneur ou auraient une conduite déréglée notoirement scandaleuse ;

3° Contre ceux qui auraient causé aux intérêts de la Société un préjudice volontaire et dûment constaté.

Dans les cas prévus par le présent article et par les articles 39 et 40, le membre participant dont l'exclusion est proposée est invité à se présenter devant le Conseil pour être entendu sur les faits qui lui sont imputés ; s'il ne se présente pas au jour indiqué, une nouvelle invitation lui est adressée par lettre recommandée ; s'il s'abstient encore de s'y rendre, son exclusion est, sans autre formalité, proposée à l'assemblée générale.

Art. 44. — Le membre participant démissionnaire, rayé ou exclu, garde la propriété de son livret individuel, conformément à l'art. 35, et n'a droit, en aucune façon, au capital social auquel, du reste, il n'a pas participé par ses cotisations ou versements de fonds.

Chapitre IX. — Modifications aux statuts. Dissolution. Liquidation.

Art. 45. — Les statuts ne peuvent être modifiés que sur la proposition du Conseil ou sur celle d'un quart des sociétaires ou moins.

Dans ce dernier cas, la proposition est soumise au Conseil un mois avant la séance où elle viendra en délibération.

Le projet de modification est déposé chez le président huit jours au moins avant la séance de l'assemblée générale extraordinaire.

Toute modification aux statuts doit être notifiée et publiée conformément à l'art. 4 de la loi du 1er avril 1898.

Les modifications aux statuts ne peuvent être mises en vigueur qu'après

---

(1) Il n'y aura lieu de n'effectuer sa radiation, une fois l'année écoulée, qu'un mois après avertissement par lettre recommandée adressée à son dernier domicile.

avoir été approuvées par arrêté ministériel conformément à l'article 16 de la même loi.

ART. 46. — La dissolution est prononcée dans les formes prescrites par le précédent article.

ART. 47. — En cas de dissolution, la liquidation s'opère suivant les prescriptions de l'article 31 de la loi du 1er avril 1898.

**

STATUTS D'UNE CAISSE LIBRE

Les statuts sont les mêmes que pour une Société approuvée sauf les modifications suivantes :

ART. 7 — Supprimer le dernier alinéa.

ART. 12. — Supprimer le deuxième.

ART. 24. — Les recettes complémentaires servent d'abord à payer les frais de gestion, puis à constituer, soit un fonds disponible destiné à faire face aux frais de gestion, aux allocations renouvelables, aux secours, soit un fonds de réserve destiné à servir des compléments de retraites.

Ces fonds seront employés, suivant décision du Conseil, en dépôts aux Caisses d'épargne ; en dépôts ou prêts aux Caisses de Crédit agricole mutuelles, ou achats de parts de ces caisses ; en achats d'immeubles conformément à la loi ; en prêts hypothécaires en France ; en achats de rentes sur l'État Français, d'obligations du Trésor, des département, des villes d'obligations ou d'actions des Chemins de fer ou autres valeurs garanties par l'État.

Le fonds de réserve est alimenté 1° par le.... des cotisations des membres honoraires ; 2° par des prélèvements opérés sur les fonds disponibles à la suite d'un vote de l'Assemblée générale sur la proposition du Conseil.

ART. 32 et 33. — Supprimer dans l'art 32 le deuxième alinéa.

Remplacer dans ces articles : *fonds commun*, par : fonds de réserve.

ART. 47. — En cas de dissolution il est prélevé sur l'actif social :

1° Le montant des engagements contractés vis-à-vis des tiers ;

2° Les sommes nécessaires pour assurer les engagements contractés vis-à-vis des participants, notamment par des versements à la Caisse nationale des retraites ;

3° Les dons et legs qui n'auraient été reçus qu'avec obligation d'emploi dans un but déterminé, afin qu'ils soient, autant que possible, utilisés conformément au but du donateur, ou en cas d'impossibilité mis à la disposition des héritiers.

Le surplus de l'actif sera, s'il y a lieu, réparti entre les membres participants appartenant à la Société au jour de la dissolution, et versés à titre de bonification, à capital aliéné sur leurs livrets individuels.

**

A ces statuts, dont la rédaction a été approuvée par le Comité du contentieux d'abord, par le Conseil de l'Union ensuite, nous ne saurions ajouter meilleur commentaire que celui donné par le président de l'Union, M. Duport, dans une chaude allocution, prononcée à l'occasion de la fête d'inauguration du local du syndicat de Villefranche.

Le 1er avril 1898 a été promulguée une nouvelle loi, absolument libérale, qui est le digne pendant de celle de 1884, vous allez d'ailleurs vous en rendre compte.

Cette loi nous permet de constituer librement des Caisses de retraites. Et, point capital, ces associations peuvent jouir de tous les avantages réservés précédemment aux sociétés approuvées. On ne peut pas vous refuser cette approbation, qu'il suffit de demander, sous cette simple réserve, que vous respecterez les prescriptions de la loi, qui est la même pour tous, et qui est très large. Vous n'êtes plus asservis à la bonne ou à la mauvaise volonté de qui que ce soit, en ce qui concerne l'approbation ; vous n'avez plus à redouter de voir votre société dissoute ou brisée par l'arbitraire d'une décision administrative ; seul le pouvoir judiciaire est compétent en cette matière.

Cette loi complète bien celle de 1884, et vous seriez grandement coupables de ne pas vous en servir, surtout si j'ajoute, ce qui est important à savoir, que vous avez la libre administration de vos fonds, que vous pouvez gérer comme vous l'entendez. Vous pouvez les utiliser en achat d'immeubles, les placer dans les caisses publiques ou les employer en fonds d'Etat.

J'ajoute enfin que les avantages de l'approbation sont considérables, car en dehors de la salle de réunion fournie par la commune, c'est l'intérêt à 4 1/2 0/0 ; c'est le droit aux subventions et aux répartitions de l'Etat. Je trouve là un argument puissant pour vous encourager à adopter cette forme : en effet cet argent qui s'en va maintenant aux seuls ouvriers de l'industrie, c'est cependant l'agriculture qui en fournit la plus grosse part, c'est certainement l'argent de tous, mais c'est surtout le vôtre. Seriez-vous assez fous pour laisser l'ouvrier des villes en profiter seul ; assez maladroits pour permettre que cet argent, qui vient de votre poche, s'en aille dans celle des autres ? Non, car il faudrait douter alors de votre intelligence et, sur cette terre du Beaujolais, on n'est pas plus bête qu'ailleurs, et dans tous les cas on y a le cœur aussi chaud !

Toutes les fois que vous m'entendez parler d'une création nouvelle, vous souriez : « Comment s'y prendre, dites-vous ? C'est bien compliqué, bien difficile ». Tout à l'heure, M. Blanc, dans un rapport, a touché la question sans y penser lorsqu'il a parlé des comptes de prévoyance contre la mortalité du bétail. Eh bien, oui, ne riez pas, c'est de la vache que nous allons faire sortir ce quelque chose de si intéressant, une caisse de retraites. Vous connaissez l'histoire de la création de la femme ? Dieu l'a sortie de l'homme et tirée de l'une de ses côtes. Eh bien ! nous aussi, nous allons faire une création, et quoique nous ne soyons pas Dieu, prenant exemple sur lui, nous tirerons l'assistance de nos vieillards des côtes de nos vaches.

nos comptes de prévoyance contre la mortalité du bétail seront dans chaque commune l'école de la mutualité où vous apprendrez à créer des Caisses de retraites pour vos vieux jours.

Faut-il pour cela des sommes énormes ? Non, et ces sommes vous les trouverez facilement. Le sacrifice est-il d'ailleurs si considérable ? Avec un versement annuel, pendant trente ans, de 18 fr. par an, soit 1 fr. 50 par mois, un homme de 35 ans aura, à 65 ans, une retraite approchant de 200 fr., et cela en ne comptant sur aucun autre secours. Mais si l'on fait intervenir l'Association et si on la joint à la prévoyance, elles se donnent l'une à l'autre toute la force qui leur manquerait sans cela, et cette force peut encore s'accroître considérablement, grâce à la générosité de vos concitoyens.

Tout à l'heure, vous procéderez à la distribution de dix-huit rentes viagères à vos vieillards. Qui dit que ces rentes ne deviendront pas perpétuelles ? Qui dit que les bienfaiteurs qui les ont créées n'auront pas à cœur de perpétuer leur nom en l'attachant à une fondation en faveur des agriculteurs et des vignerons vieillis dans le travail de la terre ? Je le crois, bien mieux, j'en suis sûr.

— 1 fr. 50 par mois, direz-vous, pour moi, c'est trop.

— Eh bien ! soit ; mettons que vous ne pouvez pas économiser un sou par jour, mettons que vous ne pouvez verser qu'un franc par mois.

— Mais alors, ajouterez-vous, je n'aurai pas une rente de 200 francs ?

— Erreur, car c'est là que doit intervenir l'Association qui, prenant sur ses ressources propres, excédents, bonis de la Coopérative, etc., dira à celui qui aura su prendre quelque chose sur lui-même : « Tu as été sage, tu as su économiser 50 centimes, 1 franc, en voilà autant. »

Nous avons fait des choses plus difficiles et plus compliquées que celles-là, et si mes amis parfois ont douté du succès dans les débuts, ils ne doutent plus maintenant. Aujourd'hui, je vous le dis : Il est possible de créer des Caisses de retraites dans les syndicats. Ne le ferez-vous pas ? Allons donc !

J'en suis convaincu : un peu plus tôt, un peu plus tard, vous aurez constitué cette toiture dont je vous parlais tout à l'heure, afin de vous y mettre à l'abri des pluies d'orage. Les retraites individuelles, comme ces petites tuiles qui recouvrent vos maisons, vous protègeront d'une manière absolue, certaine, contre les intempéries du temps.

Il le faut pour nos vieux travailleurs, il le faut pour nos vieilles ménagères. Elles doivent jouir des mêmes avantages, elles qui ont partagé les mêmes travaux, et du reste plus pratiquement que l'homme, elles peuvent réunir les petites sommes qui sont nécessaires pour les versements à la Caisse de retraites.

Aussi, quand, au bout du mois, la ménagère apportera à son vieux les 20 sous pour opérer son versement, celui-ci lui dira : « Garde-les, c'est pour toi, ma vieille, fais ton versement à la Caisse. »

Et alors, quel est celui qui ne se dira pas : « Puisque la vieille a su économiser cela, j'en ferai autant, je me priverai d'un petit peu de tabac, d'une bouteille avec les camarades, et voilà comment les rentes arriveront à être constituées.

Je le sais, nos enfants nous doivent l'assistance sur nos vieux jours. Mais, chacun a son petit amour-propre et aime son indépendance ; on n'est pas fâché de se donner quelque douceur, sans la demander à la gendresse. Sans doute, on cherche à se rendre utile, on garde les vaches, on veille sur

.es mioches, on tâche de gagner le pain que l'on mange ; mais, si l'on apporte un quartier de rente de 50 francs à la maison tous les trois mois, on se sent tout de même mieux chez soi.

Quelques-uns vont finir leurs jours loin du foyer, d'autres vont à la ville, sans parler de l'hospice qui en attend plus d'un, mais il leur en coûte à ces vieux, de s'en aller, et moi je les comprends, de vouloir rester au village auprès des champs qu'ils ont toujours connus et aimés en les travaillant, car, moi aussi je suis vigneron, j'aime ma vigne et mes champs : on aime à se dire : c'est en telle année que cette troussée a été minée, celle-ci m'a donné tant de bonnes à sa cinquième feuille.

Je comprends ces vieux qui, n'ayant plus à retirer eux-mêmes les récoltes des vignes qu'ils ont plantées, les aiment quand même comme leurs enfants, et qui, quand ils leur voient produire une bonne récolte, éprouvent un sentiment d'orgueil que je sens, que je comprends bien.

Et, lorsque les forces les abandonneront, et que par une de ces belles journées d'automne, comme celle d'aujourd'hui, dont les pâles rayons présagent la fin de la saison, ils sentiront la vie se retirer de leurs membres tremblottants, ils seront contents, nos vieux vignerons, de tomber sur le champ de bataille où ils ont lutté toute leur vie.

Et vous, mes amis, vous qui, dès le premier jour, avez travaillé avec moi, pour nous aussi, l'heure du grand repos viendra, c'est déjà l'âge mûr, et la vieillesse s'avance rapidement. N'est-il pas vrai que, nous aussi, nous avons bien travaillé le champ que nous aimons, celui de nos syndicats ? Or, quand au soir d'une vie bien remplie, nous retournerons à Dieu, en pensant que nous laissons derrière nous des caisses de retraites pour nos vieillards, nous tomberons contents, car désormais, eux aussi, ils pourront tranquillement passer leur vieillesse et, comme nous, s'endormir au pays pour le grand repos. »

L'appel chaleureux du président allait trop au cœur et répondait trop bien aux secrets désirs de tous ses collaborateurs pour n'être pas entendu, et partout l'on se mit à l'œuvre pour créer des Caisses de secours mutuels et de retraites, avec d'autant plus d'ardeur que c'est bien là le but auquel depuis quinze ans tendent tous nos efforts.

Au moment où nous écrivons, l'élan est général dans notre Union et l'année présente verra certainement plusieurs syndicats unis mettre sur pied cette nouvelle création.

Comme toujours, l'Union marchera à l'avant-garde du mouvement syndical, elle sera la puissante locomotive qui entraînera après elle dans un généreux élan de fraternité, tous les syndicats de France.

Au surplus, le moment n'est-il pas venu de proclamer très haut, à la face de tous ceux qui nous ignorent ou nous méconnaissent, que l'Assistance a été de tout temps le but suprême de tous les apôtres du mouvement syndical, la raison d'être de leurs efforts incessants et désintéressés ?

Ce n'est pas, en effet, pour servir simplement les intérêts matériels de leurs compatriotes, que tant d'hommes dévoués se sont arrachés à une vie facile et agréable, pour s'exposer le plus souvent aux attaques et aux calomnies les plus odieuses et les plus injustes. Plus clairvoyants que leurs adversaires d'aujourd'hui, les apôtres de la vie syndicale ont compris qu'ils avaient un devoir social à remplir, devoir qui n'est pas seulement une devise de justice, mais aussi une devise de solidarité, de paix, d'harmonie et d'amour ; devoir social qui reste, le contrepied de la lutte des classes qui, elle, est une œuvre de destruction et de haine.

Soyons bons, aimons notre prochain en ayant compassion des humbles et des misères. Ce n'est rien que de vivre, c'est peu que d'être riche, savant, illustre, ce n'est pas assez d'être utile ; celui-là seul a vécu et est un homme, qui a pleuré au souvenir d'un bienfait qu'il a reçu, ou d'un bienfait qu'il a rendu.

Nos Syndicats sont une famille agrandie dans laquelle celui qui possède doit venir en aide à celui qui travaille, dans laquelle, si haut placé qu'il soit, le propriétaire ne doit jamais oublier que les fermiers, les vignerons, les ouvriers, sont ses frères.

Capital et travail sont deux frères siamois qui ne peuvent rien l'un sans l'autre ; mais, si leur désunion ne peut engendrer que haine et misère, leur alliance intime est la base de la richesse nationale et le gage le plus sûr de la paix sociale.

C'en est assez pour nous séduire ; nos pères ont laissé d'utiles fondations, montrons-nous dignes d'eux, et quelque jour nos arrières-petits-neveux nous glorifieront à leur tour, pour avoir accompli une œuvre infiniment bonne.

CONCLUSION

Nous venons de retracer, dans ses manifestations multiples, le mouvement syndical dans notre région ; si imparfait que soit notre travail, nous espérons avoir fait ressortir la noble tâche de l'Union du Sud-Est, le dévouement merveilleux des hommes d'élite qui ont conduit ses brillantes destinées.

La première en date, l'Union du Sud-Est a été le point de départ de la création de toutes ces Unions régionales qui couvrent aujourd'hui la France entière, justifiant le mot célèbre de Proudhon : « Le XIXe siècle ouvrira l'ère des fédérations, car le vrai problème ne sera plus le problème politique, ce sera le problème économique ».

Le chemin parcouru par l'Union du Sud-Est et par les syndicats qui la composent est immense et ceux qui, il y a quinze ans, incapables du moindre sacrifice, jetaient leurs paroles décourageantes aux pionniers allant gaiement à la peine, doivent bien regretter aujourd'hui de n'être pas à l'honneur. « On récolte ce que l'on sème », dit un proverbe populaire, ce sera pour nos amis leur plus grande récompense que d'avoir eu l'intuition de ce qui s'est passé et d'avoir eu foi dans l'avenir.

Un des nôtres disait récemment : La loi de 1884 qui a autorisé la création des syndicats a été une loi de réparation sociale qui a permis à l'agriculteur de vivre de sa vie propre ; elle a donné le pouvoir à tous ceux qui vivent de la terre de sortir de leur isolement économique, de faire entendre leur voix.

Si chaque cultivateur, si chaque paysan soutient, dans la mesure de ses forces, les syndicats agricoles, qui n'ont été créés, organisés que dans le seul but de lui être utile, s'il veut bien comprendre le puissant moyen d'action qui est entre ses mains, il marchera rapidement à la conquête de lois nouvelles qui lui seront plus favorables, de lois économiques qui se répercuteront de suite sur le prix des marchandises qu'il a journellement à vendre, pour lui permettre d'en tirer un meilleur parti ; il aura moins de concurrence de la part de l'étranger, il aura moins de charges à supporter du côté de l'impôt, la situation s'améliorera rapidement et nous verrons la valeur des terres reprendre leur niveau d'autrefois, indice le plus sûr que l'agriculture est redevenue florissante.

Si, au contraire, il ne veut pas sortir de son apathie, s'il ne veut pas éviter les conséquences désastreuses que son inertie peut avoir à l'égard de ses intérêts les plus immédiats, s'il ne considère les syndicats que d'un œil méfiant ou bien comme des maisons de commerce chez lesquelles il trouve ce dont il a besoin à des prix plus abordables, il peut s'attendre à ce que, dans un avenir peu éloigné, les grandes villes, les grandes industries, le grand commerce imposent de nouveau au Parlement des lois en leur faveur, c'est-à-dire, des lois dirigées contre l'agriculture, contre l'association professionnelle, et nous verrons toujours le blé se donner au dessous de son prix de revient, le vin rester en cave, les bestiaux étrangers approvisionner nos grandes villes.

Si nous avons déjà pu quelque chose alors que nous étions peu nombreux, que ne pouvons-nous pas maintenant que nous sommes des centaines de mille, que ne pourrons-nous pas surtout le jour où les sept millions d'agriculteurs auront conscience de leur force, qui ne leur vient pas seulement du nombre, mais de leur droit bien compris qui n'empiète sur le droit de personne et dont le triomphe profitera au pays tout entier ?

L'association, comme nous la pratiquons dans les syndicats, peut se développer au plus grand avantage de tous, elle n'annule pas l'individu au bénéfice de la collectivité, elle soutient, en même temps, les intérêts généraux et particuliers, permet à chacun de s'appuyer sur ses confrères tout en conservant cette liberté individuelle, ce droit d'initiative qui, seuls, maintiennent et font respecter la dignité humaine.

Nous n'avons pas besoin de tuteur, nous tous agriculteurs; aujourd'hui que nous avons pris possession de nous-mêmes, nous nous sentons assez grands, assez forts pour nous conduire et nous devons repousser énergiquement toutes les compromissions.

Nous devons marcher au grand jour, ne demandant que ce qui est notre droit et, par là, nous conserverons l'estime, le respect de tous.

Pas de politique dans nos syndicats; si on en fait contre

nous, notre loyauté nous défendra mieux que toutes les alliances hétéroclites, dont nous n'avons à attendre que des déboires.

Nombreux sont encore les hommes animés des meilleures intentions, qui se refusent à croire à des crises possibles dans le monde du travail agricole et s'imaginent, de très bonne foi, que les rapports entre ouvriers et patrons ruraux se régleront nécessairement et toujours d'après les mêmes traditions.

Ces esprits, trop confiants dans la force des vieux usages et le pouvoir des vieilles formules, ne sont pas éloignés de considérer comme un danger l'expansion, dans nos campagnes, des idées d'association, de prévoyance et de mutualité.

Le mouvement merveilleux des syndicats agricoles a troublé leur quiétude; ils n'ont pas compris qu'aux prédications séduisantes du parti collectiviste, il importait d'opposer un idéal réalisable de progrès pratiques et tangibles.

Il leur semblait plus habile de ne pas mettre cette arme redoutable de l'association entre les mains des paysans, de ne pas leur révéler leur force, de ne pas leur laisser entrevoir l'horizon des conquêtes sociales vers lequel marche le prolétariat industriel.

L'ignorance, la routine et l'individualisme étaient des alliés à ménager; puisqu'ils mettaient obstacle au relèvement et à l'émancipation des populations rurales inconscientes de leurs intérêts et de leurs droits.

Il ne faut pas se hâter de taxer ces jugements comme dictés par l'égoïsme, car souvent les hommes qui les portent se montrent bienfaisants pour les ouvriers qu'ils emploient et les populations au milieu desquelles ils vivent. Leur erreur est de se persuader que l'ouvrier des champs est demeuré tel qu'il était jadis et qu'il n'a pas subi l'influence de l'irrésistible courant auquel s'abandonnent les travailleurs dans le monde entier.

L'histoire de l'Union du Sud-Est leur démontrera leur erreur, car elle leur prouvera que, pour être entrés plus tard dans le mouvement, les paysans sont bien près d'être aussi avancés sur le terrain de la mutualité que leurs frères de l'industrie.

En défendant les intérêts professionnels et économiques de la classe rurale, les syndicats agricoles ont fait une œuvre grande, une œuvre bonne, mais ce n'était là que la partie la plus facile de leur mission.

Après s'être occupés des intérêts de la propriété, ils ont compris, et c'est leur grand mérite, qu'il fallait aussi songer à cette catégorie la plus intéressante et la plus nombreuse, celle des petits cultivateurs et des ouvriers agricoles, qui demande, elle aussi, qu'on s'occupe un peu d'elle.

C'est là qu'apparaît la partie sociale de leur mission, c'est le moment pour le cultivateur aisé et fortuné de se souvenir que ceux qui ont moins que lui et sont moins que lui sont cependant des hommes et non pas seulement des instruments et des outils. C'est là que commence, pour nous, ce devoir social qui nous commande de songer à nos frères malheureux, de chercher les moyens de diminuer et de soulager leurs souffrances en remédiant à ce que nous sommes convenus d'appeler l'inégalité des conditions.

C'est par les syndicats que nous avons appris à connaître ce devoir social qui n'est pas seulement une devise de justice, mais encore une devise de solidarité, de paix, d'harmonie et d'amour, ce devoir social qui reste le contrepied de la lutte des classes qui, elle, est une œuvre de destruction et de haine.

On oublie trop, quand on a la fortune ou simplement l'aisance, que les haines populaires ne sont souvent que la réponse des misères d'en bas à l'indifférence d'en haut, la réponse de l'égoïsme qui souffre à l'égoïsme qui jouit.

Il faut avoir le courage d'écouter et d'entendre ces voix qui nous viennent des masses profondes du monde où l'on travaille, où l'on peine ; il faut savoir comprendre que notre devoir est de nous mettre hardiment à la tête de ce mouvement, non pour l'empêcher d'obtenir satisfaction, mais, au contraire, pour le contenir, pour le limiter dans ce qu'il a de juste et de réalisable.

Avec le distingué président de l'Union centrale des syndicats, répétons toujours et encore : le pays a besoin d'organes et d'institutions. C'est aux syndicats qu'il appartient de l'organiser et de le soustraire à ce fléau de l'individualisme qui, depuis cent années, s'étend comme une lèpre sur la patrie française. Oh ! oui, efforçons-nous de rapprocher les individus, de ressusciter entre les hommes de même profession les liens qui les unissaient autrefois, de rétablir entre tous les rapports sociaux.

Mettons-nous résolument et simplement au service des humbles et des petits, non pas pour flatter leurs passions et capter leurs suffrages, mais pour donner satisfaction à leurs besoins légitimes et défendre leurs intérêts menacés.

Faisons notre devoir social !

A l'égoïste formule de « La Lutte pour la vie » opposons la formule humaine : « L'Union pour la vie ».

Mettons-nous, ouvriers de la première et de la dernière heure, courageusement à l'œuvre ; ainsi, nous aurons résolu ce qui est soluble de la question sociale et l'avenir sera à nous, si nous savons rester unis dans la défense de nos intérêts qui sont ceux de tous, et qui se résument dans la vieille devise de nos syndicats et de l'Union du Sud-Est :

Le Sol, c'est la Patrie !

TABLE DES MATIÈRES

DU SECOND VOLUME

TITRE III. — L'UNION RÉGIONALE

Son Histoire, 1887-1900

TITRE IV. — ACHATS ET VENTES

Office et Courtier des Syndicats unis. — Coopérative agricole. Union des Producteurs et Consommateurs.

TITRE V. — ENSEIGNEMENT PROFESSIONNEL

Bulletin — Almanach — Enseignement

TITRE VI. — PRÉVOYANCE ET ASSISTANCE

Crédit agricole. — Comité de législation et de contentieux.— Assurances-incendie. — Assurances accidents agricoles. — Assurances contre la mortalité du bétail — Le rôle social par l'Assistance et la Prévoyance.

PLANCHES

Imp. P. Legendre et Cⁱᵉ, rue Bellecordière, 14, Lyon.